合成树脂及应用丛书

氟树脂及其应用 第2版

吴君毅 江建安 主编

化学工业出版社

·北京·

内容简介

本书以全面且深入的视角,首先概述了氟树脂的研发历程及发展现状。然后详细阐述了非可熔融加工氟树脂、可熔融加工氟树脂以及功能性氟树脂的制备流程、加工方式与实际应用。同时,为便于读者更全面地了解氟聚合物,也专门设置一章简要介绍了氟橡胶的生产、性能与应用。最后对氟树脂生产与加工中的环保问题进行了阐述。本次再版更新了相关技术进展,尤其注重工艺过程中相关制造技术的论述。

本书适用于从事氟树脂产品设计、开发及应用的技术人员,以及高校相关专业的师生,可为科研人员提供深厚的知识储备和切实的技术指导方向。

图书在版编目(CIP)数据

氟树脂及其应用 / 吴君毅,江建安主编. -- 2 版.
北京:化学工业出版社,2024.10(2025.11重印). --(合成树脂及应用丛书). -- ISBN 978-7-122-46436-1
Ⅰ. TQ325
中国国家版本馆 CIP 数据核字第 2024RN0673 号

责任编辑:高 宁 仇志刚   文字编辑:王晓露 王文莉
责任校对:李 爽   装帧设计:王晓宇

出版发行:化学工业出版社
      (北京市东城区青年湖南街 13 号 邮政编码 100011)
印   装:北京建宏印刷有限公司
787mm×1092mm 1/16 印张 26¼ 字数 617 千字
2025 年 11 月北京第 2 版第 2 次印刷

购书咨询:010-64518888   售后服务:010-64518899
网   址:http://www.cip.com.cn
凡购买本书,如有缺损质量问题,本社销售中心负责调换。

定   价:158.00 元   版权所有 违者必究

编写人员名单

主　编　吴君毅　江建安
副主编　苏　琴
编　委（按姓氏笔画排序）
　　　　牛　琦　江建安　苏　琴　李军巍　吴军辉
　　　　吴君毅　张冰冰　陈焱锋　邵　锋　周怡忠
　　　　曹　成　盛　虹　梁聪强

第2版前言

时光荏苒，不知不觉中距本书的第 1 版出版已十年之久。这十年中包括氟树脂在内的氟化工产业经历了一个令人激动的快速成长过程，行业产值从不到 200 亿元快速增加到了 500 亿～600 亿元以上，并成为中国在世界上的优势行业之一。伴随着行业的发展，许多的氟化工企业由小到大，由弱到强，最终实现了上市并获得了进一步发展的机遇。与此同时，氟化工产品的应用面越来越广，国产化程度越来越高，甚至发展出了一些有自身特色或独一无二的氟产品和品级。这些都使得包括我在内的每一位中国氟化工的从业者和亲历者感到无比光荣。

就本书而言，第 1 版得益于江建安先生的努力和付出，其不同于其他含氟材料相关的书籍，除了基本的氟聚合物基础知识外，更着重于结合江建安先生自身在氟化工企业中的实际操作和设计经验给行业新、老从业人员一个更全面的视角，且致力于成为一本更具实用性的工具书。当然，相比第 1 版，第 2 版也有较多的改变和提升。一方面是由于十年的行业及技术的发展使得第 1 版中很多的产能、用量及应用等发生了很大的变化，需要进行更新。另一方面，第 2 版更着重于强化不同氟树脂的结构和性能等方面的对比，并介绍了最新的应用发展，从而使读者更全面地了解不同氟树脂之间的性质及性能异同点，为读者在实际应用中的氟材料选择提供更直观的帮助和参考。为此，我们将第 1 版的多个章节内容在第 2 版中重新进行了合并、调整和优化，删除了一些陈旧的内容，同时也补充和扩展了部分氟树脂的介绍以及增加了一些发展很快的新应用和新技术的介绍。此外，为了强化作为一本氟材料工具书的定位，在第 2 版中适当扩展了相关的基础性和理论性知识内容，并提供了更多的常用数据，在各个章节中穿插了对氟材料未来发展趋势的思考和建议。第 2 版还对在第 1 版中发现的各种错误之处进行了更正，但即使如此仍不可避免地存在一些不足之处，望读者给予指正。通过本次改版，希望为读者了解氟树脂产业发展现状提供帮助的同时也为其把握行业发展趋势提供助力。

最后，除了感谢江建安先生的悉心指导外，我还要感谢在第 2 版编写工作中一起努力的伙伴们，特别是苏琴、牛琦、盛虹、李军巍、张冰冰、梁聪强、曹成、吴军辉等。他们作为氟业务上的能者，无私地奉献了知识和努力！当然，还要感谢众多行业内专家和出版社同仁给予本书的意见和建议，以及宝丽娜、吴尚达一直给予的支持和帮助。也祝愿中国的氟化工产业在未来十年有一个更美好的前景和发展。

2024 年 8 月 19 日
吴君毅

目　录

第 1 章
绪 论

1.1 氟聚合物的发展历史

氟聚合物是指聚合物主碳链上的全部或部分氢原子被氟原子所取代的一类聚合物，具有异于其他聚合物的综合性能，同时氟聚合物又具有优异的力学性能，并可用简单、经济的方法进行加工。时至今日，没有其他塑料能在化学和电性能上完全替代氟聚合物。

氟聚合物在全世界已形成了一个完整和庞大的产业。一个强大的氟化工产业是一个国家拥有现代科技、现代国防、现代产业的重要标志之一。在中国氟聚合物的整个开发过程中，曾集中了中国科学院化学研究所、中国科学院上海有机化学研究所、中国石化北京化工研究院、上海医药工业设计院、北京石油化工设计院、清华大学、上海市合成橡胶研究所等在内的各方力量，充分发挥了我国体制及机制上的优势，最终促成了行业大发展和繁荣的局面。目前，我国的氟聚合物产业规模世界最大，氟聚合物品种世界最多，产品应用场景也最为丰富。同时，我国也拥有最多的氟聚合物研发和技术人才，氟化工是我国化工产业中极具国际竞争力的领域之一。

氟聚合物一般可分为氟树脂和氟橡胶两大类，但是两者所需的单体和制造工艺有很多相似之处，内在联系是十分密切的。一系列各种特性的氟聚合物为各个领域的工程师提供了实现更好产品性能的机会，也因此在各种新应用中受到了愈来愈多的青睐。为了让读者更全面地了解氟聚合物，本书在重点介绍氟树脂之余，也用一章的内容介绍了氟橡胶。

1.1.1 氟树脂的发展历史

1934 年发明的聚三氟氯乙烯（PCTFE）是最早的氟聚合物，但是就重要性而言，1938 年发现的聚四氟乙烯（PTFE）则是最具有标志性及影响力的氟聚合物。氟聚合物的发明、发现、开发、加工应用以及最终实现商业化始终都与尖端武器、航空航天等军事工业及信息技术、新能源等高科技产业密切联系在一起。第二次世界大战时的曼哈顿工程、20 世纪 60～70 年代的阿波罗计划、大型民航机和军用飞行器、信息技术的各种硬件及各种新能源装置都少不了各类氟聚合物的参与，其中最有代表性的就是与原子弹开发有关的曼哈顿工程，这个项目对氟材料的开发和应用有着极大的贡献。

作为一本介绍氟聚合物的专著，仍有必要简述一下 1938 年 Plunkett 博士发现 PTFE 的历史经过，同时也将回顾一下中国氟聚合物的起源和发展历程。

历史上，PTFE 的首次发现是个很偶然的事件，是在以四氟乙烯（TFE）为原料开发新型含氟制冷剂过程中无意发现的。起因则是著名氟化学家 Midgely 和 Henne 在 1930 年亚特兰大美国化学会会议上发表的论文。在论文中，他们预言了某种具有独特的性能、可用作制冷剂的氯氟碳化合物。在随后兴起的新型氟制冷剂研究热潮中就包括了 Plunkett 先生在杜邦 Chembers 工厂内 Jackson 实验室的研究工作，当他在合成其中一个目标化合物 $CClF_2$—CHF_2（具体的反应步骤如图 1-1 所示）的过程中，需要使用 TFE 作为其中一步反应的原料，但在当时，TFE 并没有现成的商品，需要在实验室内自行就地合成。

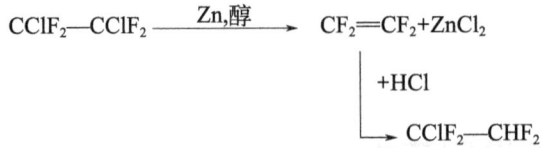

$$CClF_2\text{—}CClF_2 \xrightarrow{\text{Zn,醇}} CF_2\text{=}CF_2 + ZnCl_2$$

$$\begin{array}{c} \downarrow +HCl \\ CClF_2\text{—}CHF_2 \end{array}$$

图 1-1 合成 $CClF_2$—CHF_2 的步骤示意图

通常，合成后的 1~2lb（1lb＝0.454kg）TFE 经精馏提纯后，在干冰温度下储存于钢瓶中。但是，1938 年 4 月 6 日 Plunkett 先生的助手 Jack Rebok 在用储存的 TFE 进行合成实验时，发现钢瓶中的 TFE 并没有流出。他们打开阀门，倒置钢瓶，用伸进钢瓶内的金属丝刮壁得到了一些白色固体粉末，但发现其重量远少于储入的 TFE 量，进而从中间切割开钢瓶，发现了更多填满在钢瓶的底部和附近的内壁上的粉末。图 1-2 与图 1-3 就是后来广为流传的发现 TFE 自聚生成 PTFE 的历史性照片和记载此次历史发现的原始实验记录照片。

图 1-2 1938 年发现 TFE 自聚生成 PTFE 的照片（右为 Plunkett，左下是他的助手）

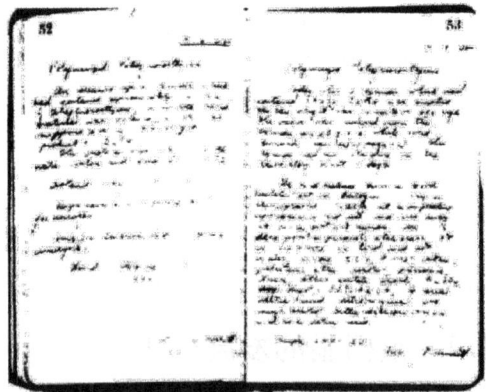

图 1-3 记载发现 TFE 自聚生成 PTFE 的原始实验记录照片

由于具有优异的性能，PTFE 在第二次世界大战期间很快就被列为军需品，最初的用途是用作火炮炮弹近炸引信圆锥体的包覆材料。杜邦的中试工厂于 1943 年生产的 PTFE 立即被用于田纳西州橡树岭的原子弹工程中，主要用在分离铀同位素的设备上。1941 年，专利名称为《四氟乙烯聚合物》（专利号为 US2230654）的首个 PTFE 美国专利获得批准（申请日期为 1939 年 7 月 1 日，批准日期为 1941 年 2 月 4 日）。1946 年，Renfrew 和 Lewis 公开报道了 PTFE 的中试工厂，并对加工工艺和性能做了详细描述，PTFE 的大规模生产则始于 1946 年。建于西弗吉尼亚 Parkersburg 的第一套 PTFE 工业化装置于 1950 年投产。在 1944—1947 年间，英国 ICI 公司也进行了 PTFE 的中试生产。

早期涉及氟树脂的发明和标志性发展还包括德国化学巨头 IG Farben 对 PCTFE 的开

发和发展及杜邦于 1948 年后开始进行的聚氟乙烯（PVF）商品化生产。其他氟树脂的开发和使用都是在 20 世纪 50 年代中期以后进行的，表 1-1 中列出了主要氟聚合物的工业化年份。

表 1-1　主要氟聚合物的工业化年份

氟聚合物英文简称	中文名称	工业化年份
PTFE	聚四氟乙烯	1946
PCTFE	聚三氟氯乙烯	1953
FEP	四氟乙烯-六氟丙烯共聚物，聚全氟乙丙烯	1960
PVF	聚氟乙烯	1961
PVDF	聚偏氟乙烯	1961
ECTFE	乙烯-三氟氯乙烯共聚物	1970
PFA	四氟乙烯-全氟烷基醚共聚物，可熔融加工聚四氟乙烯	1972
ETFE	乙烯-四氟乙烯共聚物	1973

　　在高科技军事应用的带领下，氟聚合物也逐步渗入到千家万户的日常生活中。例如，由 PTFE 微纤制成的 Gore-Tex 材料，在具有优异透气性的同时，兼具良好的保暖性和防水性，已用于运动和室外的服装材料。具有良好憎水憎油性能的 Scotchgard 织物整理剂已广泛应用于各种纤维织物的表面处理。具有优异耐温性、耐油性、独特的耐甲醇性能和低渗透性的氟橡胶管及密封件广泛应用于汽车工业。低分子量的氟醚油广泛应用于计算机的驱动盘运行和芯片冷却中以避免损耗和增强运行稳定性，甚至一些氟聚合物润滑剂用在了高档手表（如 Rolex）的精密机件上。氟聚合物基的涂料已越来越得到认可，并大量用在机场、高层建筑、摩天大楼和跨海大桥等高大构件上，提供了长期的耐候性保护，即使在室外环境下连续暴晒 25 年也未出现裂纹和鞍裂，而且低表面能的涂层特性使得附着在表面的污纹及灰尘仅靠雨水就可以冲洗干净。在各类数据、通信、电力等电线电缆中氟聚合物有着广泛的应用。高纯度、高清洁度且不含任何添加物的氟树脂（尤其是 PFA）大量用作半导体、医药工业的管道和管件的基材等。高纯 PTFE 及一些共聚氟树脂已可作为人体外科手术用的人工血管、微创手术器材和人体脏器的替代材料。日常生活的方方面面都离不开各种氟聚合物的帮助。从军用向民用发展后，各种氟聚合物材料极大地促进了人类世界向更美好的方向发展。

　　就中国的氟聚合物事业而言，虽然我们也起步于 PTFE（国内也称为塑料王），但是时间上要晚很多。最早的是 1957 年上海鸿源化学厂的高曾熙工程师组织和参与的开拓性的 PTFE 试制工作，同年 9 月 26 日人民日报以《塑料王》为题刊登了上海鸿源化学厂试制出聚四氟乙烯的报道。1959 年启动了 3t/a 的首次 PTFE 中试尝试，1964 年初在上海市合成橡胶研究所（20 世纪 80 年代初改名为上海市有机氟材料研究所，也是三爱富公司的起点）内建成了中国第一套 30t/a 的 PTFE 生产装置，并在当年 5 月 20 日顺利试生产出第一批合格的 PTFE 产品，而上海市塑料研究所则负责试制圆棒、垫圈、管材等制品。

　　在研制成功悬浮 PTFE 之后，上海市合成橡胶研究所先后研制成了分散 PTFE、浓缩 PTFE 分散液、FEP 和 PFA 等产品，填补了国内空白。20 世纪 80 年代初，在原化工部第六设计院参与下，上海市有机氟材料研究所以水蒸气稀释 HCFC-22 裂解制 TFE 的工艺为核心内容，结合 30t/a、300t/a PTFE 装置上累积的成套技术和经验，完成了 1000t/a PTFE 装置的技术开发，并编写了基础设计资料。此后，中国的氟聚合物工业开始踏上了一条快速发展的轨道，并越来越成熟。

值得一提的是，1988 年秋在上海市有机氟材料研究所举行的"发现 PTFE 50 周年"的庆祝活动上实现了 Plunkett 博士与高曾熙工程师及中国同行们的历史性会见。

1.1.2　氟橡胶的发展历史

氟橡胶（FKM）是一种氟弹性体，属于氟聚合物中的一个重要大类。与氟塑料相比，虽然在性能、加工工艺上有诸多差异，但在一次结构、二次结构、合成路线等方面都是具有共通性的。与共聚或改性的氟塑料相比，氟橡胶更像是组成不同的氟聚合物。也就是说，氟塑料和氟橡胶往往是同组成、不同组分含量的氟聚合物。

1948 年，聚 2-氟-1,3-丁二烯[$\leftarrow$CH$_2$—CF =CH—CH$_2$$\rightarrow_n$]成了 FKM 中第一个实现商业化生产的产品。M. W. Kellogg 公司于 1955 年生产了偏氟乙烯（VDF）-三氟氯乙烯（CTFE）型 FKM 供美国海军使用，杜邦公司于 1956 年开发了热稳定性更好的 VDF-六氟丙烯（HFP）型 FKM。军用飞机在 20 世纪 50 年代的迅速发展极大地刺激了军用喷气式引擎对耐热及耐油性氟橡胶密封的需求，美国空军为此又要求供应商开发了很多种氟橡胶，而这又推动了军用及战略武器系统核心部件的发展和应用，如潜艇整流罩涂料、F-111 战斗机油箱密封、B 系列战略轰炸机的润滑油系统密封等。

正是基于上述各种应用需求的发展，数十年中杜邦、3M（原 Kellogg 公司的氟聚合物部分）、大金、Montecatini-Edison 公司、旭硝子公司和苏联的部分企业等或独立或合作先后开发了多个系列、几十个品级的 FKM。特别需要指出的是，FKM 技术在 20 世纪 70 年代有一项重大的进步，即在主链中成功引入全氟甲基乙烯基醚（PMVE）单体后开发出了一系列具有优异的耐低温性而又不损失耐高温及耐化学品性能的 FKM 新品种。此外，FKM 的硫化也从碱性的胺类硫化体系发展为第二代的双酚 AF 硫化体系以及第三代的有机过氧化物硫化体系，从而实现了性能的不断提升和优化。

中国的 FKM 研究始于 1958 年。当年，中国科学院化学研究所的化学家胡亚东等首先在实验室内合成了 FKM 的两个主要单体 VDF 和 CTFE，并在玻璃封管中聚合得到了如棉花似的一小团洁白弹性体，这就是中国最早的 23 型氟橡胶（也称为一号胶或 1♯氟橡胶）。1959 年 9 月，在当时的上海市合成橡胶研究所实验室内，研究人员利用自制的单体和小型实验室聚合釜试制成功了公斤级的 23 型氟橡胶，并最终于 1965 年在中试生产装置上投产了 1♯氟橡胶（牌号为 23-11），之后陆续推出了 VDF-HFP 型 FKM（也称为 2♯氟橡胶或 26 氟橡胶）及 VDF-HFP-TFE 型 FKM（也称为 3♯氟橡胶或 246 氟橡胶）等新品种，硫化体系也逐步从胺类硫化体系发展为双酚 AF 硫化体系。上海市合成橡胶研究所于 20 世纪 60 年代的后期启动了羧基亚硝基 FKM 及氟硅橡胶的试制并获得成功，在 20 世纪 70 年代又进行了 TP 型 FKM 和全氟醚橡胶的技术攻关。国内的 VDF-HFP 型 FKM 生产能力在 20 世纪 80 年代就已达到每年百吨以上规模了，并于 20 世纪 90 年代末在上海和四川等地分别建设了每年千吨以上规模的 FKM 生产装置。截至目前，全国规模以上的 FKM 生产企业，合计生产能力已达 3 万吨/年以上，且基于不同的 FKM 氟含量、分子量

及其分布，已形成了 20 个左右的商品化 FKM 品级，其中以 VDF-HFP 型 FKM 占比最大，但是随着应用要求的不断提高，VDF-HFP-TFE 型 FKM 的用量正在快速增加之中。此外，硫化体系也涵盖了胺类、双酚 AF 和过氧化物等硫化体系。

氟硅橡胶作为一种氟橡胶，其在飞机和汽车等领域也有一定的应用。国内的氟硅橡胶最早是 1960 年末在上海开始进行研制的，在 20 世纪 80 年代初建成了包含单体和聚合物在内的中试装置并投入了批量生产。目前国内已有数家工厂从事氟硅橡胶单体和聚合物的生产。在国外，道康宁、GE、日本信越和德国 Wacker-Chemie GmbH 等拥有年产数千吨的装置。

1.1.3 从实验室到商业化的历程

1.1.3.1 TFE 单体的产业化

发现 PTFE 时所用的 TFE 是在实验室里采用四氟二氯乙烷在醇溶剂中经锌粉脱氯后制得的，此法显然不适合大规模生产，成本也比较高。经过众多的工艺路线对比和试验，才最终选择了 HCFC-22 热分解（700~800℃）工艺路线作为 TFE 的工业化路线。特别是作为原料的 HCFC-22，具有价格合理、来源广泛及易于运输和保存的特点，适合于 TFE 的大规模生产。

国外 TFE 的发展历程从 20 世纪 40 年代的中试和过程开发开始，在 20 世纪 40 年代末至 50 年代初就形成了较为成熟的成套生产工艺流程。通过研究和总结 HCFC-22 热分解条件（如压力、温度和反应物在反应管中的停留时间等）对 HCFC-22 转化率、TFE 选择性和反应产物中副产物及杂质的种类、含量等的影响，基本掌握了分解机理和工艺条件，并测定和建立了包括 TFE 和一系列杂质组分在内的物性和热力学数据等。在工程化方面，解决了一系列单元操作的难点，包括反应器的形式及适合材质的选择，HCFC-22 的纯度、微量水分和氧含量的控制（即质量标准），反应产物组分定性定量分析方法（尤其是微量杂质的鉴别方法）的建立，急冷方式的选择，产物杂质的分离和提纯，未反应 HCFC-22 的回收及提纯等技术难点。一些重要设备（如物料压缩机、裂解反应器的加热炉以及所需配套设备等）的选择和优化在早期过程开发中就逐一得到解决了。在工艺安全方面，解决了包括对 TFE 爆炸危险性能的认识和掌握、防止 TFE 自聚的措施、生产和储存过程中的安全措施、有毒有害残留物的鉴别和处理及过程控制等的一系列技术问题。最近 10 年中，随着自动化、数智化的快速发展，涉及 TFE 生产和使用的预警和安全防范措施比早期有了极大的进步，但是即便如此，涉及 TFE 装置的安全事故仍不能完全避免，需要时刻警醒。

氟聚合物及以 TFE 为原料的氟精细化学品的不断发展和产能提升推动了 TFE 生产技术的进步。最大的单条生产装置规模已达到了年产万吨以上，全球 TFE 总生产能力超过了年产 30 万吨。

作为氟化工产业的最基础原料之一，TFE 产业化的成功为其他系列氟单体（如 HFP、六氟环氧丙烷 HFPO、六氟丙基乙烯基醚 PPVE 等）的工业化生产创造了基本的原料条件，也为开发出多种不同性能的氟聚合物打开了大门。

1.1.3.2　可控的聚合过程

最早发现的 PTFE 属于无控制条件下的 TFE 自聚物。在第一个 PTFE 合成专利（US2230654）中曾提及"四氟乙烯处于高压下可在常温聚合""利用催化剂和压力，聚合速率可以加快"及"另外，在溶剂中有利于四氟乙烯聚合的进行"等要点，但实际上那时的聚合速率非常慢（从实例中可以发现最短 3 天，最长则可超过 20 天），基本上不使用介质及搅拌，也不添加现在已普遍使用的引发剂和助剂，每批次的 TFE 量仅为公斤级且转化率很低。幸运的是，虽然最初还不知道 TFE 的聚合反应热远高于氯乙烯，但是由于当时条件下的自聚反应速率很慢且量很小，因此没有出现由于聚合热传递不及时可能导致的反应温度失控而发生猛烈爆炸的现象。

在大量研究 TFE 聚合机理、聚合体系等基础上，开发者逐步掌握了 TFE 的聚合规律，成功发展了 TFE 的悬浮及乳液聚合工艺。其中一个最重要的聚合热传递问题则是在水相体系基础上通过强化及优化搅拌、改进冷却夹套等针对性措施加以解决。即使目前的反应器容积已达到 $8 \sim 10 m^3$，批次反应时间也能控制在 1 小时到数个小时内（这对于生产效率具有很大意义），其间的反应温度仍能得到稳定控制，并保持在一定温度波动范围内。为了得到性能更好并满足不同应用领域的 PTFE，国内外研究者开发了一系列聚合引发体系、配方、加料方式和自动控制程序以及与之配套的后处理工艺。

通过上述的一系列努力，实现了 TFE 反应过程中活化自由基形成、链增长和链终止速率的可控性，并使得 PTFE 的分子量及分布、聚合物颗粒平均粒径及粒径分布甚至颗粒表面状态的可控都成为可能，进而发展出一系列性能不同、可适于不同加工技术及满足各类实际应用需求的 PTFE 品级。

从不可控性聚合到可控性聚合的转变中必须注意的是安全问题——氟单体的聚合中可能会发生爆炸。爆炸的根本原因包括聚合过程中出现的结团和粘壁现象以及不合理的聚合反应器和搅拌器设计引起的不均匀性和死角等情况。因此，优化反应器的设计，针对不同的聚合工艺采用不同形式的反应釜以及改进聚合工艺等都有助于防止这种情况的发生或者说将这种危险性降到最低。可供参考的典型技术措施有：对于 TFE 的悬浮聚合，可增加悬浮聚合用立式釜的长径比，采用有利传热的釜材质，选择下搅拌方式等，此外，为了增强传热效果，可采用提高釜夹套中冷却介质的线速度，严格限制釜内外的传热温差及防止聚合过程中结团等措施；针对 TFE 的乳液聚合，由于要防止聚合后期因乳液浓度提高受高剪切影响而发生破乳，可采用传热、传质都比较好的卧式聚合釜，对于卧式反应釜，可采用较大的长径比及搅拌效果好的桨叶，同时还要采取适当降低搅拌转速以减少剪切等措施。正是有了技术和装备上的进步，目前的 PTFE 商业化生产普遍采用了最大容积达到 $8 \sim 10 m^3$ 的反应釜。对于 FEP 和 FKM 的聚合过程而言，不仅实现了间歇式聚合方式，还实现了有利于大批量及更稳定品质的连续聚合。

1.1.3.3　蓬勃发展的加工技术

以 PTFE 的加工发展为例，可以清楚地认识到加工对氟树脂商业化的推动作用。PTFE 的高结晶度以及在熔点下高黏度状态导致的极差流动性，致使 PTFE 在投入商业化生产的初期只能采用类于粉末冶金一样的压缩预成型后再烧结的成型方法，制品局限于板、棒、厚壁管等，很多实际使用的 PTFE 零部件需通过机械加工的方法才能制作，复杂一点的制品根本无法加工，既麻烦又浪费。随着 PTFE 新品级以及很多共聚氟树脂产品的推出，出现了包括通用、专用在内的各种针对氟树脂的加工技术，极大地推动了氟树脂在各个领域的应用。例如，预烧结或造粒后的 PTFE 颗粒表面较光滑，可采用柱塞挤出和自动模压的加工方式生产大量不同尺寸的推压管和毛细管，采用糊状挤出的加工方式可以使分散 PTFE 粉末在助推剂的协助下进行挤压加工，从而拓展了在电线电缆和管材方面的应用。此外，基于大直径圆柱形 PTFE 毛坯车削后制成的各种厚度的车削板和车削薄膜，可采用特殊焊接技术将车削板用作需要满足耐高温、耐化学腐蚀等苛刻环境要求的设备的衬里，而在一定温度和电场强度下，经定向处理的车削薄膜则可广泛应用于电气绝缘领域。分散 PTFE 在助推剂的帮助下进行推压后可加工成圆形条带，再经压延拉伸和高温下脱油就形成了在全世界年消费量达数千吨的 PTFE 生料密封带。分散 PTFE 在特定条件下经双向拉伸后可得到高度纤维化的网状结构膨体 PTFE 薄膜，而这是戈尔公司具有核心技术优势的高端产品。在此基础上发展出一大批高端纤维产业，形成了年消费数千吨 PTFE 的大市场，例如从防水防风又具有良好透气性的服装衬里，到帐篷、手套、鞋类等全套军用和登山用装备，从高端过滤介质到外科用人工血管及脏器等。图 1-4 分别是高度纤维化的网状结构膨体 PTFE 及复合原理、复合制品示例。

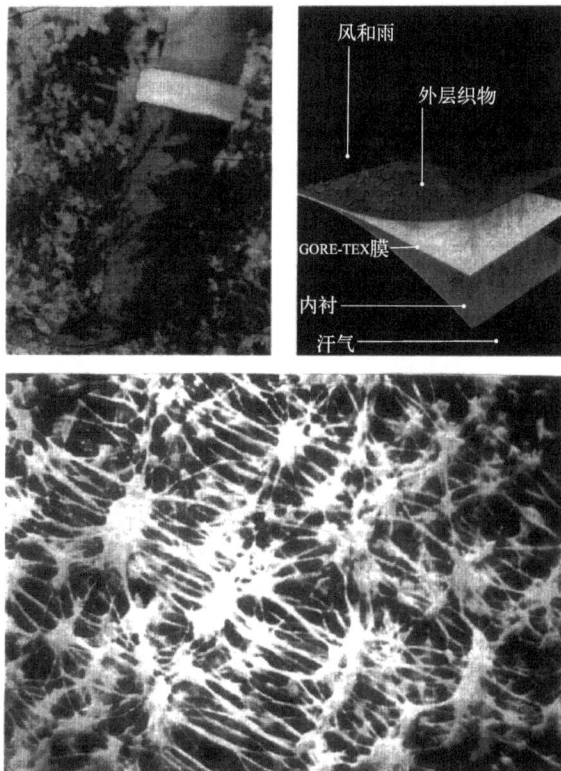

图 1-4 高度纤维化的网状结构膨体 PTFE 复合制品及复合原理、电镜照片示例

PTFE 浓缩乳液在喷涂、浸渍和湿法纺丝等加工技术的加持下，可应用在特种涂料、复合材料和特种纤维领域。用 PTFE 乳液配制的涂料可使涂层具有不粘和耐高温等特性，

在食品餐具涂层领域得到了广泛的应用。浸渍了 PTFE 的玻璃纤维织布成为建筑行业广泛使用的屋顶材料，具有易去污、采光好、强度高及重量轻等优点。

用其他材料（如石墨、玻璃纤维等）增强的 PTFE 有助于改善制品的硬度、耐磨性、冷流及应力松弛等情况，而 TFE 的共聚物不仅有助于实现上述性能，还可以使氟树脂实现如其他塑料一样的熔融加工。

总之，加工技术的发展极大拓展了各种氟聚合物的应用领域。在第 7、8 和 9 章中将详细介绍氟树脂、氟橡胶的加工技术。

1.1.3.4 多样化的应用

就氟聚合物的应用发展而言，TFE 的分散聚合产品是一个具有代表性的例子。分散聚合的发展过程就是一个不断改进的过程，也是一个不断创造新品级的过程。不仅在美国，日本和欧洲也都先后根据应用的需要开发了一些品级相当的产品。中国最早的 PTFE 分散树脂是 20 世纪 60 年代由上海市合成橡胶研究所以自有技术开发的产品，其特点是以压力不超过 0.8MPa 的低压法起步，采用了氧化还原引发体系和全氟辛酸铵（APFO）分散剂。产品的标准相对密度（SSG）基本上都在 2.20 以上，最初的产品大都用于制造生料密封带。至 20 世纪 80 年代中期，经多年持续试验研究和不断改进，又成功开发了压力范围 2.0~2.7MPa 的高压法技术，其以过硫酸盐及石蜡作为引发剂和稳定剂，APFO 分散剂的使用量约占产品重量的 4‰，尤其是引入适量的丁二酸后成功解决了制品的收缩率偏高问题，产品树脂的 SSG 可达到与国外产品相当的水平，并进而推出了 FR203 及 FR202 等新品级，且绝大部分产品适合中低压缩比糊状挤出。在此过程中，为了实现更大单批量的生产以满足应用对单次加工的稳定性要求，还将自主开发的卧式聚合釜成功放大到了 1~3m³ 的水平。近年来，为了满足精密过滤及锂电池阻隔等新应用要求，国内多个厂家都推出了 SSG 2.15~2.16 的高分子量分散 PTFE 和由少量改性单体改性的分散 PTFE 品级。可以说，正是应用的发展不断推动着分散 PTFE 的进步，反之亦然。

1.2 氟聚合物的基本特性

由于主碳链上的全部或部分氢原子被氟原子取代，氟树脂或氟橡胶展现出很多独特的性能。氟树脂可分为可熔融加工和非可熔融加工两大类，而氟橡胶可分为碳链型及杂链型两大类。具体的氟树脂特性及其与聚合物结构的关系将在第 6 章中做详细的描述和介绍，而氟橡胶的相关内容将在第 9 章中予以介绍。

1.3 氟聚合物生产所用资源情况

1.3.1 上游原料

氟树脂的主要原料是无水氟化氢（AHF）和甲烷氯化物两大类，其中 AHF 是由天然萤石（氟化钙，CaF_2，又称氟石）与硫酸反应制得的，而甲烷氯化物则是由甲醇与氯气反应制得的。图 1-5 是以 CaF_2 和甲烷氯化物为原料制得的各种氟树脂产品的简单产业链示意图。

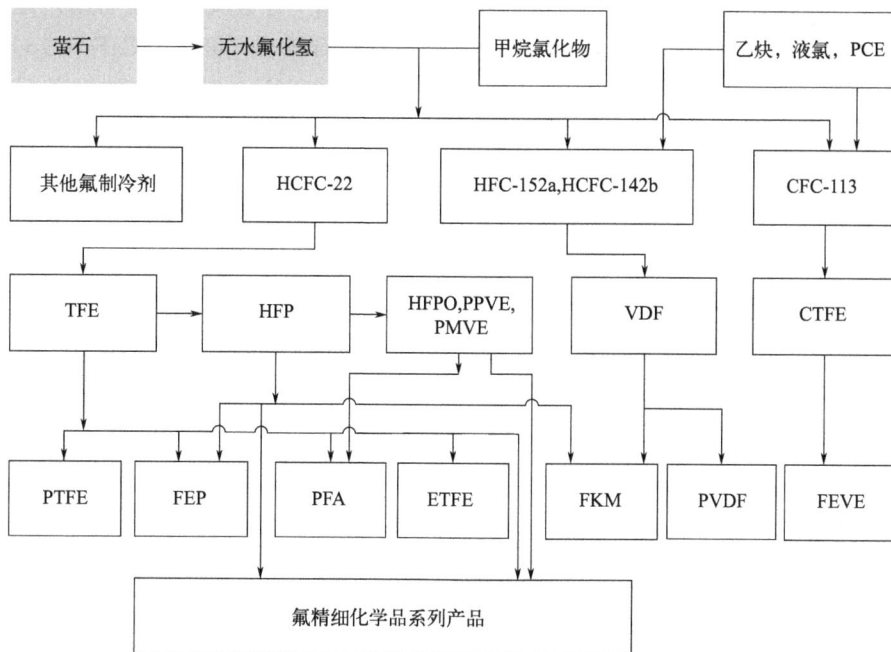

图 1-5　从氟资源到氟树脂的产品链简图

由产品链可知，所有氟聚合物、氟制冷剂及氟精细化学品中氟元素的源头都是 AHF，而 AHF 的主要来源就是萤石矿，所以掌握萤石资源及发展 AHF 对于氟化工产业具有重要意义。在下游的含氟单体中，TFE 具有同样重要的战略意义，80% 以上的氟产品都离不开 TFE，且 TFE 的规模化工艺路线已非常成熟。除了 AHF 之外，甲烷氯化物是发展氟聚合物的另一个具有控制作用的关键原料。近 10 年来，HCFC-22 和甲烷氯化物的产能发展速度并不是很快，据中国氟硅有机材料工业协会的统计（不包括外资企业产能和产量），到 2023 年 HCFC-22 的产能为 80 万吨/年，实际产量达到 68.9 万吨。产能在 5 万吨/年以上的企业有三爱富、东岳、巨化、梅兰、中化、永和 6 家单位。产业的集中度不断提升。甲烷氯化物的产能超过 8 万吨/年的企业有巨化、梅兰、理文、金岭、东岳和鸿鹤等数家单位。

从萤石制 AHF 开始，产品愈向下游发展，增值程度愈高。有资料估算，将萤石制成 AHF 同销售萤石相比，可增值 8～10 倍，制成氟制冷剂等含氟烃类产品可增值 10～20 倍，制成含氟单体可增值 10～140 倍，制成氟聚合物和共聚物可分别增值 80～120 倍和 200～500 倍，制成精细有机化学品可增值 500～5000 倍。也许有些估算略有夸大，但是产品向深度垂直发展能带来高回报的趋势是明显的。过去销售萤石和 AHF 等低价值初级产品，现在已过渡到发展氟制冷剂、氟聚合物和含氟精细化学品等高附加值产品。这既有利于提高经济效益，又有利于提高资源的综合利用率，更有利于保护有限的不可再生资源。

1.3.2　氟资源分布

自然界中含氟矿物大约有 150 种，但近代开发利用的主要是萤石，理论上萤石含钙

51.1％、含氟 48.9％，是地壳中含氟量最高的矿物。萤石可直接用作钢铁、玻璃、陶瓷和水泥生产过程中的助熔剂，间接用于交通运输、机械、电解铝、石油化工、原子能、建筑材料、电子产品、农业和医疗等各个行业。萤石中 CaF_2 含量决定了萤石的用途，按品位分为普通萤石原矿（30％≤CaF_2＜65％）、高品位萤石块矿（65％≤CaF_2＜75％）、冶金级萤石精粉（75％≤CaF_2＜97％）和酸级萤石精粉（CaF_2≥97％）。酸级萤石是生产 AHF 的关键原料，AHF 是氟化工业的基础原料，包括 PTFE 在内的上千种氟产品与人类的生产和生活息息相关。萤石在 20 世纪 70 年代以前主要用于钢铁冶炼，但随着氟化学工业的发展，其在世界萤石消费中的占比下降到小于 35％，而用于氟化工行业的比例上升到大于 50％，用于玻璃和水泥等行业的比例一般约 15％。

萤石资源在世界各大洲均有分布，已探明储量分布在 40 多个国家。根据已报道的数据，萤石资源在全球的分布相对集中。目前世界萤石可开采储量 2.8 亿吨，其中墨西哥、中国、南非和蒙古国萤石储量列世界前四位。从图 1-6 可知，这 4 个国家可开采量占到全球的 75％左右，而美国、欧盟、日本、韩国和印度缺少萤石资源，形成了结构性稀缺。

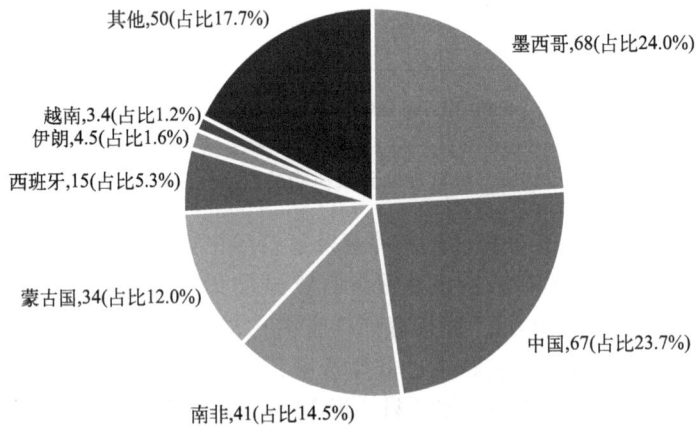

图 1-6　2023 年世界萤石总储量及分布（单位：百万吨）

萤石资源在我国的分布是最广的，已发现的萤石矿床比较集中，现有普通萤石矿查明资源储量主要集中分布在湖南、浙江、江西、内蒙古、福建、河南等省（区），六省（区）查明资源储量约占总量的 76％，已探明的萤石可采储量位列世界前四。2022 年世界萤石产量 830 万吨，中国萤石产量达到 500 万吨（中国非金属矿工业协会萤石专业委员会提供），占总产量的 60％；墨西哥产量 97 万吨，占总产量的 12％，位居第二；南非产量 42 万吨，占比 5％，位居第三。

根据国情调查数据统计，截至 2020 年底，中国共伴生萤石矿床数 120 个，查明矿石量共计 54864.85 万吨，CaF_2 量共计 10631.04 万吨。其中，中国共伴生萤石矿最主要分布在湖南省，矿床数 24 个，资源量占比达 76％，其次分布在云南（6％）、四川（4％）、贵州（3％）、江西（3％）、河南（2％）、内蒙古自治区（1％）等省（市、自治区）。

据统计，中国共伴生萤石矿床分类中钨锡多金属共伴生萤石矿床 CaF_2 量最大，排名第一，矿区数 19 个，CaF_2 量 7529.54 万吨，占比 70.83％；其次为铅锌硫化物共伴生萤石矿床，矿区数 33 个，CaF_2 量 1757.12 万吨，占比 16.53%，排名第二；稀土元素、铁共伴生萤石矿床，矿区数 8 个，CaF_2 量 512.09 万吨，占比 4.82%，排名第三；重晶石共伴生萤石矿床，矿区数 30 个，CaF_2 量 411.58 万吨，占比 3.87%；其他类型共伴生萤石矿床，矿区数 30 个，CaF_2 量 420.71 万吨，占比 3.96%。

伴生萤石矿区中，湖南省郴州柿竹园钨锡钼铋矿伴生萤石矿区资源量达 6600 万吨。内蒙古白云鄂博铁、稀土矿中的伴生萤石矿资源量为全国最大。近几年，新疆、内蒙古、江西等地区又相继发现 10 余个大型-超大型萤石矿床，尤其是若羌地区的卡尔恰尔萤石矿床，探获萤石矿物量超 2000 万吨，为超大型萤石矿床，改变了中国萤石矿资源分布格局。

单一型萤石矿床大部分矿床储量只有数万吨至数十万吨，只有内蒙古自治区四子王旗苏莫查干敖包萤石矿区，矿石储量约 2000 万吨。浙江省 43 个县有萤石矿，全部是脉状矿体单一型萤石矿床，品位较高，已探明资源量的矿区有 60 多处，但大部分是小型矿区，由于 20 世纪 90 年代过度开采，高品位萤石资源已近枯竭。内蒙古自治区萤石矿主要分布在四子王旗、额济纳旗、喀喇沁旗、阿拉善左旗和林西县。福建省萤石矿主要分布在邵武、光泽和建阳。江西省萤石矿主要分布在兴国、瑞金、宁都、玉山、德兴、德安和永丰，已探明资源量的矿区 90 多处，但大部分是小型矿区，平均品位 30%～70%。湖南省萤石矿主要分布在郴州市苏仙区及永兴县、衡阳市的衡南县和衡东县。

我国的萤石矿有以下特点：①伴生矿多，单一矿少，且伴生萤石矿的 CaF_2 含量一般在 26% 以下；②小矿多，大矿少；③贫矿多，富矿少，且单一萤石矿 CaF_2 品位在 35%～40%，品位 65% 以上的资源占 20%，80% 以上的富矿占比不到 10%；④我国的单一萤石精粉中，砷、磷、硫等杂质含量很低，质量优，特别适合用于高端氟产品的生产。

此外，磷酸盐岩矿床中富含氟磷灰石，在利用磷矿制取磷酸的过程中有副产的氟硅酸盐可供回收。2022 年，世界磷酸盐岩储量估计达到 720 亿吨，氟当量约为 25.2 亿吨，相当于萤石当量 57 亿吨。过去 10 年中，从氟硅酸盐中制造 AHF 的技术在国内已基本成熟，供应量不断增加，具有很强的成本优势，目前国内的翁福是这方面的领军企业，已形成了 15 万吨/年的 AHF 产能。此外，在稀土矿中也有相当部分的氟、磷伴生资源，目前国内已在组织相关的开发和综合利用，可以预计 AHF 的来源会进一步多样化，但是可以预计的是，在相当长一段时间内萤石法制 AHF 的路线仍将是 AHF 和高端氟产品用 AHF 的主要来源。

蒙古国萤石资源主要分布在东部区域，已发现的萤石矿化点、矿点和矿床有 300 多个，矿脉 CaF_2 的平均含量为 60%～70%，储量最大的是伯尔安杜尔（Bor Undur）萤石矿。蒙古国的萤石精粉品位较低（CaF_2 含量 92%），并且含磷量很高，不适合高端氟产品生产。

墨西哥萤石资源主要分布在科阿韦拉、圣路易斯波托西和瓜纳华托，拉奎瓦萤石矿是世界上最大萤石矿之一，该矿萤石的含量为 65%～70%。帕腊尔铅锌矿床伴生萤石矿产，该矿主要矿物组成是方铅矿、闪锌矿、黄铁矿、重晶石和萤石。但是，墨西哥的萤石精粉含砷量达到 360mg/kg 以上，对下游氟产品的品质和环保要求都有影响，这导致其萤石精粉的应用受限。除了脱除砷的技术难度之外，成本较高也是一个限制因素。

南非的萤石资源分布比较广，已发现和已开采的矿床主要分布在普马兰加省，如

Witkop 和 Buffalo 萤石矿。目前在距离 Witkop 萤石矿 10km 处又发现了萤石矿床，资源量 4820 万吨，CaF_2 的平均含量 18%。南非萤石储采比是 205，萤石资源出口潜力很大，是未来中国可能大批量引进萤石的渠道之一。当然，南非的萤石也有其缺点，例如原矿品位低、精粉粒度细且含杂高，从而使应用受到限制。

纳米比亚萤石资源储量约 300 万吨，矿石 CaF_2 含量平均 30%。

美国已探明的萤石资源主要分布在伊利诺伊州，但是经过 70 余年的开采后，资源已经枯竭。从 1996 年开始，美国停止开采萤石。2022 年，美国磷酸盐岩储量 10 亿吨，氟含量平均 3.5%，磷酸盐岩中含有氟资源量 3500 万吨，相当于萤石资源量 7200 万吨。

1.3.3 氟资源开采和消费情况

百年来，世界萤石产量呈波折上升的态势，1917 年世界萤石产量只有 27.9 万吨，1943 年增加到 104 万吨，1980 年达到 501 万吨，1994 年降至 375 万吨。最近十多年，世界萤石产量稳步上升，2023 年全球萤石产量约 890 万吨，我国萤石产量为 630 万吨。

美国在 1900—1996 年间萤石累计产量 1400 多万吨，1944 年产量达到历史最高水平，为 37.5 万吨。1900—2007 年的美国萤石累计消费量 5100 多万吨，累计进口 3700 多万吨。美国是萤石进口大国之一，对外依存度为 97%，进口主要来源于墨西哥和蒙古国等国家。美国萤石消费量中，85% 用于生产 AHF，15% 用于钢铁冶炼、原铝生产、焊条、玻璃加工和水泥生产等。美国 AHF 消费量的 55% 用于生产各种氟碳化合物和氟聚合物。

欧洲国家中的英国、法国、意大利等国曾是最早的萤石开采国。英国的萤石产量在 1975 年达历史最高水平，为 23.5 万吨，2007 年的萤石开采和消费量分别为 4 万吨及 6 万多吨，且基本是酸级萤石，用于制取 AHF。INEOS 是其最大用户。法国原是欧洲第二大萤石供应国，其 2001 年的萤石产量达到历史最高水平，为 12.3 万吨。2006 年 6 月因资源枯竭停止了供应，这导致阿科玛关闭了位于法国的 AHF 工厂，并扩大了在中国常熟的 AHF 装置产能。意大利唯一的萤石开发商 Nuova Mineraria Silius Spa 也因所在国的资源枯竭于 2006 年停止了萤石开采。而苏威则是其原来的主要消费者。

墨西哥是萤石的主要产地和 AHF 的主要生产国。墨西哥化工集团（美希化工，Me-cichem）是主要的萤石开采和 AHF 生产商。萤石和 AHF 的生产能力分别达到 8.6 万吨/年和 7.7 万吨/年以上。科慕和霍尼韦尔等都在墨西哥以参股方式参与 AHF 的生产。例如苏威作为墨西哥 AHF 生产商 Norfluor 公司的股东之一就间接拥有了 3.1 万吨/年以上的 AHF 生产能力。

南非是世界上主要的萤石开采地之一。生产商 Vergenoeg Mining 公司拥有 1.22 亿吨的矿产资源，其酸级和冶金级萤石的生产能力约 24 万吨/年。南非核能公司在 Richard 湾建造了生产能力为 3 万吨/年的 AHF 工厂，每年耗用酸级萤石 7 万吨。

纳米比亚是非洲另一萤石主要生产地，生产商 Okorusu 为苏威下属公司，其萤石的生产能力为 13 万吨/年左右，且大部分出口到欧洲。公司生产的酸级萤石几乎全部船运到苏威在德国和意大利的 AHF 工厂。

与我国内蒙古毗邻的蒙古国已成为世界第四大萤石生产国。最大开发商是蒙古国与俄罗斯合资的蒙古罗斯特维尔迈特（Mongol-rostvelmet），也称为蒙罗斯（Monros）。该公司经营着 3 座萤石矿，其中 2 座为地下采矿，1 座为露天采矿，其萤石产量占蒙古国萤石总产量的 90%。

我国于 1917 年起开采萤石，1950 年的萤石年产量只有 0.87 万吨，1980 年的年产量增加到 104 万吨。由于萤石的大量出口和国内 AHF、氟制冷剂等产能的快速上升，1995 年的产量激增到历史最高的 674 万吨。2020—2022 年期间，萤石年产量基本保持在 500 多万吨，2023 年达到了 630 万吨。

20 世纪 90 年代以前，我国的萤石主要用作冶金工业的助熔剂，属于冶金辅助原料。随着我国氟化学工业的快速发展，用于 AHF 生产的萤石比例逐渐增加。目前氟化学工业消耗的萤石约占总量的 43%，钢铁冶炼和建材消耗则占 57%。在萤石出口方面，1993 年达到了 138 万吨的年出口历史最高峰值。2016 年是一个重要的分水岭，当年的《全国矿产资源规划（2016—2020 年）》，将萤石列入"战略性矿产名录"，之后的萤石出口基本停止。但是 AHF 的出口则逐年增加，从 2001 年出口量 1.7 万吨上升到 2008 年的 13.4 万吨。2016 年以后随着环保日趋严格和国家对萤石开采管控的进一步加强，AHF 行业集中度也随之提升。2023 年，AHF 总产能保持在 350 万吨/年的规模，年产量约为 230 万吨。

总之，近 30 年来伴随着世界氟化工技术的不断进步和产能的扩大，氟化学工业对酸级萤石及 AHF 的需求仍处于持续增加的趋势。氟化工产品是高新技术产业的基础材料，氟化学工业在我国的新质生产力中是具有重要战略地位的基础产业之一，AHF 作为氟化学工业的关键基础原料之一，包括原料萤石在内的氟资源能否持久供应关系到氟行业的可持续发展。

1.3.4　问题和对策

问题一：

需要进一步提高开采萤石资源的效率和加强萤石资源的保护。我国的萤石储量静态可采年限（储采比）不足 12.2 年，远低于世界萤石储量静态可采年限（45 年）。我国萤石资源储量约占全球的 23.7%，产量却约占全球的 60%，是全球最大的萤石生产国。虽然我国已做了很多的努力，但是萤石资源的保护和可持续发展仍面临很大挑战，具体包括以下一些突出问题。①过度开采和浪费问题仍很突出。存在偷采、盗采、超限开采等资源破坏和浪费现象以及全国萤石资源的综合回收率不高的问题。目前的综合回收率仅有 51.43%，资源浪费严重。因此规模化及集约化的资源开发，推广充填采矿及高效选矿的工艺技术仍有重大的现实意义。②勘查程度偏低。我国萤石查明率不足 30%，地质工作程度偏低。③共伴生型多。针对性工艺研究不足。

问题二：

氟资源的深度加工能力有待提高。通过萤石生产得到的 AHF 仅是初级产品，属于中低端产品，AHF 的出口则是变相的氟资源出口，不利于国内氟资源的保护，特别是产地的原因我国的 AHF 更利于高端氟产品的生产，因此要倍加珍惜。

对策：

进一步摸清萤石资源家底，加强萤石资源勘查，严格制定萤石矿山开发标准，提高综合开发利用水平，做到"吃干榨净"。

支持萤石生产企业的"走出去"战略。力争在蒙古国、南非、哈萨克斯坦、俄罗斯、越南、缅甸以及墨西哥等萤石矿富集国中打造一批萤石资源勘查开发基地，切实保障我国萤石资源的可持续供给。

支持萤石使用企业的多渠道进口策略。通过进口的萤石和 AHF 来保障企业的稳定生产和平抑生产成本已成为很多氟化工企业的选择之一。2023 年我国的萤石进口量已达到了 19.5 万吨。

资源开发中注重形成独具内涵的"绿色发展理念体系"，严格控制 AHF 出口，从资源上保障及鼓励国内龙头企业做大、做强、做深。

我国单一萤石资源品质高且含杂质少，属有限的优质资源，可用于高端氟产品的生产，而通过加大伴生矿的综合利用得来的 AHF 产品，可用于中低端以及对于杂质要求不高的氟产品生产。

1.4　国内外氟树脂发展现状

氟树脂在二战结束后经历了 70 余年的发展。经过不断的发展、资产重组和兼并，有的公司已经退出氟化工业务，有的则成了品种齐全、规模庞大、技术长期领先的跨国公司或是具有鲜明技术特色和独特产品的优秀企业。国外企业包括科慕、大金、苏威、阿科玛、3M（Dyneon 品牌）、旭硝子、吴羽和霍尼韦尔等。它们的研发和生产基地遍布北美、欧洲、东亚等经济发达地区。近年来，它们已先后在中国投资建立了独资和合资的氟产品生产企业，其中包括了氟树脂生产企业和以初加工、二次加工为主的氟树脂（含氟橡胶）加工型企业。

国内氟树脂的发展主要出现在 20 世纪 80 年代之后，尤其是 20 世纪 90 年代末进入了高速增长阶段。行业内的很多企业都是沿着先发展甲烷氯化物或 AHF、CFCs 和 HCFC-22，再进入 TFE、PTFE 及其他产品的轨迹成长。经过不断的优胜劣汰，国内已形成了以三爱富、东岳、巨化、中化、梅兰、永和等为代表的氟化工企业。此外，也出现了一批以专门生产 FEP、PVDF 或 FKM 等为特色的中小型民营企业和生产配套的氟中间体及氟化学品的企业。这些企业也在行业中也发挥了至关重要的作用。

由于氟树脂及单体生产的技术比较敏感，除浙江巨化从俄罗斯引入了 TFE 和 PTFE 生产技术以及三爱富公司从苏威、杜邦获得部分 PTFE 技术外，大部分企业还是国内自行开发的技术，因而产品同质化问题比较突出。截至 2023 年，国内氟树脂总体产能已达到近 74 万吨/年。虽然经过不断的品质提升及推陈出新，产品的多样化和高端化有明显的进步，但与国外领先企业相比，技术含量高的可熔融加工氟树脂以及满足一些苛刻指标要求的氟树脂（高端产品），不论是质还是量仍差距明显。

1.4.1　氟树脂及其主要品种

氟树脂的种类繁多，但是在目前各种应用中经常使用的主要是 PTFE、PVDF、FEP、PFA、ETFE 和 PCTFE 等品种（参见表 1-2）。氟树脂可分为非可熔融加工氟树脂（主要是 PTFE）和可熔融加工氟树脂（PVDF、FEP、PFA、ETFE 和 PCTFE 等）。一般而言，氟树脂的每一类产品都有若干个品种，而每个品种由于需要满足不同的应用及加工方法，还可细分为若干个品级。

表 1-2 主要氟树脂及其结构、形态

中文名称	简称	化学结构	主要形态
聚四氟乙烯	PTFE	$\{CF_2-CF_2\}_n$	粉末、乳液
聚偏氟乙烯	PVDF	$\{CH_2-CF_2\}_n$	粉末、造粒料
聚全氟乙丙烯	FEP	$\{CF_2-CF_2\}_n\{CF_2-CF(CF_3)\}_m$	粉末、造粒料、乳液
可熔融加工聚四氟乙烯	PFA	$\{CF_2-CF_2\}_n\{CF_2-CF(OR_f)\}_m$	粉末、造粒料、乳液
乙烯-四氟乙烯共聚物	ETFE	$\{CF_2-CF_2\}_n\{CH_2-CH_2\}_m$	粉末、造粒料
聚三氟氯乙烯	PCTFE	$\{CF_2-CFCl\}_n$	粉末、造粒料
无定形氟聚合物	AF	$\{CF-CF\}_x\{CF_2-CF_2\}_y$ 其中两个 CF 间由 O—C(CF_3)(CF_3)—O 桥连	粉末、造粒料
TFE-HFP-VDF 三元共聚物	THV	$\{CF_2-CF_2\}_n\{CF_2-CF(CF_3)\}_m\{CH_2-CF_2\}_p$	粉末、造粒料、乳液
聚氟乙烯	PVF	$\{CH_2-CHF\}_n$	粉末、造粒料

以下是对主要氟树脂的简单介绍，在第 6 章中有更详细的描述。

（1）PTFE

PTFE 是 TFE 的均聚物，按制造方法不同、产品性能不同和加工方法不同，可分为以下主要品种。

① 悬浮法 PTFE（G/P）。PTFE 悬浮料是 TFE 单体在水相介质中进行悬浮聚合得到的粒状树脂，经捣碎、研磨、气流粉碎、造粒、预烧结等后处理制成不同粒径和表面形态的多个品级。按不同的粒径大小、粒子外表面形态及加工方法又可分为若干个不同品级，包括中粒度树脂、细粒度树脂、流动性好的树脂（造粒树脂、预烧结树脂）及电容器薄膜专用树脂（由低温聚合方法制得）等。

② 分散法 PTFE（F/P）。PTFE 分散料是 TFE 单体在水相介质中有表面活性剂（乳化剂）存在的情况下经聚合，以及凝聚、洗涤和干燥等后处理得到的细粉状树脂。按加工方法，主要分为中低压缩比树脂、高压缩比树脂及超高分子量分散 PTFE（适合加工纤维）等。压缩比是指在进行糊状挤出时料腔横截面积（或直径）与口模横截面积（或直径）之比。

③ PTFE 浓缩分散液（AD）。经 TFE 分散聚合后首先得到的是质量分数为 20%～30% 的 PTFE 乳液中间品，通过添加碳氢乳化剂并升温至一定范围内脱除部分水，最终得到质量分数为 50%～60% 的 PTFE 乳状分散液。当然，也可以采用其他的增浓工艺，如真空升温脱除部分水的工艺。根据不同的初级粒子粒径、平均分子量或者不同的浓缩乳液黏度，可将 AD 分为涂料级、纺丝级、浸渍级等。

④ 改性 PTFE。改性 PTFE 主要分为无机材料的填充改性及与少量其他氟烯烃单体的共聚改性。填充改性可选用的填充材料包括玻璃纤维、石墨及金属粉末等，可提高材料

的硬度及耐磨等性能，或可使材料具有一定的导电性，多采用干法或湿法的填充工艺。与其他单体共聚的改性 PTFE，其常用的共聚单体包括 PPVE、PMVE、HFP 及 CTFE 等（参见表 2-1、表 2-2）。添加的摩尔分数一般在 0.1% 左右或更低。通过控制聚合过程中的改性剂加入量、加入时间点和聚合工艺的变化可得到核改性、壳改性或两者都改性的聚合物，可以满足不同用途的需求。

（2）PVDF

PVDF 是部分氟化的、半结晶型 VDF 均聚物，长期使用温度和耐化学品性能稍差于 FEP，耐候性较好，机械强度也优于其他氟树脂。按聚合工艺、后处理工艺和用途的不同，PVDF 主要包括涂料级（未经造粒的粉料）、模压级、挤出级、线缆级、薄膜级（流延）等。

（3）FEP

FEP 是 TFE 和 HFP 的共聚物，其中 TFE 结构一般占 80%～84%（质量分数），HFP 结构占 16%～20%（质量分数）。引入 HFP 后使原本 TFE 均聚物的直链结构中接入了很多—CF_3 基团，从而使 FEP 既保持了原有的 PTFE 基本特性，又大大降低了 PTFE 的结晶度，实现了可熔融加工。根据熔体流动速率（MFR，表征分子量）的不同，FEP 共聚物可分为多个不同品级，一般包括模塑级、通用级、挤塑级、线缆专用级和涂料级（质量分数 50% 的乳液）等。

（4）PFA

PFA 是 TFE 与 PPVE 的共聚物，加入 PPVE 的摩尔分数一般为 1%～2%，相比改性 PTFE 的用量要大得多。与 PTFE 相比，由于存在全氟烷氧基侧链，PFA 也大大降低了结晶度，实现了与 FEP 一样的可熔融加工性，且全氟烷氧基侧链比—CF_3 基团更长，具有更好的柔软性和空间旋转性，其热稳定性比 FEP 更高，机械强度和耐折性优于 PTFE。按 MFR 划分为多个不同品级，包括模塑级、挤塑级、线缆专用级、涂料级（主要为静电喷涂用的粉料）等。

（5）ETFE

ETFE 是乙烯和 TFE 交替共聚的部分氟化型共聚树脂，两者摩尔比接近 1∶1。虽然 ETFE 长期使用温度不超过 150℃，低于大部分氟树脂，但是其硬度和耐磨性优于 PTFE。通过加入少量改性共聚单体、调节聚合工艺等方法，改变结晶度和其他性能，可以形成多个不同性能和适用范围的品级，主要包括涂料级、薄膜级、线缆级、模压级等。

（6）PCTFE

PCTFE 是 CTFE 的均聚物，是最早出现的氟树脂之一，可用悬浮或乳液聚合法生产，聚合介质可以是水或其他非水介质。PCTFE 为白色粉状物，结晶度可达 85%～90%，化学稳定性和高温稳定性仅次于 PTFE 和 FEP，能耐强酸、强碱、油类及大多数有机溶剂，透明度高，具有优良的耐磨性、尺寸稳定性、耐冷流性、耐辐照、耐气候老化及不燃性等。虽然 PCTFE 有粉末和造粒料两种商品形态，但是在市场上常以最终制品的形式加以销售。

（7）AF

AF 是由全氟 1,3-二氧杂环戊烯（PD）类单体与 VDF、TFE、HFP 等单体以二元或多元方式共聚而成的。PD 中最常见的单体是 PDD（全氟 2,2-二甲基-1,3-二氧杂环戊烯，参见表 2-2），共聚单体中最常见的是 TFE，其中 PDD 均聚物是 T_g 为 335℃ 的全氟树脂，而不同 PDD 与 TFE 共聚可得到不同 T_g 的各种品级和牌号，范围在 160～240℃ 之间。与其他氟树脂相比，该类产品具有最高的透明度，所以又称为透明氟树脂。除高透光性外，该类产品具有非常好的耐温性（干燥空气中分解温度＞410℃）、低吸水率、憎水憎油性和优异的耐化学品性等，特别适用于光导纤维的包覆材料和光电仪器等，可制成特种溶液后用作功能性涂层等。

（8）THV

THV 是一种 TFE-HFP-VDF 的三元共聚物。最早是由 Hoechst 公司开发的。相对其他氟树脂，THV 的加工温度较低，挤出加工时的熔体温度仅为 230～250℃，可与其他塑料及橡胶进行共挤出、共吹塑等。他们之间较易复合粘接，形成牢固、耐久和耐化学品的多层复合材料。THV 主要包括造粒料级、粉料级、水分散液级（质量分数为 30% 和 50%）等。

（9）PVF

PVF 是 VF（氟乙烯）单体的均聚物，是一种高结晶度聚合物。虽然 PVF 有粉末和粒料的形态，但通常只以薄膜产品的形式进行销售，也有少量以溶剂配制的涂料形式进行销售。PVF 的耐候性、耐磨性和防锈性能特别好，可与木材、塑料和金属复合。

1.4.2　生产情况分析

以下分别就主要氟聚合物（不含氟橡胶）的制造商及其产能进行介绍。

（1）PTFE

欧美国家、非欧美国家（除中国）以及中国的主要 PTFE 生产商及其生产地点、产能见表 1-3～表 1-5。

表 1-3　欧美国家的主要 PTFE 生产商及其生产地点、产能（截至 2023 年底）

生产商	地点	产能/（吨/年）	
		小计	合计
科慕	中国常熟	3000	34500
	荷兰多德雷赫特	9000	
	美国帕克斯堡	16000	
	日本静冈	6500	
大金	中国常熟	15300	26400
	美国迪凯特	4100	
	日本鹿岛	7000	
旭硝子	英国黑潭	3000	7000
	日本千叶县市原	4000	
3M	德国博格豪森	5000	5000
苏威	中国常熟	2000	2000
合计（未包括俄罗斯、东欧、印度等）			74900

表 1-4　非欧美国家（除中国）的主要 PTFE 生产商及其生产地点、产能（截至 2023 年底）

生产商	所在国及地点	产能/(吨/年)
Gujarat Fluorochemicals Limited（GFL）	印度戈汗巴（商标 INFLON）	16200
Halo Polymer JSC	俄罗斯基洛沃-切佩茨克	13500
Hindustan Fluorocarbons Limited（HFL）	印度桑格阿瑞迪（商标 HIFLON）	500
Zaklady-Azotowe w Tarnowie-Moscicach S. A.	波兰塔尔努夫	1000
S. C. Viromet S. A.	罗马尼亚布拉索夫	2000
合计		33200

表 1-5　中国的主要 PTFE 生产商及其生产地点、产能（截至 2023 年底）

生产商	地点	产能/(吨/年)	
		小计	合计
东岳	山东淄博	65000	65000
中化	四川自贡	30000	41000
	山东聊城	11000	
巨化	浙江衢州	29320	29320
理文	江西九江	16700	16700
三爱富	江苏常熟	11800	11800
梅兰	江苏泰州	11500	11500
三农	福建三明	11500	11500
永和	福建邵武	10000	10600
	浙江金华	600	
中氟	江西赣州	5000	5000
华氟	山东济南	3600	3600
孚诺林	浙江绍兴	1000	1000
合计			207020

　　截至 2023 年底，全球主要 PTFE 生产商的生产能力已达到 315120 吨/年，其中中国主要生产商的产能达到 207020 吨/年，约占全球产能的 65.7%。如包含国外公司在中国国内的产能，则国内 PTFE 的生产能力达到了 227320 吨/年，约占全球产能的 72.1%。

　　（2）FEP

　　欧美国家、中国的主要 FEP 生产商及其生产地点、产能见表 1-6、表 1-7。

表 1-6 欧美国家及印度的主要 FEP 生产商及其生产地点、产能（截至 2023 年底）

生产商	地点	产能/(吨/年)	
		小计	合计
大金	中国常熟	6000	18300
	美国迪凯特	6800	
	日本鹿岛	5500	
科慕	荷兰多德雷赫特	3000	15600
	美国帕克斯堡	10000	
	日本静冈	2600	
3M	德国博格豪森	2000	2000
GF	印度戈汗巴	500	500
合计			36400

表 1-7 中国的主要 FEP 生产商及其生产地点、产能（截至 2023 年底）

生产商	地点	产能/(吨/年)	
		小计	合计
东岳	山东淄博	13000	13000
中化	山东聊城	12000	12000
永和	浙江金华	6000	11000
	福建邵武	5000	
巨化	浙江衢州	4500	4500
三爱富	江苏常熟	3000	3000
梅兰	江苏泰州	3000	3000
新氟	重庆	2500	2500
孚诺林	浙江绍兴	2000	2000
合计			51000

截至 2023 年底，全球 FEP 产能合计达到了 87400 吨/年，其中中国主要生产商的产能达到 51000 吨/年，约占全球产能的 58.4％。如包括国外公司在中国国内的产能，则中国占据了全球 FEP 产能的 65.2％。

（3）PVDF

欧美国家、中国的主要 PVDF 生产商及其生产地点、产能见表 1-8、表 1-9。

表 1-8 欧美国家的主要 PVDF 生产商及其生产地点、产能（截至 2023 年底）

生产商	地点	产能/(吨/年)	
		小计	合计
阿科玛	美国肯塔基州卡尔弗特城	11600	37300
	法国皮尔-贝尼	6700	
	中国常熟	19000	

续表

生产商	地点	产能/(吨/年)	
		小计	合计
苏威	美国西德普特福德	7700	35500
	法国塔沃	19800	
	中国常熟	8000	
吴羽	日本磐城	6000	11000
	中国常熟	5000	
大金	日本鹿岛	500	500
3M	美国迪凯特	200	200
合计			84500

表 1-9　中国的主要 PVDF 生产商及其生产地点、产能（截至 2023 年底）

生产商	地点	产能/(吨/年)	
		小计	合计
三爱富	内蒙古丰镇	23000	39000
	福建邵武	16000	
巨化	浙江衢州	33500	33500
孚诺林	浙江上虞	5000	30000
	湖北潜江	25000	
东岳	山东淄博	25000	25000
中化	浙江上虞	13500	16000
	四川自贡	2500	
东阳光	广东韶关	15000	15000
德宜	山东德州	15000	15000
华安	山东淄博	14000	14000
氟峰	宁夏石嘴山	10000	10000
天霖	宁夏青铜峡	10000	10000
合计			207500

截至 2023 年底的全球 PVDF 产能合计 292000 吨/年。其中中国主要生产商的产能达到了 207500 吨/年，约占全球产能的 71.1%。如包括国外公司在中国国内的产能，占比进一步提升至惊人的 75.5%。

（4）ETFE

欧美国家、中国的主要 ETFE 生产商及其生产地点、产能见表 1-10、表 1-11。

表 1-10 欧美国家的主要 ETFE 生产商及其生产地点、产能（截至 2023 年底）

生产商	地点	产能/(吨/年)	
		小计	合计
旭硝子	日本市原	8000	12000
	日本鹿岛	3000	
	英国黑潭	1000	
大金	美国迪凯特	2100	5100
	日本鹿岛	3000	
科慕	美国帕克斯堡	1800	1800
合计			18900

表 1-11 中国的主要 ETFE 生产商及其生产地点、产能（截至 2023 年底）

生产商	地点	产能/(吨/年)
东岳	山东淄博	3000
华氟	山东济南	2000
合计		5000

截至 2023 年底，ETFE 全球产能为 23900 吨/年。近年由于在建筑材料（薄膜）和航空线缆绝缘材料方面的需求上升较快，ETFE 的关注度获得了大大的提高。目前，中国主要生产商的产能达到 5000 吨/年，约占全球产能的 20.9%，目前正处于较快的产能增长阶段。

（5）PFA

欧美国家、中国的主要 PFA 生产商及其生产地点、产能见表 1-12、表 1-13。

表 1-12 欧美国家的主要 PFA 生产商及其生产地点、产能（截至 2023 年底）

生产商	地点	产能/(吨/年)	
		小计	合计
科慕	美国帕克斯堡	3100	5700
	日本静冈	2600	
大金	日本鹿岛	2500	4000
	中国常熟	1500	
GFL	印度戈汗巴	720	720
旭硝子	日本市原	500	500
3M	德国博格豪森	500	500
合计			11420

表 1-13　中国的主要 PFA 生产商及其生产地点、产能（截至 2023 年底）

生产商	地点	产能/(吨/年)	
		小计	合计
永和	福建邵武	3000	6000
	浙江金华	3000	
东岳	山东淄博	2000	2000
巨化	浙江衢州	2000	2000
三爱富	江苏常熟	1000	1000
合计			11000

截至 2023 年底，全球 PFA 产能合计 22420 吨/年。其中中国主要生产商的产能达到了 11000 吨/年，约占全球产能的 49.1%。

（6）PCTFE（表 1-14、表 1-15）

表 1-14　欧美国家的主要 PCTFE 生产商及其生产地点、产能（截至 2023 年底）

生产商	地点	产能/(吨/年)
霍尼韦尔	美国盖斯马	3000
阿科玛	法国皮尔-贝尼	500
大金	日本大阪府摄津	400
合计		3900

表 1-15　中国的主要 PCTFE 生产商及其生产地点、产能（截至 2023 年底）

生产商	地点	产能/(吨/年)
德施普	辽宁阜新	500
合计		500

截至 2023 年底，全球 PCTFE 产能合计 4400 吨/年。其中中国主要生产商的产能为 500 吨/年，约占全球产能的 11.4%。

（7）ECTFE（表 1-16）

表 1-16　欧美国家的主要 ECTFE 生产商及其生产地点、产能（截至 2023 年底）

生产商	地点	产能/(吨/年)
苏威	美国得克萨斯橙县	1800
合计		1800

（8）PVF（表 1-17）

表 1-17　主要 PVF 生产商及其生产地点、产能（截至 2023 年底）

生产商	地点	产能/(吨/年)	
		小计	合计
科慕	美国布法罗	2500	5100
	美国费耶特维尔	2600	
中化	浙江上虞	2000	2000
合计			7100

（9）THV（表 1-18）

表 1-18　主要 THV 生产商及其生产地点、产能（截至 2023 年底）

生产商	地点	产能/(吨/年)	
		小计	合计
3M	美国迪凯特	900	1400
	德国博格豪森	500	
合计			1400

FEP、PVDF、ETFE、PFA 等都是目前中国正在积极发展的品种。截至 2023 年底，全球各种可熔融加工氟树脂已形成产能总计 423220 吨/年，占氟树脂总产能（739240 吨/年）的约 57.2%。中国的 FEP 和 PVDF 已进入产能增长的快车道，而其余可熔融加工氟树脂的产能扩张将在未来数年内迎来增长的拐点。

相比于 2010 年的氟树脂产能分布，国外公司在氟聚合物上的统治力已大大降低，其中科慕和苏威的产能比重下降趋势最为明显。虽然大金、苏威等公司针对一些高端产品进行了产能扩张，但是增长幅度总体上仍远低于中国生产商的产能扩张速度。从地域上看，日本在 PFA 和 ETFE 等氟树脂产品上占其总产能的 35%～58%，美国在 PVF、THV 和 ECTFE 等产品的产能上占其总产能的 60%～100%。这一方面是由于这些产品树脂的指标要求会更高，除了加工性能之外，更注重树脂中的组成均匀度、杂质含量、加工成制件后的离子析出量以及表面粗糙度等，而中国生产商仍需要突破与此相对应的制备工艺瓶颈。这些产品的全球产能极其有限，导致很多产品只销售制品而非树脂，形成了事实上的技术和销售壁垒。另一方面是因为这些产品的应用领域相对较窄，而客户在应用开发的导入期时就选择了国外厂家的产品，后期一旦更换就会面临各种认证和成本问题。此外，客户对来自美国、日本生产商的品控认可度也更高。包括先发优势和口碑优势在内的各种因素都导致了中国生产商在推动这些高端小产品产业化的过程中面临着不小的挑战。中国的生产商需要进一步投入各种资源和时间成本，不断优化聚合配方、生产工艺，逐步积累客户满意度，才有可能在下一个十年中逐步突破为数不多的几个仍由日本和美国生产商占据着的氟树脂产品高地。

1.4.3　技术发展现状

1.4.3.1　单体制造技术

氟树脂的发展与各种氟单体的开发及生产技术水平的不断进步和完善是密不可分的。

氟单体主要包括 TFE、HFP、VDF、CTFE、VF 等（参见表 2-1），其中 TFE 是最重要的和最核心的单体，它不仅是 PTFE、FEP、PFA、ETFE、三元 FKM（VDF-HFP-TFE）、全氟醚橡胶、无定形氟树脂、全氟磺酸离子交换树脂及全氟羧酸离子交换树脂等一系列氟聚合物的基础单体或共聚单体之一，也是 HFP 及后续的 HFPO、PPVE、PMVE、PSVE 及 PCMVE 等精细品（中文名参见表 2-2）和多种氟制冷剂（如五氟乙烷 HFC-125 等）等的主要原料，因此 TFE 的制备技术受到了理所应当的高度重视。从技术层面看，HCFC-22 热裂解制备 TFE 的工艺主要分为空管热裂解和过热水蒸气稀释裂解两种生产方法，国内基本上采用后一种方法。衡量 TFE 的生产技术水平主要有以下一些标准，包括产品 TFE 的纯度（特别是包括 O_2 在内的有害杂质的含量控制）、每吨 TFE 的 HCFC-22 单耗和能耗、生产的安全性和持续稳定性等。TFE 纯度最高可达 99.9999％或更高（需要配套的高灵敏度色谱仪进行测定），杂质（主要是多种氟烯烃或烷烃）总含量可控制在 100mg/kg 以下，氧含量不超过 3mg/kg。易发生爆炸和自聚堵塞是 TFE 生产过程中要面对的两个关键问题，也始终困扰着各国的生产企业。为此，行业内的企业都做了大量的技术改进，目前 TFE 的生产平稳性和安全性有了极大的提高和改善。技术进步还体现在成功采用了膜分离技术、溶剂选择性吸收技术等对 TFE 装置排放的尾气的未转化 HCFC-22 进行了高效回收，并在回收系统中提纯后再返回反应单元进行反应，从而使 HCFC-22 单耗降低到 1.85 左右甚至更低的水平，回收的 HCFC-22 纯度可大于 98％。在微量杂质的检测技术方面也取得了长足进展，例如发展了一些针对特别敏感杂质〔如 Tr-FE）三氟乙烯）〕的定量测试方法。生产装备和配套工艺也经历多次升级，取得了很大进步，例如使用了专用的 TFE 裂解气压缩机以及采用了 DCS（分散控制系统）及 APS（自动程序启、停系统）提升自动化程度。此外，在关键位置点设置在线氧含量测试仪、纯度分析等在内的在线测试仪表等也大大提升了装置的安全性和操控性。

HFP 合成工艺是 TFE 空管热裂解。在该工艺中，始终要关注的生产问题主要有：在高温反应下，原料构成和温度分布不合理等因素极易引发 TFE 自聚和结炭，进而导致 TFE 裂解所用的金属管发生局部堵塞甚至烧毁。这严重影响了裂解管的使用寿命。另外，由于生产工艺的影响，HFP 的纯度一般很能难平稳地达到 99.9％，大多在 99.5％，从裂解气回收的 C-318（八氟环丁烷）纯度不高，且系统会残留有不易处理的高沸点残液，其中含有一定量的剧毒品 PFIB（全氟异丁烯）。通过下述的一系列措施可大大改善 HFP 的生产操作，并使裂解管寿命大幅延长（可达 2 年以上），包括：①将 C-318 与 TFE 混合后进行共裂解；②用分段控制法精确控制反应管外加热，改善反应器的纵向温度分布，避免出现局部温度失控和过热；③采用甲醇吸收反应气中 PFIB 等。目前，单套生产装置的经济规模已达 0.5 万吨/年，HFP 纯度达到 99.99％以上，回收的 C-318 纯度亦可以达到 99.95％以上，TFE 的单耗降至 1.25 甚至更低。特别要指出的是，HFP 生产中必定会产生 PFIB，而 PFIB 已列入联合国《禁止化学武器公约》的禁止名录，属于名录中限制生产、销售和使用的附表 AⅡ类化合物，因此缔约国每年要公布 PFIB 的生产和销毁数量。同时，国际禁止化学武器公约组织（OPCW）还会对 HFP 生产装置实施 2～3 次现场核查，检查实际 PFIB 生产量与公布数量是否一致以及实际生产量同销毁量是否一致，从而确定 PFIB 没有用于其他目的。

对于 PVDF 和 FKM 而言，VDF 是一个非常重要的单体。近年来，随着 PVDF 和 FKM 的产能不断扩大，VDF 生产技术和产能规模也随之发展和不断完善。目前的规模化 VDF 生产工艺路线主要是以 HCFC-142b 为原料的热裂解工艺路线。

VDF 生产技术的进步主要体现在核心的反应装置上。根据采用的加热方式不同，可分为电加热、天然气炉加热、水蒸气稀释及高温烟道气等热裂解工艺，但是无论何种加热方式，都需要通过加热温度曲线的合理设计尽可能消除局部过热和抑制结炭。目前，VDF 生产技术已趋于成熟，单台裂解炉的生产能力从 10 年前的 800～100 吨/年增加至

5000 吨/年，从而使得单套生产装置的经济规模达到了 0.5 万～1 万吨/年的水平。

传统的 CTFE 制备工艺路线采用的是 CFC-113 经锌粉脱氯再精馏的工艺。此工艺路线成本较高且会产生氯化锌等副产物，因此近年来发展了催化加氢的工艺，同时可联产三氟乙烯 TrFE。单套装置的经济生产规模已达到 3000 吨/年。

近年来，HFPO 和全氟烷基乙烯基醚系列的精细品发展得很快，具体的合成技术将在第 2 章中介绍。上述产品的单套装置经济生产规模已达到了 1000 吨/年以上。

1.4.3.2 聚合和后处理技术

聚合和后处理技术的发展，往往与新产品、新聚合方式、新引发体系、新配方、新装备和新的自动控制方案的发展是密切相关的，其最大的特点就是专用化程度高、针对性强。

（1）新的聚合技术

除了沿用多年的以水为介质的悬浮聚合、乳液聚合外，出现了以超临界 CO_2 为介质的聚合工艺。该工艺首先成功应用在了 TFE 的聚合之中，而在其他产品（如 FEP、PFA、PVDF 等）上的应用也有报道。该工艺的最大好处是可以得到高清洁度的产品，可用于电子产品、人体用的医用材料及脏器替代物等领域，而且产生的"三废"也大大减少，但是在 CO_2 的回收和循环使用等方面还需要提高和完善。此外，传统的溶液聚合也在部分氟树脂产品（FEP 及 ETFE）的生产中得到了应用。螺杆挤出的聚合方式成功应用在氟硅橡胶的本体聚合之中。

接枝和嵌段的聚合技术在氟树脂上也有应用，例如在 20 世纪 90 年代末就有报道称，日本某公司用嵌段聚合的方式成功研制了硬段是塑料段而软段是橡胶段的产品。在含氟功能高分子的研发中会较多地采用接枝聚合的工艺。

另一项重要的技术进步是在聚合体系中引入了少量改性单体，并通过加入时间点和加入量的精确控制可选择性地对核或壳进行针对性的改性，从而使核和壳的不同部位物料具有差异化的性能（包括软硬性能等）以适应不同加工方式或者应用的要求。

除了上述的间歇聚合，有利于减少反应器体积的连续聚合工艺也得到了越来越多的关注，特别是国内（如三爱富公司）在氟橡胶的连续聚合上做了很多的尝试，积累了很多的经验。

（2）新的聚合配方

配方是生产商的核心机密之一，不同配方可以得到不同性能的产品，配方中最重要的部分是引发体系，也在很大程度上决定了聚合参数以及聚合物的一次结构。不同引发体系适用于不同的反应温度，如过硫酸盐引发剂主要用于 PTFE 或 FEP 的中高温聚合，而氧化还原体系、有机过氧化物（如过氧化二碳酸二异丙酯 IPP 及过氧化丁二酸酯等）和少数用偶氮二异丁腈（AIBN）的体系则适用于中低温聚合。有机过氧化物大多分解温度低，需要在溶剂中保存和使用。近年来，为了进一步改善聚合物的端基结构，提升聚合物性能，发展了全氟代有机过氧化物的引发体系，这类引发剂没有市售，多为自行合成。现已有在 FEP 和 PVDF 的聚合过程中的应用实例和报道。除了引发剂之外，乳液聚合及悬浮聚合中所用的分散剂也是重要组成之一，尤其是乳液聚合中常用的全氟辛酸铵（APFO），由于发现它对试验动物有明显的致癌可能性，欧美现已停止了生产和使用。各种含氟的短碳链或是含有醚键的分散剂已作为 APFO 的替代品用于各种聚合物的生产，但是从环保角度出发，不含氟的分散剂必然是后续的替代方向。

（3）新的生产装备

在聚合物的生产线中，反应釜以及后处理的单元生产设备等都是主要的核心装备，特别是反应釜的尺寸设计、加工方案及材质的选择、传热方案的设计、管口的合理布局以及配套搅拌的方案对提高单釜的生产能力、产品品质有着重大意义。一个优秀的反应系统可以得到更高固含量、更优一次结构和更高纯度的产品，在反应过程中获得更优化的浓度、温度分布及更安全的操作，例如为了在乳液聚合中获得更好的乳液稳定性以及更好的气液相传质过程，多采用卧式反应釜系统。目前单台卧式反应釜的最大容积已可超 $10m^3$。在悬浮或溶液聚合中，基于同样的目的出发，则多倾向于采用立式反应釜。目前单台立式反应釜的最大容积已超 $15m^3$。在氟聚合物的合成中，由于所采用的引发剂或形成的低聚物发生分解形成酸性的含氟离子物质，因此其本体材质多采用特种耐腐蚀钢材或内层为特种耐腐蚀钢材的复合钢。

在后处理装置方面，如果生产线的产能规模有限（如年产百吨的规模）或为了灵活切换生产多种产品的需要，则可采用间歇类型的设备（如烘箱、搅拌釜等）作为主要的后处理设备，但是随着氟树脂单线的生产规模越来越大（如年产千吨及万吨规模），洗涤、干燥等单元装备逐步过渡到了半连续化、连续化以及密闭化的设备系统。这不仅降低了劳动强度，也对产能和品质的提升起到了有效的保障作用。

1.4.4　全球主要市场的消费情况分析

1.4.4.1　中国市场

氟树脂在世界上的各个市场中都有着广泛的应用，但是不同品种和品级的氟树脂在不同国家的用量随着应用方向的差异有所不同。目前中国拥有世界上最多的氟产品系列和最大的产能，同时也是世界第一大氟树脂消费市场。

根据中国氟硅有机材料工业协会的相关数据，2023 年中国市场共耗用各种氟树脂 25.6 万吨，其中 PTFE 占总消费量的 52.9%，PVDF 占总消费量的 30.2%，FEP 占总消费量的 13.4%，其余的氟树脂占 3.5%。在 PTFE 中，悬浮 PTFE 占 55.1%、分散 PTFE 占 24.5%，PTFE 浓缩分散液占 20.4%。在中国市场中，PVDF 是占据第一的可熔融加工氟树脂，甚至在不远的将来可能会超越 PTFE 成为耗量最大的氟树脂。

（1）PTFE 的主要消费领域

① 悬浮 PTFE 的主要消费领域。悬浮 PTFE 在中国的主要消费领域及比例可参见表 1-19。

表 1-19　2023 年中国悬浮 PTFE 的主要消费领域及其用量比例

消费领域	比例/%
机械相关工业	27
化学工业	51
电子电气	17
其他（微粉改性及添加等）	5

　　a. 机械相关工业。主要用于密封件、活塞环、轴承和气缸管子零部件等，其中密封件多用于汽车中的散热器、传动系统和空调系统中。基本是先加工成不同尺寸或厚度的圆柱、管材或板材，再经二次机械加工成型，也可以采用直接模塑的方式加工成型。大部分填充型 PTFE 都用于机械工业，至少有 75％用于轴承、密封体、轴承表面和活塞环的制造，这些产品中的一多半用于汽车生产，剩余的则用于压缩机等的生产过程。另外的约 25％用于机器轴承及高层建筑和桥梁的轴承垫。填充型 PTFE 不断增长的应用也与车辆引擎盖下那部分需要承受更高温度和更好耐化学品性的零部件需求有关。

　　b. 化学工业。主要用于与流体有关的设备、管道、阀门和泵的衬里以及浸入式管件、大型管道的膨胀补偿段、喷嘴、阀座的零部件、硬填料及气密性密封垫圈等零部件和实验室设备用的各种零部件。它们大都是以预烧结 PTFE 为原料，采用一次柱塞挤出及二次机械加工制成的。有些反应器衬里和实验室用品则是采用（液压）等压模塑成型的方法加工的。特别是模压成型的钢锭状 PTFE 坯料经车削制成的板材常用于大型化工设备的衬里等。

　　c. 电子电气。主要用于电缆连接件、断路器和支座绝缘子的加工。非填充型的悬浮 PTFE 也用于同轴电缆芯线、带状电缆和电绝缘带（绕包用）等的生产，其中采用车削方式获得的 PTFE 带（膜）常用于绕包电缆，在其表面涂上添加剂或压敏胶后还可用作压敏带。甚至有一些悬浮 PTFE 还可用于印刷线路板。

　　② 分散 PTFE 的主要消费领域。分散 PTFE 在中国的主要消费领域及其占比可参见表 1-20。

表 1-20　2023 年中国分散 PTFE 的主要消费领域及其用量比例

消费领域	比例/％
纺织品	52
汽车	4
电气：电线电缆（非汽车）	6
管子（非汽车）	10
其他（生料带、膜等）	28

　　a. 纺织品。利用分散 PTFE 可微纤化的特性，采用高温双向拉伸的加工方法可将其制成微纤薄膜。这种薄膜也称双向拉伸膜或膨体 PTFE 膜，与尼龙（聚酰胺）或涤纶（聚酯）纺织品黏合在一起可用于生产具有防雨、透气（人体的汗气）及不透风等特点的复合纺织品，特别适合制成室外活动时穿的上衣外套和裤子，尤其是用于滑雪、划船、登山、狩猎、野外步行和自行车运动等的服装。此外，还包括防水、透气的靴、袜、手套等，野外活动用的军用服装和帐篷、防化兵专用外套、外科手术用罩衣罩袍，野外工作人员的劳动保护服，航天服及高清洁室内的工作服等。

　　b. 汽车。主要用于汽车风门、传动系统、离合器和刹车等有着频繁推拉需求的线缆以及液体槽罐车用的挠性导管等。

　　c. 非汽车用线缆。主要是以 PTFE 为绝缘体的线缆，包括 PTFE 糊状挤出的线缆及 PTFE 薄膜制成的绕包线等。这类线缆在飞机、舰船、同轴电缆、架空线路、远程通信及计算机线缆等领域都有着广泛的应用。

d. 非汽车用管子。主要用于裸线包覆的 PTFE 空心毛细管（作为电绝缘材料）、化学工业中输送流体的增强性软管衬里、换热器管及野外装备用的软管等，还可用于导尿管和外科手术的血管接枝（也称为搭桥，即建立旁路）等的医用导管，虽然该应用的绝对使用量可能很小，但意义很大。

e. 其他。包括了流体处理设备中用于替代石棉的密封材料、泵的密封填料、螺纹口密封的未烧结 PTFE 带（也称生料带）、管道及管件的衬里、人工合成膝关节韧带、静脉血管和下颌种入等需要生物相容性的应用。

③ PTFE 浓缩分散液的主要消费领域。PTFE 浓缩分散液也称为 PTFE 浓缩乳液，主要应用于食品炊具的不粘涂层、玻璃纤维的浸渍（制成玻璃布复合材料）和自润滑机械零件的加工等。

PTFE 浓缩分散液在中国的主要消费领域及其用量占比可参见表 1-21。

表 1-21　2023 年中国 PTFE 浓缩分散液的主要消费领域及其用量占比

消费领域	比例/％
玻璃纤维布涂层和微纤	20
民用消费品和工业品涂层	45
纤维（湿法纺丝）	10
PTFE 浸渍件等	20
其他（抗滴落剂、电池黏剂及改性）	5

a. 玻璃纤维布涂层和微纤。浸涂 PTFE 的玻璃纤维布主要用于高大建筑，如体育场馆的圆形大顶盖。大量浸涂 PTFE 的玻璃布可用于火力发电站的过滤袋（以降低燃煤产生的空气污染）、阀门及泵的填料、印刷线路板等。戈尔公司推出的 Tenara® PTFE 微纤建筑用材料是 100％膨体 PTFE，透光性更高，可在室外使用更长的时间，适用于室外凉棚、体育场馆、露天剧场和商用或工业用建筑等的顶盖材料。

b. 民用消费品和工业品涂层。PTFE 消费品涂料广泛用于各种家用炊具、包括喷水蒸气电熨斗在内的各种家用电器、金属工具及园艺用具等，其中 75％以上的 PTFE 消费品涂料用于食品炊具的不粘涂层，PTFE 涂层的一至三层可用静电喷涂的加工方法，另有一层或更多层可能是聚苯硫醚（PPS）或聚酰亚胺（PI）树脂的底漆，以增加与炊具的金属基材底板的黏结力。工业品涂层占 PTFE 涂料总量的 15％，主要用于传送带、卸物槽和辊筒表面，提供了高温脱模、防粘的功能，适用于食品、纺织品、橡胶、塑料等的热封包装、蒸煮和干燥等过程。

涂料用途的 PTFE 浓缩分散液通常含有涂料配方中的其他助剂，以涂料的形态实现销售。杜邦公司曾以 Silverstone® 和 Teflon® 两个商标销售其用于食品炊具的 PTFE 涂料，后者在中国市场以特氟龙® 为商标译名。2005 年前后在中国发生了"特氟龙不粘锅有毒"事件。由于美国媒体报道了分散 PTFE 和 PTFE 浓缩分散液在生产过程中所用的 APFO 乳化剂对试验动物会引起致癌性病变，从而推断对人体可能也有害。结果导致了一场几乎全国所有媒体都参与的围剿含有 PTFE 涂层不粘锅的风波。目前 APFO 已被其他含氟或不含氟的乳化剂替代了。政府部门也已按照国际公约等提出了明确的限制要求。

　　c. 纤维（湿法纺丝）。由于可纺性差，通常要在 PTFE 乳液中加入可纺性好的其他材料（如黏胶纤维的浆料）。通常在湿法纺丝中喷丝孔喷出的丝会经历冷却、烧结（既是 PTFE 熟化过程，又是烧除黏胶纤维的过程）、拉伸定型及收卷等处理过程，主要用于制造各种过滤材料（如过滤袋等）。这种过滤材料特别适合于强酸性工业废气中细小颗粒的去除。PTFE 丝还可用于各种流体密封的场合，包括泵的填充物、密封圈、轴承等。因为切断的 PTFE 丝比 PTFE 粉料更容易使用，因此常用于塑料配方的混料过程，制造润滑性好的工程塑料品级（如聚缩醛）。也有报道称用该材料制作了牙科用材料。除了湿法纺丝外，抽丝法则是先将 PTFE 成膜，再切割成丝，也称为切割丝。

　　d. PTFE 浸渍件等。密封圈及密封材料都可以用 PTFE 浓缩分散液进行浸渍，浸渍件可用于泵的填充密封。此外，吉他弦及干电池也是 PTFE 浸渍件的应用例子。

　　（2）其他氟树脂的主要消费领域

　　这里所涉及的其他氟树脂主要指各种可熔融加工的氟树脂，其品级在不同市场（中国、欧盟、美国、日本等）的占比和消费量是不同的，但是不同品种仍有针对性的应用市场。例如，建筑物天花板隔层内的安装用线缆首选的是 FEP，其次是 PVDF，ETFE 在这方面应用很少，而用于线缆的 PVDF 则大多是含有少量改性单体（如 5%～20%HFP）的共聚物。加入交联剂后，密度较小的 ETFE 经过挤线及辐照交联后可以显著提高使用温度，因此 ETFE 线缆最适合在航空航天工业领域的应用，其他氟树脂（如 FEP、PVDF、PFA 等）则相对较少地应用于航空线缆，但是可应用于热收缩管、计算机用导线和热示踪电缆等。PVF 和 CTFE-VDF 树脂几乎全部用于成膜，这类膜大部分用于包装和与其他基材复合。PVF、PVDF 及 ECTFE 膜都可用于光伏电池的背板膜。PFA 主要用于半导体工业中化学处理用设备及耐腐蚀零部件的加工。耐候性好的 PVDF 涂层多用于建筑外墙等。缺点是不能现场施工，需预先制作在金属基材上并经烘烤。

　　作为目前全球最大的氟产品生产国和应用市场，中国在可熔融加工氟树脂领域的发展和应用趋势具有更强的行业代表性。以下是可熔融加工氟树脂在中国市场的应用领域分析。

　　① FEP 的主要消费领域。2023 年的中国 FEP 总消费量达到了 2.9 万吨以上。表 1-22 是 2023 年中国 FEP 的主要消费领域及其用量的占比。

表 1-22　2023 年中国 FEP 的主要消费领域及其用量占比

消费领域	比例/%
线缆	72
管	9
膜	6
化工设备及其他	13

　　a. 建筑物室内隔层间线缆。该应用在中国市场的占比非常小，但是随着中国高层建筑总量的不断增加和对防火要求的高度关注，这可能会刺激 FEP 在该领域用量的快速增加。其实美国才是这一领域的最大 FEP 消费国，消耗了该市场 75% 的 FEP 量。这主要是

由于美国电子工业协会下属的建筑物室内层间安装线缆组于 1992 年制定了相关规范。这一领域所消耗的 FEP 的 95％用于导线的主体绝缘，5％用于护套管。

b. 其他特种线缆。主要用于高温线、电子线、射频线、光缆等的制作中，进而作为航空和飞机制造用线（包括地面支持系统设备等）、计算机底板上的布线、通信方面用线、热电偶绝缘等。此外，还可将其用于油井的线缆。

c. 膜。纯 FEP 膜是一种透明薄膜，可热封、热成型、真空成型和焊接成型，可与金属基材一起制成复合材料，还可用于脱模。由于强度/重量的高比值，FEP 膜可用于商用和军用飞机的机壳、机翼外表面和发动机舱等部位。FEP 膜与聚酰亚胺薄膜复合后用于飞机线缆的绝缘是一个重要的市场，这类复合膜可采用与 FEP 薄膜直接复合的方式，也可以采用 FEP 乳液涂覆及热处理后形成复合膜的加工方式。少量的 FEP 膜也用于辊筒表面的覆盖层、压敏带、太阳能收集器、取样袋等。中国每年实际消耗的 FEP 薄膜近2000 吨。

d. 管、化工设备和其他。FEP 管主要用于半导体工业、汽车工业、医药工业、军工及环保领域（如水取样作业）中，还可用于一些井下作业，而热收缩辊筒套则用于造纸工业、化工、纺织、食品加工和包装业。在化工应用中，主要是用作衬里、波纹管和阀门零配件等。各种复杂形状的管件、泵及管道的衬里都用其进行制作。挤出的 FEP 可加工成用于织物类产品的单丝。

② PVDF 的主要消费领域。虽然 PVDF 的耐温等级在氟树脂中相对较低，但是它的机械强度及硬度高，耐候性特佳，且由于密度小于 FEP 等全氟碳树脂，同体积下的实际使用成本费用更低。表 1-23 是 2023 年中国 PVDF 的主要消费领域及其用量的占比。

表 1-23　2023 年中国 PVDF 的主要消费领域及其用量占比

消费领域	比例/％
建筑涂料	28
锂电池	51
膜	12
化学工业及其他	9

a. 建筑涂料。通常，用于建筑涂料的 PVDF 是与颜料及各种助剂一起分散在溶剂中，以涂料的形态出售的。对于用于粉体涂装的 PVDF，也可以干粉状树脂的形态销售，而涂装好的钢材可直接用于钢结构建筑的屋面、侧墙面等处。涂装 PVDF 的制成品可以承受长期暴晒。在建筑涂料领域，约 20％的 PVDF 用于辊涂涂装，80％用于喷涂涂装。主要生产商上海三爱富、阿科玛及苏威等并不直接供应涂料，而是将涂料级 PVDF 树脂（如T-1W、Kynar500 或 Hylar5000）销售给专业的涂料配制公司（如 Akzo Nobel、PPG Industries 等）配制成 PVDF 涂料。这类涂料的担保有效期可达 20～30 年。

b. 锂电池。受到"双碳"和国内电动汽车产业政策等的影响，PVDF 作为黏结剂和隔膜的材料在动力锂电和储能方面的用量增长是非常快的。

c. 膜。纯 PVDF 薄膜是一种透明的致密薄膜。除了薄膜外，PVDF 还用于制造微孔膜和超滤膜，用于化学工业、半导体工业、制药工业和水处理等。

d. 化学工业及其他。PVDF 可用于设备、管子和管件、耐化学腐蚀泵（包含泵体和叶轮）和具有复杂形状阀门等的基材，也可作为一种耐腐蚀衬里材料，用于设备、管、阀门、泵、换热器等的衬里。这些设备、管道和零配件等在造纸、纸浆、石化和核工业中都有大量应用，如离子膜烧碱厂将全塑的 PVDF 阀门用于精制盐水和含 Cl⁻ 的淡盐水循环系统。在线缆上，PVDF 主要是用作光纤、数字和电话电缆、工业专用电缆（铜芯线除外）的护套管。选择 PVDF 作护套管是因为它具有（同 FEP 等比较）相对低的成本、机械强度高、在发生意外火灾时耐烟雾和火焰性能较好等特点，同时还兼具挠性、耐化学品性、易加工、价格适中、较易制成可导电及辐照下具有热收缩性的产品等优点。均聚 PVDF 占这方面市场消耗量的 60%，其余 40% 是改性的共聚 PVDF。

③ ETFE 的主要消费领域。表 1-24 是 2023 年中国 ETFE 的主要消费领域及其用量的占比。目前的 ETFE 最大市场主要在美国，该市场的 2023 年用量达到 1.35 万吨以上，而中国市场 2023 年的用量则在约 3000 吨，用量占比并不大。ETFE 中 70% 以上是以粒料形态销售的，其余则是以粉料形态销售。用于电线电缆时，ETFE 通常需经过辐照交联，以提高其机械强度和耐温等级，而这对于飞机工业尤其重要。

表 1-24　2023 年中国 ETFE 的主要消费领域及其用量占比

消费领域	比例/%
薄膜	80
电线电缆	11
导管	5
化学工业及其他	4

a. 薄膜。由于 ETFE 薄膜具有高透光、长寿命、易清洗以及可散射光、阻隔紫外线和红外线等优点，可大量用于建筑、农业、电子工业，用作屋面材料、温室膜等。

b. 电线电缆。主要用于航空、航天领域（包括军用飞机、火箭和航天飞行器）布线时的连接线，也用于汽车用线、计算机底板线路、公交车辆的照明和仪表线，化工、核电站的控制室地面模块用线。此外，用作钻井平台上的深井电缆时，ETFE 线缆可用于探油和生产时的数据传输。

c. 化学工业及其他。在化学工业中，ETFE 主要用来制造储槽、泵、阀门和管道的衬里及其他挤出件和模压件（如塔器填料、阀座、消雾器、管件等）。在电子电气中，ETFE 可用于热收缩管、电线电缆接头的包覆及多种注射成型零件（如线圈架、插座、连接插头盒、开关箱元件、绝缘体、锂电池外壳、接线柱等）。在汽车工业上，ETFE 与其他材料复合后可直接用作接触油料的低渗透多层油管等。

④ PFA 的主要消费领域。表 1-25 是 2023 年中国 PFA 的主要消费领域及其用量的占比。PFA 性能与 PTFE 基本相同，且可熔融加工，没有冷流的缺点，但生产成本高，售价高，所以其应用主要在半导体工业，少量用于线缆等其他行业。在半导体行业中，PFA 主要用作晶片托架、管道、阀门、管件、过滤系统等的基材，特别是如晶片托架等能经受化学处理、清洗、干燥等的处理过程。由于中国持续加大半导体行业的投入，该行业对 PFA 的需求在 2023 年有了明显的增加。

相比 PVDF 等，PFA 更耐强碱、强酸。相比不锈钢，PFA 更适合用于有超纯或优异耐腐蚀要求的场合。用于线缆绝缘时，除了价格高这个缺点之外，PFA 性能比 PVDF、FEP、ETFE 等都要更好。

表 1-25　2023 年中国 PFA 的主要消费领域及其用量占比

消费领域	比例/%
半导体行业	65
绝缘线缆	10
其他可熔融加工氟树脂的应用	25

⑤ 其他可熔融加工氟树脂的主要消费领域。PVF、THV 和 AF 三个品种的共同点是性能独特，用量相对较小且每个品种几乎都是独家和少数企业生产，但是都具有值得关注的应用前景。

a. PVF。PVF 主要用于光伏产业，占其 2023 年总耗用量的 80% 以上。无论是商用或家用的室外光伏装置（即太阳能电池），都会暴晒于强烈紫外线的阳光下，而 PVF 封装后能起到长期的保护作用。由于光伏技术的不断进步及人类对清洁能源的迫切需求，PVF 的主要供应商科慕公司已大幅扩大了 PVF 的生产能力以应对不断增长的需求。除了光伏产业外，PVF 还有一些其他的应用，如 S 级（可剥离）的 PVF 薄膜可用于脱模，也可用于印刷线路板的制造。含 PVF 层的复合材料膜可用于飞机内壁装饰、储物柜、厨房方台和透光窗的边框等。用 PVF 薄膜与其他材料复合的膜也可用作农用薄膜，从而提供更长的使用寿命。

b. THV。THV 是相对较新的品种，主要采用挤出工艺加工，也可用吹塑工艺加工，可用作特种挠性导管、线缆绝缘材料、保护性涂料、薄膜、医用器件和太阳能行业中的基础材料。

c. AF。AF 是 1989 年推出的全氟碳类可熔融加工透明型氟树脂。主要用于光导纤维的包覆和芯材材料。其他的应用还包括光刻用膜、透镜保护膜、防反射涂层以及医疗、军事、航天和工业等领域的各种微波、雷达、光学和光电设备保护涂层等。

氟材料是中国少数几个在世界上极具竞争力的材料领域之一，除了部分可熔融加工氟树脂和品级之外，中国基本上实现了全面的工业化生产和全品种覆盖，并拥有诸如三爱富、巨化、东岳、中化等数家极具竞争力的大型综合性生产商。目前中国的氟材料生产商正在努力补齐最后的短板。

1.4.4.2　其他主要消费市场

相比于中国，世界上的其他地区（如美、欧、日等）则在保有一定生产能力的情况下，产能的增长并不明显，甚至增长速度落后于逐年增加的本地消费增长，因此即使中国生产商面临反倾销等不利情况，中国氟树脂等聚合物的出口量也呈阶段式或波浪式上升。中国以外的氟树脂市场，其主要消费领域因工业布局不同各有特点。

（1）美国市场

根据相关研究报告数据，其氟树脂的 2022 年耗用量约 7.1 万吨。图 1-7 是 PTFE、

PVDF、FEP、PFA、ETFE 及其他氟树脂在美国市场中的占比示意图。

在该市场的 PTFE 耗用总量中，悬浮 PTFE 占 41.5%，分散 PTFE 占 33.1%，PTFE 浓缩分散液占 25.4%。FEP 是该市场的可熔融加工氟树脂中最大的一个品种，原因是其国内对于建筑物隔层安装线必须选用 FEP 导线的规定，而这也是与其他市场的最大不同点。此外，美国市场几乎可以找到所有氟树脂的应用。

（2）西欧市场

根据相关研究报告数据，其氟树脂的 2022 年耗用量约 5.4 万吨。图 1-8 是 PTFE、

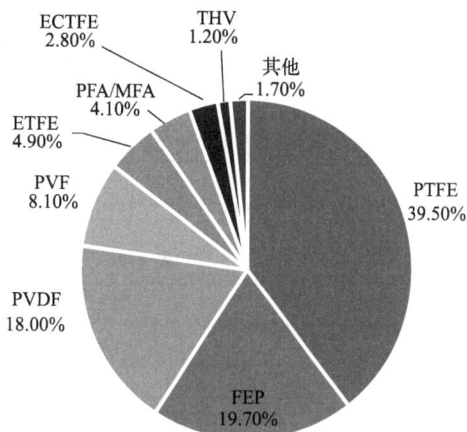

图 1-7　主要氟树脂在美国市场的分布图

PVDF、FEP、PFA、ETFE 及其他氟树脂在该市场中的占比示意图。

在该市场的 PTFE 耗用总量中，悬浮 PTFE 占 51.5%，分散 PTFE 占 21.6%，PTFE 浓缩分散液占 19.8%，其余 7.1% 为 PTFE 固体润滑粉，而可熔融加工氟树脂中则是以 PVDF 消耗量为最多，而且 PVDF 年用量的增长率也居首位。由于该市场普遍没有执行建筑物隔层安装线必须用 FEP 导线的规定，因此 FEP 的消耗量明显低于 PVDF，这与美国有很大差异。

（3）日本市场

根据相关研究报告数据，其氟树脂的 2022 年耗用量约 1.9 万吨。图 1-9 是 PTFE 和各可熔融加工氟树脂在日本市场的占比图。

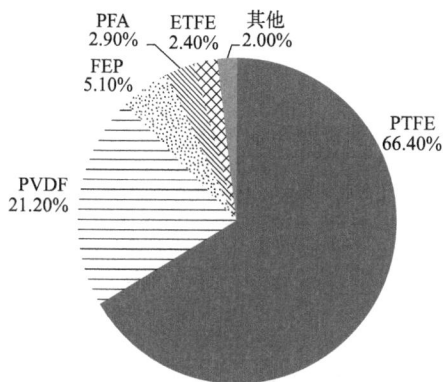

图 1-8　主要氟树脂在西欧市场的分布图

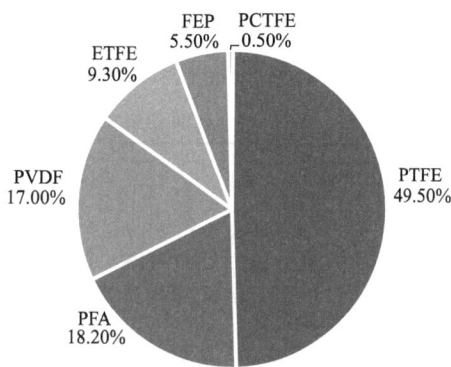

图 1-9　主要氟树脂在日本市场的分布图

在该市场的 PTFE 耗用总量中，悬浮 PTFE 占 50.0%，分散 PTFE 占 33.3%，PT-FE 浓缩分散液占 16.7%。此外，由于日本半导体工业发达，因此与半导体工业相关的 PFA 是可熔融加工氟树脂中用量最多的品种，PVDF 及 ETFE 紧随其后。与欧洲一样，由于没有使用 FEP 导线的强制性规定，所以 FEP 用量较少。

1.5　国内外氟橡胶的发展现状

1.5.1　国外氟橡胶的主要生产商及牌号

表 1-26 是 VDF-HFP 型、VDF-HFP-TFE 型及氟醚等主要 FKM 生产商一览表。

表 1-26　国外主要 FKM 生产商及其牌号

公司	商标牌号	主要生产地点
科慕	Viton Kalrez	美国深水 荷兰多德雷赫特
3M	Dyneon	美国迪凯特
苏威	Tecnoflon	中国常熟
大金	Dai-el	日本摄津 中国常熟
旭硝子	Aflas	日本市原
Halo Polymer JSC	ELAFTOR	俄罗斯基洛沃-切佩茨克

苏联也是很早就研究和生产氟橡胶的国家，生产基地在中部的基洛夫，研究开发基地在圣彼得堡的列别捷夫合成橡胶研究院。除生产 VDF-HFP 和 VDF-HFP-TFE 型共聚氟橡胶外，还具有研究和中试规模生产一些如 PFR 胶和氟硅橡胶等高端特种 FKM 的能力。

氟硅橡胶的主要供应商为美国的 Dow-Corning、通用电气下属的 GE Silicones、Shincor Silicone、德国的 Wacker-Chemie GmbH 和日本的信越等公司，全球产能规模每年达到数千吨。

1.5.2　国内氟橡胶的主要生产商及牌号

国内的 FKM 生产商可参见表 1-27。

表 1-27　国内主要 FKM 生产商及其牌号（产能数据截至 2023 年）

公司	具体情况和牌号	生产地点	产能/(吨/年)
三爱富	1965 年起生产 FKM，主要产品包括 FE2600（VDF-HFP）、FE2460（VDF-HFP-TFE）等以及全氟醚橡胶 PFR 系列产品，也是国内最早研制和生产氟硅橡胶及国内唯一的 TP 胶生产商，牌号为 FE-2700	江苏常熟 内蒙古丰镇	6000
巨化	主要生产 VDF-HFP 及 VDF-HFP-TFE 型的 JHF 系列 FKM 产品	浙江衢州	6000
东岳	2005 年后开始生产 FKM，主要是 VDF-HFP 及 VDF-HFP-TFE 型的 DS 系列 FKM 产品	山东淄博	5000
中化	20 世纪 60 年代末开始生产 FKM，包括 2#氟橡胶系列（FPM2600）、3#氟橡胶（VDF-HFP-TFE）等，还少量生产 1#氟橡胶（VDF-CTFE）	四川自贡	3000
梅兰	2004 年初开始生产 FKM，产品主要是 VDF-HFP 型二元胶	江苏泰州	3000
孚诺林	2007 年开始生产 FKM，产品主要是 VDF-HFP 型二元胶	浙江上虞	3000

除了上述几家之外，包括国外企业在中国工厂的产能在内，2023 年国内的 FKM 总生产能力为 31000 吨/年，实际产量 24000 多吨。国内生产的 FKM 大部分是 VDF/HFP、VDF/HFP/TFE 型 FKM，还有少量 TP 胶、PFR 橡胶、亚硝基氟橡胶等。

1.5.3　氟橡胶的主要消费市场情况

据估计，世界 FKM 的年消耗量有约 2/3 用于汽车制造。每辆车的 FKM 用量通常不超过 500g，多数情况下只有 100～200g。使用 FKM 或含有 FKM 的零部件对于车辆的安全、可靠运行和环境保护是至关重要的。随着汽车工业的快速发展，尤其是汽车零部件的高性能化和国产化，对材料的品种和数量都提出了更高的要求，对 FKM 的市场需求量日益增加，1995—1998 年中国国内 FKM 的消费量平均增长速度高达 21.55%，1999—2001 年消费增长将近 50%，2001 年国内 FKM 的消费量为 1500 吨左右。随着 2002 年国内汽车产量突破了 300 万辆，以及 2003 年、2004 年、2005 年的国内汽车产量分别达到 444 万辆、515 万辆、570 万辆，2005 年汽车行业消费了 4000 吨的 FKM，包括其他消费用途在内共消费 5000 吨左右的 FKM。2009 年起，中国各类汽车总产量和销售量都已经居世界首位。2012 年和 2023 年中国国内汽车总销售量分别超过了 1900 万和 3016 万辆，除部分 FKM 零件直接进口或者连同汽车关键部分一起进口外，国产 FKM 或者进口在国外混炼过的中高端预混胶全年消费量达到 7000 吨和 11000 吨以上。除了燃油车之外，新能源车越来越成为一个重要的增长点。近几年，新能源汽车所占比重不断增大，产量快速增加，特别是 2023 年达到了 959 万辆以上，对应的 FKM 消耗量达到了 6000 吨以上。

第2章
合成氟树脂的主要单体

2.1 主要单体的种类

氟聚合物（氟树脂、氟弹性体等）的合成及生产中常用的各类单体主要包括基础氟单体（参见表 2-1）及特种氟单体（参见表 2-2）。除了氟单体外，表 2-3 中非氟的碳氢类烯烃也是常用的基础性共聚单体。

表 2-1　主要基础氟单体

名称	简称	结构式或分子式
四氟乙烯	TFE	$CF_2{=}CF_2$
偏氟乙烯	VDF	$CH_2{=}CF_2$
氟乙烯	VF	$CH_2{=}CHF$
三氟氯乙烯	CTFE	$CF_2{=}CFCl$
六氟丙烯	HFP	$CF_3CF{=}CF_2$

表 2-2　主要特种氟单体

名称	简称	结构式或分子式
全氟甲基乙烯基醚	PMVE	$CF_3OCF{=}CF_2$
全氟丙基乙烯基醚	PPVE	$CF_3CF_2CF_2{-}O{-}CF{=}CF_2$
全氟磺酰基乙烯基醚	PSVE	$CF_2{=}CFOCF_2CF(CF_3)O(CF_2)_nSO_2F$ $n=1、2、\cdots$
全氟羧酸甲酯基乙烯基醚	PCMVE	$CF_2{=}CFOCF_2CF(CF_3)O(CF_2)_nCOOCH_3$ $n=2、3$
全氟 2,2-二甲基-1,3-二氧杂环戊烯	PDD	
全氟丁烯乙烯基醚	PBVE	$CF_2{=}CFO{-}CF_2CF_2{-}CF{=}CF_2$
全氟环氧丙烷	HFPO	C_3F_6O
3,3,3-三氟丙烯	TFP	$CH_2{=}CHCF_3$

表 2-3　常用不含氟烯烃类单体

名称	简称	结构式或分子式
乙烯	Et	$CH_2{=}CH_2$
丙烯	P	$CH_3CH{=}CH_2$

除了以上这些单体外，还有一类用于氟弹性体聚合物中的特种单体，其接入主链后可提供能使该聚合物形成交联结构的硫化交联活性点，因此也称为硫化点单体（CSM），其多数是含碘和溴的烯烃化合物。在表 2-4 中列出了部分溴乙烯基的硫化点单体，可用于过氧化物硫化的氟弹性体合成之中。

表 2-4　常用的溴硫化点单体

中文名称	简称	结构式或分子式
4-溴-3,3,4,4-四氟-1-丁烯	BTFB	$CH_2{=}CH{-}CF_2{-}CF_2Br$
1-溴-1,2,2-三氟乙烯	TFBE	$CF_2{=}CFBr$
1-溴-2,2-二氟乙烯	BTFE	$CF_2{=}CHBr$
溴乙烯	BE	$CH_2{=}CHBr$
3-溴全氟丙烯	FBP	$CF_2{=}CF{-}CF_2Br$
3-溴-3,3-二氟丙烯	TFBP	$CH_2{=}CH{-}CF_2Br$
4-溴全氟-1-丁烯	BFB	$CF_2{=}CF{-}CF_2{-}CF_2Br$

由于结构相似的含碘单体（例如 ITFB）活性太强，在聚合条件下会产生过多的支链，因此含碘的链转移试剂一般用于主链末端碘的生成。

2.2　主要单体的用途及其特性

2.2.1　四氟乙烯

TFE 是所有氟单体中最基础、用途最广的一个氟单体。从附录 3 所展示的产品树可知，TFE 主要包括以下这些用途。

① 作为氟聚合物的基础单体。TFE 可用于 PTFE、FEP、ETFE、PFA、透明氟树脂、全氟离子交换树脂、全氟醚橡胶、耐低温氟橡胶、三元共聚氟橡胶、四氟乙烯-丙烯（T-P）氟橡胶等氟聚合物的生产。

② 作为其他氟单体、氟中间体和氟精细化学品的原料。TFE 是 HFP、HFC-125、全氟碘代烷调聚物（R_f-I）及含氟烷基丙烯酸酯聚合物等产品的重要原料。

③ 用于构建 1,1,2,2-四氟乙基和四氟乙烯基团的结构砌块。作为一个结构化作用单体，TFE 可用于含氟药物、农药、杀虫剂和先进材料的合成之中。

因此，TFE 成了工业界研究最多、技术最成熟和生产能力最大的一种氟单体。

TFE 的主要性质参见表 2-5，有关液体/气体的黏度、热力学性质、在不同温度下的溶解度参数等更详细的性质可查阅其他文献。

表 2-5 TFE 的主要性质

性质		数值
分子量		100.02
沸点（101.3kPa）/℃		−76.3
凝固点/℃		−142.5
不同温度（t）下的液体密度/（g/mL）		
	−100℃<t≤−40℃	$1.202-0.0041t$
	−40℃<t≤−8℃	$1.1507-0.0069t-0.000037t^2$
	−8℃<t≤30℃	$1.1325-0.0029t-0.00025t^2$
饱和蒸气压/kPa		
	196.85K<T≤273.15K	$\lg P=6.4593-875.14/T$
	273.15K<T≤306.45K	$\lg P=6.4289-866.84/T$
临界温度/℃		33.3
临界压力/MPa		3.92
临界密度/（g/mL）		0.58
相对介电常数（28℃）		
	101.3kPa	1.0017
	858kPa	1.015
热导率（30℃）/［mW/(m·K)］		15.5
理想气体生成热 ΔH（25℃）/（kJ/mol）		−635.5
聚合成固体聚合物时聚合热 ΔH（25℃）/（kJ/mol）		−172.0
在空气中燃烧浓度极限（101.3kPa，体积分数）/%		14～43

表 2-6 是常压下不同温度时的 TFE 在水中溶解度数据，可用于生产及聚合过程中 TFE 在常压或低压情形下的溶解度估算。当然，实际的压力通常都很高，因此对应的 TFE 溶解度往往比表 2-6 中的数据要高得多。

表 2-6 不同温度下 TFE 在水中的溶解度（气相压力为 0.101MPa）

t/℃	10	20	30	40	50	60	70	80
溶解度/%	0.024	0.018	0.014	0.012	0.010	0.0094	0.0090	0.0088

在有 O_2 存在或在酸性条件下时，TFE 较易自聚（尤其在压力下）。通常，TFE 是要低温储存的，最好能在 −35℃ 条件下储存，并尽可能降低氧含量，以保证储存的安全性。缓慢的自聚可能没有太大危险，但是在有 O_2 存在的情况下，即使低温保存，TFE 也可能慢慢与之反应生成过氧化物，一旦体系温度升高就可能会引发猛烈的爆炸。为了确保储存的安全性，在早期制定的国内指标中规定了 O_2 含量不得超过 30mg/kg，而目前则要求 O_2 含量不超过 5mg/kg。国外企业的指标更严格，要求 O_2 不能超过 1～3mg/kg，还要在存储中加入阻聚剂，常用的 TFE 阻聚剂主要包括三乙胺以及 α-蒎烯、柠檬烯等一

系列的萜烯，可有效阻止 TFE 的自聚。据报道，TFE 和 CO_2 或 N_2 的混合物是相当安全的。

在紫外光照下，TFE 与 O_2 反应生成 C_2F_4O（四氟环氧乙烷），参见式（2-1）。

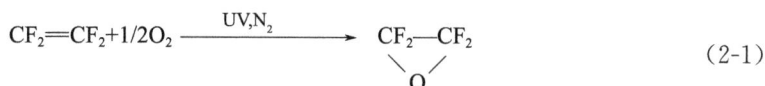

$$CF_2{=}CF_2+1/2O_2 \xrightarrow{\text{UV,N}_2} \underset{O}{CF_2{-}CF_2} \tag{2-1}$$

在高温条件下，TFE 与 O_2 反应生成 CF_4 和 CO_2，参见式（2-2）。

$$CF_2{=}CF_2+O_2 \longrightarrow CF_4+CO_2 \tag{2-2}$$

在隔绝空气的状态下，特别在高压力下，温度升高极易导致 TFE 的自燃，并产生剧烈的爆炸燃烧反应，参见式（2-3），其放热量达 61.4kcal/mol（$1cal=4.185851J$）。

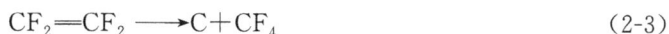

$$CF_2{=}CF_2 \longrightarrow C+CF_4 \tag{2-3}$$

除了能与烯烃发生典型的自由基加成反应之外，TFE 还可与 H_2、卤化氢、卤素、氨、有机胺、氮氧化物、HNO_3、SO_3、醇类、卤代烷烃及烯烃等发生反应，也会在高温条件下发生二聚、裂解、歧化等反应。其中，TFE 二聚后生成的 C-318、TFE 裂解产生的 HFP、TFE 与 HF 反应后得到的 HFC-125、TFE 与 SO_3 反应生成的四氟磺内酯都是非常重要的产品。当然，要尽可能避免氧化和歧化等反应，以防产生安全和环保问题等。

2.2.2 六氟丙烯

HFP 也是氟化工领域中较早开发、技术成熟的单体之一，主要包括以下这些用途。

① 作为氟聚合物的基础单体。HFP 可用于 FEP、氟橡胶等的生产。

② 作为氟中间体和氟精细化学品的原料。HFP 是 HFPO、HFC-227ca、HFO-1234yf、HFP 二聚体和三聚体等的重要原料。HFC-227ca（消耗臭氧潜能值 ODP＝0，全球升温潜能值 GWP＝0.6）是哈龙灭火剂替代品，是目前市场广泛使用的洁净气体化学灭火剂；HFO-1234yf（ODP＝0，GWP＝4）已是一种得到市场接受的新型环保制冷剂，可替代 HFC-134a（ODP＝0，GWP＝1300）等产品。全氟己酮 [1,1,1,2,2,4,5,5,5-九氟-4-三氟甲基-3-戊酮，$CF_3CF_2COCF(CF_3)_2$]作为一种由 HFP 与 HFPO 的异构体（五氟丙酰氟，CF_3CF_2CFO）加成反应而得的产物，其 ODP 值为 0，GWP 为 1，可作为下一代的哈龙灭火剂替代品，已得到多个国际及国家组织的认可。HFP 二聚体和三聚体是多种含氟精细化学品的原料，可用作氟表面活性剂的合成原料或中间体。

③ 用于构建全氟异丙基的"砌块"。HFP 可与碘、KF 等合成七氟异丙基碘，这是一种可在药物或除草剂合成中引入全氟异丙基的中间体。

HFP 的主要性质可参见表 2-7。与 TFE 相比，HFP 要稳定得多。HFP 也能与 O_2、H_2、卤化氢、卤素、氨、有机胺、氮氧化物、HNO_3、醇类、卤代烷烃及烯烃等发生反应，或是在催化剂和一定溶剂存在下生成二聚体和三聚体。HFP 与 O_2 反应生成的 HFPO 以及与 HF 加成反应生成的 HFC-227ea 是 HFP 的主要下游产品之一。

表 2-7　HFP 的主要性质

性质		数值
分子量		150.021
沸点（101.3kPa）/℃		−29.4
凝固点/℃		−156.2
不同温度下液体密度/(g/mL)		
	−70℃/−50℃/−40℃	1.719/1.683/1.646
	−30℃/−20℃/−10℃	1.608/1.571/1.532
	0℃/10℃/20℃/30℃	1.492/1.450/1.362/1.314
	40℃/50℃/60℃/80℃	1.261/1.203/1.136/0.921
饱和蒸气压(96.85K<T<273.15K)[①]/kPa		
	10℃/20℃/30℃	0.4577/0.6244/0.8327
	40℃/50℃/60℃	1.089/1.401/1.777
	70℃/80℃	2.227/2.767
不同温度下蒸气密度/(g/L)		
	−70℃/−50℃/−40℃	0.865/1.631/2.871
	−30℃/−20℃/−10℃	4.775/7.569/11.52
	0℃/10℃/20℃/30℃	24.21/33.79/46.29/62.55
	40℃/50℃/60℃/80℃	83.80/112.0/151.0/317.0
临界温度/℃		86.0/85
临界压力/MPa		3.14/3.254
临界密度/(g/mL)		0.6
标准状态气体生成热 ΔH（25℃）/(kJ/mol)		−1078.6
沸腾温度下汽化潜热 ΔH（25℃）/(kJ/mol)		21.22
燃烧热/(kJ/mol)		879
毒性，LC_{50}（大鼠，4h）/(mg/m³)		3000
在空气中燃烧浓度极限（101.3kPa，体积分数）/%		同空气以任何比例混合均不燃

① $\lg P = 6.6938 - 1139.156/T$。

　　表 2-8 是常压下 HFP 在不同温度水中的溶解度数据。同样，在实际聚合等过程中，由于聚合压力往往很高，因此 HFP 在水中的溶解度要比表 2-8 的数据高得多。

表 2-8　不同温度下 HFP 在水中的溶解度（气相压力为 0.101MPa）

t/℃	10	20	30	40	50	60	70
溶解度/%	0.0070	0.0051	0.0039	0.0030	0.0024	0.0020	0.0016

2.2.3　偏氟乙烯

　　VDF 是一种重要的氟单体，是 PVDF、氟橡胶等氟聚合物生产的基础单体，也可用作氟中间体的原料。目前的 VDF 产能已仅次于 TFE，未来还有更快的发展。

VDF 的主要性质可参见表 2-9。VDF 是一种可燃性气体，在空气中 390℃以上会发生自燃。

表 2-9　VDF 的主要性质

性质		数值
分子量		64.038
沸点（101.3kPa）/℃		−84
凝固点/℃		−144
不同温度下液体密度/(g/mL)		
	−70℃/−50℃/−40℃	1.047/0.997/0.957
	−30℃/−20℃/−10℃	0.924/0.888/0.850
	0℃/10℃/20℃	0.805/0.751/0.675
不同温度下饱和蒸气压/kPa		
	−70℃/−50℃/−40℃	0.2019/0.4724/0.6801
	−30℃/−20℃/−10℃	0.9479/1.285/1.702
	0℃/10℃/20℃	2.211/2.827/3.568
临界温度/℃		30.1
临界压力/MPa		4.434
临界密度/(kg/m^3)		417
理想状态下生成热 ΔH（25℃）/(kJ/mol)		−345.2
沸腾温度下汽化潜热 ΔH（25℃）/(kJ/mol)		15.68
聚合热 ΔH（25℃）/(kJ/mol)		−474.2
聚合活化能 E_0/(kJ/mol)		161
爆炸极限（体积分数）/%		5.8～20.2
在水中溶解度（气相压力为0.101MPa）/%		
	10℃/20℃/30℃	0.056/0.044/0.037
	40℃/50℃/60℃	0.032/0.027/0.024
	70℃/80℃	0.022/0.020

2.2.4　三氟氯乙烯

CTFE 是一种氟聚合物的基础单体，可用于 PCTFE、ECTFE、VDF/CTFE 共聚氟弹性体及室温固化的氟碳涂料树脂的生产，也可以作为氟中间体的原料用于制备 TrFE、HFBD（六氟丁二烯）、TFBE 等氟氯油、氟醚、畜用麻醉剂和农药中间体。由于 CTFE 结构中含有氯原子，因此作为基础单体或改性单体用在聚合物或氟精细品中会产生一些意想不到的性能或作为其他有用功能团的"桥梁"。随着 CTFE 应用的不断增加，其用量将迎来快速增长的阶段。

CTFE 的主要性质可参见表 2-10。CTFE 是一种无色无味的有毒气体，对大鼠的半致

死浓度 LC_{50}（4h）为 $4000mg/m^3$。在使用 CTFE 时，O_2 的存在会产生过氧化物以及可能促进其自聚的其他含氧物。因此，在脱除了空气的水中 CTFE 是稳定的，但在有溶解氧存在的情况下则会发生水解，且在碱性条件下水解增强。为了避免爆炸，应将 CTFE 隔绝 O_2。CTFE 还可以与卤素、胺、醇、氯仿和卤代甲烷发生反应。在高于 $400℃$ 的条件下，CTFE 可以形成环状二聚体，如顺式和反式 1,2-二氯六氟环丁烷。

表 2-10 CTFE 的主要性质

性质		数值
分子量		116.47
沸点（101.3kPa）/℃		−27.9
凝固点/℃		−157.5
不同温度下液体密度/(g/mL)		
	−60℃/−50℃/−40℃	1.546/1.516/1.485
	−30℃/−20℃/−10℃	1.454/1.423/1.391
	0℃/10℃/20℃/30℃	1.358/1.324/1.289/1.252
	40℃/60℃/80℃/100℃	1.214/1.127/1.016/0.826
饱和蒸气压/kPa		
	−60℃/−50℃/−40℃	0.0190/0.0340/0.0573
	−30℃/−20℃/−10℃	0.0919/0.1411/0.2087
	0℃/10℃/20℃/30℃	0.2986/0.4150/0.5623/0.7451
	40℃/60℃/80℃/100℃	0.9681/1.556/2.378/3.503
临界温度/℃		105.8
临界压力/MPa		4.03
临界密度/(kg/m³)		550
燃烧极限（体积分数）/%		16~34
汽化潜热 ΔH（−27.9℃）/(kJ/mol)		22.6
生成热 ΔH（25℃）/(kJ/mol)		563.2
燃烧热（25℃）/(kJ/mol)		223.8
在水中溶解度（气相压力为0.101MPa）/%		
	10℃/20℃/30℃	0.042/0.030/0.023
	40℃/50℃/60℃	0.016/0.012/0.010

2.2.5 氟乙烯

相比于前几个氟单体，VF 的用途相对较少，主要用于 PVF 的生产。VF 在储存、运输及处理过程中极易发生自聚，因此需要在灌装时加入少量可防止自聚的萜烯类阻聚剂（如 α-柠檬烯）。当然，在聚合前需要通过蒸馏、硅胶吸附等方法除去这些阻聚剂。

VF 的主要性质可参见表 2-11。VF 是一种可燃气体，空气中自燃温度 389℃。

表 2-11　VF 的主要性质

性质		数值
分子量		46.04
沸点/℃		−72.2
凝固点/℃		−160.5
饱和蒸气压（21℃）/MPa		2.5
液体密度（21℃）/(kg/m³)		636
临界压力/MPa		5.1
临界温度/℃		54.7
临界密度/(kg/m³)		320
燃烧极限（体积分数）/%		3.5～28
标准生成热 ΔH（25℃）/(kJ/mol)		−140
沸腾温度下汽化潜热 ΔH/(kJ/mol)		16.64
在水中溶解度（80℃）/(g/100g H_2O)		
	压力 3.4MPa	0.94
	压力 6.9MPa	1.54
在有机溶剂中溶解度/[cm³（VF）/cm³（溶剂）]		
	乙醇	4
	DMF	8.9

2.2.6　全氟 2,2-二甲基-1,3-二氧杂环戊烯

PDD 与 TFE 进行共聚反应后可得到无定形（透明）氟树脂（杜邦公司发明，Teflon[®] AF），PDD 是该种树脂的基础单体。

PDD 是一种无色液体，分子量为 248，沸点为 33℃，相对密度为 1.6，反应活性很高，需低温储存，并加入少量阻聚剂。

2.2.7　全氟丁基乙烯基醚

PBVE 的化学结构不同于 PDD，是一种用于合成旭硝子公司发明的无定形（透明）氟树脂的基础单体。由于与 PDD 的结构差异，因此得到的无定形（透明）氟树脂性能也与杜邦的有所差异。

2.2.8　常用特种氟单体

表 2-12 中列出了 HFPO、PPVE、PMVE、PSVE、PCMVE 等常用特种单体的主要性质。

表 2-12　HFPO、PMVE、PPVE、PSVE、PCMVE 的主要性质

性质	HFPO	PMVE	PPVE	PSVE (n=2)	PCMVE (n=2)	PCMVE (n=3)
分子量	166	166	266	446.12	422.1	472.1
沸点(101.3kPa)/℃	−27	−21.8	36	135	151	172
闪点/℃	—	—	−20	—	89	108
密度(23℃)/(g/mL)	—	—	1.53	1.7	1.59	1.65
液体密度/(kg/m³)	1300(25℃)	1410	—	—	—	—
蒸气密度(75℃)/(g/mL)	—	—	0.2	—	—	—
饱和蒸气压(25℃)/kPa	660	590	70.3	—	—	—
汽化潜热/(kJ/mol)	21.8	—	—	—	—	—
临界温度/℃	86	96.15	150.43	—	—	—
临界压力/MPa	2896	3.41	1.9	—	—	—
毒性(平均致死浓度,ALC)/(mg/kg)	20(TWA)[①]	10000	3000	—	—	—
空气中燃烧极限(体积分数)/%	无	7.5~50	1.1~47	—	—	—

①TWA 是指在每天 8h 每周 5 天接触化学品的情况下，平均加权的允许浓度。

　　HFPO 是一种重要的氟化合物。一般不直接用作氟聚合物的单体，但可用于合成很多的氟化合物或氟中间体，其中一类重要的产品就是全氟烷基乙烯基醚（PAVE）单体。HFPO 因其特有的环状结构，具有高度的化学活性，如在催化剂的存在下可自聚合成三聚体、四聚体、五聚体等全氟烷氧基（R_f）基团，可用于合成各类氟表面活性剂等产品。当 HFPO 的调聚度较高时则可用于高温润滑油用的全氟醚油合成。在 Lewis 酸催化剂（例如 Al_2O_3）作用下，HFPO 可重排成 HFA，其是合成氟弹性体用硫化剂 Bis-AF（双酚-AF）的重要原料之一。此外，HFPO 能与水、醇、硫酸、胺类、格氏试剂和有机锂等亲核试剂发生反应，并在高性能氟聚合物材料、氟醚油、氟表面活性剂、氟精细化学品等产品中有着重要的作用，而上述产品广泛应用在航空航天、电子、核动力工程、医药等各个领域。HFPO 的年需求量已达数千吨以上，是最重要的氟中间体之一（HFP 至 HFPO 及后续的产品体系可参见附录 3）。

　　HFPO 在常温下是一种无色的不燃性气体。在室温和一定压力下，处于液态的 HFPO 只要保持干燥并不与 Lewis 酸或碱接触就可保持非常稳定的状态，也不会发生自聚，但当温度超过 150℃时，则会发生明显的分解现象。

　　PMVE 是 PAVE 中链最短、分子量最低的一个氟单体，主要用于 MFA、全氟醚橡胶及其他一些具有优异性能的氟橡胶的生产和研发，还可作为改性单体用于一些共聚改性聚合物的制备中，以获得更低 T_g 的氟聚合物产品。PPVE 是一种重要的氟单体，能有效地降低以 TFE 为基础的共聚物的结晶度，广泛应用于各种氟聚合物（如 PFA、改性 PTFE 等）的生产和研发中。

　　PMVE 是一种气态物质，而 PPVE 是一种无色透明液体。

PSVE 是全氟磺酸离子交换树脂中最主要的单体之一，是一种双官能团的全氟代聚合单体。PSVE 的一端为全氟代不饱和双键的乙烯基醚基团（CF_2＝CFO—），另一端则是作为官能团的磺酰氟基团（—SO_2F），如果将磺酰氟基团改为羧酸甲酯基团（—$COOCH_3$），则该化合物就成了 PCMVE。全氟代不饱和双键在聚合后成为聚合物全氟代碳碳主链的一部分，而磺酰氟或—SO_3M 基团位于聚合物的侧链，在电解质溶液中会发生离子迁移，起到了导电作用。

PSVE 的主要用途就是与 TFE 一起合成具有离子交换性能的高稳定全氟磺酸树脂。该聚合物是全氟磺酸离子交换膜的主要材料，也可用于超强酸催化剂。由于在用全氟磺酸树脂制膜的过程中会经历热加工的过程，因此只有引入带磺酰氟的单体才能满足稳定性要求，而非带磺酸或磺酸盐的单体。树脂在加工后可再进行表面酸化处理。

值得注意的是，在表 2-2 中的 PSVE 通用结构中，与—SO_2F 连接的 CF_2 链节数一般为 2，其具体的结构式为 CF_2＝$CFOCF_2CF(CF_3)OCF_2CF_2SO_2F$，全称为全氟 3,6-二氧杂-4-甲基-7-辛烯-1-磺酰氟。研究发现，当 $n<2$ 时，其制备得到的膜在烧碱电解槽中缺乏在长期工况条件下的运行稳定性。$n≥3$ 的结构单体与 TFE 共聚时的相对活性较低，难以得到高交换当量的聚合物。众所周知，交换当量是一个有关膜的导电性、厚度、电阻及电能消耗等方面的重要指标。该值越高，越有利于提高膜的导电性，降低膜的厚度、电阻及电能消耗。因此，$n=2$ 结构的 PSVE 是磺酸离子交换树脂生产商使用的主要合成单体，性质见表 2-12。

PCMVE 称为全氟羧酸甲酯基乙烯基醚，主要用于与 TFE 共聚生产全氟羧酸离子交换树脂，也可用于合成全氟醚橡胶用的含氟硫化点单体或者全氟辛酸类化合物的替代品。

杜邦公司发现由全氟磺酸离子交换树脂制成的膜在用于饱和氯化钠水溶液的电解时，电流效率偏低，只有约 70%。这主要是由于磺酸基团属强酸型，不能阻挡阴极室内的 OH^- 向阳极室的反渗透。旭硝子公司则发现较弱的羧酸基团具有阻挡 OH^- 反渗透的作用，因此使用由全氟羧酸离子交换树脂制成的膜就可获得 95% 以上的电流效率。因此，该类膜的研究者和开发商都致力于开发和产业化全氟羧酸单体及其树脂。表 2-12 中列出的 PCMVE 是 $n=2$ 和 3 结构，具体的结构式分别为 CF_2＝$CFOCF_2CF(CF_3)OCF_2CF_2COOCH_3$ 和 CF_2＝$CFOCF_2CF(CF_3)OCF_2CF_2CF_2COOCH_3$，全称分别为全氟 3,6-二氧杂-4-甲基-7-壬烯甲酯和全氟 4,7-二氧杂-5-甲基-8-癸烯甲酯。

2.2.9　常用碳氢类烯烃单体

常用碳氢类烯烃单体主要是乙烯（Et）和丙烯（P），其主要性质参见表 2-13。

表 2-13　Et 及 P 的主要性质

性质	Et	P
外观	无色气体	无色气体，有甜味
分子量	28.05	42.08
气体相对密度（空气＝1）	0.975	1.46
液体密度（20℃）/(g/mL)	0.5699	0.5139
熔点/℃	−169.4	−185.2

性质	Et	P
沸点/℃	-103.9	-47.7
临界温度/℃	9.90	91.4~92.3
临界压力/atm	50.7	45~45.6
在水中溶解度/(g/L)	几乎不溶于水	0.33（25℃）
爆炸极限（下限，体积分数）/%	3~3.5	2.0
爆炸极限（上限，体积分数）/%	16~29	11.0

注：1atm=101325Pa。

2.2.10 常用硫化点单体

TFBE、BTFB 和 TFP 是氟弹性体合成中常用的三种 CSM。表 2-14 是这三种单体的主要性质。

表 2-14 三种 CSM 的主要性质一览表

项目	TFBE	BTFB	TFP
沸点/℃	-2.5	55	-18
液体密度/(g/mL)	1.9	1.357（23℃）	0.94
临界温度/℃	185	—	103
临界压力/MPa	—	—	3.8
气相相对密度（空气为1）	5.5	—	3.3
蒸气压/mmHg	—	—	3380（20℃）
折射率	1.374	1.354	1.3115
表面张力/(dyn/cm)	17.3	—	—
摩尔体积/(cm³/mol)	84.2	—	—
闪点/℃	—	55~57	—
空气中爆炸极限/%	—	—	4.7~13.5

注：1mmHg=133.3224Pa；1dyn/cm=1mN/m。

2.3 主要单体的生产方法

2.3.1 四氟乙烯

2.3.1.1 TFE 合成的工艺路线

1933 年 Ruff 和 Bretschneider 首次报道了一个完整且可靠的合成方法，即将 CF_4（四氟化碳）在电弧条件下经热分解得到 TFE。据文献报道，TFE 的合成路线主要包括：

① CFC-14（四氟化碳，CF_4）电弧分解法。该路线的主要工艺包括：CFC-14 在电弧中进行热分解得到混合产物，通过溴化将其中的 TFE 与溴反应得到 $CF_2Br—CF_2Br$（1,2-二溴四氟乙烷），从而可与其他产物进行分离操作，最后经锌粉脱卤素的反应得到纯度较高的 TFE。

② CFC-114（1,2-二氯四氟乙烷，CF_2ClCF_2Cl）脱氯法。在高温催化作用下，CFC-114 经加氢脱 HCl 后可得到 TFE［参见式（2-4）］或 CFC-114 在醇溶剂中采用锌粉脱氯的路线得到纯度较高的 TFE［参见式（2-5）］。

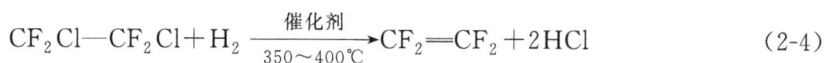

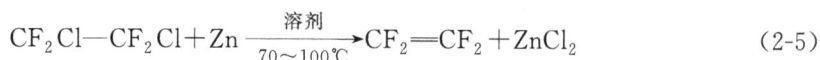

$$CF_2Cl—CF_2Cl+H_2 \xrightarrow[350\sim400℃]{催化剂} CF_2{=}CF_2+2HCl \tag{2-4}$$

$$CF_2Cl—CF_2Cl+Zn \xrightarrow[70\sim100℃]{溶剂} CF_2{=}CF_2+ZnCl_2 \tag{2-5}$$

③ HCFC-124a（1-氯-1,1,2,2-四氟乙烷，CF_2ClCF_2H）脱氯法。在醇的碱液中，用碱脱除 HCFC-124a 中的 HCl 得到 TFE，参见式（2-6）。

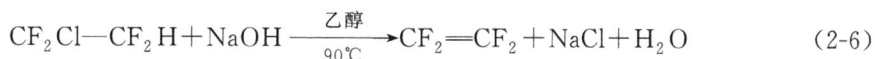

$$CF_2Cl—CF_2H+NaOH \xrightarrow[90℃]{乙醇} CF_2{=}CF_2+NaCl+H_2O \tag{2-6}$$

④ HFC-23（三氟甲烷，氟仿，CF_3H）热裂解法。在一个衬铂的镍铬合金材质的连续流反应器中，低真空下的 HFC-23 经高温热裂解可得到 TFE，参见式（2-7）。

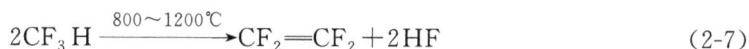

$$2CF_3H \xrightarrow{800\sim1200℃} CF_2{=}CF_2+2HF \tag{2-7}$$

曾有国外公司采用该路线生产 TFE，但是由于没有竞争优势而最终放弃。

⑤ HCFC-22（二氟-氯甲烷，CF_2HCl）热裂解法。该工艺是 TFE 的主要工业化合成路线，参见式（2-8），后面会有更详细的叙述。

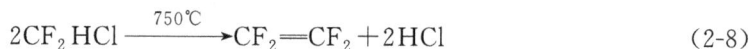

$$2CF_2HCl \xrightarrow{750℃} CF_2{=}CF_2+2HCl \tag{2-8}$$

⑥ PTFE 热分解法。在真空下，PTFE 的粉末经热分解可产生 TFE，参见式（2-9），过程中需要保持真空度并隔绝空气，且温度是控制分解速度的关键因素，分解速度过快时可能会产生微量的剧毒物质 PFIB。此外，如何提纯来获得高纯度的 TFE 也是该工艺路线的难点之一。该路线非常适合 TFE 用量少的实验室场景。

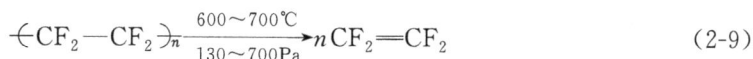

$$-(CF_2—CF_2)_n \xrightarrow[130\sim700Pa]{600\sim700℃} nCF_2{=}CF_2 \tag{2-9}$$

总之，在上述各种 TFE 合成工艺路线中，真正具有商业价值、能够用于工业化生产的工艺路线是 HCFC-22 热裂解工艺。该工艺易放大，且作为原料的 HCFC-22 也形成了大规模量产和商品化，HCFC-22 的运输也没有困难，因而得到了业界的广泛采用。

2.3.1.2　工业化 TFE 生产工艺的基本原理

TFE 工业化生产普遍采用的是 HCFC-22 热裂解工艺。在高温下，HCFC-22 分解生成:CF_2（二氟卡宾）和 HCl，互相碰撞的:CF_2 结合后生成 TFE［参见式（2-10）及式（2-11）］，但同时也会发生一些生成低沸点杂质和高沸点副产物的副反应。

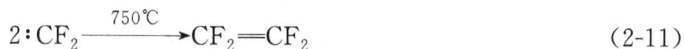

$$CF_2HCl \xrightarrow{750℃} :CF_2+HCl \tag{2-10}$$

$$2:CF_2 \xrightarrow{750℃} CF_2{=}CF_2 \tag{2-11}$$

实际上，:CF_2 的存在时间是很短的，上述两步反应在瞬间就完成了，作为中间体的

:CF$_2$是很难捕捉到的，因此最终就表现为式（2-8）的主反应。随着反应的进行，TFE 和 HCl 在混合产物中的浓度会不断增加，这同时也增加了:CF$_2$与这些物质以及这些物质之间的碰撞机会，从而发生了各种副反应［参见式（2-12）～式（2-15）］及生成了各自的高沸点副产物。

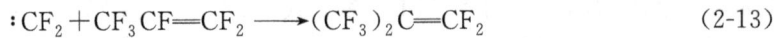

$$:CF_2 + CF_2 = CF_2 \longrightarrow CF_3CF = CF_2 \tag{2-12}$$

$$:CF_2 + CF_3CF = CF_2 \longrightarrow (CF_3)_2C = CF_2 \tag{2-13}$$

$$2CF_2 = CF_2 \longrightarrow C_4F_8 \tag{2-14}$$

$$nCF_2 = CF_2 + HCl \longrightarrow H(CF_2CF_2)_nCl(n=1,2,3,\cdots) \tag{2-15}$$

适当降低 HCFC-22 的转化率，有利于降低上述组分在高温下的碰撞机会，从而减少高沸点副产物的生成。

该工艺早期采用的是直管式空管反应器。在实验阶段采用石英材质的反应管。在工业化放大阶段则采用耐高温、耐腐蚀性能优的镍铬合金材质反应管。在温度控制上，工业反应管的管外会设置直径略大的同等材质套管作为反应管的加热单元部件，其以直流电短路的方式进行加热。研究发现，为了保证裂解产物中的 TFE 选择率不低于 90%，HCFC-22 的实际单程转化率需维持在 35%～38% 之间。即使如此，还是会产生部分的有毒高沸物，且有约 2/3 的 HCFC-22 需要回收后再次使用。这些都降低了设备的有效利用率且增加了能耗，是工程放大中面临的难题。另外，也可将反应器设计成一个由多管组成的反应炉，并采用能精确控温的烟道气进行管间的加热和升温。这种方式有利于消除局部过热，但即使如此，HCFC-22 的最佳转化率还是只能控制在 35%～40% 的水平。

从经济性角度出发，研究发现 65%～70% 是最佳的转化率范围。通过加入一种惰性的稀释剂作为热载体有助于实现这一目标。除了惰性要求之外，稀释剂还要满足易得、价廉、易与产品分离等其他要求。经过试验对比，发现过热水蒸气是最佳选择。当反应中加入与原料充分混合的过热水蒸气后，既实现了直接传热，又克服了管壁辐射加热中经常会遇到的局部过热问题，减少了因过度裂解产生的低沸点副产物，而且也使 TFE 和:CF$_2$在反应器中的浓度因其稀释作用而大大降低，从而明显抑制了高沸点副产物的生成。

据报道，以上主反应的反应热数据为 $\Delta H^{\ominus}_{298K} = 30kcal/mol$ 或 $\Delta H^{\ominus}_{1023K} = 32kcal/mol$（吸热反应）。

过热蒸气发生炉是制备过热水蒸气的主要设备，其一般采用天然气进行加热。作为热载体的水蒸气在炉内可加热到 900℃ 以上，当然就工艺而言，过热水蒸气的温度最好能达到 1050℃，但是这取决于过热蒸汽发生炉和反应器能否承受。从炉顶排出的烟道气，其余热可用于预热原料 HCFC-22，一般可预热至 480～500℃。HCFC-22 与过热水蒸气按照 1:5.5 至 1:10 的摩尔比在管式反应器内进行混合及反应，其具体比例取决于过热水蒸气的温度和所期望的 HCFC-22 转化率。管式反应器中的停留时间为 0.05～0.5s。整个反应是一个绝热过程，因此反应器出口的反应产物温度是决定 HCFC-22 转化率的关键变量。一般情况下，如该温度设定在 750℃，并能在很短的时间内急冷至 170℃ 以下，就可在获得 70% 以上的高 HCFC-22 转化率的同时，实现 98% 以上的高 TFE 选择率。由于主要的副反应多为串联反应。因此，就传热及传质而言，管式反应器中的物料在以较高线速度沿同一方向流动的过程中，应尽可能减少返混，以抑制副反应的发生程度。

2.3.1.3　工业化 TFE 生产的流程

HCFC-22 热裂解生产 TFE 的流程主要包括 HCFC-22 反应单元、裂解产物的分离和 TFE 提纯单元、未反应原料和副产物回收单元等。

（1）HCFC-22 反应单元

HCFC-22 的热裂解主要有空管无催化热裂解以及高温过热水蒸气稀释裂解两种工艺。图 2-1 和图 2-2 分别是上述两种工艺的流程示意图。

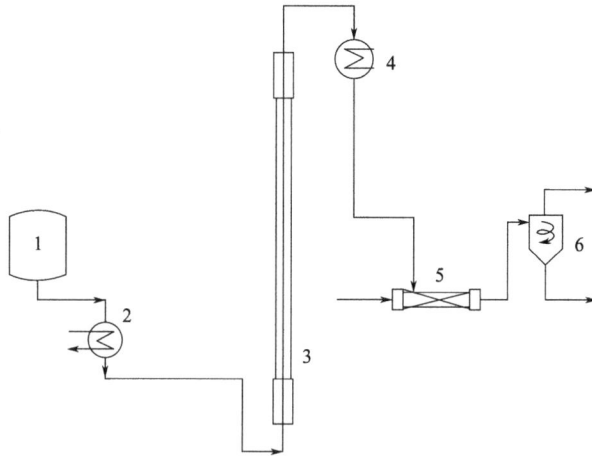

图 2-1　空管无催化热裂解工艺流程示意图

1—HCFC-22 槽；2—汽化器；3—裂解反应器；4—急冷器；5—文丘里吸收器；6—气液分离器

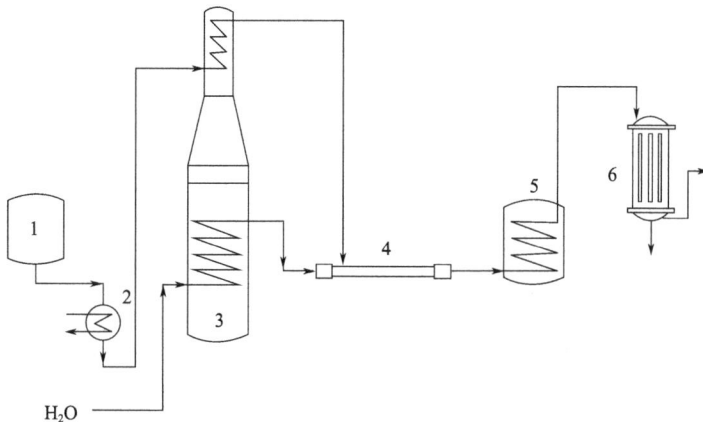

图 2-2　高温过热水蒸气稀释裂解工艺流程示意图

1—HCFC-22 槽；2—汽化器；3—过热蒸汽发生炉；4—管式裂解反应器；5—急冷器和废热锅炉；6—列管式冷凝器

在空管无催化热裂解的反应过程中只有一股 HCFC-22 物料，可采用套管电加热或高温烟道气的加热方式。图 2-3 及图 2-4 分别是空管热裂解中 HCFC-22 的转化率与热分解温度、接触时间及热分解压力的关系图。

在高温过热水蒸气稀释裂解工艺中，有文献报道，当 HCFC-22 与 1400℃的过热水蒸气混合后在 750~900℃的反应温度下接触 0.1~0.4s，HCFC-22 的单程转化率可达到 60%~70%，TFE 的选择性在 95%以上，但是这只可能作为一个试验结果，在实际工业化中不仅采用 1400℃的过热水蒸气是不经济的，且还会带来一系列设备结构、材质上的难点以及投资的增加。也有报道中采用了 950~1000℃的过热水蒸气及适当的稀释比［摩尔比在 1:(5~10)］，在 0.05~0.2s 的接触时间内就可在保持 TFE 选择性基本不变的情况下使 HCFC-22 转化率超过 75%。该实例更接近于实际情况，但是需要指出的是过热水蒸气的温度过高极易发生过度裂解，从而生成低沸物，而稀释比过高则易产生 HF 和CO。当然，过热水蒸气的温度和稀释比等参数的选择也受到过热蒸汽发生炉和反应器管材质承受范围的限制。

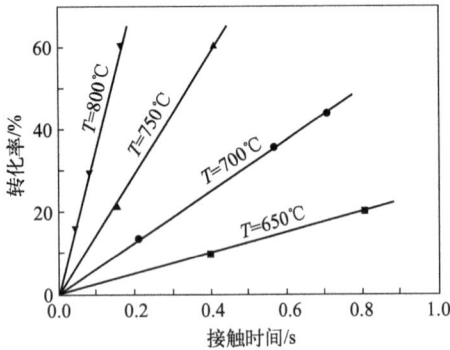

图 2-3　空管热裂解工艺中不同热分解温度下
HCFC-22 转化率与接触时间之间的关系图

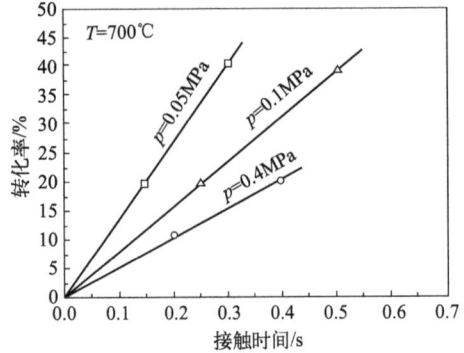

图 2-4　空管热裂解工艺中不同压力下
HCFC-22 转化率与接触时间之间的关系图

（2）裂解产物的分离和 TFE 提纯单元

无论何种热裂解工艺，其裂解产物都需要经过降温、除酸以及提纯等步骤。以过热水蒸气稀释裂解为例，反应器出口的裂解气经热交换器后，其中的蒸气冷凝成带有一定温度的水，而产物中的 HCl 则大部分溶解其中，并以 10% 的稀盐酸形式从系统中排出。为了进一步除去残留的酸性物质，可在吸收塔中用质量分数为 5%~10% 的 NaOH 水溶液进行逆流式的吸收操作。在处理后的裂解气中，除了水分之外，TFE:HCFC-22:多种副产物的质量比大致为（45%~55%）:（40%~50%）:5%。经一级压缩、冷冻处理、二级压缩和吸附等处理后裂解气中的水分可控制在 500mg/kg 以下，并最终经一个由多塔串联组成的连续精馏系统进行分离和 TFE 提纯。提纯后的裂解气脱除了多个低沸点的含氢烷烃、烯烃及 CO 的杂质，最终可得到纯度大于 99.9999%（6N）的 TFE 单体。一般而言，TFE 的精馏是在低温及一定的压力条件下进行的，而且 TFE 的纯度越高所需的回流比也越大，所需的能耗也越高。当然，具体的参数主要取决于安全要求、能耗指标及最终产品的纯度等因素。同时，为了降低塔内 TFE 的自聚风险，还需要加入阻聚剂。至于精馏塔的选型，板式塔及精馏塔皆可以使用。

提纯单元的排放主要来自脱轻塔顶部排放的沸点低于 TFE 的杂质和不凝性气体，但是其组成中占 90% 以上的仍是 TFE。从环保、单耗及成本等角度考虑，需对这些尾气进行回收处理。处理方法主要包括萃取精馏、膜分离等，其中 HCFC-225、氯代烷烃（除CCl$_4$ 以外）等都是萃取精馏中可选用的溶剂，氟烃回收率可达到约 70%。

（3）未反应原料和副产物回收单元

与 TFE 分离后，在需要回收的未反应 HCFC-22 中还含有其他的一些杂质，而可回用的 HCFC-22 是有一定纯度要求的，因此需要将各种杂质进一步分离出来，其中 HFP 是一个特别难处理的杂质，因为 HFP 与 HCFC-22 会形成共沸物。由式（2-12）可知，HFP 是 HCFC-22 高温裂解生成的：CF_2 与 TFE 继续反应后生成的产物，其与 HCFC-22 形成的共沸体系（HFP-HCFC-22）中二者的摩尔比为 15：85（质量比为 23.4：76.6）。常规的加压精馏是很难对该共沸物实现分离的。在实际生产中，由于物料中的 HFP 含量一般不高，因此可先回收部分 HCFC-22 直至共沸物形成，回收的 HCFC-22 仍可达到98%～99%的纯度。由于回收的 HCFC-22 一般是与新鲜的 HCFC-22 按比例混合后再进入裂解系统进行反应的，因此即使这样的纯度也足以满足工艺的要求了，而剩余的 HFP/HCFC-22 共沸物则需要通过萃取精馏塔进行分离处理。要获得较好的分离效果，萃取精馏所用溶剂需要满足以下几点要求：①溶剂对 HFP 及 HCFC-22 的溶解度是有较大差别的；②溶剂具有良好的安全性且不与两者中任一种发生化学反应；③沸点适中；④不会成为物料中的新杂质；⑤价廉易得（这对于工业化意义重大）。此外，也有文献提到过膜分离的方法（例如采用 GE 公司的膜），但很难同时得到纯度较高的 HFP 及HCFC-22。虽然回收的 HFP 也具有一定的商业价值，可用于氟精细品中对原料纯度或杂质要求不高的产品合成中，但是对于氟聚合物或电子化学品等对纯度和杂质有着较高或者苛刻要求的产品而言，回收的 HFP 就很难达到应用标准以及稳定使用的要求。

需要注意的是，少量 TFE 也会混在高沸物（如 CF_2＝CFH）中排出系统，从而造成 TFE 的损失。如能回收这些 TFE 则可进一步降低整个流程的单耗。

2.3.1.4　TFE 的输送和使用

一般而言，液态的 TFE 不适宜长距离输送，因此 TFE 和 PTFE 生产装置之间 TFE 输送管道的距离应尽可能的短，并需要采取一系列的管道防火及安全措施。在 TFE 管道投用前（开车或者检维修后）需要做严格的除氧处理。投用后，最好能连续使用，以使 TFE 处于长期的连续流动状态，如面临较长时间的停用状况，则应确保排尽管内的 TFE。对于远距离的液态 TFE 运输（例如 3～4km），则需要采取更严格的安全及使用保障措施。此外，跨界输送还需要获得政府的实施许可。当然，也可以考虑运输 TFE 与 HCl 的混合物，这也是一种较成熟的输送方法。HCFC-22 裂解后的粗产物经干法急冷、压缩和蒸馏后就可以获得 HCl/TFE 的混合物。液化后的 HCl-TFE 混合物在装槽运输过程中不会有爆炸的危险，也不会发生自聚。到目的地后只需要除去 HCl 就可以使用 TFE 了。也有 TFE 与 CO_2 混合后提升运输稳定性的报道。

2.3.2　六氟丙烯

2.3.2.1　HFP 合成的工艺路线

据文献报道，HFP 的合成方法主要包括以下路线。

① CFO-1215（3-氯五氟丙烯，$CF_2ClCF＝CF_2$）氟化法。在催化作用下，CFO-1215 和 AHF 气相氟化脱 HCl 后得到 HFP，参见式（2-16）。

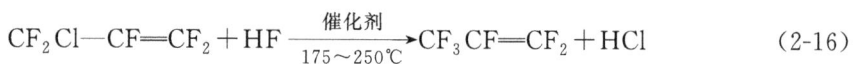

$$CF_2Cl—CF＝CF_2 + HF \xrightarrow[175～250℃]{催化剂} CF_3CF＝CF_2 + HCl \qquad (2\text{-}16)$$

② CFC-216（1,2-二氯六氟丙烷，$CF_3CFClCF_2Cl$）脱氯法。以 1,2,3-三氯丙烷（$ClCH_2CHClCH_2Cl$）为原料，经氟化反应后得到 CFC-216，然后在沸腾的甲醇溶剂中加入锌粉脱氯得到 HFP，参见式（2-17）。

$$CF_3CFCl—CF_2Cl + Zn \xrightarrow[70\sim100℃]{溶剂} CF_3CF=CF_2 + ZnCl_2 \qquad (2-17)$$

③ $CF_3CF_2CF_2COONa$（七氟丁酸钠）脱羧法。作为原料的 $CH_3CH_2CH_2COCl$（正丁酰氯）与 AHF 在电解槽中以电化学氟化（ECF）法制得 $CF_3CF_2CF_2COF$（全氟正丁酰氟），再与 Na_2CO_3（碳酸钠）反应后得到 $CF_3CF_2CF_2COONa$，最终经高温脱羧得到 HFP，见图 2-5。

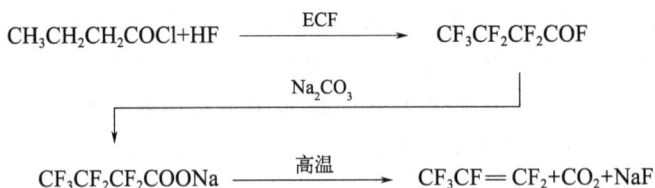

图 2-5 以 $CH_3CH_2CH_2COCl$ 为原料合成 HFP 的反应步骤示意图

④ TFE 热裂解法。这是工业生产中普遍采用的一种工艺。在特种合金钢管中，TFE 经中高温裂解得到 HFP，见图 2-6。

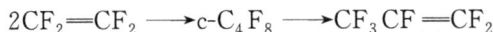

图 2-6 TFE 热裂解制备 HFP 的反应步骤示意图

2.3.2.2 工业化 HFP 生产工艺的基本原理

工业化的 HFP 生产采用的是 TFE 高温裂解工艺路线，此反应是均相非催化气相快速反应。由图 2-6 可知，其由二步反应构成，TFE 在高温下直接裂解，达到 500℃后先生成 TFE 二聚体（即 C-318），同时放出反应热，温度也随之快速上升。该步反应在标准状态下的反应热为 −853.5kJ/mol。C-318 在高温下会进一步裂解生成 HFP，此步反应为吸热反应，其标准状态下的反应热为 386kJ/mol。除了主反应之外，还存在着一些复杂的串联和并联副反应，例如生成 PFIB 的副反应，参见式（2-18）。PFIB 是一种剧毒物质，其他副反应产生的副产物还包括全氟 1-丁烯、全氟 2-丁烯等。

$$:CF_2 + CF_3CF=CF_2 \longrightarrow (CF_3)_2C=CF_2 + CF_3CF=CFCF_3 + CF_3CF_2CF=CF_2 \quad (2-18)$$

反应的温度、压力和反应时间对上述主、副反应有着很大的影响。此外，在直管式反应器中，保持大于 10m/s 以上的物料流速是非常重要的，这有助于改善管内的温度分布及各组分的浓度分布，避免逆向混合可能造成的损害，从而使 HFP 在高温下继续反应［参见式（2-19）］的可能性降低到最小。

图 2-7 是 650℃条件下 TFE 进行裂解时压力随反应时间的变化图。图 2-8 则是 C-318 在 700℃条件下进行裂解时压力随反应时间的变化图。

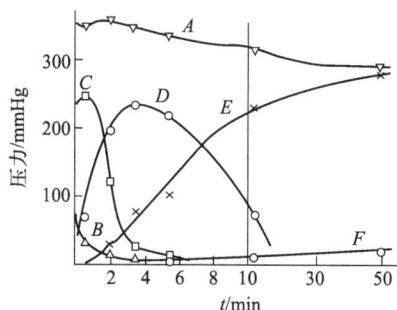

图 2-7　650℃条件下 TFE 进行裂解时
压力随反应时间的变化图
A—总压力；B—TFE 分压力；C—C-318 分压力；
D—HFP 分压力；E—PFIB 分压力；
F—PFC-116 分压力（1mmHg=133.322Pa）

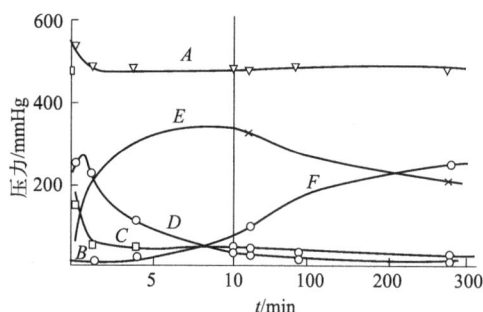

图 2-8　C-318 在 700℃条件下进行裂解时
压力随反应时间的变化图
A—总压力；B—TFE 分压力；C—C-318 分压力；
D—HFP 分压力；E—PFIB 分压力；
F—PFC-116（1mmHg=133.322Pa）

从图 2-7 可知，在 650℃反应条件下，随着反应的进行，产物中的 TFE、C-318 分压呈先快后慢的下降趋势，并在 6min 后下降到一个基本可以忽略的程度，而 HFP 分压则经历了一个先增后降的过程，并在接近 4min 时出现一个峰值，而 10min 多后其基本可以忽略，PFIB 分压从初期就开始不断增加，后期增长趋缓，在 10min 后 PFIB 成为产物中的主要成分，PFC-116（全氟乙烷，CF_3CF_3）分压则处于一直缓慢增加的过程，即使在反应后期，其在组成中的比例也始终不大。从图 2-8 中可以发现，在 700℃下，随着 C-318 裂解反应的进行，PFIB 逐步成为产物中的主要成分，但是其占比在 10min 后逐步降低，而 PFC-116 的比例不断增加，这表明 PFIB 在 700℃的条件下可生成全氟乙烷。

在选择裂解的反应温度时，往往要充分考虑原料的转化率和主产物选择性之间存在着的复杂平衡关系。实际生产中的 TFE 转化率通常是不超过 65％的。

$$CF_3CF{=}CF_2 \longrightarrow CF_3CF_3 + 各种高沸物 \qquad (2-19)$$

由于 TFE 难以运输，因此 HFP 的生产装置一般就在 TFE 生产装置附近。

2.3.2.3　工业化生产 HFP 的流程

TFE 热裂解生产 HFP 的工艺流程主要包括 TFE 热裂解及裂解产物急冷、预处理，TFE、HFP 及 C-318 的回收和提纯，PFIB 收集和无害化处理等单元。

（1）TFE 热裂解及裂解产物急冷、预处理

在 TFE 裂解制备 HFP 的工艺中，原料不仅有 TFE，还有一部分来自回收和提纯单元的 C-318，两者按一定比例组成 TFE 热裂解工艺的原料。这种混合原料的优点在于，TFE 生成 C-318 时会释放反应热，而 C-318 在裂解生成 HFP 时则需要吸收热量，因此当原料中存在一定比例的 C-318 时可使不同反应之间的热量发生部分抵消，从而有利于避免反应管壁侧因温度过高而结炭的情况。生成 C-318、HFP 和 PFIB 等产物在 TFE 热裂解过程中是一组串联反应，裂解产物中的 HFP 和 PFIB 含量与 TFE 的转化率密切相关。在一个由"TFE-HFP-C-318-PFIB-其他副产物"组成的裂解产物中（其他副产物包括全氟1-丁烯和全氟 2-丁烯等），其典型的摩尔比为（33％～35％）∶（35％～38％）∶（20％～25％）∶（<5％）∶（2％～3％）。需要指出的是，当裂解原料组成中的 C-318

含量达到 30％以上时，整个工艺会获得更好的效果。如果 HFP 装置自身产生 C-318 的量不足以满足所需的比例，可以将 TFE 装置排出的尾气（含 90％TFE）单独制成 C-318 用于补充其中的不足。这是一个值得考虑的方案。

离开反应器后的裂解产物温度仍然很高，在这样的高温下仍可能会导致裂解产物继续反应生成高沸点的副产物以及 TFE 聚合，为了阻止和减少这些情况的发生，需要对裂解产物进行急冷操作。急冷是整个热裂解工艺流程中的一个重要单元，其要点在于尽可能快地冷却裂解产物。急冷效果不好会使得反应器出口处生成较多的 PTFE，如再发生由歧化反应引起的积炭现象，最终会导致反应管和急冷器入口管道发生堵塞。急冷可分为两种工艺，即间接式急冷和直接式急冷。间接式急冷又称为干法急冷，是通过一组换热器进行换热的一种急冷工艺（参见图 2-9），而直接式急冷又称为湿法急冷（参见图 2-10），其使用雾化后的冷水直接与高温裂解产物进行接触，从而获得快速降温的效果，但需要注意的是，直接接触裂解产物会使得急冷水中含有微量的 PFIB，因此需要建立密闭的急冷水循环系统，且不能直接对外排放，必须经过针对性的处理，以消除潜在的剧毒 PFIB 危险。在现有 TEF 热裂解制 HFP 工业流程中多采用直接式急冷工艺。

裂解产物组分之间的沸点相差较大（如 TFE 沸点为 -78℃，C-318 沸点为 -5℃），如不采取任何措施，则较高沸点的组分在一级压缩后就可能先发生液化了，这种情况会对二级压缩机造成损坏。另外，PFIB 的分离也是该工艺流程的重要一环。基于上述这些情况，图 2-9 和图 2-10 中的预处理工艺流程分别代表了两种典型的处理路线。图 2-9 是在一级压缩之后对 HFP 和 C-318 进行分离的，分离后的裂解产物分为两股，一股主要含 TFE、HFP 及少量低沸点成分，以气相状态进入 TFE 回收和 HFP 提纯单元进行处理；另一股则主要包含 C-318、PFIB 及其他高沸点成分，其进入 C-318 回收提纯和 PFIB 无害化处理单元进行处理。但是需要注意的是，该流程可能会对包括压缩机在内的很多设备造成 PFIB 污染，在检修时尤其要注意防范。不同于图 2-9 的预处理流程，图 2-10 流程首先是急冷后的裂解产物进入由两个洗涤塔组成的串联系统中进行了 PFIB 的无害化处理；在洗涤塔中，循环喷淋的甲醇与裂解产物逆向接触后几乎吸收了全部 PFIB 并将其转化为毒性很小的 $CH_3OCF_2CH(CF_3)_2$，参见式（2-20）。去除了 PFIB 成分的裂解产物可按图 2-9 的分割步骤进行处理。该流程的优点是提前消除了 PFIB 的毒性隐患，大大有利于安全生产，且回收的 C-318 纯度更高。当然，采用该方法时也要注意微量甲醇夹带入 HFP 和 C-318 中所造成的质量问题。

$$(CF_3)_2C=CF_2+CH_3OH \longrightarrow CH_3OCF_2CH(CF_3)_2 \qquad (2-20)$$

（2）TFE、HFP 及 C-318 的回收及提纯

经图 2-9 的预处理单元处理后，脱除了 C-318、PFIB 等高沸点组分的那股物料再进入由三塔组成的提纯单元，并依次回收 TFE，提纯及回收 HFP，最终混有少量杂质的残余 HFP 将返回至未分离的裂解产物中。由于 TFE 存在自聚的风险，一般可选用高效填料的填料塔进行带压及低温下的精馏操作，所得 HFP 的纯度可达到 99.99％以上。

含 C-318 等高沸点组分的那股物料则可采用常规的精馏提纯工艺。从塔顶即可以采出大部分的 C-318，且纯度大于 99％。回收的 C-318 再返回至原料槽，并与 TFE 混合后重新进入裂解单元。精馏塔釜的残留物主要是由 PFIB、全氟 1-丁烯和全氟 2-丁烯及少量 C-318 组成的。PFIB 经无害化处理后，这部分高沸物残液仍需要在专用的高温焚烧炉中进行焚烧处理。

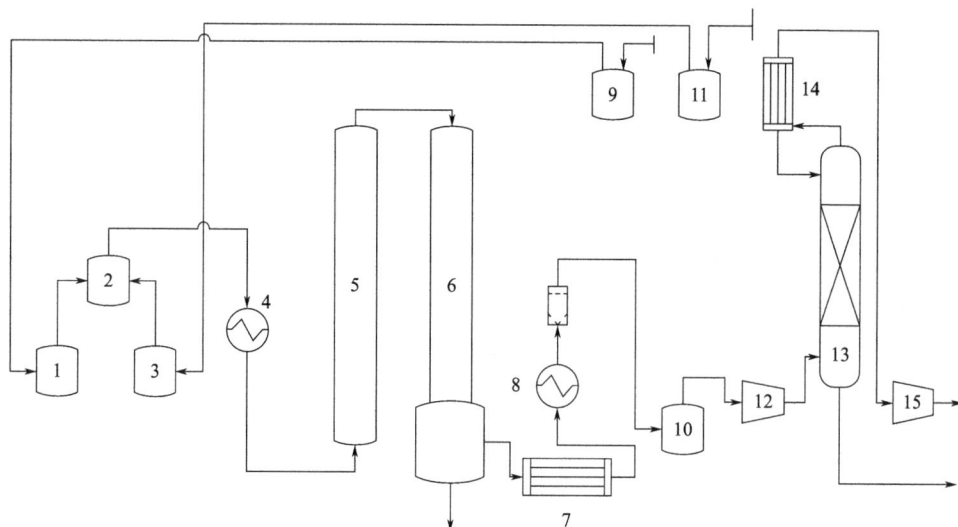

图 2-9　干法急冷工艺的裂解和预处理流程示意图
1—TFE 槽；2—混合槽；3—C-318 槽；4—预热器；5, 6—裂解反应管；7, 8—干法急冷换热器；9—TFE 回收槽；
10—裂解产物气柜；11—C-318 回收槽；12—一级压缩机；13—初分塔；14—冷凝器；15—二级压缩机

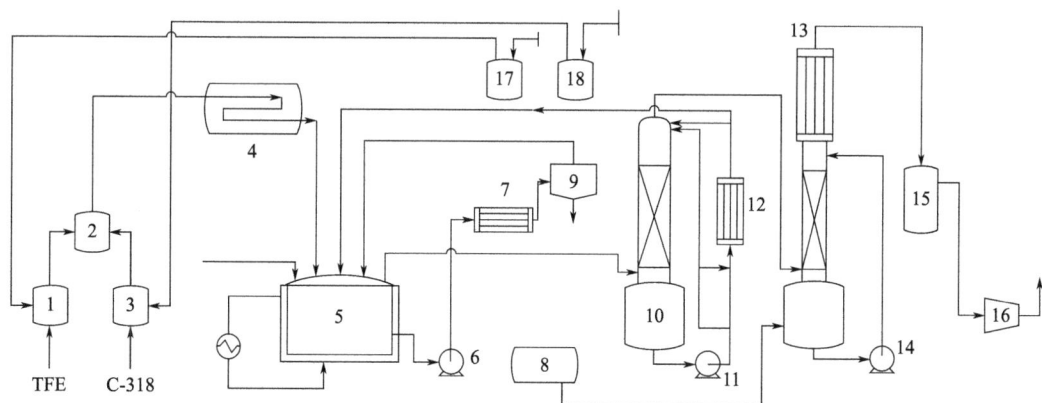

图 2-10　湿法急冷工艺的裂解和预处理流程示意图
1—TFE 槽；2—混合槽；3—C-318 槽；4—裂解反应器；5—湿法急冷设备；6—甲醇循环泵；7—冷却器；
8—废甲醇吸收液槽；9—废水处理；10—第一吸收塔；11—甲醇泵；12—甲醇冷却器；13—第二吸收塔；
14—第二循环泵；15—裂解气中间槽；16—一级压缩机；17—TFE 回收槽；18—C-318 回收槽

（3）PFIB 收集和无害化处理

图 2-9 及图 2-10 的工艺流程都会涉及 PFIB 的无害化处理，两者之间的差异在于处理的顺序。由于 PFIB 是剧毒化合物，因此为保证本质安全，凡接触含有 PFIB 物料的设备和管道都应置于密闭且呈微负压状态的隔离区域内。用甲醇进行吸收处理是工业化生产中一个行之有效的方法，可将 PFIB 转化为低毒性的八氟异丁基甲醚，从而达到消除毒性的目的。以下是两个具体的甲醇处理流程。

① 甲醇的喷淋吸收。喷淋吸收工艺可以参考如图 2-10 所示的两塔串联系统，其由两个中空喷淋塔组成。在处理中，含 PFIB 的气相 TFE 裂解产物从塔底进入吸收塔，而储

存在塔底的甲醇则用泵进行循环，经预冷后从塔顶以雾化状态进行喷淋，最终与向上的裂解产物逆流接触后完成反应。经过两个同样结构吸收塔的串联处理后，经取样检测，气相色谱（GC）中已检测不出残留的 PFIB。使用一段时间后，当甲醇吸收的 PFIB 量到一定浓度后需置换新鲜的甲醇，同时需要对其进行焚烧处理。

② 文丘里管的在线吸收。该工艺主要用于将 C-318 提纯塔塔釜中积存的含 PFIB 高沸残液定期转移到另一个专用储槽中。在该槽与文丘里管之间用一个专用泵进行连接从而形成一个循环。泵送过程中的高速流动会在文丘里管喉部形成一个负压区从而吸入已预冷的甲醇，并在该区域内实现充分、激烈的混合及吸收反应。循环一段时间后，从管线上进行取样检测，当检测不出 PFIB 含量时则吸收反应完成。此工艺适用于图 2-9 的未经甲醇喷淋处理的流程。

2.3.3 偏氟乙烯

2.3.3.1 VDF 合成的工艺路线

（1）$CCl_2\text{=}CH_2$（偏二氯乙烯）氟化工艺

$CCl_2\text{=}CH_2$ 催化热裂解脱除 HCl 后可得到 VDF，参见式（2-21）。

$$CCl_2\text{=}CH_2 + 2HF \xrightarrow[250\sim350℃]{\text{催化剂}} CF_2\text{=}CH_2 + 2HCl \tag{2-21}$$

（2）HCFC-132 脱氯工艺

HCFC-132 与锌粉反应经脱氯后可得到 VDF，参见式（2-22）。

$$CF_2ClCH_2Cl + Zn \xrightarrow[70\sim100℃]{\text{溶剂}} CF_2\text{=}CH_2 + ZnCl_2 \tag{2-22}$$

（3）HFC-143a 脱 HF 工艺

在高温、催化条件下，HFC-143 脱除 HF 后可得到 VDF，参见式（2-23）。

$$CF_3CH_3 \xrightarrow{\text{高温}} CF_2\text{=}CH_2 + HF \tag{2-23}$$

（4）HCFC-142b 热裂解工艺

式（2-24）是 HCFC-142b 热裂解脱 HCl 的主反应式。该反应为吸热反应，标准状态下反应热 $\Delta H_{298K}^{\ominus} = 25.8\text{kcal/mol}$。这是 VDF 的工业化生产中最常用的工艺路线，具有简洁及易工业化放大的优点，同时 HCFC-142b 价格适宜又易得，是一种非常理想的原料。

$$CF_2ClCH_3 \xrightarrow{400\sim700℃} CF_2\text{=}CH_2 + HCl \tag{2-24}$$

HCFC-142b 与 KOH 反应也可以脱除 HCl 得到 VDF，参见式（2-25）。

$$CF_2ClCH_3 + KOH \xrightarrow[0.3\sim0.5MPa]{80\sim150℃} CF_2\text{=}CH_2 + KCl + H_2O \tag{2-25}$$

作为一种重要的原料，HCFC-142b 的合成主要有以下几条路线。

① 以 CCl_3CH_3（甲基氯仿）为原料，在催化剂下与 HF 反应后得到，参见式（2-26）。

$$CCl_3CH_3 + 2HF \xrightarrow{\text{催化剂}} CF_2ClCH_3 + 2HCl \tag{2-26}$$

催化剂采用的是 $SbCl_5$（五氯化锑）。在这个反应中会产生 CH_3-CCl_2F 及 CH_3-CF_3（HFC-143a）等副产物，其中 CH_3-CCl_2F 可回收后再反应，而 HFC-143a 则可作为制冷混配工质中的组分之一。该工艺的主要问题是原料属于消耗臭氧层物质（ODS）。

② 以 CCl_2＝CH_2 为原料在催化条件下与 HF 反应进行制备。国内有单位采用此方法生产 HCFC-142b。

③ 以 HFC-152a 为原料，经光氯化反应制得 HCFC-142b。该反应的杂质较多，除了主产物之外，还包括 CF_2Cl—CH_2Cl 和 CF_2Cl—$CHCl_2$ 等副产物。目前其是工业化生产中最常用的工艺路线，参见式（2-27）。

$$CF_2HCH_3 + Cl_2 \xrightarrow{\text{紫外光照}} CF_2ClCH_3 + HCl \qquad (2\text{-}27)$$

（5）$c\text{-}C_4F_4H_4$（四氟环丁烷）热裂解工艺。以 $c\text{-}C_4F_4H_4$ 为原料，在 $400 \sim 600℃$ 的高温下进行裂解可得到 VDF，参见式（2-28）。

$$c\text{-}C_4F_4H_4 \xrightarrow{400\sim600℃} 2CF_2＝CH_2 \qquad (2\text{-}28)$$

（6）CF_2ClH 与乙烯的共热裂解工艺。以 CF_2ClH 或 TFE 为原料，在 $850 \sim 880℃$ 下与乙烯一起共裂解后可得到 VDF，参见式（2-29）。

$$2CF_2ClH + CH_2＝CH_2 \xrightarrow{850\sim880℃} 2CF_2＝CH_2 + 2HCl \qquad (2\text{-}29)$$

2.3.3.2　工业化生产 VDF 工艺的基本原理

目前，VDF 的工业化生产大多采用的是 HCFC-142b 的热裂解工艺路线。该反应为吸热反应，HCFC-142b 的纯度需高于 99.9%。在一定的反应温度条件下，以较大的流量和流速（$5 \sim 15m/s$）通过直管式反应器的物料在很短的反应时间内即可以完成反应。整个反应的 HCFC-142b 转化率可达 90% 以上，VDF 选择性可达 98% 以上，因此 VDF 的总收率可以达到 90% 以上。与 TFE 及 HFP 的直管式反应器相似，该反应器可以是单管或是多管型的。单管式反应器的管长一般为 $9 \sim 12m$、管径不超过 100mm，材质多为镍或高镍合金。在该反应器外设置直径更大的套管作为加热管，其材质也是耐高温合金。启动加热后，在直流电模式下，套管发热并辐射至内部反应管。通过电流、电压的调节可实现对反应温度的调控。当然，这种控温方式也存在短板，尤其是无法直接在反应管内设置测温仪，从而很难实测瞬时的反应温度，这时可通过测定裂解气中的 HCFC-142b 和 VDF 组成来判断反应的 HCFC-142b 转化率和 VDF 选择性，并以此为依据，调节套管温度，实现对转化率和选择性的平衡调控。对于多管式反应器，则可以采用熔盐的加热方式。反应物料在管内流动，而循环的熔盐在管外流动。熔盐本身可用烟道气进行加热。通过调节熔盐温度即可以实现温度控制。在公开的报道中，也有 550℃ 下的反应例子，但是反应速度相对较慢，需要有较长的停留时间。在高温条件下，不可避免地会在管壁处产生积炭现象，积炭多了会导致反应管传热变差或导致反应管断裂。作为应对，可在原料中加入少量 Cl_2（摩尔分数不超过 1%）。Cl_2 与镍在管壁处会反应生成氯化镍，该产物能起到一定的脱 HCl 反应催化剂的作用，有助于适当降低反应的温度以及减少结炭，进而延长反应管的使用寿命。

另外也有采用过热水蒸气稀释裂解工艺制备 VDF 的报道。其基本原理、工艺特点和设备布置与 TFE 的过热水蒸气稀释裂解工艺基本相同，都是绝热反应，只是预热温度（$450 \sim 500℃$）以及反应温度不同。水蒸气稀释裂解的优点是易于实现单条生产线的反应装置产能的扩大，但是与 TFE 采取水蒸气稀释裂解工艺可以大大提高选择性、单程转化率不同，VDF 采用这种工艺的优点并不明显，且会产生一些共沸杂质，不利于提高 VDF 基聚合物的品质。

HCFC-142b 裂解产物经水洗、碱洗（脱除 HCl）、干燥（除水）、压缩及冷凝后，最终经由 VDF 提纯单元得到纯度大于 99.99％的 VDF，而未反应的 HCFC-142b 经回收单元回收后再次进入反应单元。VDF 单体需储存在−35℃的不锈钢储槽内，供聚合之用。

2.3.3.3　工业化生产 VDF 的生产流程

图 2-11 是采用熔盐加热多管炉的 HCFC-142b 裂解制 VDF 工艺路线示意图，基本展示了工业化生产中的各个单元，稍有差异的是，在工业化生产实际中多采用由三塔或四塔串联组成的提纯单元，而非图中的单塔蒸馏。

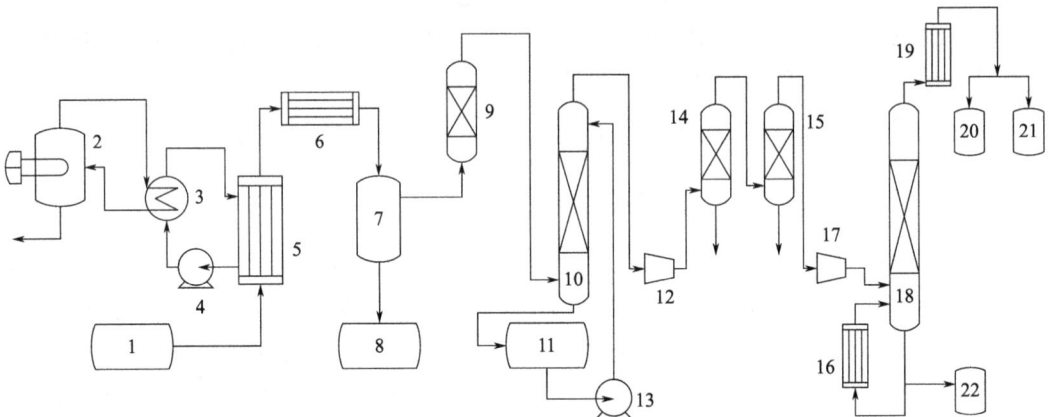

图 2-11　采用熔盐加热的热裂解工艺及单塔分离流程示意图

1—HCFC-142b 槽；2—烟道气加热炉；3—熔盐加热炉；4—熔盐循环泵；5—多管列管式反应器；6—急冷器；7—降膜吸收器；8—废 HCl 槽；9—水洗塔；10—碱洗塔；11—碱液槽；12——级压缩机；13—碱液循环泵；14,15—冷冻脱水器；16—再沸器；17—二级压缩机；18—蒸馏塔；19—冷凝器；20,21—产品槽；22—副产槽

（1）高温裂解

相比生产 TFE、HFP 的高温裂解工艺，HCFC-142b 高温裂解的反应温度和反应时间较为适中，因此副反应要少得多，生成的高沸点杂质也很少。但是如果裂解温度过高，仍会面临结炭的问题，并容易生成 $CHF=CH_2$、$CH≡CH$（乙炔）等低沸物，进而增加生产成本以及降低产品品质。

（2）裂解气的处理

在该单元中包括了急冷、HCl 处理、干燥等几个步骤。急冷步骤中多采用降膜吸收工艺，除了能降温外还可以提高副产盐酸的浓度，便于综合利用。降温后的裂解气经水洗后可进一步除去 HCl，再通过碱洗、干燥、压缩等步骤，最终进入提纯和回收单元。

（3）VDF 提纯和 HCFC-142b 回收

在进入精馏系统前，压缩液化后的裂解气有着非常高的 VDF 含量且不存在共沸杂质，其组成中 91％～95％（摩尔分数）为 VDF，未反应的 HCFC-142b 占 3％～5％（摩尔分数），剩余的则是少量的低沸点杂质（如乙炔、VF 等）和高沸点杂质，因此相对容易处理。整个单元可采用三塔或四塔串联的连续分离和精馏系统。脱轻塔主要用于处理低沸点杂质，并通过丙酮塔进一步脱除乙炔。为了获得高纯度的 VDF 单体，VDF 精馏塔中的精馏段要有足够的塔板数，特别是聚合用 VDF 至少要达到 99.95% 的纯度。另一方面，也要严格限制精馏塔塔釜中的 VDF 含量，以减轻 HCFC-142b 回收时的负荷，降低单能耗。经回收塔回收的未反应 HCFC-142b 可继续作为原料返回至裂解单元。回收塔塔釜的高沸物等需定期进行焚烧处理。

2.3.4　三氟氯乙烯

2.3.4.1　CTFE 合成的工艺路线

目前 CTFE 的工业化生产主要采用的是 CFC-113（1,1,2-三氯三氟乙烷）脱氯制备 CTFE 的工艺路线。该工艺路线具有步骤少及工业化放大容易等优点。CFC-113 自身就是一个早已规模化生产的产品，主要用作高端清洗剂，但是该物质目前已进入了 ODS 名录，只能作为 CTFE 等的合成原料，不能对外销售及在应用中使用。在众多以 CFC-113 为原料的 CTFE 合成路线中（参见图 2-12），锌粉脱氯工艺和催化加氢工艺是目前主要的工业化工艺路线。

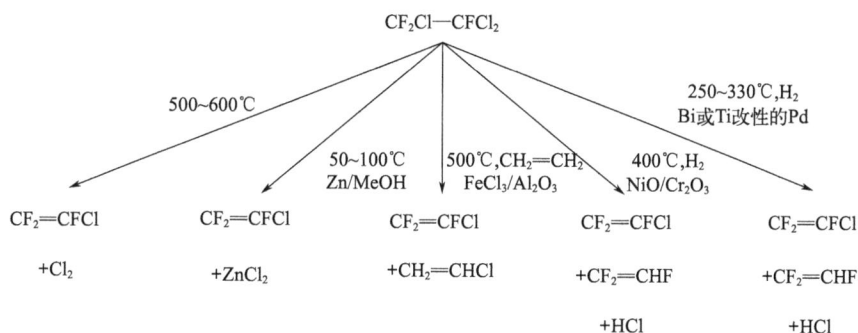

图 2-12　由 CFC-113 制备 CTFE 的不同合成路线

除了以 CFC-113 为原料的各条路线之外，还有以 $CF_2H—CFCl_2$［式（2-30）］、CHF_2Cl［式（2-31）］和 $CFCl_2—CF_2—COONa$［式（2-32）］为原料的 CTFE 合成路线，但是这些路线在工业生产上往往不具有竞争力。

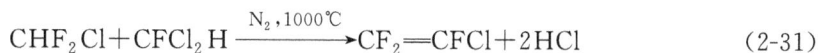

$$CF_2HCFCl_2 \xrightarrow{560\sim570℃} CF_2{=}CFCl + HCl \tag{2-30}$$

$$CHF_2Cl + CFCl_2H \xrightarrow{N_2,1000℃} CF_2{=}CFCl + 2HCl \tag{2-31}$$

$$CFCl_2CF_2COONa \xrightarrow{300\sim400℃} CF_2{=}CFCl + NaCl + CO_2 \tag{2-32}$$

2.3.4.2　工业化生产 CTFE 的工艺及基本原理

CTFE 的工业化生产主要采用的是 CFC-113 的锌粉脱氯和催化加氢工艺路线。这两条路线都可由 CFC-113 合成、脱氯反应以及提纯等单元组成。

① CFC-113 合成。由于 CFC-113 不能市场化采购，因此必须在 CTFE 装置中配套生产。图 2-13 是 CFC-113 的合成路线示意图。

$$CCl_2{=\!\!=}CCl_2 \xrightarrow{\quad Cl_2 \quad} CCl_3CCl_3 \xrightarrow[\text{催化剂}]{3HF} CF_2ClCFCl_2 + 3HCl$$

图 2-13　CFC-113 的合成路线示意图

上述两步反应通常在一个反应器中进行。第二步反应中的催化剂为 $SbCl_5$，其在反应过程中的形态是 $SbCl_xF_y$，是一种氟氯烷烃类化合物生产中常用的催化剂。

② 脱氯反应及提纯。该反应的主要反应式参见式 (2-33)。

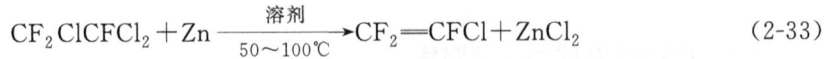

$$CF_2ClCFCl_2 + Zn \xrightarrow[50\sim100℃]{溶剂} CF_2{=\!\!=}CFCl + ZnCl_2 \qquad (2\text{-}33)$$

该反应一般在立式搅拌反应器中进行，在反应器顶部的气相出口管还设置有一台回流冷凝器。该反应以无水甲醇为溶剂，反应温度在 50～100℃。当加入锌粉和甲醇后，甲醇处于回流状态下时，缓缓将 CFC-113 加入反应器中，最终从回流冷凝器顶部导出生成的气相 CTFE 粗产品，而冷却成液态的甲醇则不断从其底部回流到反应器内。20 世纪 80 年代，日本曾公开报道了一种连续化锌粉脱氯工艺，其采用多孔板式的蒸馏塔作为反应器，锌粉和 CFC-113 的反应程度可接近 100%，CTFE 纯度可达到 99% 以上。

CTFE 粗产品中存在着由多个副反应作用产生的杂质，如 $CF_2{=\!\!=}CFH$（TrFE）、$CF_2{=\!\!=}CClH$、$CF_2Cl{-\!\!-}CFClH$、CH_3Cl 及 CH_3OCH_3，还会有少量 TFE、VDF 等。这些杂质可通过由多台纯化设备和精馏塔构成的提纯单元进行处理，其中 CH_3Cl、CH_3OCH_3 和水可用硫酸除去，而硅胶干燥器则可进一步脱除水及 HCl。经压缩、冷凝、排除不凝性气体等步骤，最终可获得 99.5% 以上纯度的 CTFE。如需长期储存和运输 CTFE，则需在其中加入阻聚剂，这些阻聚剂可在使用前用吸附的方法轻易去除。该工艺面临的最大问题在于锌粉的价格过高且波动性大以及副产物 $ZnCl_2$、甲醇的高处理成本，这些因素都直接影响其生产成本。对于 $ZnCl_2$，有报道是将其转化为有用的氧化锌。

早期，国内采用该工艺建设了多条年产百吨或千吨 CTFE 的生产线。现随着 CTFE 需求量的较快增长，该工艺固有的成本和"三废"问题也越来越突出，因此催化加氢脱氯法制备 CTFE 的工艺路线的优势逐步显现，并已实现了工业化规模生产。

③ 催化加氢脱氯及提纯单元。式 (2-34) 及图 2-14 分别是催化加氢脱氯法制备 CTFE 的主要反应式及工艺示意图。随着对催化剂的不断改进和优化，该路线的竞争力逐步增强。

$$CF_2ClCFCl_2 \xrightarrow[H_2]{催化剂} CF_2{=\!\!=}CFCl + 2HCl \qquad (2\text{-}34)$$

由图 2-14 可知，在催化加氢脱氯制 CTFE 的过程中，需分别将 H_2（或 H_2 和 N_2 混合气）与 CFC-113 预热至一定温度后才能进入反应器顶部的混合段，并由上至下通过催化剂床层进行加氢脱氯反应。经洗涤塔和干燥塔分别脱除副产的 HCl 气体和水分后，其气相反应产物经压缩机压缩后进入提纯单元。大部分未反应的 H_2 可继续循环反应使用。在耐压精馏分离塔中进行低温分离后可分别得到 CTFE、TrFE、CFC-113 等馏分。整个反应的 CFC-113 转化率可达到 90% 以上，CTFE 选择性大于 80%，催化剂寿命可达 1000h 以上，达到了工业化应用水平。虽然有关催化剂成分的报道较少，但是可以明确的是与钯系列贵金属相关的双组分或多组分混合物载体是一种有效的催化剂。当然，使用贵金属的催化剂单价较高，会造成单位生产成本的增加，因此催化剂的使用寿命对于单位生

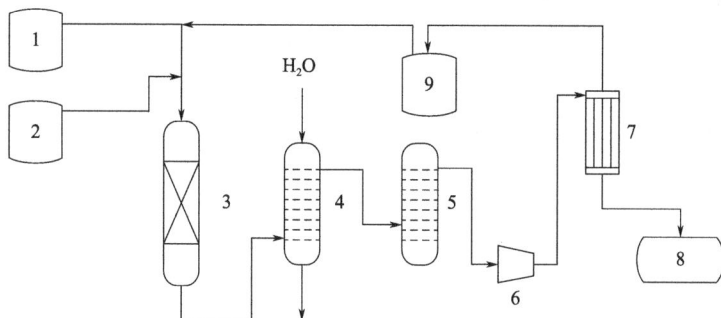

图 2-14　催化加氢脱氯制 CTFE 的工艺示意图

1—CFC-113 槽；2—氢气槽；3—催化反应器；4—水洗塔；5—干燥塔；6—压缩机；
7—冷凝器；8—CTFE 储罐；9—氢气回收槽

产成本具有重大意义。据报道，相比锌粉脱氯工艺，在具有良好催化剂使用寿命的条件下，该路线的运行成本可下降 20％以上。

2.3.5　氟乙烯

VF 有以下几种合成路线。

（1）卤代烃的锌粉脱卤工艺路线

在该类工艺路线中，最早的合成方法是用锌粉与 CHF_2—CH_2Br（1-溴-2,2-二氟乙烷）反应经脱氟及溴后得到 VF，参见式（2-35）。

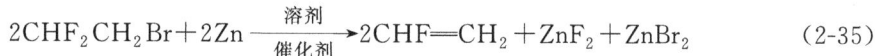

$$2CHF_2CH_2Br + 2Zn \xrightarrow[\text{催化剂}]{\text{溶剂}} 2CHF{=}CH_2 + ZnF_2 + ZnBr_2 \tag{2-35}$$

（2）HFC-152a 热裂解脱 HF 工艺路线

该路线的主要反应式参见式（2-36）。

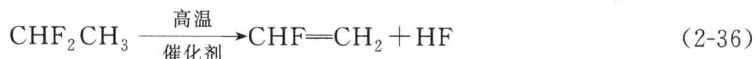

$$CHF_2CH_3 \xrightarrow[\text{催化剂}]{\text{高温}} CHF{=}CH_2 + HF \tag{2-36}$$

在该反应中需要使用催化剂。在 US2892000 中，以氧化铬（Cr_2O_3）为催化剂，乙炔和 HF 反应后可同时得到 VF 和 HFC-152a，而且该催化剂失活后可在 600～700℃下经空气或氧气处理 1～3h 后重新活化。该催化剂在 200～400℃下亦可用于 HFC-152a 脱 HF 制备 VF 的反应中，而且随着催化剂研究的深入，发现经少量氧化硼（B_2O_3）水溶液处理后的 Cr_2O_3 会有更好的催化效果。HFC-152a 脱 HF 的反应温度一般为 225～375℃，且是一个可逆反应过程，达到平衡时的 VF 浓度与温度是密切相关的。由文献可知，在 227℃、327℃和 427℃时，对应的 VF 浓度分别为 13％、40％和 99％。

作为该反应的原料，HFC-152a 是一种已大规模工业化生产的氟化合物，生产商较多，性价比合理，可运输，而且这个路线中所使用的固定床式反应器也适于连续化生产。该反应的杂质少，且 HF、HFC-152a（沸点约 25℃）也易与 VF（沸点约 72℃）分离，从而可得到聚合用的高纯度 VF 单体。正是以上这些优点，该工艺是 VF 的主流工业化生产路线。

（3）CH_2F—CH_2Cl（1-氯-2-氟乙烷）催化脱 HCl 工艺路线

式（2-37）是该路线的主要反应式，其选择性可达 100％，转化率为 15％。

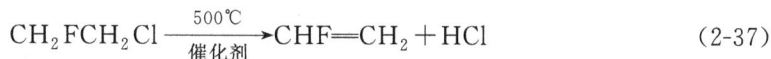

$$CH_2FCH_2Cl \xrightarrow[\text{催化剂}]{500℃} CHF{=}CH_2 + HCl \tag{2-37}$$

（4）AHF 与乙烯的催化反应工艺路线

式（2-38）是该路线的主要反应式。AHF 和乙烯（含有 35% 的氧）的摩尔比为 2∶1，催化剂为浸渍了钯和铜氯化物的活性炭，催化剂床层反应温度为 240℃。乙烯的转化率 20%，VF 的选择性可达 92%。该工艺反应温度低，催化剂不易结炭，寿命长，但缺点在于转化率偏低。

$$CH_2=CH_2 + HF \xrightarrow{\text{催化剂}} CHF=CH_2 + H_2 \tag{2-38}$$

（5）CHCl=CH$_2$（氯乙烯、VCM）的氟化法工艺路线

该反应为卤素交换反应，式（2-39）是其主要反应式。在一个典型的反应中，HF/VCM 摩尔比为 3，反应温度为 370~380℃，催化剂是由质量分数为 96% 的 γ-Al$_2$O$_3$ 和 4% 的 Cr$_2$O$_3$ 组成的。在催化剂存在下，氟取代了 VCM 中的氯。此反应中的原料配比、反应时间、催化剂等因素都非常重要，例如过多的 HF 和长时间接触都会促使 VF 与 HF 继续反应，从而生成 HFC-152a。该工艺的优点之一是 VCM 较容易获得，因而也具有一定的竞争力。

$$CHCl=CH_2 + HF \xrightarrow{\text{催化剂}} CHF=CH_2 + HCl \tag{2-39}$$

2.4　其他氟单体的生产方法

2.4.1　全氟环氧丙烷

2.4.1.1　HFPO 的主要合成路线

自 20 世纪 50 年代首次出现用 HFP 合成 HFPO 的报道以来，已发展了多条 HFPO 的合成工艺路线，但是这些路线都很难同时满足高选择性和高收率的要求。按类型可将这些路线分为以下 3 大类，即亲核加成法、亲电子加成法、自由基加成法。表 2-15 中列出了这些路线的反应条件、产物收率等。

表 2-15　HFP 合成 HFPO 的实例

反应类型	氧化剂	反应条件			HFPO 收率/%
		介质	温度/℃	催化剂	
亲核加成	30% 过氧化氢（H$_2$O$_2$）	NaOH+CH$_3$OH	−40	—	35
	过氧化氢	其他水溶性有机溶剂或水溶液＋全氟辛酸钠			
		氢氧化钾溶液（缓慢滴入反应体系）			54
		HFP 和过氧化氢（同时慢慢滴入反应器）			约 52
	过氧化氢	乙腈（pH=7.5~8）			
	过氧化氢	乙腈或二甘醇（pH=9~11）	15~20		

反应类型	氧化剂	反应条件			HFPO 收率/%
		介质	温度/℃	催化剂	
亲电子加成	高锰酸钾	无水氟化氢	−70		30
	三氧化二铬	氟磺酸			约 55
自由基加成	氧气	全氟碳惰性介质或氯氟烷烃（液相）	100~200	无催化剂（热引发）	76（转化率70%）
	氧气	气相		固体催化剂硅胶或硅＋氧化铝	30~80（转化率10%）
	有机过氧化物	CFC-113		叔丁基过氧化物六羰基钡	85（转化率34%）

表 2-15 中具有工业价值的工艺主要是次氯酸钠氧化法和氧气液相氧化法。

① 次氯酸钠氧化法。据有关报道，在−40℃下，30%的 H_2O_2 和 NaOH 在甲醇-水溶液中进行 HFP 的亲核氧化反应，该路线的 HFPO 收率为 35%~52%。研究还发现，HFP 的氧化反应收率与碱的用量有关，加入量越大，产物中的 HFPO 纯度越高，但收率越低。如将产物中的 HFPO 含量控制在 60% 左右，则收率能达到 70% 左右。反应时，—OOH 会与 HFPO 进一步作用生成全氟乙酸和丙酸盐等产物，从而影响收率的提高。此工艺路线中，由于反应中有副产物 HF 的产生，遇水后成为强腐蚀性的氢氟酸，因此腐蚀是一个比较大的问题。另外，选择合适的溶剂和相转移催化剂对 HFPO 收率的提高具有相当重要的作用。总之，该路线的反应温度低，反应速度较慢，整个过程比较稳定，缺点是"三废"处理比较困难。

② 氧气液相氧化法。国内是由上海有机氟材料研究所于 20 世纪 80 年代初首次成功开发，目前国内多采用此工艺进行规模化生产。

2.4.1.2　工业化生产 HFPO 的工艺及基本原理

目前，HFPO 的工业化生产主要采用的是液相氧化路线，属于间歇性批次生产工艺。图 2-15（a）是该工艺的主反应式，其中的 O_2 与 HFP 在一定温度和压力下在溶剂中反应后可得到 HFPO。除了主反应外，还存在如图 2-15（b）所示的各种副反应。氧气的液相氧化工艺具有较高的 HFPO 收率，且反应温度较低，操作简单。缺点是反应压力比较高，需要使用溶剂。另外，氧气的加入速度需要谨慎控制，一旦反应速度过快会导致失控飞温的情况，甚至导致爆炸。以下将就该工艺中的一些关键点进行介绍。

（1）加氧过程中的爆炸风险控制

该反应过程中的加氧量主要取决于 HFP 的转化率。由于氧化工艺属于重点监管的危险化工工艺，在高温及高压下，加氧有爆炸的风险。特别是在反应过程中，当加入的氧气量尚未达到理论计算值而反应体系中的压力却在较长时间内未有变化时，这也意味着几乎没有反应了（尤其是在反应后期），此时不能继续冒险加氧，因为这是最易发生爆炸的危险时刻。尽管爆炸的机理尚未完全清楚，但趋向于认为气相中的氧分压与产物（含氟产

$$2CF_3CF{=}CF_2 + O_2 \longrightarrow 2CF_3\overset{\displaystyle CF{-}CF_2}{\underset{\displaystyle O}{\diagdown\diagup}}$$

(a)

$$CF_3\underset{O}{\overset{CF-CF_2}{\diagdown\diagup}}\begin{cases} \xrightarrow[>200℃]{O_2} CF_3CFO + CF_2O \\[2mm] \longrightarrow CF_3CFO + CF_2{-}CF_2 + CF_2{=}CF_2 \\[2mm] \xrightarrow{催化} CF_3\overset{O}{\overset{\|}{C}}CF_3 \end{cases}$$

(b)

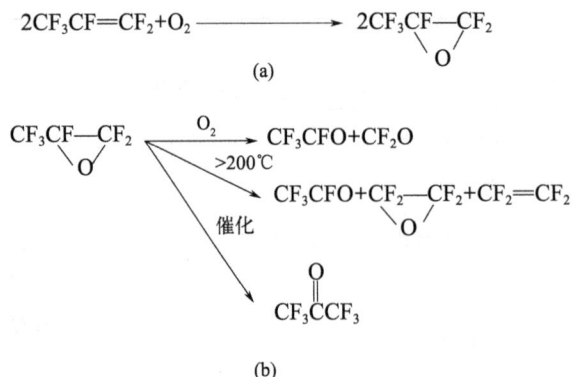

图 2-15 液相氧化反应合成 HFPO 的主反应 (a) 和各种副反应 (b)

物，尤其是 CF_2O) 分压存在着一个临界比例值。超过此值后极易发生爆炸事故。此外，该反应是放热反应，因此及时地传热和控温也是防止反应过快的关键点。

(2) 溶剂的选择和水含量控制

溶剂的选用原则主要包括：①在较高温度下稳定不分解；②不与原料和产物反应；③对氧的溶解度尽可能的高；④安全，无毒性。当然，选用的溶剂通常也要满足易处理（中和、干燥）及易回收（蒸馏）的要求。最初曾选用 CCl_4、CFC-113 等溶剂，但是这些属于 ODS 的物质现已禁止使用。之后也选用了与 CFC-113 性能相近但 ODP 仅为 0.025 的 HCFC-225ca（$CF_3CF_2CCl_2H$）和一些含碳氧键的全氟碳化合物作为替代溶剂，例如在 HFPO 低聚反应合成全氟醚油的过程中，其较低沸程的馏分经末端稳定化处理后可得到低分子量的全氟聚醚[$F_3C{+}CF(CF_3)OCF_2{\xrightarrow{}}_n CF_2CF_3$]以及电解辛酸时产生的全氟碳环醚溶剂。在该工艺中，惰性溶剂是一个关键因素，如能将其中的水含量始终保持在一个很低的水平，则溶剂至少能在多批次的 HFPO 合成中反复使用多次而不用替换（至少可在 10 批以上）。

(3) 转化率和选择性的确定

除了主反应之外，还有可能会发生一些副反应，例如反应温度超过 165℃，HFPO 会发生分解反应生成副产物；在氟离子存在下，HFPO 发生低聚反应；HFPO 与 HFP 反应会生成全氟酮系列的产物等。由于这些高沸副产物的密度大于水，因此大部分副产物会沉在底部，而其中的 HFA 则会在水洗过程中经水吸收形成 HFA 的三水化合物。也有报道称，不锈钢反应器的金属内壁对这类副反应有催化作用，因此反应釜材质对副反应是有一定影响的，实验表明氟塑料衬里的反应器可以明显减少副反应，但是这种材质对反应过程中的传热是不利的。相同反应条件下的 HFP 转化率越高，HFPO 的选择性会不断下降。一般认为，最佳的 HFP 转化率为 65%～70%，而对应的 HFPO 选择性可达到 90% 以上。由于 HFPO 与 HFP 沸点接近，很难分离，因此从降低提纯难度的角度出发，可尽可能提高 HFP 的转化率，但此举也会增加单耗和"三废"处理量。

(4) HFPO 的分离和纯化

对于 HFP 与 O_2 的反应产物而言，除了 HFPO 之外，还有表 2-16 中所列的三种类型杂质。为了得到高纯度的 HFPO，需要按表中的方法对这些杂质进行分离处理。

表 2-16　HFP 与 O_2 反应产物中的杂质及分离方法

杂质	分离方法
不凝性气体 （O_2、N_2 等）	反应器放出的反应产物经压缩冷凝液化后，将不能冷凝的气体经中和处理后排放
CF_3CFO、CF_2O	① 将不含不凝性气体的液态混合物，在精馏塔中进行分离。塔顶为高浓度的 CF_3CFO、CF_2O，塔底主要为 HFPO 及 HFP ② 对于小批量的生产，如果不考虑回收 CF_3CFO、CF_2O，则可将气态产物（反应器产物以气态出料）在常压下经水洗及碱洗，使物料中的 CF_3CFO、CF_2O 全部水解及中和，脱除 CF_3CFO、CF_2O 后的气相物料则进入后续的提纯处理
HFP	由于 HFP 和 HFPO 的沸点差不到 2℃，只能使用萃取精馏而非常规精馏的方法才能得到高纯度的 HFPO。据文献报道，二氯甲烷和甲苯等是效果非常好的萃取精馏用溶剂 ① 含有未反应 HFP 的 HFPO 产物，经压缩冷却液化后，进入萃取精馏塔提纯。该系统一般由两个塔组成。萃取剂从萃取精馏塔顶部加入，同时塔顶可获得 99% 的 HFPO，塔底物料进入溶剂回收塔进行处理。在回收塔塔顶可得 90% 以上浓度的 HFP（其余是少量 HFPO），塔底则是回收后的溶剂（含少量 HFP）。此溶剂可以循环使用，塔顶得到的粗 HFP 也可重新用于后续的氧化反应 ② 小批量生产或对 HFPO 纯度要求不高时，可考虑将 HFP 转化率提高到 95% 以上，也不使用萃取精馏系统，而是用干冰或丙酮的冷阱收集产物，并通过尾气排除不凝性气体。当然，其中可能会夹带一些 HFPO。这种方式得到的 HFPO 含 5% 左右的 HFP

（5）溶剂的处理和再使用

随着溶剂使用次数的增加，反应中生成的一些副产物（CF_3CFO、CF_2O、CF_3COCF_3 及液态含氟低聚物）会在溶剂中不断积累，而 HFP 及 O_2 等原料所带入的微量水分也不可避免地使溶剂呈酸性，因此即使预先对溶剂进行了彻底的干燥处理，但是随着使用次数的增加，反应速度和选择性仍不可避免地会变慢和下降，这时就需要更换新鲜的溶剂。当然，置换出来的溶剂经中和、干燥、过滤及蒸馏处理后仍可以再次使用。

目前该工艺有了更多的改进和升级，主要包括：①采取反应器的满釜操作工艺（即将介质充到反应器的 95% 以上）；②通过更高的自动化水平加强加氧速率与温度（或压力）的连锁控制；③用卧式静态反应器，使间歇操作改进为连续操作；④实现 CF_3CFO、CF_2O 的综合利用等。

2.4.1.3　工业化 HFPO 的生产流程

图 2-16 是一个典型的以 HFP 和 O_2 为原料的液相氧化制 HFPO 流程示意图。

从图 2-16 可知，反应是在一个带搅拌的立式反应釜中进行的。反应釜外有传热夹套，内部还有能增强传热效果的内盘管。经预干燥和蒸馏提纯处理后的溶剂加入反应釜内，加入量约占反应釜容积的 2/3 为宜（也有实例认为可以接近满釜操作）。从 HFP 钢瓶或储槽向反应釜内一次性加入整个批次反应所需的 HFP 量，并启动搅拌及升温。待温度缓缓上升到 140～145℃ 时，开始通入少量 O_2。由于 O_2 分压较高，因此反应开始后不久就可观察到 O_2 消耗后带来的反应釜压力下降现象。之后逐步补加 O_2 使反应压力基本维持恒定。

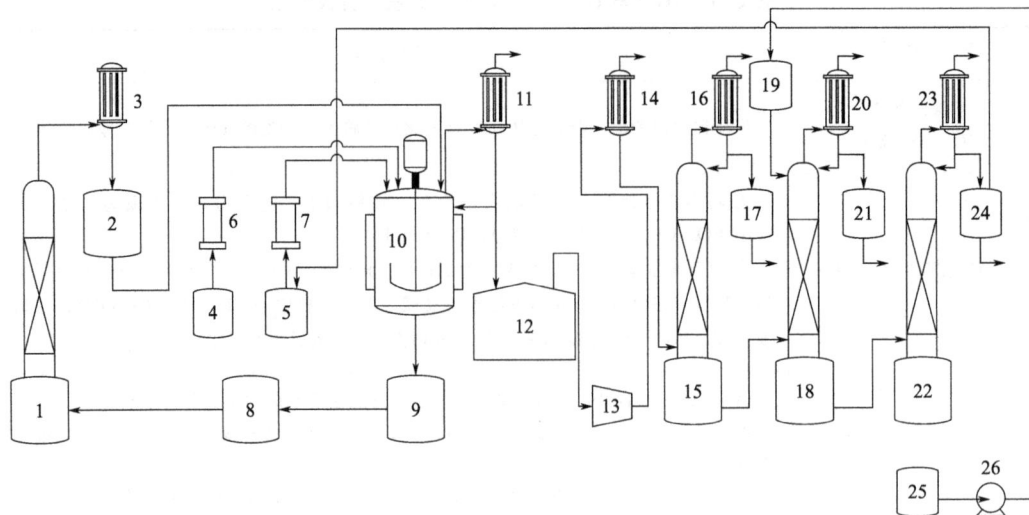

图 2-16 以 HFP 和 O₂ 为原料的液相氧化制 HFPO 流程示意图

1—反应溶剂提纯塔；2—溶剂储槽；3，11，14，16，20，23—冷凝器；4—氧气槽；5—HFP 槽；
6，7—干燥器；8—溶剂处理槽；9—溶剂回收槽；10—氧化反应器；12—干式气柜；13—压缩
机；15—副产回收塔；17—副产储槽；18—萃取蒸馏塔；19—萃取溶剂高位槽；21—HFPO 槽；
22—萃取溶剂回收塔；24—回收 HFP 槽；25—萃取溶剂回收槽；26—循环泵

当达到单批次反应所需量后，停止 O₂ 的加入，但仍需搅拌一段时间，以使体系中的 O₂ 充分进行反应。反应结束后，对反应釜进行降温，通过反应釜气相出口的冷凝器进行气相出料并回收溶剂至反应釜。气相产物中主要有主产物 HFPO 及未反应的 O₂，微量的 N₂、CF₃CFO、CF₂O 等，通过后续的萃取精馏等分离提纯处理后，可获得 99.9% 以上纯度的 HFPO。如果下游产品对于 HFPO 的纯度要求不高，则可尽可能提高单批次反应中的 HFP 转化率，只要对气相反应产物进行简单的脱氢、水洗或碱洗等处理后，就可将不凝性气体、CF₃CFO、CF₂O 等副产物的含量大幅度降低，并最终得到 90%～95% 纯度的 HFPO。

2.4.2 全氟烷基乙烯基醚

PAVE 主要是指 PPVE、PEVE 和 PMVE 等一类全氟烷基乙烯基醚单体，与 TFE 共聚后可有效地阻止 TFE 基聚合物的晶体形成，使 TFE 基聚合物拥有优良的加工性能。相比 HFP，PAVE 改性后可以赋予聚合物更好的热稳定性等性能。

2.4.2.1 全氟甲基乙烯基醚

PMVE 的工业化生产主要采用 COF₂（羰基氟）工艺路线和 CF₃OF（三氟甲基次氟酸酯，又称氟氧基三氟甲烷）工艺路线。

（1）COF₂ 工艺路线

该 PMVE 合成路线的核心原料是羰基氟（也成为碳酰氟或氟光气）。羰基氟是一种具有刺激性且不易燃烧的气体，遇水会分解，能溶于乙醇，沸点为 −83℃，急性毒性指标为 LC₅₀ 为 270mg/m³（急性吸入 4h，大鼠），可用于半导体制造装置中的清洗气和刻蚀气、

有机化合物的氟化气和原料以及有机合成的中间体、氟化剂。

TFE 与 O_2 在一定控制条件下进行氧化反应的工艺路线是一个具有工业价值的羰基氟制备方法，式（2-40）是其主反应式。

$$CF_2{=}CF_2+O_2 \longrightarrow 2COF_2 \tag{2-40}$$

当然，其实际反应是比较复杂的，除了主反应外，会生成较多的杂质。除了该路线之外，在液相氧化合成 HFPO 的路线中也可分离提纯获得作为副产物的 COF_2。如需要同时获得 PMVE 和 PEVE，就可以回避 COF_2 和 CF_3COF 的分离难题。COF_2 制 PMVE 的后续反应过程与 PPVE 的合成方法类似，而且 COF_2 与 HFPO 的反应条件与 HFPO 二聚体的合成也是相近的。当然，由于 COF_2 沸点很低，前者的反应压力要高得多，经中间体脱羧反应后，可得到 PMVE。整个反应步骤可参见图 2-17。

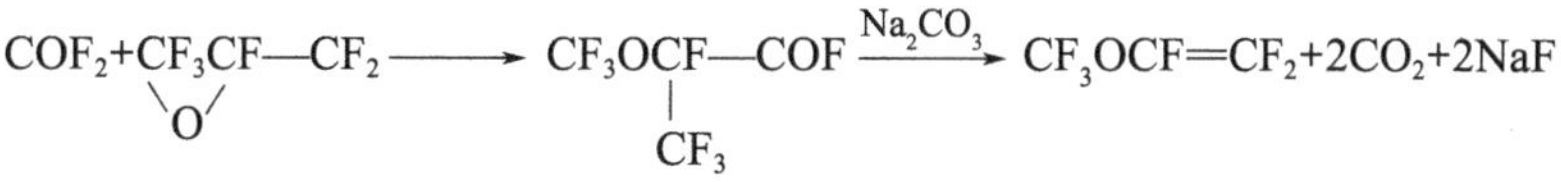

图 2-17　COF_2 工艺路线制备 PMVE 的路线示意图

（2）CF_3OF 工艺路线

该工艺路线的核心原料是 CF_3OF。CF_3OF 是 CO 和 F_2 反应后的产物，而另一个原料 $ClFC{=}CFCl$（1,2-二氯-1,2-二氟乙烯）则是 $Cl_2FC{-}CFCl_2$（1,1,2,2-四氯-1,2-二氟乙烷）经锌粉脱氯工艺后制备得到的产物。两者反应后的产物经锌粉脱氯后可得 PMVE 单体。具体步骤参见图 2-18。

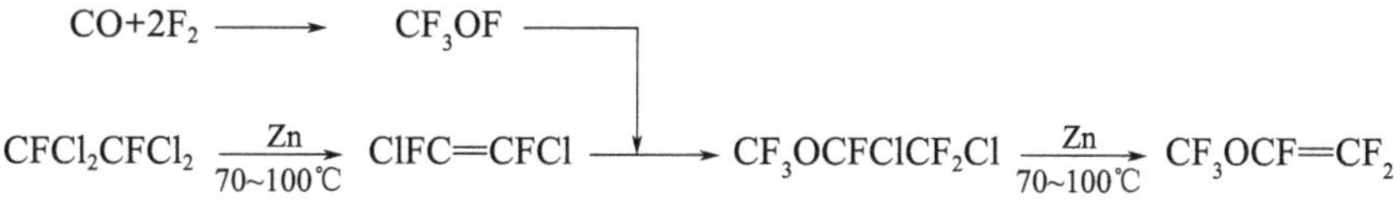

图 2-18　CF_3OF 工艺路线制备 PMVE 的路线示意图

此路线的优点在于可避开难以工业放大的脱羧工艺，具有较强竞争力、适合工业化生产且成本可控。当然，$Cl_2FC{-}CFCl_2$ 的来源和保障对于 $ClFC{=}CFCl$ 的成本控制是非常重要的。$Cl_2FC{-}CFCl_2$ 的合成可采用 $Cl_2C{=}CCl_2$（四氯乙烯）、$Cl_2C{=}CClH$（三氯乙烯）或 $Cl_3C{-}CCl_3$（六氯乙烷）等的工艺路线（参见图 2-19）。

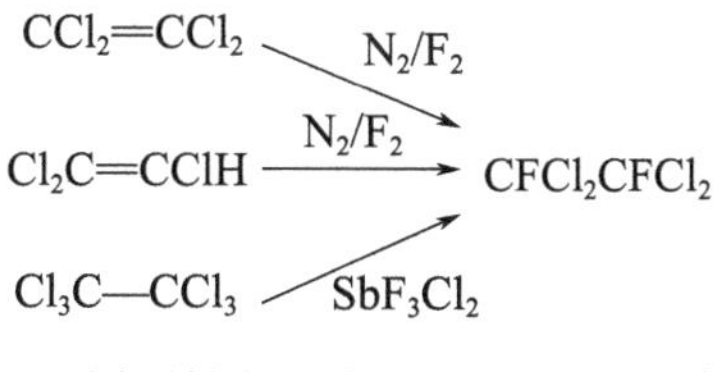

图 2-19　不同原料出发的 $Cl_2FC{-}CFCl_2$ 合成路线

在以 CFC-113 为原料生产 CTFE 的过程中，其副产物经锌粉脱氯后也可获得少量的 $ClFC{=}CFCl$。

本工艺路线的缺点是 CO、F_2 的毒性大，且用 F_2 合成 CF_3OF 时会有一定的爆炸危险性。

2.4.2.2　全氟丙基乙烯基醚

图 2-20 是以 HFPO 为原料生产 PPVE 的流程示意图。

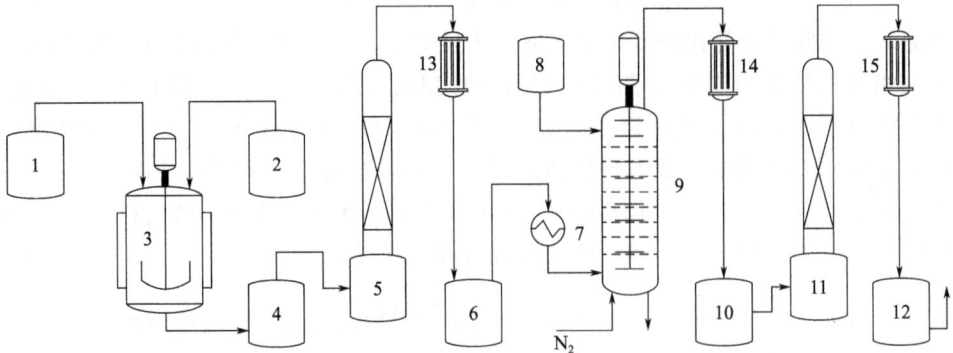

图 2-20　以 HFPO 为原料生产 PPVE 的流程示意图

1—溶剂储槽；2—HFPO 储槽；3—加成反应器；4—二加成粗产物槽；5—第一蒸馏塔；6—精加成产物
收集槽；7—汽化器；8—Na$_2$CO$_3$ 高位槽；9—脱羧反应器；10—PPVE 粗产物收集槽；
11—PPVE 精馏塔；12—PPVE 成品槽；13，14，15—冷凝器

工业化的 PPVE 生产路线是以 HFPO 为原料，先异构化生成 CF$_3$CF$_2$CFO，再与 HFPO 发生调聚反应，反应产物经脱羧、精馏处理后最终得到 PPVE 的产品。以下就异构化和调聚反应单元、脱羧单元分别进行介绍。

（1）异构化和调聚反应单元

以 HFPO 为原料，在胺类催化剂（如六次甲基四胺）催化下先异构化生成 CF$_3$CF$_2$CFO，再与 HFPO 进行调聚反应，参见式（2-41）。

调聚反应的催化剂一般为氟化盐（如氟化钾），溶剂为非质子极性溶剂（如二乙二醇二甲醚）。反应过程中不断向反应釜内加入 HFPO 直至工艺所需的量。所得产物中大部分为 HFPO 二聚体、5%～10% 为 HFPO 三聚体。经酸化后的三聚体可用作表面活性剂，但是据研究表明其毒性可能较大，并不适合作为 PFOA 等的替代品。上述的两步反应过程可在一个立式反应釜内中完成。

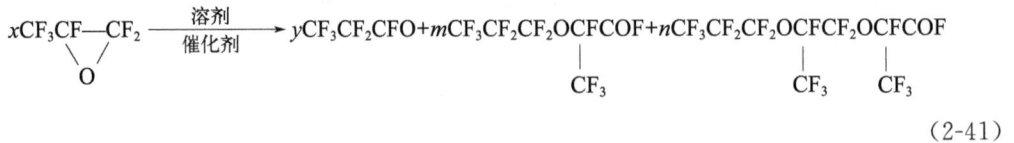

$$x\text{CF}_3\text{CF}{-}\text{CF}_2 \xrightarrow[\text{催化剂}]{\text{溶剂}} y\text{CF}_3\text{CF}_2\text{CFO}+m\text{CF}_3\text{CF}_2\text{CF}_2\text{OCFCOF}+n\text{CF}_3\text{CF}_2\text{CF}_2\text{OCFCF}_2\text{OCFCOF}$$

（2-41）

（2）脱羧单元

在脱羧中，反应生成的酰氟中间体，经与金属盐化合物的水解反应生成羧酸盐，再热裂解后脱 CO$_2$ 和金属氟化物得到 PPVE。该反应也称为 HFPO 二聚体的脱羧反应。据报道，该反应实际上是两步，反应如图 2-21 所示。

图 2-21 的第一步是放热反应，$\Delta H_r = -18.9\text{kcal/mol}$。采用 DEG（二甘醇）等溶剂作为反应介质后可以使反应进行得比较完全，而且还有助于 Na$_2$CO$_3$ 固体粉末的分散及热量的传递。反应过程中，HFPO 二聚体以滴加的方式不断加入，而所得产物组成中主要包括了钠盐的中间体、氟化钠和 CO$_2$ 等组分。

$$CF_3CF_2CF_2OCFCOF \xrightarrow{Na_2CO_3} CF_3CF_2CF_2OCFCOONa \xrightarrow{\triangle} CF_3CF_2CF_2OCF=CF_2$$

（式中 CF_3 分别位于第一步和第二步结构式的下方）

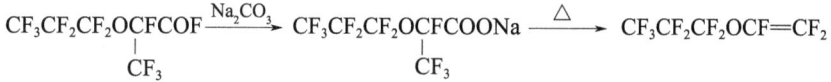

图 2-21　脱羧制 PPVE 的路线示意图

图 2-21 的第二步则是吸热反应，$\Delta H_r = 2.3$ kcal/mol。只有在高温下才能进行该反应，研究表明 $220 \sim 230 ℃$ 是一个合适的反应温度区间。

研究发现，如将图 2-21 所示的两步反应分开进行，其效果并不好，因为第一步反应生成的中间体盐，对于空气中的微量水分是非常敏感的，极易发生水解使反应产物组分更趋复杂，从而加大了提纯的处理难度，而在一个反应器内同时实现这两个步骤则可以避免这一问题。一种带固相搅拌的管式反应器就是适用于这种两步反应的搅拌床反应器类型。

保证反应温度在反应器截面上的均匀分布和防止局部温度过高是稳定运行的关键因素。一旦传热效果不佳或反应点分布不均匀则会发生局部剧烈反应，导致温度过高后发生副反应，这些副反应包括：①HFPO 二聚体降解成 $CF_2=CF_2$、CO 和 CO_2 等；②PPVE 重排为 $CF_3CF_2CF_2CF_2COF$；③$CF_3CF_2CF_2CF_2COF$ 与 Na_2CO_3 进一步反应，放出更多反应热。由于这些副反应都是强放热反应，因此会进一步造成温度的上升，并不可避免地会发生结炭和结块。改进搅拌床反应器的设计和运行方式以及调整 HFPO 二聚体的加料方式都是可以采取的改进措施，例如可在搅拌床反应器内设计一种复杂的辅助传热结构（包括使用可以传热的中空轴）以加强传热，也可以通过提高搅拌强度的方式或采取从上往下移动固相及气相反应物进而自下往上移动产物的"移动床"式操作来提升反应时的传热能力。另外，将 HFPO 二聚体汽化后从反应器底部缓慢通入，并在搅拌和加热的帮助下尽快实现与细粒状 Na_2CO_3 的充分接触和反应，从而实现更均匀的反应分布，以避免因反应热局部积聚而造成的小范围过热及结块，最终从反应器上部可得到主成分为 PPVE 的脱羧产物。

2.4.2.3　全氟磺酰基乙烯基醚

PSVE 的合成工艺最早是由杜邦公司开发和工业化的。国内则是由中国科学院上海有机化学研究所和上海华谊三爱富分别在 20 世纪 80 年代和 20 世纪 90 年代完成了中试和产业化工作，并分别建立了生产线。图 2-22 是 PSVE 的工业化生产流程示意图。该工艺路线包括了四氟乙烷 β-磺内酯的合成、四氟乙烷 β-磺内酯与 HFPO 的反应以及脱羧反应等单元。

（1）四氟乙烷 β-磺内酯的合成单元

在 PSVE 的合成路线中，除了 HFPO 外，还包括四氟乙烷 β-磺内酯（磺内酯，sultone）这个重要的原料，其是一种超强酸，一般需要自行生产。

磺内酯的合成采用的是 TFE 和 SO_3 的反应路线，无须加入任何介质，主要反应式参见式（2-42）。整个合成过程为放热反应，可在一个带冷却夹套的立式压力反应釜中完成，通过调节适当的配料比，在一定压力和不高于 80℃ 的条件下进行合成，可获得主要组成为磺内酯的反应产物。经蒸馏处理后，最终得到纯度大于 99% 的高纯度磺内酯。

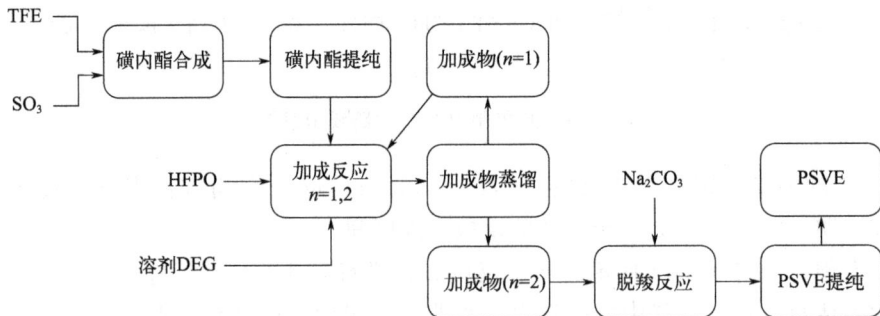

图 2-22　PSVE 的工业化生产路线示意图

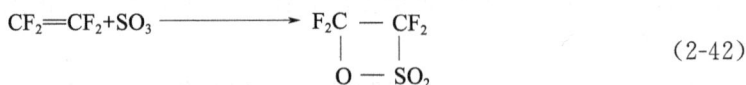

$$CF_2{=}CF_2+SO_3 \longrightarrow \begin{array}{c} F_2C \underline{\quad\quad} CF_2 \\ | \quad\quad\quad | \\ O \underline{\quad} SO_2 \end{array} \tag{2-42}$$

该路线的优点是反应转化率高、速度快、产率高，适于工业化生产。

需注意的是，TFE 与 SO_3 的反应也具有潜在的剧烈爆炸危险性。在 20 世纪 70～80 年代，由于缺乏对反应规律的了解，国内外都曾报道发生了较严重的爆炸事故。研究后发现，SO_3 和磺内酯的混合物是一种不稳定物质，尤其是两者达到 1∶1 的摩尔比时，如存在热源或微小火种就极易引发爆炸，参见式（2-43）。

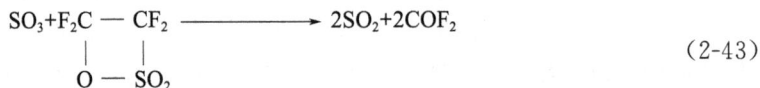

$$SO_3+\begin{array}{c} F_2C \underline{\quad\quad} CF_2 \\ | \quad\quad\quad | \\ O \underline{\quad} SO_2 \end{array} \longrightarrow 2SO_2+2COF_2 \tag{2-43}$$

因此反应中应避免 SO_3 和磺内酯的摩尔比出现 1∶1 的可能性，同时还要及时消除任何导致局部过热的可能性，从而实现安全生产。

（2）四氟乙烷 β-磺内酯与 HFPO 反应的单元

两者的反应其实是一个图 2-23 所示的两步反应。在催化剂存在下，磺内酯开环异构化生成 FSO_2CF_2COF（β-磺酰氟基全氟乙酰氟）中间体，然后与 HFPO、氟化钾催化剂、DEG 溶剂在一个带搅拌的反应器中进行反应，最终获得全氟烷氧基磺酰氟混合物，其中的 $n=1$ 及 $n=2$ 的产物占比可达 80% 以上，其中提纯后的 $n=1$ 副产物可作为原料再次用于后续的合成；提纯后的 $n=2$ 产物，则进入无水碱金属碳酸盐的成盐和脱羧处理单元进行处理；$n \geqslant 3$ 的其他加成产物和 HFPO 自聚体在无法利用的情况下就要进行"三废"处理。

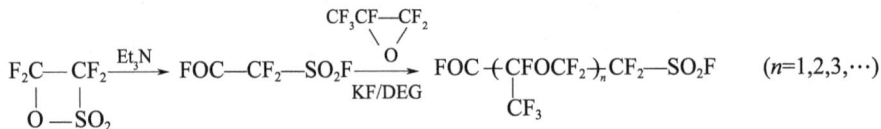

$$\begin{array}{c} F_2C \underline{\quad\quad} CF_2 \\ | \quad\quad\quad | \\ O \underline{\quad} SO_2 \end{array} \xrightarrow{Et_3N} FOC\underline{\quad}CF_2\underline{\quad}SO_2F \xrightarrow[KF/DEG]{\overset{CF_3CF\underline{\quad}CF_2}{\underset{O}{\diagdown\diagup}}} FOC{\underbrace{\left(CFOCF_2\right)}_{CF_3}}_{n}CF_2\underline{\quad}SO_2F \quad (n=1,2,3,\cdots)$$

图 2-23　磺内酯与 HFPO 的工艺路线示意图

（3）脱羧反应单元

式（2-44）是脱羧的主要反应式，其可在非质子极性溶剂中进行，也可用非溶剂的干法反应进行。从反应机理分析，该反应其实为两步反应。第一步是全氟烷氧基磺酰氟与碳酸钠的中和成盐反应，是放热反应；第二步则是高温脱羧后形成烯烃，该步是吸热反应。

两步反应的总热效应为放热。在干法反应中，由于没有溶剂可用于传热，且两步反应都在一个反应釜内完成，因此在保持高脱羧温度的同时，如何不让温度失控就是一个非常高的挑战，其中尤其要保持好反应过程中的热量平衡及反应温度的及时调控。一旦温度过高就会造成反应产物的积炭和大量副反应，进而放出更多的热量，并最终使反应混合物完全结块而无法继续正常操作。脱羧得到的反应产物中，PSVE 是其主要组分，但仍需经减压蒸馏提纯后才能得到大于 99％的高纯度 PSVE 产品。

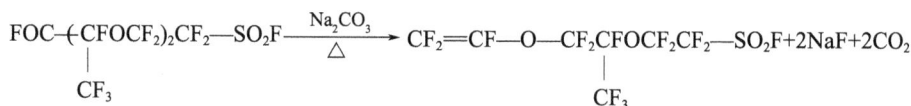

$$FOC\text{-}(CFOCF_2)_2CF_2\text{—}SO_2F \xrightarrow[\triangle]{Na_2CO_3} CF_2\text{=}CF\text{—}O\text{—}CF_2CFOCF_2CF_2\text{—}SO_2F+2NaF+2CO_2$$
$$|\qquad\qquad\qquad\qquad\qquad\qquad\qquad\quad |$$
$$CF_3\qquad\qquad\qquad\qquad\qquad\qquad\quad CF_3$$

(2-44)

2.4.2.4　全氟羧酸甲酯基乙烯基醚

PCMVE 是一类全氟羧酸单体的简称。由于不同公司采用了不同的合成工艺，因此各公司的全氟羧酸单体具有不同的分子结构。按所用原料的不同，其合成工艺主要分为全氟碘烷工艺、碳酸二甲酯工艺、氟磺酸的阳极氧化工艺及 TFE 工艺等，现将上述工艺路线逐一进行介绍。

（1）全氟碘烷工艺

该合成工艺以 TFE 和 I_2 为初始原料，图 2-24 是其合成工艺路线图，中间体是 $FOCCF_2CF_2COOCH_3$。

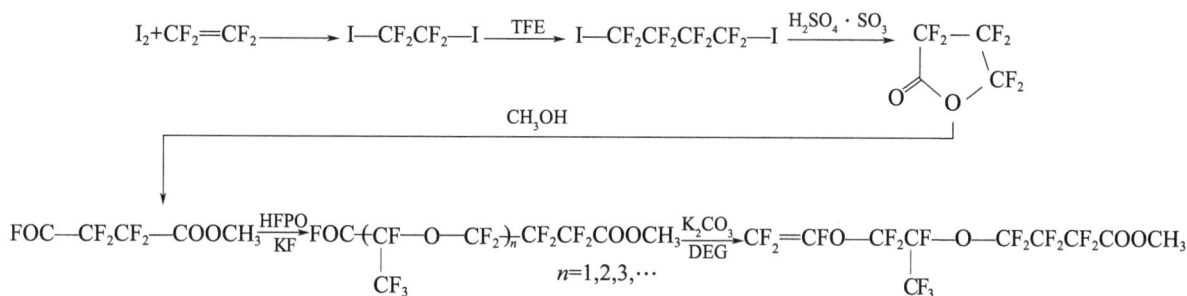

图 2-24　以 TFE 和 I_2 为原料的工艺路线示意图

中间体与 HFPO 之间的反应是该合成路线的关键步骤，其可在一个带搅拌的槽式反应器内进行，所需的催化剂氟化钾和溶剂都要经过彻底干燥化处理。在反应中极易发生串联反应以及由于 F^- 存在而引发的 HFPO 低聚反应。为了减少此类反应及其副产物的产生，需要尽可能快地实现 HFPO 在反应器内的均匀分散，为此可以采取缓慢加入 HFPO 和将其加入口设置于搅拌桨下部位置等工艺措施。

此工艺是由旭硝子公司开发和工业化的，其缺点是碘化物的毒性较大，而且在 γ-丁内酯的合成过程中也会产生较多需要处理的"三废"。

（2）碳酸二甲酯工艺

图 2-25 是以 $CO(OCH_3)_2$（碳酸二甲酯）为原料的合成工艺路线图。$CO(OCH_3)_2$ 与 TFE 等反应后可得到 $FOC\text{—}CF_2COOCH_3$。在氟化盐催化剂的作用下，该中间体与 HF-

PO 的反应是其中的关键合成步骤。

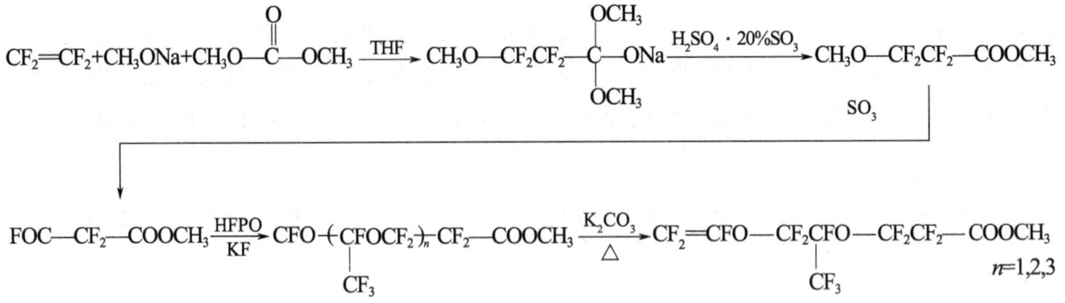

$$CF_2\!=\!CF_2 + CH_3ONa + CH_3O\!-\!\overset{\displaystyle O}{\overset{\|}{C}}\!-\!OCH_3 \xrightarrow{\text{THF}} CH_3O\!-\!CF_2CF_2\!-\!\overset{OCH_3}{\underset{OCH_3}{\overset{|}{C}}}\!-\!ONa \xrightarrow{H_2SO_4 \cdot 20\%SO_3} CH_3O\!-\!CF_2CF_2\!-\!COOCH_3$$

$$SO_3 \downarrow$$

$$FOC\!-\!CF_2\!-\!COOCH_3 \xrightarrow[\text{KF}]{\text{HFPO}} CFO\!\!-\!\!(CFOCF_2)_n\!\!-\!\!CF_2\!-\!COOCH_3 \xrightarrow[\triangle]{K_2CO_3} CF_2\!=\!CFO\!-\!CF_2CFO\!-\!CF_2CF_2\!-\!COOCH_3$$

图 2-25　碳酸二甲酯工艺路线示意图

此工艺是由杜邦公司开发和工业化的。在该单体结构中，与甲酯基相接的 CF_2 链节数为 2，而前述旭硝子工艺路线的 CF_2 链节数为 3，这也导致了使用两者合成的羧酸树脂也会有一定性能差异。

（3）氟磺酸的阳极氧化工艺

图 2-26 是氟磺酸的阳极氧化工艺路线示意图。在电解槽中，氟磺酸与 TFE 进行阳极氧化反应生成的是 α,ω-双官能团化合物，最终经适当的转换反应得到 PCMVE 单体，整个过程主要分为三个步骤。

此反应所用的反应器较为复杂，其外部带有传热夹套，内设冷却用盘管，阴/阳电极对称分布在反应器内，其中阳极是由玻璃状石墨板材制成的，该材料是隔绝空气条件下在一高温炉内由呋喃树脂缓慢碳化特制而成的人工晶体，而阴极则是用条带状铂板制成的。反应前，可将氟磺酸预先加入衬有耐强酸腐蚀材料的反应器，之后再加入少量电解质（如 NaF）。待电解开始之后，在搅拌的条件下，由底部缓缓通入 TFE，最终得到的反应产物则沉在反应器的底部。通过调节反应时间，可控制产物中组分大部分为 $n=2$ 的化合物，而 $n=1$ 的化合物经分离回收后可再次用于反应。

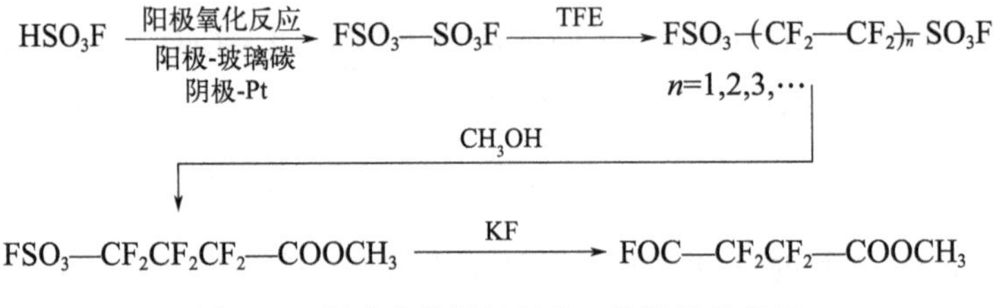

$$HSO_3F \xrightarrow[\substack{\text{阳极-玻璃碳}\\\text{阴极-Pt}}]{\text{阳极氧化反应}} FSO_3\!-\!SO_3F \xrightarrow{\text{TFE}} FSO_3\!\!-\!\!(CF_2\!-\!CF_2)_n\!\!-\!\!SO_3F$$

$$n=1,2,3,\cdots$$

$$\xrightarrow{CH_3OH}$$

$$FSO_3\!-\!CF_2CF_2CF_2\!-\!COOCH_3 \xrightarrow{\text{KF}} FOC\!-\!CF_2CF_2\!-\!COOCH_3$$

图 2-26　氟磺酸的阳极氧化工艺路线示意图

通过电解及加成反应，可得到 $FOC\!-\!CF_2CF_2COOCH_3$。该中间产物与全氟碘烷工艺路线得到的中间产物具有相同的结构，因此参考图 2-24 的后续 PCMVE 合成步骤可获得相同结构的 PCMVE。该工艺的缺点是电极材料昂贵且难以工业化放大。上海市有机氟材料研究所曾在 20 世纪 80 年代成功进行了该工艺路线的中试。

（4）TFE 工艺

图 2-27 是以 TFE 为原料的合成工艺路线图。在 $AlCl_3$（三氯化铝）的催化作用下，TFE 与 CCl_4 可得到 $CF_2(CCl_3)_2$（六氯二氟丙烷），接着将—CCl_3（三氯甲基）转换为目

标的官能团。

$$CCl_4+CF_2{=}CF_2 \xrightarrow{AlCl_3} CCl_3CF_2CF_2Cl \xrightarrow[FC]{2AlCl_3} CCl_3CF_2CCl_3$$

$$\xrightarrow[Hg]{H_2SO_4\cdot50\%SO_3}$$

$$COCl{-}CF_2{-}COCl \xrightarrow{CH_3OH} COCl{-}CF_2{-}COOCH_3 \xrightarrow[DEG]{KF} FOC{-}CF_2{-}COOCH_3$$

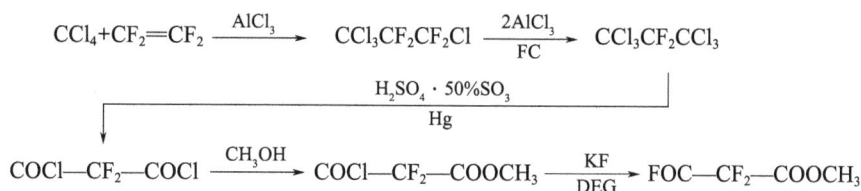

图 2-27 以 TFE 为原料的合成工艺路线示意图

反应获得的 $FOC{-}CF_2COOCH_3$ 与碳酸二甲酯工艺的中间体结构是一致的，因此参考图 2-25 的后续 PCMVE 合成步骤可获得相同结构的 PCMVE。该工艺的缺点是合成路线偏长，且 TFE 与 CCl_4 反应中的副反应较多，产物组成比较复杂。此外，发烟硫酸酸化后的中间反应产物 $CF_2(COCl)_2$（2,2-二氟丙二酰氯）与副产物 SO_2Cl_2（磺酰氯）沸点非常接近，难以分离。由于这些原因，一般不采用该工艺作为工业化的路线。

虽然不同工艺路线的 PCMVE 结构有一定差异，但是 PCMVE 的两端结构式相同，即一端为 $CF_2{=}CFO{-}$（全氟乙烯基醚基团），另一端为 $-COOCH_3$（羧酸甲酯基团）。$CF_2{=}CFO{-}$ 会成为聚合物主链结构中的一部分，而 $-COOCH_3$ 则成了聚合物侧链，在电解中该侧链会形成导电的羧酸钠（$-COONa$）。由于在造粒和成膜加工中全氟羧酸离子交换树脂会经历高温，因此常会导致羧酸钠形态的分解。研究证明，$-COOCH_3$ 在高温下是相对较稳定的，树脂的起始分解温度可达 400℃ 以上。在合成及提纯过程中，要保护好已生成的 $-COOCH_3$。这是确定反应条件和提纯温度的首要因素。

2.4.3 其他常用氟单体

2.4.3.1 全氟 2,2-二甲基-1,3-二氧杂环戊烯

图 2-28 是 PDD 的主要合成流程示意图。该工艺是以 HFA（六氟丙酮）为原料，先与 β-氯乙醇发生缩酮反应，再经光氯化得到氯化产物以及 SWARTS 反应得到部分氟化的产物，最终在锌粉作用下消去氯原子得到带双键的 PDD。在整个工艺中，HFA 与 β-氯乙醇反应生成的间二氧杂环戊烷是一种化学稳定性很好的中间体，该步的反应收率是很高的，几乎是定量反应，而通过光氯化则可实现间二氧杂环戊烷上的全部氢原子被氯原子所取代，其后的部分氟化反应收率大于 90%。此外，经锌粉脱氯后得到 PDD，在蒸馏后能得到大于 99% 的高纯度 PDD。

2.4.3.2 全氟丁烯乙烯基醚

图 2-29 是 PBVE 的合成路线示意图。在该 PBVE 的合成工艺中，CTFE 与 ICl（氯化碘）生成 $CF_2Cl{-}CFClI$（1,2-二氯-2-碘-1,1,2-三氟乙烷），再与 TFE 加成生成 $CF_2Cl{-}CFCl{-}CF_2CF_2I$（3,4-二氯-1-碘全氟丁烷）。在发烟硝酸的作用下，其会生成 $CF_2Cl{-}CFCl{-}CF_2{-}CFO$（3,4-二氯全氟丁酰氟），再与 HFPO 反应后得到 $CF_2Cl{-}CFCl{-}CF_2{-}CF_2O{-}CF(CF_3){-}CFO$ [2-(3,4-二氯全氟丁氧基) 全氟丙酰氟]，脱羧后成为带一个双键的 $CF_2Cl{-}CFCl{-}CF_2{-}CF_2O{-}CF{=}CF_2$（3,4-二氯全氟丁基三氟乙烯基醚），

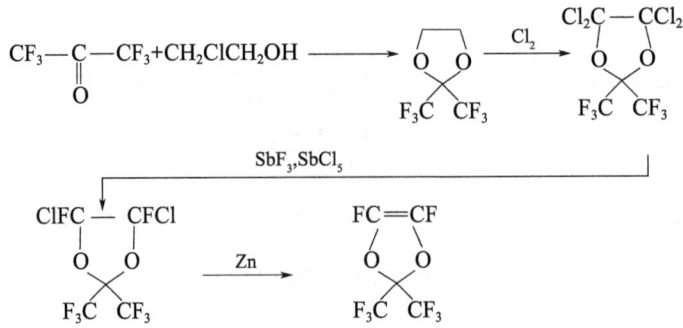

图 2-28 PDD 的合成工艺路线示意图

最终经锌粉脱氯后得到带 2 个双键的 PBVE 单体。

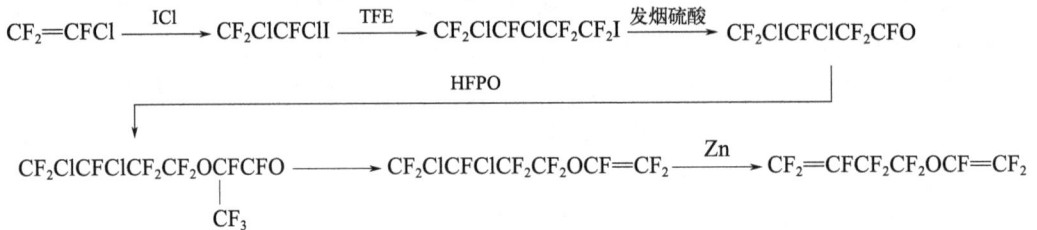

$$CF_2{=}CFCl \xrightarrow{ICl} CF_2ClCFClI \xrightarrow{TFE} CF_2ClCFClCF_2CF_2I \xrightarrow{\text{发烟硫酸}} CF_2ClCFClCF_2CFO$$

$$\xrightarrow{HFPO}$$

$$CF_2ClCFClCF_2CF_2OCFCFO \longrightarrow CF_2ClCFClCF_2CF_2OCF{=}CF_2 \xrightarrow{Zn} CF_2{=}CFCF_2CF_2OCF{=}CF_2$$
$$\underset{CF_3}{|}$$

图 2-29 PBVE 的合成工艺路线示意图

以氟化过氧化物为引发剂，PBVE 可采用本体聚合的方式制备均聚物，参见式 (2-45)，聚合温度在 $25 \sim 30℃$，得到的是具有环状结构的聚合物。此外，也可采用溶液聚合的方法及氟化的过氧化物引发剂制备 TFE-PBVE 共聚物，聚合温度约为 $30℃$。

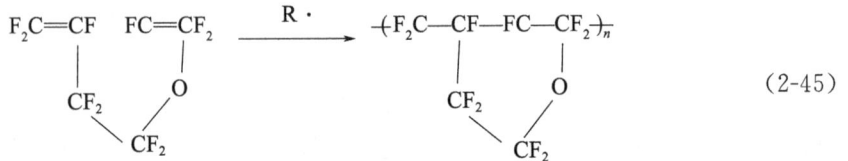

$$(2\text{-}45)$$

2.4.3.3　4-溴-3,3,4,4-四氟-1-丁烯

作为交联点单体，BTFB 主要用于耐低温过氧化物硫化胶的合成，其合成路线参见图 2-30。

$$CF_2{=}CF_2 + HBr \longrightarrow CF_2H{-}CF_2Br \xrightarrow{CH{\equiv}CH} CH_2{=}CHCF_2CF_2Br$$

图 2-30 BTFB 的合成工艺路线示意图

在表 2-4 列出的各个 CSM 中，BTFB 是最常用的，其在聚合中具有非常高的接入率，且 Br 也有很好的链转移活性，能调节聚合反应，避免过度的支链化。其他单体的接入率相对较低抑或者由于溴的活性太强从而导致过度支链化和凝胶化。

2.4.3.4　1-溴-1,2,2-三氟乙烯

作为 CSM 的 TFBE 可改善氟弹性体的硫化交联性能。此外，其还可用于氟溴油的合

成。这种在链转移剂作用下用光或过氧化物引发 TFBE 调聚制得的氟溴油，其相对密度高达 2.1～2.6，且凝固点和非结晶性指标都优于氟氯油，可用作高精度系统液浮陀螺仪和加速度计的浮液或阻尼液，也可用于导航设备陀螺仪中，以使其更微型化。

TFBE 的合成路线是以 CTFE 为原料的，其具体路线可参见图 2-31。

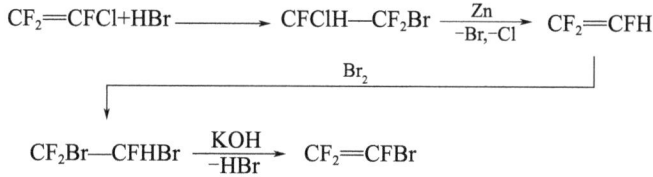

$$CF_2{=}CFCl+HBr \longrightarrow CFClH{-}CF_2Br \xrightarrow[-Br,-Cl]{Zn} CF_2{=}CFH$$

$$\xrightarrow{Br_2}$$

$$CF_2Br{-}CFHBr \xrightarrow[-HBr]{KOH} CF_2{=}CFBr$$

图 2-31　TFBE 的合成工艺路线示意图

为避免分解，要在 N_2 保护下进行 TFBE 的提纯（蒸馏）且需要低温避光保存，并加入摩尔分数为 0.1% 的三丁胺阻聚剂。

2.4.3.5　3,3,3-三氟丙烯

虽然 TFP 主要是用于氟硅橡胶 D_3F（3,3,3-三氟丙基甲基环三硅氧烷）的合成，但是据报道也可用作 ETP 的 CSM 及合成三氟甲氧基的原料。

图 2-32 是 TFP 的工业化合成路线示意图。

$$CCl_4+CH_2{=}CH_2 \xrightarrow{催化剂} CCl_3CH_2CH_2Cl \xrightarrow[HF]{催化剂} CF_3CH{=}CH_2$$

图 2-32　TFP 的工业化合成路线示意图

图 2-32 中的 $CCl_3{-}CH_2{-}CH_2Cl$（TCP，1,1,1,3-四氯丙烷）与 HF 的反应有气相和液相两种方法，但两者均需使用催化剂。气相法是将汽化的 TCP 与 HF 以 1∶（10～12）的摩尔比快速通过载有铬、铝离子的 AlF_3 催化剂固定床层。在 300～350℃ 的反应温度下及不超过 2～3s 接触时间时，TCP 的转化率可达 97% 以上，TFP 收率可达到 95% 左右。上述优点表明，气相法是一种适合于工业化的生产方法，但缺点是催化剂易发生严重结炭而失活。结炭时，可适当引入惰性气体降低气相中氧含量以达到减缓结炭速度及降低放热强度的目的，这有利于控制结炭温度及结炭后催化剂活性迅速降低的趋势。提高 HF 的浓度可以起到减缓结炭时间的作用，但也增加了回收 HF 的成本。反应气中加入少量 $CCl_3{-}CCl_3$ 或 Cl_2 也有利于延长催化剂寿命。液相法则是采用三氯化锑和五氯化锑作为催化剂，其反应条件比较温和，转化率也很高，但是会存在一些中间体和副产物。TFP 的工业化生产主要还是采用气相法工艺路线。

第3章
非可熔融加工氟树脂聚四氟乙烯的制备

3.1 概述

PTFE 是以 TFE 为单体的聚合物。在 TFE 聚合过程中，PTFE 的链是完全线型的，没有支链，即使 PTFE 的分子量相当大，也能得到一个几乎完美的链结构，且链之间有着最小的作用力，可以形成接近 100% 的晶型结构，其主要性质在第 6 章中将进一步详细介绍。

TFE 的聚合方法有悬浮聚合、分散聚合、溶液聚合、气相聚合及辐射聚合等，其中工业上最常用的则是悬浮聚合和分散聚合。这两个聚合方法的共同点是都需要在引发剂、表面活性剂和其他添加剂存在的情况下在水相中进行 TFE 的聚合。

TFE 悬浮聚合得到的是粒状树脂（也称悬浮树脂），其在聚合过程中无需或加入很少的分散剂，且聚合速率通常很快，需采用剧烈搅拌的方式才能维持反应的正常进行。反应结束后的聚合物以颗粒状浮于水面之上，其主要的工艺流程可参见图 3-1（a），其产品主要有中粒料、细粒料、预烧结料、造粒料以及微粉等。

TFE 分散聚合主要用于 PTFE 细粉（也称分散料）或浓缩分散液的生产。分散 PT-FE 是分散液经凝聚后得到的 PTFE 细粉。就聚合过程而言，分散树脂和浓缩分散液作为两种不同形态的产品采用的是同样的聚合方法。在分散聚合过程中会加入较多的分散剂、石蜡稳定剂等，且随着反应乳液浓度的逐渐提高要尽可能减少剪切的影响，以防乳液在剪切作用下发生凝聚，因此只能施加温和的搅拌力。通常分散聚合速率要比悬浮聚合慢得多，这一方面是由于搅拌速度上的差异，另一方面也是因为多种助剂的加入或多或少会产生一些链转移作用从而影响了聚合速率。当然，较低的聚合速率有助于将单位反应时间内放出的热量及时移出。TFE 分散聚合的主要工艺流程参见图 3-1（b），其主要产品包括分散料和浓缩分散液。

PTFE 可以是 TFE 的均聚物，也可以是 TFE 和少量其他单体（摩尔分数通常 <0.1%TFE）的共聚物。

不论是 TFE 的悬浮聚合还是分散聚合都是采用特殊设计的反应釜，以间歇聚合的方式在高压下进行的。由于悬浮聚合需要剧烈的搅拌，因此多采用立式聚合釜，而分散聚合为避免破乳，常采用具有低搅拌转速、低剪切特点的卧式反应釜。

本章主要介绍 TFE 聚合的基本原理以及与主要悬浮/分散 PTFE 产品有关的生产技术、规格和标准。生产技术中包括了聚合及后处理过程，特别是聚合过程不仅涉及了各种助剂以及配方的选择，还包括了对于改性单体的选择及添加，而后处理过程则着重于不同工艺对产品的颗粒形态、表面状况、内部状况及加工性能影响的介绍。

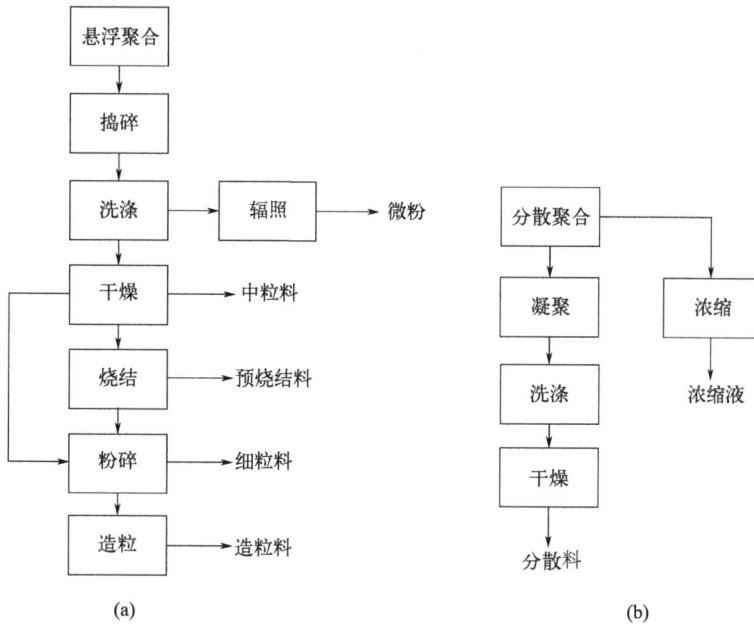

图 3-1　悬浮 PTFE（a）及分散 PTFE（b）的工艺流程示意图

3.2　聚合机理

式（3-1）是 TFE 聚合成 PTFE 的主要反应式。

$$n\text{CF}_2=\text{CF}_2 \longrightarrow (\text{CF}_2-\text{CF}_2)_n \tag{3-1}$$

众所周知，链吸引形成的范德华力使热塑性材料拥有了很好的力学性能，但 PTFE 只有极小的范德华力，因此只能采用熔融再结晶的方法，通过控制其结晶度来获得有用的性能。提高 TFE 均聚物（没有任何其他共聚单体，即没有改性）的分子量则是实现该方法的唯一途径，因为只有极长的 PTFE 链才能在熔融相态时有着更多的链缠绕可能性，而这也使得再结晶后几乎达不到熔融前的结晶度（90%～95%）。对于商品化的 PTFE 而言，TFE 的聚合度（n）往往需要达到 $1\times10^6\sim1\times10^7$，而调整引发剂量及采用调聚体和链转移剂等则是控制聚合度的有效方法。

引发剂的种类很大程度上决定了反应的温度、反应的时间以及产物的端基。表 3-1 所示是引发剂种类及其使用温度范围，其中过硫酸盐是氟烯烃聚合最常用的引发剂。通常 PTFE 使用的是中低温型引发剂。在中温范围内可供选用的典型引发剂包括亚硫酸氢盐、过硫酸盐等。如果是低温聚合，通常会选用氧化还原的引发体系。

表 3-1　引发剂种类及对应的使用温度范围

引发剂的使用温度范围/℃	E_d/(kJ/mol)	对应的引发剂
>100（高温）	138～188	二叔丁基过氧化物、异丙苯过氧化氢、过氧化二异丙苯

引发剂的使用温度范围/℃	E_d/(kJ/mol)	对应的引发剂
30~100（中温）	110~138	过硫酸盐、过氧化二苯甲酰、偶氮二异丁腈、双（β-羧基丙酰基）过氧化物
−10~30（低温）	63~100	氧化还原体系（过硫酸盐/亚硫酸氢钠、异丙苯过氧化氢/亚铁盐等）
<−10（极低温）	<63	过氧化物-烷基金属（三乙基铝、三乙基硼等）、氧/烷基金属

以下分别就过硫酸钾（$K_2S_2O_8$）的引发体系及 $K_2S_2O_8$ 与 $Na_2S_2O_5$ 的氧化还原引发体系对 TFE 聚合生成 PTFE 的反应机理进行介绍。

① 热引发。具体反应可参见式（3-2）及式（3-3）。

$$S_2O_8^{2-} \longrightarrow 2SO_4^- \cdot \tag{3-2}$$

$$SO_4^- \cdot + CF_2{=}CF_2 \longrightarrow {}^- O_3SOCF_2CF_2 \cdot \tag{3-3}$$

② $K_2S_2O_8/Na_2S_2O_5$ 的氧化还原引发。具体反应可参见式（3-4）~式（3-6）。

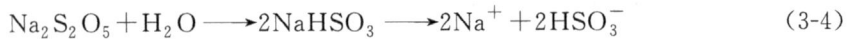

$$Na_2S_2O_5 + H_2O \longrightarrow 2NaHSO_3 \longrightarrow 2Na^+ + 2HSO_3^- \tag{3-4}$$

$$K_2S_2O_8 \longrightarrow 2K^+ + S_2O_8^{2-} \tag{3-5}$$

$$S_2O_8^{2-} + HSO_3^- \longrightarrow SO_4^{2-} + SO_4^- \cdot + HSO_3 \cdot \tag{3-6}$$

如有铁离子催化剂，具体反应则可参见式（3-7）~式（3-10）。

链增长可参见式（3-9）和式（3-10）。

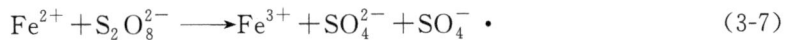

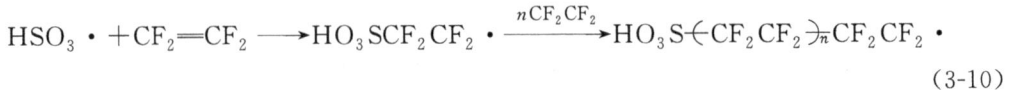

$$Fe^{2+} + S_2O_8^{2-} \longrightarrow Fe^{3+} + SO_4^{2-} + SO_4^- \cdot \tag{3-7}$$

$$Fe^{3+} + HSO_3^- \longrightarrow Fe^{2+} + HSO_3 \cdot \tag{3-8}$$

$${}^- O_3SOCF_2CF_2 \cdot + nCF_2{=}CF_2 \longrightarrow {}^- O_3SO{\left(CF_2CF_2\right)}_{\overline{n}}CF_2CF_2 \cdot \tag{3-9}$$

$$HSO_3 \cdot + CF_2{=}CF_2 \longrightarrow HO_3SCF_2CF_2 \cdot \xrightarrow{nCF_2CF_2} HO_3S{\left(CF_2CF_2\right)}_{\overline{n}}CF_2CF_2 \cdot \tag{3-10}$$

③ 双基终止。式（3-9）产生的自由基直接会发生式（3-11）的终止反应或式（3-10）反应产物之间发生式（3-12）的终止反应。

$${}^- O_3SO{\left(CF_2CF_2\right)}_{\overline{n+1}} \cdot + {}^- O_3SO{\left(CF_2CF_2\right)}_{\overline{m+1}} \cdot \longrightarrow {}^- O_3SO{\left(CF_2CF_2\right)}_{\overline{n+m+2}} OSO_3^- \tag{3-11}$$

或

$$HO_3S{\left(CF_2CF_2\right)}_{\overline{n+1}} \cdot + HO_3S{\left(CF_2CF_2\right)}_{\overline{m+1}} \cdot \longrightarrow HO_3S{\left(CF_2CF_2\right)}_{\overline{n+m+2}} SO_3H \tag{3-12}$$

④ 端基。由图 3-2 可知，采用过硫酸盐引发剂的产物是以羧酸端基为主的。

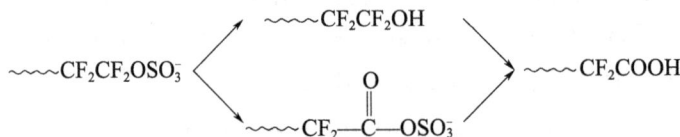

图 3-2　过硫酸盐引发剂所产生的端基类型

为了得到高分子量的 PTFE，高纯度的 TFE（特别是要严格控制含氢的低碳饱和烃和不饱和烃等这类的有害杂质）、低电导率的去离子水等都是最基本的保障条件。

去离子水作为聚合的主要介质，需要经过杀菌、去除无机和有机杂质等处理，因为这些杂质会对自由基聚合反应起到阻碍作用，并最终影响产品的色泽。

在分散聚合中还会用到表面活性剂和石蜡（不含有链转移作用的杂质）等助剂。其中，表面活性剂通常采用的是阴离子型。最初主要选用全氟羧酸盐或全氟磺酸盐，目前已替换为其他的含氟或无氟表面活性剂。

PTFE 高分子量带来的一个影响就是巨大的熔融黏度，例如 380℃下的 PTFE 熔体蠕变黏度仍高达 10GPa·s，因此 PTFE 的加工方法与其他的可熔融加工树脂是不同的（第7 章中会对其加工做进一步的介绍）。要关注的是，与其他聚烯烃材料的制件不同，由于高黏度的影响，PTFE 制件很难彻底消除内部的空隙，而且即使采取消除空隙的措施，处理的速度也会非常缓慢，最终也总会残留有一小部分的空隙，这会影响到产品的渗透性和力学性能等（例如耐压变及弯折寿命等）。从聚合的角度看，不论是 TFE 的悬浮聚合或分散聚合都可以选择一个或多个共聚单体与 TFE 进行共聚改性。通过 PTFE 晶型结构的改变大大降低 PTFE 的熔融黏度。

3.3　悬浮聚四氟乙烯的制备

3.3.1　主要产品的特点

如图 3-1（a）所示，悬浮 PTFE 的主要产品包括了中粒料、细粒料、预烧结料、造粒料以及微粉等。

3.3.1.1　PTFE 中粒料的特点

悬浮 PTFE 是 TFE 悬浮聚合后的树脂经捣碎、洗涤和干燥等处理后得到的 100～300μm 平均粒径的产品。国内称之为中粒料，是最初级的悬浮 PTFE 产品。

3.3.1.2　PTFE 细粒料的特点

相比 PTFE 中粒料，粉碎后的 PTFE 细粒料粒径变小，其表观密度变小，即单位体积的重量变轻。在相同的加工方法下，表观密度较小的 PTFE 悬浮料具有的最大优点就是能赋予其制成品更优的物理性质，特别是当表观密度低于 500g/L 时，PTFE 呈现出如小麦面粉般的松密程度，将其加工成坯料或车削板后致密性好、空隙小、电绝缘、机械强度和耐渗透等性能都较好。这种细粒料还很适合与玻璃纤维、炭黑、青铜粉等填充物混合后制备填充型 PTFE。国外生产的悬浮 PTFE 主要是以细粒度产品为主，而 PTFE 细粒料还可以进一步分成多个品级，表 3-2 列出了国外数个典型的不同品级 PTFE 细粒料性能。随着应用技术的发展，国内对细粒料的需求量也在不断上升。

表 3-2　国外生产的典型 PTFE 细粒料性质（ASTM D4894）

产品品级	表观密度/(g/L)	拉伸强度/MPa	断裂伸长率/%	标准相对密度（SSG）
Teflon®7A	460	34.5	375	2.16

产品品级	表观密度/(g/L)	拉伸强度/MPa	断裂伸长率/%	标准相对密度（SSG）
Teflon® 7C	250	37.9	400	2.16
Polyflon® M-12	290	47	370	2.17
Polyflon® M-14	425	32	350	2.16

由表 3-2 可知，在同等 SSG 条件下，表观密度的减小有助于提升树脂主要的性能指标。此外，Polyflon® M-12 之所以具有非常好的性能，主要归功于其采用的低温聚合及针对性的低温粉碎等工艺。在该品级的生产中，聚合采用了低至 10℃ 的低温，而且所用的粉碎设备是一种带有外夹套冷却的专用锤式粉碎机，可确保物料在较低的温度下进行粉碎，满足了表面粗糙化的应用要求。该工艺避免了气流粉碎工艺中受冲击粉末的表面产生光滑化的现象。粗糙的表面会使产品显得很疏松，特别适用于对电性能要求高的薄板和薄膜加工。

3.3.1.3　造粒料的特点

虽然细粒度 PTFE（平均粒径为 $20\sim40\mu m$）的性能有了很大的改善，但是在自动模压（如柱塞挤出）等加工中仍不是很适用。这主要是由于其表观密度小、表面不光滑以及会在接近或超过相转变温度时变得较软、较黏，从而容易产生结团的情况，进而在自动模压的加料过程中就会产生"架桥"现象。此外，疏松也意味着在模压加工时需要选用比制品尺寸大得多的模具。因此，造粒料就是为了适应自动模压要求而开发出来的 PTFE 产品，其拥有较高的表观密度、光滑的表面、较大的平均粒径、均匀度好的粒径尺寸分布及适中的长径比例（接近圆形最好）等，其良好的粉末流动性能足以满足这种高效率连续加工的要求。

3.3.1.4　预烧结料的特点

用 PTFE 中粒料或细粒料加工的预烧结料具有体积密度大、流动性好的特点。经预烧结处理后，PTFE 中粒料的熔点从 342℃ 下降至 327℃。在自动化加工中，预烧结的 PTFE 易加料，能满足机械化自动加料的要求，特别适合在柱塞式挤出机中进行薄壁管材或细直径棒材的自动挤出加工，能耐过高背压引起的碎裂，制品外观优异。除部分国内的氟树脂生产企业每年生产数百吨预烧结 PTFE 外，多家大型的国内加工企业也建立了预烧结 PTFE 的生产线，采用隧道式电加热的烧结炉，主要满足自身的加工需要。

3.3.2　聚合工艺

悬浮聚合是用得最多和最普遍的 PTFE 生产方法，其核心装备是 SUS316L 材质的立式不锈钢聚合釜。聚合过程是在反应釜内约占其 2/3 体积的水中进行的，一般不加或少量加入分散剂，并在聚合过程中采用了强力搅拌，据文献报道搅拌强度要达到 $392\sim1960W/m^3$。整个聚合过程通常包括配槽（或称配料）、除氧、升温引发聚合反应、补加 TFE、控温控压、停止加料、降温终止反应、回收未反应的 TFE 及反应乳液的出料等步骤。

悬浮聚合通常是一个恒压过程，适用的压力范围在 0.03～3.5MPa。当 TFE 聚合为 PTFE 后就需要及时补充 TFE 以防止反应压力的波动和下降，而压力的波动等会对反应速率产生影响。维持压力的恒定和稳定对于控制 PTFE 的分子量及其分布是非常重要的。通常，可采用 TFE 自动补充控制方案，补充系统采用气相 TFE，会比液相 TFE 更安全一点，其通常使用一个存有气液两相 TFE 的储槽补充 TFE 原料。该储槽可通过控制夹套介质温度获得高于反应压力的储槽压力作为进料动力。在悬浮聚合期间，在储槽夹套温度的加持下，液相 TFE 经汽化后不断补充进反应系统，从而维持反应压力的稳定。需要注意的是，在 TFE 储槽停用时仍需维持夹套内的冷却介质温度在 −35℃，甚至是 −42℃，具体温度取决于工厂所拥有的冷冻系统。

悬浮聚合中常用的是离子型无机引发剂，包括过硫酸铵或碱金属的过硫酸盐（如过硫酸钾和过硫酸锂等），适用于 60～90℃ 的反应温度范围。如果聚合温度过低，则会造成过硫酸盐的半衰期大大增加，分解速度太慢，就不太适用了。此时可考虑选用氧化还原引发剂（如高锰酸钾等），其用量范围一般在 2～500mg/kg（以水重量为基准）。如果其他反应参数都保持不变，则引发剂用量的增加会明显地降低产物的分子量。

由于引发剂溶解于水后才能发挥作用，因此水是引发剂的重要载体，同时它又是传递聚合过程热量的重要介质。水本身不会影响聚合反应，但是如果水中有包括有机杂质在内的各类杂质，则会对聚合产生阻滞作用或链转移作用，即使在低温反应下也是如此，从而在最终产品中出现一些不应有的性质。对于高品质的 PTFE 产品，一般要求水的电阻率达到 18MΩ·cm。

惰性的饱和碳氢烃类物质也有阻聚作用，除非它们在水中的溶解度很小。一般情况下，碳原子数高达 12 的石蜡状物质仍是有一定阻聚作用的，不过对于分子链更长的石蜡，由于其在水中的溶解度很小，因此只有极小的阻聚作用。

在反应前，通常要向反应体系内加入少量不具调聚作用的阴离子型分散剂，其有助于在聚合初期形成分散体"种子"，但是随着固相浓度的增加（质量分数>0.2%），整个体系就会变得很不稳定，此后的聚合则直接在尺寸较大的颗粒上进行，最后获得多孔、疏水的颗粒。在停止搅拌后，这些颗粒会浮在水面上，但是聚合反应还会再持续一段时间，而该现象也恰好认证了直接聚合的假说。最常用的阴离子型分散剂是碳原子数为 7～20 的全氟羧酸铵盐，其典型的加入量为 5～500mg/kg（以水重量为基准）。一般而言，该加入量是不足以生成高浓度 PTFE 胶状分散体的。

在悬浮 PTFE 的商业化生产中，所用的通常都是大体积规格的反应釜。从反应开始（引发点）到结束，批次反应时间约为 50min，极少超过 1h，即使算上配料、抽空排氧处理等的辅助时间，整个时间也就约为 2h。

3.3.3　与悬浮聚合有关的工程问题

3.3.3.1　悬浮聚合中的传热控制

在 TFE 悬浮聚合生成 PTFE 的过程中，特别要关注如何及时向反应釜外移出聚合热。TFE 聚合是一个放热反应，其聚合热为 −41kcal/mol。与 −25.3kcal/mol 的氯乙烯（VC）聚合热及 −25.4kcal/mol 的乙烯（Et）聚合热相比，TFE 的聚合热是它们的 1.6

倍之多，为减少由釜内结壁和结团引发的潜在危险，通常聚合热仅通过釜壁和外夹套传出，一般不在聚合釜内设置冷却用的辅助盘管，内壁上也不安装任何挡板。只有平衡好放热和传热速率之间的关系才能实现稳定的控温。此外，由于聚合速率直接决定了放热速率，因此在其他因素保持不变的情况下温度就决定了聚合的速率。反应过程中的聚合速率及放热速率的计算可以以一台 $1.5m^3$ 的反应釜为例，如反应周期为 50min，每批实际产量为 250kg（2500mol），则平均反应速率为 $R=2500mol/50min=50mol/min$。以此平均聚合速率作为基准，则可计算得到平均放热速率 $Q_均=50mol/min×41kcal/mol=2050kcal/min$。整个聚合过程中放出的总热量 $Q_总=2500mol×41kcal/mol=102500kcal$。当然，在实际聚合过程中有时很难达到完全的热平衡状态，这时在整个反应周期内会有 $20\sim25℃$ 的温升。这意味着对应的放热速率要比平均值高得多，在 1 倍左右。通常水的加入量约为聚合釜容积的 70%，即 $1.5m^3×0.7=1.05m^3$。考虑到水的温升，则水吸收的热量为 $1.05m^3×1000kg/m^3×1005cal/(kg·℃)×20℃=21105kcal$ ［水的比热容为 $4.2×10^3J/(kg·℃)$，$1cal=4.18J$］，通过传热方式向外传递的热量负荷为 $102500kcal-21105kcal=81395kcal$。在 50min 反应周期内的平均传热负荷为 $H=97674kcal/h$。

反应釜的热传递能力是由传热系数（K）、换热面积（F）和内外温差（ΔT）三要素决定的。在反应釜体积不变的情况下，单位容积的传热面积是一个重要的参数，该参数值越高越有利于传热。通常可通过提高釜的高度（h）和直径（d）之比来调节这个参数，但这也是有一定限度的。以 $h/d=1.3$ 为例，由于釜内的介质未装满、外夹套未全覆盖以及各种开孔导致的换热面积损失等原因，有效换热面积可设为基于反应釜尺寸得到的计算面积的 70%，则 $1.5m^3$ 聚合釜的有效传热面积 $F=2.86m^2$。聚合过程中的初始阶段和后期阶段因内温是上升的，可取平均温差 $\Delta T=38℃$（夹套内传热介质温度为 5℃）。要及时传递热量，稳定控制温度，则 K 必须达到：$K=H/(F·\Delta T)=97674kcal/h/(2.86m^2×38℃)=898.7kcal/(m^2·h·℃)≈215W/(m^2·K)$。文献中的相似换热条件下带夹套容器（一侧为带物料的水、另一侧为夹套内的盐水，传热壁材质为不锈钢）K 为 $230\sim698W/(m^2·K)$。实际运行中的 K 值之所以偏低，一方面是存在最高反应速率远高于平均速率的情况，另一方面釜内结壁、夹套内盐水结垢等影响了总传热系数。

一旦聚合热不能及时移出则会造成釜温的快速上升，而温度的上升又会促进聚合速率的加快。从安全角度出发，当出现冷却介质达到极限流量都无法实现稳定控温的情况时，就必须降低 TFE 进料量甚至停止加料，以抑制过快的反应速度并使釜温不超许可范围的上限温度。为了实现稳定控温，需要从聚合反应工程的角度出发，通过建立温度、聚合反应速率和传热速率之间的平衡以及优化设备设计等方向着手进行提升。

对设计和运行工程师来说，以下的措施对提高传热强度有一定的参考价值。

① 提高聚合反应釜的 h/d。不局限于压力容器常用的 h/d 比值范围，特别是对于大容积（如 $3m^3$ 以上）的反应器而言，可考虑将 h/d 提高到 2 或更高，在 d 不变的情况下提高 1 倍的 h，则容积可增大 1 倍，同时有效传热表面积也提高了 1 倍多。h/d 提高后需要修改和优化相应的搅拌方式，甚至要考虑采用双层桨式搅拌，或者将搅拌的动力部件从布置在设备的上端改为安装在设备的底部。这种下搅拌方式不仅搅拌效果好，还可大幅度缩短搅拌轴的长度，从而避免因轴过长产生的搅拌晃动。

② 采用有利于传热的材质。为防止设备腐蚀和保证产品的清洁度，与物料直接接触的部位需要使用高质量的不锈钢材质（如 316L 等），但是同一温度下的不锈钢传热系数往往比铁低 2~3 个数量级。因此从成本和传热角度出发，设备整体使用不锈钢进行制造是没有必要的，可以选用不锈钢与碳钢的复合板（以碳钢为基体）。复合板结合了两个材料的优势，例如由于碳钢的强度高，在相同的压力设计参数下，该复合材料的釜体厚度比单一不锈钢釜的厚度要小，设备的总重量也有所降低。不论使用何种材质，都要及时清理结壁物和结垢等杂质以保证热传导效率不降低。

③ 提高釜壁两侧的给热系数。在反应釜内要选用有利于充分混合的桨叶设计，并适当提高搅拌转速，转速的增加幅度是以不造成釜体晃动为上限，而反应釜外的夹套可通过其中的导流板及流道设计使冷媒充分而快速地流动，从而提高给热系数。

需要指出的是，如不能及时发现和清除光滑釜壁上产生的局部结壁物（积料），除了会导致反应釜传热发生恶化之外，还极易形成过热点，而温度的急剧升高是会发展到爆炸程度的，即爆聚［参见式（2-3）］。这是实际生产中的一个重大危险源，因此除了要将聚合釜安装在符合要求的防爆空间内，还需要定期检查并及时清釜。

3.3.3.2　压力控制

稳定的聚合压力对最终产品的分子量及其分布有着重大的影响。在聚合过程中，为了确保压力的稳定，需要使 TFE 储槽的汽化速度及溶解于反应釜内水相的速度能匹配上聚合的速度。从动力学角度分析，TFE 的均聚是一个快速反应，属于传质控制过程，如不补加 TFE 或补加不及时，则聚合压力会在强力搅拌下很快下降。这意味着 TFE 的汽化速度在这个过程中是控制因素。一般而言，为确保 TFE 的补加速度满足聚合控压的需要，可将 TFE 储槽的压力控制在高于聚合釜压力 0.3MPa 或稍高的水平，同时也要尽可能地减少管道内的输送阻力。此外，出于安全因素的考虑，TFE 储槽中的液态 TFE 常会含有少量的阻聚剂（如 50mg/kg 左右的萜烯或三乙胺之类），因此汽化后的 TFE 将不可避免地也会夹带少许阻聚剂，在进入反应釜前需要用吸附剂将这些阻聚剂除去，否则会影响聚合生产过程。

在停止补加 TFE 后，即使反应釜中聚合压力不断下降，其中的 TFE 还会继续反应一段时间，直到反应压力降低到一定程度后，反应才会完全停止。待反应釜迅速降温后，可回收未反应的 TFE 至 TFE 气库，再开釜将含有悬浮 PTFE 的产物转移至后处理系统进行处理。

3.3.4　后处理工艺

悬浮 PTFE 的反应产物在滤去大部分水后可按照图 3-1（a）的流程进行处理，其常规产品的后处理流程通常包括两个阶段。第一个阶段包括捣碎、洗涤（必要时需要研磨）和干燥等单元，得到的是 $100\sim300\mu m$ 平均粒径的悬浮 PTFE（也称之为 PTFE 中粒料），而第二个阶段则是在第一个阶段基础上以气流或其他方式将 PTFE 中粒料粉碎成小于 $40\mu m$ 平均粒径的悬浮 PTFE（也称之为 PTFE 细粒料）。

在此基础上，还衍生出了采用聚结（造粒）工艺处理后得到的表面光滑、粉末流动性好的造粒料以及经预烧结处理后得到的预烧结料。

3.3.4.1 捣碎及干燥

图 3-3 是一个典型的悬浮 PTFE 的捣碎和干燥流程示意图。在这个流程中，捣碎机是后处理工艺中的核心设备，其通常是一个外带冷却夹套的立式搅拌型设备，且采用的是针对性的刀型搅拌桨叶设计。捣碎所用的介质是温度低于 30℃ 的去离子水。在捣碎过程中，随着桨叶的快速转动，尺寸较大、外形很不规则的 PTFE 粉状颗粒在叶片的反复切削作用下，其平均粒径下降到 150μm，而完成捣碎后的 PTFE 粉会浮在水面上，与水一起溢出捣碎桶，再用带滤网的螺旋传送带进行输送，滤除了大部分自由水的 PTFE 经干燥单元处理后即得到最终的产品。在干燥单元的选择上，如果是小型生产线可选用间歇箱式干燥设备，而大型的生产线多选用连续型气流干燥设备。为保证产品的清洁度，不论何种干燥设备都要对外部引入的空气进行多道过滤及净化处理，以获得洁净的气流。此外，气流干燥设备的空气气流是需要使用蒸气及电热丝等加热至 200℃ 以上的。在鼓风机的驱动下，该干燥热空气气流高速通过文丘里式加料器，借助负压将含水的 PTFE 吸入气流干燥器，从而实现干燥和气固分离。由于出口处的 PTFE 温度仍然很高，因此要在一个干燥的环境下进行冷却，以免冷却或包装过程中 PTFE 的含水量再次增加。

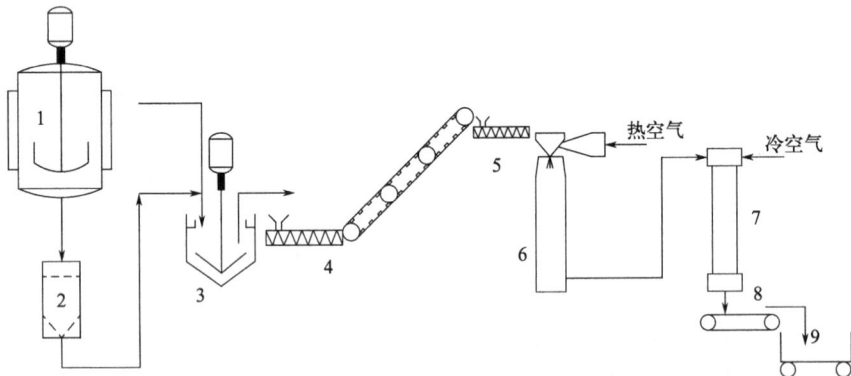

图 3-3　悬浮 PTFE 的捣碎及气流干燥流程示意图
1—聚合釜；2—滤水器；3—捣碎机；4—螺旋输送机；5—螺旋加料机；
6—（热空气）气流干燥器；7—冷却器；8—成品传送带；9—成品包装筒

3.3.4.2 粉碎

粉碎是处理悬浮 PTFE 细粒料的核心单元之一，其功能是获得市场所需的 20～40μm 平均粒径的细粒料，而实现该指标所需的粉碎设备有多种形式，例如在文献中曾提及的一种带刀型的叶片式高速旋转粉碎机，其转子的最高线速度可达 3000m/min。在运行时，需要将 PTFE 的温度保持在聚合物的相转变点之上，最好是高于 25℃。最终可获得表观密度 300g/L 以下的产品。国内的粉碎单元多采用气流粉碎机，其使用的是经冷却、过滤处理后的 0.6～1.0MPa 清洁压缩空气，并经过喷嘴形成了可对由加料器加入的 PTFE 中粒料进行冲击的高速气流，最终经碰撞、研磨后得到了 PTFE 细粒料。需要注意的是，必须使用由无油压缩机生成的压缩空气，否则会污染产品。

3.3.4.3　造粒

PTFE 的造粒过程是指在特定的条件下，细粒度 PTFE 经聚结后转变为平均粒径及体积密度较大的"团"状颗粒。每个"团"都是由很多个细颗粒组成的，其平均粒径的数量级可达到数百微米。通过造粒可获得流动性更好的悬浮 PTFE 产品。

图 3-4 为造粒过程的主要机理示意图。整个造粒过程可以分为成核、凝聚、"滚雪球"、压碎及层叠、磨损转移叠加等五步，其中成核过程的时间最短，但成长最快。之后的凝聚主要是颗粒的成长过程，其速度较慢且需要较长的时间。只要颗粒还能变形或者仍有成长的空间（即粒径不够大），则该成长过程就仍能持续较久的时间。"滚雪球"是一个颗粒逐步变大和变硬的过程，很多小粒子会沉积在凝聚后的大颗粒表面，使其成为一个更致密的层，而压碎及层叠则是一个较小颗粒物在与设备内壁及大颗粒的碰撞中发生了破碎并层叠在大颗粒表面之上的过程。在磨损转移叠加过程中，大颗粒表面之间的相互摩擦导致各自的一部分小颗粒相互转移到对方颗粒上。需要指出的是，压碎及层叠或磨损转移叠加过程与"滚雪球"是可能同步发生的，这意味着要获得一定指标的造粒料必然存在着一个最优的造粒操作窗口。

造粒可分为干法及湿法。干法造粒是将 PTFE 细颗粒与有机溶剂（与水不互溶的）在一个转动容器内进行转动式混合，物料在容器内上下左右翻滚，导致不断撞击的小颗粒互相黏结成大颗粒，最终经加热脱除溶剂后得到 PTFE 造粒料。最初的造粒工艺使用的有机溶剂较少，比较适合在 V 形混料机中进行造粒。后期的工艺则有着加大溶剂用量的趋势，例如在一个已公开报道的制备工艺中，PTFE 细颗粒与有机溶剂（四氯化碳、丙酮、对二甲苯和乙醇等）在 $20\sim40℃$ 的操作温度下，搅动混合 $2\sim140min$，经分离、干燥后得到 $500\sim800\mu m$ 平均粒径的造粒料，其表观密度在 $400\sim600g/L$ 之间。该工艺的缺点是所用的溶剂往往具有一定的毒性和潜在的燃烧等危险性，且最终面临着如何处理的问题。此外，该工艺制得的造粒料，其表观密度往往是偏低的。湿法造粒则是采用水和有机溶剂（不溶于水的）的混合物作为介质的。在造粒过程中，该介质与 PTFE 细颗粒一起置于搅拌槽内，一般需要加热到水的沸点以下，并始终维持搅拌直至

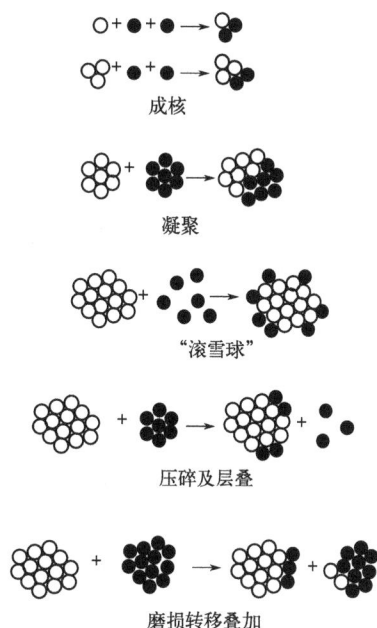

图 3-4　细粒度 PTFE 造粒过程机理示意图

造粒结束，然后将造粒料与介质分离后，再经过干燥最终得到造粒料。此外，如所选择的有机溶剂的沸点明显低于水的沸点，则只需简单的加热和冷凝即可回收有机溶剂。该工艺也可用于填充型 PTFE 的造粒，所用的填充物包括玻璃纤维、青铜或云母粉末等，可在 PTFE 细颗粒中添加质量分数为 $10\%\sim40\%$ 的填充物一起进行造粒。一般而言，由于湿法工艺更易控制造粒后的树脂性能，因此其优于干法工艺。

此外，仅用去离子水作为介质的湿法造粒也逐步得到了越来越多的报道和应用，例如

研磨后的 PTFE 细颗粒与去离子水在 80℃条件下搅拌 1h 后可得到浆状混合物，经过滤、干燥后，再用 1000μm 分级筛进行筛分，最终得到的是 540g/L 表观密度的 70% 过筛品。对比不用水（完全干法）和在 11r/min 旋转速度的条件下转动 35min 后得到的造粒料，前者制备的造粒料具有更好的流动性和更高的表观密度（参见表 3-3）。

表 3-3　两种不同方法进行 PTFE 造粒的结果对比

造粒方法	平均粒径/μm	粉末流动性/(g/s)	表观密度/(g/L)	拉伸强度/MPa	断裂伸长率/%
水中造粒	475	12	540	28.3	325
无水造粒	350	6.3	460	30.3	370

据报道，可在造粒过程中加入疏水性的"保护性胶体"水溶液或非离子型表面活性剂，也可加入一些低表面张力的有机液体，例如四氯乙烯、全卤代烃类化合物、部分卤代烃类介质等。总之，这些助剂与水不互溶，表面张力一般低于 35×10^{-5} N/cm，而且加入诸如四氯乙烯等物质后得到的造粒产品具有很好的流动性，有着大于 700g/L 的表观密度及 $100 \sim 500\mu$m 的平均粒径。这些助剂中的全卤代烃类化合物包括 CFC-113、CFC-13 和 CFC-215 等。这些都是不溶于水的不燃性液体，相对密度较大，较易与水分离，表面张力也都低于 35×10^{-5} N/cm，但是沸点在 80～130℃之间。相对较高的沸点意味着溶剂回收阶段的 PTFE 造粒料会经历一个较高温度的热过程，这会增加产品的硬度，并对最终制品的物理性质产生负面影响。此外，这些溶剂的使用成本也是偏高的，而且都属于受控 ODS，已不能再使用，因此后续又使用了包括 HCFC-123、HCFC-141b 和 HCFC-225 等在内的部分卤代烃类介质（HCFCs）。这些物质的沸点都在 40～60℃ 的低温范围，适合生产较软的 PTFE 造粒粉，但是目前也受到了制约而减少了使用甚至不使用了。在表面活性剂的使用方面，曾有一些在研磨后的 PTFE 细粒料与填充物的湿法造粒过程中加入了润湿剂（乙二醇醚或丙二醇醚）的报道，具体的过程是将 PTFE 细粒料与填充物加入装有筛网的混合研磨机中进行干法混合，再与质量分数为 1%～5%（占水重）的润湿剂进行混合，最后与水混合后一起研磨。研磨后的物料转移至卧式旋转盘上进行成型（形成颗粒），再装在金属盘子上推入烘箱进行干燥，最终可得到具有良好流动性的造粒产品。该工艺也适用于填充型 PTFE 的生产，例如 25% 的玻璃纤维、1% 的颜料与 74% 的 PTFE 细粒料混合后以二丙二醇丁基醚为润湿剂亦可按上述工艺流程进行造粒，并最终在 299℃下干燥 4h 后得到表观密度达 804g/L 的高流动性产品。上述的填充型造粒料的首要性能就是流动性，但不适于要求"软"的应用场景。

以往的实际生产中多采用以 HCFCs 或四氯乙烯为溶剂的湿法造粒工艺，而且为了得到性能优良的造粒料，除了上述各种工艺条件的优化之外，还要对搅拌设备的设计及运行参数按实际产品的测试结果不断进行优化和调整，包括设备内的挡板设计（是否设置挡板及如何设置）、桨叶的形状及搅拌转速的选择等。如果制成品的性能中有着对颗粒软/硬度的针对性要求，则需要进一步予以区别对待，并合理优化工艺条件。目前，湿法造粒工艺正在选用更环保的溶剂或添加剂。

3.3.4.4　预烧结

预烧结料的制造方法主要是将悬浮 PTFE 置于清洁过的钢制托盘中，再经烧结炉预烧结后得到疏松的白色块状体，最终在锤式回转粉碎机中粉碎成 $100\sim1500\mu m$ 平均粒径的颗粒状物料。表 3-4 是用锤式粉碎机破碎后的粒径分布数据。

表 3-4　锤式粉碎后预烧结 PTFE 的粒径分布

分级尺寸/μm	0~38.5	38.5~125	125~180	180~355	355~500	500~710	710~1000	$d_{50}/\mu m$
$n_i/\%$	0.4	4.4	13.0	24.0	36.4	21.6	0.2	500
$\sum n_i/\%$	0.4	4.8	17.8	41.8	78.2	99.8	100	

3.4　分散聚四氟乙烯的制备

3.4.1　主要产品的特点

3.4.1.1　分散 PTFE

分散 PTFE 是 TFE 分散聚合后，经脱水、洗涤、干燥后得到的 PTFE 粉末，主要适用于糊状挤出加工的方式，是 PTFE 中的第二大品种（常称之为"细粉"）。

3.4.1.2　PTFE 浓缩分散液

对 TFE 分散聚合后得到的 $20\%\sim30\%$ 固含量的 PTFE 淡乳液进行部分脱水后可得到 60% 固含量的浓缩液。该产品主要用于各种防粘涂层等的制备（需经过烧结）。考虑到运输、储存和处理的周期，浓缩液要在较长的时间内保持稳定，不能出现颗粒沉淀的现象，因此稳定性是 PTFE 浓缩分散液的重要指标之一。一旦发生沉淀，仅依靠简单的搅拌一般很难使其再分散，也就是说沉淀的聚合物粒子很难再恢复到之前的乳液状态了。此外，浓缩后的水量已大大减少，有利于减少运输成本。

3.4.2　聚合工艺

3.4.2.1　生产的一般过程

在 TFE 的分散聚合过程中，首先要在卧式反应釜中加入 TFE 以及一定量的去离子水、分散剂、稳定剂和引发剂等介质和助剂，之后在较高的压力和一定温度下进行聚合，并始终施加比较温和的搅拌，反应结束后可得到乳液状产物。聚合物粒径为 $0.15\sim0.3\mu m$。由于表面活性剂（分散剂）在聚合物颗粒上的单分子层包围状态，使得乳液具有了一定的稳定性。乳液中分散的 PTFE 圆粒子称为初级粒子，通过机械搅拌或添加电解质可实现乳液的破乳，从而将初级粒子凝聚成为粒径较大的次级粒子，再经脱水、洗涤、干燥，最终得到分散 PTFE。对于 60% 固含量的 PTFE 浓缩液产品，则需要采用脱除部分水的方式来获得。

与 TFE 悬浮聚合不同，TFE 分散聚合主要有以下几个特点：

① 分散剂和稳定剂的使用。在悬浮聚合体系中使用的是悬浮剂，且不用稳定剂，而

分散聚合中会采用全烷基的羧酸盐等分散剂以及碳原子数不小于 12 的石蜡作为稳定剂。此外，聚合机理也发生了变化。在分散聚合中，分散剂的加入量既要足以防止聚合过程中的凝聚，又不能因加入过多而导致初级粒子过小。需要注意的是，作为外加物质的分散剂和石蜡都有可能会带入潜在的、可导致链转移作用的杂质，甚至会极大地降低聚合的反应速率。另外，不断出台的日趋严格的环保规定也越来越要求产品和生产中不含并不使用 APFO 分散剂和含苯的表面活性剂。

② 乳液的稳定性问题。与悬浮聚合的立式反应釜不同，卧式搅拌釜中的搅拌强度一般不会太大，因为这可能导致乳液在聚合过程中就会发生部分凝聚，在固含量很高的聚合后期，由剪切和颗粒碰撞引发凝聚的可能性是非常大的，这时尤其要注意搅拌速度和强度的控制。此外，聚合过程中的凝聚也可能是造成爆聚的潜在原因之一，因此在满足传热传质要求的同时，必须大大降低搅拌转速（桨叶线速度）以及优化桨叶的设计，从而尽可能减少剪切的影响。

③ 不同的后处理工艺。与悬浮聚合的后处理工艺相比，分散聚合的凝聚温度、搅拌转速、搅拌时间、干燥方式及干燥温度等都对分散树脂的粒子形态、软硬度及加工性能有着很大的影响。

④ 更注重配方及工艺的研究。相比悬浮聚合，可供分散聚合体系使用的助剂种类更多，包括更多的引发体系及各种改性单体等。在工艺优化上，也有更多的变化和路径，例如配方的调整和优化、改性单体的加入方式等。TFE 的分散聚合可以得到更丰富的、适用于各种加工方法的分散 PTFE 产品，可以用于生产多姿多彩、性能不同的加工制品，应用范围也更广。国内外企业生产的各种 PTFE 分散产品及主要性能可参见附录 1。

3.4.2.2　聚合配方及工艺

TFE 的分散聚合多使用表 3-1 中的中温类引发剂，包括无机引发剂（如过硫酸盐）和有机引发剂［双（β-羧基丙酰基）过氧化物，也称二琥珀酸过氧化物］。有关 TFE 分散聚合的研究多是围绕引发体系及配方开展的，而反应的温度和压力则取决于引发体系、分子量指标等。

早在 20 世纪 50 年代的研究中就使用了二丁二酸或二戊二酸过氧化物的引发剂，加入的质量分数为 0.1%～0.4%（占水重），反应过程中的压力为 0.3～2.4MPa，温度为 0～95℃。在温和搅拌的作用下可得到 4%～6.5% 固含量的 PTFE 乳液。此乳液很容易凝聚，如果要运输或加工则可在搅拌中加入第二种分散剂以提高分散液的稳定性。

之后也有很多有关改进的报道，包括在聚合反应初始阶段向反应釜中加入甲烷、乙烷、氢或含氢/氟的乙烷。在相关的配方中采用了氟烷基羧酸盐（如 APFO）作为分散剂以及不溶于水的饱和烃作为防凝聚剂（稳定剂），其中典型的 APFO 加入量为 0.1%～3%（占水重）。引发剂可采用过硫酸铵和二丁二酸过氧化物，也可以使用氧化还原体系（如亚硫酸氢钠和过硫酸钾），其加入的质量分数为 0.01%～0.5%（占水重），主要取决于所需要的反应速率和聚合物分子量（聚合度）。稳定剂采用了碳原子数为 12 个以上的饱和烃（即石蜡）。在聚合温度下，该稳定剂通常呈液态。在一个以上述配方为基础的典型实例中，需要向反应釜中加入占 TFE 量 0.008% 的甲烷，同时聚合温度和压力分别控制在 86℃ 和 2.8MPa，最终所得乳液的稳定性有明显的提高且 PTFE 的固含量可达到 36%，这已比 20 世纪 50 年代的研究结果要高出许多。以 500r/min 搅拌转速下的 PTFE 凝聚所需时间作为乳液的稳定性测试标准,可发现改进后的稳定性测试结果有了明显的提高,凝聚所需时间几乎增加了三倍,可达到 6~8min 的水平。

分子量较高的分散树脂不适于加工较薄的制品,如线缆的包覆层和薄壁管等。当高分子量的分散树脂加工成厚度小于 500μm 的制品时,不仅需要施加过大的糊状挤出压力,制品也会出现更多的裂纹。一种可行的改进方法是在聚合物组成中引入某种改性剂,从而获得较低分子量并具有较低熔融黏度的分散树脂。改性剂有链转移剂以及共聚改性用单体等类型,包括氢、甲烷、丙烷、四氯化碳、全氟烷基三氟乙烯和全氟烷氧基三氟乙烯等,后两种的碳原子数在 3~10 之间。在一个引入改性剂的典型聚合过程中,所用的聚合设备是一个带蒸汽-水夹套的卧式聚合反应釜,长径比为 10∶1,同时配有一个与反应釜同长的桨式搅拌器。虽然卧式反应釜的搅拌速度不高,但也可确保 TFE 能满足乳液聚合时的速率需求。以 HFP 和甲醇为改性剂,按表 3-5 的对应配方分别进行分散聚合,在反应过程中,首先要按配方将分散剂、引发剂、石蜡等加入水相介质之中,并充分混合,聚合温度控制在 50~85℃ 的范围内,聚合压力控制在 2.9MPa。最终得到的产品测试结果可参见表 3-5 的相关数据。

表 3-5 PTFE 分散聚合配方和产品的部分性质

配方成分、反应条件或产品性质	聚合实例 1	聚合实例 2
改性剂	HFP	甲醇
改性剂含量（相对 TFE 的质量分数）/%	0.15	0.09
去离子水用量/份	1500	1500
TFE 用量/份	3000	3000
引发剂含量（在水中的质量分数）/%	0.005（过硫酸钾）	0.006（过硫酸铵）
全氟壬酸铵含量（在水中质量分数）/%	0.15	0.15
石蜡含量（在水中的质量分数）/%	6.3	6.3
温度/℃	85	70
压力/MPa	2.9	2.9
搅拌转速/(r/min)	125	125
分散液中固含量（PTFE 在水中比例）/%	35	40.5
PTFE 初级粒子粒径/μm	0.17	0.17
标准相对密度（SSG）[①]	2.211	2.211
380℃下熔融黏度/(Pa·s)	3.6×10^8	—

① 标准相对密度按 ASTM 方法标准 D4895 的规定测定。

就改性剂的加入时间点而言,在聚合的任何阶段都可以引入改性剂,例如可选择在聚合进行到 70%TFE 的进料量时加入改性剂,最终可得到由高分子量 PTFE 构成核及由较低分子量改性 PTFE 构成壳的 PTFE 颗粒,也就是具有"核-壳"结构的 PTFE。在每个

PTFE 颗粒中，改性 PTFE 的外壳只占总重的 30％，而在改性 PTFE 中改性剂的总量一般都很小，大约只占树脂总量的 0.1％（参见表 3-5），但是改性剂对 PTFE 的性能影响则很显著，改性后的 PTFE 熔融黏度从未改性树脂的 $10 \times 10^9 Pa \cdot s$ 降低到 $3 \times 10^9 \sim 6 \times 10^9 Pa \cdot s$，糊状挤出压力可下降 20％～50％，从而使其在制作薄壁管和导线绝缘层时不再出现裂纹。在 TFE 聚合中引入改性剂的方法赋予了研发及生产人员改变分散 PTFE 性能的能力。在可供选择的改性剂中，全氟烷基乙烯基醚（如 PMVE、PEVE 和 PPVE）共聚单体具有非常重要的地位。用其改性的 PTFE 分散树脂具有极佳的力学性能，例如用PPVE 改性制得的分散 PTFE，其 SSG 可低于 2.175，在 322℃下老化 31 天后仍可耐多达1800 多万次的弯曲，380℃下的熔融黏度低于 $4 \times 10^9 Pa \cdot s$。使用高纯度的 PPVE 作为改性剂，聚合反应速率仍可维持在工业化生产所能接受的范围内，当然这时的引发剂作用也很重要，例如用过硫酸盐（如过硫酸铵）代替二丁二酸过氧化物作为引发剂就不会使聚合速率明显下降。以一台长径比为 1.5∶1 及配有四叶鼠笼型搅拌桨的卧式聚合釜为反应设备，在一个采用 PPVE 为改性剂所进行的典型聚合操作中，首先要将反应釜抽空，然后加入去离子水、石蜡和 APFO 水溶液等介质和助剂，经抽空除氧后，升温至 65℃后启动搅拌，转速为 46r/min，在搅拌的过程中加入过硫酸铵引发剂，并继续升温至 72℃后再加入 PPVE，待温度和搅拌转速都稳定后加入 TFE 进行升压，压力开始下降时意味着聚合反应已启动，之后再升温至 75℃。在聚合初期，当 TFE 加入量达到了 TFE 总量的 10％后，可补加一次分散剂以稳定乳液，在达到配方要求的 TFE 加入总量后，停加 TFE，此时的 PTFE 分散液固含量约为 35％。待反应釜内的压力约下降至反应压力的 60％后，停止搅拌，反应结束。最后回收未反应的 TFE 并降温，待压力释放后即可放出含 PTFE 的乳液，再分离除去浮在上层的固体（主要是石蜡）并移至后处理单元进行处理［参见图3-1（b）］，其中分散树脂的生产要经过稀释、凝聚、洗涤和干燥等步骤，而 PTFE 浓缩分散液的生产则需要进入浓缩单元进行处理。表 3-6 是加入不同改性剂的 TFE 分散聚合配方及性能数据。

表 3-6   加入不同改性剂的 TFE 分散聚合实例配方和性能数据

配方成分、反应条件或聚合物性质		聚合实例 1	聚合实例 2
改性剂		PPVE	PEVE
改性剂用量		20.5mL	3g
去离子水用量/g		21800	3600
TFE 用量/g		10050	1830
引发剂过硫酸铵用量/g		0.33	0.065
分散剂（全氟辛酸铵）用量/g	初次	2	4.92
	后期	26.7	—
石蜡用量/g		855	141
温度/℃		65～75	75
压力/MPa		2.8	2.8

配方成分、反应条件或聚合物性质	聚合实例 1	聚合实例 2
搅拌转速/(r/min)	46	105
分散液中 PTFE 含量（以水为基准）/%	35	33.7
PTFE 初级粒子粒径/μm	0.188	0.10
标准相对密度（SSG）	2.149	2.160
聚合物中改性剂含量/%	0.102	0.09
380℃下熔融黏度/(Pa·s)	0.9×10^8	2×10^8

　　还有一种分散聚合工艺得到的是内核比外壳含有更高共聚单体量的聚合物颗粒，且所用共聚单体也属于全氟烷基乙烯基类单体。该分散 PTFE 的优点在于使用高压缩比的糊状挤出时无需使用高挤出压力，同时在挤出管子、电绝缘线时也不会出现裂纹。可加工的压缩比范围甚至可高达 10000：1，这已大大超过了一般的工业要求。

　　在这种"核-壳"聚合物的一个典型制备步骤中，首先将进行了一段时间的聚合停止，然后抽空釜内的初始组成气体，加入 TFE 至聚合压力再次启动反应。在整个过程的后半段聚合时间内形成的是含有少量共聚单体的聚合链段，而最终产物中的核重量占颗粒总重的 65%～75%，壳部分占颗粒总重量的 25%～35%，且壳含有的共聚单体比核含有的要少得多。相比未改性的 PTFE 聚合物，用这种"核-壳"结构聚合物制备而成的电线绝缘层在 2000～8000V 的高电压下进行测试后，发现其裂纹可降低到最低程度。一般而言，引入少量的共聚单体也可改善聚合物在糊状挤出时的可挤性及最终制品的性质，例如采用改性聚合物为基材烧结的制品（如管子）具有更好的透明度；但是另一方面引入共聚单体也会对制品的某些性质产生负面作用，例如 TFE-CTFE 共聚物适用于高压缩比和低挤出压力下的糊状挤出加工，不过其热稳定性明显降低。为了克服这一缺点，也可将其设计成一种"核-壳"的结构，其中核是由 TFE-全氟烷基乙烯基醚共聚物构成的，壳是由 TFE-CTFE 共聚物构成的。壳的厚度很小，重量只占该粒子的 5%，因此不至于损害良好的挤出性能。表 3-7 是 5 个不同组成的聚合物实例，其中的测试结果表明"核-壳"结构的聚合物具有更好的效果。

　　TFE 分散聚合后得到的是具有一定固含量的乳液产物，通过不同的后处理工艺可得到粉末或者浓缩液产品。

表 3-7　5 个不同的分散聚合配方及聚合物性质

配方成分、反应条件或聚合物性质	聚合物 1	聚合物 2	聚合物 3	聚合物 4	聚合物 5
二丁二酸过氧化物含量/(mg/kg)	120	120	60	120	—
过硫酸铵引发剂含量/(mg/kg)	3.75	3.75	4.1	3.75	10
温度/℃	70	70	85	70	70
分散液中固含量（质量分数）/%	31.9	31.4	32	31.5	31.8
粒径/μm	0.20	0.20	0.24	0.26	0.18
"核"改性单体	PPVE	PPVE	CTFE	PPVE	PPVE

配方成分、反应条件或聚合物性质	聚合物1	聚合物2	聚合物3	聚合物4	聚合物5
"壳"改性单体	CTFE	CTFE	CTFE	—	—
聚合物中CTFE含量（质量分数）/%	0.035	0.280	0.250	—	—
聚合物中PPVE含量（质量分数）/%	0.02	0.02	—	0.02	0.02
标准相对密度（SSG）	2.185	2.184	2.183	2.186	2.173
热不稳定性指数	10	33	40	1	1
挤出压力（压缩比1500∶1）/MPa	100	64	52	108	118

3.4.3 与分散聚合有关的工程问题

3.4.3.1 分散聚合中的传热控制

与立式反应釜相似，卧式反应釜同样会面临传热问题，相关的换热计算以及设计等可参考3.3.3.1部分。但是需要指出的是，为保证反应乳液的稳定性，相比立式反应釜，卧式反应釜的搅拌速度一般较低。这不仅是为了满足工艺的要求，也是为了安全的需要。当搅拌的混合或传热效果不好时，就会导致气相单体在反应釜内积累或者无法及时移出反应热而使温度快速上升，进而导致不安全事件的发生，甚至是爆炸，因此为了能达到反应所需的充分混合和及时换热要求，就需要重新设计搅拌桨和夹套流道等。

3.4.3.2 影响乳液稳定性的工程因素

分散聚合得到的是一种热力学不稳定的多相分散产物，液珠（颗粒）与介质之间存在着很大的相界面，体系的界面能是很大的，因此为了保持乳液的稳定性及不发生PTFE颗粒析出（尤其是在固含量达到20%～30%的聚合后期），就需要在体系中加入乳化剂（如APFO等）和稳定剂（如石蜡等）。乳化剂是由亲水和疏水基团两部分构成的，其有3个方面的作用：①分散作用，加入后有助于降低水的表面张力，利于单体在水中的溶解和分散；②稳定作用，吸附于颗粒表面后会形成单分子层，有助于防止颗粒间的合并、凝聚，提升稳定性；③可形成胶束及增溶胶束，单体进入胶束后形成了增溶胶束。

在聚合初期的很短时间内，聚合物颗粒的数量基本可达到一个相对稳定的水平，但是随着聚合乳液中的浓度逐步增加，不仅粒子长大了，粒子数量也会有一定的增加。一般而言，体系中的粒子数取决于乳化剂浓度和自由基生成速率。如果体系中的乳化剂量不足，无法覆盖所有粒子表面，就可能会发生凝聚；但是乳化剂量过多，就会在聚合之初生成太多的粒子，进而使得最终产物的平均粒径过小，影响树脂的性能。因此不能仅用提高乳化剂浓度的方法来增加体系的稳定性，还需要加入石蜡等稳定剂。当然，聚合过程中的搅拌则起了相反的作用，由于搅拌的剪切作用不仅增加了初级粒子之间的碰撞概率，也增加了粒子与反应釜内壁、内部构件的摩擦和碰撞的机会。这些都是造成聚合过程中破乳的重要原因，因此需要在反应釜形式、搅拌桨桨型、转速设定等方面进行相应的改进和优化，例如可以对卧式聚合釜内壁采用特殊的"镜面"处理或是采用低剪切的搅拌桨桨型（如鼠笼型桨叶）及低转速参数（1m³ 以上的反应釜搅拌转速小于 50r/min）。与同等体积的立式釜相比，在卧式反应釜中开展的分散聚合有着更好的乳液稳定性，聚合结束后浮在乳液表面的凝聚物也可减少到最小的程度。

3.4.3.3　粒径的影响

不同的应用对于初级粒子的粒径控制有着不同的要求，例如浓缩分散液的初级粒子粒径越大，运输和储存时的稳定性越差，而涂料用途的乳液则要求粒子的粒径能适当更大一些。此外，与其他工程塑料共混制塑料合金时，则需要粒径较小的粒子。制备不同粒径的乳液需要有多种不同的聚合配方和工艺条件，并演变出多个品级的分散和浓缩液产品。

3.4.4　后处理工艺

3.4.4.1　分散 PTFE 的后处理

通常分散聚合得到的 PTFE 乳液浓度约 30%，也称之为淡乳液，其在除去石蜡后，进入凝聚、洗涤和干燥等三个单元进行后处理，并最终得到分散 PTFE 产品。

凝聚通常可分为机械、化学以及冷冻等凝聚工艺，可以采用其中的一种或几种方法的结合。在实际的分散 PTFE 凝聚中，常会在搅拌作用下添加一些水溶性好的弱碱性物质，从而实现初级粒子（胶粒）凝聚成为较大粒径的团状次级粒子。该凝聚过程一般采用的是一种大梅花杯形的立式搅拌设备，其形状避免了内壁可能出现的任何锐角，防止了搅拌过程中的过度冲击。在消除搅拌死角的同时，也有助于避免乳液与水流的同步旋转。在凝聚过程中，需要先将淡乳液用去离子水稀释到 10%～20%，再用氨水调节 pH 至中性或微碱性，经 5～10min 的剧烈搅拌后发生凝聚并得到呈糊状的料液，之后需要继续搅拌数分钟后才能停止搅拌，再滤去母液水，加入新鲜的去离子水并搅拌洗涤数分钟，之后再重复洗涤步骤数次。经过数次洗涤可尽可能地除净 PTFE 颗粒表面及空隙中吸附的各种残留聚合物及凝聚助剂。需要注意的是，在操作中需要控制水温 19～20℃，一旦凝聚温度高于 25℃凝聚粒子就易出现结团的现象。此外，当糊状物出现后，如果搅拌时间过短则产物粒子会很软且易黏结，甚至会在包装成桶后结成大团状，而搅拌时间过长则粒子会变硬，影响后续的加工性能。

洗涤后的 PTFE 颗粒经简单的除水后需进一步干燥至水含量低于 0.1%，可采用的干燥方法包括真空干燥、高频干燥、热空气干燥，其中热空气干燥更适合大规模生产，但是常规的塔式气流干燥或流化床干燥等对分散 PTFE 不是很适用，主要是由于干燥过程中的颗粒翻滚会造成颗粒之间以及颗粒与设备内壁间发生频繁的碰撞和摩擦，从而破坏分散 PTFE 颗粒的柔软性，使表面变硬，并损害树脂的加工性能，温度越高影响越严重。一种合适的方式是将分散 PTFE 以较薄的堆积厚度平放在烘盘内，对热空气实施强制流动，这种方式可以保持 PTFE 颗粒相对静止。除了烘箱外，隧道式干燥线也可以实现该干燥方式。干燥过程中的温度非常重要，热空气温度宜在 180℃左右。在干燥期间，达到 100℃的物料正处于第一干燥速度阶段，其温度几乎保持不变，而进入第二干燥阶段后，温度会很快攀升，但是物料的温度将始终低于热空气温度（例如 180℃），这有助于将颗粒毛细孔内残留的分散剂（如 APFO）彻底升华或分解，也会对产品质量（包括色泽）产生极重要的影响。当然，干燥温度也不宜过高，否则会影响糊状挤出的性能并需要更高的糊状挤出压力。

在干燥、冷却和包装的整个过程中会有多次的产品转移和输送，此时尤其要保护好分散 PTFE 的粒子形态，操作中应避免一切摩擦、振动、挤压等的可能性，否则极易损坏颗粒的微纤化。此外，生产和成品储存、运输都要保持在不超过 19℃ 的环境状态。

3.4.4.2　PTFE 浓缩液的后处理

要得到固含量为 60% 的 PTFE 浓缩液，最直接的方法是加热淡乳液将水蒸发，但是这种方法的最大缺点是聚合物会发生不可逆的部分凝聚，且很难再次分散。最终会影响乳液产品的固含量和产品质量。

除此以外，文献报道和工业用的浓缩工艺主要有以下几种。

（1）絮凝-再分散法

该工艺由以下 4 步构成：①往较低浓度（25%～30%）的 PTFE 淡乳液中加入一定量的表面活性剂；②降低表面活性剂的活性使溶解度降低从而发生破乳及聚合物絮凝；③将聚合物的絮凝体与水相主体分离；④聚合物絮凝体经再分散（胶溶）后形成浓缩分散液。

此法可以制得固含量为 35%～75% 的 PTFE 浓缩乳液，但是整个工艺会使用很多化学品且比较烦琐，不太适合大规模的工业化生产。

（2）直接盐析破乳法

该工艺主要是通过添加水溶性盐，增加水相中离子强度来实现乳液的破乳及快速絮凝。所选添加物质的基本要求之一是不能与乳液中的表面活性剂形成不溶于水的产物，且必须在较低浓度下就能达到盐析的目标。另外，由于这些物质不可避免地会残留在 PTFE 粒子中，因此要求该物质能在接近加工温度或以下时发生分解，这是一个重要的要求。残留的添加物会损害最终产品的性能，例如碳酸铵 $[(NH_4)_2CO_3]$ 或硝酸铵（NH_4NO_3）就是一个可选择的添加物质，可在不到 100℃ 时发生分解，也能满足盐析的其他必要条件。此外，$(NH_4)_2CO_3$ 还有一个优势，就是在相同摩尔浓度的情况下，可产生更多数量的离子，有利于减少用量。在一个文献报道的盐析法制质量分数约 60% PTFE 浓缩分散液的实例中，先将 16 份浓度为 1% 的磺基丁二酸二辛酯水溶液加到 100 份浓度为 3.2% 的 PTFE 水分散液中，然后在 25℃ 下加入 5.5 份碳酸铵，并使其溶于上述分散液中。PTFE 会发生完全的絮凝并沉降在容器底部，待除去上层的清水后，再将絮凝物加热到 80～100℃，此时大部分的 $(NH_4)_2CO_3$ 会发生分解，而冷却之后的聚合物会重新胶溶，并最终得到 59.5% 固含量的 PTFE 浓缩分散液。

除了盐之外，酸和碱也可用于破乳，要注意的是稀酸必须加到阴离子型表面活性剂体系中，碱必须加到阳离子型表面活性剂体系中。酸或碱与表面活性剂反应生成的产物最好是固体，从而得到可再分散的絮凝物，例如硬脂酸铵是一种阴离子型的表面活性剂，酸化后生成的硬脂酸在 71℃ 下呈固体。

总之，盐析法更适用于较低乳液浓度的分散液，不适合高浓度的分散液。随着聚合技术的发展，用分散聚合工艺生产的分散液也可达到 30%～45% 的固含量。此时，盐析法工艺就不是很适合了，主要原因是：①淡乳液中存在着浓度为 0.2%～0.4% 的氟表面活性剂；②PTFE 粒子之间有着很强的凝聚趋势，使得胶溶在实际上已不可能；③浓缩过程的各步骤都有着很高的敏感度且可操作性较差。

（3）乳化剂增浓法

1962 年提出的这种浓缩工艺适用于固含量为 30%～45% 的淡乳液浓缩，其要点是将占分散液质量分数 0.01%～1.0% 的氢氧化钠（NaOH）、氢氧化铵（NH_4OH）或（NH_4）$_2CO_3$ 加入分散液中，然后加入占分散液中固体质量 6%～12% 的非离子型表面活性剂，其分子结构为 $R—C_6H_4 \cdot (OCH_2CH_2)_n OH$，其中 R 是具有 8～10 个碳原子的烃基，$n$ 为 R 的碳原子数加 1 或 2，如 $t\text{-}C_8H_{17}—C_6H_4 \cdot (OCH_2CH_2)_{9\sim10} OH$。经充分的温和搅拌之后，物料升温至 50～80℃，此时整个物料呈现云雾状外观，这表明非离子表面活性剂在水中已成为非溶解状态。经一段时间的静置后，整体分为两层，上层主要是水且较清澈，而下层则是 PTFE 下沉后形成的、固含量为 55%～75% 的浓缩乳液层。将上层分离后即可得到下层不含 PTFE 凝聚物的 PTFE 浓缩乳液。该方法不需要胶溶（即再分散），因为胶溶会降低分散液中的离子数量，对用浓缩液加工后的制成品性能（尤其是电性能）产生影响。该工艺所需要的时间比絮凝-再分散法缩短 1～2 个数量级。表 3-8 是不同条件下乳化剂增浓的几个实例。

表 3-8　PTFE 乳化剂增浓的几个实例

初始乳液浓度（质量分数）/%	电解质	电解质加入量占比（按分散液质量计）/%	温度/℃	浓缩时间/min	最终浓缩乳液浓度（质量分数）/%
47	$CaCl_2$	0.04	80	35	60
47	NH_4Cl	0.04	80	30	63
50.7	（NH_4）$_2CO_3$	0.04	80	12	72
44	NH_4OH	0.36	75	60	68

表中所有的应用实例都使用了 Triton® X-100 作为非离子表面活性剂，加入量均为乳液中 PTFE 质量的 9%。由表可知，加入（NH_4）$_2CO_3$ 电解质明显缩短了浓缩时间。通过对该工艺的改进，可进一步降低浓缩温度，提高浓缩乳液的稳定性，并使表面活性剂在加工时更易除去。

国内早期的 PTFE 浓缩乳液生产均采用了类似的技术，其生产的 PTFE 浓缩液有着高达（60±2）% 的固含量，但是浓缩乳液的稳定性问题一直困扰着生产商。如何确保乳液在装卸和运输过程中的稳定性成为备受关注的焦点之一，尤其是否能连续储存 6 个月或更长时间而不发生 PTFE 粒子的沉降是判断浓缩乳液稳定性的一个重要指标。此外，海外出口等长周期运输时海运集装箱还会面临高达 40～50℃ 的高温。就稳定性而言，成品中溶解的部分电解质［如（NH_4）$_2CO_3$］是造成沉淀的原因之一，可考虑尽量少加或不加，但这又会导致浓缩过程中的分层时间大大延长。对于大容量的浓缩槽而言，温和的搅拌对设备内部的传热效果影响不大，主要是通过自然对流的方式传递热量，因此加热到浊点出现的温度需要较长的时间。如果少加或不加（NH_4）$_2CO_3$，则在静止分层阶段常需要 12h 或更长的时间。当然，也可以考虑同时使用多个大容量的设备，既可保证充分分层，又可保证有足够的生产能力。在升温阶段，可采用温度可控性更好的热水作为外夹套中的热源，尽量不采用蒸汽直接加热，以防出现因局部过热而导致的结皮。另一个提高稳定性的方法是通过聚合配方的调整降低初级粒子的粒径。目前，该工艺受限于废水处理以及生产效率，在新生产线上的使用比例大幅降低。

（4）真空浓缩法

真空浓缩工艺（又称为减压浓缩）是一种利用较低真空度下水沸点降低后将水分蒸发掉的工艺，可将乳液中的 PTFE 固含量从 20%～30% 提高到 58%～62%。在需浓缩的淡乳液中通常要加入一种或多种非离子表面活性剂，典型的有壬基酚聚氧乙烯醚（NP10、NP12）、辛基酚聚氧乙烯醚（OP10）。在具体操作中，首先要将按比例与非离子表面活性剂混合后的分散 PTFE 淡乳液在真空状态下加到蒸发釜内，并通过加热的方式使其在45℃左右下沸腾，此过程中一直维持在 -0.09MPa 左右的真空状态下，随着分散 PTFE乳液中的水分慢慢蒸发，最终获得（60±2）% 固含量的 PTFE 浓缩乳液。需要指出的是壬基酚聚氧乙烯醚已逐步淘汰，目前多选用 TMN100 等环保型非离子表面活性剂。真空浓缩工艺具有如下一些优点：①在较低温度下蒸发可以节省大量能源；②不用添加电解质，有利于增加浓缩乳液的稳定性；③多种乳化剂可完美共存，从而可根据用途添加多种乳化剂，使乳液稳定；④大大减少了非离子表面活性剂的用量；⑤大大减少了乳化剂废水处理成本。该工艺的缺点是乳液中较高浓度的金属离子可能对半导体行业中的应用产生负面的影响。

（5）其他的浓缩法

这里主要介绍三种其他浓缩法。①物理浓缩法。该方法是在 PTFE 分散液中加入一种密度比其低且能溶于水的吸水有机物质，其会在分层后浮在上面，并通过层间的紧密接触使得这种吸水物质能从下层分散液中吸收足量的水，最后再将其与下层絮凝物分离。可用的吸水剂包括甘油、多种聚醚（如聚乙烯醇、聚丙烯醇等）、多糖类（如甲基纤维素）以及多种取代的苯酚类化合物等。②半透膜浓缩法。该工艺是一种用半透膜对 PTFE 分散液中的部分水进行微滤从而实现浓缩的方法。在分散液中先要加入 0.5%～12%（以PTFE 固体量为基）的表面活性剂，以保证浓缩后乳液的稳定性。表面活性剂与淡乳液混合之后以 2～7m/s 的流速通过半透性的超滤组合膜并进行循环流动，流动过程中应尽可能避免与产生摩擦力的器件接触，以防聚合物颗粒发生凝聚。当循环脱水达到符合指标要求的浓度时即可停止循环。在一个典型的示例中，该技术生产的 PTFE 浓缩乳液固含量可达到 40%～65%。③功能高分子分离法。这是一种将含有 20% 羧酸基团的聚丙烯酸（或其盐）加入淡乳液中进行浓缩的方法。这种聚合物的分子量为 50～500，加入量为乳液量的 0.01%～0.5%。加入后可以产生相分离，其中下层是固含量为 50%～70%PTFE浓缩乳液，且仅需要轻轻倾倒就可得到产品。当然，为了调节产品的黏度和提高稳定性，需要前期加入一些阴离子或非离子表面活性剂。

3.5 改性聚四氟乙烯的制备

虽然 PTFE 的综合性能优异，但也存在着一些固有的缺点，如高结晶度、熔点下的高黏度、受压下的蠕变和松弛、较差的耐磨性、加工成制品后不尽如人意的机械强度等，而 PTFE 改性技术就可以克服上述这些缺点，从而使 PTFE 得到更广泛的应用。

PTFE 的改性主要有以下几个途径。

（1）加入少量共聚单体

在前述有关 TFE 分散聚合的章节中已有对共聚改性的介绍。接入少量单体后可明显地降低树脂结晶度及熔点温度下的黏度，从而改善树脂的易加工性和最终制品的质量，例如用 PPVE 或 CTFE 改性的分散 PTFE 适于高压缩比条件下的薄壁细管及电线绝缘层加工，PPVE（或 PMVE）改性的悬浮 PTFE 可加工成设备用的车削薄板，而改性的 PTFE 浓缩乳液可获得更致密的涂层。

（2）与无机填充料共混

与接入单体的改性不同，与无机填料的共混属于一种物理过程，其中可选用的无机填料包括有玻璃纤维、炭黑、碳纤维、石墨、青铜粉及二硫化钼等，常用填料的要求参见表 3-9。共混的工艺大多采用干法工艺，主要适用于悬浮 PTFE 的改性。图 3-5 是干法混合的成型过程示意图，其是在一个转鼓式混合设备中进行填充剂和 PTFE 粉末混合的，通过不断翻滚完成初混，再经研磨后得到混合均匀的共混树脂，最后经预成型和烧结得到制品。

图 3-5　干法混合流程图

表 3-9　常用填充剂及其规格要求

填充料名称	材料规格	尺寸	外形	密度/(g/cm³)
玻璃纤维	E 玻璃①	直径=13mm 长=0.8mm 长径比>10	磨碎的纤维	2.5
炭黑	无定形，石油焦制	直径<75μm	圆形	1.8
碳纤维	沥青或 PAN 基②	—	短纤维	
石墨	碳含量>99%，合成或天然	<75μm	—	2.26
青铜	铜-锡（9:1）	<60μm	球形或不规则形	
二硫化钼	矿物（纯度>98%）	<65μm		4.9

① E 玻璃亦称无碱玻璃，是一种硼硅酸盐玻璃。目前是应用最广泛的一种玻璃纤维用玻璃成分，具有良好的电绝缘性及力学性能；

② PAN 是一种碳纤维的缩写，由聚丙烯腈（polyacrylonitrile）受热炭化制得。

添加填充料后，常温下的抗蠕变性能提高了近 3 倍，硬度提高 10% 以上，热导率提高 1 倍以上，垂直于预成型加压方向的线膨胀系数降低至原来的 1/2 左右，耐磨性提高数百倍，抗压强度和压缩模量提高近 1 倍，弯曲强度提高 80% 左右。当然也会有一些不利的方面，主要是摩擦系数会稍有上升，拉伸强度、断裂伸长率、冲击强度、介电强度和耐化学品性都有一些不同程度的下降，下降程度与填充料品种及含量有关。加入填充料的体积占比一般不超过总体积的 40%。在 PTFE 的消费中，这类改性产品占有较高的比例。

（3）与其他工程塑料共混，配成塑料合金

据报道，FEP-PTFE 的合金比 FEP 有更优异的强度和耐温性，加工性也更好，且可用传递模压的方法加工外形和构造复杂的制品。与此同时，PTFE 与 FEP 的耐化学腐蚀性完全可以得到保留。这也是很多氟塑料泵阀生产厂家都采用氟合金制造动部件（例如叶轮）的原因。也有供应商提供 PC-PTFE 的复合材料，据称是 PC 与 PTFE 浓缩液混合后经再造粒后得到的，其要求乳液中的 PTFE 初级粒子粒径比常规产品要更小，以改善两者间的不相容性。这种复合材料特别适用于耐久性高的大型家用电器外壳，具有阻燃性高、表面光滑、不易沾污等优点。当然，由于 PTFE 与大多数聚合物是不相容的，因此一般很难得到分子尺度上均匀的塑料合金。

3.6 低分子量聚四氟乙烯的制备及应用

低分子量 PTFE 也称为 PTFE 微粉，是一种通过降解将 PTFE 分子量降低 1～2 个数量级再经研磨后得到的不易碎、非规则的粉末产品，其在 380℃下的熔融黏度也由降解前的 $1 \times 10^9 \sim 1 \times 10^{11} Pa \cdot s$ 减小为 $1 \times 10^2 \sim 1 \times 10^5 Pa \cdot s$，比表面积为 $1 \sim 4 m^2/g$。PTFE 微粉主要用于高分子非氟材料的添加剂，可改善材料的加工性能或最终产品的应用性能。这些材料包括油脂、干润滑剂、油墨、涂料、热塑性塑料、热固性塑料和橡胶等。添加了 PTFE 微粉后的材料更耐磨，也改善了润滑性、防滴落性、抗粘接性以及脱模能力（释放性）。

一般情况下，悬浮 PTFE 的粉碎后平均粒径通常为 $20\sim25\mu m$，且分子量的降低会使粉末显得非常疏松、粒子变脆及完全无黏性，而分散 PTFE 的初级粒子粒径一般小于 $0.25\mu m$，次级粒子的平均粒径为 $500\mu m$，粉碎后通常能达到所需的粒径。当然，如果直接通过机械"松团"作用将分散 PTFE 制成微粉，则会产生由剪切作用引起的微纤化现象，因此在研磨前要先降低分散 PTFE 的分子量，当分子量降低到一定程度后，分散 PTFE 就不会再微纤化。因此，要得到高质量的 PTFE 微粉，应选用低分子量的分散 PTFE。

PTFE 的降解常用热降解和辐照降解的方法。此外，在分散聚合中加入链转移剂（如 HCFC-22）也可以制备 $5\sim10\mu m$ 粒径的微粉，如再辅以研磨等措施则可得到粒径更小的微粉。

（1）热裂解降解法

采用热裂解降解工艺时，不同条件得到的结果也有差异。一般情况下，温度较高时降解较多，而空气或氧存在时降解速度则较快。在真空或惰性气体条件下，PTFE 降解得到的主要是 TFE 单体，只有少量低分子物，而在空气或氧气条件下，降解得到的则大多是 PTFE 微粉。

文献中很早就有 PTFE 热裂解制较低分子量 PTFE 微粉的报道。PTFE 在数个小时内从 400℃加热至 500℃后得到的微粉产品不多，整体收率较低（10%～60%），主要是由于部分 PTFE 降解成了气态物质（TFE）。通过对热裂解工艺条件的优化就可以较好地解决上述问题，并得到很高的产品收率，例如在 700℃和高惰性气体（如 N_2）压力下，高分子量的 PTFE 热裂解就可得到很高的微粉收率，而加入少量氮的氧化物（如 NO、NO_2）、硫的氧化物（如 SO_2、SO_3）或亚硫酰化合物则可以加快裂解的速度，特别是在裂解期间施加剪切作用可进一步大幅缩减原本需要 $2\sim8h$ 的裂解过程，例如将废弃的 PTFE 碎屑和边角料置于一个装有强力的 ε 形叶片式刮刀的捏合设备内，在电加热的同时用氮气多次置换该设备的机体内部气体。当捏合设备加热到 500℃ 后，启动刮刀。随着刮刀与物料的摩擦，温度很快上升到 520~530℃，约 10min（不包括物料升温达标时间）后，停止加热并用冷空气冷却捏合设备，最终得到微粉产品。整个过程的收率可达到 97%，得到的微粉呈脆性，熔点降至 321~323℃。对比 370℃ 下模压级 PTFE 的熔融黏度为 10^9Pa·s，降解后微粉的熔融黏度则下降为 16.5Pa·s。这表明热裂解后的 PTFE 分子量大大下降了。据估计，PTFE 的分子量从 100 万~1000 万下降到了 20 万以下的程度，产物变得很脆，以至于用研钵及研杵就可以将粒子研磨得很细。需要指出的是，在捏合设备进行裂解的过程中，压力通常会达到一个很高的程度，因此当温度回落至 400℃ 后可借助氮气的压力将微粉产品压出。

（2）辐照降解法

电子束辐照是 PTFE 微粉最常用的商品化生产方法。电子束是由加速器产生的，加速器通常是由电压发生器、加速管、电子枪、扫描室和扫描喇叭口等部分构成的，只有在通电时才能产生电子束，加速器的钨丝源（约 40μm 的丝径）将电能转换为电子束。加速器运行的主要参数包括电压（电子能）、电子束流和电子束功率等。电压的计算主要依据所需辐照材料（例如 PTFE）的厚度及密度。电子束功率的计算主要依据质量流量和平均剂量值。随着剂量（剂量通常以百万 rad 或 Mrad 表示）的加大，电子束辐射的效率增加。表 3-10 是总剂量对 PTFE 微粉粒径影响的一览表，其中在辐照过程中树脂温度始终保持在 121℃ 以下，当延长辐照时间后使得辐照剂量从 5Mrad 提高到 25Mrad 时，平均粒径快速下降，辐照后的 PTFE 微粉经研磨后的表观密度为 400g/L，熔点温度为 321~327℃。此处采用的是压缩空气式的喷射研磨机。

表 3-10　总剂量对 PTFE 微粉粒径的影响

试验序号	PTFE 类型	辐照时间/s	剂量/Mrad	平均粒径/μm
1	生料（未经烧结）	2.5	5	11.1
2	生料（未经烧结）	5.0	10	5.3
3	生料（未经烧结）	7.5	15	2.5
4	生料（未经烧结）	10	20	1.5
5	边角废料（烧结过）	12.5	25	0.9

总体而言，该工艺比较简单，有较多文献可供参考。从降低成本的角度出发，该工艺适于连续生产的过程。在生产中，按规定厚度将 PTFE 分布在传送带上并以一定的速度经受电子束的照射，速度的控制是以树脂所需的最低工艺照射剂量为限。在实际操作中，PTFE 往往需要在较高的剂量下经受多程照射，且在达到所需的总剂量后，还需要对辐照后的物料进行研磨处理。多程辐照的优点是能及时对受电子束辐照而上升的树脂温度进行冷却降温，如果不采取冷却措施或一次性经受所需照射剂量，则树脂温度会很高，一旦达到熔融态后就会变得很黏，颗粒之间会互相粘在一起，这增加了后期的研磨难度。辐照时的 PTFE 不可避免地会发生一些链断裂的情况及产生一些含氢氟酸的废气等，因此生产区域一定要设置足够强的通排风，并且需要对废气中夹带的颗粒粉和释放出来的成分进行处理后再排入大气。

国外的主要生产商能提供8种以上的、多规格PTFE微粉产品。各个规格产品之间具有不同的平均粒径（3～20μm）、粒径分布（10％的颗粒小于0.3～10μm，90％的颗粒小于8～35μm）及松密度（300～500g/L）。这些不同规格的微粉能满足不同应用的要求。

PTFE微粉的主要应用领域有以下几种。

（1）热塑性塑料的添加剂

据报道，目前世界市场上润滑性能得到改进的工程塑料，包括PE、PP、聚甲醛（POM）、聚酰胺（尼龙）、聚酯、聚苯硫醚、聚碳酸酯（PC）、丙烯腈-丁二烯-苯乙烯共聚物（ABS）、聚氨酯、PEEK、酚醛树脂及其他热固性树脂，几乎都掺了PTFE超细微粉或微粉。一般而言，加入5％～25％的PTFE微粉后就能明显改善这些材料的润滑性、摩擦性和黏性滑动性，提高耐磨性，降低磨耗，适用于制造轴承、齿轮、滑轮、动态密封件及电脑键盘等涉及旋转和往复移动的零部件或整件，也可用来代替起润滑作用的金属部件，减少制件的重量，降低维修成本。

（2）橡胶类零件的添加剂

添加PTFE微粉后可提高该类制品的表面性能和本体性能，其中表面性能体现在易脱模、低摩擦、低磨耗和润滑性等方面，而本体性能则体现在抗撕裂强度、耐磨性和弯曲寿命等方面，例如在有机硅橡胶、氟橡胶、氟硅橡胶、三元乙丙橡胶和氯丁橡胶等中加入10％的PTFE微粉就可以提高这些弹性材料的摩擦性、磨损性、脱模性以及破碎强度，而材料的弹性行为无明显破坏，从而减少这些橡胶在脱模过程中产生的撕裂现象。

（3）印刷油墨的添加剂

PTFE微粉可作为添加剂加入胶版印刷、凹版印刷、柔性印刷油墨之中，添加量一般为固体量的0.1％～3％（质量分数），可以明显改善油墨的滑动性、表面光滑性、光泽度、印刷产品耐摩擦性。PTFE微粉在其中既起到了脱模剂、表面处理剂的作用，又降低了磨损，改善了抗摩擦性和抗污性。此外，PTFE微粉还可减少堵塞，适用于快速打印机的需求，可有效地避免纸张的黏结。添加PTFE微粉的油墨可用于刊物印刷的高级油墨、高速油墨、热印刷油墨、金属包装材料的印刷油墨（如易拉罐外表面的平版印刷）等，还可用于复印机墨粉。

（4）涂料的添加剂

这种添加剂广泛用于各种溶剂型涂料、粉末涂料、光固化涂料等产品中，可改进流平性、脱模性、耐候性、耐化学腐蚀性和抗潮湿性能等，提高了表面滑爽度及光泽度，降低了摩擦系数，增强了表面润滑性，并提升了产品的加工性能、相容性和分散性。

（5）润滑油和润滑脂的添加剂

作为一种非常好的抗磨剂和润滑剂，以不同的比例将PTFE微粉加入润滑油脂中可显著提高润滑油脂的润滑性和耐磨性，其摩擦系数可降低5％～15％，机械磨损减少40％～80％。PTFE微粉可作为高性能润滑脂的增稠剂等，是耐高温、耐低温的高档润滑油脂的首选原料。

（6）固体润滑剂

PTFE微粉可以像石墨、二硫化钼一样直接用作固体润滑剂，而且更清洁，不沾污环境。

3.7　聚四氟乙烯的分散剂——全氟辛酸铵

全氟辛酸铵（ammonium perfluorooctanoate，APFO，$C_7F_{15}COONH_4$）是制备分散 PTFE 的重要助剂，也是各种分散和乳液法工艺合成氟聚合物的重要助剂。

3.7.1　全氟辛酸铵制备、性质和市场需求

全氟辛酸铵是由全氟辛酸（perfluorooctanoic acid，PFOA）或全氟辛酰氟与氨水反应后制得的，而 PFOA 则是用电化学氟化（ECF）法和氟烷基碘调聚法制备的，图 3-6 是两种方法的流程示意图。电化学氟化法是经典方法，但是 PFOA 的总收率不到 10%，主要是电化学氟化时易发生环化反应，生成 PFOA 质量的 4 倍以上、主要成分为 C_4 或 C_3 全氟烷基取代的氧杂五元或六元环醚构成的混合物，俗称氟碳惰性液体，其也是一种很好的溶剂。相比 ECF 法，调聚法得到的 PFOA 具有更高的直链含量。

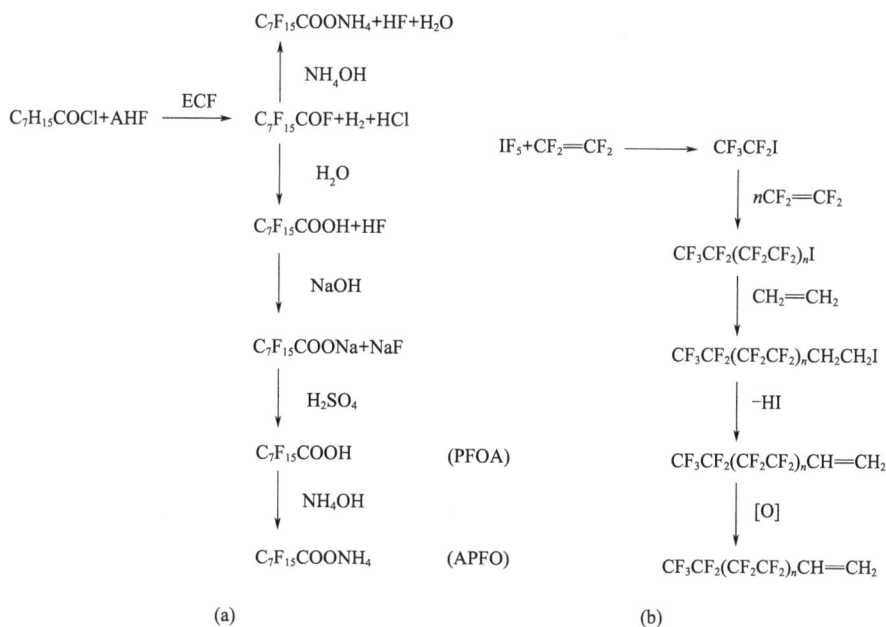

图 3-6　电化学氟化（ECF）法（a）和氟烷基碘调聚法（b）流程示意图

APFO 和 PFOA 主要性质见表 3-11。

表 3-11　APFO 和 PFOA 的主要物理化学性质

性质	PFOA	APFO
物质类型	有机物质	有机物质
物理状态	固体（结晶态）	固体
水中 UV 吸收	无吸收（<290nm）	无吸收（<290nm）
熔点/℃	54.3	130（分解）

性质	PFOA	APFO
沸点/℃	188（1013.25kPa） 189（981kPa）	分解
密度/(g/cm³)	1.792（20℃）	0.6～0.7（20℃）
蒸气压/Pa	4.2（25℃），由实测数据外推 2.3（20℃），外推 128（59.3℃），测定值	0.0081（20℃），由测定数据计算 3.7（90.1℃），测定值
水中溶解度/(g/L)	9.5（25℃）	＞500
在有机溶剂中的溶解度/(g/L)	—	庚烷和甲苯：0 甲醇和丙酮：＞500
pH 值	2.6（1g/L，H_2O 20℃）	约 5
pK_a	2.8	—
起始热分解温度/℃	—	130
临界胶束浓度/(g/L)	3.6～3.7	同 PFOA
气相转换系数	1ppm=17.21mg/m³	1ppm=17.92mg/m³

3.7.2　全氟辛烷基烷烃对生物和人体的潜在危害性

　　PFOA 是目前世界上已知的在自然界条件下最难降解的有机物之一。PFOA 与 PFOS（全氟辛烷基磺酸及其盐类，可采用 ECF 工艺制备）等一起简称为全氟辛烷基烷烃（C_8，物质结构见图 3-7），都具有持久性生物积累性和远距离迁移的可能，会对人类健康和生存环境造成影响。早在 20 世纪 90 年代末，美国国家环保署（EPA）收到了有关 PFOS 广泛存在于美国普通民众血液中的信息，在与 PFOS 的生产商 3M 公司讨论后，3M 公司停止了 PFOS 的生产。随即组织了对具有相似结构的 PFOA 的跟踪和调查，发现 PFOA 在自然环境下也具有持久稳定性，以很低的浓度存在于环境及美国普通民众的血液里。通过生物测试，发现其对试验动物具有生殖和其他方面的负面影响。

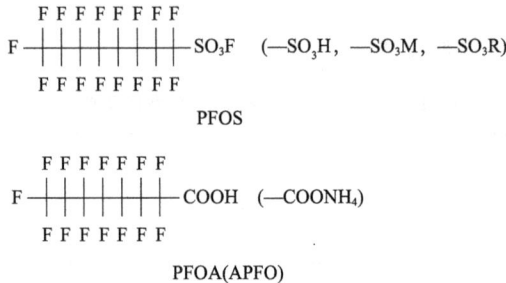

图 3-7　PFOS 和 PFOA 物质结构示意图

经过与各有关生产企业的正式讨论和协商，2006 年 EPA 牵头，8 家受邀请的企业联合发起了著名的"2010/15 伙伴计划"（Stewardship Program）。

目前，各国政府部门已开始加强对 C_8 的管理，减少对环境和居民可能带来的影响。在 2009 年 1 月 9 日，美国 EPA 水资源处提出了饮水地区健康规定（PHA），规定了 PFOA 和 PFOS 的 PHA 值分别是 $0.4\mu g/L$ 和 $0.2\mu g/L$。这对于控制含有 PFOA 和 PFOS 的污水的排放标准有重要意义。2019 年 PFOA 列入了《关于持久性有机污染物的斯德哥尔摩公约》。我国也批准了该修正案。2020 年 10 月《优先控制化学品名录（第二批）》也将 PFOA 及其盐类和相关化合物列入。2021 年 10 月生态环境部进一步公布了《新污染物治理行动方案（征求意见稿）》，将 PFOA 及其盐类和相关化合物列入新首批重点管控新污染物清单，提出"到 2025 年之前，严格限制 PFOA 及其盐类和相关化合物的生产和加工使用"。

3.7.3 全氟辛酸铵与分散聚合的关系

APFO 曾广泛用作分散聚合制备氟聚合物（如 PTFE、FEP、PFA、ETFE、PVDF 和氟弹性体等）的分散剂，而且是最合适的分散剂。APFO 是由亲水基团和疏水基团两部分构成的，有三个作用：①分散作用，溶解于水后能大大降低水的表面张力；②稳定作用，APFO 吸附于聚合物初级粒子表面后形成了单分子层，能阻止粒子之间的合并及凝聚，从而增加稳定性；③形成胶束和增溶胶束。单体进入胶束后形成增溶胶束，且随着分散剂浓度的增大，水相的表面张力快速降低，当分散剂浓度达到 CMC（称为临界胶束浓度）后，表面张力的降低将变得很缓慢，此时水相中形成了由 50～100 个乳化剂分子组成的聚集体（称为胶束），开始是球形，随着分散剂量的增多，胶束变为棒状，甚至层状。在乳状液中，单体的聚合过程并不是在水相中发生的，而是在这种直径 100～1000nm 的胶束中发生的。APFO 的铵盐与水相溶，而另一端的氟碳链与水不相溶，与氟单体相溶，最终形成了胶束颗粒。这些颗粒因水相中的 APFO 或聚合过程中由聚合点产生的表面活性剂而稳定分散于水中。引发剂的过硫酸盐分子包围在胶束颗粒四周，溶于水中的单体不断进入胶束中心（形象化的表示就是被吞进）参加聚合反应，胶束点不断长大。在分散聚合中，以 APFO 为代表的助剂曾是一种非常重要的分散剂。

3.7.4 特氟龙不粘锅事件

特氟龙是杜邦公司 Teflon® 商标的中文译名，该商标是以 PTFE 为代表的氟树脂系列产品专用商标。2004 年，国内的一些媒体转载了来自美国媒体的报道，其中谈到美国 EPA 的一个独立专家小组研究后发现，用于生产分散 PTFE 的 PFOA 助剂除了对试验动物老鼠有致畸变性和可能诱发多种癌症外，对人体也可能有致癌作用（近期发表的文献中提到对人类的肝脏等也有影响）。报道将 PFOA 问题与特氟龙完全混淆在一起，甚至把以特氟龙为商标的不粘锅与 PFOA 问题完全混在一起，更进一步推论，既然生产不粘锅涂层的 PTFE 乳液含有 PFOA，那么生产出来的不粘锅也一定含有有毒成分，使用不粘锅会对人体造成伤害，并最终将特氟龙与有毒画上了等号。一时之间，在全国范围内出现了铺天盖地"围剿"特氟龙不粘锅的媒体报道，造成了公众的恐慌，公众不敢使用家里原有的不粘锅，商店和超市里的不粘锅纷纷下架。虽事出有因，但是报道与真实情况偏离太大了。PFOA 对人体构成危害是不需要回避的问题，但是对于不粘锅而言，其涂层配方中的主体成分是 PTFE 分散乳液，其 APFO 浓度约为 0.4%，在不粘锅生产过程中，涂层需在 400℃ 左右下烘烤数分钟，而 APFO 在 130℃ 下就开始分解，在烘烤温度下已完全不存在了。因此不粘锅中不可能再含有 APFO。国家市场监督管理总局专门组织抽样检查了市场上 18 个品牌 28 个规格型号的不粘锅产品，结论是涂层中不含有 APFO。相关企业和行业组织与媒体沟通后，这场风波很快平息了。

这是一个标志性的事件，在这之后公众对 PFOA 及各类含氟产品对环境、人类健康的影响愈来愈关注，这也间接或直接地推动了各国政府相关政策的不断出台，特别是 2023 年 1 月欧盟提交的 PFAS 限制提案更是对全氟及多氟烷基物质提出了全面的替代。

3.7.5 全氟辛酸铵的替代

APFO 替代品的开发和使用目前主要呈现以下的趋势。①开发低碳含氟表面活性剂，降低 PFOA 的 C_8 生物残留性及其生物危害性。②开发含杂原子如含 O 原子的含氟表面活性剂。杂原子的引入有助于含氟表面活性剂的生物降解，从而能极大地消除生物体中的残留。③彻底使用不含氟的表面活性剂，从而在根本上解决危害性。

2009 年 2 月，在瑞士日内瓦举行了一次由联合国环境署（UNEP）和 EPA 联合召开的有关 PFOA 替代的工作会议。在会议中谈及，不同的使用目的需要使用不一样的替代物。对氟聚合物而言也是如此，即不同的氟聚合物使用的替代品也是不同的。比较原则性的结论是，全氟丁基磺酸 [PFBS, $F(CF_2)_4SO_3H$]（perfluorobutanesulfonate）和全氟己酸 [PFHxA, $CF_3(CF_2)_4COOH$]（perfluorohexanoic acid）显示出更短的半衰期、较低的毒性（相比 PFOA），但是使用效果要略差于 PFOA，这意味着单位产品的 PFBS 或 PFHxA 使用量相比 PFOA 会有明显增加。PFBS 可由 ECF 方法生产，PFHxA 可由全氟碘代烷与 TFE 的调聚反应制得。

2008 年 11 月，3M 公司开始公开推介商标为 ADONA™ 的 APFO 替代产品。ADONA 已用于氟弹性体的聚合，对产品性能基本没有影响。APFO 替代品的结构可能是通式为 $[R_fOCHF(CF_2)_nCOO^-]_iX^{i+}$ 的含氟表面活性剂，如 $C_3F_7OCF(CF_3)CF_2OCHFCOONH_4$、$CF_3O(CF_2)_3OCHFCF_2COONH_4$、$CF_3O(CF_2)_3OCHFCOONH_4$、$C_3F_7OCHFCF_2COONH_4$ 或 $C_3F_7OCHFCOONH_4$ 等。$CF_3O(CF_2)_3OCHFCF_2COONH_4$、$CF_3O(CF_2)_3OCHFCOONH_4$ 和 $C_3F_7OCHFCF_2COONH_4$ 的肾脏半衰期可降至 12h，远低于 APFO 的 550h，说明生物累积性大为降低。旭硝子公司采用通式为 $C_2F_5O(CF_2CF_2)_mOCF_2COOA$ 的全氟聚醚羧酸盐（$C_2F_5OCF_2CF_2O—CF_2COO—NH_4$）作为 APFO 的替代物，用于制备氟弹性体。该全氟聚醚羧酸盐对四丙氟弹性体和 26 氟橡胶的组成、门尼黏度和强度没有影响，且在氟弹性体中的最终残留量较 APFO 大为降低，由 2300mg/kg 以上降至 300mg/kg 以下。苏威公司采用含氟聚醚羧酸盐和惰性端基含氟聚醚的组合物作为 APFO 的替代物，用于氟弹性体的聚合以及微乳液聚合。

此外，在 PPVE 生产中会得到 HFPO 的三聚体酸（HFPO-TA），主要反应步骤参见图 3-8，其分子结构参见图 3-9（a）。国内外都开展过将其制成全氟聚醚羧酸盐作为分散剂的试验，并已应用到了生产中。在 PTFE、FEP、PFA 等的试验和生产中都得到了不亚于 APFO 的效果。就 HFPO-TA 而言，其盐在环境中不会产生稳定的 C_8，也不属于 C 原子大于 8 的直链全氟碳饱和烃同系物，而且醚键的引入使其降解性增加，不易在环境中富集，但是近期的研究表明 HFPO-TA 具有显著的肝毒性和明显的内分泌干扰作用，因此虽然 HFPO-TA 可以单独或复配使用，但是就其毒性而言，其实不是 APFO 的理想替代品。

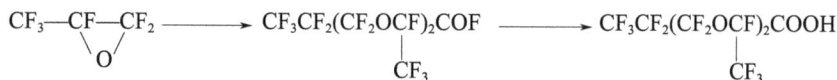

$$CF_3-CF-CF_2 \longrightarrow CF_3CF_2(CF_2OCF)_2COF \longrightarrow CF_3CF_2(CF_2OCF)_2COOH$$

图 3-8　HFPO 合成 HFPO-TA 的步骤示意图

近年来，上海三爱富公司在 PFOA 替代品研究中，将全氟聚醚羧酸表面活性剂 A 与表面活性剂 B［图 3-9（b）］进行复配（A：B＝3～20）。从复配的效果看，其在水中的表面张力、临界胶束浓度等都优于 PFOA。二元氟橡胶等的聚合应用结果表明，除了乳液平均粒径有增大的趋势之外其他聚合指标与使用 PFOA 的效果基本一致。

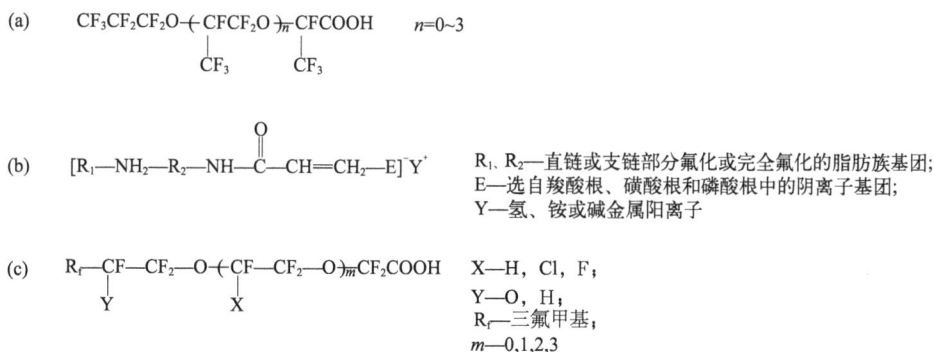

(a)　$CF_3CF_2CF_2O+CFCF_2O)_{\overline{n}}CFCOOH$　　$n=0\sim3$
　　　　　　　　　　$|$　　　　$|$
　　　　　　　　　CF_3　　CF_3

(b)　$[R_1-NH_2-R_2-NH-\overset{\overset{\displaystyle O}{\|}}{C}-CH=CH_2-E]^-Y^+$

R₁、R₂—直链或支链部分氟化或完全氟化的脂肪族基团；
E—选自羧酸根、磺酸根和磷酸根中的阴离子基团；
Y—氢、铵或碱金属阳离子

(c)　$R_f-CF-CF_2-O+CF-CF_2-O)_{\overline{m}}CF_2COOH$
　　　　$|$　　　　　　$|$
　　　　Y　　　　　X

X—H，Cl，F；
Y—O，H；
Rf—三氟甲基；
m—0，1，2，3

图 3-9　一种全氟聚醚羧酸化合物的结构示意图（a）、一种表面活性剂的结构示意图（b）、
一种含氟烷氧基羧酸类化合物的结构示意图（c）

四川中昊晨光化工研究院在氟聚合物中也使用了某些含氟烷氧基的羧酸类化合物作分散剂，其通式参见图 3-9（c）。这类分散剂已成功应用于 PTFE 浓缩分散液、FEP 浓缩分散液、PVDF 浓缩分散液、三元氟橡胶的生产之中。

3.8　聚四氟乙烯的产品规格及质量标准

国内外主要生产商的 PTFE 产品牌号及规格按悬浮 PTFE、分散 PTFE、PTFE 浓缩分散液分别收集在附录 1 中。通常将 ASTM 的相关标准作为最权威的标准，但是各生产商之间并没有统一的质量标准，而是各自执行高于 ASTM 标准的指标，而且还有一些不对外公开的企业内控质量指标。早期，国内曾制定过化工部部颁标准，以后又改为行业标准，现在实际执行的都是企业标准。一些关键的指标随着生产技术水平的提高都有所提高。以下仅列出了部分企业的产品说明书数据以供参考。

按 ASTM 标准执行的 PTFE 树脂的方法标准及对应的 ISO 标准参见表 3-12。

表 3-12　PTFE 树脂的方法标准及对应的 ISO 标准

PTFE 类型	ASTM 方法标准号	对应的 ISO 标准号
悬浮 PTFE（granular resins）	D4894-19	20568-1-2017 和 20568-2-2017
分散 PTFE（fine powder resins）	D4895-18	20568-1-2017 和 20568-2-2017
PTFE 浓缩分散液（dispersion products）	D4441-20	20568-1-2017 和 20568-2-2017

无论悬浮 PTFE 或分散 PTFE，由于在熔点下不具有流动性，也不溶于任何溶剂，因此无法直接测定其分子量，而是采用标准相对密度（SSG）表征（或间接代表）分子量的大小。这早为生产商广泛认可及采用。SSG 之所以能间接表示分子量主要在于，在特定冷却速率下较小分子具有较高的可移动性，较大分子更易快速排列，从而具有较高的结晶度，对应的 SSG 也较大。PTFE 的标准相对密度是指树脂粉料样品按 ASTM D-4894-19 的严格规定要求采用模压加工工艺后的样品相对密度，其中特别强调要使每一次熔融过程都一样，熔融后聚合物样品的冷却速率也必须控制得很接近，以保持同样的特定结晶速率。由于完全结晶的 PTFE 排列得更紧密，其密度为 $2.302 \mathrm{g/cm^3}$，而完全无定形的 PTFE 密度则为 $2.00 \mathrm{g/cm^3}$，因此相同结构 PTFE 的 SSG 取决于结晶相/无定形相的比例以及样品中的空隙含量。

3.8.1　悬浮聚四氟乙烯的基本性质的表征

表征悬浮 PTFE 的基本性质的各项目参见表 3-13。

表 3-13　表征悬浮 PTFE 的基本性质的各项目及定义

项目	定义	ASTM 标准
松密度	在测试条件下测得的 1L 树脂的质量	D1895-24
粒径	平均粒径和过筛的分布	E11-2019
熔融特性	在差示扫描量热计上测得的熔融热和熔融吸收峰（峰端）温度	D4591-22
水含量	存在于 PTFE 中的水的含量	
标准相对密度（SSG）	用于测定的是经熔融和烧结过的 PTFE 样品	D792-20，D1505-18
热不稳定指数（TII）	TII＝（ESG－SSG）×1000 用样品 ESG 同 SSG 差值表示的 PTFE 树脂分子量下降的程度	
拉伸性质	根据特定方法制作的样品测得的断裂伸长率和拉断强度	D638-2022
收缩（长大）率	SSG 样品预成型件在烧结过程中直径变化	
延时（烧结）相对密度	用于测定 SSG 的样品经受延长时间烧结后的样品相对密度	D792-20，D1505-18
电性能	相对介电常数，介质损耗，介电击穿电压，介电强度	D149-20

按 ASTM D4894，悬浮 PTFE 可分为如表 3-14 所列的 6 类。

表 3-14　悬浮 PTFE 按 ASTM D4894 分类

ASTM 分类	特征和适用加工领域
I	通用模压级和柱塞挤出用树脂
II	平均粒径在 $100\mu m$ 以下的细粒度树脂
III	共聚单体改性的细粒度或流动性好树脂
IV	流动性好树脂
V	预烧结树脂
VI	未预烧结的柱塞挤出用树脂

按 ASTM D4894 分类的悬浮 PTFE 性能指标参见表 3-15。

表 3-15　按 ASTM D4894 分类的悬浮 PTFE 树脂的性能指标

ASTM 分类	分级	松密度 /(g/L)	平均粒径 /μm	标准相对密度 (SSG)	拉伸强度 /MPa	断裂伸长率 /%
I	1	700 ± 100	500 ± 150	2.13～2.18	13.8	140
	2	675 ± 50	375 ± 75	2.13～2.18	17.2	200
II			<100	2.13～2.19	27.6	300
III	1	375 ± 75	<100	2.16～2.22	28.0	500
	2	850 ± 50	500 ± 100	2.14～2.18	20.7	300
IV	1	650 ± 150	550 ± 225	2.13～2.19	25.5	275
	2	>800		2.13～2.19	27.6	300
	3	580 ± 80	200 ± 75	2.15～2.18	27.6	200
V		635 ± 100	500 ± 250	—	—	—
VI		650 ± 150	900 ± 100	—	—	—

3.8.2　分散聚四氟乙烯的性能表征

涉及分散 PTFE 的性能表征，除了 SSG 指标外还采用了挤出压力及压缩比等与分散 PTFE 的糊状挤出加工相关的指标。这些是分散 PTFE 的特有性能指标，其中挤出压力是在装有压力记录元件的推压机上进行测试的结果，测试中需要将样品与挤出助剂（也称润滑油）按规定比例充分混合，再在 30℃下放置 2h 后转移至推压机上，经向圆筒形模具内施加液压压力后压制成预成型件。此预成型件置于推压机料筒中，其中料筒的内径为 32mm，长约 305mm，且长度只要能装载足够推压 5min 的预成型样品即可。预成型样品置于料筒之后，推压机的柱塞向下移动，将样品从口模的锐孔口推出，并记下压力。口模与料筒是相配的，料筒内横截面积与口模的锐孔截面积之比即为压缩比，其锐孔口径有多种不同尺寸规格，可分别配成 100:1、400:1 和 1600:1 的压缩比。压缩比的选择取决于所测 PTFE 的品级。

表征分散 PTFE 基本性能的项目参见表 3-16。

表 3-16　表征分散 PTFE 基本性能的项目和定义

项目	定义	参考的 ASTM 方法
松密度	在测试条件下测得的 1L 树脂的质量	D1895-24
粒径	平均粒径和过筛的分布	E11-2019
熔融特性	在差示扫描量热计上测得的熔融热和熔融吸收峰（峰端）温度	D4591-22
水含量	存在于 PTFE 中的水的含量	
标准相对密度（SSG）	用于测定的是经熔融和烧结过的 PTFE 样品	D792-20，D1505-18
热不稳定指数（TII）	TII＝（ESG－SSG）×1000 用样品 ESG 同 SSG 差值表示的 PTFE 分子量下降的程度	
拉伸性质	根据特定方法制作的样品测得的断裂伸长率和拉断强度	D638-2022
挤出压力	用异链烷烃在特定条件下配制的分散 PTFE 糊被挤出时测得的压力	
收缩空隙指数 SVI	受拉伸产生应变而造成的 PTFE 样本相对密度变化的度量	
应变后相对密度	受应力产生应变后的相对密度	
应变前相对密度	未产生应变前的相对密度	
收缩（长大）率	SSG 样品预成型件在烧结过程中直径变化	
延时（烧结）相对密度	用于测定 SSG 的样品经受延长时间烧结后的样品相对密度	D792-20，D1505-18

注：1. 收缩空隙指数 SVI＝（应变前相对密度－应变后相对密度）×1000。

2. 应变前相对密度是指拉伸样本未产生应变测定的相对密度。应变后相对密度是指 PTFE 样本在受到应变速率为 5.0mm/min 的应力拉到断裂测定的应变后的相对密度。PTFE 样本的断裂伸长率必须大于 200%，否则，试验要重做。上述两个相对密度的差值用来计算 SVI。

根据 ASTM D4895 的分散 PTFE 的规格如表 3-17 及表 3-18。

表 3-17　根据 ASTM D4895 的分散 PTFE 树脂的规格（一）

树脂型号	松密度/(g/L)	平均粒径/μm	拉伸强度/MPa	断裂伸长率/%
I	550±150	500±200	19	200
II	550±150	1050±350	19	200

表 3-18　根据 ASTM D4895 的分散 PTFE 树脂的规格（二）

树脂型号	品级	分类	标准相对密度（SSG）	挤出压力/MPa	最大 SVI
I	1	A[①]	2.14～2.18	5～15	—
		B[①]	2.14～2.18	15～55	—
		C[①]	2.14～2.18	15～75	—
	2	A[①]	2.17～2.25	5～15	—
		B[①]	2.17～2.25	15～55	—
		C[①]	2.17～2.25	15～75	—
	3	C[②]	2.15～2.19	15～75	200
		D[②]	2.15～2.19	15～65	100
		E[①]	2.15～2.19	15～65	200

树脂型号	品级	分类	标准相对密度（SSG）	挤出压力/MPa	最大 SVI
I	4	B[②]	2.14～2.16	15～65	50
II[①]		A[①]	2.14～2.25	5～15	无

① 热不稳定指数小于 50。

② 热不稳定指数小于 15。

3.8.3　聚四氟乙烯浓缩分散液的性能表征

ASTM D4441-20 覆盖了 PTFE 浓缩分散液的各项性能指标和测试方法。表征 PTFE 浓缩分散液性能的指标和定义列于表 3-19，其 ASTM 分类列于表 3-20。

表 3-19　表征 PTFE 浓缩分散液性能的各项目和定义

项目	定义	ASTM 标准
固含量	PTFE 在浓缩分散液中的质量百分比	D4441-20
表面活性剂含量	其量为加入浓缩分散液中的表面活性剂量与聚合后残留其中的表面活性剂量之和	D4441-20
浓缩分散液粒径	加过乳化剂的浓缩分散液中测定的粒径	D4441-20
浓缩前乳液粒径	未加乳化剂的浓缩分散液中测定的粒径	D4441-20
树脂凝聚物	在处理和加工浓缩分散液中凝聚出的 PTFE	D4441-20
pH	浓缩分散液的酸碱度	E70-24
标准相对密度（SSG）	用于测定的是经熔融和烧结过的 PTFE 样品	D4441-20，D792-20
熔融特性	在差示扫描量热计上测得的熔融热和熔融吸收峰（峰端）温度	D4441-20，D4591-22

表 3-20　PTFE 浓缩分散液规格类别

ASTM 类型	固含量（质量分数）/%	表面活性剂含量（质量分数）/%
I	23～27	0.5～1.5
II	25～35	1.5
III	53～57	1.5
IV	58～62	6～10
V	57～63	2～4
VI	58～62	4～8
VII	54～58	6～10
VIII	56～60	5～9
IX[①]	20～45	—

① 不加乳化剂，是否加烃类化合物由用户自定。

第 4 章
可熔融加工氟树脂的制备及表征

4.1 概述

可熔融加工的氟树脂是指可按热塑性塑料加工方法进行加工的氟树脂。在加热到熔融状态后，它们具有了流动性，可通过挤出、注射、吹塑、传递模压等加工方法在各种熔融加工设备上进行加工，制成形状各异的制品。相比其他热塑性树脂，氟树脂保持了优秀的耐腐蚀、耐高温等基本特性。按氟树脂主链及支链上是否都受到氟原子的包围和保护，可分为两大类。一类是全氟化类，如 FEP 和 PFA 等；另一类是部分氟化类，如 PVDF、ETFE、PCTFE、PVF 等。按可熔融加工氟树脂单元结构的组成还可以进一步分为均聚型（如 PVDF、PCTFE、PVF 等）和共聚型（如 FEP、PFA、ETFE、THV、无定形氟树脂等）。尽管还有一些其他的可熔融加工氟树脂，但本章要讨论的氟树脂仅限于以上提到的这些具有商业意义的品种。另外，作为一种新工艺，对超临界 CO_2 在可熔融加工氟树脂生产中的应用也进行了介绍。

可熔融加工氟树脂的合成主要有乳液聚合、悬浮聚合、溶液聚合及超临界聚合等工艺，前两种工艺最为常用，而溶液聚合（或溶液沉淀聚合）和超临界聚合仅在少数品种的生产上有所应用。氟树脂的聚合反应属于自由基聚合机理，在第 3 章中已对以 $K_2S_2O_8$ 为引发剂的 TFE 聚合历程作了详细的介绍，其对可熔融加工氟树脂的聚合历程也一样是适用的。不同于均聚反应只涉及一种单体，共聚是两种或两种以上不同单体之间的反应，而且两者的聚合过程表达方式也有所不同，特别是对共聚反应速率的描述更为复杂，因此对共聚反应历程和速率的描述及分析有助于对氟树脂生产控制的理解。

共聚反应中不同单体的聚合反应活性是不同的，单体的活性可用 r 表示。这造成了聚合物组成之比（Y）和聚合前投料单体的组成比（X）之间的差异。对于两个单体（m_1、m_2）的共聚而言，存在着以下 4 种可能的链增长反应（参见图 4-1）。

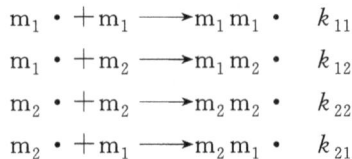

$$m_1 \cdot + m_1 \longrightarrow m_1 m_1 \cdot \quad k_{11}$$
$$m_1 \cdot + m_2 \longrightarrow m_1 m_2 \cdot \quad k_{12}$$
$$m_2 \cdot + m_2 \longrightarrow m_2 m_2 \cdot \quad k_{22}$$
$$m_2 \cdot + m_1 \longrightarrow m_2 m_1 \cdot \quad k_{21}$$

图 4-1 单体 m_1 和 m_2 存在的 4 种可能的链增长反应

实验表明，速率常数（k_{ij}）与链长无关，单体的接入速率取决于单体的性质（即反应活性）和链终止。

在聚合反应的初始阶段，混合物组成中 m_1 和 m_2 的消耗速率如式（4-1）及式（4-2）所示，其中 ［ ］代表浓度。

$$-\frac{d[m_1]}{dt}=k_{11}[m_1\cdot][m_1]+k_{21}[m_2\cdot][m_1] \tag{4-1}$$

$$-\frac{d[m_2]}{dt}=k_{22}[m_2\cdot][m_2]+k_{12}[m_1\cdot][m_2] \tag{4-2}$$

两式相除后可得到如式（4-3）所示的两个单体消耗量之比。

$$\frac{d[m_1]}{d[m_2]}=\frac{[m_1]}{[m_2]}\times\frac{k_{11}[m_1\cdot]/[m_2\cdot]+k_{21}}{k_{22}+k_{12}[m_1\cdot]/[m_2\cdot]} \tag{4-3}$$

假设由引发产生的新链数量与由链终止而消失的链数量相等，这意味着反应过程中的增长链总数保持不变，其变化率应该是零，见式（4-4）及式（4-5），此假设对大多数共聚反应是合乎情理的，因而可通过式（4-6）和式（4-7）得到式（4-8）结果。

$$\frac{d[m_1\cdot]}{dt}=0 \tag{4-4}$$

$$\frac{d[m_2\cdot]}{dt}=0 \tag{4-5}$$

或者

$$\frac{d[m_1\cdot]}{dt}=k_{21}[m_2\cdot][m_1]-k_{12}[m_1\cdot][m_2]=0 \tag{4-6}$$

$$\frac{d[m_2\cdot]}{dt}=k_{12}[m_1\cdot][m_2]-k_{21}[m_2\cdot][m_1]=0 \tag{4-7}$$

$$\frac{[m_1\cdot]}{[m_2\cdot]}=\frac{k_{21}[m_1]}{k_{12}[m_2]} \tag{4-8}$$

将两个单体的反应活性分别记作 r_1 和 r_2，则可得到式（4-9）式（4-10）。

$$r_1=\frac{k_{11}}{k_{12}} \tag{4-9}$$

$$r_2=\frac{k_{22}}{k_{21}} \tag{4-10}$$

将式（4-9）和式（4-10）代入式（4-3），再设定 $Y=d[m_1]/d[m_2]$ 及 $X=[m_1]/[m_2]$，其中 Y 为聚合物中单体 m_1 和 m_2 的组成比（浓度比），X 为反应混合物（原料）中的单体浓度之比。

经过换算，可得到式（4-11）。

$$Y=\frac{r_1X+1}{r_2/X+1} \tag{4-11}$$

式（4-11）可用于确定反应混合物组成对共聚物组成的影响。大多数共聚反应的 Y 和 X 是不相等的。如果 X 和 Y 相等，就称为"恒（组）分共聚合"，从两个单体的活性比（即竞聚率）可计算得到共聚物的组成，即式（4-12）。

$$Y=X=\frac{r_2-1}{r_1-1} \tag{4-12}$$

当 $r_1>1$ 且 $r_2>1$ 时会生成均聚物或嵌段共聚物，而 $r_1<1$ 且 $r_2<1$ 时会形成共聚物。一般情况下，r_1 与 r_2 的乘积趋近于 0，则更趋于生成交替型共聚物；r_1 与 r_2 的乘积接近于 1，则更易生成无规共聚物。以上只是两种极端的情况，大多数共聚物的 r_1 与 r_2 的乘积介于 0 和 1 之间。

4.2　聚全氟乙丙烯的制备

4.2.1　聚合工艺

FEP 是 TFE-HFP 的共聚物，主要聚合工艺包括乳液聚合、溶液聚合（溶剂沉淀聚合）及超临界聚合。在规模化商业生产中，除少部分采用溶液聚合工艺外，主要采用与其他氟聚合物相近的乳液聚合工艺，而以 CO_2 为介质的超临界聚合更适合高清洁度 FEP 产品的制备，但是其离工业化生产还有距离。

与 PTFE、PVDF 等不同，在 FEP 生产中更关注共聚物组成的调节和控制。FEP 中 TFE-HFP 的组成对产品的性能非常重要，例如 HFP 的组成偏低会导致制成品易开裂等问题。此外，每个批次内以及批次产品之间 HFP 组成的均匀性和稳定性对产品品质也有重大影响，HFP 组成的变动会影响加工过程中的参数控制和最终制品的性能。在 FEP 的聚合过程中，配方的偏差或者批次间的压力及温度的波动极易出现上述聚合物组成不均匀的问题。

TFE-HFP 聚合中常采用的是无机过氧化物引发体系，其产品会存在不稳定端基，而且由于 FEP 的平均分子量通常比 PTFE 低得多，因此 FEP 中的不稳定端基数量要比 PTFE 更多，这会带来 FEP 的热稳定性问题，因此通常需要在后处理中采用一些端基稳定化的措施。当然，这也可从聚合工艺和配方的角度加以改善，例如加入少量全氟聚醚就是一种改进的方法，而且可与全氟碳型带有羧酸端基的全氟聚醚铵盐一起作为离子型表面活性剂加入体系中，在较低的温度（例如 95℃）和压力（例如 21MPa）下即可实现较快的聚合速率，而且还不用在后处理阶段进行端基稳定化处理。近年来，随着聚合工艺和后处理技术的不断发展和改进，相关问题得到了进一步的解决。

不同的使用要求和加工方法往往对应着不同性能指标要求的 FEP，其中特别要关注 MFR。该指标表征不同聚合物的分子量大小以及在加工温度下的流动性高低，不同 MFR 的 FEP 可细分出多个品级，包括模压级、挤出级、通用级、快速挤出级（主要针对线缆）等。每个品级 FEP 的聚合过程基本相同，但是需要调整聚合配方中的引发剂和链转移剂加入量以及加入方式。最终的 FEP 产品形态包括粒料、粉料、浓缩乳液等，其中浓缩乳液主要用于涂料、浸渍等方面。除了常规品级之外，还有静电喷涂用的 FEP 粉末涂料、FEP 超细粉等特殊品种。静电喷涂用 FEP 粉末涂料中主要加入了导电介质等成分，而 FEP 超细粉则主要用作全氟碳润滑油的添加物（配制润滑脂）。就聚合工艺而言，它们与前面提到的 FEP 品级在基本聚合体系上非常相似，只是在分子量的控制和后处理方法上有所不同。

4.2.1.1　共聚过程

工业化的 FEP 生产过程多采用间歇式自由基乳液聚合工艺。所用的反应介质为去离子水，分散剂为 APFO 或其替代品，引发体系多为过硫酸盐（铵盐或钾盐或含氟的有机过氧化物）。除了批次的间歇工艺外，也有用连续法的 FEP 乳液聚合工艺。在早期的 FEP 聚合中采用的是小型立式聚合釜，而规模化生产用的多为卧式聚合釜。这主要是由于卧式反应釜在传热、传质及搅拌方面具有的优越性，使得乳液产物的上层白色漂浮粉末大为减少。

以下是一个典型的 TFE-HFP 聚合过程，其采用了一个带搅拌的卧式压力反应釜并通过釜外的夹套进行加热、冷却及控温，搅拌轴上通常会安装有几组桨式叶片。在反应前，需要先向反应釜内加入一定量的去离子水，并以抽真空的方式排出空气（特别是微量氧），待水温达到 95℃后再次进行抽真空以彻底除氧。准备完毕后，加入 HFP 使釜内压力达到 1.7MPa，并迅速将浓度为 0.1% 的过硫酸铵（APS）水溶液泵入釜内。随后将 HFP：TFE 的质量比为 75：25 的混合气体加入反应釜并搅拌 15min，压力将上升到 4.5MPa，之后通过控制混合气体的加入量以保持压力的稳定。新鲜的 APS 水溶液以 0.0455 份/min 的速度泵入反应釜，并通过调节夹套内的温度使反应温度维持在 95℃。当搅拌 80min 后的混合气体加入量达到配方要求时，停止加入混合单体及各种助剂，待搅拌停止后则反应终止。

在实际的工业生产中，典型的间歇 FEP 共聚过程可分为以下几个步骤。

（1）混合单体的准备

在间歇聚合中，初始混合单体和补加用的混合单体需分别准备，两者的组成是不同的。其中，初始混合单体组成可用反应条件下的 HFP 与 TFE 竞聚率进行计算后予以确定，例如典型配方初始混合单体的 HFP：TFE 的质量比为 74：26。在具体实施中，可按比例将所需重量的 HFP 和 TFE 加入配料槽，并在无油或隔膜式压缩机的帮助下进行一段时间的外循环式混合，以确保两者的充分混合，实现组分的均匀分布。最终经气相色谱（GC）取样分析及确认达到配方设计要求的 HFP/TFE 组成后，完成准备工作。而补加混合气体的组成一般与最终 FEP 组成相近，其配料准备也采用了类似的步骤，例如 FEP 中 HFP 链段的比例大多控制在质量分数 16%～18% 范围内，也有品种达到了 18%～20% 的范围，因此补加混合单体组成中的 HFP 含量一般也可设定在相应的范围内。

（2）反应前的准备过程及其要点

在常用的间歇聚合中，首先是对反应釜进行彻底的清洗并加入占反应器容积约 2/3 的去离子水，经抽真空排除残留的微量氧后分别加入 APFO 水溶液、初始引发剂和初始混合气体，需要时也可加入少量分子量调节剂。需要指出的是，用于引发反应的初始引发剂只占引发剂加入总量的一小部分，而且是在达到配方要求的聚合温度和压力参数后一次性快速加入。占大部分的剩余引发剂则是在聚合启动后根据反应的进程连续同步补加。另外，初始混合单体也是一次性加入的，其加入量取决于配方所需的反应温度和反应压力。

（3）反应开始后的实施过程

初始引发剂分解产生的自由基会引发聚合反应，而聚合产生的聚合热则由夹套内的冷却介质带走，以确保整个体系的温度处于稳定状态。当体系压力下降时就需要通过压缩机泵入补加混合气体，并同步连续补加剩余的引发剂，通过补加使得单体及引发剂达到消耗量与补加量的平衡，从而维持压力的基本稳定。上述措施最终确保了一个可控的反应速率状态。当然，在实际中可能会遇到反应温度和压力偏离参数值的情况，尤其是压力偏离会导致聚合物组成的偏离，而这是最不希望发生的情况。此时要首先确保温度的基本稳定，之后再通过及时调节混合单体的加入速度以保持压力的恒定。配方所需的混合单体加入量和消耗量是经由配料槽的压力降进行计量的，待达到配方值后则停止加料，但搅拌需要继续维持一段时间以使聚合继续进行，而当压力下降到一定值后停止搅拌并开启冷却。从停止加料到停止搅拌的这段过程一般可称为后聚合过程。

与间歇工艺不同，连续聚合生产工艺无需一套庞大的初始及补加混合气体配料系统。虽然连续聚合的初期阶段比较复杂，但系统一旦达到稳态后主要运行参数都可维持不变，产物的聚合物质量也非常稳定，特别是分子量、分子量分布、组成及组成分布等指标。该工艺适于较高温度（也即较快反应速率）下的反应，也省却了间歇聚合所需的辅助批次操作时间，具有设备利用率高等优点，比较适合大批量的单个品级生产。

涉及规模化 FEP 连续聚合生产的相关工艺在文献中是很少的，只在为数不多的一些例子中有着部分细节的描述，例如在一个连续聚合反应中采用的是一个带夹套及搅拌的不锈钢反应器，在搅拌轴上设置有多组搅拌桨。反应温度可通过调节夹套中的水蒸气和冷却水实现控制。在反应前，需用单体彻底置换所有管线及压缩机中的氮气，加入去离子水并升温至所需温度，再将预先配好的引发剂溶液 A 和分散剂溶液 B 混合后一起泵入反应釜。在聚合过程中，连续地将溶液 A 和溶液 B 以固定的流量从反应釜底部泵入，并一直持续到 3/4 周期的时间点为止，而经转子流量计计量的 TFE 和 HFP 气体分别经膜式压缩机在一定的压力和温度下连续泵入反应釜。在整个聚合过程中，所有物料的加料速率保持不变，而包括共聚产物乳液和未反应单体在内的各种物料也连续地从反应釜顶部流出，并由背压调节器流入脱气设备后将未反应的单体与乳液进行分离。未反应气体的流量由湿式气体流量计计量，经在线气相色谱仪取样分析组成后可确定反应的转化率，而乳液则可通过加入少量甲醇和 CFC-113 的方式使共聚物凝聚。得到的过滤物用 60℃去离子水洗涤三次，并在 100℃烘箱中干燥 24h 后得到最终的产物。虽然该实例得到的产物与商品化 FEP 的性能指标仍有差距，但其中的基本原理和流程仍具有一定参考价值。归纳起来，连续聚合有以下几个特点。①聚合介质（主要是去离子水）的补充是通过加入的引发剂溶液和分散剂溶液实现的。这些溶液的浓度很低，大部分是去离子水，而且对反应热的吸收及温度的恒定具有非常重要的作用。②进入稳态后的反应釜内物料量基本不变。TFE 和 HFP 的加入量均通过气体流量计控制，不用预先混配。需要指出的是，不同时间段的 TFE 和 HFP 加入速率是不同的，特别是在初期阶段。③未反应单体经脱气回收处理后可循环使用。

4.2.1.2 竞聚率和组成控制

共聚物的组成与混合气体的单体配比、单体的竞聚率、压力、温度等多个因素有关，其中单体的竞聚率及单体配比影响最大。

TFE 和 HFP 的竞聚率可分别用 r_1 和 r_2 表示。r_1 和 r_2 与聚合条件有关，从文献中可以获得一些不同条件下的 r_1 和 r_2 数据（表 4-1）。根据 r_1、r_2 及式（4-11）可计算得到获得目标共聚物组成所需的单体混合物配比。

表 4-1　不同聚合条件下 TFE 和 HFP 共聚时 r_1 和 r_2 数值

r_1	r_2	聚合条件
60	0	$t<50℃$，悬浮聚合
20	0	$t>50℃$，乳液聚合
18～20	0	$t=50℃$
65	0	$t=20℃$

　　TFE-HFP 共聚得到的 FEP 中任何两个 HFP 单元都是不会相邻的。生产中的聚合体系与文献报道数据的条件会有差异，表 4-1 的数据仅供参考之用，只有根据聚合工艺条件测得的 r_1 和 r_2 才更具有实际意义。此外，为了在生产中获得质量稳定的 FEP 产品，必须将 FEP 中的 TFE-HFP 组成严格控制在一个极小的范围内波动。

　　在工业化生产特别是间歇生产过程中，维持恒定的反应温度和压力通常是很难的。虽然投料的组成基本固定，但是压力、温度与工艺设定值之间的偏离和波动仍会导致混合单体在水相介质中的组成发生变化，从而使增长中的聚合物链段在某瞬间或时间段出现组成不均匀的情况。例如当聚合压力上升 0.1MPa 时，气相中 HFP 的浓度会下降，从而引起主链中 HFP 链段含量的下降，并最终影响产物的耐开裂性。另外，当传热速率跟不上聚合的放热速率导致反应温度上升超过 $3\sim5℃$ 时，可能会引起反应的加速并放出更多的热量及更快地消耗单体，而受限于管路、阀门、压缩机能力等多方面的原因，一旦发生投料速度跟不上反应速度的情况，釜内压力就会发生下降并对组成和分子量产生极大的负面影响。因此聚合单元中的各子系统之间的匹配度需要经过精心的计算和设计，此外，高效、灵敏的自控系统和严密的操作管理也都是设计中至关重要的部分。

4.2.1.3　引发剂和分散剂的影响

　　众所周知，引发剂对 TFE-HFP 共聚反应的反应速率、分子量等有着重要影响。通过引发剂浓度的调节可控制聚合物的分子量。一般情况下，引发剂浓度的降低有助于获得所期望的高分子量聚合物，但是引发剂对 TFE-HFP 的共聚反应速率则有着一些非常规的影响，例如使用一个额外加入引发剂的程序有助于加快反应的速率，在聚合前先加入 HFP 和初始引发剂（在反应前预加的），从而在 TFE 加入之前就提升颗粒的成核性，待成核完成之后再在聚合过程中连续加入（主体份额的）引发剂、TFE-HFP 的混合气体。报道中推荐了一些水溶性引发剂，包括过氧化物、过硫酸盐和偶氮类化合物等。在 $95\sim138℃$ 的温度范围内，其半衰期小于 2min。推荐的初始引发剂量至少是整个聚合周期所用引发剂总量的 6.5%。当然，为了防止初始引发剂量加入过多影响分子量，需选择足够高的聚合温度，以缩短引发剂的半衰期。

　　作为表面活性剂，分散剂对 TFE-HFP 共聚的影响是多方面的，最主要的作用是在提升乳液固含量的同时不发生凝聚，此外还对聚合速率、聚合物组成以及分子量控制有着很大的影响。表 4-2 是分散剂浓度对 TFE-HFP 共聚速率的影响，表 4-3 是有无分散剂对共聚物组成的影响，表 4-4 是分散剂加入速率对共聚物组成的影响。

表 4-2　分散剂浓度对 TFE-HFP 共聚的反应速率影响

分散剂浓度/%	共聚反应速率
0.0	1.00
0.1	2.25
0.2	3.55
0.3	4.85

分散剂浓度/%	共聚反应速率
0.4	6.10
1.0	12.75
1.5	19.13

注：分散剂为 9-H 十六氟壬酸铵；单体为 75％HFP；压力为 4.1MPa；温度为 120℃；气相空间密度为 0.235g/cm³；熔融黏度为 $7.5×10^3$ Pa·s。

表 4-3　分散剂对 TFE-HFP 共聚物组成的影响

熔融黏度/(10^3 Pa·s)	聚合物中 HFP 含量（质量分数）/%	
	无分散剂	0.1％分散剂
20	12.1	12.9
15	12.3	13.4
10	12.7	14.1
6	13.2	15.0
3	13.9	16.3
1.5	14.5	17.5

注：分散剂为 9-H 十六氟壬酸铵；单体为 75％ HFP；压力为 4.1MPa；温度为 120℃；聚合反应速率保持不变。

表 4-4　分散剂加入速率对共聚物组成的影响

分散剂的质量分数/%	聚合物中 HFP 含量（质量分数）/%		
	100g/(L·h)	200g/(L·h)	300g/(L·h)
0.0	15.7	13.1	—
0.05	17.5	14.4	—
0.10	18.8	15.7	—
0.15	19.7	17.9	14.8
0.20	20.3	18.7	15.8
0.25	—	19.0	16.8
0.30	—	19.9	17.6
0.35	—	—	18.3
0.40	—	—	18.6
0.45	—	—	19.0

注：分散剂为 9-H 十六氟壬酸铵；单体为 75％ HFP；压力为 4.1MPa；温度为 120℃；气相空间密度为 0.235g/cm³；熔融黏度为 $7.5 ×10^3$ Pa·s。

4.2.1.4　反应温度及压力的影响

温度是自由基聚合的关键变量之一，温度上升会加快聚合反应的速率。以水溶性引发剂制备 TFE-HFP 共聚物为例，表 4-5 是 95～138℃的聚合温度范围内随着温度上升反应速率比率的增加数据（以 95℃时的聚合速率作为基准）。

表 4-5　温度对 TFE-HFP 共聚反应速率的影响

温度/℃	反应速率比率（相比 95℃时的速率）
95	1.00
100	1.05
105	1.85
110	2.12
115	2.28
119	2.31
125	2.20
130	1.91
135	1.45
138	1.00

从表 4-5 可见，119℃时的聚合速率可达到最高值。在 113～123℃的范围内，聚合速率仅比最高点时低约 5%。在实际生产中，反应温度的选择除了要考虑高反应速率和高设备利用率之外，还必须关注放热速率和向反应釜外的传热速率之间是否达到平衡以确保聚合过程中的有效控温。对连续聚合而言，新介质（去离子水）的不断加入和乳液的离开都有利于反应温度的控制，因而可以选择与高聚合速率对应的反应温度。对间歇聚合而言，聚合热则完全是依靠反应器的壁以及夹套的传热带走的，因此反应温度的选择不应过度追求高反应速率，一般可选在 100℃左右（如 95℃）。在其他条件相同的情况下，120℃和100℃下间歇共聚反应所需的时间有明显的差别。120℃下的反应时间约需 100min，而100℃下的反应时间则在 3h 左右或更长些。

反应压力对反应速率也有很大的影响，其改变了反应釜中的气相空间密度（如果不是满釜的情况）。当然，通常不会把气相空间的密度作为 TFE/HFP 共聚反应中的一个变量，因为它主要取决于聚合产物的目标组成。据研究，可达到的气相空间密度最高值是0.22g/cm³，而与最高反应速率相对应的聚合压力则是在 3.97～4.14MPa 的范围内。

4.2.1.5　批次稳定性的控制

工业生产时，用户的加工设备（如挤出机或注塑机）往往是连续运转的，而且在达到连续运转状态之前多需要根据原料树脂的熔点、组成、组成分布、分子量、分子量分布及流变性能等逐步将加工工艺参数调到稳态，但是如果所用原料的批次性能指标不稳定就会面临着不断调整加工参数的苦恼，因此单批次量大的、质量稳定的 FEP 原料对于稳定的连续加工就显得非常重要。从大量的统计结果看，同一品级、不同批次之间的 MFR 等指标仍是有微小差异的。这是因为在相同配方的 FEP 批次生产过程中，由于反应釜中的引发剂和单体的浓度分布总是存在着或多或少的差异以及不同的反应压力、温度波动情况，因此要获得组成、分子量等指标完全一样的产品也是不可能的。当然，引起这些差异的影响因素还有很多，甚至还有交叉影响。

为了提高产品的批次稳定性，采用自动控温及控压的策略是非常有必要的。在聚合的控制中，多采用压力和加料速率的单回路调节方案以使压力保持在一个稳定可调的状态下，而之后的重点就在于如何确保温度的稳定控制。控温可采取包括优化聚合釜设计及工艺参数等在内的相关措施（可参阅第 3 章），例如提高反应釜的长径比以增加单位容积的有效传热面积，优化搅拌桨叶的设计或采用高热传导系数和高强度复合材料作为釜体材料，对釜内壁进行镜面抛光以减少结壁现象，提高釜夹套中的传热介质压力（缩小内外压力差）及冷却介质的流动速度等，但是在聚合的控制回路中，从参数检测、参数调整再到执行的过程中总存在着不可重复的差异、滞后等情况。

另一个有效的措施是进行混批，也就是对多批乳液进行液相之间的混合。在报道中有对 24 批次乳液同时混合后进行分批凝聚的例子。当然，对于混合用的各批次的 MFR 是有一定要求的。如果其中存在某些 MFR 偏离较大的批次，是不宜用于混批的，会影响混合后产品分子量的分布。另外，限于设备的体积、搅拌的功率和测定 MFR 所需的时间周期，4～6 批是具有可操作性的混合批次数（与聚合釜的批次生产量有关）。

4.2.2 不稳定端基及其处理

4.2.2.1 不稳定端基的形成及作用

具有极高黏度（$1\times10^{9}\sim1\times10^{11}$Pa・s）的高分子量（几百万）PTFE，其热稳定性的缺陷并不明显，但是当 TFE 与全氟 α-烯烃（如 HFP）进行共聚后，所得共聚物（如 FEP）的分子量会大幅降低且端基数量也会高出许多倍。在经受 300～400℃ 的注塑、挤出加工时，聚合物中残留的小分子、未反应的单体和干燥后留下的残留物等都会在该温度下发生分解并在制品中形成气泡。大部分的气泡问题都来源于这种情况，但是还有一部分气泡则是由端基降解时生成的挥发性片段和小分子造成的。

用无机过氧化物（如 APS、KPS 等）引发会生成如图 4-2 的两种类型端基。

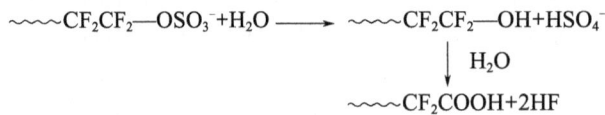

$$\sim\sim\sim CF_2CF_2\text{—}OSO_3^-+H_2O \longrightarrow \sim\sim\sim CF_2CF_2\text{—}OH+HSO_4^-$$
$$\downarrow H_2O$$
$$\sim\sim\sim CF_2COOH+2HF$$

图 4-2 无机过氧化物引发可能产生的端基类型

而 $\sim\sim\sim CF_2\text{—}CF_2\text{—}COOH$ 受热分解可生成如图 4-3 所示的三种不同端基。

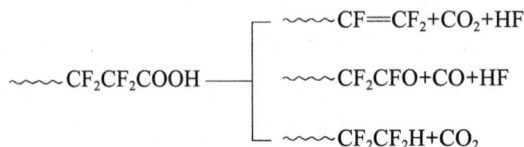

$$\sim\sim\sim CF_2CF_2COOH \begin{cases} \sim\sim\sim CF=CF_2+CO_2+HF \\ \sim\sim\sim CF_2CFO+CO+HF \\ \sim\sim\sim CF_2CF_2H+CO_2 \end{cases}$$

图 4-3 $\sim\sim\sim CF_2\text{—}CF_2\text{—}COOH$ 受热分解可能产生的三种不同类型端基

当聚合链生成乙烯基（—CF=CF₂）双键而终止时，双键会进一步氧化生成—COF

端基，—COF 显然是不稳定的，遇水会发生水解，最终生成—COOH 端基及 HF。在加工温度下，—COOH 端基进一步分解成 CO_2 和—$CF=CF_2$，后者会进一步氧化再生成—COOH 端基或者与另一链产生交联，当然这会导致造粒或加工时黏度增大及 MFR 变小，严重时会致螺杆损坏。—COOH 端基的循环反复生成和降解会致 CO_2、COF_2 和 HF 等不断地积累，使造粒料中含有大量气泡且颜色发深（甚至显棕黑色）。由过氧化物引发的聚合中，至少有一半的聚合物链含有—COOH 端基，乙烯基类的端基会不断地分解并连续生成—COOH 端基，因此乙烯基数量决定了可能出现的不稳定羧酸端基数量。

据文献报道，—$CF=CF_2$ 类端基可在双螺杆挤出机中得到处理，但是双螺杆挤出机是不能处理所有不稳定端基类型的。

4.2.2.2 不稳定端基的检测

工业上主要采用傅里叶变换红外光谱 FTIR 的方法来测定聚合物中的不稳定端基类型及其含量。端基数通常表达为聚合物中每 100 万个碳原子有多少个端基。检测的样品一般需要模压成厚度为 $250\mu m$ 的膜。在 FTIR 图谱中，大多数端基对应的有价值吸收段都位于 $1700\sim1900cm^{-1}$ 的区间，端基与 IR 吸收谱数的对应关系可参见表 4-6。

表 4-6　聚合物端基种类同 IR 吸收谱数的对应关系

端基种类	IR 吸收谱数/cm^{-1}
—COF	1883（CO）
自由的—COOH	1814（CO），3300~3000（H）
交联的—COOH（二聚）	1781（CO），3300~3000（H）
—$CF=CF_2$	1793（CC）
—$COOCH_3$	1795
—$CONH_2$	1768
—CH_2OH	3648

4.2.2.3 端基稳定化的方法

（1）湿热处理

湿热处理是将聚合物粉末置于高温湿环境下进行处理，可有效防止羧酸端基的生成，其中的湿环境包括液体水、蒸汽或湿空气等介质。该工艺在 1963 年就开发成功了。当羧酸端基呈离子态时会发生脱羧，同时慢慢生成稳定的—CF_2H 端基。如果将碱、中性或碱性的盐加入聚合介质或者直接加入聚合物中都能促进—CF_2H 的生成。适用的碱或碱性添加物包括铵、碱金属或碱土金属的氢氧化物以及含氮、硫、卤素、磷、砷、硼或硅的碱性或中性盐。这些物质一般是水溶性的（pH 为 7 或更高些），在热水环境下也是稳定的，加入量不是很关键，以聚合物重量计的最低有效加入量是 5mg/kg，最好是 $100\sim600mg/kg$。具体的操作过程是先将盐或碱溶于水后再与聚合物混合成浆料并置于带搅拌的密闭容器内，加热至 $200℃$，确保一定压力以使水处于液态。该方法也称为浆液处理法。如采用水蒸气或湿热空气进行处理，—CF₂H端基的生成速率取决于反应条件。通常提高温度、增加盐或碱的加入量及增加水量都能提高该稳定端基的生成速率。需要指出的是采用湿空气时其中的水含量至少要达到2%。

以下是一个更为详细的实例——以过硫酸铵引发体系制备的FEP为样品，其HFP含量为14%～16%。将样品与质量分数28%的氨水溶液按溶液/聚合物=4的比例在压力釜中进行混合，压力釜的压力为自生压力（即250℃下氨水的饱和蒸气压，约为1.5MPa），经250℃处理2h后，再在250℃的真空烘箱内干燥18h，处理后的样品与未处理样品的端基对比数据列于表4-7中。测试结果表明该处理效果十分显著，基本上所有不稳定端基都转变成了稳定的—CF₂H端基。

表 4-7　不稳定端基氨水处理前后对照

端基形态	氨水处理过样品	未处理过样品
	IR测试的端基数量/(mg/kg)	
—COOH（单一）	0	177
—COOH（二元）	1	212
—COF	0	
—CF=CF₂	0	
—CF₂H	380	0

可供推荐的处理设备包括一般用的搅拌釜或两端锥形的无搅拌压力容器，但是接触面最好采用SUS316L或哈氏合金。

（2）酯化处理

酯化处理是一种将未经端基处理的FEP与少量甲醇混在一起后进行加热使羧酸及酰氟端基转变为甲酯基端基的工艺，开发于1972年。对于在非水介质中合成的FEP，其端基主要是酰氟端基，处理温度需要达到200℃，而对于在水介质中合成的FEP，其端基主要是羧酸基，处理温度可在65～200℃之间。但是这种方法的缺点在于需要将加入的甲醇彻底除去，否则会因挥发分超标导致产品不合格。此外，使用的溶剂还存在着环保方面的问题。

（3）氟化处理

氟化处理是一种先用氨或醇进行处理再用氟气氟化使FEP端基稳定化的工艺，最早应用于1990年。一个供参考的例子是用沸点不超过130℃的有机胺或碳原子数低于8的叔醇在25～200℃下与含有羧酸及酰氟端基的FEP进行接触及中和，两者分离后FEP在70～150℃下进行干燥并在密闭容器中与氟气充分接触，处理温度不能超过聚合物的固态转变温度。处理结束后，氟和其他挥发性物质由容器排出后可得到最终的产品。此方法的优点在于能彻底地处理酰氟端基，因为单用氟气是不会与酰氟端基反应的。

氟化的具体过程：将需要氟化处理的FEP置于两端为锥形的圆筒形密闭容器中，抽真空至0.1atm（1atm＝101325Pa）并通入用干燥氮气稀释至10%～25%（摩尔分数）的氟气，在150～250℃（200～250℃则更好）下处理4～16h，其间加入的氟气累计量与聚合物重量的比例为2.4～3.3g/kg(聚合物)。研究发现，氟化程度与温度、时间及氟气的浓度都有密切的关联。

4.2.3　后处理工艺

后处理过程包括凝聚、洗涤、烧结和造粒等单元操作。

（1）凝聚和洗涤

该单元操作是利用搅拌的剪切作用使聚合物凝聚成颗粒。在混合槽的乳液内常含有少量来自聚合釜的白色粉末，其组成或 MFR 与未凝聚的聚合物差别甚大，因此在凝聚之前必须滤除。凝聚前需要先加入适量水进行稀释，经搅拌凝聚约 45min 后聚合物完全与水分离。将分离后的水用新鲜去离子水置换和洗涤多次后可去除吸附在聚合物颗粒表面的各种助剂。通常每次洗涤的搅拌时间为 3min 左右，且最后一次洗涤后的电导率应低于 $3\mu S/cm$。

（2）烧结

该单元操作既可以使端基稳定化，又可以分解并除去低分子聚合物和包括 APFO 在内的残留助剂。具体的操作过程包括将含水的 FEP 料置于金属盘内，并控制好堆放厚度，不宜过大。在烧结炉内的可转动托架上，这些金属盘于 370～395℃下慢慢转动（品级不同，处理温度有差异）。经烧结处理约 3h 后的聚合物呈无规则的面包块形状。特别要指出的是，使用有机过氧化物类引发剂或者进行过稳定化处理的聚合物，可不经过烧结处理，特别是使用氟有机过氧化物引发剂制备的聚合物，其不稳定端基数量会大幅减少。由于环保、操作效率等方面的问题，现在的 FEP 规模化生产中已很少采用烧结工艺了，而且烧结也是一次热过程，或多或少都会引起一些 FEP 的降解。

（3）造粒

常规的 FEP 产品多是在熔融状态下挤出的造粒料，因此造粒是整个 FEP 生产过程的最后一个环节。在造粒中需要将凝聚、洗涤后的 FEP 粉末或经切碎成多孔形小片的烧结料加到螺杆挤出机之中。熔融挤出的造粒分为冷切和热切工艺。对于冷切粒工艺而言，充分塑化的聚合物熔体在机头口模（可以是单孔或多孔）成型及拉力机牵引的共同作用下形成稳定速度的料条，再经冷空气或水槽中的冷水冷却后，由切粒机切成约直径 3mm、高 3mm 的圆柱状颗粒。对于热切粒工艺，则是直接在模头出口处进行切粒，并经水冷、脱水等得到药片状颗粒。螺杆挤出机是造粒单元的关键设备之一，操作中最重要的是合理地设置轴向温度分布。通常有 5～6 个的温度设定点，且不同 MFR 品级的 FEP 因分子量大小的不同需要设定不同的温度及分布。螺杆转速也是重要的参数之一，例如低 MFR 品级有着较高的熔融黏度，因此要降低转速。除了双螺杆机之外还有单螺杆机，早期大多使用单螺杆挤出机，料筒和螺杆用的是耐腐蚀的高镍合金，螺杆的硬度要稍高点。长期的实践证明，双螺杆挤出机更适合造粒，其螺杆捏合时能产生强有力的剪切力，使熔体得以充分混合，最终获得组成和分子量分布更均匀的产物。愈来愈多的产生线和产品品级都选择用双螺杆挤出机进行造粒。要注意的是，在造粒过程中由于存在小分子分解及部分不稳定端基分解的情况，会导致 HF 的产生，因此料筒上侧需要有 1～2 组抽气孔。虽然双螺杆挤出机能消除—CF=CF$_2$ 型的不稳定端基，但不可能消除所有不稳定端基，因此仍需要对聚合物端基进行稳定化处理。采用氟有机过氧化物引发的聚合物经双螺杆挤出机造粒后，其端基数量就能满足要求。

4.2.4 特殊聚全氟乙丙烯树脂产品的制备

4.2.4.1 FEP 浓缩乳液的制备

通常以水为介质的乳液聚合得到的是低浓度的 FEP 乳液，其固含量不超过 31%（质量分数），而应用于喷涂、湿法制的 FEP 塑料合金及其他浸涂、浸渍用的 FEP 乳液，其规定的固含量需要达到 55%，因此需要对不超过 31% 固含量的乳液进行提浓。常用的方法包括在不超过 31% 固含量的乳液中加入适量氢氧化铵水溶液（氨水）或碳酸铵水溶液和乳化剂（如 Triton X-100），升温的过程中慢慢搅拌，如果是刚从反应釜中放出的热乳液则无须加热。在搅拌过程中，乳液逐渐分成两层，上层主要是含有若干水溶性助剂的水，下层为 55% 固含量的 FEP 乳液，除去上层水后即得到成品。为了便于品质的控制和检测，可先拟合一个室温下不同固含量的乳液密度与固含量的关系图，这样在生产时只用比重计就能快速地在现场获得乳液密度的数据，从而得到乳液浓缩后的固含量数据。此外，电解质（如氢氧化铵）加入量不能过多，以免造成浓缩乳液发生局部的破乳及分层。

4.2.4.2 FEP 细粉的制备

FEP 细粉主要用于静电喷涂用氟树脂涂料的制备，也可作为固体填充物用于由全氟醚油配制成的全氟润滑脂中。这些应用对 FEP 细粉有特定的要求，需要使用针对性的制造技术。

由于未经端基稳定化处理的 FEP 直接用作粉末涂料时，经静电喷涂涂装后的涂层在高温烘烤时会因不稳定端基的分解而产生很多气泡，因此经凝聚、洗涤、干燥得到的 FEP 是不能直接用到粉末涂料中的。正确的方法是对干燥后的 FEP 细粉进行适当的处理，例如将其与适量的氨水混合后在压力容器中搅拌一段时间，经干燥后可得到用于粉末涂料的产品。

FEP 细粉用作润滑脂固体填充物时，除了较小的粒径指标外，还要严格控制细粉中残留的微量酸性物质和水的含量，这些是保证润滑脂质量的重要指标。

4.3 聚偏氟乙烯的制备

4.3.1 乳液聚合

PVDF 是 VDF 的均聚物或 VDF 与少量改性单体的共聚物，常用的聚合方法包括乳液聚合、悬浮聚合和溶液聚合等，其中前两个是最主要的工业化合成工艺。

VDF 乳液聚合的原理和基本配方与其他氟树脂（如 PTFE、FEP 等）的乳液聚合大致相似。乳液聚合是一种在水中进行的非均相反应，其中水是连续相，反应时的胶束依靠氟表面活性剂而稳定地分散在水相中，单体则在胶束中进行聚合。典型的表面活性剂是全氟烷基的羧酸盐，特别是 APFO。表面活性剂可阻止那些致聚合停止的吸自由基反应。通常在聚合体系中还需要加入 CTA（链转移剂），其作用是调节聚合物的分子量。缓冲剂主要用于调节体系的 pH 值。产生自由基的引发剂可以是水溶性的过氧化物（如过硫酸盐等无机过氧化物），也可以是溶于单体的有机过氧化物（如 2-叔丁基过氧化物或过氧化二碳酸二异丙酯 IPP 等）。VDF 的乳液聚合是在一个带搅拌的反应釜内进行的，其聚合产物的初级粒子为白色球形颗粒，均匀地分散在水相中，平均粒径约为 $0.25\mu m$。为了乳液稳定和防止粘壁，聚合配方中还需要加入作为稳定剂和防粘壁剂的石蜡。当然，在聚合结束后需要将其与主体乳液分离，然后再用机械搅拌等方法使 PVDF 的乳液凝聚，再经多次洗涤后，经气流干燥得到平均粒径为 $10\sim20\mu m$ 的 PVDF 粉末（称为次级粒子）。除了溶剂型或其他粉末涂料用的 PVDF 品级之外，对于熔融挤出用的粒料级产品，同样需要通过熔融挤出、冷切粒或热切粒加工最终得到呈细圆柱形或药丸形的造粒料。在 PVDF 的实际生产过程中，多采用带有夹套的 $1\sim10m^3$ 的卧式搅拌反应釜。与其他的氟单体乳液聚合相似，VDF 乳液聚合的宏观动力学属于扩散控制，因此在聚合釜的逐步放大中，关键因素之一是 VDF 单体与水之间的传质效率。有研究者曾对比过立式和卧式聚合釜的 VDF 乳液聚合，在相同的温度和压力等条件下研究各自较佳的聚合工艺参数。研究发现，反应釜的釜型及搅拌桨形式对传质效率产生了很大程度的影响，其中卧式釜能在较少的引发剂和乳化剂用量下获得更快的反应速率及更高的含固量，乳液的稳定性也更佳，是 VDF 乳液聚合中一种较佳的聚合设备。为了得到品质稳定的产品，稳定的温度控制是重要条件之一，但是 VDF 的聚合热效应较大，其反应热达到了 $-129.7kJ/mol$ 或 $-33kcal/(g\cdot mol$ VDF)。为了尽可能增大传热表面积，可选择 L/D 更大的反应器。此外，也需要通过配方和反应工艺参数的优化来获得温和或者合适的反应速率，而这则多取决于反应温度、压力以及相关的引发剂分解动力学。在许多应用中，PVDF 粉末的颗粒形态很重要，为此要避免在后处理过程中一切可能导致撞击、高剪切或摩擦发热及重压等的不利操作，这些过程包括粗产品的运送、移动等。产品中的残留助剂和杂质是影响 PVDF 产品质量的重要因素。在洗涤工艺中，由于 PVDF 中残留的乳化剂及其他助剂不易被水洗净，因此需要针对洗涤和过滤单元加强设备和操作工艺的优化设计以确保水与物料间的充分混合，例如用一定压力的水直接洗涤压滤后的饼状或块状 PVDF 往往很难达到期望的洗涤效果，这时可将压实料充分地分散成细粒后再与水充分混合就可以获得较好的洗涤效果。此外，用 $50\sim60℃$ 的洗涤水有利于提高助剂和杂质的溶解度，从而提升洗涤效果。

VDF 乳液聚合中的含氟表面活性剂可以是 $5\sim15$ 个碳的全氟羧酸盐、ω-氯全氟羧酸盐、全氟磺酸盐、全氟苯甲酸类和全氟邻苯二甲酸类等，但是在工业中之前最常用的还是 APFO。当然，目前 APFO 已处于全面替代的过程中，具体可参阅 PTFE 的相关章节。

VDF 乳液聚合所用的引发剂分为两类。一类是有机过氧化物（最好是水溶性的）引发剂，如异丙苯过氧化氢、二异丙基苯过氧化氢、三异丙基苯过氧化氢和叔丁基苯过氧化氢等。另一类则是无机过氧化物引发剂，包括过硼酸盐、过硫酸盐、过磷酸盐、过碳酸盐、过氧化钡、过氧化锌和过氧化氢等，特别是过硫酸铵和过磷酸钠。乳液聚合得到的 PVDF 热稳定性与所选用的引发剂有密切的关系，例如无机过氧化物引发得到的聚合物热稳定性较差，而有机过氧化物引发的 PVDF 热稳定性则较好。

为了进一步了解 VDF 的乳液聚合，表 4-8 给出了一个典型的 VDF 乳液聚合配方。该典型配方的最佳聚合温度为 $60\sim90℃$，聚合压力为 $2.8\sim4.8MPa$。在该配方的各类助剂中，引发剂为 IPP，表面活性剂是七氟异丙基碘与 TFE 调聚产物［一种调聚酸，

（CF₃）₂CF（CF₂）₅COOH〕的铵盐，链转移剂是异丙醇（沸点为 82.5℃）或三氯氟甲烷（TCFM，CFC-11，沸点为 23.7℃），其中 TCFM 有助于改善 PVDF 在高温熔融成型时产生小的孔隙的情况。上述典型配方得到的 PVDF 即使在 290℃条件下进行熔融加工也不易发生变色。

表 4-8　VDF 乳液聚合的一个典型配方

配方构成成分	含量（质量分数）/%
表面活性剂	0.1～0.2
引发剂	0.05～0.6
石蜡	0.03～0.30
链转移剂	1.5～6.0①

① 以单体总量为基准的摩尔分数。

在上述典型配方的实施过程中，首先将全部氟表面活性剂、石蜡一次性加入反应釜，启动搅拌和升温，并用 VDF 单体将体系升压至操作压力。引发剂和链转移剂可以多次分加，也可以连续加入。待聚合开始后就不断补加 VDF 单体以维持压力稳定，这可以以自控的方式实现。在反应过程中，反应压力的检测结果通过变送器（传感器）将讯号传输至加料阀门的控制机构，以控制开度，从而使压力的波动控制在很小的幅度内。聚合结束后，停止加料并回收未转化的单体，再将反应釜中的乳液转移至后处理单元，在机械搅拌及电解质的作用下，经凝聚、洗涤、过滤、气流干燥及造粒后得到低含水量的 PVDF 粉末或粒料产品。

以下是更具体的两个聚合实例。

实例一　在 300mL 的高压釜中加入 100mL 去离子水及 0.4g 丁二酸过氧化物，抽掉高压釜中的空气，加入用液氮冷却的 35g VDF 单体，随后加入表面活性剂及由高纯氧化铁还原而成的 0.7mg 铁。加料结束后，密闭高压釜，并置于电热夹套之内，再把整个装置放在水平摇动的设备上。在 80℃和 527kPa 下进行聚合反应。聚合结束后经冷却、抽空得到稳定的分散液，再经沉淀、过滤，并用水和甲醇反复洗涤后在真空烘箱内进行干燥得到最终产品。

实例二　在 15℃下将经脱气处理的 740g 无离子水、2.59g 的 IPP 及 13g 的全氟辛酸钠加至 3.7L 的不锈钢反应器内，再加入少量的水溶性链转移剂（如氧化乙烯）。排出空气并对反应釜进行冷却后，再向反应釜内加入 518.4g VDF 并启动搅拌，之后用导热油经反应釜内的盘管加热至 75℃，在 5h 的反应时间内采用逐步压入反应釜的方法加入 13g 的全氟辛酸钠水溶液，并周期性地往反应釜内注水以保持 414kPa 的压力。反应结束后，将水抽空并排空反应釜，经凝聚、过滤及水洗后在 50℃的真空烘箱内进行干燥，最终得到 PVDF 产品。

乳液聚合也可用于 HFP 改性的 PVDF 制备中，其 HFP 含量在 1%～13%（摩尔分数）。相比于 VDF 均聚物的高结晶度，改性的 PVDF 结晶度大大降低，但是当 HFP 含量超过 15%（摩尔分数）后，共聚物就呈现无定形状态，此时的扭转模量很低，并在很宽的温度范围内保留了橡胶状的性质而没有脆性，因此用于改性的共聚单体量通常只有 6%（摩尔分数）左右。以下是一个 HFP 改性的 PVDF 的合成实例。首先用氮气置换 300mL

高压釜中的空气，再按顺序加入 15mL 含 0.3g 偏亚硫酸钠水溶液、90mL 含 0.75g 全氟辛酸钾的水溶液（用质量分数为 5% 的 KOH 调节 pH 至 12）和 45mL 的含 0.75g 过硫酸钾的水溶液（pH＝7），最后再向反应釜中加入 12.4g 的 HFP（摩尔分数 10%）及 47.6g 的 VDF（摩尔分数 90%）。密闭后的反应釜放置在可机械摇动的设备上不断摇动，并在 50℃ 下绝热共聚反应 24h，待反应结束后放出未反应的单体，所得的乳液用液氮进行凝聚，并反复用热水洗涤多次后，将湿饼置于 35℃ 的真空烘箱中进行干燥，最终得到了 HFP 含量为 6%（摩尔分数）的改性 PVDF。经 X 射线衍射测试，该产物呈高结晶性且有良好的耐有机溶剂性能，例如在体积比为 3∶7 的甲苯和异辛烷混合液中，25℃ 下浸泡 7 天后该产物仅溶胀 4%，而 25℃ 下在发烟硝酸中浸 7 天也仅溶胀 4%。

4.3.2　悬浮聚合

与其他氟聚合物的悬浮聚合基本相同，VDF 的悬浮聚合也是以水为介质。除引发剂外，配方中还需要加入悬浮剂作为分散剂（也并非一定要加入，可视实际情况而定）和链转移剂等。悬浮剂一般是水溶性聚合物，如纤维素衍生物和聚乙烯醇，其在聚合过程中起到了减缓聚合物颗粒结团的作用。引发剂多采用有机过氧化物，链转移剂主要用于控制 PVDF 的分子量。VDF 悬浮聚合的推荐聚合温度为 30～110℃，压力为 6.9～21MPa。根据引发剂的类型和加入量，批次的聚合反应时间多在 2～24h 之间。反应产物与水分离后，经多次洗涤，最终通过气流干燥的方式得到悬浮聚合 PVDF。与乳液法得到的 PVDF 相比，悬浮聚合 PVDF 的初级粒径更大，一般为 30～300μm 且以线型结构为主，呈更高的结晶度和头尾结构比例。相比乳液聚合，悬浮聚合可大大减少聚合物在釜壁上的沉积（粘壁）现象。

以下是一个具体的合成实例。首先在一个内装挡板及冷凝盘管的带搅拌 3.7L 不锈钢反应釜中加入 2470mL 水、908g VDF、30g 的水溶性甲基羟丙基纤维素溶液和 5g 过氧化三甲基乙酸叔丁酯。在 25℃ 下将釜内压力升至 5.5MPa，对应的液相单体密度为 0.69g/mL，再将反应釜升温至 55℃，升压至 13.8MPa，并在 4h 的反应时间内不断向反应釜压入 800mL 水，以保持恒定的反应压力。反应结束后，经冷却、离心分离、水洗涤以及真空烘箱干燥后，最终得到平均初级粒径为 50～120μm 的产物。VDF 的转化率可达 91%（质量分数），PVDF 的分子量为 $(5～30)×10^4$。

不同的引发剂对 PVDF 的产率和分子量都会有一定的影响，例如过氧化三甲基乙酸叔戊酯作引发剂的效果不及 IPP，因为其引发的聚合物产率低。另外，在同一引发体系下，不同链转移剂对 PVDF 的产率影响较小，但对它的分子量有较大影响，例如使用异丙醇可明显降低 PVDF 的分子量，而使用碳酸二乙酯则对聚合物的产率没有明显影响，但是如果是使用甲基乙基酮会对 VDF 的聚合反应产生负面作用。

4.3.3　溶液聚合

相比于其他两种聚合工艺，VDF 溶液聚合最大的不同是其所用的聚合介质不同。溶液聚合的溶剂沸点必须大于室温，又能溶解单体和引发剂。通常可选用饱和的全氟代或氟氯代烃溶剂。这类溶剂能很好地溶解 VDF 单体和有机过氧化物引发剂，但是却不会溶解 PVDF。这也确保了产物能与溶剂轻易分离。通常含 10 个或更少碳原子的全氟代烃或氟氯代烃都有生成自由基的倾向（不论是单组分还是混合物）。为了尽可能降低聚合压力并使溶剂沸点大于室温，应选用碳原子数大于 1 的氟代或氟氯代烃，可用的溶剂包括 CFC-13、CFC-133、CFC-113 等。由于之前的溶剂多属于 ODS 或高 GWP 物质，因此现在已被越来越多的环保型氟代溶剂所取代。在 VDF 溶液聚合中，可选用的有机过氧化物引发剂包括二叔丁基过氧化物、叔丁基氢过氧化物及过氧化苯甲酰等，其加入量占单体质量的 0.2%～2.0%。聚合温度在 90～120℃ 的范围内，反应压力则多在 0.6～3.5MPa 的范围内。

以下是一个具体的合成实例。首先在装有磁性搅拌器的 1L 高压反应釜内加入含十二烷酰过氧化物的 500g CFC-13，并在用氮气置换反应釜达标后，加入 160g VDF 单体，使其压力在室温下达到 1.2MPa，待加热到 120～125℃ 后，搅拌 20h。在聚合过程中出现的最大压力为 3.5MPa，最小压力为 0.6MPa。VDF 转化率可达 99.1%，产物 PVDF 的熔点为 169℃。

4.3.4 不同引发体系的影响

在聚合条件相同的情况下，使用不同种类的无机过氧化物在相同（或接近）加入量的情况下引发聚合反应，则它们之间的聚合速率和最终产物的热稳定性是不同的。热失重和试片外观色泽是表征 PVDF 热稳定性的重要指标，也是一个可用于快速测试 PVDF 产品优劣的生产用检测手段。在表 4-9 的实验结果中，KPS（$K_2S_2O_8$）引发的聚合反应速率是最快的，但是所得产物在 300℃ 下的热失重和外观色泽等指标上则是最差的。在表中所用的无机过氧化物中，KPS 并不是一个很理想的引发剂，$K_4P_2O_8$ 则是较好的选择。

表 4-9 不同无机过氧化物引发剂对 PVDF 热稳定性的影响

序号	引发剂及其含量（相对于水）/%	促进剂及其含量（相对于水）/%	聚合速率 /[g/(h·L)]	热失重（300℃）/%	试片外观（色泽）
1	$K_4P_2O_8$，0.15	H_3PO_4，0.15	4.9	0.1	浅色
2	$NaBO_3$，0.15	$Na_2P_2O_7$，0.5	3.4	0.12	浅色
3	$K_2S_2O_8$，0.1		8.0	0.25	黄色

在有关 FEP 的章节中，曾提及端基对于聚合物性能的影响。同样地，端基对 PVDF 也有较大的影响，特别是在热稳定性方面。由于端基类型的原因，有机过氧化物引发得到的 PVDF 比无机过氧化物引发的 PVDF 拥有更好的热稳定性。表 4-10 是有机过氧化物引发的 VDF 乳液聚合与无机过氧化物引发的 VDF 悬浮聚合的产物热稳定性对比。结果表明，有机过氧化物引发的乳液聚合拥有更好的产物热稳定性。

表 4-10 悬浮聚合和乳液聚合得到的 PVDF 热稳定性对比

聚合方法	热失重（1h,300℃）/%	热分解（降解）			MFR 变化率（60min,260℃）/%	氧指数（OI）/%
		初始分解温度 T_{init}/℃	10%分解(失重)温度 $T_{10\%}$/℃	主要分解产物		
悬浮聚合，KPS	0.3～0.55	340	405	HF	下降 45	95
乳液聚合，OAP	0.15～0.25	390	430	VDF	增加 10	34

文献报道中有很多使用有机过氧化物合成 PVDF 的研究，包括 IPP、全氟代过氧化二碳酸二丁酯和过氧化二碳酸二-(2-乙基己基)酯等过氧化二碳酸酯类以及全氟代二酰基过

氧化物（PFDAP）。使用这些引发剂的优点是能在聚合物中形成热稳定性良好的端基，但也有严重的缺点，其在水性介质中不耐水解，即使在 0℃ 以上也不稳定。就有机引发剂而言，最合适的介质是饱和的氯氟烃（CFCs），但是 CFCs 属于 ODS，已不能使用，如果必须在水相介质中使用有机引发剂，最好能在合成有机引发剂之时加入一些全氟烷基羧酸等，可以减小水解的倾向。图 4-4 是两个含氧杂环或脂环族结构的氟代二酰基过氧化物引发剂分子结构式。

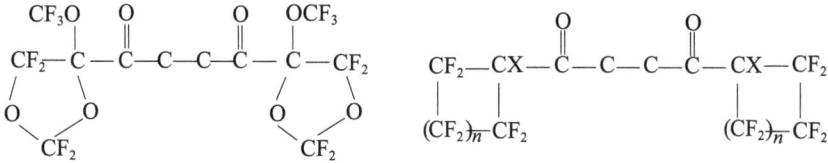

图 4-4　两种结构的氟代二酰基过氧化物结构式

这两个引发剂即使在高达 100℃ 的温度下也很少水解，且能在聚合中得到很高的聚合收率。PFDAP 也是合成 FEP 和 PFA 类氟聚合物的最有效引发剂之一。当然，要合成这类引发剂也比较难，且工业化批量供应的成本也较高。除了这几类引发剂外，在 VDF 乳液聚合研究曾使用过的所有引发剂中，最适合工业化生产的是烷氧基过氧化物（OAP），这类有机过氧化物并不为很多人熟知，在 PPG 等公司的少量专利中曾有部分描述，其引发的 VDF 聚合速率很高，通常的聚合压力为 $2 \sim 8$MPa，温度为 $50 \sim 130$℃。OAP 的优点之一是其爆炸危险程度很低，有利于引发剂的合成和储存。

4.3.5　辐射聚合

VDF 的辐射聚合可使聚合物免受引发剂和其他组分的污染。辐射源可采用 ^{60}Co，辐照量为 10.32C/(kg·h)。聚合反应温度 -40℃ 时，PVDF 产物的熔点达 175℃，这高于用其他方法制备的 PVDF 的熔点。

4.4　四氟乙烯-乙烯共聚物的制备

ETFE 是 Et（乙烯）和 TFE 交替连接形成的部分氟化类共聚氟树脂，其 TFE/Et 的摩尔比接近 1，而按重量计 TFE 约占 75%。在商品化的 ETFE 中一定要加入第三单体（甚至第四单体），否则其 ETFE 制件易发生开裂。

4.4.1　共聚反应

TFE-Et 的聚合为自由基聚合，聚合温度一般在 100℃ 以下，聚合压力在 5MPa 以下。采用自由基引发剂，反应介质为水或者水与有机化合物的混合物，但仅用水易凝结成大块，这些大块会黏结在反应器壁、测温器件上，也可能堵塞阀门、管道。通常可采用添加氟利昂或叔醇的方法来改善这种情况。根据溶剂和分散介质的不同，一般可采用以下几种聚合方法。

① 溶液聚合。用氟碳化合物作为溶剂（如 CFC-113），以有机过氧化物作为引发剂，也可用偶氮类引发剂或离子辐射引发，并通过添加链转移剂（如甲醇）来控制共聚物的平均分子量。

② 混合相聚合。TFE-Et 在水和惰性氟碳溶剂的混合相中进行共聚，聚合反应发生在溶剂相，而水作为传递介质则分散在非水溶剂相中，起到了降低体系黏度和移走聚合反应热的作用。采用有机过氧化物作为引发剂，可同时使用转移剂来控制共聚物的平均分子量。此外，聚合物在水中并不润湿，但是在水和溶剂的混合相中则既能润湿也能分散。

③ 乳液聚合。采用无机氧化还原引发体系、氟表面活性剂（如 PFOA）以及能控制共聚物平均分子量的链转移剂。

除了反应的差异外，这三种方法的后处理也有较大差异。具体的优缺点可参见表 4-11。

表 4-11　ETFE 聚合方法比较

项目		溶液聚合	混合相聚合	乳液聚合
配方主要成分	引发剂	全氟丙酰过氧化物	二-（ω-氢全氟己酰）过氧化物	高锰酸钾氧化还原体系
	反应介质	CFC-113	水和二氯四氟乙烷	水
	分散剂	—	—	APFO 和草酸二铵
优点		散热容易，后处理工艺简单，产物纯净	散热容易，反应容易控制，产物纯净，后处理工艺简单	散热容易，反应容易控制，反应速率较快
缺点		生产成本高，溶剂需回收，反应速率相对较慢，固含量不高	有机溶剂需要回收，反应速率相对较慢	后处理工艺复杂，产物中有残存乳化剂和金属离子，往往会影响树脂的性能

由表 4-11 可见，这几种方法中混合相聚合的优点是最多的，基本综合了溶液聚合和乳液聚合的优点，因而是工业上的主要工艺。

在最早报道的 TFE-Et 共聚得到高分子量 ETFE 的典型聚合反应条件中，聚合介质为水和有机溶剂（如叔丁醇）的混合液，引发剂为 APS，加入量为 0.1%（质量分数）。反应温度为 20～150℃，反应压力为 2～2.3MPa。以下是一个在高压反应釜或管式反应器中进行的实例，其首先将 1960 份叔丁醇和 40 份水的混合液作为介质加入反应釜内。在氮气气氛的保护下，向反应釜中加入 1 份 APS 并密闭，再将 TFE：Et＝88.5：11.5 的混合配料气体加入反应釜内，使压力达到 1.4MPa，启动搅拌并升温至 50℃。当压力下降时，表明反应已开始，随即继续补加上述组成的气体混合物至 2.1MPa 的反应压力，并维持此压力直到反应结束才停止加料。再将反应釜冷却后回收未反应的气体，开釜即得到分散在介质中的黏稠糊状物。用水蒸气蒸馏的方法将产物中的大部分叔丁醇蒸出，并对留下的糊状物进行过滤，产物在 150℃空气烘箱中进行干燥，最终得到 300 份粒度很细的粉状聚合物，其 TFE：Et 的摩尔比为 1：0.945（TFE 质量分数为 79.5%）。表 4-12 是不同工艺条件下 TFE 与 Et 的共聚反应结果。

表 4-12　不同工艺条件下 TFE 和 Et 的共聚反应结果

聚合配方/聚合条件/聚合物性质	聚合反应实例				
	1	2	3	4	5
聚合配方					
溶剂	t-BA, H₂O	t-BA, H₂O	t-BA, H₂O	t-BA, H₂O	t-BA, 丙酮, H₂O

聚合配方/聚合条件/聚合物性质	聚合反应实例				
	1	2	3	4	5
溶剂用量/份	1960，40	12320，1980	1380，250	590，750	
引发剂	APS	APS	APS	APS	APS
引发剂用量/份	1	13	15	3	3
单体加料组分	TFE，Et	TFE，Et	TFE，Et	TFE，Et，CO	TFE，Et
单体中各组分浓度（质量分数）/%	78，22	79，21	50，50	74.4，20.8，4.8	78.8，21.2
聚合条件					
聚合压力/MPa	2.1	1.7～2.3	3.5	6.9～9.7	8.3～9.7
聚合温度/℃	50	58～64	60	60	60
聚合时间/h	1	2	14	3.5	17
聚合物性质					
聚合物收率/份	300	2575	440	350	1380
产物中 TFE∶Et（摩尔比）	1∶0.945	1∶1.038	1∶0.44	1∶1.025	1∶0.956
拉伸强度/MPa	—	30.7	—	—	—
断裂伸长率/%	—	396	—	—	—

除了采用中温型引发剂之外，氧化还原体系可在较低温度和压力下完成 TFE 和 Et 的共聚反应。该体系可用于在水介质中的聚合，易于在生产中应用。以下是一个公开报道的实例，其首先在一个内衬搪玻璃的反应器中加入 8L 去离子水，并使温度维持在 22～24℃，再将 1500g（15mol）TFE 和 101g（3.6mol）Et 的混合物压缩到 76MPa 后加入聚合反应器。将 0.6g 高锰酸钾溶于 2.5L 的水中用作催化剂，加入 500mL 的初始引发剂溶液，待聚合反应启动后，按 1000mL/h 的速率不断补加剩余的引发剂溶液，并在 145min 后停止加料，至此聚合反应结束。放出未反应单体（气体）后，开釜将悬浮的粗产物与水一起从底部放出，经过滤、二次淋洗、湿料研磨后，在 150℃下进行干燥后得到最终的聚合物产品，其含有摩尔分数为 87% 的 TFE 和 13% 的 Et（摩尔比为 6.7∶1）。表 4-13 是采用上述引发体系并改变反应参数后得到的一系列产品的性能一览表。

表 4-13　氧化还原体系引发的 TFE-Et 共聚反应得到的共聚物性能

聚合实例	聚合物性质						
	密度/(g/cm³)	拉伸强度/MPa		断裂伸长率/%		熔点/℃	起始分解温度/℃
		20℃	150℃	20℃	150℃		
1	1.65	37.1	11	250	473	281	315
2	1.67	51.2	12	450	500	282	360
3	1.67	40.9	14	340	680	283	355
4	1.68	52.2	17	420	550	287	340

4.4.2 竞聚率和组成控制

由于是共聚反应，TFE 和 Et 在不同温度和各种介质下的竞聚率对 ETFE 的聚合控制非常重要。表 4-14 是各种文献发表的不同反应条件下 TFE 和 Et 的竞聚率，而表 4-15 则是不同温度下 TFE 和 Et 的竞聚率。

表 4-14 不同反应条件下 TFE 和 Et 的竞聚率

$r_{C_2F_4}$	$r_{C_2H_4}$	反应条件
0.06	0.14	介质全氯氟烃
0.1	0.38	光引发，低压，气相反应
0.024	0.61	光引发，低压，在全氟三乙胺溶液中反应
0.85	0.15	—
0.10	0.56	水-丁醇介质

表 4-15 不同温度下 TFE 和 Et 的竞聚率

聚合温度/℃	$r_{C_2F_4}$	$r_{C_2H_4}$
35	0.013±0.008	0.10±0.02
40	0.022±0.016	0.156±0.001
65	0.045±0.010	0.14±0.03
70	0.055±0.020	0.197±0.001
75	0.060	0.30

4.4.3 分子量控制及热稳定性改善

与其他聚合物一样，ETFE 可通过链转移剂（CTA）调控分子量，同时 CTA 也会对 ETFE 的熔点产生影响，例如添加一定量的丙酮就能起到很明显的链转移作用。以下是一个具体实例。首先在 1000 份脱氧水中加入 800 份丙酮、3 份过硫酸钠和 10 份磷酸氢二钠，在 60℃和 8.3～9.7MPa 下加入摩尔比为 1∶0.96 的 TFE-Et 混合单体进行共聚。反应 17h 后经后处理可得到 1380 份的聚合物，其中 TFE 的含量为 78.05%（质量分数），相当于摩尔组成为 1∶0.958，熔点为 270℃。在相同配方的基础上，使用叔丁醇作为 CTA 制备得到的 ETFE 产品，其熔融黏度要比用丙酮制备的高，这表明丙酮在同样条件下的链转移效果更好。类似地，在同样配方下使用叔戊醇作为 CTA 可得到 480 份聚合物，其熔融黏度与使用叔丁醇的结果相当。当然，链转移作用会触发支链化的倾向，但是其会随反应温度的降低而减小，这有利于产生更加线型化的分子链，因此在加入一定量的链转移剂时可适当地降低反应温度，甚至采用低温引发剂，这样可得到更加线型化的分子链，例如使用氧化-还原体系可低温引发 TFE-Et 共聚。由于该体系产生自由基的活化能较低，因而 TFE-Et 可在较低温度（不超过 20℃）下进行共聚合反应。

此外，改变初始混合气体的配比（即 TFE 与 Et 的比例）也能在很大程度上改变聚合物的分子量及热稳定性。

熔点较低和热稳定性好无疑是 ETFE 制造者和应用者都希望得到的性能。较低的熔点有利于热加工，而良好的热稳定性则能在高温下保持相对较好的性能，可有较高的使用温度。通过表 4-16 中的反应配方、条件制备一系列不同 TFE 含量、熔点较低和热稳定性良好的聚合物，对应实例测试结果见表 4-17。

表 4-16　TFE-Et 共聚物聚合实例的反应配方和工艺条件一览

聚合配方/工艺条件	聚合反应实例				
	1	2	3	4	5
蒸馏水	150g	480mL/h	400mL/h	400g	360mL/h
叔丁醇	3000g	3520mL/h	3620mL/h	2900g	2640mL/h
TFE	500g	79%（摩尔分数）	81%（摩尔分数）	1320g	90%（摩尔分数）
Et	130g	—	—	76g	—
APS	0.5g 溶解在 150g 水中	混合物中浓度 0.1g/L	0.067g/L	0.2g	0.050g/L
聚合反应压力/MPa	2.8	4.0	4.2	3.8	6.0
聚合反应温度/℃	65	65	62	65	65
聚合反应时间/h	2	1	1	1	1

表 4-17　不同反应配方和参数条件下的 TFE-Et 共聚物测试结果

聚合物的性质		聚合反应实例				
		1	2	3	4	5
聚合物中 TFE 含量（摩尔分数）/%		44	53	56	58	60
目视熔点（ASTM D2117）/℃		269	277	274	270	264
拉伸强度/MPa		48.5	46.5	47.8	44.2	38.2
断裂伸长率/%		307	322	303	317	339
190℃、30d 热老化后性质	断裂伸长率/%	61.6	93.4	86.2	—	83
	拉伸强度/MPa	20	103.7	103.3	—	115.3
熔体流动速率(330℃，ASTM D1430)/(g/10min)		0.9	6.0	9.0		15.6
熔体流动速率（300℃）/(g/10min)		0.4	—	5.0	7.5	—
扭转模量/(10^9dyn/cm^2)		2.1	—	—	3.7	

由表 4-17 可以发现，当 TFE 含量达到 53% 以上时，随着 TFE 含量的增加，ETFE 的熔点呈下降趋势，熔体流动速率（MFR）不断上升，拉伸强度不断下降。这表明 TFE 含量较高时，ETFE 的分子量有所下降。

用于热稳定性评价的测试方法比较简单，并不需要价格昂贵的高级仪器，可直接使用 MFR 测定仪进行评价，其具体操作过程为在设定的较高温度下，从 MFR 测试仪中反复多次加热和挤出，并测定每次流出时的 MFR。由于温度处于熔点以上，因此聚合物的每次加热和挤出都会发生部分降解或者产生某些交联的情况，而这或多或少都与聚合物的不稳定端基和内在结构有关。循环次数越多，可观察到的累积性质变化就越明显。将表 4-16 中 5 个实例样品按上述热稳定性评价方法进行测试，可得到 1 次热循环和 5 次热循环后的 MFR。与此法相似，使样品在设定的温度下不直接流出 MFR 测定仪，而是在料腔中保持一段时间后再流出，可设定多个不同的保留时间以测定 MFR，就可得到 MFR 的变化率。

从表 4-18 对比可知，当 ETFE 共聚物中的 TFE 含量超过 50％（摩尔分数）时，第 1 次和第 5 次之间的 MFR 变化相对都较小，但是实例 1 中 TFE 含量为 44％时，MFR 变化达到了 70％。虽然测定的温度会略有差别，但是总的趋势是可信的，而且热老化后的保留性质也遵循同样的趋势。

表 4-18　不同 TFE 含量的 TFE-乙烯共聚物的热稳定性对比

聚合实例	聚合物中 TFE 含量/％	MFR 测定仪流出温度/℃	不同测定次数下的 MFR/(g/10min)		MFR 变化率/％
			第 1 次	第 5 次	
1	44	350	0.97	1.65	70.1
2	53	360	15.5	18.8	21.3
3	56	355	14.89	17.96	20.6
4	58	350	18.9	19.9	5.3
5	66	345	17.05	19.12	12.1

4.4.4　第三单体改性

ETFE 是高度结晶的共聚物，在高温下呈脆性，且 TFE 与 Et 的二元共聚物熔点接近于热分解温度，在加工中时间稍长就容易氧化分解，引起聚合物变色、起泡和龟裂。为了改善共聚物的热稳定性可选用第三单体进行三元共聚。一般的二元共聚物在 180℃下处理 2h 后就发生明显的应力龟裂，而添加少量 HFP 后的三元共聚物在 180℃下处理 2h 则没有任何应力龟裂的现象发生。

（1）第三单体选用的基本要求

用于 ETFE 改性的第三单体，有着一些最基本的要求：①没有链转移作用或不会成为阻聚剂，否则会引起共聚物分子量的降低；②少量加入就能与 TFE 和 Et 共聚；③聚合后会形成侧链，且这些侧链能有效降低结晶度，主要表现在熔点有了明显的下降；④三元共聚得到的聚合物分子量相比二元共聚物不会产生明显下降，主要体现在拉伸强度不产生明显下降；⑤能溶于聚合介质。常用的第三单体包括全氟烯烃、全氟烷基乙烯基醚或亚乙烯基化合物、全氟烷基乙烯和全氟烷氧基乙烯基化合物等，主要有 HFP、PPVE 以及全氟丁基乙烯（C_4F_9—CH=CH$_2$）。通常需要在 ETFE 共聚物中加入 1％～10％（摩尔分数）的改性单体。

（2）以 PPVE 为第三单体的三元共聚

在一个公开报道的溶剂法制备路线中，采用的第三单体为 PPVE，聚合介质为 CFC-113 溶剂，完全没有水，链转移剂为环己烷。具体如下：在 1L 的反应釜中加入 800mL CFC-113、4mL 环己烷和 28g PPVE（第三单体），升温到 60℃，搅拌转速设定在 500r/min，加入 TFE-

Et 的混合气体（TFE 摩尔分数为 70%）至总压力为 0.63MPa。以二全氟丙酰基过氧化物（$CF_3CF_2CO—O—O—OCCF_2CF_3$）在 CFC-113 中的溶液（0.001g/mL）为引发剂，加入 25mL。反应启动后，在聚合反应过程中，不断补加 TFE-Et 的混合气体，使压力维持恒定。每隔 10min 补加一次上述浓度的引发剂溶液，补加量为 7.5mL。聚合持续进行 70min 后结束。反应的粗产物及溶剂一起移至不锈钢烧杯，在蒸出大部分溶剂后置于空气烘箱中于 125℃下彻底干燥，最终得到 39.3g 的聚合物，其在 300℃时的熔融黏度为 $73 \times 10^3 Pa \cdot s$。分析后可知，聚合物中 TFE 摩尔分数为 48.8%、Et 摩尔分数为 48.8% 及 PPVE 摩尔分数为 2.4%，此三元共聚物的熔点为 255℃，MIT 法耐折寿命为 16300 次。表 4-19 汇总了不同 PPVE 和环己烷用量对三元聚合物性质的影响。

表 4-19　不同 PPVE 和环己烷用量对 PPVE 改性的三元 ETFE 聚合物性质的影响

聚合实例	聚合配方			聚合物组成（摩尔分数）/%			聚合物性质			
	PPVE 用量/g	环己烷用量/mL	三元聚合物用量/g	TFE	Et	PPVE	熔融黏度（300℃）/($10^3 Pa \cdot s$)	熔点/℃	拉伸性能（200℃）	
									拉伸强度/MPa	断裂伸长率/%
1	14	4	66.1	49.1	49.8	1.1	2.2	267	3.78	98
2	28	4	54.5	47.5	50.2	2.3	3.4	259	3.68	410
3	42	3	77.1	45.8	50.5	3.7	4	250	3.86	510
4	56	3	80.5	45.5	48.9	5.6	3.2	243	3.24	490
5	70	2	74.9	44.8	48.8	6.4	5.5	235	2.65	470

由表 4-19 可知，在以 CFC-113 为溶剂的溶液聚合中，随着聚合物中 PPVE 含量的增加，聚合物熔点呈线性下降趋势，且拉伸强度下降，断裂伸长率上升。这些都会对改性 ETFE 的加工产生直接影响。

（3）以 HFP 为第三单体的三元共聚

在 UPS3960825 的公开报道中，在 TFE-Et-HFP 三元共聚的基础上制备一种具有坚硬、柔韧和高模量特点的三元 ETFE 共聚物。该聚合物是一种具有低相对介电常数、优秀耐低温特性的非极性材料，在 -78℃ 下仍能保持良好的柔韧性，几乎没有改变。聚合介质为含有某种反应促进剂的水介质，每 100 份单体加入 400~800 份的水介质。反应介质中含有一种常用的分散剂，其量为单体质量的 0.05%~0.2%。分散剂主要有高分子量聚乙二醇或羟烷基纤维素等，而作为反应促进剂的 CFC-113 加入量为单体质量的 10%~15%。引发剂采用的是过氧化二碳酸二烷基酯（如 IPP），加入量为单体质量的 0.3%~1%。TFE 与 Et 比例范围最好控制在（1:1）~（1.5:1）。反应时间为 1~4h。以下是一个具体的实例，首先是在一个容积为 2gal（1gal=4.546L）的不锈钢带搅拌聚合釜中加入 4L 去离子水、5g 分子量为 20000 的聚乙二醇、146mL 丙酮和 5g IPP（溶解在 500mL 的 CFC-113 中）。抽空后加入 92g HFP 并开始搅拌，搅拌速度为 1000r/min。反应温度控制在 29~37℃ 之后加入 TFE-Et 混合气体（Et 摩尔分数为 49%），使压力升至 2.3MPa，63min 后反应停止。移出糊状聚合物后进行过滤，水淋洗后置于空气烘箱中，进行干燥后得到最终的聚合物，其 TFE:Et:HFP 摩尔比为 44:50:6。表 4-20 是该聚合物与其他工艺制备的 ETFE 性能对比，从中可以发现该工艺的优点。表 4-21 则是不同 HFP 接入量对 ETFE 在高温下耐开裂性的影响。高温下的耐开裂性通常可用以下方法进行评测，在待测材料制成的模压板上用专用刀具冲出一个微拉伸试片，并置于 200℃ 的空气烘箱内，使该试样在一个由黄铜制成的通道内弯曲 180°，观察最终结果。

表 4-20 不同方法制备的 TFE 和 Et 三元共聚物性质对比

技术来源	聚合物性质				
	拉伸强度/MPa	断裂伸长率/%	热稳定性（270℃）	熔点/℃	TMA 渗透温度/℃
USP3960825	63.7	240	优	285	246
USP3960825	54.5	330	优	256	—
USP3960825	50.4	270	—	275	—
USP3960825	48.5	240	—	271	226
其他方法	55.1	180	—	291	251
其他方法	56.6	160	—	285	—
其他方法	32.7～41.4	100～280	—	274	205
其他方法	50.1	325	一般	276	—
其他方法	15.2	280	—	137	—

从表 4-21 的结果可知，当 HFP 含量 ≥5% 时，就可完全消除 200℃ 下的开裂隐患。

表 4-21 HFP 含量对 ETFE 聚合物高温下耐应力开裂的影响

聚合物组成/%			200℃ 下对应力开裂的观察
Et	TFE	HFP	
50	50	0	5min 出现开裂
50	48	2	5min 出现开裂
52	45	3	2h 出现开裂
52	43	5	24h 不开裂
50	42	8	24h 不开裂

（4）以全氟烷基乙烯为第三单体的三元共聚

有的公开报道中也使用了全氟烷基乙烯（C_nF_{2n+1}—CH=CH$_2$）作为 ETFE 的第三单体。相比于二元 ETFE，该三元 ETFE 表现出了更好的物理性质以及高温下的拉伸性能，而拉伸蠕变性和耐热性等也没有降低。用这种第三单体改性的 ETFE 聚合物，其 TFE：Et 的典型摩尔比为（40：60）～（60：40），全氟烷基乙烯的含量为 3%～5%（摩尔分数）。最适用的全氟烷基乙烯主要是全氟丁基乙烯（C_4F_9—CH=CH$_2$）和全氟己基乙烯（C_6F_{13}—CH=CH$_2$）。一般而言，如果作为第三单体的全氟烷基乙烯分子量太大，则聚合物的物理性能会变差，聚合反应速率也会变慢。此外，第三单体的含量最好保持在3%～5%（摩尔分数），加入量太少，则聚合物在高温下的拉伸性能不会有多大的改善，但是加入量过多会导致聚合速率太慢，最终使得三元聚合物的拉伸性能和热稳定性反而不如二元 ETFE。在此三元聚合反应中，聚合反应介质的选择也是影响性能的重要因素之一。虽然仍可选用水性介质，但更适合的是饱和的全氟烃或含氯氟烃溶剂。溶剂体系可用于控制反应条件、提高聚合反应速率，而反应介质有助于改善熔体的可加工性、提高聚合物的热稳定性和耐化学品性能。这种三元共聚反应可用多种不同的聚合方法进行，包括溶液聚合、乳液聚合等。引发聚合的引发体系也可以有多种，如偶氮化合物引发、过氧化合物引发、紫外线辐照引发等。

一个典型的聚合过程是基于三氯氟甲烷（CCl_3F，沸点 23.6℃）和 CFC-113 构成的饱和氯氟烃混合溶剂的溶液聚合法，其首先是向一个容积为 10L 的压力反应釜中加入3.46kg 的 CCl_3F 和 6.52kg 的 CFC-113，再加入 2.38g 的过氧化异丁酸叔丁酯 $[(CH_3)_2CHC(O)O_2C(CH)_3]$ 为引发剂。将 1226g 的 TFE、82g 的 Et 和 26g 的全氟丁基乙烯配成的混合气体加入反应釜。在持续搅拌的情况下，将反应温度保持在 65℃，反应压力保持在 1.5MPa，并不断补加上述气体混合物（TFE：Et：PFBE 的摩尔比为 53：43.6：0.7）以保持压力恒定。反应约 5h 后可得到 460g 聚合物。此聚合物中的 TFE：Et：PFBE 的摩尔比为 53：43.6：0.7，熔点为 267℃，分解温度为 360℃。200℃高温下的拉伸强度和断裂伸长率分别为 5.5MPa 和 610%。表 4-22 是不同全氟烷基乙烯类型的第三单体及其接入量对聚合物性能的影响。

表 4-22　第三单体对 ETFE 三元共聚物性能的影响

| 初始单体加料量/g | | | 聚合物组成（摩尔分数）/% | 熔点/℃ | 分解温度/℃ | 拉伸强度（200℃）/MPa | 断裂伸长率（200℃）/% | 230℃热老化后耐热性 |
TFE	乙烯	第三单体/用量	C_2F_4：C_2H_4：第三单体					
1226	82	全氟丁基乙烯/26	53：46.3：0.7	267	360	5.5	610	＞200
1226	82	全氟丁基乙烯/19	53：46.5：0.5	269	360	6	560	＞200
1226	82	全氟己基乙烯/36.5	53：46.3：0.7	267	360	5.2	620	＞200

（5）四元共聚的 ETFE

四元共聚的 ETFE 实际上是在三元共聚 ETFE 基础上的一种改进。HFP 和乙烯基单体分别作为第三和第四单体参与聚合，并在聚合链中生成侧链。加入这些单体可以改善聚合物在高温下的拉伸强度和断裂伸长率。这类聚合物适合于挤出件、单丝和电线包覆等的加工与应用。在聚合物的组成中，TFE 的含量为 30%～55%，Et 的含量为 40%～60%，HFP 的含量为 1.5%～10%，乙烯基单体的含量为 0.05%～2.5%。第四单体的类型主要有全氟烯烃（$CF_2\!=\!CF\!-\!R_f$，R_f 为全氟烷基，碳原子数 2～10），全氟乙烯基醚（通式为 $CF_2\!=\!CF\!-\!O\!-\!R_f$，$R_f$ 为全氟烷基，碳原子数 2～10）以及带侧链的全氟乙烯基醚。

聚合反应过程基本上与以乙烯基化合物为第三单体的聚合过程相似。介质可以是水或非水的介质，首选的有机溶剂介质可以是饱和氟烃、氯氟烃或它们与水的混合液。聚合方法可以是溶液聚合、乳液聚合等。反应条件则决定于所选择的聚合方法，其中反应温度在20～100℃范围，聚合压力维持在0.2～10MPa范围。采用有机溶剂介质时需要选用有机过氧化物或偶氮类化合物为引发剂。如果是水性介质，则可采用过硫酸铵等水溶性引发剂，最好的是高锰酸钾等类型的引发剂。聚合物的组成可通过控制反应釜内的各单体组成来实现调控。乙烯基单体的加入量要比在最终产物中的接入量多1.05～5倍。分子量则可通过加入CTA实现控制，溶液聚合中可使用的CTA主要有环己烷或丙酮等，而水性介质（100％水）的CTA主要有丙二酸二烷基酯等。乳液聚合工艺得到的是水分散液，聚合物固体重量占介质重量的15％～30％，分散液中的聚合物颗粒是球形的，平均粒径为0.1～0.25μm，粒径分布较窄。乳液可采用在机械搅拌的同时加入碳酸铵凝聚剂（电介质有利于破乳）的凝聚方法，最终经洗涤及干燥后得到聚合物成品，如有需要还可进行熔融挤出造粒。从表4-23可知，相比未加入HFP的三元共聚树脂，TFE-Et-HFP-PPVE的四元共聚树脂明显改善了室温和高温下的拉伸强度和断裂伸长率，这表明了四元共聚树脂的优越性以及在上述针对性能范围内的适用性。

表 4-23　TFE-Et-HFP-PPVE 四元共聚 ETFE 的性能

项目	TFE-Et-HFP-PPVE 四元共聚实例					
	1	A[1]	2	B[1]	3	C[1]
聚合配方						
链转移剂	丙二酸二乙酯	丙二酸二乙酯	丙二酸二乙酯	丙二酸二乙酯	丙二酸二乙酯	丙二酸二乙酯
链转移剂含量（质量分数）/％	0.39	0.36	0.37	0.37	0.38	0.35
聚合物性质						
氟含量（质量分数）/％	61.0	60.6	61.5	59.8	61.3	63.0
熔点/℃	266	267	264	271	280	247
密度/(g/cm³)	1.714	1.717	1.726	1.743	1.722	1.747
聚合物组成（摩尔分数）/％						
TFE	46.8	52.7	46.8	50.5	48.2	51.2
Et	48.1	46.6	48.7	49.0	46.9	48.4
PPVE	0.8	0.7	0.5	0.5	0.4	0.4
HFP	4.4	—	3.9	—	4.5	—
熔体流动速率（300℃，11kg）/ (g/10min)	33	32	36	25	36	44
拉伸强度（160℃）/MPa	7.3	7.5	7.5	7.4	5.5	6.6
断裂伸长率（160℃）/％	815	505	720	245	625	65
拉伸强度（23℃）/MPa	52.5	42.3	44.8	43.8	43.7	34.9
断裂伸长率（23℃）/％	500	280	390	240	465	300

4.5 可熔融聚四氟乙烯的制备

PFA 是 TFE 与 PAVE（$R_fOCF\!=\!CF_2$，全氟烷基乙烯醚）的共聚物，最常用的 PAVE 是 PMVE（$CF_3\!-\!O\!-\!CF\!=\!CF_2$）和 PPVE（$C_3F_7\!-\!O\!-\!CF\!=\!CF_2$），对应的聚合物分别为 MFA 和 PFA，其中 PFA 是最具代表性的产品，因此本节主要通过 PFA 来介绍相关的工艺。与改性 PTFE 中的添加量不同，PFA 中的 PAVE 接入量一般大于 1%（典型的摩尔分数范围为 1%～5%）。从公开的报道中可知，PFA 的合成方法主要包括溶液聚合、乳液聚合等工艺。溶液聚合采用的是非水有机介质（如卤代饱和烃等溶剂），而乳液聚合为水相介质，但也会加入少量卤代烃，这是因为 $R_fOCF\!=\!CF_2$ 在水中的溶解度很小，卤代烃可以起助溶剂的作用，一般无须另加表面活性剂，最终得到的仍是聚合乳液。根据报道，TFE 和 PPVE 之间的竞聚率为 $r_{TFE}\approx3$，$r_{PPVE}\approx0$，两者的活性相差很大。因此在大多数工艺中都是在反应开始前先将 PPVE 单体一次性加入反应釜中，而反应压力则是由不断加入的 TFE 来维持的。

PFA 制造中的关键技术点包括组成控制（即 PPVE 含量控制）、分子量及分布控制和端基稳定化控制等。前两点与聚合体系的选择有关，包括聚合介质、引发剂及链转移剂类型和加入量的选择，聚合温度及压力的选择和控制等。端基的稳定性则是由其化学结构决定的，而化学结构取决于聚合条件和化学处理。含有不稳定端基的 PFA 会在储存或在制品加工时发生降解，产生气体，并最终在制品中形成大量气泡。这会成为 PFA 制品中的严重缺陷，因此后续也会介绍不稳定端基产生的根源及消除方法。

4.5.1 溶液聚合

4.5.1.1 溶剂和聚合条件对熔融黏度的影响

在 PFA 的溶液聚合中，关键点之一是选择合适的溶剂。对溶剂的基本要求包括：①对单体具有一定的溶解度；②在聚合条件下溶剂与单体不发生化学反应；③不产生链转移作用；④溶剂与聚合产物之间比较容易分离；⑤最好能价廉、易得、不燃及无毒等。

早在 1960 年，就有 TFE 与其他含氟单体在卤代溶剂中进行聚合的报道。研究表明，TFE 会与含氢、氯、溴或不饱和碳碳键的溶剂发生反应。用于聚合介质时，这些溶剂的链转移作用会导致一些低分子的蜡状物和脆性固体的生成。推断原因为 $CF_2\cdot$自由基从溶剂中吸取了氢、氯或溴原子引起了链终止。仅有的不会产生影响的溶剂是全氟代饱和化合物，但是这类溶剂的价格昂贵，不适合产业化。在一个有关全氟代溶剂的公开报道中，TFE 和 PAVE 在全氟二甲基环丁烷溶剂中进行聚合。试验中 PAVE 的 R_f 基团 C 原子数为 1～5。试验发现，过氧化物和偶氮类化合物在此体系中是较好的引发剂。聚合是在一个带有磁力搅拌的压力反应釜中进行的，反应釜内加入溶有适量 PAVE 的全氟二甲基环丁烷溶剂，待升温至 60℃后开启搅拌，加入 TFE 进行升压，在加入少量（$\times10^{-4}$ mol）二氟化氮（$NF\!=\!NF$）引发剂后启动聚合反应，反应过程中维持 60℃的温度至反应结束。经冷却、放空、溶剂分离及干燥后最终得到粉状的聚合物。在检测前，需要将该聚合物在 350℃下压制成薄膜，之后使用 FTIR 对聚合物中的 PAVE 含量进行测定。该薄膜无色、透明并有韧性。熔融黏度可按 ASTM D1238-23 的标准在 380℃下进行测定。表 4-24 正是不同反应条件及其最终聚合物的测试结果对比。

表 4-24　PAVE-TFE 在全氟代饱和烃溶剂中进行聚合的配方、参数及其结果

聚合反应配方		聚合反应条件		所获聚合物的性质	
PAVE 单体	PAVE 在溶剂中浓度（摩尔分数）/%	聚合压力/MPa	聚合时间/min	共聚物中 PAVE 含量（质量分数）/%	熔融黏度/(10^3Pa·s)
PMVE	0.094	2.07	45	11.3	16
PPVE	0.053	1.85	60	9.7	3.6
POVE[①]	0.027	1.90	60	—	—

① POVE 结构简式为 $C_8F_{17}OCF=CF_2$。

　　在之后的一个公开报道中，研究了 TFE 和 PAVE 在含氢（每个碳原子上仅一个）、氯和氟的卤代溶剂中的共聚，其选用溶剂的一个重要标准是在聚合条件下必须呈液态，在尝试了 CFC-12（CCl_2F_2）、CFC-11（CCl_3F）、HCFC-22（$CClF_2H$）、CFC-112（CCl_2F CCl_2F）、CFC-113（CCl_2FCClF_2）和 CFC-114（$CClF_2CClF_2$）等之后，最终发现 CFC-113 是最适合的溶剂。该聚合是在一个带搅拌的聚合釜中进行的，选用的低温型引发剂是双（全氟丙酰基）过氧化物 [C_2F_5—C(O)—O—O—(O)C—C_2F_5，简称 BPPP]，使用前需要在六氟环丙烷中配成浓度为 1.5% 的溶液，在反应中则会溶解于由单体-溶剂构成的溶液中。反应温度低于 85℃，若高于此温度则溶剂会产生一定的调聚剂作用。反应压力是通过连续加入 TFE 和共聚单体的方式保持稳定的。由于不加表面活性剂，因此反应类似于悬浮聚合。以下是具体的反应过程，首先将聚合釜抽真空后按配方依次加入 CFC-113 和 PPVE，之后升温至反应温度，再加入 TFE 至规定的反应压力，待加入引发剂溶液启动反应后，不断补加 TFE 以保持压力不变。反应期间通过夹套传热控温以维持温度不变。反应结束后，回收多余的 TFE，再开釜将釜内物料转移至 200℃真空干燥箱（余压 1mmHg，1mmHg＝133Pa）内干燥 1h 后得到最终的产物。

　　上述的聚合过程实现了很快的聚合速率，得到的是坚硬的聚合物，可以用模压方法将其加工成透明、无色的薄膜。表 4-25 是在不同聚合条件下得到的聚合物性质对比。

表 4-25　（非水）溶剂中 TFE-PPVE 在不同条件下的聚合及其产物性质

项目	聚合反应实例					
	1	2	3	4	5	6
聚合配方和聚合反应条件						
溶剂	CFC-113	CFC-113	CFC-113	CFC-113	CFC-113	CFC-113
溶剂量/mL	800	800	900	860	860	860
PPVE 量/g	60	60	59.4	16.5	9	28
聚合反应温度/℃	40	40	50	90	50	50
聚合反应压力/kPa	345	345	511	621	173	483
聚合时间/min	43	42	30	20	16	45

项目	聚合反应实例					
	1	2	3	4	5	6
引发剂(过氧化物)量/g	0.30	0.64	0.15	初始 0.06g (以 0.006g/min 补加)	0.65	0.025
聚合物性质						
聚合物中 PPVE 含量(质量分数)/%	8	8.9	5.2	2.9	2.7	2.1
熔融黏度/$(10^3 Pa \cdot s)$	45.5	2.7	211	2.6	17.9	61.7

由表 4-25 可知，引发剂的加入量对熔融黏度（即聚合物的分子量）具有很大的影响。

为了抑制全氟丙氧基自由基在较高温度下可能发生的向 TFE 的链转移（即 PPVE 分子的重排，参见图 4-5），聚合温度最好控制在 50℃ 以下。

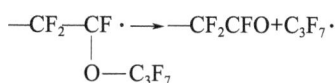

$$—CF_2—CF\cdot \longrightarrow —CF_2CFO + C_3F_7\cdot$$
$$\quad\quad |$$
$$\quad\quad O—C_3F_7$$

图 4-5　PPVE 的重排机理

聚合压力可选择在 $2\sim10$bar（1bar＝100kPa）之间，这是因为 TFE 在此条件下具有较高的溶解度。压力高会造成溶剂中 TFE 浓度过高，从而导致最终树脂中 PPVE 含量的下降，而且聚合物分子量偏高也不利于加工。

4.5.1.2　链转移剂的影响

分子量及其分布对加工制品的性能有很重要的影响。类似环己烷的含氢类链转移剂（CTA）可终止链增长，有效防止聚合物链过度增长。除了环己烷外，许多含氢的化合物都是有效的 CTA，包括甲醇、乙醇、异丙醇、氯仿、二氯甲烷、七氟丙烷（HFC-227ea、CF_3CHFCF_3）等，其中甲醇的效果最好，可有助于得到分子量分布窄的共聚物，而这点也可从挤出时的口模膨胀程度反映出来。当 PFA 的分子量分布很宽时，在 PFA 的挤出（造粒或加工制品）时会在小孔口模处出现严重的口模膨胀，而冷下来的制品再加热至接近熔点时又出现严重的收缩，这正是由树脂的黏弹性造成的，黏度与剪切应力有很强的依赖关系。熔体流动过程中产生的剪切应力中的一部分以弹性形变的形式储存了起来。当聚合物从口模孔露出的一瞬间，这种储存能量的弹性回复就造成了口模膨胀。即使不同分子量分布的聚合物的平均分子量相同，宽分子量分布的聚合物中拥有的高弹性高分子量成分也占了更大比例，而这正是导致聚合物具有高膨胀趋向的原因。因此通过 CTA 得到窄分子量分布的聚合物更有利于提高制品的质量。

使用该技术生产的聚合物，其具有的另一个优点是拥有更好的弯曲老化寿命。弯曲寿命可按 MIT 法（ASTM D2176）进行测定，其值随熔融黏度的增加而提高，也随聚合物中 PAVE 含量的增加而提高。

以下是一个以 CFC-113 为溶剂、甲醇为链转移剂的典型实例，首先在一个经抽真空处理后的 1L 不锈钢聚合反应釜中加入 860mL 的 CFC-113、10.6g PPVE，待温度达到 50℃ 后，加入 TFE 使压力达到 207kPa，之后加入质量分数为 1% 的 BPPP 溶液，待反应启动后不断补加 TFE 维持压力不变，同时控制夹套的传热使反应温度保持不变。经过一定反应时间（典型的时间如 10min）后停止加 TFE。聚合后的悬浮物经过滤与溶剂分离后，置于 100℃ 的空气烘箱中干燥 16h。表 4-26 对比了不同聚合条件下得到的产品及其检测结果。

表 4-26　PPVE-TFE 在溶剂中聚合及其产品检测结果

项目	聚合反应实例				
	1	2	3	4	5
聚合配方和反应条件					
PPVE 用量/g	10.6	16.5	16.5	28	28
BPPP 用量/g	0.74	0.1	0.1	0.1	0.1
甲醇用量/mL	0	0	0.5	0	0.5
聚合温度/℃	50	50	50	60	60
聚合压力/kPa	207	310	310	620	620
聚合时间/min	10	22	33	11	17
聚合物性质					
聚合物中 PPVE 含量（质量分数）/%	3.7	2.5	2.7	2.8	2.7
熔融黏度/(10^3Pa·s)	10.4	170	13.5	158	10.1
MIT 弯曲寿命（ASTM D2176）/次	57000	—	104000	—	—
不稳定端基[1]数量（每 100 万个碳原子）/个	109	44	33	41	67

[1]不稳定端基包括—COF、—COOH、—COOCH$_3$ 和—CF$_2$=CF$_2$。

从表 4-26 中的实例 3 和实例 5 可知，甲醇对熔融黏度（代表分子量）的下降有很强的影响作用。

表 4-27 进一步对比了甲醇和环己烷作为链转移剂时的效果。数据显示甲醇的效果优于环己烷，但是不论是甲醇还是环己烷都能大幅度降低熔融黏度。

表 4-27　两种不同链转移剂对 PPVE-TFE 共聚物熔融黏度的影响

项目	聚合反应实例					
	1	2	3	4	5	6
聚合配方和反应条件						
PPVE 用量/g	28	28	28	28	28	28
BPPP 用量/g	0.025	0.025	0.025	0.05	0.05	0.05
甲醇用量/mL	0	0.1	0.5	0	0	0
环己烷用量/mL	0	0	0	0	0.1	0.2
聚合温度/℃	60	60	60	60	60	60

项目	聚合反应实例					
	1	2	3	4	5	6
聚合压力/kPa	620	620	620	620	620	620
聚合时间/min	38	61	60	12	41	60
聚合物性质						
聚合物中 PPVE 含量（质量分数）/%	2.41	2.68	2.36	2.59	2.45	2.41
熔融黏度/(10^3Pa·s)	464	28.0	8.6	149	59	18

4.5.2　水相介质聚合

TFE-PPVE 的水相聚合与 TFE 乳液聚合的反应条件是相类似的，可以简称乳液聚合。当然也有不同之处，合成 PFA 的水相介质中还需加入一定量的卤代饱和烃，其中以 CFC-113 为最好。该工艺的基本聚合配方包括乳化剂、引发剂和 pH 调节剂，其中最合适的乳化剂是 APFO，引发剂多采用水溶性的无机化合物（如 APS、KPS 或高锰酸钾等），pH 调节剂包括氨气、碳酸铵、草酸铵等。整个聚合中的聚合压力（TFE 压力）为 10～25bar，聚合温度为 40～90℃，PPVE 需一次性加入。

TFE-PPVE 在 70℃时的 $r_{TFE}\approx5$，$r_{PPVE}\approx0$。反应温度降低后，r_{TFE} 略有减小。

4.5.2.1　链转移剂的使用

与非水介质的聚合一样，该工艺也需要加入链转移剂，其中氢气（要用高纯氢）是最好的。虽然从安全角度看，氢气有一定的危险性，但是由此而生成的—CF_2H 端基却是热稳定性较好的一种类型，HFC-134a（CH_2FCF_3）也是同样一种好的链转移剂。如果使用醇类作为链转移剂可能会使聚合过程中的分散液胶体产生不稳定性。一般而言，在乳液稳定性方面，PFA 的分散液要优于 PTFE 的分散液。在乳液固含量不超过 35%（质量分数）时，乳液中的初级粒子粒径约为 200nm。当分散液的固含量超过该值时，易发生部分凝聚，从而导致整个聚合体系的均匀性也一同受到破坏，此时即使进行搅拌也已无法有效地保持整个体系的分散性及有效地控制分子量分布。

4.5.2.2　传质对聚合反应速率的影响

与溶液聚合不同，PFA 的乳液聚合表现为很强的传质控制。在溶液聚合反应的条件下，TFE 和 PPVE 都能很好地溶于溶剂，所以不存在传质控制的问题。聚合反应速率完全取决于反应速率，也不需要很高的聚合压力。乳液聚合则是传质控制，这主要是由于：①TFE 和 PPVE 在水中的溶解度均很小，进入水相的速率与配方、工艺及设备（特别是搅拌）等条件相关，例如在 20℃和 0.101MPa 下，TFE 在水中的溶解度仅为 0.018%（质量分数），而同样条件下 TFE 在 CFC-113 中的溶解度为 2.1%（摩尔分数）。PMVE 和 PPVE 在水中几乎不溶，但是在全卤（尤其是氟）代饱和烃中却具有较高的溶解度；②分散液中的初级粒子数量极多，可用于聚合反应的总表面积很大，而单体在水相中向这些表面的扩散速率决定了聚合反应速率。乳液聚合的速率差不多比非水相聚合慢了一个数量级。

当然，可以在聚合体系中加入类似于非水相聚合中所用的有机溶剂，有利于大大增加传质的速率，其中最有效的有机溶剂就是 CFC-113，而使用微乳液聚合工艺则是另一种提高聚合反应速率的方式。

图 4-6 是在乳液法生产 PFA 中使用和不使用 CFC-113 时的聚合反应速率（V_{Br}）-时间曲线图。在乳液聚合中，初期的粒子数增长很快，中后期的粒子数虽然也在增长但是幅度趋缓且非常有限，对应的表面积变化趋势也是一个从初期快速增加到中后期增长趋缓的情况。聚合反应速率随反应时间也有相同的变化趋势，这表明聚合是在粒子表面发生的。CFC-113 的加入并没有改变聚合反应速率曲线的形状，CFC-113 显然只是作为气态单体的载体。图中的虚线是溶液聚合反应速率变化曲线，中后期的聚合反应速率基本上没有随着体系中固含量的增加而变化，表明溶液聚合的发生地点是在有机溶剂中。

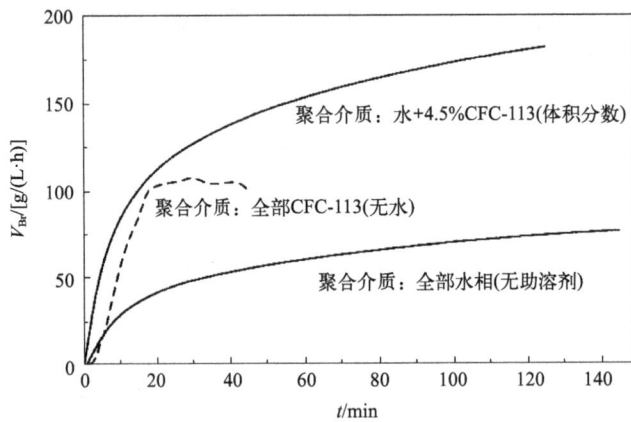

图 4-6　PFA 水相聚合和非水相聚合反应速率同反应时间的关系

水相聚合条件：TFE 压力为 13bar，T 为 60℃，过硫酸铵加入量为 $3.6×10^{-4}$ mol/L；
非水相聚合反应条件：TFE 压力为 0.6bar，$T=47$℃，全氟丙酰基过氧化物
加入量为 $1.0×10^{-3}$ mol/L

如其他聚合物一样，只要能达到产品的质量要求，在 PFA 的生产工艺中总是会优先选用以水为介质的聚合工艺。

4.5.3　后处理

4.5.3.1　PFA 的凝聚及洗涤

除了以浓缩乳液的形态直接应用外，多数重要的 PFA 应用是需要经过熔融挤出造粒的。在造粒前，首先需要将聚合反应体系中的树脂以流动性好的粉末形态分离出来，经洗涤等单元操作处理后除去聚合物上的引发剂、链转移剂、表面活性剂等各种残留的成分，最后再送入挤出机进行造粒。当然，粉末流动性好也有利于各种输送过程。需要指出的是，如 PFA 中的各种残留物未能除干净，极易引起造粒过程中的产物变色，如棕色或灰色等。

对于水相聚合而言，可在施加高剪切力机械搅拌的作用下或和无机酸（如 HCl 或 HNO_3）一起进行凝聚。此外，在凝聚料中加入水溶性有机溶剂（如丙酮）或低沸点汽油并施以剧烈搅拌可用于凝聚料的成粒。这个过程与可自由流动的 PTFE 造粒料生产过程是基本一样的。凝聚后的粉状 PFA 需用去离子水洗涤并在 280℃下干燥以彻底除去乳化剂和其他助剂。

对于非水相聚合而言，与溶剂分离后的聚合物仍会有少量引发剂及溶剂的残留物，需经过高达 160℃的干燥后才能彻底除去，而且该聚合物在造粒前还需要一个压实过程。此外，将悬浮聚合物置于大量水中进行剧烈搅拌也可以获得流动性好的造粒料。

4.5.3.2　PFA 的端基稳定化

（1）不稳定端基的产生和影响分析

与 FEP 相同，TFE-PPVE 聚合得到的可熔融加工氟树脂也存在着很多热不稳定的端基，尤其是水相聚合，所用的引发剂大都是过硫酸盐等水溶性引发剂，不稳定端基的产生机理也大致相同，其中生成的热不稳定端基主要是—COF，在热加工时还会生成—CF=CF_2 等端基（参见 FEP 的相关内容）。如使用 H_2 作为链转移剂则生成—CF_2H 端基。在非水相的聚合中，采用的是有机引发剂而非过硫酸盐引发剂，因此基本上就不会有—COF 端基，但是用甲醇作为链转移剂则会生成—CH_2OH 端基。表 4-28 列出了不同助剂下生成的 PFA 端基类型。这些热不稳定端基在经历熔融造粒和热加工等热处理过程时都会发生分解，释放出的气体会在粒料和制件上形成大量气泡，所以端基的稳定化处理是必定要解决的核心技术问题。

表 4-28　引发剂、缓冲剂、链转移剂与 PFA 聚合物端基的关联

引发剂	缓冲剂	链转移剂	端基类型
过氧化物	无	—	—COOH
过氧化物	有，铵盐	—	—COONH_4、—CONH_2
—	—	甲醇	—CF_2H、—CF_2CH_2OH
过氧化物 $[ClF_2C(CF_2)_nCOO]_2$（非水介质聚合）	—	—	—CF_2Cl

（2）熔融中的端基化处理

由于不稳定端基会发生分解，因此聚合物在熔融过程中是需要经常脱气的。在熔融过程中，PFA 可用氮气或水进行端基处理，也可以与含氨气的空气充分接触后在高温下进行处理。处理后，氟离子含量会明显减少，—CFO 基团转变为羧基或酰胺基。

在 1986 年的一篇专利中，TFE-PAVE 聚合物的—CFO/—COOH 不稳定端基被转换为酰胺基，并最终成为热稳定更好的—CH_2OH 端基。具体的方法如下：首先将待处理的共聚物与一种含氮的化合物进行混合，待熔融后维持一段时间即可达到端基处理的目的。其中的含氮化合物包括氨气和多种铵盐（如碳酸铵、碳酸氢铵、氨基甲酸铵、草酸铵、氨基磺酸铵、甲酸铵、硫氰酸铵、硫酸铵等）。相比其他的含氮化合物，氨气是最合适的，因为气态的氨气可以很容易地稀释到所需的浓度（如体积分数 10%～30%）及直接压入

含有待处理聚合物的密闭容器中。温度和压力并非十分关键，温度范围可在 0～100℃ 之间，但是如果要转换羧基就往往需要较高的温度，处理时间可以在 2～6h 之间。

为了评价改善的效果，可以将经过处理的和未经处理的 PFA 置于 295℃ 的空气烘箱中进行热老化测试。表 4-29 为两者经历不同老化时间后的端基变化情况一览表。经 FTIR 可以检测各种不同端基的数量变化，其中相关的端基红外吸收峰可参见 FEP 的相关内容。

表 4-29　处理前后两种 PFA 的端基在热老化过程中的变化对比

在 295℃ 下热老化时间/h	共聚物未用氨气处理情况下 每 100 万个碳原子相连接的端基数/个					共聚物用氨气处理后的情况下 每 100 万个碳原子相连接的端基数/个[①]				
	—COF	—COOH	—COOCH$_3$	—CONH$_2$	—CH$_2$OH	—COF	—COOH	—COOCH$_3$	—CONH$_2$	—CH$_2$OH
0	26	0	39	0	197	0	0	56	36	210
1	18	9	45	0	152	3	0	47	30	214
2	19	8	61	0	160	0	0	45	30	211
4	35	9	49	0	122	0	0	42	38	193
6	67	—	56	0	38	0	0	41	28	198
8	68	—	0	0	0	0	0	32	28	168

① 样品为含有 3.2%（质量分数）PPVE 的 TFE-PPVE 共聚物用氨气在 22～25℃ 处理 24h，氨气浓度为聚合物重量的 0.1%（质量分数），容器中聚合物所占容积与上方空间容积之比为 1：1.8。

除了 FTIR 外，还有一种评价聚合物端基稳定性的方法是水解测试。这个方法主要是测定水从聚合物中萃取出来的氟离子数。酰氟基团与水接触后会产生 HF，HF 离子化成为一个质子和一个氟离子。以下是一个典型例子，将 10～20g 的聚合物浸在 50：50 的水-甲醇溶液中，溶液质量与聚合物质量之比为 1：1。用氟离子电极分别测定初始水溶液和将聚合物在溶液中浸泡 18～24h 后水溶液中的氟离子浓度。结果发现，未处理样品在水溶液中释放出的氟离子浓度为 20mg/kg，而处理过的样品在水溶液中释放出的氟离子浓度只有 1～5mg/kg。

（3）后氟化

后氟化指的是对 PFA 粉末或粒料进行的氟化处理，通常不涉及熔融过程。PFA 等材料在用于半导体工业的制品时需要有很高的纯度。这需要对聚合物的端基进行全氟化，以减少与液相物料接触时可能发生的阴离子和阳离子析出以及这些离子被气相物料带入设备中的可能性。

氟化工艺中通常用的是经干燥氮气稀释的氟气，氟化是在高温下进行的，温度最高可达 250℃。氟化处理所用的设备、管道及阀门等都是用耐腐蚀镍基合金（如哈氏合金）制成的，用其他材料会产生腐蚀，并造成相关杂质混入产品中，甚至连树脂的颜色也会发黑或呈深棕色。无论是造粒料或是未经造粒的粉料都可以进行氟化，且不会发生明显的链降解。氟化过程中不稳定端基会发生如式（4-13）的链断裂。

$$—CF_2CFO + F_2 \longrightarrow —CF_3 + COF_2 \tag{4-13}$$

氟化后的多余氟气可用脱气方法去除。相比其他端基，—CFO 是最不容易转换成稳定 —CF$_3$ 的一种端基。

1988 年报道的一种经氟气处理后使 PFA 的不稳定端基转换成—CF$_3$ 的工艺，可以消除 PFA 上的所有不稳定端基。以下是具体工艺：首先采用一种含有 1%～10%（质量分数）PAVE 和 5%第三单体的可熔融加工氟树脂，其中的第三单体主要包括 CFR=CF$_2$、CFCl=CF$_2$、CH$_2$=CH$_2$ 等（R=R$_f$ 或 R$_f$X），PFA 的熔融黏度为 $1 \times 10^3 \sim 1 \times 10^6$ Pa·s（<1×10^6 Pa·s，ASTM D1238 方法在 372℃下测定）。氟化用的介质通常是产生氟自由基的化合物或氟气（或是混合物），其中氟气是最好的选择，但是只使用纯的氟气还是很危险的，因为使用氟气进行氟化反应时会放出很多的热量，故要用惰性气体（如干燥的氮气）稀释到 10%～25%（摩尔分数）。在通入氟气之前，容器要先抽真空达到 0.1atm。推荐的氟化温度为 150～250℃，最好是在 200～250℃之间，氟化时间为 4～16h。每千克聚合物通入的氟气累计量一般要达到 2.4～3.3g。表 4-30 和表 4-31 分别是不同氟化条件的一览表以及经处理后的产物端基结果。

表 4-30　不同 PFA 以及氟化处理工艺

氟化反应实例	聚合物性质		氟化条件			
	熔融黏度/(10^{3}Pa·s)	PPVE 含量（质量分数）/%	压力/atm	氟化温度/时间/(℃/h)	氟气浓度（摩尔分数）/%	单位聚合物用氟量/(g/kg)
1	1～100	1～10	—	—	—	—
2	3	3.1	—	285/3	—	—
3	4.1	3.4	1	200/8	25	22.3
4	4.9	3	1	200/15	10	3.3
5	3.5	3.4	1	210/6	10	5

表 4-31　不同 PFA 以及氟化处理后的端基结果

氟化反应实例	可萃取出的氟离子浓度/(mg/kg)	—CONH$_2$/个	—COF/个	—CH$_2$OH/个	端基总数/个
1	<80	A	B	C	80
2	39	—	138	—	—
3	0.8	<1	<1	—	—
4	0.5	<1	<1	—	—
5	3	未检出	5	未检出	—

注：A+B+C=80，即每 100 万个碳原子的端基总数。

在 1992 年的报道中还提及了另一种端基稳定化技术，其核心在于分步处理。第一步先用氟气处理 PFA，使端基只留下—COOH 和—COF，其余类型的端基都转换成稳定的—CF$_3$ 端基。氟化反应进行到一定程度后第一步就结束了，此时含—COOH 和—COF 端基数为每 100 万个碳原子 7～40 个。而第二步是将氟化后的聚合物与氨气或能在高温下产生氨的物质接触并胺化，经该步处理后的 PFA 只含有—CONH$_2$，不含—COF 或—CH$_2$OH，也不会有—COONH$_4$，因为—COOH 与 NH$_3$ 接触后先会转化成—COONH$_4$，但是—COONH$_4$ 加热后极易放出 H$_2$O，最后转换成—CONH$_2$。

表 4-32 是将含 3％（质量分数）PPVE 的 PFA 依次进行氟气和氨气处理的结果。

表 4-32 依次对 PFA 进行氟气和氨气处理后的端基结果

氟气和氨气处理实例	氟气处理		氟化后每 100 万个碳原子中的端基数/个		胺化后每 100 万个碳原子中的端基数/个			熔融黏度/(10³Pa·s)	萃取出的氟离子浓度/(mg/kg)
	温度/℃	时间/h	—COF	—COOH	—CONH₂	—COF	—CH₂OH		
1	170	2	57	3	29	0	0	7.6	40.0
2	170	3	38	2	19	0	0	7.5	39.8
3	180	2	40	3	21	0	0	7.5	10.8
4	180	3	28	3	15	0	0	7.5	13.0
5	200	2	25	1	14	0	0	7.4	14.4
6	200	3	11	0	7	0	0	7.3	2.5
7	230	2	2	0	2	0	0	7.3	1.6
8	230	3	0	0	0	0	0	7.3	1.0
9	—							7.7	0.9

表 4-32 中的氟化条件：压力是大气压，使用经氮气稀释后的氟气，浓度为 10％，流量为 1.0L/min。胺化工艺中，使用经氮气稀释的氨气，浓度为 50％，反应温度为 30℃，反应时间为 30min，流量为 2L/min。采用红外光谱法测定产物中的端基数。氟离子浓度的测定方法是用 5mL 甲醇和 10mL 缓冲液配制成的溶液进行萃取，并测定其中的氟离子含量。上述的缓冲液为 500g NaCl、500g 醋酸、320g NaOH 和 5g 柠檬酸钠全部溶解于去离子水后形成的溶液。

表 4-33 是不同条件的热老化处理对端基的影响。

表 4-33 热老化处理和氟离子含量对 PFA 聚合物端基的影响

反应实例	萃取得到的氟离子浓度/(mg/kg)			每 100 万个碳原子含端基—COF 数/个		
	热老化前	372℃下保持 5min	380℃下保持 5h	热老化前	372℃下保持 5min	380℃下保持 5h
4	13.0	1.1	11	0	0	6
8	1.0	3.8	14	0	0	10
9	0.9	4.9	110	0	0	81

在表 4-33 的实例中，挤出前的 PFA 经历了氟化、胺化和热老化处理，而且热老化采用了两种不同的条件。作为对比的实例 9 是未进行氟化、胺化处理的聚合物。结果显示，与实例 9 相比，实例 4 和实例 8 中的氟离子含量和酰氟端基量明显低得多。

4.5.3.3 PFA 的造粒

核心的 PFA 造粒设备通常是一台双螺杆挤出机，其能达到使树脂和熔体更充分混合的目的。挤出机的料筒和螺杆一般是由两种硬度不同的耐腐蚀镍基合金制作的，模头和口模之间需放置由多层金属网构成的过滤器，以阻止可能的机械杂质和聚合物颗粒，其中的聚合物颗粒可能来自组成偏离导致的高熔点聚合物或是高分子量部分过多的高熔融黏度聚合物。由于 PFA 的熔点比 FEP 高，在相同温度下的熔融黏度要高于 FEP，因此 PFA 的熔体挤出温度要高于 FEP，最高可达 420℃。挤出机一般可设置 5 个以上的加热段，温度分布和设定需按照产量和粒料指标而定。在造粒温度下，基本上是不会发生链降解的，但是不稳定端基在高温下仍是会发生一系列分解反应的。图 4-7 展示了经合理推论得到的一系列反应结果。

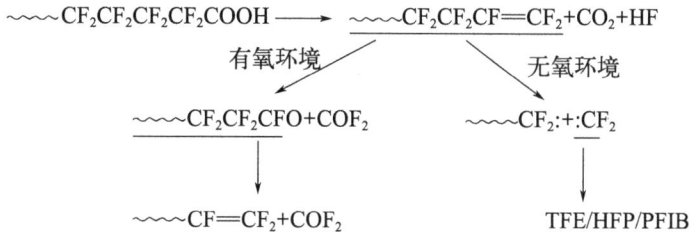

$$\sim\sim\sim CF_2CF_2CF_2CF_2COOH \longrightarrow \sim\sim\sim CF_2CF_2CF{=}CF_2 + CO_2 + HF$$

图 4-7　不稳定端基在高温下可能发生的一系列分解反应

在没有氧（例如空气中的氧）的情况下，双键会断裂生成 $:CF_2$（二氟卡宾），并进一步与下一个烯烃反应，产物中的全氟异丁烯（PFIB）毒性极高。

据认为，$:CF_2$ 还可与生成的 TFE 按式（4-14）进行反应：

$$:CF_2 + CF_2{=}CF_2 \longrightarrow CF_4 + C + :CF_2 \tag{4-14}$$

此反应生成的碳是最终产生灰色的根源，而存在的含氢成分引起的脱 HF 则是变褐色的根源。

实际上，虽然各种非全氟化端基（如—$CONH_2$、—CF_2H 及—CH_2OH）不稳定程度要比羧基小得多，但是在熔融挤出时仍会发生少量断裂的情况，这些端基分解后会释放出腐蚀性很强的气体，因此涉及熔融挤出的挤出机及加工设备（包括模具等）都要采用镍基合金的材质。

4.6　三氟氯乙烯基氟树脂的制备

基于 CTFE 的氟树脂主要包括 PCTFE、ECTFE 以及室温固化用 CTFE 基多元共聚树脂（FEVE）。

4.6.1　聚三氟氯乙烯

PCTFE 的制备方法包括本体聚合、悬浮聚合和乳液聚合。本体聚合可使用卤代酰基过氧化物的催化剂或用紫外线、γ-射线进行引发。本体聚合的温度很难控制，所得产物的性能重现性较差，此外，单体转化率低（<40%）、反应时间长（168h）及反应温度太低（−34℃）等也是该工艺的缺点。悬浮聚合也是在水相介质中进行的，可采用无机或有机过氧化物催化剂。研究发现，仅用过硫酸盐引发时，聚合反应过慢，因此常需要加入促进剂来缩短反应时间，而可用的促进剂都是无机化合物，例如水溶性的过硫酸盐、过硼酸盐、过磷酸盐、过碳酸盐和过氧化氢等。悬浮法生产 PCTFE 的分子量和黏度之间的关系常常是不能令人满意的，特别是相同分子量下悬浮法 PCTFE 的黏度会比用其他方法制备得到的 PCTFE 黏度偏高。为了克服这一缺点，可加入少许 VDF 与 CTFE 进行共聚。另

一个问题是悬浮聚合的 PCTFE 分子量更偏低些，而这对于制品的性能是不利的。

乳液法制备的 PCTFE 更具有商业化生产的价值。该工艺以水为介质，以无机过氧化物为引发剂，表面活性剂是全卤代直链羧酸或对应的盐，非卤代表面活性剂是无效的，其最适合的表面活性剂包括直链全氟代或全氟氯代饱和烃的酸或对应的盐，具体的通式包括：$F(CF_2)_n$—COOH（$n=6\sim12$）或 $CCl_3(CF_2—CFCl)_{n-1}$—CF_2—COOH（$n=3\sim6$）。

表 4-34 是一个 3M 专利中提及的 CTFE 乳液聚合实例聚合配方。

表 4-34 一个 CTFE 乳液聚合的实例配方

成分	用量/质量份
去离子水	300
CTFE	100
过硫酸钾	2.4
亚硫酸氢钠	1.1
PFOA	2.4

在此实例中，作为 pH 调节剂的 KOH 加入聚合体系中，使 pH 调节到 7。整个聚合过程约 20h，聚合温度保持在 30℃以下。聚合产物可采用冷冻法进行破乳并得到最终的聚合物固体粉末。对 CTFE 的乳液聚合而言，回收聚合物粉末是比较困难的，但是相比其他方法，用乳液聚合得到的 PCTFE 具有分子量较高、热稳定性好以及树脂质量的重现性好等优点。

4.6.2 四氟乙烯-三氟氯乙烯共聚物

最早可追溯到 1946 年的 ECTFE，是 Et-CTFE 的共聚树脂。最初的 ECTFE 是在水相介质中进行聚合反应得到的，引发剂为过氧化苯甲酰，压力为 5.0MPa，温度为 60～120℃。其他可用的引发剂还包括过硫酸铵和过硫酸钾。ECTFE 产物中的 CTFE-Et 的摩尔比为 1.1：1，在 190～200℃下可压制成坚韧的薄膜。有报道在 CTFE-Et 的共聚中采用了氧化还原引发体系，其优点是可在较低的温度下进行聚合反应，所得聚合物的分子链呈线型和有序的对称分布。另一个重要的进展是在 1971 年的一个专利中将一个没有调聚作用的第三单体引入 CTFE-Et 的共聚体系，没有调聚作用意味着不会产生链转移作用，因而不会影响聚合物分子量的增长，其推荐的第三单体是带有烯烃结构的，结构通式如下：R—$CF{=}CF_2$ 或 R—O—$CF{=}CF_2$，其中 R 可以是环形结构或非环形结构，R 中的 C 原子数意味着引入第三单体后所构成的侧链长度。当 C 原子数是 2 或更高时，它会赋予聚合物良好的高温拉伸性能。尺寸大的侧链可阻止共聚物的快速结晶，这从加工制品明显改善的透明度中可以得到印证。此外，最好的第三单体可以是高度氟化或全氟化的化合物。这种三元 ECTFE 共聚物在 260℃下的熔融黏度为 5×10^5 Pa·s，剪切应力为 0.455kg/cm²。

文献还报道了一种耐应力开裂的三元 ECTFE 共聚树脂。该技术的特点在于引入了少量六氟异丁烯 $[(CF_3)_2C{=}CH_2]$，而共聚物的组成是 40%～60%（摩尔分数）的 CTFE 及 40%～60%（摩尔分数）的 Et。

4.6.3　三氟氯乙烯基室温固化共聚树脂

日本旭硝子公司于 1982 年开发出了商品名为 Lumiflon® 的氟烯烃-乙烯基醚共聚树脂（FEVE）。该树脂是在以氟烯烃为主的主链中引入了各种官能团，包括提供溶解性功能的官能团、附着性功能的官能团、交联固化性功能的官能团及促进流变性功能的官能团等，其不仅继承了氟树脂的所有优良品质，而且还具有在常温下溶解于芳烃、脂类、酮类等常规溶剂及交联固化等性能。

图 4-8 是 FEVE 的分子结构设计图，其中 X＝Cl，H，F。FEVE 是一种无定形结构的氟聚合物，具有多方面的优点。就聚合物在有机溶剂中的溶解能力而言，氟烯烃单体中的 CTFE 比 TFE 要好，而且与颜料或硬化剂的相容性更好。这主要是由于 CTFE 中 Cl 原子的作用。CTFE 和各种带官能团的乙烯基醚聚合后成为高度交替链结构的聚合物，氟单体链节起到了保护耐化学品性能较差的乙烯基醚链节的作用。除了 CTFE 之外，TFE、VDF、HFO-1123（CFH＝CF$_2$）、HFP 及 HCFC-1131（CFCl＝CH$_2$）等氟单体也可以单独或混配后使用。此外，改变图 4-8 中的 R$_1$、R$_2$ 结构可改善柔韧性和溶解性，例如不同的 R$_1$ 或 R$_2$ 可使玻璃化转变温度在 20～70℃ 之间进行调整。侧链上引入的羟基可以在聚异氰酸酯或三聚氰胺树脂的作用下交联。侧链的羟基部分经酸酐羧酸化后可与颜料有很好的相容性。较高的羧基（—COOH）含量可使聚合物在与有机胺中和后具有水溶性。

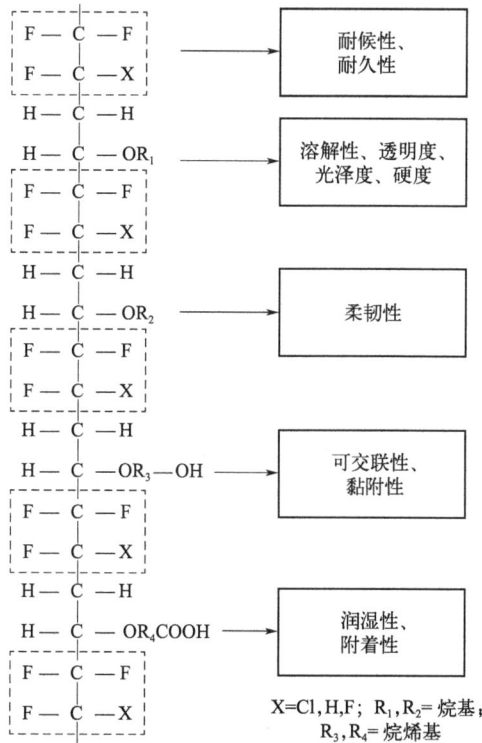

图 4-8　FEVE 的分子结构设计图

CTFE 基的 FEVE 可以用乳液聚合、悬浮聚合或溶液聚合方式进行制备。

表 4-35 中列出了 CTFE 和多种乙烯基醚单体的竞聚率。图 4-9 则是 CTFE-乙烯基醚

单体的混合气组成以及与最终共聚物组成的关系图。

表 4-35　CTFE 和多种乙烯基醚单体的竞聚率数据

化合物 1	化合物 2	竞聚率		
		r_1	r_2	$r_1 \times r_2$
CTFE	乙基乙烯基醚	7.6×10^{-3}	1.6×10^{-3}	1.2×10^{-5}
CTFE	丁基乙烯基醚	5.8×10^{-3}	1.5×10^{-2}	8.7×10^{-5}
CTFE	醋酸乙烯	1.8×10^{-2}	1.2×10^{-1}	2.2×10^{-3}

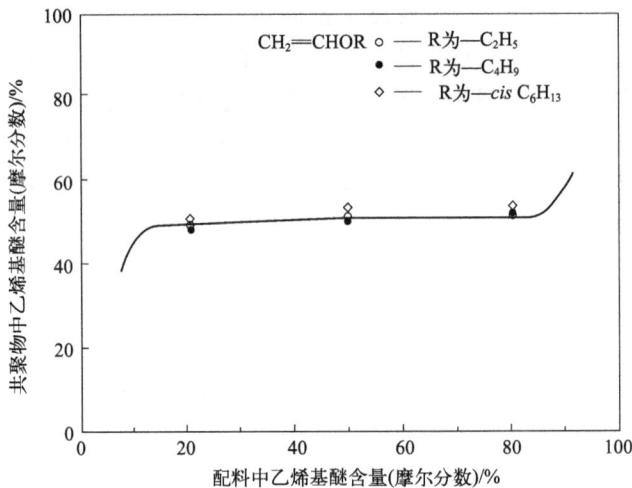

图 4-9　CTFE 与乙烯基醚单体的混合气组成以及与最终聚合物组成的关系图

从图 4-9 的曲线可知，在一定的混合单体组成范围内（摩尔分数 20%～80%），气相的组成变化对最终共聚物组成的影响很小，共聚物组成接近保持不变而且不同乙烯基醚和 CTFE 共聚之后得到的几乎是相同的结果，因此 CTFE 的压力变化在一定范围内不影响聚合物的组成，但这对分子量还是有影响的。

以下是一个专利中的聚合实例，首先将乙烯基醚单体置于反应釜中，以氮气置换去除氧后再加入氟单体（例如 CTFE），聚合温度为 40℃，待加入少量 IPP 引发剂后，反应启动并维持聚合温度不变，聚合结束后将冷却后的聚合产物置于正己烷中得到析出的固体聚合物，再经沉淀、分离、洗涤及干燥后得到最终产物，该聚合物有着 5500～6000 的数均分子量以及约 10000 的重均分子量。

此外，FEVE 所用的结构性氟单体除了 CTFE 之外，还有 TFE。TFE 基 FEVE 的聚合工艺与 CTFE 基的基本相同。

4.7　TFE-HFP-VDF 三元共聚物的制备

THV 是一个较新的、有良好加工性能的 TFE-HFP-VDF 三元共聚树脂。THV 的聚合过程在各种公开报道中少有提及。THV 的组成单体与 VDF-HFP-TFE 三元共聚氟橡胶是相同的，但是比例完全不同。由报道可知，THV 中的 VDF∶TFE∶HFP 摩尔比为 52∶36∶12。由 VDF-TFE-HFP 的三角形组成图（图 9-2）可知，该组成处于弹性体区域之外，位于弹性塑料区和完全塑料区的边界附近。组成控制的过程可以借鉴三元共聚氟橡胶的配料方法。作为对比，三元氟橡胶的初始配料组成中 VDF∶TFE∶HFP 摩尔比为 (42～45)∶(14～15)∶(40～43)，补加料组成中 VDF∶TFE∶HFP 摩尔比为 (64～66)∶(19～20)∶(15～16)。

另一种 VDF-TFE-HFP 三元共聚树脂，其组成中的 VDF∶TFE∶HFP 为 72∶18∶10，熔点仅为 87～93℃，非常适用于涂料领域。

THV 常采用以水相为介质的乳液聚合工艺进行制备，可借鉴其他氟树脂的成熟乳液聚合工艺和后处理技术。

4.8 其他可熔融加工氟树脂的制备

4.8.1 聚氟乙烯

VF 聚合属于自由基加成反应机理，VF 单体的非对称性和极性使其在聚合中的取向受到引发聚合所需要的高能量影响。在链增长中，单体与单体的结合存在着头-头、尾-尾和头-尾三种结构的可能（参见图 4-10），其中典型 PVF 产品中的头-头和尾-尾结构占 10%～12%。

众所周知，氟是电负性最强的元素。与其他卤代烯烃（如 $CH_2{=}CHCl$）较易发生聚合的情况不同，氟的强电负性导致了 VF 不易发生聚合反应。此外，与乙烯的聚合相似，由于单体的沸点很低（-72℃）和临界温度很高（54.7℃），因此 VF 的聚合往往需要很高的反应压力。最早对 VF 聚合条件的研究报道始于 1934 年，其要点在于将 VF 溶解在甲苯中形成饱和溶液，加热后在 67℃和 600MPa 下反应 16h。在另一个研究中以过氧化苯甲酰为引发剂，得到了密度为 1.39g/cm³ 的聚合物，其能够溶解于热的 DMF、氯苯和其他极性溶剂中。目前已有了大量的有关引发剂类型和 VF 聚合条件的研究成果，也有本体聚合和溶液聚合的实例，但是水相的悬浮或乳液聚合相比其他聚合技术更受欢迎。VF 的挥发性需要在聚合过程中使用中等压力。此外，研究者在自由基引发剂的帮助下实现了不需要高压力的 VF 光聚合反应。

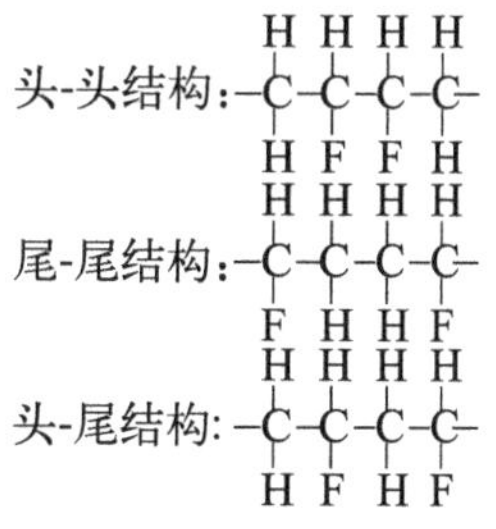

增长中的高能量和高反应性 VF 自由基主导了整个聚合反应，在反应期间会发生单体的反接、支链化以及链转移。VF 自由基的反应性限制了聚合介质、表面活性剂、引发剂和其他助剂的可选择范围，使有可能影响自由基反应性的杂质控制成为十分重要的因素，可能参与链转移或留在聚合物中的一些物质（杂质）会引起聚合物的分子量降低或造成聚合物的热稳定性变差。

很多有关 VF 聚合技术的改进都是围绕着如何降低聚合压力和温度等进行的，例如三异丁基硼烷和氧可用于更低的温度和压力下进行的 VF 聚合。在 0～85℃的聚合温度范围内，聚合物的熔点可从约 230℃（在 0℃下进行聚合）下降至 200℃（在 85℃下进行聚合）。聚合物熔点和结晶度之间的关系可用聚合过程中单体反接程度的变化来解释。

图 4-10 PVF 的链结构示意图

4.8.1.1 VF 的悬浮聚合

在悬浮聚合中，液态 VF 单体借助于分散稳定剂悬浮在水中。在引发剂 IPP 的作用下，VF 在临界温度以下进行聚合，也可以用紫外线或离子化辐照引发聚合。纤维素衍生物之类的水溶性稳定剂有助于 VF 在水中的分散，主要有纤维素酯、羧基甲基纤维素钠和聚乙烯醇等，也可用一些无机盐，如碳酸镁、硫酸钡和烷基磺酸盐等。

在一个公开报道的悬浮聚合实例中，以质量分数为 0.3%～0.5%（相比水介质）的单烷基苯基聚乙二醇醚为分散剂（一种非离子型表面活性剂）及 0.5%～2.5%（质量分数）的 IPP 为引发剂，在 30～40℃下聚合 14～18h 后得到 12%～21%（质量分数）固含量的反应产物。辐照引发的水相 VF 悬浮聚合得到的 PVF 能溶于诸如 DMF 这类的溶剂中，但辐照剂量的加大会降低 PVF 的分子量，而分散剂浓度的增加会使 PVF 的热稳定性变差。

在一个改进过的悬浮聚合工艺中，所需的反应压力有了明显降低，使用了偶氮二异丁腈（AIBN）为引发剂，并在 25～100℃和 2.5～10MPa 下反应超过 18～19h。具体过程如下：首先是用氮气对不锈钢聚合釜进行反应前的置换除氧，之后加入 150 份的不含乙炔的 VF、150 份的脱气蒸馏水和 0.15 份的 AIBN。在 1h 内将反应釜升温至 70℃，并在搅拌条件下保持 8.2MPa 压力反应 18h，最终得到 75.8 份呈白饼状的 PVF 产品。

基于改进后的悬浮工艺发展的 VF 连续聚合过程也有一些报道，其中一个具体的实例是将 VF、水和水溶性引发剂的混合物加入反应器中，并在 50～250℃和 15～100MPa 的条件下边搅拌边反应，同时连续加入少量单烯烃（C_1～C_3）以阻止生成低分子量 PVF 的本体聚合。水溶性引发剂，包括过硫酸铵、有机过氧化物和水溶性偶氮类引发剂等，用来产生引发聚合反应的自由基。在一个由两台串联的聚合反应器组成的聚合单元中，第一台反应器的作用是制备作为第二台反应器成核中心的小颗粒聚合物。

4.8.1.2 VF 的乳液聚合

相比 VF 的悬浮聚合，VF 的乳液聚合可在低得多的压力和温度下进行，且整个过程易于控制，聚合热量易于移出，有利于得到更高的分子量，可获得较快的反应速率以及较高的产品收率。该工艺可用的乳化剂主要有脂肪醇硫酸酯、烷基磺酸盐、脂肪酸盐等，但效果不算太好，而含氟的表面活性剂（特别是 7～8 个碳原子的全氟羧酸）即使达到 40% VF 单体转化率后仍能有效维持高的反应速率。氟表面活性剂的特征是临界胶束浓度较低，且本身具有良好的热稳定性和化学稳定性，从而不会损害 PVF 的性能。乳液聚合是一个非常适于产业化放大的工艺，以下是一个具体的配方及条件实例。其首先是将 200 份的水、100 份的 VF 单体、0.6 份的全氟羧酸、0.2 份过硫酸铵和 3 份的水玻璃（Na_2O：SiO_2=1：3.3）加入带搅拌的聚合反应釜中，升温至 46℃并维持压力在 4.3MPa，8h 后结束聚合，加入电解质后可使聚合物乳液发生沉淀，经分离、洗涤及干燥后最终得到白色粉末状 PVF。该工艺的 PVF 收率为 95%。

4.8.1.3 VF 的本体聚合

在没有自由基存在的情况下，紫外辐射不仅不会引发聚合，相反还会导致聚合物分解为乙炔和 HF。在引发剂存在的情况下，辐射可促使引发剂分解产生自由基，从而引发聚合反应，例如在最早的 VF 光聚合报道中，加入过氧化苯甲酰、过氧化月桂酰及过氧化乙酰等过氧化物，再经 254nm 波长辐照并保持 27℃下聚合 2 天可得到 36％收率的 PVF。辐射诱导的 VF 本体聚合反应速率数据也揭示了一个异相过程。^{60}Co 产生的 γ 射线在 13～100rad/s 剂量率下进行 VF 的聚合，38℃下的聚合反应速率与剂量率的 0.42 次方成正比，而用 γ 射线引发的 VF 气相聚合，在 10～100rad/s 的范围内聚合反应速率随着剂量率的增加而急剧上升，导致主链和侧链上产生了活化点。在溶剂（如 CCl_4）中进行的 VF 辐射聚合会发生链转移反应，最终的产物中会残留部分溶剂。此外，VF 也可在等离子条件下进行聚合。

4.8.2　无定形氟聚合物

AF 一般是指由 PDD [4,5-二氟-2,2-二（三氟甲基）-1,3-二氧杂环戊烯，4,5-difluoro-2,2-bis（trifluoro methyl）-1,3-dioxole] 与 TFE 聚合得到的共聚型氟树脂。PDD 的合成和主要性质在第 2 章中已有介绍，图 4-11 是这种无定形透明氟树脂的分子结构示意图。

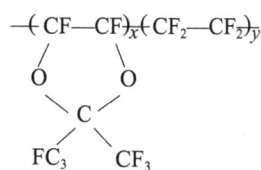

PDD 具有较高的活性，除了 TFE 之外，其还能与其他含氟单体，如 VDF、CTFE、VF 和 PAVE 共聚。PDD 还可以发生均聚，其均聚物是无定形的，玻璃化转变温度（T_g）为 335℃。图 4-12 是 PDD-TFE 共聚树脂中 PDD 摩尔分数与 T_g

图 4-11　无定形氟树脂的分子结构示意图

的关系。理论上，PDD 可以与任何比例的 TFE 进行共聚，但是考虑到产品的实际性能，这个比例是有特定范围的。在无定形透明氟树脂的商品中，Teflon$^®$ AF-1600 和 Teflon$^®$ AF-2400 的 PDD 含量分别为 65％和 87％（摩尔分数），对应的 T_g 分别是 160℃和 240℃。图 4-12 中的 T_g 下限是 80℃，对应的 PDD 含量为 20％（摩尔分数）。当 PDD 含量低于此值时，共聚物不再是无定形结构，而成为部分结晶的高分子，这是由于—CF_2—CF_2—的链节太长。即使在略低于分解温度的条件下，这种组成的聚合物也因缺乏足够的流动性而难以加工，其在某些溶剂中的溶解度也极低，因而这样组成的聚合物是没有实际意义的。需要指出的是，当聚合物中的 PDD 含量由于加入任何一个共聚单体而下降时，共聚物的 T_g 也会下降。

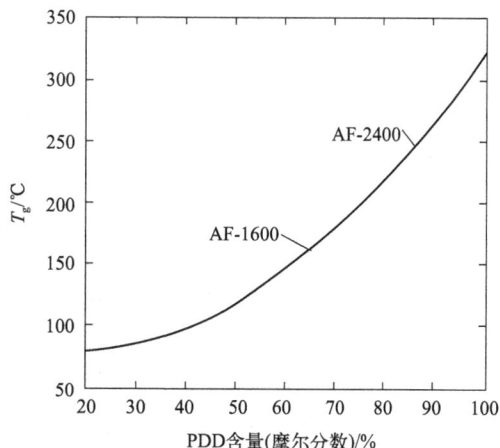

图 4-12　PDD-TFE 共聚树脂中 PDD 含量与 T_g 的关系图

PDD 与 TFE 的共聚多采用水相乳液聚合的方法。聚合中要加入含氟的表面活性剂和引发剂，包括过硫酸铵或其他碱金属的过硫酸盐。在此过程中，会发生开环而产生少量酰氟及羧酸端基（参见图 4-13）。在加工过程中，这些端基是不稳定的，必须消除或转换成稳定的三氟甲基端基，具体方法是先用 NH_3 或烷基胺类进行处理，再用氟气在高温下进行氟化。

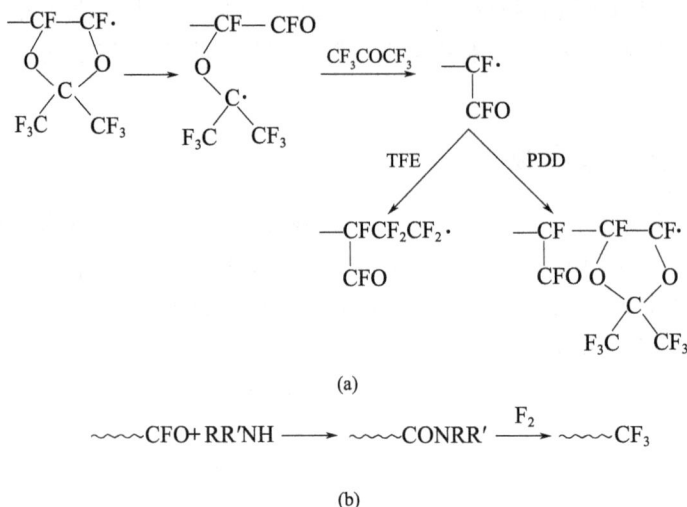

(a)

$$\sim\sim\sim CFO + RR'NH \longrightarrow \sim\sim\sim CONRR' \xrightarrow{F_2} \sim\sim\sim CF_3$$

(b)

图 4-13　聚合中 PDD 开环产生端基的过程 (a) 及其处理 (b)

4.9　超临界 CO_2 在氟聚合物中的应用

4.9.1　超临界 CO_2 在聚合应用中的要点

以超临界 CO_2 作为介质的氟树脂聚合技术开发的历史不是很长。超临界 CO_2 是温度和压力在临界温度（31℃）和临界压力（7.4MPa）以上时具有一定状态的 CO_2。此时，CO_2 密度接近于液体，但是黏度接近于气体，也就是没有明显的黏度和表面张力，但是仍能够保持流动。在这样的介质中进行聚合是超临界 CO_2 的重要应用之一。

根据之前的介绍，可熔融加工的氟塑料（如 PFA、FEP 或 PVDF）都可以在水相介质或在氟氯烃（CFC）溶剂介质中进行聚合。虽然以 CFC 为介质的溶液聚合，具有不稳定端基产生少的优点，但是由于 CFC 会破坏臭氧层，因此多采用水相介质的聚合工艺。不过该工艺（因所用引发剂）会产生较多的羧基和酰氟基等不稳定端基，而不稳定端基在高温下会进一步分解产生 HF。为了保护设备和减少析出的氟离子，需要增加针对性的不稳定端基处理工序、技术及专用设备，同时还包括一定的化学试剂消耗以及"三废"治理等，这都必然会增加氟树脂的生产成本。当然对于溶液聚合而言，还可以花很多力气去挑选新的、适合氟烯烃聚合要求的有机溶剂替代品，但是由于氟自由基的强亲电子性，这种筛选过程十分复杂。几乎所有碳氢化合物上的氢都容易被吸引，也都会发生链转移反应，因此要合成高分子量的氟聚合物，这些化合物就不能用作聚合介质。分子中不含氢原子的全氟烃溶剂非常合适作为聚合介质，如全氟己烷（$n\text{-}C_6F_{14}$），但是价格昂贵，不适合用于产业化生产。正是上述这些原因促进了以 CO_2 为反应介质的研究。

研究表明，超临界 CO_2 确实是用于自由基聚合的一个很好选择。除了在环境保护方面的优越性外，将 CO_2 用于氟聚合物的制备还有以下 3 个主要优点：①超临界 CO_2 具有萃取功能，可除去氟聚合物产品中的有毒引发剂残留物和聚合物的降解产物；②由于超临界 CO_2 在氟聚合物中具有一定的溶解度，故有可能产生出新的聚合物形态；③TFE 和 CO_2 的混合物更安全，可以在比 TFE 自身高得多的聚合压力下进行反应。

4.9.2　超临界 CO_2 在聚合中的应用实践

超临界 CO_2 的聚合技术已成功应用于 TFE-PPVE 和 TFE-HFP 的聚合过程。相比 TFE，PPVE 和 HFP 都是反应活性低得多的单体，因此需要加入过量的 PPVE 或 HFP。

通过一些例子可以更好地说明这些单体与 TFE 在临界 CO_2 中的聚合工艺。以下是一个典型的反应例子，首先采用一个装有爆破片的 25mL 小型压力容器为反应釜，再在其外围设一层保护钢板，所有的试验都使用双（2-全氟丙氧基全氟丙酰基）过氧化物 $\text{[CF}_3\text{CF}_2\text{CF}_2\text{OCF(CF}_3\text{)COO]}_2$ 为引发剂。在具体的操作中，先将反应釜抽空并用氩气置换，再置于干冰丙酮浴中，待冷到 0℃ 以下后加入引发剂溶液和液相单体并封闭反应器，不断加入气相单体，气体随蒸气压增高是不断冷凝的。在反应釜的冷却过程中，连续加入 CO_2，且 TFE 要与 CO_2 形成 50∶50 的混合物。待加料全部结束后，将反应器从冷浴中移出并安装在一个钢壳内，升温至 35℃ 并反应 3～4h 后，经冷却、放空可直接得到粉状的聚合物。

表 4-36 及表 4-37 分别是 TFE-PPVE 和 TFE-HFP 基于上述过程在不同条件下得到的聚合物的测试结果。

表 4-36　TFE-PPVE 在超临界 CO_2 中的共聚结果

单体用量/g		聚合收率（质量分数）/%	共聚物组成		熔点/℃
TFE	PPVE		PPVE 含量（质量分数）/%	TFE 含量（质量分数）/%	
2.1	0.18	100	0	100	330
1.9	0.18	99	2.9	97.1	321
2.2	0.55	100	8.6	91.4	319
2.0	0.55	100	5.2	94.8	313
2.2	0.92	100	5.8	94.2	314

表 4-37　TFE-HFP 在超临界 CO_2 中的共聚结果

单体用量/g		聚合收率（质量分数）/%	共聚物组成		熔点/℃
TFE	HFP		HFP 含量（质量分数）/%	TFE 含量（质量分数）/%	
0.52	3.9	26	—	—	267
0.68	5.15	3.1	—	—	250

续表

单体用量/g		聚合收率 （质量分数）/%	共聚物组成		熔点/℃
TFE	HFP		HFP 含量 （质量分数）/%	TFE 含量 （质量分数）/%	
0.88	5.12	82	11.2	88.8	266
0.96	5.15	71	13.8	86.2	254
0.56	3.4	62	12.2	87.8	261

用 FTIR 进行端基分析，结果表明每 100 万个碳原子只有 0～3 个羧酸或酰氟端基，与以 CFC 为介质的溶液聚合产物经氟气彻底氟化处理后的检测结果相当。这足以说明在超临界 CO_2 中可以制造高稳定性、高清洁度的高端氟聚合物产品。在不加 CTA 的情况下，得到的聚合物熔融黏度很高，甚至无法检测。对 TFE-PPVE 共聚物，以甲醇为链转移剂可将聚合物在 372℃下的熔融黏度降低到 $7.3 \times 10^3 \text{Pa} \cdot \text{s}$。

在超临界 CO_2 中进行聚合是一项新技术，达到成熟的产业化阶段还需解决不少具体的工程问题，例如 CO_2 的回收和循环使用以及降低能耗、控制成本、提高竞争力等。此外，该技术还不能用于所有氟聚合物产品，超临界 CO_2 作为介质用于 PTFE、PFA 和 FEP 的研究相对较成熟。在数年前杜邦公司甚至曾宣布建成了在超临界 CO_2 介质中生产 FEP 等产品的中试生产性装置。

4.10 可熔融加工氟树脂的表征

可熔融加工氟树脂的表征主要包括了对分子量、分子量分布、组成、结晶度、热稳定性、化学稳定性、电性能、力学性能等的测试，还包括对个别品种或品级的特有表征。由于除了 PVDF 等少数树脂外，几乎所有氟树脂都难以溶解在溶剂中，因此难以直接测定，其平均分子量可采用 MFR、特性黏度、动态黏弹性能、^{19}F-NMR 等进行表征。对于有合适溶剂溶解的 PVDF、FKM 等则可以采用凝胶渗透色谱（GPC）的方法进行直接测定。特别要指出的是黏度和动态黏弹性都是描述和评估氟聚合物分子量的重要指标，可采用高温毛细管黏度计、流变仪等进行测定。黏度法测定分子量是一种相对的方法，两者可经由 Mark-Houwink 方程［式(4-15)］相关联，但是要在确定的条件下先获得黏度与分子量关系中的 K 和 a 值才能有效地计算得到聚合物的分子量，不同氟聚合物的 a 和 K 是不同的。

$$\eta = KM^a \tag{4-15}$$

均聚物或共聚物的单元结构主要是通过[19]F-NMR 和 FTIR 方法加以测定的。在[19]F-NMR 测试中，与 C 原子相连的 F 原子在谱图中的化学位移是不同的，根据化学位移及其积分比例可确定聚合物的连接方式以及共聚物中的组成。^{19}F-NMR 和 FTIR 等还可用来分析端基的类型和含量。聚合物的热稳定性则可用 TGA 的方法加以测定，其测试的内容包括在规定的时间和温度下进行的失重测试或在较高的规定温度下保持若干时间对树脂的 MFR 和颜色变化率的测定和表征。熔点等热性能则可用 DSC 等方法进行测定。氟树脂多为结晶型聚合物，其晶型的测定多采用 XRD 或者 FTIR 等方法进行分析。在杂质率的评估上，粒料产品可在规定重量的样品中筛选出所有含有杂质的颗粒，并计算其质量占比，以此作为评价指标，而粉料产品则需要加工成膜制品，通过单位面积中的杂质数量进行评估。

除了上述这些指标之外，对于粉末或乳液产品的表征还包括粒径、颗粒形貌等指标。粒径可采用激光散射、沉降等方法进行测试，颗粒形貌则可用 SEM 和 TEM 等方法进行测试。

需要指出的是，不同的仪器、测试环境、操作人员和制样过程都会对测试结果造成差异，因此同样的样品在不同的测试单位会得到不同的结果，为了使检测的数据具有可比性，要确保测试工艺参数的统一性以及所有的表征方法都严格按照标准执行。

4.10.1 聚全氟乙丙烯

在 FEP 的应用指导书中，其常规指标主要包括了 MFR、HFP 接入量、熔点、挥发性、部分力学性能和电性能等内容，而生产商的内部指标中还包括了端基、外观、热稳定性、弯曲模量或耐折次数等要求。

在分子量测试上，由于 FEP 不溶于任何溶剂，所以不可能直接测 FEP 树脂的分子量，FEP 的分子量间接地用 MFR 和树脂的密度来表征。需要指出的是，与均聚物不同，FEP 的 MFR 除了受分子量的影响之外，还与 FEP 的组成有关，HFP 的比例对 MFR 也有影响，故以不同样品的 MFR 判断或比较它们分子量时需以同样组成为前提。

FEP 的组成测定可采用 FTIR 的方法，通过测定 FEP 分子链结构中的—CF_3 基团相对含量，可计算得到 FEP 中的 HFP 接入量。需要指出的是，在 FTIR 的测定中要先建立校准曲线，包括先合成若干个不同 HFP 接入量的样品，经热压制成薄膜后用 FTIR 分别测定其—CF_3 基团在 IR 上的特征吸收峰强度，最终可获得不同含量下的曲线。此外，可以用元素分析方法测定样品中的氟含量来检验 FTIR 测试的结果。FEP 的组成测试中最关注的是 HFP 接入量，其在很大程度上决定了 FEP 的熔点。一般而言，HFP 比例越高，FEP 熔点越低。FEP 的熔点通常采用 DSC 法测定。FEP 的常规力学性能指标包括拉伸强度、断裂伸长率等，电性能指标包括相对介电常数、介质损耗角正切等，这些指标都需要按 ASTM 标准规定方法进行测定。表 4-38 列出了这些常规性质的测定方法指标和具体说明。表 4-39 则是国内外一些 FEP 商品的主要规格及其性质指标。

热稳定性是 FEP 的重要质量指标之一，可以用挥发分、经一段时间高温后的 MFR 变化率、在高温下经受规定时间热老化后的树脂力学性能保留率等的测试结果进行表征，多是生产商自定的标准。

FEP 性能测试的不少项目都需要先将 FEP 粉末或粒料制成膜或样条，例如测试力学性能等的样条就是用特制的刀具从 FEP 的片材上冲下来得到的。在具体的片材制样方法中，首先是在套架模具内装入足够压制成厚度达到（1.5±0.25）mm 试片的用料量，然后按标准规定在压机上加压排出间隙中的空气，再在压力条件下按程序升温至规定温度使 FEP 粉料或粒料全部熔化，最后按程序进行冷却、脱模即得到标准化的试样片，供样条取样。

表 4-38 ASTM D2116-16 规定的 FEP 基本性质

性质	具体说明	ASTM 标准
熔体流动速率	在 5000g 砝码和 372℃条件下用 MFR 测定仪进行测定	D1238（A 或 B 过程）
熔点	用 DSC 仪测定熔融热和熔融峰峰值温度	D3418
密度	用于测定的是模压法制备的聚合物样品	D792
拉伸性质	根据规定方法制备的标准试样拉断时的断裂伸长率和拉伸强度	D638、D2116
相对介电常数	对三个直径为 101.6mm 的试样在 10^2 Hz 和 10^6 Hz 下测定	D150
介质损耗	对三个直径为 101.6mm 的试样在 10^2 Hz 和 10^6 Hz 下测定	D150

表 4-39 ASTM D2116 规定的 FEP 性质指标

性质		Ⅰ型	Ⅱ型	Ⅲ型	Ⅳ型
熔体流动速率/(g/10min)		4.0～12.0	＞12.0	0.8～2.0	2.0～3.9
熔点/℃		260±20	260±20	260±20	260±20
密度/(g/cm³)		2.12～2.17	2.12～2.17	2.12～2.17	2.12～2.17
拉伸强度（23℃）/MPa		＞17.3	＞14.5	＞20.7	＞18.7
断裂伸长率/%		＞275	＞275	＞275	＞275
相对介电常数（最大值）	10^2 Hz	2.15	2.15	2.15	2.15
	10^6 Hz	2.15	2.15	2.15	2.15
介质损耗	10^2 Hz	0.0003	0.0003	0.0003	0.0003
	10^6 Hz	0.0003	0.0003	0.0003	0.0003

注：以上Ⅲ型相当于 Teflon FEP 160，Neoflon NP-40；Ⅳ型相当于 Teflon FEP 140，Neoflon NP-30；Ⅰ型相当于 Teflon FEP 100，Neoflon NP-20，Ⅱ型相当于 Teflon FEP 5100，Neoflon NP-12X，NP-101。

4.10.2 聚偏氟乙烯

在 PVDF 的应用指导书中，其常规指标主要包括了 MFR、熔点、部分力学性能和电性能等内容，而生产商的指标中还包括了分子量、头尾结构含量、外观、热稳定性等要求。由于 PVDF 可溶解在一些极性溶剂（例如 DMF、DMSO 等）中，因此除了 MFR 之外，PVDF 的分子量可用凝胶渗透色谱和特性黏度进行测定和表征，也有用表观熔融黏度进行表征的。此外，在一些 PVDF 应用中还有一些与应用有关的常用指标，例如涂料级 PVDF 的细度以及锂电池用 PVDF 的特性黏度和旋转黏度等。这些测试标准是与其应用紧密衔接的。

表 4-40 列出了表征 PVDF 性质的主要项目。

表 4-40 ASTM D3222-21 规定的 PVDF 基本性质

性质	具体说明	ASTM 标准
熔体流动速率	在 5kg 或 12.5kg 的砝码和 230℃条件下测定	D1238

性质	具体说明	ASTM 标准
流变性	用毛细管流变仪测定树脂流动特征	D3835
熔点	用 DSC 仪测定熔融热和熔融峰峰值温度	D3418
密度	用于测定的是模压法制备的聚合物样品	D792、D1505
拉伸性质	根据规定方法制备的标准试样拉断时的断裂伸长率和拉伸强度	D638
弯曲模量	材料耐弯曲或折叠性能的指标	D790
抗冲击性	样品在受冲击时强度的指标	D256
极限氧指数	是材料燃烧性的度量，表示维持材料燃烧所需空气中氧的最低浓度，简称 LOI	D2863
折射率	25℃钠光下测量	D542
D-C 阻抗	样品的体积电阻率	D257
介电强度	样品因电压升高而击穿时的电场强度	D149
相对介电常数	对三个直径为 101.6mm 的试样在 10^2 Hz 和 10^6 Hz 下测定	D150
介质损耗	对三个直径为 101.6mm 的试样在 10^2 Hz 和 10^6 Hz 下测定	D150

注：表中第 1～3 项代表树脂本身的性质。其余为经模压制成的试样的性质。

ASTM D3222 涵盖了未改性 PVDF（均聚物）的全部性能标准和试验方法，其汇集的标准 PVDF 性能指标参见表 4-41。

表 4-41　ASTM D3222 中的 PVDF 性能指标

类别		Ⅰ 型		Ⅱ 型
品级		1	2	
生产方法		乳液聚合	乳液聚合	悬浮聚合
平均粒径/μm		—	—	20～150
表观熔融黏度（100s^{-1}）/（Pa·s）	高黏度			2500～4000
	中等黏度	2800～3800	2800～3100	1300～2500
	低黏度	2300～2800	1300～2800	500～1300
熔点/℃		156～162	162～170	164～180
密度/（g/cm³）		1.75～1.79	1.75～1.79	1.75～1.79
拉伸强度（23℃）/MPa		＞36	＞36	＞36
断裂伸长率/%		＞10	＞10	＞10
弯曲模量/GPa		＞1.38	＞1.38	＞1.38
冲击强度/（J/m）		＞133.4	＞133.4	＞133.4
体积电阻率/（Ω·cm）		＞1.2×10^{14}	＞1.2×10^{14}	＞1.2×10^{14}
介电强度/（kV/mm）		＞57	＞57	＞57

续表

类别		Ⅰ 型		Ⅱ 型
品级		1	2	
相对介电常数（最大值）	10^2 Hz	<11.0	<11.0	<11.0
	10^6 Hz	>7.2	>7.2	>7.2
介质损耗	10^2 Hz	<0.045	<0.045	<0.045
	10^6 Hz	<0.24	<0.24	<0.24

4.10.3 可熔融加工聚四氟乙烯

在 PFA 的应用指导书中，其常规指标主要包括了 MFR、PPVE 的含量、熔点、挥发性、部分力学性能和电性能等内容，而生产商的指标中还包括了端基、外观、热稳定性、弯曲模量或耐折次数等要求。此外，PFA 除了用于模压、挤出、薄膜（挤出）、线缆（挤出）等的品级外，还有高清洁度树脂（电子级）、静电（粉末）喷涂涂料用树脂、乳液等专用品级。这些专用品级是为满足应用要求而开发的，因此其有着一些特殊的指标要求和表征方法，例如离子含量等。

PFA 作为一种可熔融加工氟树脂，其表征可参照 ASTM D3307。由于其不溶于任何溶剂，因此也不能直接测定其分子量，可通过测定模压后的试样密度和熔体流动速率来表征其分子量，但是不同样品之间的对比前提是具有相同的 PPVE 含量。不同 PPVE 含量的 PFA 有着不同的性能，尤其是熔点，因此该指标可以作为表征其组成的方法之一。更直接的 PPVE 含量表征方法是采用 ^{19}F-NMR 进行测定，经积分计算得到 PPVE 的含量，或者是采用 FTIR 的方法以及相应的公式进行计算。当然这些测试的精确度受到很多因素的影响。此外，还可用元素分析方法测得总氟含量，用试差法计算出 PPVE 的含量。PFA 的大多数力学性能和电性能的表征方法与其他氟树脂基本相同。由于 PFA 在线缆中也有很多的应用，因此这些品级 PFA 的指标中也包括了弯曲模量或耐折次数等。

表 4-42 列出了表征 PFA 性质的重要项目。

表 4-42 根据 ASTM D3307 的 PFA 基本性质

性质	具体描述	ASTM 标准
熔体流动速率	在砝码 5000g 条件下用 MFR 测定仪测定	D2116
熔点	用 DSC 仪测定熔融热和熔融峰峰值温度	D4591
密度[①]	用于测定的是模压法制备的聚合物样品	D792 或 D1505
拉伸性质[①]	根据规定方法制备的标准试样拉断时的断裂伸长率和拉伸强度	D638、D2116
相对介电常数[①]	对三个直径为 101.6mm 的试样在 10^2 Hz 和 10^6 Hz 下测定	D150
介质损耗[①]	对三个直径为 101.6mm 的试样在 10^2 Hz 和 10^6 Hz 下测定	D150

①模压后试样需要的性质。

表 4-43 汇集了 PFA 的性质指标。

表 4-43　根据 ASTM D3307-21 的 PFA 性质指标

性质		Ⅰ 型	Ⅱ 型	Ⅲ 型
熔体流动速率/(g/10min)		7～8	1～3	3～7
熔点/℃		>300	>300	>300
密度/(g/cm³)		2.12～2.17	2.12～2.17	2.12～2.17
拉伸强度（23℃）/MPa		>20.68	>26.20	>20.68
断裂伸长率/%		>275	>300	>275
相对介电常数（最大值）	10^2 Hz	2.2	2.2	2.2
	10^6 Hz	2.2	2.2	2.2
介质损耗	10^2 Hz	0.0003	0.0003	0.0003
	10^6 Hz	0.0005	0.0005	0.0005

表中Ⅰ、Ⅱ、Ⅲ型 PFA 分别代表高黏度、中黏度和低黏度的品级。实际供应的 PFA 品级会更多。国内的 PFA 尚处于产业化阶段的前期，许多表征指标将会随着 PFA 应用和品级的拓展而逐步完善。

4.10.4　四氟乙烯-乙烯共聚物

在 ETFE 的应用指导书中，其常规指标主要包括了 MFR、熔点、挥发性、部分力学性能和电性能等内容，而生产商的指标中还包括了组成、外观、热稳定性、杂质含量等项要求，部分品级还有弯曲模量或耐折次数等指标。

ETFE 的性质表征主要参照 ASTM D3159-16（表 4-44）。与 FEP、PFA 等一样，ETFE 也不溶于任何常见溶剂中，因此其分子量不能直接测定，可通过测定其模压样条的密度以及 MFR，用于具有相同组成产品之间的分子量评估。ETFE 的熔点可以间接表征其组成，但是用 ^{13}C-NMR 可以更直观地测定 TFE/Et 的比例。此外，还可用元素分析直接测定氟含量并由此计算得到两种单体的比例。

表 4-44　根据 ASTM D3159-16 的 ETFE 基本性质

性质	具体描述	ASTM 标准
熔体流动速率	用 49N 重量在 297℃测定	D1238（方法 A 或 B）
熔点	用 DSC 仪测定熔融热和熔融峰峰值温度	D3418
密度[①]	用于测定的是模压法制备的聚合物样品	D792
拉伸性质[①]	根据规定方法制备的标准试样拉断时的断裂伸长率和拉伸强度	D638、D3159
相对介电常数[①]	对三个直径为 101.6mm 的试样在 10^2 Hz 和 10^6 Hz 下测定	D150
介质损耗[①]	对三个直径为 101.6mm 的试样在 10^2 Hz 和 10^6 Hz 下测定	D150

①模压后试样需要的性质。

表 4-45 为 ETFE 的性能指标。

表 4-45　根据 ASTM D2116 的 ETFE 性质指标

型号		Ⅰ型		Ⅱ型		Ⅲ型	
品级		1	2	1	2	1	2
熔体流动速率/(g/10min)		2.0～16.0	8.0～28.0	2.0～10.0	10.1～19.0	9.0～18.0	25.0～35.0
熔点/℃		255～280	255～280	220～255	220～255	220～230	220～230
密度/(g/cm³)		1.69～1.76	1.69～1.76	1.75～1.84	1.75～1.84	1.83～1.88	1.83～1.88
拉伸强度（23℃）/MPa		>37.9	>30.3	>31.0	>31.0	>27.6	>27.6
断裂伸长率/%		>275	>200	>300	>300	>350	>350
相对介电常数（最大值）	10^2 Hz	2.6	2.6	2.6	2.6	2.6	2.6
	10^6 Hz	2.7	2.7	2.7	2.7	2.7	2.7
介质损耗	10^2 Hz	0.0008	0.0008	0.0003	0.0003	0.0008	0.0008
	10^6 Hz	0.009	0.009	0.009	0.009	0.009	0.009

4.10.5　聚氟乙烯

PVF 很少以树脂的形态进行销售，多加工成薄膜的形态。从 PVF 薄膜的主要性能指标可以间接了解 PVF 树脂的主要指标。在不同品级 PVF 的分子量表征上可以采用特性黏度的表征方法，其测试过程包括在搅拌情况下将 PVF 溶解于处于回流温度下的环己酮（其沸点为 155.6℃）中，置于 144℃ 的规定温度下，在 75min 后用黏度计测量其相对黏度。

表 4-46 汇总了 PVF 薄膜的性质。

表 4-46　PVF 薄膜的性质汇总

性质	ASTM 标准	本色透明膜（厚 55μm）	加入颜料后的彩色膜（厚 55μm）
极限屈服强度/MPa	D882	41	33
极限断裂伸长率/%	D882	250	115
拉伸模量/MPa	D882	44	110
初始抗撕裂强度/(kJ/m)	D1004-66 D1922-67	196 22	129 6
冲击强度/(kJ/m)	D3420-80	90	43
密度/(g/cm³)		1.38	1.72
折射率	D542	1.46	—
线膨胀系数/℃⁻¹	空气炉，30min	0.00005	0.00005
连续使用温度/℃		-70～107	-70～107

性质		ASTM 标准	本色透明膜（厚 $55\mu m$）	加入颜料后的彩色膜（厚 $55\mu m$）
短期（1~2h）允许最高温度/℃			175	175
失强温度/℃			300	260
自燃温度/℃		D1929	390	390
热导率/[W/(m·K)]	-30℃		0.14	0.14
	60℃		0.17	0.17
太阳能透过率(359~2500nm)/%		E427	90	—
水（分）蒸气透过量（39.5℃，7kPa）/[$n$mol/(m^2·s)]		E96	4.65	29.4
表面电阻率/GΩ	23℃	D257	60000	20000
	100℃		7	20
体积电阻率/(GΩ·m)	23℃	D257	2000	700
	100℃		0.7	2
介电强度/(kV/μm)	短期交流电	D150	0.13	0.08
	短期直流电		0.19	0.15
相对介电常数	1kHz,23℃	D150	8.2	8.5
	1kHz,100℃		13	14
	1MHz,23℃		6.2	7.7
	1MHz,100℃		10.9	12.6
介质损耗	1kHz,23℃	D150	0.019	0.019
	1kHz,100℃		0.067	0.21
	1MHz,23℃		0.17	0.28
	1MHz,100℃		0.09	0.21
密度/(g/cm³)			1.78	1.68

4.10.6　无定形氟聚合物

AF 是无定形透明氟树脂，结合其应用可知，该树脂的主要指标包括分子量及热性能、力学性能和电性能指标，具体的测试方法基本都有对应的 ASTM 标准可以参照。需要指出的是，AF 热性能指标中的 T_g 是可以用于表征聚合物组成的。在分子量上，由于 PDD 含量的不同，聚合物的密度不能很好地表征分子量（如 AF-1600 和 AF-2400 的密度分别为 1.78g/cm³ 和 1.67g/cm³），但是可用测定高温下的熔融黏度的方法进行表征。当然也可以通过将其溶解在一些全氟碳溶剂中测定其旋转黏度进行测评。

表 4-47 中列出了市售部分品级的 AF 产品的性质供参考。

表 4-47　有关 AF 的一系列性能指标

性质	ASTM 标准	AF-1600	AF-2400
T_g/℃	D3418	160±5	240±10
拉伸强度（23℃）/MPa	D638	26.9±1.5	26.4±1.9
断裂伸长率（23℃）/%	D638	17.1±5	7.9±2.3
拉伸模量/GPa	D638	1.6	1.5
体积膨胀系数/(10^{-6}℃$^{-1}$)	E831	260	301
密度/(g/cm^3)	D792	1.78	1.67
相对介电常数	D150	1.93	1.90
介质损耗	D150	0.0001～0.002	0.0001～0.0003
透光率/%	D1003	＞95	＞95
折射率	D542	1.31	1.29
与水的接触角/(°)		104	105
临界表面张力/(dyn/cm)		15.7	15.6
吸水率/%	D570	＜0.01	＜0.01
熔融黏度/(Pa·s)	D3835	2657（250℃，100s^{-1}）	540（350℃，100s^{-1}）
在 FC-75 中溶解度（23℃）/%		12～45	
在 FC-75 中溶液旋转黏度/(Pa·s)		5500（6.4%）	

4.10.7　TFE-HFP-VDF 三元共聚物

三元 THV 氟树脂没有相应的 ASTM 规定。从文献报道中可以得到供应商提供的 THV 多个品级的性能数据，见表 4-48。

表 4-48　THV 氟树脂的多个品级性能数据

性质	ASTM 标准	THV 品级		
		THV-200	THV-400	THV-500
密度/(g/cm^3)	D792	1.95	1.97	1.98
熔程/℃	D3418	115～125	150～160	165～180
空气中热分解温度/℃	TGA	420	430	440
极限氧指数/%	D2863	65	—	75
断裂拉伸强度/psi	D638	4200	4100	4100
断裂拉伸强度/MPa	D638	29.0	28.3	28.3

性质		ASTM 标准	THV 品级		
			THV-200	THV-400	THV-500
断裂伸长率/%		D638	600	500	500
弹性模量/psi		D790	12000	—	30000
弹性模量/MPa		D790	82.7	—	206.7
硬度（邵氏 D）		D2240	44	53	54
相对介电常数（23℃）	100kHz	D149	6.6	5.9	5.6
	10MHz		4.6	4.1	3.9
熔体流动速率（250℃，5kg）/(g/10min)		D1238	20	10	10
电子束交联后最高使用温度/℃		—	>150	—	—

注：1psi＝6895Pa。

第5章
功能性氟树脂的加工及应用

功能性氟树脂不能算是一个很严密的概念。大多数氟树脂都是基于特有的耐高低温性、耐化学介质性、耐气候老化性、低表面能、自润滑性、独特的力学性能和介电性能等性质进行应用开发的，而功能性氟树脂往往只突出其中的某一种或几种特性，例如全氟离子交换膜就是引入一些官能团后使其具有了突出的离子交换功能。

5.1 全氟离子交换树脂

由于全氟离子交换膜拥有的特殊功能，现在越来越受到来自业界的高度重视，在众多领域中已有了广泛的应用，而全氟离子交换树脂主要是用于制备全氟离子交换膜的，例如用作质子交换膜燃料电池主要组件的全氟磺酸离子交换膜可用全氟磺酸树脂浇铸成膜，而离子交换膜法的烧碱电解槽隔膜则是由全氟磺酸离子交换膜和全氟羧酸离子交换膜复合增强而成的。目前最主要的全氟离子交换树脂为全氟磺酸树脂和全氟羧酸树脂，分别是TFE 与 PSVE 及 PCMVE 共聚制成的。以下将对两种全氟离子交换树脂分别进行阐述并简要介绍全氟离子膜的加工和应用。

5.1.1 全氟磺酸树脂

最早问世的全氟离子交换树脂是美国杜邦公司研制成功的全氟磺酸树脂，其前驱体树脂的分子结构式如图 5-1（b）所示。

该聚合物是 TFE 与末端带—SO_2F 官能团的氟代单体共聚得到的产物，可进行热熔融加工，具有良好的机械强度并且保持了氟聚合物优良的化学稳定性和热稳定性，当—SO_2F 转型为—SO_3H 或—SO_3Na 后则具有了良好的导电性能。

杜邦公司于 1962 年推出了 Nafion® 的商品化全氟离子交换膜产品，用作宇航燃料电池中的固体电解质，这开创了全氟离子交换膜应用的先河，而随着研究的深入和应用的发展，即使膜结构和性能不断改进，全氟磺酸离子交换树脂也始终是全氟离子交换膜的主要基体材料。

到目前为止，全氟磺酸离子交换树脂的最大用量领域仍是氯碱工业用的全氟离子交换膜，但是随着其在质子交换膜燃料电池、液流储能电池和质子交换膜电解制氢等应用中的不断扩展，未来这些领域的用量将快速增加，例如 2014 年日本丰田汽车公司发布了全球首款量产氢燃料电池汽车 Mirai，到 2022 年全球销量已经突破两万辆。随着氢能的发展需求，全氟磺酸树脂将成为具有重大战略影响意义的功能材料。

5.1.1.1 全氟磺酸树脂的聚合工艺

全氟磺酸离子交换树脂是 TFE 与 PSVE 在一定条件下共聚得到的树脂[参见图 5-1(a)]。

$$CF_2=CF_2+CF_2=CF$$
$$\begin{array}{l} | \\ OCF_2CF\!-\!O\!-\!CF_2CF_2\!-\!SO_2F \\ \quad\quad | \\ \quad\quad CF_3 \end{array}$$

(a)

$$-\!(\!CF_2\!-\!CF_2\!)_x\!(\!CF_2\!-\!CF\!)_y\!- \quad (b)$$
$$\begin{array}{l} \quad\quad\quad\quad\quad | \\ \quad OCF_2CF\!-\!O\!-\!CF_2CF_2\!-\!SO_2F \\ \quad\quad\quad\quad | \\ \quad\quad\quad\quad CF_3 \end{array}$$

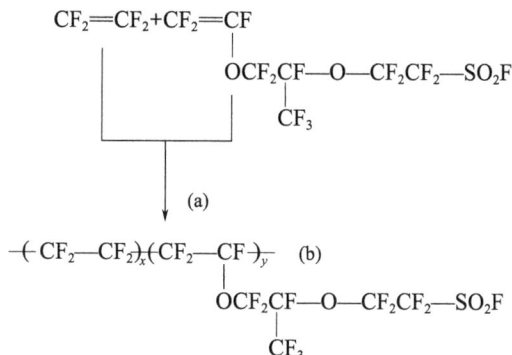

图 5-1　全氟磺酸树脂前驱体分子结构式

结构中的 x 和 y 分别代表 TFE 和 PSVE 的链节数。假设离子交换容量 A_R 为 1mmol/g 的干树脂，则相当于干树脂中 PSVE 的含量为 446g，即此树脂的组成 TFE：PSVE 为 55.4：44.6（质量比）或 5.54：1（摩尔比）。

根据文献报道，TFE 和 PSVE 的竞聚率分别是 $r_{TFE}=8$ 及 $r_{PSVE}=0.08$。

这表示 TFE 聚合反应活性远高于 PSVE，且 PSVE 之间的聚合可能性很低，而 TFE 之间的聚合可能性很高。聚合物中平均每 5～6 个 TFE 分子与一个 PSVE 分子连接。要得到高交换容量的全氟磺酸离子交换树脂需提高 PSVE 在聚合物中的接入量，例如在聚合中加入过量的 PSVE 就是一个有效的办法，多余的 PSVE 单体可在聚合结束经回收及提纯后循环使用。TFE-PSVE 聚合得到的是全氟磺酰氟基（—SO$_2$F）的树脂，只有经过水解转型才成为全氟磺酸树脂。

TFE-PSVE 的共聚反应可以按含氟烯烃均聚或共聚的方法进行。按介质不同可分为水相聚合和非水介质聚合，还未见无介质聚合方法的报道。反应压力是调节聚合产物中 TFE 与 PSVE 比例的主要手段，压力愈高则 TFE 含量愈高，离子交换当量愈低。实际的聚合压力一般都不会超过 2.0MPa。

水相聚合通常分为乳液聚合和悬浮聚合两种方法，均是以去离子水为聚合介质。前者采用水溶性的自由基型引发剂以及 APFO 乳化剂，聚合产物为白色乳液，未反应的 PSVE 可用溶剂萃取的方法进行回收，然后用常见的一些破乳方法将其凝聚成白色粉末。在悬浮聚合中，常采用的引发剂为氧化还原引发体系，如过硫酸铵-亚硫酸氢钠。悬浮聚合得到的聚合物以白色粉状颗粒形态在水相中析出并沉淀下来，在离心分离的作用下得到除水后的聚合物，最后还需用冷水进行多次洗涤。

非水介质的聚合工艺主要是溶液聚合，其介质是以氟为主体的全卤代脂肪族或脂环族有机溶剂，主要包括 CFC-113、HCFC-225ca 等，其中 CFC-113 属于会破坏臭氧层的 ODS，现在已淘汰，曾有文献报道了 CF$_3$CF$_2$CCl$_3$、全氟甲基环己烷、全氟二甲基环丁烷、全氟辛烷或全氟苯等作为替代的介质。需要指出的是，溶剂中的聚合物并非完全溶解，它会以半透明的细粉析出。常见的自由基型引发剂包括 IPP、AIBN 等，也可用全氟羧酸的过氧化物、二氟化氮等作为引发剂。实践证明，活性高的引发剂有利于获得较高的离子交换当量。

在各种聚合工艺中，文献报道最多的是溶液聚合。这是因为乳液聚合会不可避免地发生少量强酸性磺酰氟基团的水解，从而使聚合物侧链上出现一些—SO₃H 基团。这是一类极性很强的基团，有可能使高分子链发生缔合，从而使树脂在热加工时出现熔融黏度增大的情况，导致热加工困难，而且侧链末端带—SO₃H 基团后会使树脂熔点发生某种程度的上升，这也不利于树脂的热加工。—SO₂F 基团一旦转变成—SO₃H 基团后是难以（几乎是不可能）用其他措施再次成为—SO₂F 基团的。

5.1.1.2 全氟磺酸树脂的后处理工艺

以饱和氟氯烷烃或氢氟氯烃类溶剂为聚合介质，经溶液聚合得到的全氟磺酰氟聚合物大部分会析出成为沉淀，而少部分聚合物仍溶于溶剂之中。可采用降低温度和向聚合体系加水或其他溶剂以降低聚合物在介质中溶解度的方法，使聚合物与介质能较完全地分离，但不能直接加水，以免造成很多—SO₂F 基团的水解。同时水解会产生氢氟酸，对反应器有严重腐蚀作用，因此要选择另一种溶剂而非原介质，且新溶剂无毒性，对全氟磺酸离子交换树脂的溶解度极小（或完全不溶解），又能与介质完全互溶并溶解 PSVE。此外，溶剂的沸点要适中，沸点太低损失大，易造成环境污染，反之则难以回收。一般而言，加水的方法只适用于—SO₃H 型树脂的制造，这种树脂适于制造燃料电池用的浇铸膜，但不适合热加工。

由于溶剂分离后得到的聚合物在聚合过程中可能会生成一些热不稳定的羧酸或酰氟型端基以及不可避免地由少量链转移作用形成低聚物，不宜直接送去干燥、造粒和成型加工，要进行端基稳定化处理，以得到高质量的聚合物。

聚合过程中产生不稳定端基主要是由 PSVE 的少量 β-断裂链转移引起的（参见图 5-2）。这是聚合过程中出现—COOH 或—COF 端基的主要原因，也是造成酸性的重要原因。消除这类不稳定端基的主要方法包括：①加入过量无水甲醇在沸腾温度下回流处理；②用惰性气体稀释的氟气处理；③加入水蒸气进行湿热处理，其中以甲醇处理工艺为最好，最适合产业化。

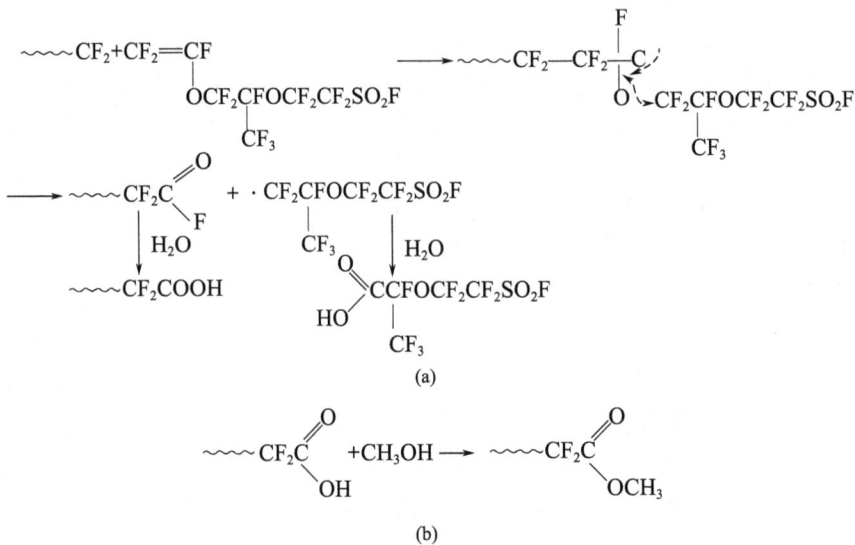

(a)

(b)

图 5-2　全氟磺酸树脂不稳定端基的产生过程（a）及端基处理步骤（b）

其中的低聚物可采用多次溶剂萃取的方法进行去除,可选用的溶剂包括 CFC-113、HCFC-225ca 等。

全氟磺酸树脂的后处理全过程如图 5-3 所示。

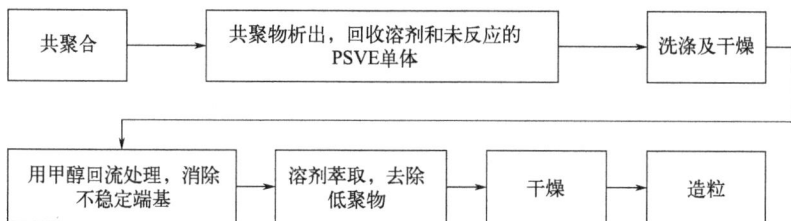

共聚合 → 共聚物析出,回收溶剂和未反应的 PSVE 单体 → 洗涤及干燥 → 用甲醇回流处理,消除不稳定端基 → 溶剂萃取,去除低聚物 → 干燥 → 造粒

图 5-3　全氟磺酸树脂的后处理示意图

造粒工艺是在一台具有高剪切作用的双螺杆挤出机中进行的,挤出机的螺杆和料筒均需用耐腐蚀性能好的高镍合金制造,料筒中间位置设有排气口,以排除树脂加热熔融过程中可能产生的少量气体。

5.1.1.3　全氟磺酸树脂的表征和质量控制

全氟磺酸树脂主要有以下几个性能表征指标。

① 离子交换容量 A_R。A_R(也有缩写为 IEC)表征了树脂的电化学性能及导电性能等。氯碱工业用的全氟离子膜 A_R 应控制在 $0.8 \sim 1.05 \mathrm{mmol/g}$ 干树脂(聚合物当量 EW$=952 \sim 1250 \mathrm{g/mol}$)。高离子交换容量膜的电阻低,但是过高的离子交换容量会造成分子量下降,膜的机械强度变差。全氟离子交换膜的低电阻和优良导电性主要来自全氟磺酸树脂的贡献,膜电阻和树脂离子交换容量的关系可参见图 5-4。

在 A_R 的测定方法中,先将—SO_2F 型的树脂水解转型为—SO_3H 型,除去水分后精确称取 1.5g 样品,置于 250mL 三角瓶中,加入 50mL 的 1mol/L NaCl 水溶液,充分搅动并放置过夜,以酚酞为指示剂用 0.1mol/L NaOH 标准溶液滴定至粉红色为终点。

计算方法可参见式(5-1)。

$$A_R = \frac{\mathrm{NaOH\ 体积} \times \mathrm{NaOH\ 溶液浓度}}{\mathrm{样品重量} \times (1 - \mathrm{含水率})} \quad (5\text{-}1)$$

式中,体积单位为 mL;浓度单位为 mol/L;A_R 的单位为 mmol/g H 型干树脂。

② T_Q。T_Q 表征的是树脂分子量的高低,可用 T_Q 测定仪进行测定,其是在 3MPa 的规定压力下,树脂以 $100 \mathrm{mm}^3/\mathrm{s}$ 的速率流出 $L=1 \mathrm{mm}$ 及 $d=1 \mathrm{mm}$ 的圆形小孔时的温度。T_Q 的实际测定不是一步完成的,因为不可能正好设定到流出速率为 $100 \mathrm{mm}^3/\mathrm{s}$ 的条件,通常要设定几个不同温度进行 Q 值的测定,Q 值的对数与测定温度呈线性关系,从该直线上可找到对应 Q 值为 $100 \mathrm{mm}^3/\mathrm{s}$ 的温度就是该树脂样品的

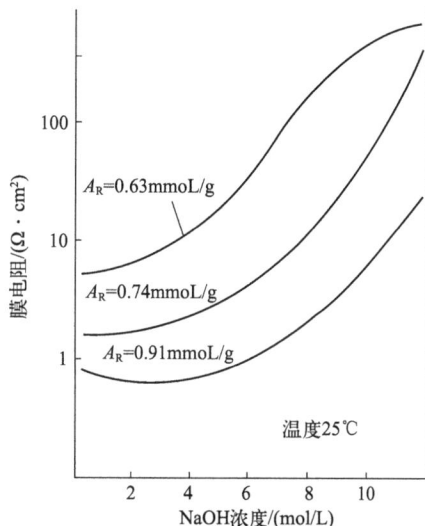

图 5-4　全氟磺酸离子交换树脂的 A_R 与膜电阻的关系图

T_Q值。T_Q与平均分子量的对数呈线性关系。对于全氟磺酸树脂,具体的T_Q指标要根据膜的结构设计和成型工艺来确定。

③ 力学性能。通常力学性能的测试样品为模压法制成的全氟磺酸膜并按 ASTM 标准方法进行测定,其中主要有拉伸强度、拉伸模量、断裂伸长率、撕裂强度和耐褶度等指标。全氟磺酸树脂和全氟羧酸树脂在不同温度下的力学性能见表 5-1。

表 5-1　全氟磺酸树脂和羧酸树脂在不同温度下的力学性能

| 测试温度/℃ | 拉伸强度/MPa | | | 断裂伸长率/% |
| | 全氟磺酸膜 $R_f\text{-}SO_3H$ 型 | 全氟羧酸膜 | | 全氟磺酸膜 $R_f\text{-}SO_3H$ 型 |
		$R_f\text{-}COOR$ 型	$R_f\text{-}COONa$ 型	
25	28.38	25.0	32.6	98.27
50	23.38	4.9	25.6	156.6
80	24.67	0.7 (90℃)	23.0 (90℃)	143.7
120	13.11			271.6
160	4.14			464.2

注:商品膜 Nafion 117,$A_R = 0.91\text{mmol/g}$,实测值。

④ 结晶度。全氟磺酸树脂的结晶度与其组成密切相关。PTFE 是高结晶度聚合物,但是 TFE 主链中接入 PSVE 后,长侧链的缠绕会降低结晶度。如图 5-5 所示,随着 PSVE 含量的增加(即 A_R 提高),结晶度呈线性下降,当 TFE 摩尔含量降低到约 87% 时,就变成了非结晶型聚合物。

⑤ 熔点。全氟磺酸树脂的熔点与组成也密切相关,如图 5-6 所示,随着 PSVE 含量的增加,熔点明显下降,熔程逐渐变宽,最后没有明显的熔点。熔点和熔程可用熔点测试仪进行测定。

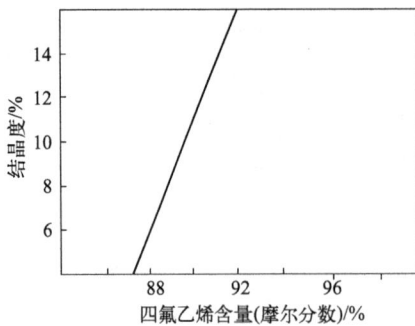

图 5-5　全氟磺酸树脂的结晶度与组成的关系图　　图 5-6　全氟磺酸树脂的熔点与组成的关系图

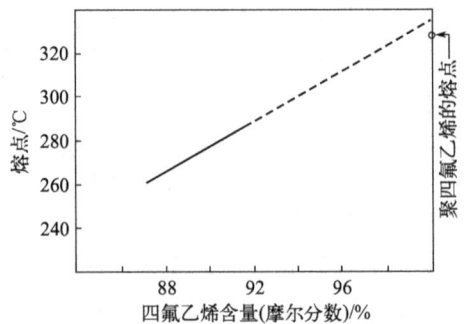

⑥ 熔体流动速率(MFR)。全氟磺酸树脂的 MFR 是表征树脂加工性能的重要参数。MFR 越高,树脂的熔体流动性越好,但 MFR 不能过高,以免熔体强度太低。通常比较合适的 MFR 为 10~30g/10min(270℃,2.16kg)。影响 MFR 的主要因素是共聚组成和分子量。在交换容量相同的情况下,MFR 也可以间接地表征树脂分子量。

⑦ 热稳定性。在高温下进行热加工时，全氟磺酸树脂存在热不稳定的问题，例如对挤出成膜中出现气泡的样品进行 FTIR 分析后就会发现在波数 $1812cm^{-1}$ 处有表征 C=O 基的强吸收峰，且随着挤出温度的升高，此特征吸收峰的强度变弱，这表明在挤出温度下，此不稳定端基受热而逐渐分解。产生的原因包括存在不稳定端基和低分子量聚合物等，通常可用挥发分（或热失重）、起始分解温度和 MFR 变化率等表征。挥发分可用比挥发度[式（5-2）]来表示，其表示了树脂中低分子量成分的多少，即树脂在一定温度[$(280\pm1)℃$]及真空条件（余压 5mmHg，1mmHg=133Pa）下保持一定时间（如 0.5h）损失的质量分数。

$$比挥发度(\%)=\frac{W_1-W_2}{W_1} \tag{5-2}$$

式中，W_1 为样品树脂初始质量，g；W_2 为样品树脂在真空下加热失重后的质量，g。

起始分解温度也是表征树脂热稳定性的重要方式。用热失重分析仪测定等速升温下的热失重（TG）曲线，取失重 1% 时的温度作为起始分解温度。起始分解温度高表示热稳定性好，可以承受高的加工温度。图 5-7 是一个商品化磺酸树脂产品 10℃/min 升温速率下的热失重曲线。由此图可知，该产品的起始分解温度大于 370℃。

5.1.2　全氟羧酸树脂

目前，全氟羧酸离子交换树脂主要是 TFE 与 PCMVE 共聚后得到的聚合物（参见图 5-8）。

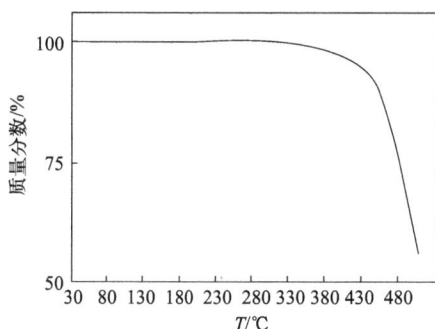

图 5-7　商品化磺酸树脂典型
样品的热失重曲线图

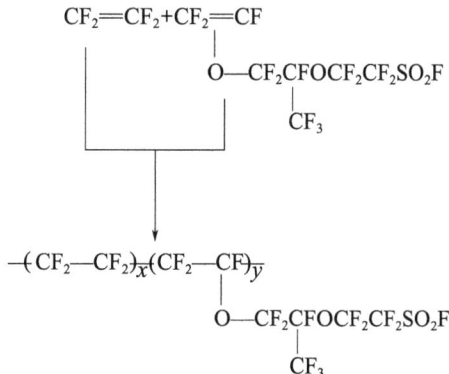

图 5-8　TFE 与 PCMVE 共聚后得到
的聚合物及其结构示意图

由第 2 章的相关内容可知，适合工业化生产且能满足制膜要求的 PCMVE 单体，按起始原料和合成路线的不同基本上有如下两种分子结构，CF_2=$CFOCF_2CF_2CF_2COOCH_3$（代号 M_1）和 CF_2=$CFOCF_2CFCF_3OCF_2CF_2COOCH_3$（代号 M_2）。

从聚合工艺和聚合物性能而言，两者并没有本质上的区别。选用—$COOCH_3$ 型的结构主要是从单体合成过程中的稳定性出发，—COOH 和—COONa 型结构在单体合成的脱羧步骤中都易发生分解，而—$COOCH_3$ 结构的树脂在加工温度下具有较好的热稳定性。

如前所述，氯碱工业使用的全氟离子交换膜是由全氟羧酸离子交换膜和全氟磺酸离子交换膜以及增强骨架复合而成的多层复合材料。全氟羧酸离子交换膜的主要作用是阻挡阴极室 OH⁻ 向阳极室反渗，保证多层膜具有高的电流效率（≥95%）。尽管复合膜中全氟羧酸层的厚度很薄，在整个膜厚度中只占 1/6～1/5，但却是氯碱用全氟离子交换膜制造中不可缺少的核心材料之一，以年产 10 万 m² 的这种多层复合全氟离子交换膜为例，需要消耗 12～15t 的全氟羧酸离子交换树脂。

5.1.2.1 全氟羧酸树脂的聚合工艺

由于全氟羧酸树脂在全氟离子交换膜中有关键作用，因此要满足一些基本要求，例如适当的离子交换性能、熔融加工性能和力学性能等。这些都与树脂所具有的离子交换容量和分子量密切相关。在聚合单元中，不仅要合成出这种共聚物，更重要的是合成出满足离子交换膜总体设计中对羧酸层要求的聚合物。离子交换容量（即共聚物组成）和分子量等指标的有效控制有助于聚合物获得更好的热稳定性能。

全氟羧酸树脂可以用乳液聚合、溶液聚合和本体聚合等工艺进行制备，其中乳液聚合是比较适合的一种方式。对于这样的二元共聚的聚合过程，要获得一定的 A_R 就要控制好单体加料配比以及聚合压力、温度等。

据文献报道，羧酸甲酯基全氟烷（氧）基乙烯基醚与 TFE 的竞聚率 r_{M_1} 及 $r_{M_2} \approx 0.14$，$r_{TFE} \approx 7$。由此可见，羧酸酯烯醚单体的活性大大低于 TFE。在具体的过程中，首先要对聚合釜进行除氧处理，并加入 2/3 反应釜容积的去离子水，而羧酸酯烯醚单体可一次性加入，但是其加入量应要多于按 A_R 计算得到的量。聚合压力决定了聚合体系中的 TFE 浓度，在单体竞聚率相差很多的情况下，聚合压力是调节 A_R 的主要手段。羧酸树脂组成中 M_1 或 M_2 的含量与配料组成之间关系可参见图 5-9。

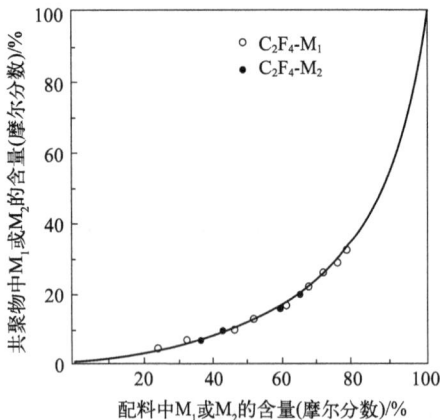

图 5-9 全氟羧酸树脂的组成与配料组成关系图

分子量的大小和分布可通过引发剂的类型、加入量以及分子量调节剂来控制。在乳液聚合法中，过硫酸盐、有机过氧化物或偶氮二异丁腈等均可按需选用。乳化剂为 PFOA 或其替代品等，也有在聚合体系中加入 PPVE 的实例报道。表 5-2 是一个羧酸树脂的典型工艺配方实例。

表 5-2 全氟羧酸树脂的典型聚合配方

项目	数值
聚合釜容积/L	20
去离子水用量/L	13.7
M_1 用量/g	1760
PPVE 用量/g	292
APFO 用量/g	48
APS 用量/g	8.2

项目	数值
Na$_2$HPO$_4$ · 12H$_2$O 用量/g	68
NaH$_2$PO$_4$ · 2H$_2$O 用量/g	40
正己烷用量/g	10
聚合温度/℃	57
聚合压力/(kg/cm^2)	13.7
反应时间/h	7

　　该配方得到的乳液，经凝聚和洗涤后再用甲醇 65℃ 处理 16h 可得到 3kg 产品，其 A_R 为 0.95meq❶/g，并可在 250℃ 下挤出得到 35μm 厚的薄膜。

　　据文献报道，如果共聚单体具有足够的纯度，则聚合得到的羧酸树脂分子量可达 3×10^5 或更高。当然，为了获得分子量范围稳定的聚合物还需要加入分子量调节剂。此外，通过调节 TFE 的压力可合成最高可达 35%（摩尔分数）羧酸单体含量的共聚物，较常见的含量范围为 12.5%～20%（摩尔分数），相当于 A_R 为 1.0～1.4mmol/g 干树脂。此处的下限 A_R 适用于羧酸-磺酸复合膜中的羧酸层，下限的 A_R 适用于将高离子交换容量羧酸树脂用于制作导电性好的主体层。

　　对于以水为介质的聚合，少量的单体水解是不可避免的。这意味着在反应过程中会产生强腐蚀作用，因此反应器需要采用耐腐蚀性好的材料，如镍基合金。

5.1.2.2　全氟羧酸树脂的后处理工艺

　　对于一个乳液聚合过程，全氟羧酸树脂的后处理也包括了凝聚、洗涤、端基稳定化和干燥等多个单元操作。

　　乳液凝聚中常常需要加入凝聚剂（如浓硫酸和盐酸）。相比硫酸，盐酸与体系中残留的少量金属离子更容易生成氯化盐类物质。由于氯化物也更易溶解于水中，因此之后的洗涤效果会更好些，但缺点是对凝聚设备材质的耐腐蚀要求更为苛刻。洗涤过程是在一个带搅拌的容器内进行的，为了尽可能防止—COOCH$_3$ 基团的水解，以冷水洗涤为好。干燥可在一个真空干燥箱内进行，且过程中应尽可能地使物料保持缓慢移动。在这种状态下进行的干燥有利于颗粒内部毛细孔道内的水分向外扩散，提高干燥效果，缩短干燥时间。

　　后处理中一个很重要的工序是用甲醇在回流温度下进行不稳定端基的稳定化处理。这些不稳定端基的来源包括过硫酸盐类引发剂在聚合链终止阶段生成的末端基发生 β 链断裂（参见图 5-10）以及全氟羧酸树脂侧链上的—COOCH$_3$ 基团发生部分水解。

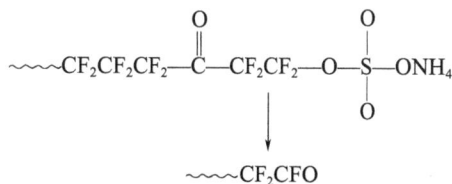

图 5-10　不稳定端基的断裂

　　聚合中羧酸酯烯醚单体和全氟羧酸树脂均存在于水相中，在聚合温度和一定 pH 介质的特定条件下，都可能发生—COOCH$_3$ 基团的部分水解，且这种水解实际上是一个平衡

---

❶　毫克当量（meq）表示某物质和 1mg 氢的化学活性或化合力相当的量。

过程,参见式(5-3)。

$$\sim\!\!\sim\!\!COOCH_3 + H_2O \Longleftrightarrow \sim\!\!\sim\!\!COOH + CH_3OH \quad (5\text{-}3)$$

如前所述,—COF 和—COOH 基团在高温下都易发生分解并造成树脂的降解,使树脂在造粒和挤出成膜时产生气泡,所以要在后处理阶段实施稳定化处理。通常可用过量的甲醇在一定温度和搅拌状态下进行处理。文献中也报道了用原甲酸三甲酯[$HC(OCH_3)_3$]进行的稳定化处理工艺,在处理过程中不会产生水,有利于完全的稳定化处理。

5.1.2.3 全氟羧酸树脂的表征和质量控制

全氟羧酸离子交换树脂的表征和质量控制主要包括以下几方面。

(1)分子结构的表征

全氟羧酸树脂的分子结构表征主要通过 FTIR 和 ^{19}F-NMR 等分析手段,例如 TFE-M_2 的典型共聚树脂样品制成膜后的 FTIR 谱图显示在 $2960cm^{-1}$ 和 $1780cm^{-1}$ 处分别为 C—H 和 C=O 的特征吸收峰,$1100\sim1300cm^{-1}$ 区间为典型的 C—F 吸收峰。在 ^{19}F-NMR 的测试中,由于—$COOCH_3$ 型的全氟羧酸离子交换树脂很难溶于普通溶剂,因此需要先将其转化为长链碳氢基团的羧酸酯(如—$COOC_{10}H_{21}$ 型),再溶于 NMR 分析中常用的溶剂(如 $CDCl_3$),用 CDF_3 为参比物可得到 ^{19}F-NMR 谱图和不同位置 F 原子对应的化学位移归属(参见图 5-11)。

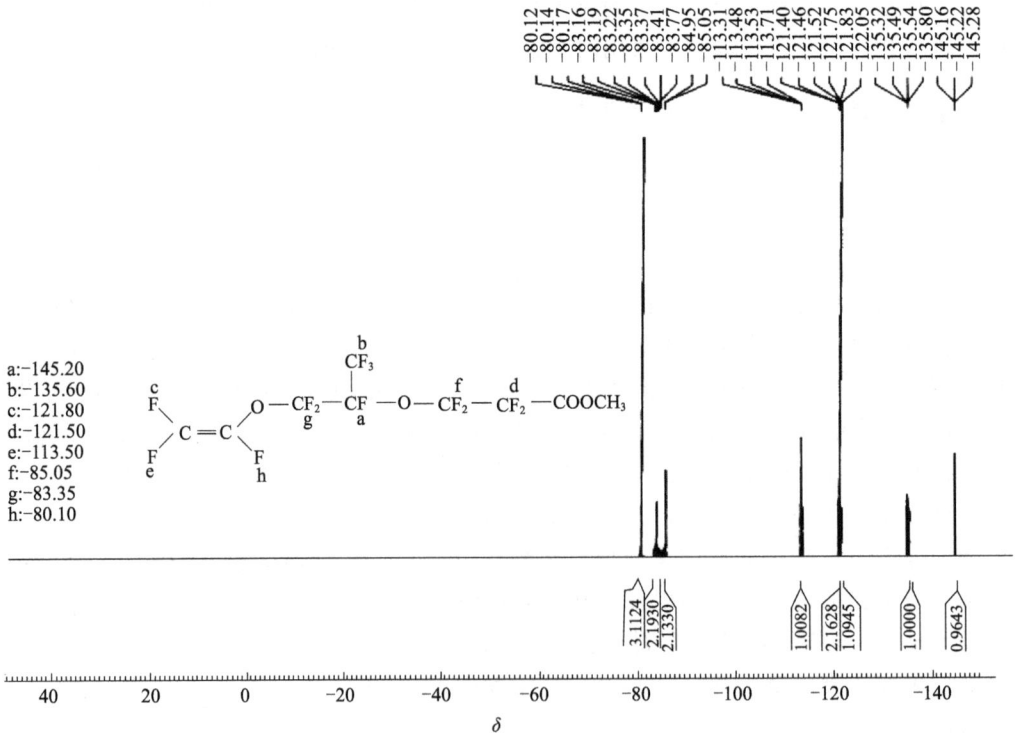

图 5-11　全氟羧酸树脂的 ^{19}F-NMR 谱图

(2)羧酸树脂分子量的表征

文献报道的羧酸树脂分子量测定有两种方法,其中较简单、易于操作的是 T_Q 的测定。T_Q 的定义和测定方法在前面已有描述,图 5-12 是羧酸树脂分子量与 T_Q 的关系图。

另一个方法是用前述方法配制的长碳链氢酯羧酸树脂在三氟甲苯溶液中用膜渗透压法进行分子量的测定，典型羧酸树脂的分子量在 $1 \times 10^5 \sim 1 \times 10^6$ 范围内。

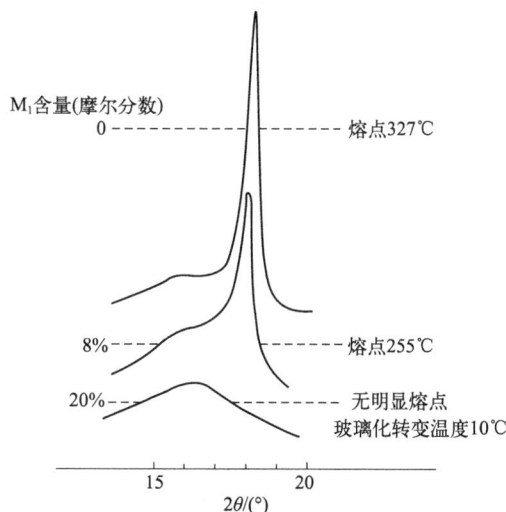

图 5-12　全氟羧酸树脂分子量与 T_Q 的关系图

（3）羧酸树脂的组成和 A_R

全氟羧酸树脂是二元共聚物，A_R 是全氟羧酸树脂最核心的指标，其代表了 M_1 在树脂中的含量，也反映了共聚物的组成。A_R 与树脂的熔点（或熔程）、结晶度、导电率及熔融流动性能等都有密切的关系。A_R 的指标值是树脂加工成膜及包括电化学性能和使用寿命等在内的多层复合膜优化组合设计后的各种因素综合选择的结果。羧酸树脂的 A_R 主要采用化学滴定法进行测定，在一个具体过程中，首先将经过稳定性处理的树脂从—COOCH$_3$ 水解转型为—COOH 型，吸去树脂颗粒表面的水分后称取 1.5g 置于干燥的 250mL 三角烧瓶中，加入 100mL 的 0.1mol/L 氢氧化钠标准溶液，间断摇振后放置过夜，再用干燥的吸管自三角瓶中吸出 50mL 置于另一个三角瓶中，并以酚酞为指示剂，用 0.1mol/L 盐酸标准溶液进行反滴定至无色为止。—COOH 型羧酸树脂 A_R 的计算可按式（5-4）进行：

$$A_R = \frac{\text{NaOH 体积} \times \text{NaOH 浓度} - \text{HCl 体积} \times \text{HCl 浓度}}{\text{样品质量} \times (1 - \text{含水率})} \tag{5-4}$$

式中，体积的单位为 mL；浓度的单位为 mol/L；A_R 的单位为 mmol/g 干树脂。

图 5-13 是树脂组成与熔点（熔程）的关系图。由图可见，M_1 的含量愈高，A_R 愈高，熔点愈低，熔程变宽。当 M_1 摩尔分数达到 8% 时，熔点在 255℃，M_1 含量超过 20% 时，就不再有明显的熔点。A_R 为 1.0mmol/g 干树脂时，树脂中 M_1 的含量约为 40.6%。

图 5-14 是全氟羧酸树脂制成薄膜后的电导率与 A_R 的关系图，两者是密切相关的。

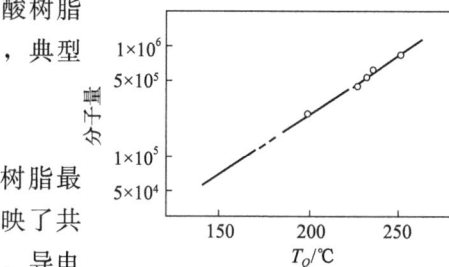

图 5-13　全氟羧酸树脂的组成（M_1 含量）与熔点的关系图

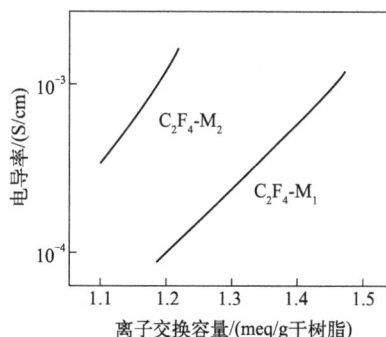

图 5-14　全氟羧酸树脂的电导率与 A_R 的关系图

（4）力学性能

通常力学性能的测试样品为模压法制成的全氟羧酸膜并按 ASTM 标准方法进行测定，

其中主要有拉伸强度、拉伸模量、断裂伸长率、撕裂强度和耐褶度等指标。全氟羧酸树脂
在不同温度下的力学性能见表 5-1。

（5）热稳定性

由于要经受造粒和挤出成膜等热过程，因此树
脂热稳定性指标的高低是至关重要的。树脂的起始
分解温度、比挥发度和在高温下维持一定时间的
MFR 变化率等都是比较有效的热稳定性判断方式。

① 起始分解温度。全氟羧酸树脂的起始分解温
度可用 DSC/TG 进行测定。图 5-15 是一个典型的树
脂热失重曲线图。由图中可知，其起始分解温度大
于 310℃。

② 比挥发度。比挥发度的定义和测定方法可参
见全氟磺酸树脂中的比挥发度描述。典型的全氟羧
酸树脂比挥发度实测数据一般小于 0.1%。

③ MFR 变化率。MFR 值变化愈小，表示热稳定性愈好。

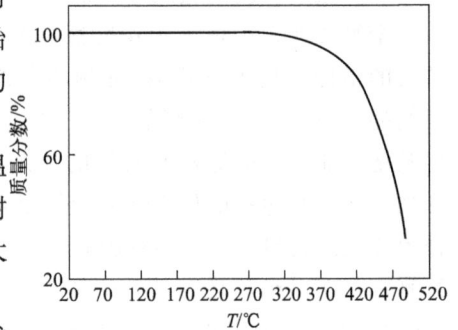

图 5-15　全氟羧酸树脂的热失重曲线图

5.2　全氟离子交换膜的加工技术

全氟离子交换树脂的最主要应用形态是薄膜，主要供应商的产品输出形式也是膜和溶
液，因而本节主要对全氟离子交换膜的加工技术进行简述。

5.2.1　单膜制造

（1）挤出成膜

全氟磺酸树脂和全氟羧酸树脂都可用螺杆挤出机挤出成膜。要得到好的挤出膜，除了
树脂的质量外，还要有合适的挤出设备和工艺。挤出机的长径比和转速、沿螺杆长度方向
的温度分布及配套的各段加热模块等都需要基于原料性能和生产能力进行定制化设计。

在造粒过程中，由于甲酯型全氟羧酸树脂在进料口和熔体出口均可能与空气中的水分
接触而发生水解反应，因此要采取隔离空气等保护措施，而造粒后的羧酸树脂粒料也要隔
绝空气密闭保存并尽快使用。

薄膜也可用单螺杆挤出机进行挤出加工，但是全氟磺酸膜和全氟羧酸膜的收缩率不
同，为保证复合膜的质量，挤出的单膜均不能拉伸，需要用强度较高、硬度适中的聚合物
薄膜制成的脱膜纸进行保护，复合时再将脱膜纸剥离。

挤出全氟磺酸膜和全氟羧酸膜时最容易发生的质量问题是出现数量较多的小气泡或
"晶点"。这些问题的产生主要与树脂的质量有关，其中气泡问题主要与树脂在加工温度下
的少量分解有关，因此树脂一定要有良好的热稳定性。此外，"晶点"也称为"鱼眼"，通
常与主体树脂不同的组成物质有关，还有聚合过程中可能产生的少量 PTFE。这些物质的
熔融温度通常比树脂主体的加工温度要高出很多，需要在聚合和后处理过程中采取措施尽
量避免或减少其产生，对于已存在的少量"晶点"也可在造粒中过滤掉。

有文献报道了两种树脂的共挤出加工。共挤出技术的提出主要是基于两种树脂的不相

容性，目的是提高不同树脂层之间的剥离强度以及多层复合膜用于离子膜法电解制碱电解槽中的使用寿命。采用共挤出挤膜时，两种树脂在两台单独的挤出机中按预先设定的纵向温度分布经加热、混合、塑化成为黏度适中的熔体，之后两种不同的熔体在一定的熔体压力下进入针对性设计的共用 T 形机头，成为在表面上有一定互相熔合程度的复合膜，之后再按离子膜总体设计进行后续加工。

挤出膜离开 T 形口模后会有宽度上的收缩，而全氟离子交换膜加工过程中是不能拉伸的，因此 T 形机头的唇口宽度要比产品的宽度大且留有足够的余度。

（2）浇铸成膜

浇铸成膜的过程包括溶液配制和流延、脱除溶剂、薄膜剥离和收卷等步骤。浇铸成膜是一种常见的加工技术，可用于制作工程塑料薄膜如聚酯薄膜、聚酰亚胺薄膜等。在全氟离子交换膜的单膜加工中，浇铸成膜也适用于—SO_3H 型或—SO_3Na 型全氟磺酸树脂的成膜加工。—SO_2F 型的全氟磺酸树脂和—$COOCH_3$ 型的全氟羧酸树脂很难溶于溶剂，故浇铸成膜不适用于这两种形态全氟离子交换树脂的加工。溶液浇铸成膜有利于制得厚度很小而且均匀度好的薄膜，加工温度较低，对设备材质的要求和设备制作的难度低于全氟磺酸树脂和全氟羧酸树脂的挤出成膜。质子交换膜燃料电池用的全氟磺酸膜厚度约 $10\mu m$，在不能拉伸的条件下用挤出机进行挤出加工是很难制备的，因此一般采用溶液浇铸成膜。

反应得到的全氟磺酸树脂是—SO_2F 型，要配制溶液，首先要通过水解将其转化为—SO_3H 或—SO_3Na 型树脂，然后将转型的树脂加到合适的溶剂中，在较高的温度和压力下，经过一定时间的搅拌，可得到全氟磺酸树脂溶液。全氟磺酸树脂的溶解可选用的溶剂包括具有较低沸点的乙醇、异丙醇等和具有较高沸点的三乙醇胺、聚乙二醇、DMF 或乙醇胺等。

在一些报道中介绍了以 Nafion115 为全氟磺酸树脂原料的实验室配制溶液方法，首先将树脂在常温下的 NaOH 水溶液中浸泡 24h，使树脂完全转化为 Na^+ 型，之后以 DMSO（二甲基亚砜）为溶剂，在氮气气氛下于 170～180℃回流约 2h，冷却后用滤纸过滤得到的滤液即是含有 Na^+ 型全氟磺酸树脂的二甲基亚砜溶液。经减压蒸馏浓缩后置于培养皿中并在 170～180℃真空烘箱中烘干，再经过氧化氢和稀硫酸处理后即可得到 H^+ 型膜。

也有报道中采用了 Nafion117 为树脂原料，在其溶液配制中可不经预处理直接将 Nafion117 放入压力釜中，使用的是沸点高于 110℃的溶剂，如三乙醇胺、聚乙二醇、DMF、乙醇胺等，在氮气气氛保护下升温至 200～300℃，恒温 1～10h，最终可制得 H^+ 型的全氟磺酸树脂溶液。

在全氟磺酸树脂溶液的浇铸成膜过程中，需先过滤溶液，滤去残留物和杂质，然后将配制好的溶液置于溶液储槽中，待预热到适中的温度（以物料具有合适的黏度而定）后，从储槽底部的细长狭缝中均匀流到流延传送带上，传送带向前移动的速度由电机和传动装置控制，传送带离开转鼓后进入半封闭的带加热功能和可控温的箱形隧道，在移动过程中溶剂缓慢挥发，离开隧道时已完成了对溶剂的脱除，而脱除溶剂的薄膜则靠收卷机的拉力从传送带上自动剥离并收卷成为成品。传送带通常由表面光洁度很高的优质不锈钢带制成。合适沸点的溶剂、适当浓度和黏度的树脂溶液以及溶剂的缓慢挥发是获得厚度均匀和表面光滑流延膜的关键因素。

5.2.2 多层膜的结构设计

除了原料树脂要保持良好的电化学性能并拥有较好的加工性能之外，在膜结构的设计中也要满足如下所述的一些基本原则。

① 低电阻。要获得一个能耗较低的电解制碱膜，首要条件就是复合膜需具有良好的导电性能。虽然高 A_R 的树脂有较好的导电性，但熔融温度低、加工温度范围窄和机械强度差，因而全氟磺酸及全氟羧酸树脂都要选择合适的 A_R。复合膜中的磺酸层和羧酸层在使用过程中的吸水率有较大差异，过高 A_R 磺酸层的含水率是超过羧酸层的，这会引起不均匀的膨胀及较大差异的膜内离子迁移速度。最终在两层膜结合的界面处产生一种内应力，严重时会导致脱层。早期报道中的磺酸树脂 A_R 为 0.83meq/g 干树脂，在降低复合膜电阻的努力中 A_R 有所提高，达到了 0.95~1.00meq/g 干树脂，但不会超过 1.10meq/g 干树脂。

另外，复合膜中的羧酸层主要用于阻挡 OH^- 的反渗，羧酸层的膜厚对此影响不大。这意味着复合膜中的磺酸层可以厚一些，而相对导电性能较差的羧酸层则可以薄一些，但宽度较大的情况下过薄的挤出膜（如小于 10~15μm）很难保证厚度的均匀性。对于总厚度不超过 200μm 的复合膜而言，将羧酸层厚度设定在 20~25μm 是合适的。

② 长使用寿命。长寿命有助于降低膜的成本及提高产品竞争力。除了需要在膜使用过程中严格控制工艺条件之外（例如严格的盐水质量管理或者合理的电流密度等），还要对膜结构的设计及制造技术进行优化，其中的一个重点是最大限度地提高复合膜中的磺酸层和羧酸层之间的结合度，防止在使用过程中起泡和脱层。特别是，A_R 和分子量直接影响了树脂的熔融温度及加工温度，而磺酸层及羧酸层的 A_R 和分子量的差异越小越有利，匹配性也更好。此外，复合膜中的增强网布一般是不同于磺酸层和羧酸层的材质，其置于磺酸层和羧酸层之间，对于复合层之间的结合度是不利的，而将其置于两磺酸层之间则更有利于保证复合层之间的结合度，因此采用羧酸层/磺酸层/增强网布/磺酸层的结构可以很好地解决这个问题。当然羧酸层/磺酸层的复合仍然是核心问题之一。将羧酸层、磺酸层的单膜制造及其复合膜结合为一体的共挤出技术实际上是保证复合质量的最佳选择方案。此方案中的羧酸层表面可以得到保护而不易受环境气氛影响（尤其是高温下），而将羧酸层和磺酸层分别成膜后再复合的工艺则会在加工过程中因羧酸层受环境的影响而导致对复合膜的结合度产生不可避免的损害。

5.2.3 复合和增强技术

（1）膜的复合

无论前期采用何种加工技术，多层结构的膜最终都有叠在一起的复合过程。归纳起来，全氟离子膜主要有以下几种复合工艺。

① Grot 间歇法真空复合工艺。在该工艺中，首先将表面刻有一系列沟槽的矩形真空复合模具与真空系统相连接，在模具表面依次放置与其表面尺寸几乎相同的真空分布用金属网和能透气的脱模纸，之后再按膜的结构设计要求，将磺酸膜、羧酸膜及增强网布逐一平置在脱模纸上，将模具及已安置好的待复合多层膜一起移送到有加热功能的平板压机上。在启动与模具相连的真空系统后，压机的下平板缓缓上升并与最上层膜紧密接触，之

后按预先设定的加热温度，使平板缓缓升温至预定温度后保持一定时间，以保证单膜处于合适的熔融状态之下，在真空和加热的作用下，单膜和增强网布实现了整体的复合，最后在真空状态下将模具移出并冷却至室温后脱模。

此法生产效率低，产品质量不够稳定，尤其不易控制大尺寸和结构复杂的增强复合膜的质量。

② Wethers 带式连续法真空复合工艺。其基本原理是使用两对薄型不锈钢带，分别夹紧依设计要求卷合的待复合膜与网布组合体的两边（图 5-16），使该组合体的中间部分保持悬空和平整，并垂直地向上移动。在其两侧装有 V 形加热器。每对不锈钢带中都有一块开有一系列小孔的不锈钢带，这种开小孔的不锈钢带则紧贴着真空系统的真空板。通过两对不锈钢带的循环转动，单膜和增强网布的组合体不断向上移动，夹在膜和网布之间的气体从不锈钢带上的小孔中抽走，设置在组合体两侧的 V 形加热器使膜从中心熔融逐渐向两边扩展，直至将网布完全封装在熔膜内。由此可制得各种规格的增强复合膜，但是这套装置机械结构复杂，运行中的动密封较难解决。

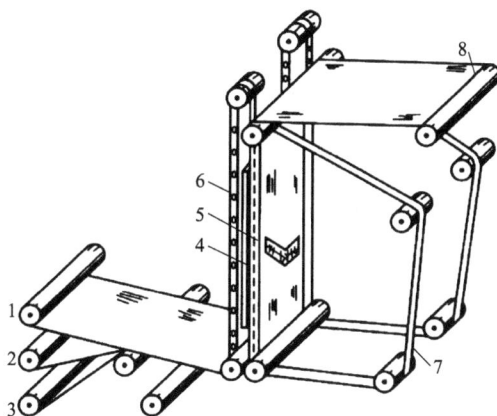

图 5-16　Wethers 带式连续法真空复合工艺
1—全氟碳树脂单（或双层）膜；2—增强网布；3—全氟碳树脂单膜；4—与真空系统相连的真空板；
5—V 形加热器；6—钻有系列小孔的不锈钢带（与真空板紧贴）；7—薄型不锈钢带；8—产品膜

③ Grot 连续法真空复合工艺。图 5-17 是 Grot 连续法的流程示意图。该工艺的最重要核心设备是空心转鼓，其内部有加热和真空源。空心转鼓的外壳表面有一系列沟槽与真空源相连通，转鼓外部上侧设有弧形加热器。多层膜与增强网布复合所需的热量则是以辐射加热的方式提供的。随着转鼓的慢慢转动可带动此复合膜的组合体向前移动，而与转鼓紧靠的下侧两个小圆辊可控制复合膜组合体的移入或离开。在经历转鼓上半部的加热复合后，形成的复合膜移动到右下侧离开，在剥离脱模纸后，经收卷就可得到复合膜半成品，最后再送至后续工序进行水解转型和表面处理。

连续法真空复合的优点是适合大批量生产且产品质量稳定，尤其在增强网布不平整和经纬线交叉处有明显突出的情况下，只有真空抽气才能实现完美的复合，复合得到的多层膜紧贴转鼓的一面是高低不平的。此工艺的缺点是转鼓的设计和制作比较复杂。

有一种改进的同类复合技术，其不采用真空，也无需外部加热。在对很薄的增强网布先进行良好平整性辊压预处理的情况下，依靠转鼓和附设的两个小辊筒之间的逆向转动辊

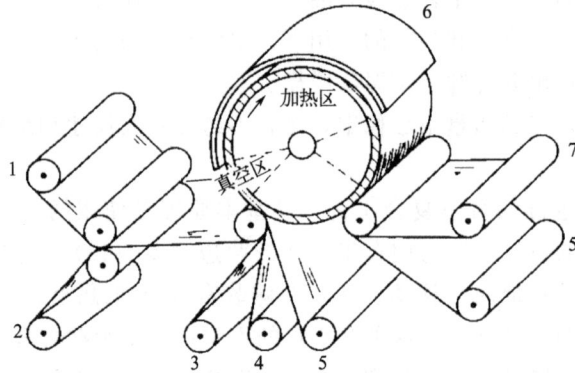

图 5-17　Grot 连续法的流程示意图
1—全氟羧酸膜；2,4—全氟磺酸膜；3—增强网布；5—透气性脱模纸；6—弧形加热器；7—产品膜

压，完全可以代替真空复合，复合所需的压力可通过它们之间的间距调节来实现控制。大转鼓和两个小辊筒表面都是光滑的，大转鼓内充满能耐高温的导热介质，如硅油。电加热可使介质达到需要的高温，如 240～260℃，小辊筒是不加热的。这种加热方式的优点是温控比较精确，而且温度的均匀性明显要好得多，复合得到的多层膜两面都是光滑的。

（2）膜的增强

氯碱工业用的全氟离子交换膜在实际安装和运行过程中会受到各种应力的冲击，例如在电解槽组装过程中会受到一定的拉力和压力，而在正常电解运行中离子交换膜会承受水合离子定向渗透的传质力与一定液压的应力。此外，电解液种类和浓度的变化会导致复合膜层间承受较大的应力冲击，而这些冲击会严重影响膜的平整性和尺寸稳定性，导致膜破损等。当离子交换膜所受的各种应力大于膜层面的粘接强度时，将会引起膜层剥离，因此全氟离子交换膜需采用增强骨架材料。

全氟离子交换膜的增强层可采用由氟树脂丝织成的较大空隙率网布，可应用在多层膜复合工艺之中。此外，增强层也可用 e-PTFE 微孔膜，并与全氟离子交换树脂以特殊加工方式进行复合。

作为增强用的骨架材料，其基本的技术要求主要有以下几点：①在保证强度和平整性的前提下，应保持尽可能高的骨架网布开孔率，以保持较小的导电率损失；②骨架网布应尽可能平整且较薄，以避免复合膜出现过多的突出点。对于编织骨架网布的氟树脂丝应采用扁平形的丝，其中以 PTFE 膜裂丝为优。在一个优化的骨架型网布设计中，使用了一种具有较大空隙面积的氟树脂丝网布并在空隙部分布置了若干"牺牲"纤维（通常是聚酯纤维），这有利于在网布制作和复合膜加工过程中保持平整性，而在电解启动后，"牺牲"纤维迅速为苛性碱所腐蚀消除，从而可提供更多的有效导电面积，达到适当降低膜电阻和槽电压的效果。

5.2.4　膜转型和表面处理技术

经复合得到的多层增强膜，严格说还不具有离子交换功能，只能算是全氟离子交换膜的前体，要赋予其离子交换功能则要将磺酸层的—SO_2F 基团和羧酸层的—$COOCH_3$ 基团在一定反应条件下进行水解转型，使之转换成为具有离子交换功能且性能稳定的

—SO$_3$M 及—COOM 官能团。水解转型的化学反应式为式（5-5）和式（5-6）。

$$R_f—SO_2F+MOH \longrightarrow R_f—SO_3M+HF \tag{5-5}$$

$$R_f—COOCH_3+MOH \longrightarrow R_f—COOM+CH_3OH \tag{5-6}$$

式中，M 为 K 或 Na。

膜转型过程中的关键点是确保水解过程中基团充分转型，转型结果可用 FTIR 等的仪器分析方法进行测试。以—COOCH$_3$ 基团的转型为例，图 5-18 是转型前后 FTIR 的结果对比，可发现两者的明显变化。

水解用的处理液是用有机溶剂和氢氧化钾（钠）水溶液配制而成的，文献报道的处理液主要有 NaOH-H$_2$O（含适量甲醇）、NaOH-H$_2$O、NaOH-DMSO-H$_2$O、KOH-H$_2$O 以及 KOH-DMSO-H$_2$O 等。水解体系的组成、转型反应的温度和时间等都会对水解转型速度产生一定影响。

图 5-18　全氟离子膜—COOCH$_3$
基团转型前后的 FTIR 图

大尺寸的全氟多层宽幅增强复合膜的转型过程通常是在一个水平放置的槽式装置中进行的，当膜从一端向另一端缓缓移动时，处理液的碱浓度逐渐变化，并按实际情况进行间歇性更换，其中钾型处理液有助于使膜充分膨胀，经其处理的多层复合膜在用清水洗净后继续用钠型处理液进行处理可转换成钠型膜，再次洗净和干燥后可进行膜表面的亲水化处理。

早期的氯碱工业用全氟离子交换膜是没有经过表面亲水化处理的。在使用中发现，当膜与阴极和阳极之间的距离缩小到一定程度时（如小于 2mm），食盐电解中产生的氢气会以大量气泡的形态附着在膜的表面，难以释放的氢气阻碍了电流通道，使膜的有效电解面积减少，膜的表面电流分布不均匀，局部极化的作用明显增加，从而使膜电阻和槽电压急剧上升。以机械方法使膜表面粗糙化等的改进措施效果并不理想。通过研究，日本旭硝子公司推出了适合"零极距槽"的离子交换膜，也称为零极距膜，在其两侧的表面均匀地附着了一些仅几微米粒径的特种金属氧化物粉末，能显著提高膜表面的亲水性，防止电解产生的氢气泡附着在表面，从而可在使用时将膜紧靠在电极上（间距一般小于 0.5mm），有效地降低槽电压。涂层一般是由粉末状无机氧化物和黏结剂构成的，常用的无机氧化物包括氧化锡、氧化钛、氧化锶、氧化铁、氧化锆及氧化硅等，平均粒径为 0.1~1000μm，可使用其中的一种或几种。在膜表面涂覆无机氧化物，其均匀覆盖率需要达到 30%~70%。实现涂层中粉末均匀分布的关键在于要使无机氧化物均匀地分散在黏结剂溶液中以及采用合适的涂覆工艺。所用的黏结剂溶液一般是带有磺酸或羧酸基团的氟树脂溶液。从配制溶液的难易程度和效果出发，分子量较低的全氟磺酸树脂是最合适的，而大规模涂覆的生产线可采用辊涂、喷涂或异体转移等工艺且涂覆完成后要经过干燥处理。

5.2.5　检验、包装

通过以上步骤制得的膜还需经过针孔检验、切边、裁剪等工序。大规模生产的膜在流水线上还设有定制化的自动针孔检验仪器。按不同的型号，成品膜可用干法或湿法两种不

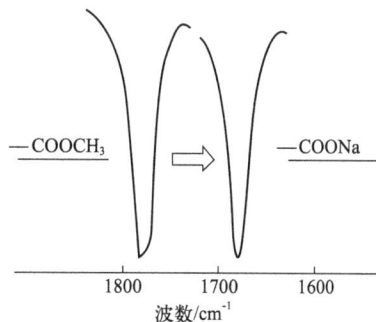

同的方法进行包装，其中湿法包装的膜一般是浸泡在规定成分的盐水中，可直接用于装槽。

5.3 全氟离子交换树脂的主要应用

5.3.1 在氯碱工业中的应用

氯碱工业是由食盐水溶液制取氢氧化钠、氯气和氢气，并以这些基础原料生产一系列化工产品的工业，是重要的基础化学工业之一。早在 20 世纪 50 年代末，一些公司就开始着手研究离子交换膜法电解食盐水溶液制造氯碱。前期所选择的制膜材料不耐电解产物（尤其是氯）的侵蚀而未能实现工业化生产。直到 1966 年美国杜邦公司开发出化学稳定性较好的用于燃料电池的全氟磺酸离子交换膜（即 Nafion 膜），后续日本旭硝子开发出了全氟羧酸膜，离子膜法制碱才得以真正大规模产业化。离子膜制碱法具有能源消耗低、操作成本低、环境污染小、烧碱产品纯度高等优点，已成为全球氯碱工业的首选工艺。自 20 世纪 80 年代中期起大力发展离子膜法制碱生产装置，到 2022 年离子膜法制碱生产能力约为 4800 万吨/年（开工率约为 80%），需要全氟离子交换膜 100 万平方米以上。

氯碱用的离子交换膜通常是全氟磺酸膜和全氟羧酸膜的复合体，是按照适合氯碱工业用的全氟离子交换膜结构而设计的，其在特定 A_R 全氟磺酸单膜和全氟羧酸单膜的基础上再加上增强骨架，最终经多层复合、表面处理和水解转型后得到全氟离子交换膜。全氟磺酸离子交换树脂在这种增强复合膜中占有主导地位。随着制膜技术的进步和膜性能的提高，膜的总厚度已从初期的 $400 \sim 500 \mu m$ 逐步降低到 $200 \sim 300 \mu m$。

5.3.2 在燃料电池中的应用

质子交换膜燃料电池（PEMFC）是一种将氢和氧的化学能通过电极反应直接转换成电能的装置，具体结构和原理参见图 5-19。质子交换膜燃料电池工作时排放的唯一物质是水，几乎没有噪声，是无污染的发电装置，有着能量转换效率高、可靠性及维修性好等优点，最适合作为取代目前汽/柴油发动机的移动能源，用于各种机动车辆动力系统之中。

全氟磺酸树脂制成的全氟磺酸膜是最有效的 PEMFC 固体电解质，由疏水的氟碳主链和亲水的磺酸基侧链组成。疏水性的碳氟主链具有优良的热稳定性和化学稳定性，从而确保了聚合物膜的长使用寿命，而亲水性的磺酸基团则是吸附水的媒介，水在膜中作为质子传导的载体，可以促使质子从亲水性的磺酸基团中分离出来，并提供流动的水合质子，从而完成质子的传输。全氟磺酸膜具有良好的化学稳定性和机械强度，在高湿度条件下具有质子传导率高、离子传导电阻小等优点。最早的全氟磺酸膜是由美国杜邦公司

图 5-19　质子交换膜燃料电池的工作原理

研制成功并以 Nafion 为其商标，是目前 PEMFC 研制和开发中应用最多的膜。另外，还

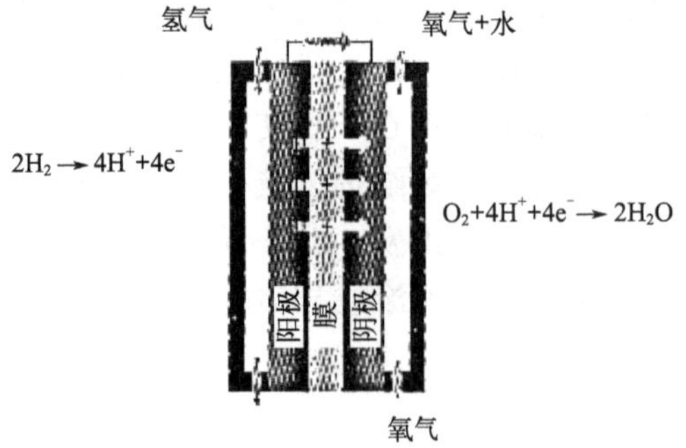

有日本旭硝子、比利时苏威和美国 3M 等公司生产的全氟磺酸膜。

全氟磺酸离子交换树脂制成的全氟磺酸膜是质子交换膜燃料电池的核心组件之一，厚度为 $10 \sim 20 \mu m$，这是一种由 TFE 和 PSVE 共聚得到的—SO_2F 型树脂水解转型成—SO_3H 型后再用有机溶剂溶解成浓度较稀的溶液经浇铸而成的薄膜，也可以将—SO_2F 型树脂挤成薄膜后再转型。为了满足良好的导电性要求，树脂的交换容量要大于 $1.0 mmol/g$ 干树脂或 EW 小于 $950 \sim 1000 g/mol$。

在燃料电池方面的应用尽管已有很多卓有成效的研究成果，但全面产业化仍在进行中。随着包括丰田公司在内的燃料电池汽车和卡车的不断推出，全氟磺酸质子交换膜燃料电池的产业化已经近在咫尺。

5.3.3　在液流电池中的应用

液流电池是由 Thaller（NASA Lewis Research Center, Cleveland, United States）于 1974 年提出的一种电化学储能技术。液流储能电池系统由电堆单元、电解质溶液及电解质溶液储供单元、控制管理单元等部分组成。液流电池系统的核心是由电堆（电池组或燃料电池）及可实现充、放电过程的单电池按特定要求串联而成的，结构与燃料电池电堆相似。

与其他的储能电池相比，全钒液流电池有以下特点。

① 电池的输出功率取决于电堆的大小和数量，储能容量取决于电解液容量和浓度，因此它的设计非常灵活，要增加输出功率，只需增加电堆的面积和电堆的数量，要增加储能容量，只需增加电解液的体积；

② 全钒液流电池的活性物质为溶解于水溶液的不同价态钒离子，在全钒液流电池充、放电过程中，仅离子价态发生变化，不发生相变化反应，充放电应答速度快；

③ 电解质中的金属离子只有钒离子一种，不会发生正、负电解液活性物质相互交叉污染的问题，电池使用寿命长，电解质溶液容易再生循环使用；

④ 充、放电性能好，可深度放电而不损坏电池，自放电率低，在系统处于关闭模式时，储罐中的电解液无自放电现象；

⑤ 液流电池选址自由度大，系统可全自动封闭运行，无污染，维护简单，操作成本低；

⑥ 电解质溶液为水溶液，电池系统无潜在的爆炸或着火危险，安全性高；

⑦ 电池部件多为廉价的炭材料、工程塑料，材料来源丰富且在回收过程中不会产生污染，对环境友好；

⑧ 能量效率高，可达 70%，性价比好；

⑨ 启动速度快，如果电堆里充满了电解液，可在 2min 内启动，在运行过程中充放电状态切换只需要 0.02s；

⑩ 可实时、准确监控电池系统荷电状态（SOC），有利于电网进行管理、调度。

钒流电池中的隔膜非常重要，直接关系到钒流电池的最终性能，主要作用是隔离正、负极电解液，防止电极间的电解液混合导致电池短路，同时对离子有选择性，为质子提供传导通道，因而隔膜材料应具有亲水、优异的耐化学品性和较好的力学性能等特点，能让质子自由通过而钒离子不能通过。实践证明，全氟磺酸膜能满足以上性能要求，是钒流电池中最好的隔膜材料。

5.3.4　在质子交换膜电解水制氢中的应用

电解水制氢是在直流电的作用下，通过电化学过程将水分子分解为氢气和氧气，并分别在阴、阳极析出。目前电解水制氢主要有三种技术路线，即碱性电解（AWE）、质子交换膜（PEM）电解以及固体氧化物电解（SOE）。在这三种技术路线中，PEM 电解水制氢的效率高且适用于可再生能源发电时的波动性，是当下的主流路线，也是比较有前景的电解水制氢技术。质子交换膜一般使用的是全氟磺酸膜，用于传递质子并隔绝开阴阳极生成的气体及阻止电子的传递。

与碱性电解池相比，PEM 电解池中使用全氟磺酸膜代替石棉膜用以传导质子并隔绝电极两侧的气体，避免了碱性电解液带来的缺点。同时，PEM 电解池的体积更为紧凑，结构上为零间隙，极大降低了电解池内的欧姆内阻，提升了整体性能。典型的 PEM 电解池主要由阳极端板、阴极端板、阴阳极扩散层、阴阳极催化层以及质子交换膜组成。其中，端板的作用是固定电解池组件并引导电流传递，分配水、气，扩散层起集流以及促进气液传递等作用，催化层的核心是由催化剂、电子传导介质、质子传导介质组成的三相界面，是电化学反应的核心场所。

与碱性电解水相比，PEM 电解水的优势主要在于以下几点：①由于采用的是质子交换膜固体电解质，产生的气体无需进行脱碱处理；②效率高于碱性电解池；③启停快，响应性好；④能适应可再生能源发电时的波动性。

5.3.5　其他应用

带有—SO_3H 基团的 H 型全氟磺酸树脂是现在已知的最强固体超强酸，具有耐热性能、化学稳定性好和机械强度高等特点。由于 H 型全氟磺酸树脂分子中引入了电负性最大的氟原子，产生强大的场效应和诱导效应，从而使其酸性剧增。与液体超强酸相比，用作催化剂时，其易于分离且可反复使用，腐蚀性小，引起公害少，选择性好，易应用于工业化生产。据文献报道，H 型树脂作为催化剂已成功用于某些异构化、聚合、酯化、缩醛化及烷基化等反应。用这种固体超强酸树脂作催化剂，在酯化反应中将摩尔比为 3∶1 的醋酸和醇进行回流可得到产率为 $40\%\sim60\%$ 的酯。

不仅可直接将 H 型全氟磺酸树脂用作催化剂，还可将回收的全氟磺酸膜制成全氟磺酸树脂溶液负载于载体上使用，这方面有一些很有价值的创新研究和进展，例如将回收的全氟磺酸膜制成溶液，再利用溶胶-凝胶法制得全氟磺酸树脂-SiO_2 的复合催化剂。这种 SiO_2 负载的全氟磺酸树脂用于催化合成苯甲醛缩 1,2-丙二醇，其产物收率可高达 91.8%。此外，全氟离子交换树脂在电化学、分析专用的管道、贵金属的回收、水处理等领域中也有应用。全氟离子交换树脂具有优异的离子传导性、耐热性及耐化学品性，还会在更多的领域发挥重要的作用。

第6章
氟树脂的结构、性能及应用

　　工程师在许多的应用场景中可发现不同或同一种氟树脂的身影，也会发现在同一个应用场景中有时有多种氟树脂的方案可供选择，只有了解氟树脂的结构和性能才能选择最适合该应用场景的材料方案。为了便于工程和设计人员参考，本章中既对常用的氟树脂做了总体的性能对比，又分别对主要氟树脂进行了重点论述，并对主要氟树脂的应用领域进行了介绍，以加深读者对氟树脂性能的理解。在本章的末尾，基于对各种氟树脂的综合性能对比，给出了一些可供参考的应用优先度建议。除了这些主要品种外，对于这些主要氟树脂基础上的改性产品或是其他的共聚类氟树脂，限于篇幅等仅做了部分介绍和少量描述。

6.1　主要氟树脂的结构和性能

6.1.1　氟树脂的总体性能对比

　　各种氟树脂之间既有许多共同点，也有很多明显的不同之处，正是这些差异对加工方式和应用场景的选择起到了关键作用。在对主要氟树脂进行逐一描述前，首先要对氟树脂之间的性能进行一个概览式对比（表 6-1～表 6-3），从而建立氟树脂之间的相对差异和特性的基本概念。

表 6-1　氟树脂的主要性能对比

特性	测试方法	PTFE	FEP	PFA	PVDF	ETFE	PCTFE
氟含量/%		76	76	80.6	59	59	49
密度/(g/cm³)	D792	2.14～2.20	2.13～2.15	2.12～2.17	1.75～1.78	1.72～1.76	2.11～2.16
接触角/(°)	—	110	114	115	82	98	84
熔点/℃	D3418	326～329	257～263	302～310	155～172	260～270	210～212
最高连续使用温度/℃	—	−196～260	−196～204	−200～260	−40～150	−40～150	−50～130
T_g/℃	DSC	120	80	100	−40～−46	90	45
拉伸强度(23℃)/MPa	D638	27～60	20～30	26～30	34～52	58～64	31～39
断裂伸长率(23℃)/%	D638	200～450	300～350	380～450	50～250	440～540	50～250
冲击强度（23℃，悬臂梁式)/(J/m)	D256	160	冲不断	冲不断	117～234	冲不断	133～187
邵氏硬度		50～55	55～56	60	75～80	69	85～95

特性	测试方法	PTFE	FEP	PFA	PVDF	ETFE	PCTFE
相对介电常数(10^6 Hz)	D150	2.1	2.1	2.1	6.2~7.0	2.6	2.3~2.5
介电损耗(10^6 Hz)	D150	<0.0002	0.0006	<0.0003	0.10~0.17	0.008	0.010~0.024
体积电阻率/($\Omega \cdot cm$)	D257	10^{18}	10^{18}	10^{18}	10^{14}	$10^{16} \sim 10^{17}$	10^{17}
介电击穿强度(3.2mm)/kV	D149	19	20~24	20~24	10	16	20~24
阻燃性(氧指数)/%	D2863	>95	>95	>95	44	32	>95
耐候性	暴晒数据	优异	优异	优异	优异	优异	优异
燃烧性	UL94	V-0	V-0	V-0	V-0	V-0	V-0
	D635	不燃	不燃	不燃	自灭	自灭	不燃
折射率(n_D,100μm 薄膜)		—	1.342	1.340~1.346	1.410~1.420	1.395	1.390
表面张力(20℃)/(dyn/cm)		18.5	18	17.8	25	22	31
吸水率/%	—	<0.01	<0.01	<0.03	0.015~0.05	0.029	<0.01
酸	—		●	●	○	◎	◎
碱	—	●	●	●	○	◎	◎
溶剂	—	●	●	●	△	◎	○

注：1. PVDF 以三爱富公司产品为对比例子，PCTFE 以大金公司的产品为对比例子，ETFE 以 AGC 公司的产品为对比例子，PTFE、FEP、PFA 以杜邦公司的产品为对比例子。

2. ◎代表非常优异，○代表优异，△代表能够使用，●比◎更优异。

表 6-2 主要氟树脂的耐化学品性

氟树脂类型	耐化学品性
PTFE	对于绝大多数的化学药品有非常稳定的性质，仅会被熔化碱金属和此类溶液以及高温的氟、三氟化氯等侵蚀
FEP	与 PTFE 相同
PFA	与 PTFE 相同
PVDF	在发烟硫酸、100℃以上的烧碱中分解，丙酮、DMF、酮、酯、环乙醚、酰胺类中无膨润溶解
ETFE	与 PTFE 基本相同但会受浓硝酸侵蚀
PCTFE	比 PTFE 略差。除会受熔化碱金属、高温的氟、三氟化氯的侵蚀外，在高温下还会受氯气及氨气的一定侵蚀。此外，在特殊的卤化有机溶剂中，高温下无膨润溶解

表 6-3 氟树脂的气体透过量

项目	PTFE	PFA	FEP	ETFE	PCTFE	ECTFE	PVDF	PVF
水蒸气/[g/($cm^2 \cdot d$)]	5	8	1	2	1	2	2	7
空气/[cm^3/($m^2 \cdot d \cdot bar$)]	2000	1150	600	175	N/A	40	7	50
O_2/[cm^3/($m^2 \cdot d \cdot bar$)]	1500	N/A	2900	350	60	100	20	12

项目	PTFE	PFA	FEP	ETFE	PCTFE	ECTFE	PVDF	PVF
N_2/ [cm^3/($m^2 \cdot d \cdot bar$)]	500	N/A	1200	120	10	40	30	1
He/ [cm^3/($m^2 \cdot d \cdot bar$)]	3500	17000	18000	3700	N/A	3500	600	300
CO_2/ [cm^3/($m^2 \cdot d \cdot bar$)]	15000	7000	4700	1300	150	400	100	60

6.1.2　C—F 键的影响

氟原子（F）是所有元素中最活泼和电负性最强的元素。在氟原子取代氢原子后，聚合物性能之所以发生很大的变化主要是由 C—F、C—H 键之间的差异引起的。

表 1-2 所示主要氟树脂的组成，除了 C 和 F 之外，还包括 Cl、H 等原子。F 与 Cl、H 的电负性以及 C—H、C—F 和 C—Cl 之间的键能可参见表 6-4。由于 C—H 键中 C 的电负性高于 H，而 C—F 键中 F 的电负性比 C 大得多，因此 C—F 键的极性与 C—H 键的极性是相反的，且 C—F 键的极性大得多。换言之，相对于 C—F 键的中心点，F 吸引更多的共价电子对，而 C—H 键上的共价电子对则偏于 C。F 的尺寸明显大于 H，C—F 键的键长也明显大于 C—H 键，但小于 C—Cl 键。作为表征化学键断裂所需能量的键能，C—F 键也明显高于 C—H 和 C—Cl 键，而这也是氟聚合物具有优异性能的主要原因之一。通过对比 PTFE 和 PE（聚乙烯树脂）就能很直观地感受到上述这一点。虽然 PTFE 与直链型 PE 同为线型聚合物，且分子结构相似，但当所有的 H 为 F 所取代后，PTFE 成为最耐腐蚀、表面能最低和热稳定性很高的聚合物，其熔点及相对密度比 PE 大了 1 倍。

氟原子的特性构成了氟树脂（包括其他氟聚合物）的性能共性。氟含量越高，氟聚合物性能就越完善，而这一点可从下述每种氟树脂的详细描述中有所体现。

表 6-4　H、Cl、F 的电负性及与 C—X[①] 的键距、键长、键能

项目	F	Cl	H
范德华半径/nm	0.135	0.180	0.12
电负性	4.0	3.0	2.1
极化率（X_2）/($10^{-24} cm^3$)	1.27	4.61	0.79
C—X 的键距/nm	0.1317	0.1766	0.1091
C—X 的键能/(kJ/mol)	486	327	417
C—X 键极化率/($10^{-24} cm^3$)	0.68	2.58	0.66

① X 是 F、Cl 和 H。

6.1.3　氟树脂的分类

6.1.3.1　全氟化和部分氟化类氟树脂

按结构中的元素划分，氟树脂可分为全氟化类氟树脂和部分氟化类氟树脂。前者的典

型代表是 PTFE、FEP、PFA、MFA 等，后者的典型代表是 PVDF、ETFE、PCTFE 等。

全氟化类氟树脂是指不论主链还是支链都受到氟原子的包围和保护，因此即使是 FEP、PFA 等氟树脂，其热稳定性、耐化学品和溶剂性等指标仍能接近（部分指标甚至达到）PTFE 的水平。

部分氟化类氟树脂是指聚合物分子链上除了 C—F 键外还有一定数量的 C—H、C—Cl 键，主链受氟原子的保护程度有所下降，从而导致包括结晶度、长期使用温度、化学惰性、表面能和摩擦系数等在内的指标都有所下降甚至变差。

由两类树脂的主要性质对比可知，部分氟化类氟树脂的加工温度明显低于全氟化类氟树脂，且长期使用温度稍低，热稳定性和耐化学品性稍差，但机械强度优于全氟化类氟树脂，而且可以溶于特定溶剂，加工应用更容易。全氟化类氟树脂的耐化学品性、耐溶剂性、热稳定性以及部分力学指标等要优于部分氟化类氟树脂。另外，由于分子呈中性及分子间作用力较弱，全氟化类氟树脂比部分氟化类的氟树脂具有更高的蠕变趋势，对射线辐照很敏感。

6.1.3.2　非可熔融及可熔融加工树脂

PTFE 是一种非可熔融加工氟树脂，而 PFA、FEP、PVDF、ETFE、PCTFE 等都是可熔融加工氟树脂。与非可熔融加工 PTFE 相比，可熔融加工氟树脂既保持了 PTFE 的大部分特性，同时又弥补了 PTFE 难以加工的缺点。

结晶度的不同是这两类树脂之间一个明显的差异，其中全氟化类氟树脂之所以能降低结晶度，主要在于其结构中引入了带有特定侧链的共聚单体，如 FEP 侧链上的—CF_3 基团代替了 PTFE 分子链上的 F，使其生料（聚合反应得到的直接反应产物）的结晶度明显下降至 70%，而经过加工处理后的制品结晶度进一步降低至 30%～50%，熔点则由 PTFE 的 327℃降低至约 260℃，且树脂组成中的共聚单体含量不同，熔点也会有差异。部分氟化类氟树脂的结晶度下降主要是由分子链上的 C—H、C—Cl 键等部分取代了 PTFE 中的 C—F 键引起的。由于可熔融加工氟树脂的结晶度大大低于 PTFE，因此可以采用熔融加工的方式。

6.2　聚四氟乙烯

众所周知，PTFE 是一种性能优良的氟树脂，其主要有如下特点：①具有所有聚合物中最低的表面能，具有自润滑性和不粘性，制品表面不润湿；②具有最好的化学惰性，除熔融态的碱金属及少数卤素氟化物外，能抵御几乎所有化学物质；③具有极好的热稳定性，可在 260℃高温下长期使用，还能适应较低的温度环境；④具有较好的机械强度，摩擦系数低，但是制品在应力下易发生松弛；⑤具有极好的介电性能，可用作高端电绝缘材料；⑥具有好的耐辐射性；⑦不适用通常塑料广泛采用的热塑加工方法，需采用专门的特殊加工方法；⑧制成的未烧结薄膜可经受高倍数拉伸，可制成带有网状结构的独特微纤多孔材料。

为了能让工程师们进一步了解 PTFE 性能的根源和更多的性能特点，以下将介绍 PTFE 的结构。

6.2.1　结构

6.2.1.1　PTFE 的链结构

PTFE 是 TFE 聚合后的产物。由于 TFE 在聚合过程中不会发生 C—F 键断裂，因此生成的 PTFE 主要是无支链或侧基的线型分子链结构，这是由于氟原子的范德华半径比氢原子的大，原子间空间排斥力较强，PTFE 的线型链段不会形成如 PE 一样的平面锯齿形（Z 字形）构象，而是呈现螺旋形构象，即碳链骨架四周被氟原子包围起来呈螺旋硬棒状结构，从而使空间排斥力达到最小化。这使得 PTFE 具有极好的化学及热稳定性。图 6-1 是 PTFE 相图，由图可知，除了螺旋形构象外，高压下所处的Ⅲ区则是 Z 字形构象区域。

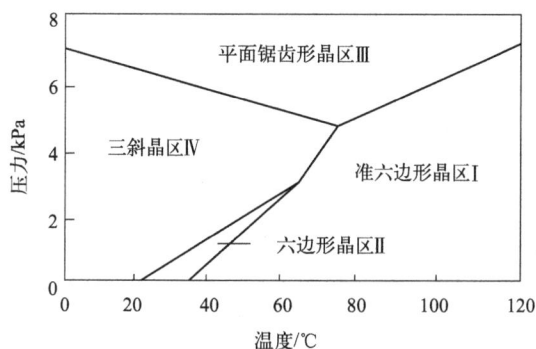

图 6-1　PTFE 的相图

在 19℃以下，PTFE 的螺旋角为 13.8°，旋转 180°角的螺旋线含有 13 个—CF_2—重复单元，每一个重复单元的距离为 1.69nm，分子链轴间距为 0.562nm。在 19℃以上，旋转 180°角的螺旋线—CF_2—增至 15 个，每个链节的距离会增加至 1.95nm，分子链轴间距为 0.555nm。

PTFE 分子间是易滑动的，并在宏观上表现为 PTFE 所具有的低强度、高断裂伸长率、较差的耐磨性、优秀的润滑作用、较大的蠕变以及优良的电性能等。以下这些因素导致了其分子间的滑动：①无支链或侧基且由氟原子紧密包围的完全对称 PTFE 线型分子间几乎没有任何的位阻；②PTFE 的中性电子态及其对称的几何形状使得氢键的作用消除了；③PTFE 分子几乎没有极化或电离的倾向，因此分子之间以及与其他分子之间的非极性力最小化（色散力）；④结构中没有永久的偶极子，从而最大限度地减少了偶极子-偶极子的力；⑤PTFE 的低极化率系数使偶极子诱导的偶极子能量最小化。

6.2.1.2　PTFE 的分子量

PTFE 的分子量一般都很高，M_n 通常在 100 万～500 万之间，有时甚至更高。由于 PTFE 没有溶剂可以溶解，因此无法直接测定 PTFE 的分子量，通常可用式（6-1）的经验式，由树脂的标准相对密度（SSG）来估算其 M_n。在加工和应用中，SSG 是 PTFE 产品质量的评价标准之一。需要指出的是，SSG 与 M_n 之间不是完全的线性关系。当 SSG

小于 2.15~2.16 时，用 SSG 估算分子量误差往往很大。

$$SSG = 2.6113 - 0.05791 \lg M_n \qquad (6\text{-}1)$$

此外，还可用式（6-2）的 DSC 法进行估算，即用 PTFE 在熔融/结晶过程中的结晶热 ΔH_c（cal/g）进行计算。该公式适用于 M_n 范围为 $5.2 \times 10^5 \sim 4.5 \times 10^7$ 的 PTFE。

$$M_n = 2.1 \times 10^{10} \Delta H_c^{-5.16} \qquad (6\text{-}2)$$

高分子量的 PTFE 熔融黏度也极高，380℃ 下测定的运动黏度为 $1 \times 10^{10} \sim 1 \times 10^{11} Pa \cdot s$，即使在熔点下也不具有流动性，因此难以用类似可熔融塑料的加工方法。悬浮 PTFE 只能用类似粉末冶金的方法进行加工，其是将悬浮 PTFE 置于模具内并经预成型、烧结等工序加工成制品，而糊状分散 PTFE 则在加入助推剂（润滑剂）后经推压预成型、烧结得到最终的加工制品。极高的熔融黏度是 PTFE 即使在很高温度下都能正常使用的主要原因之一。

6.2.1.3　PTFE 的结晶

PTFE 是高结晶度聚合物，其结晶度可达到 92%~98%，但是经加工或烧结、冷却过程后的结晶度一般不超过生料结晶度的 70%。

图 6-2 所示的是 PTFE 分子在一个带状结构中发生结晶的过程。这些带状结构的长度为 10~100μm，宽为 0.2~1μm。具体大小与熔融聚合物的冷却速率有关，冷却速率慢则可以获得更大的晶体带宽。在带宽上有与晶体片相对应的条纹，这是由晶体段的折叠或堆积而产生的。这些晶体片之间由非晶态聚合物隔开。一个晶片的厚度为 20~30nm。

PTFE 有三个一级转变点，即 19℃、30℃ 和 90℃，其中前两个是最重要的。

在 19℃ 以下时，PTFE 晶体是一个近似完美的三斜晶系，而在 19℃ 以上，晶格转变为六方晶系。在 19~30℃ 时，链段的旋转度变得稍小些，链段变得越来越无序，PTFE 的相对密度减少了 1.8%，这一点在设计加工件的尺寸时要特别注意。在 30℃ 以上，PTFE 出现了结晶松弛，键有序地旋转进一步变为无规缠绕，此时的 PTFE 单位晶格是一种类六边形晶系。

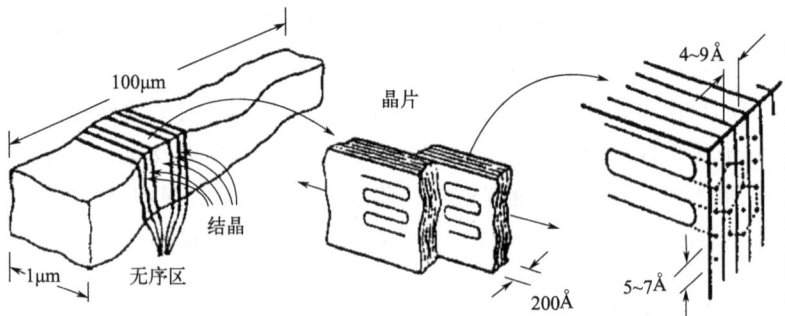

图 6-2　PTFE 的晶体结构

在 19℃ 以上，PTFE 键具有某种程度的角向位移，随着温度上升位移逐步增加，而在 30℃ 以上，其呈现增强的趋势，直至熔点（327℃）。因此 PTFE 的硬度在 19℃ 的上下有着明显差异，19℃ 以上的 PTFE 较柔软，易变形。这一点对 PTFE 的后处理工艺、生产线物料移动方式、设备设计、包装方式和储存条件（特别是温度）都有很重要的指导意义，对 PTFE 加工中的温度选择也有关键作用，例如分散 PTFE 经糊状挤出后进行拉伸制备 PTFE 薄膜等的加工过程。

6.2.2　性能

6.2.2.1　PTFE 的化学性质

由于独特的分子结构，PTFE 是高分子材料中具有最好化学稳定性的聚合物。PTFE 几乎能耐所有酸、碱和各类溶剂等化学物质，即使在高温下长期浸泡也能保持这种性能，因而有"塑料王"的美誉。只有遇到熔融态下的碱金属、高温及压力下的氟气和少数卤素氟化物（如 ClF_3 以及 OF_2 等）才会发生作用。当然，有些 PTFE 的应用就是合理地利用了这些"例外"，例如接触碱金属的 PTFE 膜或薄板，其表面经腐蚀后会发生脱氟和氧化，使 PTFE 膜或薄板的表面失去不粘性，采用特种胶黏剂后可以将其与金属或其他非金属材料相粘接，甚至不同 PTFE 的制件也可以粘接成一体。

由于 PTFE 与其他分子具有较弱的分子间作用力，再加上分子量和结晶度的影响，导致 PTFE 难以被溶剂溶解或溶胀，只有全氟烷烃或全氟氯烷烃才能使 PTFE 在室温下发生轻度溶胀，在熔点附近全氟煤油甚至可以使其发生溶解。

6.2.2.2　PTFE 的热性能

了解 PTFE 的热稳定性、热膨胀性、热传导性和比热容等热性质对设计、加工和使用 PTFE 有着重要的参考意义。

① 热稳定性。在 260℃下，PTFE 是非常稳定的，即使温度稍高也只有很少的热分解情况发生。热分解的速率与 PTFE 的品种、所处的温度、持续时间等因素有关，在某种程度上也会受压力和热分解环境的影响。实际工作中，热分解也可间接地测定分子量。PTFE 的热分解可用热重分析（TGA）的方法进行测定。分解产生的物质则可用气相色谱、红外光谱和质谱等方法测定。实验结果表明，PTFE 是所有氟树脂中热稳定性最好的。

特别需要注意的是，在空气中的热分解速率要快于在真空中的速率。在 5mmHg（1mmHg=133Pa）的真空条件下，PTFE 分解产物中的 TFE 可以达到 97% 以上，分解符合一级反应动力学，因此可认为 PTFE 的热分解是无规断链机理。分解产物中除了 TFE，还包括 COF_2（氟光气）、PFIB，这些都属于高毒性物质，需要引起高度重视。

② 热膨胀。当温度从 23℃降至 -196℃时，PTFE 会收缩 2%，而温度从 23℃升温至 249℃时，PTFE 会膨胀约 4%。对于 PTFE 的设计、加工和使用过程而言，这样的尺寸变化是很大的了。特别要注意的是，在经历 19℃的相转变点时，PTFE 会发生很大的线膨胀变化，所以要避开 19℃，例如在 23～25℃下操作就比较安全。

图 6-3 是 PTFE 膨胀率与温度之间的关系曲线图。表 6-5、表 6-6 则分别是 PTFE 在不同温度范围内的线膨胀系数和体积膨胀系数。

表 6-5　PTFE 在不同温度范围内的线膨胀系数

温度范围/℃	线膨胀系数/ $(10^{-5}℃^{-1})$
−190～25	8.6
−150～25	9.6
−100～25	11.2
−50～25	13.5
0～25	20
10～20	16
20～25	79
25～30	16
25～50	12.4
25～100	12.4
25～150	13.5
25～200	15.1
25～250	17.5
25～300	22

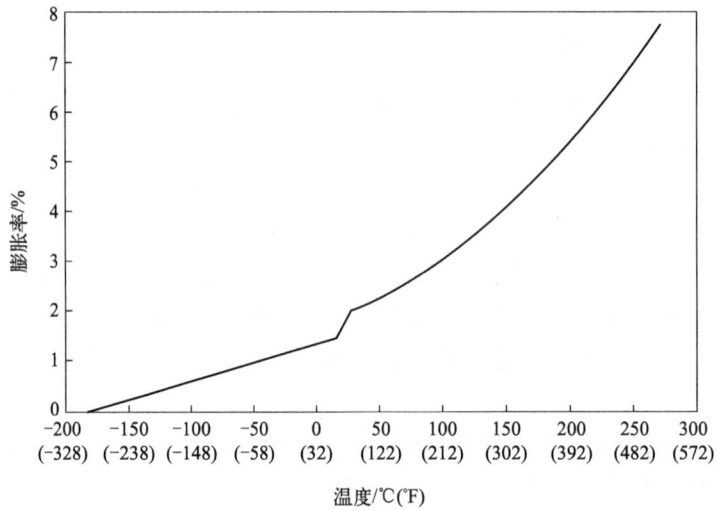

图 6-3　PTFE 膨胀率同温度的关系曲线

表 6-6　PTFE 在不同温度范围内的体积膨胀系数

温度范围/℃	体积膨胀系数/℃$^{-1}$
−40～15	2.6×10^{-4}
15～35	1.7×10^{-2}
35～140	3.1×10^{-4}
140～200	6.3×10^{-4}
200～250	8.0×10^{-4}
250～300	1.0×10^{-3}

PTFE 的线膨胀系数比其他通用塑料要大，与金属材料之间也存在明显差异。这对其应用有诸多不利影响，例如 PTFE 片或薄板用于法兰垫片时由于受热膨胀不同会发生泄漏，而 PTFE 薄壁管用于金属管的衬里时（尤其是用于高温防腐），受两端法兰处 PTFE 翻边的限制，PTFE 内衬管与金属管的热膨胀的差异往往会导致翻边处或内管本身的开裂。针对上述这些情况也可采用一些对策来改善，如第一种情况就可在 PTFE 粉中加入无机添加剂（如玻璃纤维、石墨、青铜或二硫化钼等）以降低其线膨胀系数，而后一种情况则可通过优化一些设计来改善，如在金属管中间位置设置膨胀结，以补偿热膨胀的差异。

③ 热导率和比热容。热导率低的 PTFE 是一种良好的绝热材料，其热导率为 0.25W/(m·K)，但是这个特点在有些应用下就不一定是有利因素了，例如以 PTFE 为设备（如反应器）的防腐衬里时，对设备内的物料加热或冷却过程而言就不是一个有利因素。这时可考虑在 PTFE 中加入适量填充物（如玻璃纤维、石墨或青铜粉）来改善热导率，表 6-7 是采用不同填料时的热导率。

表 6-7　不同填料时的热导率

项目	无	玻璃纤维	玻璃纤维	石墨	青铜粉	玻璃纤维+石墨	玻璃纤维+MoS_2
填充料的质量分数/%	0	15	25	15	60	20+5	15+5
热导率/[W/(m·K)]	0.25	0.37	0.46	0.46	0.48	0.37	0.33

6.2.2.3　PTFE 的力学和机械特性

① 力学性能。一般情况下，PTFE 的机械强度可用断裂强度和断裂伸长率来衡量。由图 6-4 和图 6-5 的对比结果来看，全氟化类、非可熔融加工氟树脂 PTFE 的强度要低于部分氟化类氟树脂（PVDF、ETFE、ECTFE 等），但要优于 FEP、PFA 等全氟化类氟树脂。

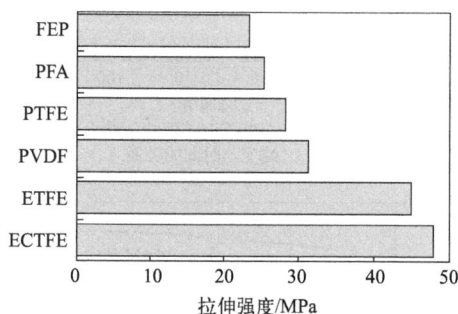

图 6-4　PTFE 和其他氟树脂拉伸强度对比　　图 6-5　PTFE 和其他氟树脂断裂伸长率对比

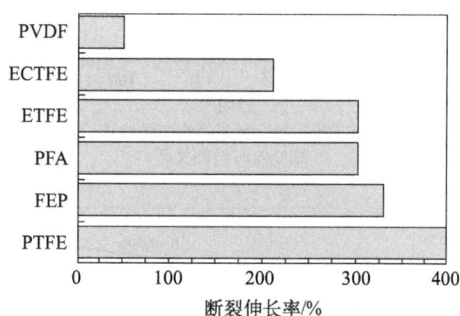

② 应力-应变特性。按测试标准将 PTFE 制成样条，在拉伸机上进行不同温度条件下的拉伸试验，其中载荷是按规定速率递增的。随着样条的逐渐伸长直至断裂，可得到应力-应变曲线，见图 6-6。由图可知，温度越高，产生同样应变所需的应力就越小，这说明高温度导致树脂强度降低。这与之前所说的由温升导致键发生一定程度的角向位移是相一致的。

③ 蠕变和应力松弛特性。蠕变是指材料在连续承受同一强度应力时，变形随时间缓慢增加的现象，也称冷流现象。PTFE 具有明显的蠕变性。影响蠕变的主要因素包括材料的本身性质（例如化学结构、结晶度及分子量等）、载荷、时间和温度等。图 6-7 中的（a）～（f）分别是 23℃和 100℃时 PTFE 在拉伸、压缩和扭曲载荷下的蠕变与时间关系图。

应力松弛是指在应变保持一定的情况下应力随时间而减少的现象。通常蠕变会伴随着应力松弛，它们的机理有相似之处，但是侧重点不同。

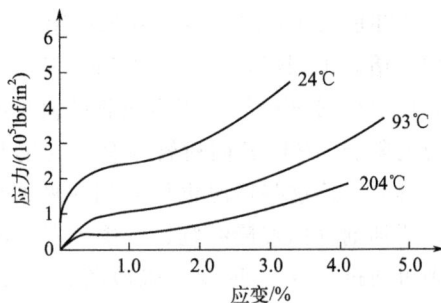

图 6-6 PTFE 在不同温度下的应力-应变曲线 [1lbf/in² （psi） ＝6894.76Pa]

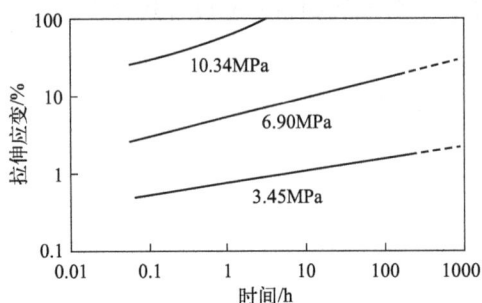

(a) PTFE在23℃时不同的拉伸载荷下蠕变与时间的关系

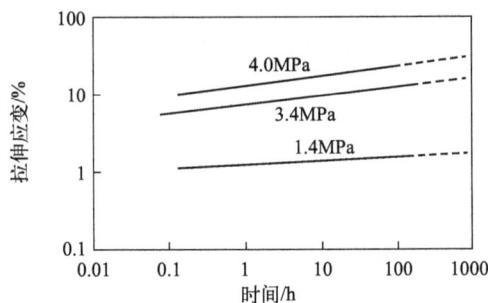

(b) PTFE 在100℃时不同的拉伸载荷下蠕变与时间的关系

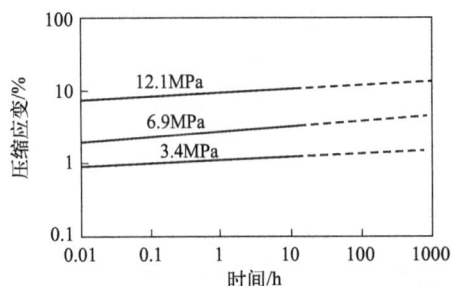

(c) PTFE在23℃时不同的压缩载荷下蠕变与时间的关系

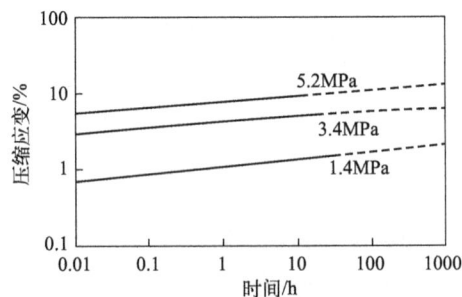

(d) PTFE在100℃时不同的压缩载荷下蠕变与时间的关系

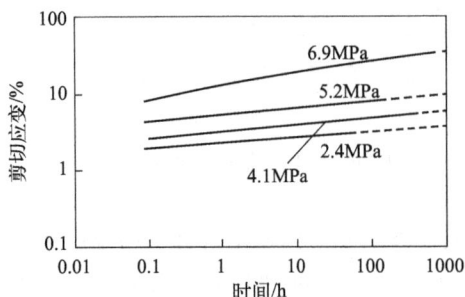

(e) PTFE在23℃时不同的扭曲载荷下蠕变与时间的关系

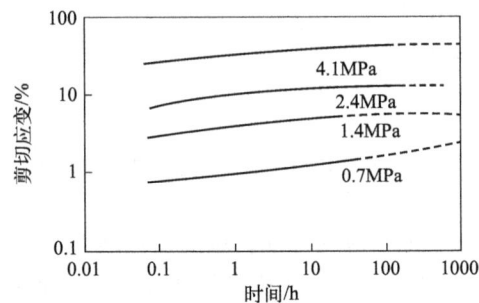

(f) PTFE在100℃时不同的扭曲载荷下蠕变与时间的关系

图 6-7 23℃和 100℃时 PTFE 在拉伸、压缩和扭曲载荷下的蠕变与时间关系图

PTFE 材质的垫片或垫圈在用于承受很大的压力载荷或用在压力设备的法兰中时，PTFE 的蠕变或应力松弛是一个需引起高度重视的问题。PTFE 垫片或垫圈在安装完成后，其两面都与设备接触面是紧贴的，再经符合工艺要求的密闭检测合格后可投入使用，但是在一段时间的使用后仍会发生应力松弛的情况，这时其与接触面就不再紧贴了，会出现明显的泄漏现象，而在 PTFE 中添加玻璃纤维、青铜粉或石墨粉等则可以在一定程度上改善这种蠕变情况，但是这些填充材料会影响垫片或垫圈的耐化学腐蚀性。如果面对必须使用 PTFE 材质但又不能添加填充剂的情况，则可在使用一段时间后（例如 24h 后），再次拧紧紧固件，也可将经特殊方法加工的膨体 PTFE 板制成垫片或垫圈使用。

④ 疲劳特性。材料疲劳是指材料在循环载荷的持续作用下发生的损伤和断裂。疲劳过程可以分为三个阶段，即疲劳硬化或软化、裂纹萌生和裂纹扩张导致失效。引起疲劳失效的循环载荷峰值一般远小于由静态断裂分析得到的"安全"载荷。掌握好这一点对于工程师在设计阶段正确评估材料长期承压下实际允许的最大载荷及使用寿命具有重要意义，例如当氟树脂作为电线电缆的绝缘层或加工成薄壁管应用在航空电缆和一些需要经受部件反复移动考验的液压软管时，这些材料都要经受无数次的弯曲、高低温变、电压或压力大幅波动的循环冲击。

PTFE 的弯曲寿命与其分子量、标准相对密度和结晶度等因素有关（参见图 6-8）。分子量越高，弯曲寿命越高，但结晶度的增加会导致弯曲寿命的降低。根据 ASTM D2176 标准进行测试，PTFE 是可以承受约 100 万次弯曲循环的。

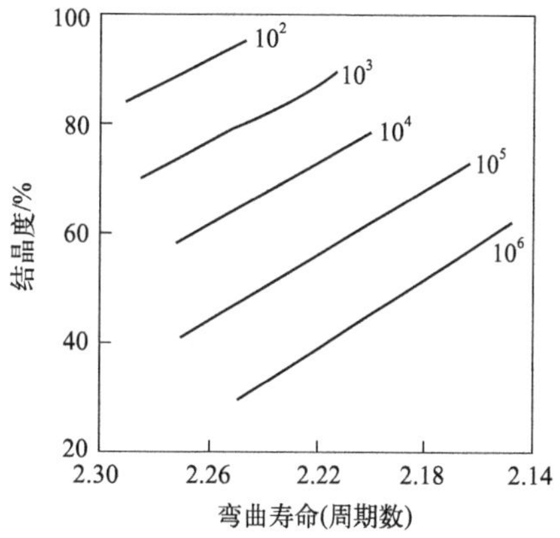

需要注意的是，对于有弯曲指标要求的 PTFE 制件而言，制件中存在的任何空隙、气泡和杂点都是致命的，它们极易成为疲劳发生点。

图 6-8 PTFE 分子量和结晶度与弯曲寿命的关系

⑤ 主要因素的影响。PTFE 的力学性能受分子量、结晶度以及加工中的孔隙率等影响，电性能、渗透性等也会受此影响。表 6-8 更清楚地表达了相关的影响。

表 6-8 分子量、结晶度和孔隙率对 PTFE 制品性能的影响

项目	分子量增加	结晶度增加	孔隙率增加
弯曲寿命	+100 倍	−100 倍	−1000 倍
压缩率	0	−50%	—
CO_2 透过性	0	−30 倍	+1000 倍
硬度	0	+20%	—
介电强度	0	0	−70%
拉伸强度	+50%	−70%	−50%
断裂伸长率	−20%	+100%	−80%

注：分子量增加是指 SSG 从 2.25 变化到 2.15；结晶度增加是由 45% 增加到 80%；孔隙率增加是由 0 增加到 6%。

6.2.2.4 PTFE 的电性能

PTFE 的偶极距为零，分子不带极性，具有极佳的介电性能。PTFE 的相对介电常数和介电损耗在−40～240℃的温度范围保持稳定，不受高频（＞1MHz）和高温影响。PTFE 的相对介电常数在整个频率范围内基本保持在 2.1，但是在密度或对密度有影响的因素发生变化时略有变化。此外，实验发现在 2～3 年的周期内测定的 PTFE 相对介电常数没有发生变化。PTFE 的介质损耗会受频率、温度、结晶度及制件空隙度的影响而发生变化。PTFE 的介质损耗在−40～240℃的温度范围内及 100MHz 以下一直低于 0.0004，并在 1GHz 时达到峰值，随着温度的升高，峰值会出现在更高的频率上。

PTFE 的介电强度非常高，在温度和热老化下能基本保持不变，介电强度随频率的增加有所下降，但下降速度比大多数材料都要慢。介电强度随制件厚度的增加会有所下降。特别需要注意的是，不良加工所造成的制件空隙也会导致介电强度的降低。

因为不吸收水，即使 PTFE 长期浸泡在水中，其体积电阻仍能保持不变。PTFE 的表面抗电弧性很好，且不受热老化影响。PTFE 在空气中经受电弧冲击时不会出现碳化的痕迹，仅会放出非导电的气体。

作为一种很好的电绝缘材料，PTFE 可用于绝缘等级较高的线缆等。当然，不导电有时也会引发一些问题，例如当 PTFE 管或衬 PTFE 的管道用于输送油料或其他易燃易爆化学品时，由于介质在较高流速下流动时会与管壁摩擦产生静电，如不能及时导出，不断积累的静电足以产生火花，从而有产生爆炸的危险。为了克服这个问题，可以在用于管材或衬里加工的材料中加入石墨或导电炭黑等导电材料及时将静电导出。此外，还可以在管道上装上接地或零位导线。

6.2.2.5 PTFE 的表面性能

PTFE 有着不润湿性及无需润滑的低摩擦性等表面性能。PTFE 具有很低的表面能（$\gamma_c=18.5mN/m$），不添加任何分散助剂的水完全不能润湿 PTFE，但是表面张力小于 18mN/m 的液体（例如全氟碳酸的水溶液）则可对其完全润湿。现有的其他固体材料都很难黏附在 PTFE 表面，但是经碱金属表面处理后则可明显改善 PTFE 的可润湿性和粗糙度，从而实现与其他基材的相互粘接，但摩擦系数也会同时增加。

由于 PTFE 分子之间是很容易滑动的，因此 PTFE 在几乎所有聚合物材料中是摩擦系数最低的，例如 PTFE 的摩擦系数仅为 PE 的 1/5。这使其在各种无油润滑和需要减摩的应用中得到了广泛的使用，但是有一点需要注意，不添加任何填充材料的纯 PTFE 属于易磨耗材，如遇到频繁滑动的应用则需要添加填充材料以增加耐磨性，例如无油压缩机的活塞环就是在悬浮 PTFE 细粒料中加入一定量的 E 玻璃纤维经模压制成的。

6.2.2.6 PTFE 的耐辐照性

PTFE 和其他全氟代类聚合物对射线辐照很敏感，因此不是耐辐射的材料。PTFE 暴露在高能射线（如 X 射线、γ 射线）和强电子束下会导致 C—F 键断裂，生成自由基，且在不同的环境下产生的是不同的结果。在真空或惰性气体保护条件下经受射线辐照，生成的自由基主要会形成分子间的交联，只有达到 1MGy 时，才会发生显著的分解。在空气等有氧的环境下，自由基与氧作用后主链会断裂，发生分解，分解产物是 TFE。当然，像受热降解一样，PTFE 在真空中的辐照稳定性还是要比在空气中受同样辐照好得多，例如当空气中的 PTFE 薄膜暴露在 ^{60}Co 产生的 γ 射线下达 1MGy 剂量时，其初始断裂伸长率损失 87％，拉伸强度损失 54％。当 PTFE 在真空条件下受同样剂量的辐照时，其断裂伸长率和拉伸强度的损失明显要小得多，只有 44％ 和 17％，主要原因在于真空或惰性气体保护条件下的辐照会使 PTFE 分子间发生某种程度的交联。另外，如控制适当的辐照温度和辐照剂量，经辐照处理的 PTFE 会呈现半透明状，其耐辐照性能、耐高温性能、透气和渗透性能都能显著提高。

6.2.2.7　PTFE 的吸收及渗透性

由于 PTFE 对绝大多数工业化学品和溶剂具有很高的惰性和低润湿性，因此在室温和大气压条件下其几乎不吸收液体，气体或蒸汽在 PTFE 中的扩散也要比在其他大多数聚合物中慢得多。结晶度愈高，则渗透速率愈慢。PTFE 中存在的比分子尺寸大很多的空隙会增加其可渗透性，这一问题在模压加工时可通过尽可能地减少空隙率和提高密度得到控制。经验表明，最佳的密度范围为 $2.160\sim2.195g/cm^3$。随着温度的上升，溶剂分子的活性增强，液体的蒸气压也上升，PTFE 的可渗透性也会增加。此外，PTFE 的树脂或薄膜在任何液体中几乎都不会溶胀。

6.2.3　应用

PTFE 以其优异的耐腐蚀、电绝缘、耐高低温、低摩擦、不黏附、耐老化和生理惰性等综合性能，在很多领域得到了应用。表 6-9 是按行业分类的 PTFE 树脂典型应用。

表 6-9　PTFE 的典型应用

分类	应用方向
化学工业	密封件；管、阀、设备的衬里；阀门、泵及零部件、化工设备的本体等
机械工业	设备的密封、垫圈、轴承、活塞环；大型金属结构支承滑块等
电子电气	电线电缆；电容器；电子设备中的接线、接插件、套管及各种零件；半导体生产用的设备、阀门、管道以及高纯化学品和试剂的包装容器等；高纯水用的 PTFE 微孔过滤膜
其他领域	纺织、造纸、食品、医药等在防粘上的应用；汽车上的应用

为了进一步加深对 PTFE 性质的理解，下面将就一些重点或有趣的应用进行介绍。

6.2.3.1　PTFE 在衬里中的应用

① 管道衬里。采用悬浮或分散 PTFE 制成的管子作为带法兰金属管中的内衬是 PTFE 的典型应用之一［参见图 6-9（a）］。通常这类内衬管都要比金属管长出一定尺寸（依直径大小而定），在管两端都受热的情况下用机械方法稍作扩张，然后翻边包住法兰的部分表面，这样可以确保螺栓连接法兰后流体只接触到 PTFE 表面。一般推荐 PTFE 内衬管的厚度不大于 6.4mm，厚度越大，翻边就越难，且容易发生应力开裂。PTFE 管的内衬工艺在之后会有进一步介绍。

要确保内衬 PTFE 管道的正常使用还要解决一些具体问题，其中 PTFE 与金属的热膨胀系数差异大就是其中之一，这会造成 PTFE 内衬管过度膨胀导致变形，并最终引起向内突起和破裂。最典型的就是在过热水蒸气稀释裂解制 TFE 的生产流程中会使用内衬 PTFE 的金属管进行腐蚀性裂解混合气的冷却操作，混合气的组成中除了 TFE 和 HCFC-22 外还含有未冷凝的水汽、HCl、少量 HF 和其他杂质。根据最高耐热要求设计的内衬 PTFE 管在实际使用时常会在不同时段内遇到很大的温度起落的情况。正是由于冷热循环和高腐蚀性，该内衬管损坏的频次较多，可采用的措施包括在金属管的一端或中间某处留有可供 PTFE 自由伸展的距离或是在按最高使用温度进行外形尺寸设计时在金属管上设置一处"膨胀结"，以补偿冷却到室温时的尺寸收缩差。

PTFE 内衬管道对抽真空的适应性是另一个需要关注的问题。"松衬"的衬里管不能用于负压状态，"紧衬"可以适应负压。PTFE 衬里中夹入金属网对 PTFE 衬里和金属管热膨胀不匹配的问题具有明显的改善作用，有利于提高管道和设备的使用寿命。

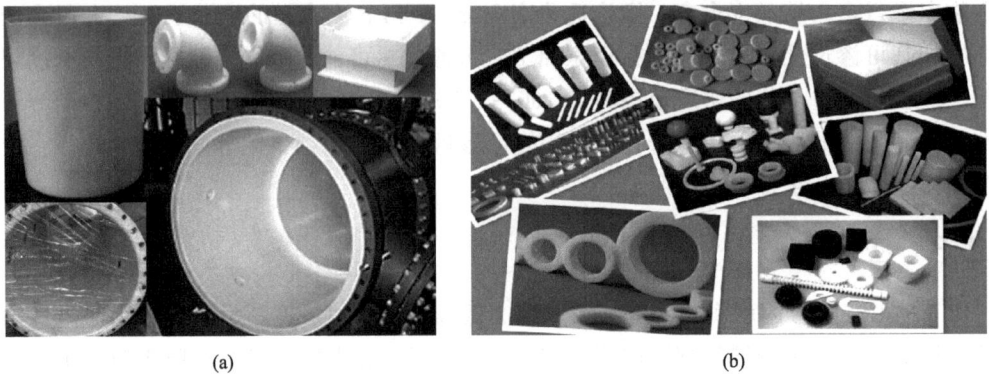

图 6-9　各种 PTFE 制品及 PTFE 衬里制品

② 容器衬里。氟树脂用于化工容器的防腐蚀衬里可以有多种方法，其中之一是用 PTFE 薄板按容器的形状及尺寸进行裁剪和拼接，拼接主要采用焊接的方法且大型设备都是以现场施工为主的（以热风焊为主），而圆筒形筒体则是将 PTFE 薄板卷成与容器内直径尺寸一样的圆筒，其只有一条纵向焊缝。如果碟形顶盖和小尺寸顶盖满足标准化尺寸要求或者需求量多则可采用模具热压的方法，大尺寸的也可用焊接的方法。焊接拼装法加工要达到高精度是比较难的，因为圆筒形容器本身的圆形也是有公差的。对于运行中有负压的容器，最好采用粉末静电喷涂的方法。静电喷涂用的氟树脂以 FEP 和 PFA 粉末为主，相关内容可参见后续章节。

③ 各种辅助零配件和复杂形状的衬里、密封和垫片。大量的各类型阀门、管接头（含各种角度的弯管）及三通件用于连接化工过程的各种设备及管道。另外，化工过程中必定会使用泵、压缩机、风机等推动流体流动的动力设备（压缩机和风机归入机械类）。这些辅助零配件和泵等都会与腐蚀性工艺介质直接接触，由于它们内部形状及结构复杂，用一般的方法难以进行内衬加工，此时可采用等压模压法，最终得到如图 6-9（b）所示式样的衬里。许多阀门的本体是用不锈钢或其他金属材质制成的，无需衬里，但是这些阀门的组件中会采用 PTFE 材质的零配件，如阀座、填料和隔膜等。

PTFE 密封件中用于转动或往复移动轴的密封为动密封，它们多半是由石墨填充的改性 PTFE 加工而成的，其滑动阻力小，有一定的压缩回弹性。所用的填充剂除了能提升抗蠕变、耐温、低摩擦系数和低磨损等性能外，也要具有很好的耐化学腐蚀性，其中以石墨填充 PTFE 为代表的氟聚合物是最适合的材料。与轴不接触的蓖齿式密封（labyrinth seals）依赖于曲折的界面、流体的表面张力及泵式设计可避免泄漏。大多数 PTFE 动密封都有金属弹簧或弹性体环支撑以确保与轴之间的良好接触。

静密封垫片是 PTFE 的最早应用之一。单独的纯 PTFE 平面法兰垫片在较低温度下可耐 2MPa 内压，在更高的温度和内压下就需要使用填充 PTFE 垫片，而且要采用适合有凹凸沟槽的法兰垫片。凹槽和凸面之间的间隙可取 0.01～0.02mm，纯 PTFE 垫片压缩后的残留应变为 12%，而加入质量分数为 20% 玻璃纤维的 PTFE 垫片在压缩后的残留应变则降低至 8%。

在常温至 −162℃ 超低温下用的垫片中常会填充炭黑或陶瓷粉，而且一般是先制成 1.0～3.0mm 的片材。垫片上包覆了 0.4～0.6mm 厚的 PTFE 膜后常用作玻璃管和陶瓷管等易碎件的密封材料。膨体 PTFE 制成的垫片具有很多微孔结构，因此特别适用于不很平和不够光洁的密封面。

6.2.3.2 PTFE 在半导体和电子行业中的应用

采用 PTFE 制备的微孔膜可用于半导体、电子行业中净水、气体和溶剂的除杂（除尘）。这种微孔膜的孔径为 0.1～0.45μm，可除去大小为刻蚀线宽度 1/10～1/5 的微粒。由于相对介电常数低，PTFE 材质的接插件有助于将传输过程中的信号强度损失减少到最低。

6.2.3.3 PTFE 在轴承中的应用

PTFE 具有极低的摩擦系数和极好的润滑性，因此在机械轴承中有很多的应用，在与石墨、青铜粉或其他填充剂共混后可进一步提升其蠕变和耐磨性，经模压或二次机械加工后可制成无需润滑的轴承。由于 PTFE 的静摩擦系数低于其动摩擦系数，因此 PTFE 轴承不会在运动开始前出现为了要克服较高静摩擦系数的黏滑现象。

PTFE 轴承通常需要有金属结构的支撑，这是因为 PTFE 缺乏足够的机械强度和刚性。同金属轴承相比，PTFE 轴承只适合较低的载荷和速度，例如仪表、飞机和航天器的控制系统、办公机械和其他难以润滑或不希望润滑的地方。

用于桥梁和建筑物支撑系统的滑动轴承，又称为垫板式轴承滑块，其作用是承受热膨胀和地震引起的位移从而使它们支撑的结构不会因应力而损坏。与类似的弹性体支撑相比，它们可以承受更大幅度的位移，而与需要润滑的金属轴承相比，PTFE 轴承滑块无需润滑，也不受大气中水分和化学物的腐蚀。这类轴承滑块在设计时常会将不锈钢板放置于 PTFE 片表面上。至于其他应用的轴承，PTFE 多半需要添加填充物以改善蠕变性能。

PTFE 纤维制作的轴承可用于包装机械、纸浆和造纸加工的设备等。PTFE 纤维可与某些其他纤维一起编织成编织线，且可用胶黏剂很好地黏合在一起。这种编织线插入 RTP（增强热塑性塑料）结构中可形成球形轴承，可承受运行过程中的偏心度。经过拉伸的 PTFE 纤维织布可作为轴承的滑动面，里层则采用棉纤维布作为粘贴层。PTFE 纤维轴承主要用于精度要求不高、高负荷下运行的轴承。PTFE 纤维和聚乙烯、聚丙烯等纤维交织成的复合纤维可用作低速、高负荷及温度不高情况下的运行轴承。PTFE还可用作推拉控制用电缆中无需润滑的低摩擦衬里。这种电缆多用于汽车和航空领域。

玻璃纤维填充的PTFE常用在阻截液体或气体的活塞环加工中，例如空气压缩机和水压缩机的活塞环。一般情况下，对于不允许润滑油存在的环境更应首选PTFE材质的活塞环。此外，对于连续运行的化工装置，压缩机是整套系统的"心脏"，提供动力，推动着物料流动，一般都不能轻易停车，特别是不允许因活塞环磨损泄漏而发生的停车，所以要求活塞环的连续使用寿命在5000h以上，而玻璃纤维填充的PTFE优质活塞环在实际连续运行中最高使用寿命可达到8000~10000h。

6.2.3.4　PTFE在汽车中的应用

PTFE的耐高温和耐化学腐蚀性能使得其在车辆上有着较多的应用。

PTFE绝缘包覆的导线可用于连接车尾排气总管上的氧探头，起到了热环境下可靠的介电保护作用，这对于控制废气的排放是极重要的。

用编织的不锈钢丝绕包的PTFE管可用于重型载重车辆的刹车线系统和冷却介质循环系统，这种钢丝护套有利于避免由上述流体的高压和摩擦导致的导管损坏。此外，这种结构的导管能耐高温、老化以及流体中化学品的腐蚀。

6.2.3.5　PTFE在绝缘导线中的应用

分散PTFE的最重要的应用之一是作为导线绝缘材料。这种导线主要用于汽车、飞行器和其他应用环境温度高于250℃的耐化学品场合。在飞机和军工领域的电子设备中PTFE的绝缘导线主要用作安装线。由糊状挤出或PTFE带绕包制造的同轴电缆则是PTFE细粉的另一个应用领域。在飞机骨架和计算机制造中也使用了很多PTFE绝缘的导线。

PTFE绝缘导线的优越性主要包括：①与任何材料相比，其相对介电常数（2.1）最低及介质损耗（3×10^{-4}）最低；②阻火性好，产生烟雾浓度低；③连续工作温度范围宽达$-260\sim260$℃；④能耐几乎所有的化学试剂和水分；⑤在$-40\sim250$℃及$5\,Hz\sim10\,GHz$的宽频率范围内能保持良好的电性能；⑥体积电阻率和表面电阻率高，分别达到了$1\times10^{18}\Omega\cdot cm$和$1\times10^{16}\Omega$；⑦介电击穿强度高达$20\sim160\,kV/mm$；⑧能用无机颜料着色。

6.3　聚偏氟乙烯

PVDF是全球产量和消耗量仅次于PTFE的第二大氟塑料品种和最大的可熔融加工氟树脂产品，具有独特的结构和性能特点。PVDF有极大的增长潜力，甚至其可能超过PTFE成为第一大氟塑料品种。

6.3.1　结构

6.3.1.1　PVDF的晶型

PVDF是一种半结晶的聚合物，结晶度为50%~70%，且根据生产和加工中的热力学过程不同而有所差异。PVDF有α、β、γ及δ等数个晶型。

α 型［该型如图 6-10（a）所示］是一个"曲轴"构型的链。这种结构可以使主链上各氟原子间的相互影响达到最小化，因此该型是 PVDF 几个晶型中热力学稳定性最好的一个构型。α 晶型属于单斜晶系，结晶密度为 $1.92g/cm^3$。β 型［该型如图 6-10（b）所示］是一个齿形的构型。该型中的氟原子都分布在链的一侧，通常是 PVDF 在熔融状态下经机械变形而获得的。较典型的加工温度是接近熔点时的熔融温度。β 晶型属于正交晶系，结晶密度为 $1.97g/cm^3$。γ 型［该型如图 6-10（c）所示］是 α 型曲轴主链上的部分曲轴扭曲出主链而形成的构型，一般很难得到。γ 晶

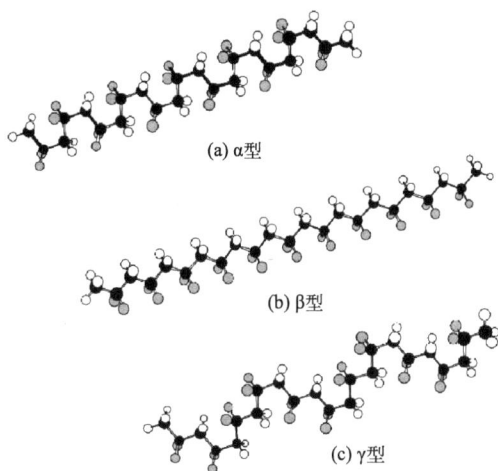

(a) α 型

(b) β 型

(c) γ 型

图 6-10　PVDF 的主要晶型

型属于单斜晶系，结晶密度为 $1.93g/cm^3$。δ 型通常是其他几个晶型中的一个在高电场作用下发生扭曲后得到的。

由图 6-11 可知，各晶型在一定条件下是可以相互转换的，而且这几种晶型在加工后的材料中往往都以不同的比例同时存在。晶型及其比例的影响因素主要有压力、电场强度、受控的熔体结晶、从溶剂中析出及结晶时有无加入晶种等，例如采用 DMSO 为溶剂可在不同工艺条件下制得以 α、α＋β、β 和 γ 为主的 PVDF 薄膜，熔融状态下的 PVDF 逐步降至常温可形成 α 晶型，而拉伸作用可使其进一步转变为 β 晶型。此外，在熔融状态下的 PVDF，当结晶温度低于 151.9℃时，只形成 α 球晶，而在 161.9℃的结晶温度下则会形成 α＋β 晶型，但当结晶温度为 176.9℃时，α 晶型消失，只形成 β 晶型。由 γ 晶型形成的球晶，一般是在 191.9℃以上形成的。当 PVDF 在某些溶剂中析出或处于高压下也可形成 β 晶型。此外，在一般反应条件下得到的都是 α 晶型，只有在极高压反应条件下才可能得到 γ 晶型。

各个晶型可使用 XRD 及 FTIR 等方法进行分析。商品级 PVDF 的密度一般在 $1.75\sim1.78g/cm^3$ 的范围，因此其结晶度约为 40%。在很大程度上，结晶度会影响 PVDF 的刚性、机械强度及抗冲击性。与其他线型聚烯烃相似，PVDF 的结晶形态包括层状网格和球状形态，它们在不同 PVDF 中的尺寸大小及分布往往取决于所采用的聚合方法。

6.3.1.2　PVDF 的链段

PVDF 的聚合单元为—CF_2—CH_2—。这种不对称的结构会导致聚合过程中产生几种缺陷，主要有头头结合和尾尾结合。通常商品级 PVDF 的头头或尾尾缺陷的含量为 3%～11%（摩尔分数）。此外，在链增长过程中也会产生一些支化结构，这些缺陷和支化结构的含量与聚合条件有关。在各种因素中，反应温度是主要因素之一。缺陷及支化结构的含量会对 PVDF 树脂的性能产生影响，例如结晶程度就会受到缺陷含量的影响。当这些缺陷的含量增至 11%（摩尔分数）以上时，β 晶型的比例也会随之增加。一般可用核磁共振的 F-NMR 法对产品结构进行分析和计算。

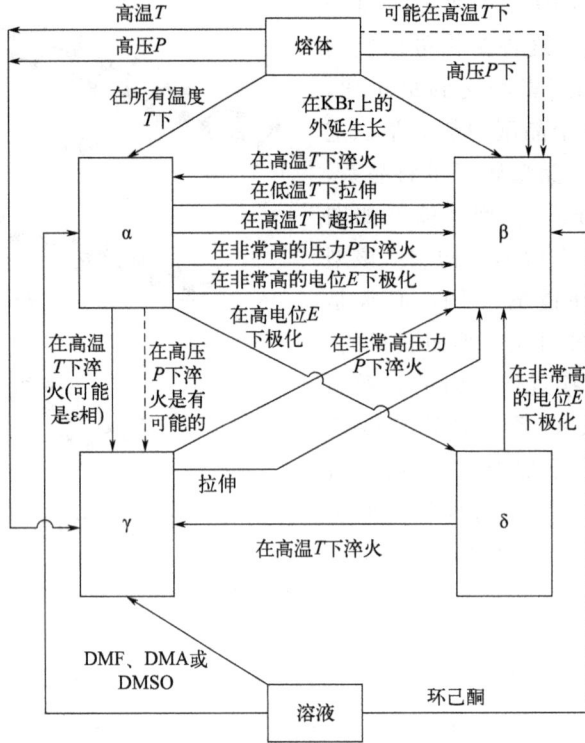

图 6-11 不同晶型之间的转换

6.3.1.3 PVDF 的端基

除了缺陷外，各种端基也是影响 PVDF 性能的重要因素之一。PVDF 主链中的端基通常来自引发剂或其他助剂、支链及共聚单体（常用的包括 HFP、TFE、CTFE 等）等。端基结构也可用核磁共振的方法加以研究。

除了来自引发剂和一些助剂的端基外，PVDF 还会产生两种短支链，即 $-CF_2CF_2CH_3$ 以及 $-CF_2CH_2CF_2H$。这使得 PVDF 树脂中会含有一定量的 $-CH_3$ 和 $-CF_2H$ 端基。这两类端基一般不会在正常的链段上产生。

6.3.2 性能

作为一种半结晶聚合物，PVDF 的结晶部分对流体有着较低的渗透率，即使在一些溶剂中仍具有较低的溶胀性，也可以保持非常高的耐冲击性、较好的耐压裂性和非常优良的尺寸稳定性。PVDF 具有氟树脂特有的性能特点，也因为主链拥有交替的 CH_2- 和 CF_2- 结构而兼有 PE 和 PTFE 的某些优良性质，具体的性能主要有：①完全抵御日光降解；②优异的耐化学品和耐溶剂性；③高耐磨性；④很好的耐黏附性；⑤不支持真菌和细菌的生长；⑥具有较好的阻燃和低烟特性；⑦对大多数气体和液体的低渗透性；⑧高介电强度和体积电阻；⑨很好的热稳定性及耐 γ 射线、电子束照射；⑩易于加工、成型与焊接；⑪高纯度。表 6-10 是典型的 PVDF 均聚物参考性质，其中的指标较好地反映了上述的性能特点。影响 PVDF 性质的主要因素有结晶度、晶型、分子量及其分布、沿聚合物碳碳链的不规则性和结晶形态等。

　　除了 PVDF 均聚物外，PVDF 共聚物也是一个重要的商品化产品，与 VDF 共聚的常用含氟单体包括 HFP、CTFE 和 TFE 等，接入量一般小于 6％（摩尔分数）。PVDF 共聚物具有某些与均聚物不同的性能，例如，PVDF 共聚物有着更好的柔软性，从而有利于电线电缆的加工和应用。

表 6-10　PVDF 均聚物的参考性能

性能		数值或描述
外观		透明或半透明
熔点或结晶温度/℃		155～192
密度/(g/cm³)		1.75～1.80
折射率（n_D^{25}）		1.42
熔体平均收缩率/％		2～3
机械质量		优
可燃性		具有自熄性，无滴流
拉伸强度/MPa	25℃	42～58.5
	100℃	34.5
断裂伸长率/％	25℃	50～300
	100℃	200～500
屈服点/MPa	25℃	38～52
	100℃	17
蠕变（13.79MPa，25℃，10000h）/％		2～4
压缩强度（25℃）/MPa		55～90
弹性模量（25℃）/GPa	拉紧时	1.0～2.3
	弯曲时	1.1～2.5
	压缩时	1.0～2.3
悬臂梁式冲击强度（25℃）/(J/m)	开凹口	75～235
	未开凹口	700～2300
硬度计试验（邵氏 D）		77～80
热变形温度/℃	0.455MPa	140～168
	1.82MPa	80～128
耐磨性（砂轮耐磨试验机 CS-17，载荷 0.5kg）/(mg/100cycles)		17.6
同钢材的滑动摩擦系数		0.14～0.17

性能	数值或描述
线膨胀系数/℃$^{-1}$	$(0.7{\sim}1.5){\times}10^{-4}$
热导率（25~160℃）/[W/(m·K)]	0.17~0.19
比热容/[J/(kg·K)]	1255~1425
热降解温度/℃	390
低温脆点/℃	−60
吸水率/%	0.04
水蒸气透过量（厚度1mm）/[g/(24h·m^2)]	$2.5{\times}10^{-2}$
抗辐照性（^{60}Co）/MGy	10~12
体积电阻率/(Ω·cm)	$1.0{\times}10^{4}{\sim}1.4{\times}10^{16}$
表面电阻率/Ω	$1.0{\times}10^{4}{\sim}1.0{\times}10^{16}$
相对介电常数	>5.6
介电强度/(kV/mm)	10~27
介电损耗	0.05~0.37

6.3.2.1　PVDF 的化学性质

PVDF 具有优良的化学性质，能在较高温度下耐大多数的无机酸、弱碱、卤素和氧化剂，也能耐有机脂肪族、芳香族化合物和氯代溶剂等，但 PVDF 遇到强碱、胺类、酯类和酮类化合物时，会随着条件的不同而发生溶胀、软化或甚至溶解等情况。

某些酯类及酮类化合物可在溶解 PVDF 时作为助溶剂。这样的溶剂体系有助于使正处于熔化的涂料树脂随着温度升高发生溶解，并最终得到很好的贴膜状态。

PVDF 是少数几种能与其他聚合物相容的半结晶聚合物，特别是能与丙烯酸树脂和甲基丙烯酸树脂相容。这些共混聚合物的结晶形态、性质和性能依赖于各聚合物的结构及组成，特别是 PVDF 的组成，例如聚丙烯酸乙酯可与 PVDF 完全相容，而聚丙烯酸异丙酯及其同系物则不行。选择与 PVDF 相容的聚合物时，其是否具有强的偶极作用是一个重要的判断依据，例如 PVF 与 PVDF 就是不相容的。

6.3.2.2　PVDF 的力学性能

PVDF 具有极好的力学性能（详见表 6-10 中的力学性能指标）。与全氟化类聚合物比较，其抗蠕变性要好得多，反复弯曲的寿命更长，耐老化性也有改善，经定向处理后的机械强度明显提高，如填充小玻璃珠或碳纤维也可提高聚合物的强度。PVDF 对氯气的透过量是氟树脂中最小的，因而在氯碱工业中广为应用。

6.3.2.3 PVDF 的电性能

未加任何填充剂及未经处理的 PVDF 均聚物,其电性能的数据可参见表 6-10。当然,如 PVDF 经过不同的冷却及后处理过程后,表中的数据是会发生很大变化的,因为这些过程会影响聚合物的晶态组成。

PVDF 具有独一无二的介电性质和同质多晶现象(特别是 β 型),例如在高电场强度(极化)下得到的定向极化结晶形态,其相对介电常数可高达 17。这些特点赋予了 PVDF 很高的压电和热电活性,且 PVDF 的铁电现象(包括压电、热电)和其他电性能之间是存在一定关系的。VDF-TrFE 共聚物以及 VF-TrFE-CTFE 三元共聚物都是非常好的压电材料,其中 VDF-TrFE 压电共聚物具有低密度及低声阻抗的特点,易与水形成良好的声阻抗匹配,同时也有着良好的柔顺性,可制备成各种复杂形状且均匀的大面积薄膜。当接入聚合物中的 TrFE 含量达到一定数值后,TrFE 和 VDF 间的旋转势垒将阻碍无压电性 α 相的形成,使共聚物直接结晶成全反构型的 β 相,这样无需拉伸就拥有了良好的压电性能,从而克服了 PVDF 均聚物只有经过特殊加工处理才能获得压电效应的缺陷。对 VDF-TrFE 共聚物的薄膜施加 γ 射线、电子束或 X 射线的辐照改性可全面、大幅度地提高其压电性能。此外,经辐照改性处理后,VDF-TrFE 共聚物的弹性应变能、体积密度和质量密度也比传统的压电陶瓷、压电单晶体和各种磁致伸缩材料有了显著提高。

虽然 PVDF 拥有高相对介电常数的结构和复杂的同质多晶现象,但也存在高介电损耗的情况,例如当 PVDF 用于高频电流下的导体绝缘材料时,会发热,甚至可能熔化。当然,利用 PVDF 在射频或电解质加热条件下可轻易熔化的特点可将其应用在某些加工或连接工艺上。此外,高能辐照可使 PVDF 产生交联,有利于提高机械强度。这个特点在聚烯烃类高分子材料中也是独一无二的,其他聚合物在高能辐照下通常只会发生降解。

6.3.2.4 PVDF 的热稳定性

作为一种氟塑料,虽然 PVDF 具有较好的热稳定性,但是在一定的温度和压力下 PVDF 仍会逐步变色。研究表明,PVDF 分解变色的主要原因是主链脱 HF 后形成了共轭双键结构(—CH=CF—CH=CF—),其在可见光谱内会产生强烈的吸收,而且之后会发生连续的 HF 脱除,直至受到主链上某个头头或尾尾结构的阻碍才会停止。除了温度外,γ 射线或者 KOH 及 DMF 等也会引起脱 HF 的过程,但不论何种方式,HF 的脱除通常发生在链段中的薄弱部位,例如聚合物的端基位置,因此这些薄弱部位的稳定程度对 PVDF 的热稳定性会产生重要的影响。

6.3.3 应用

PVDF 具有独特的耐候性,也具有良好的抗冲击性、耐磨性和化学稳定性。PVDF 在室温下是不易被酸、碱、强氧化剂所腐蚀的,在脂肪烃、芳香烃、醇和醛等有机溶剂中也是很稳定的,在盐酸,硝酸,硫酸和稀、浓(40%)碱液以及高达 100℃ 温度条件下性能基本保持不变,能耐 γ 射线、紫外线辐射以及可用溶剂配制成溶剂型涂料。由于上述这些特点,PVDF 可广泛应用于涂料、化学工业及装备、电子及电气和特殊应用等领域,表 6-11 为其典型应用的介绍。

表 6-11　PVDF 的典型应用

分类	应用方向
涂料	用于壁板、屋顶和其他建筑金属件（镀锌钢、铝材）的耐候饰面；用于表面覆盖的装饰膜；各种汽车装饰；飞机内表面模具内衬；耐腐蚀罐的内衬或涂层等
化学工业及装备	柔性深海输油管；精馏塔填料；高纯水系统；半导体设备；医药系统；化学品管道；泵及仪器部件；燃油处理系统；漂白过程中过滤木浆所用织物的单丝；微孔膜
电子及电气	天花板隔层区域内的电缆护套，包括信号、通信和电力线；电线电缆组件、负极保护、工业电力控制系统及高温电线等的保护套及绝缘材料等；锂电池；隔离膜；电极黏结剂；压电和热电膜，用于运动传感器、声呐、音频设备等；超级电容；电解质电容器；太阳能背板膜等
特殊应用	墨粉；钓鱼线和网；琴弦；聚烯烃的加工助剂

为了进一步加深对 PVDF 性质的理解，下面将就一些重点应用进行介绍。

6.3.3.1　PVDF 在耐候涂料中的应用

PVDF 涂料属于高温固化涂料，具有耐候、耐沾污、保色、韧性好、耐磨、抗冲击及耐化学品等优点，是一种理想的高层和超高层框架建筑的墙体涂层材料。试验表明，在阳光下暴晒 20 年以上的 PVDF 涂层各项指标无明显变化。PVDF 涂层通常包括底层、面层和罩光层三部分，且不同涂层有不同的涂料配方。一般而言，PVDF 涂料配方中通常包括PVDF、改性树脂（常用的有热塑性丙烯酸树脂、环氧树脂或热固型丙烯酸树脂）、溶剂、颜料、填料及助剂等几个部分，其中推荐的 PVDF 与改性树脂的质量比为 7：3，基材一般是金属薄板（主要是轻巧的铝材）。目前涂料用的主要是 PVDF 均聚物，由于不能在常规条件下交联，因此涂装后的 PVDF 涂料需经高温烘烤才能在基材上形成一层致密的漆膜，而挥发的溶剂则可以进行回收处理。一般情况下，PVDF 涂料是不能在建筑现场施工的，为了进一步提高涂料的施工性，现在也开始用由 TFE 或 HFP 改性的 PVDF 共聚物，这些树脂的结晶度及熔点比 PVDF 均聚物低得多，可制成粉末或者水性涂料。目前，PVDF 涂料已发展到"第六代"，广泛应用于发电站、机场、高速公路、高层建筑等领域。此外，与其他树脂共混改性后得到 PVDF 复合材料，也广泛用于建筑及汽车的装饰和家电外壳等。

6.3.3.2　PVDF 在管道、阀门、设备及部件中的应用

化学工业中普遍使用的管（包括柔性管）、管件、衬里（金属管线和金属容器）、阀门、仪表、过滤器滤盘、泵、型材（含棒、块、纤维织物支持的片材等）、大型储槽（包括玻璃纤维支持的双层复合片材衬里）、单丝、过滤器壳体、纤维织物、喷嘴、混合器、填料、膜、多孔性制品等都可采用 PVDF 材料。

在与酸性物质接触的应用中，可优先选用 PVDF 作为管道、阀门、设备等的基材或内衬材料，对提升设备的使用寿命和产品质量有着非常大的作用。例如在半导体行业中，硅片制造过程会涉及高纯酸对硅片的刻蚀，而其涉及的系统中包括刻蚀液储槽、过滤器壳体、高纯酸输送管道及其他处理酸的组件等。此外，在采矿和冶金行业中，湿法冶金通常会用到硫酸和其他刻蚀化学品，特别是金属表面处理中（例如阳极化和电镀）会接触高温

酸，其中也会用到大量的 PVDF。

由于卤素对金属有很强的腐蚀性，因此在涉及含卤素的化学品领域可采用内衬 PVDF 或纯 PVDF 加工成的管道、储罐、泵、阀和其他零部件，甚至导线都可以用 PVDF 进行包覆，例如制药工业中所涉及含氯和溴物质的合成或者纸浆厂在漂白过程中大量使用的氯、二氧化氯、次氯酸钠、臭氧和其他漂白用化学品等物质都需要用到 PVDF 的管道和设备。

由于 PVDF 能满足纯度的要求以及能长期耐次氯酸钠和臭氧清洗，因此 PVDF 可用于高纯去离子水输送管道、储槽及过滤器壳体等的制作，能为半导体、医药工业提供高达 $18M\Omega \cdot cm$ 的高纯水。图 6-12 是注射法制造的高纯 PVDF 制品照片，其中的部分还经过了机械加工。

氟的提纯以及核工业中涉及钚和铀处理、提纯的设备也常用到 PVDF 衬里的管道。特别要指出的是，其他氟树脂（如 PT-FE、FEP）的衬里需要很多的排水孔（否则会因为氯等的渗透损坏衬里），PVDF 的衬里是无须设计排水孔的。

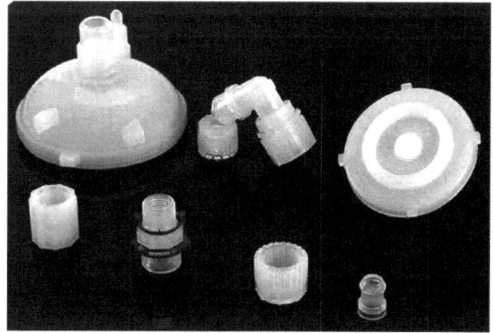

图 6-12　部分用注射法和机械加工制造的高纯 PVDF 制品

6.3.3.3　PVDF 在电线电缆中的应用

就绝缘而言，由于 PVDF 的耐温性仅属于中等水平，因此只能作为 A～E 级的绝缘材料，但是 PVDF 包覆的电线具有能承受重载荷剪切的优点，不易被载荷切断，且 PVDF 的优良耐磨性有利于减薄绝缘层的厚度。在高密度配线时，PVDF 包覆的电线能提高可靠性，因而可用于计算机和小微通信设备等小型化设备，而 PVDF 线缆在美国也用于天花板隔层电缆的护套材料。此外，PVDF 电容膜可用于小型化设备（例如复印机等的蓄积直流高压电源）的电容器。

6.3.3.4　PVDF 在压电和热电中的应用

PVDF 的压电和热电膜具有独特的性能，得到了从军工到民用等各方面的重视。PVDF 的压电、热电膜的应用参见表 6-12。

表 6-12　PVDF 压电和热电膜的应用

功能	应用
音频换能器	音响扬声器、耳机、话筒、电话送话器、加速度计、医用传感器、双压电晶片换能器
超声水下传感器	超声发送及接收器、无损检测换能器、水下测音器（水听器）、延迟线、光调节器、变焦点换能器、超声波显微镜、超声诊断、探头
机电换能器及器材	电唱机拾音器、非接触开关、电脑键盘、血压计、光学快门、光纤开关、变焦镜、触觉传感器、显示装置、位移传感器等
红外及光学器材	红外探测仪、热像仪、红外-可见光转换器、反射检测器、激光功率计、毫米波检测器、红外光导摄像管、辐射温度计、复印机、火灾报警器、入侵感应器等

上述应用中有很多产品已实现了商品化。音频换能器利用的是 PVDF 薄膜的横向压电性，而超声及水下换能则是利用了 PVDF 的纵向压电性。这方面的性能对舰艇的水下侦察和大型渔轮搜索鱼群有很高使用价值。据报道，美国联邦高速公路部门将 PVDF 压电膜嵌入道路中成为道路传感器，可对公路上通过的交通工具数量、重量及各方向力分布进行监控。澳大利亚国防科技局的航空实验室将 PVDF 压电薄膜用于监测复合材料的冲击损伤和复合材料-金属连接处的损伤，这对飞机的安全状况监测有着重要作用。美国已制成的一种材料缺陷自动检测系统，其核心元件是一个 0.2032m×0.2032m 的 PVDF 压电薄膜，含有 1024 个换能器，能检测出大面积层状结构和复合结构中的缺陷，可应用在航空航天和化学工业领域。此外，PVDF 压电膜还用于研制机器人的触觉传感器。

6.3.3.5　PVDF 在锂电池中的应用

在锂电池中的应用成为 PVDF 需求增长最快的市场之一，而 PVDF 在锂电池工业中主要用作黏结剂和聚合物隔膜的基础材料。用于黏结剂时，PVDF 要满足以下这些条件：①制备电池时，含活性物质的涂膜不会从集电体上脱开，不会产生裂痕，黏结性强；②在电解液中不溶；③经反复充放电，涂膜不会从集电体上脱开，不产生裂痕，黏结性强；④用量少就有足够的粘接强度；⑤不与电解质反应。

在黏结剂的应用中，PVDF 常会遇到一些问题，特别是作为一种结晶型聚合物，PVDF 的结晶度在常规使用温度下是会影响到电解液中分子流通的，从而增大了充放电的负荷。此外，在制备电池过程中，如果干燥速度匹配不好，则 PVDF 与集电体的收缩率会产生较大的差异，这会导致含活性物质的涂膜从集电体上脱离，即使涂布干燥过程没问题，但是在长期的使用过程中，电极的内部应力也可能使电极黏合层从集电体上部分或全部剥离，从而导致负荷特性变差，容量劣化。措施之一是采用 VDF 与第二单体甚至第三单体的共聚物或是 PVDF 与另一种共聚物形成的共混物来替代 PVDF 均聚物。不论采用何种方法，目的都是降低结晶度、提高黏结性、控制分子量以及解决电解液溶胀性等问题。

在锂电池中，隔膜也是非常重要的组成部分之一。隔膜的结构直接决定了内阻的大小，而且能显著地影响电池容量、循环性能及充放电效率。Bellore 公司于 1994 年开发了一种以 VDF-HFP 共聚物为基础的商品化多孔凝胶隔膜，其离子导电率高、机械强度好，但生产工艺相对比较复杂，而将聚合物溶胶转变为三维大分子网络凝胶的倒相制备法则是一种简单的工艺方法。

6.3.3.6　PVDF 在太阳能电池中的应用

在太阳能电池中，PVDF 主要用于制备太阳能电池的背板膜。之前，太阳能电池背板常用的是 TPT 结构的 PVF 复合膜，TPT 指的是 PVF/PET/PVF（即聚氟乙烯树脂/聚对苯二甲酸乙二醇酯/聚氟乙烯树脂）的三层结构，其中最外层的 PVF 保护层具有良好的抗环境侵蚀能力，中间的 PET 聚酯薄膜层则具有良好的绝缘性能，内层的 PVF 则需要表面处理后才能与 EVA（乙烯-乙酸乙烯酯共聚物）形成良好的粘接。PVDF 作为一种与 PVF 结构相接近的树脂产品，含氟量为 59%，远大于 PVF 的 41%，因此 PVDF 膜有着比

PVF 膜更好的耐候性，其黄变指数和老化后的机械强度等也都要优于 PVF 膜。在电性能上，测试结果表明 PVDF 背板膜在表面/体积阻抗、介电强度、耐干电弧性能和热线熔化率等指标上与 PVF 背板膜相当，而 PVDF 的阻燃性会更好，至于 PVDF 在渗透性上也毫不逊色，因此 PVDF 背板膜有着更好的效果。

6.3.3.7　PVDF 在钓鱼线中的应用

加工成单丝的 PVDF 主要用于制造造纸工业用的滤布，另外 PVDF 单丝也可用于制成钓鱼线，这种线在海水中的折射率与水很接近（PVDF 均聚物的折射率为 1.42，海水的折射率为 1.31），水下的鱼难以发现这种钓鱼线就容易上钩，而 PVDF 钓鱼线在水中结节强度也很大，可承受大鱼（如鳕鱼）上钩的一刹那强力挣扎，所以 PVDF 线是理想的钓鱼线。当然，PVDF 单丝也可制成渔网。

6.4　聚全氟乙丙烯

6.4.1　结构

FEP 是 TFE 和 HFP 的无规共聚物，是具有聚四氟乙烯主链并带有少量—CF_3 侧链基团的聚合物链，—CF_3 的量由组成决定，也决定了 FEP 的性能，HFP 的含量在 5%（摩尔分数）以下时熔融黏度高，加工困难，超过 25% 时会导致耐热等主要性能变差，因此 HFP 的含量一般在 10%～20% 之间，且 FEP 的熔点会随 HFP 的增加而降低。

相比 PTFE 的熔融黏度（$1 \times 10^9 \sim 1 \times 10^{10} Pa \cdot s$），FEP 的熔融黏度（$1 \times 10^3 \sim 1 \times 10^5 Pa \cdot s$）是有大幅下降的。FEP 是很难溶的，因此其分子量不能用一般的溶液法进行测定，多通过 MFR 来比较分子量的大小。

聚合后得到的 FEP 粉末结晶度为 70%，造粒后的结晶度为 45%，其晶体结构类似 PTFE 的六方晶型。除了熔融之外，FEP 没有其他的一级相变，特别是在室温下是无转变的，熔融前后的体积变化（增加 8%）也比 PTFE 小。

由于 FEP 分子量相比 PTFE 有大幅的下降，因此由引发剂等产生的聚合物端基的比例也会有所上升，这意味着端基的作用就难以忽视了，甚至是非常关键的，例如在使用和加工 FEP 的过程中，羧酸端基的存在就会影响加工的稳定性和热稳定性。端基的类型和数量通常可用 FTIR 的方法进行测定。

6.4.2　性能

6.4.2.1　FEP 的化学性质

作为一种全氟化类氟树脂，FEP 具有优秀的耐化学品性。在高温及高压下，FEP 能耐绝大多数化学品及溶剂。在酸和碱中，即使在 200℃ 下也不会发生吸收并至少能保持一年的时间。虽然在有机溶剂中会有少量吸收情况的发生，但即使在高温下长期接触有机溶剂也仅有不到 1% 的吸收程度，而且这种吸收是不影响树脂本身及其性质的，也是完全可逆的。除了氟气、熔融的碱金属和氢氧化钠外，FEP 几乎与所有化学品都不发生化学反应。

6.4.2.2 FEP的力学性能

一般而言，FEP的力学性能与PTFE是相似的，因此它的强度也不大，在室温下一般在20MPa左右，PTFE的长期连续使用温度为260℃，而FEP则下降至200~205℃。FEP具有较好的韧性，在-79℃条件下，FEP仍具有很好的柔软性，甚至在-267℃下时仍可使用。

FEP也有蠕变性，如果FEP部件要承受连续的应力，就必须要关注这个指标。与PTFE的解决方法相似，在FEP中加入适当的填充料（如玻璃纤维或石墨等）可显著降低蠕变性，同时也能改善FEP的耐磨性和坚韧性，但是填充料的种类和加入量的选择是很有限的，因为加入填充料后的材料会使加工变得困难。FEP的耐辐照性比PTFE好，但是在含氧环境下辐照，除了分子降解外，还会发生分子间的交联，因此力学性能的相对变化反而不是很大。

6.4.2.3 FEP的表面性能

FEP的表面张力比PTFE的更小，表面难以润湿，如需要改善FEP的表面润湿性并提升其黏结性，则可采用如下方法：①用萘钠处理液进行表面处理，该处理液是金属钠溶解在萘-四氢呋喃中所配成的溶液；②在氧化气氛下对FEP表面进行高温胺类化合物处理；③电晕放电的表面处理。

与PTFE一样，FEP也具有较低的摩擦系数，但比PTFE的大，且随载荷的增大，静摩擦也增加，静摩擦系数是低于动摩擦系数的。摩擦系数通常不受加工条件的影响。

6.4.2.4 FEP的电性能

FEP的一个重要应用领域是各种线缆，这与其拥有优秀的电性能有关。在使用温度范围内，FEP的电性能与PTFE相近，即使长期浸泡在水中也能保持体积电阻不变。

在较低的频率范围内，FEP的相对介电常数是不变的，但是当频率超过100MHz或更高时，随频率的上升相对介电常数会急剧下降。FEP的介质损耗是温度和频率的函数，且具有几个峰值。由于在分子结构上，FEP具有某种程度上的非对称性（PTFE是完全对称的），因此FEP介质损耗的峰值量级是要高于PTFE的。它的介电强度也很高，经200℃的热老化也无影响。更多的FEP电性能数据可参见表6-13。

在音频或超音频下，FEP具有很好的振动阻尼作用，但是基于该机理开发的焊接加工则要求FEP要达到足够的厚度才能吸收产生的能量。

表 6-13　FEP 典型的电性能

性能		数值	ASTM 方法
介电强度/(kV/mm)	0.254mm	79	D149
	3.18mm	20~24	
耐电弧性/s		165	D495

性能		数值	ASTM 方法
体积电阻率/($\Omega \cdot cm$)		1×10^{18}	D257
相对介电常数（21℃）	1kHz～500MHz	2.01～2.05	D150
	13GHz	2.02～2.04	
介质损耗（21℃）	1kHz	0.00006	D150
	100kHz	0.0003	
	1MHz	0.0006	
	1GHz	0.0011	
	13GHz	0.0007	
表面电阻率/Ω		$> 1 \times 10^{13}$	D257

6.4.2.5　FEP 的气体透过性

气体和蒸气对 FEP 的渗透是由分子扩散造成的。与 PTFE 制品不同，FEP 的低渗透性及化学惰性使得其制品不会存在微孔。

6.4.2.6　FEP 的光学性能

与普通的玻璃相比，FEP 薄膜能透过更多的紫外线、可见光和红外线，且在红外和紫外光谱范围内，有着比玻璃更好的透明度。FEP 薄膜的折射率一般在 1.341～1.347 的范围之间。

6.4.3　应用

FEP 拥有与 PTFE 相近的性能，又可使用熔融加工的成型方法，从而弥补了 PTFE 的不足。FEP 的主要应用可参见表 6-14。

表 6-14　FEP 的主要应用分类和应用领域

分类	应用方向
化学及机械	各种化工设备、管道等的防腐蚀内衬材料（特别是高温下的防腐蚀内衬）；各种防粘涂层材料；采用 FEP 单丝制备的各种织布；起到耐腐蚀、耐磨等保护作用的各类管和热收缩管等
电子电气	应用于需要耐高温、阻燃及相对介电常数 ε 低等综合要求场合的电线、控制电缆和通信设备电缆（例如计算机等电子设备的配线和耐 600V 电气设备的绝缘）；电绝缘用薄膜（印刷线路、扁平电缆、计算机、变压器线圈、马达的耐热磁导线绝缘）等；FEP 热熔剂（传送带之间的黏结剂、PTFE 玻璃布之间的拼接剂以及聚酰亚胺、金属、陶瓷及玻璃布等各材料之间的黏结剂层）
其他应用	生物、医学（导管、营养剂和药品引流管以及药品、高纯试剂、超纯水等设备）；造纸、食品、家用电器（振动膜）等

为了进一步加深对 FEP 性质的理解，下面将就一些重点应用进行介绍。

6.4.3.1 FEP 在设备防腐蚀中的应用

作为防腐蚀衬里或者本体材料，FEP 可用于各种管道及管件、塔、槽及附件、软管、阀门及阀件（如球阀、隔膜阀、蝶阀和旋塞阀等）、各种泵（离心泵、活塞泵、隔膜泵和压缩机等）、换热器和单丝纺织品等的加工中。相比 PTFE，FEP 的长期使用温度略低。FEP 在加工过程中不添加任何助剂，因而能确保与之接触的物料不受到污染。

图 6-13 是 FEP 衬里设备和管件的示意图。FEP 在用作管道衬里时，其管两端的翻边较 PTFE 更容易。FEP 管或带 FEP 衬里的管可用于输送温度较高的腐蚀性气体或液体介质（强酸性或弱酸性、碱性、有机溶剂等），特别是对于任何两个不同位置管口间的连接（两个管口位置之间没有精度要求，尺寸为 6～25mm）而言，FEP 软管或内衬 FEP 的软管是非常适用的，其中 FEP 软管的最高耐压可达到 40MPa。

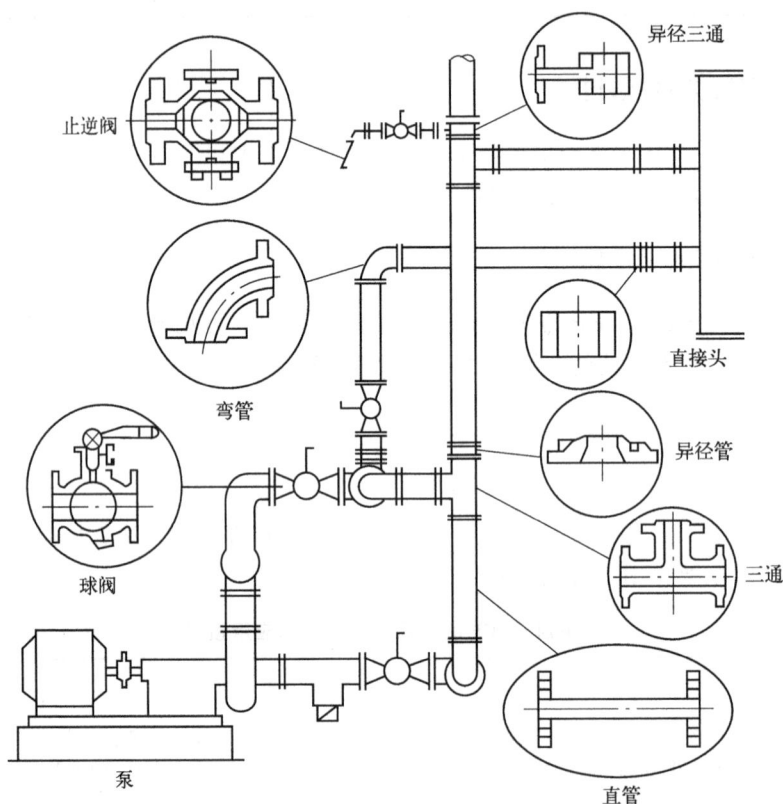

图 6-13 FEP 衬里设备和管件示例

FEP 用作设备的防腐蚀衬里材料时，既有助于节约贵重合金材料的使用量，又有助于提升产品的清洁度。在大型设备中可采用与玻璃布复合的 FEP 片材作为耐腐蚀衬里，其中玻璃布侧是用胶黏剂与设备金属壁进行粘接的，而不同复合片材之间则可用熔接法进行连接。对于小型塔、槽，可考虑采用 FEP 片材的松衬法或直接采用 FEP 的涂层法来制备衬里，特别要注意的是耐应力开裂的化工设备衬里常用的是 1.5～2.3mm 厚的 FEP 片材。通过传递模压成型等熔融加工方法可制备各种塔、槽等主体设备的 FEP 附件，如吸入管、液位计以及温度计保护套管等。

FEP 管亦可用于玻璃纤维增强塑料（FRP，俗称玻璃钢）管的内衬管道，其制造方法是将玻璃纤维预埋在 FEP 管的外壁上，它们会很容易地与 FRP 结合，从而使 FEP 管成为牢固粘接的"衬里"层，而这也称为二元复合体。这种形式的衬里管还可用焊接方式进行安装，然后在连接处覆盖 FRP 作为接头套管，这种安装方法大大减少了管道中的法兰数量，也降低了法兰可能发生泄漏的风险及必要的维护成本。

静电喷涂的 FEP 粉末可用作防腐涂层，特别是有负压要求的防腐容器，更应采用粉末静电喷涂的方法。聚合得到的 FEP 经凝聚、洗涤及端基稳定化处理后需要与适量的导电炭黑混配后才能进行喷涂，且喷涂一次能得到的涂层厚度是不足以满足耐腐蚀要求的，一般至少要经过三次喷涂，才能在烧结后获得至少 $500\mu m$ 厚的防腐衬里。对于特别大的容器，由于其难以放进常规的电加热烧结炉进行烧结，因此可将其置于一个特定的保温密闭容器内，并向容器内通入已达到设定温度的烟道气或采用其他类似的烘烤方法。对带有法兰和接管的容器，通常可采用焊接法进行施工。

由于泵类（含压缩机）是提供流体流动的设备，因此与介质接触部位的衬里层都可用 FEP 进行制造，特别是隔膜片上都需要覆盖 FEP。

以 FEP 直管作为列管管束的热交换器，具有耐腐蚀、耐高温、不粘、传热快和设备轻等优点。虽然 FEP 的热导率比金属低得多，但是细的薄壁管可使换热器在单位容积下有效传热面积变得很大，从而弥补了热导率低的不足。此外，FEP 管的表面不易黏附介质，也不会形成液层，因而有利于减少传热阻力及保持热交换效率的稳定。当然，与金属换热器相比，FEP 换热器的成本会更高，也不适合那些夹带固体颗粒的介质，而且 FEP 换热器在使用压力和温度上也有一定的局限性。

能在高温（>200℃）及腐蚀性等工艺环境下使用是 FEP 衬里设备的重要特点。这主要包括了以下这些工况：①硫酸、氢氟酸、表面活性剂、六氟化铀的精制工艺单元；②氢氟酸、三氯化铝的烷基化等的合成反应设备；③耐热及耐氧化性要求高的工艺过程，如氯化、硝化、氰化；④存有铬酸的电镀槽等设备；⑤有不粘性要求的工艺单元，如生产石膏及胶乳等黏性物质、熔融有机物、废塑料处理的单元等。

FEP 纺制成单丝后，经织布可用作滤布、洗涤器滤层以及蒸馏塔、吸收塔、蒸发器和除雾器等的防污滤材。

6.4.3.2　FEP 在保护管中的应用

FEP 保护管主要包括 FEP 管和 FEP 热收缩管等。

FEP 管的挤出长度是不受限制的，添加填料后可进一步提升其耐磨性。FEP 管在推拉电缆上有较多的应用，推挽缆索是指牵引和传递载荷的钢索，而软套内的钢索所包覆的塑料管要能耐高温、耐重载荷及具有低摩擦性。而相比其他塑料管，具有操作方便、效率高、偏转位移少等优点的 FEP 管（包括 PTFE 管）就是一个很好的选择。推挽缆索在汽车、飞机、船舶和一些电气设备上都有应用。

FEP 热收缩管可用在染整、制丝、印刷、食品加工厂中，特别是应用在与染料、淀粉和胶乳等黏性物质接触的辊筒外时表现出了良好的防粘效果，能明显地缩短清理时间（在后面的章节中会有详细的描述）。小口径 FEP 热收缩管可用作电线电缆末端的绝缘包覆以及温度计等的保护套管。需要指出的是，套在金属辊和橡胶辊上的 FEP 热收缩管经加热收缩后就能紧箍在辊外，但在辊筒的快速旋转过程中，FEP 热收缩管的内表面是会受到侵蚀的，因此要在金属辊外涂布环氧树脂胶黏剂，橡胶辊外则可以涂布聚氨酯胶黏剂，从而使 FEP 套管与辊筒贴得更紧密。FEP 热收缩管的尺寸涵盖了 $1.5 \sim 250mm$ 的直径，其中小口径管壁厚为 $0.2 \sim 0.3mm$，而大口径管壁厚约为 $0.5mm$。

6.4.3.3 FEP 在天花板隔层类电线电缆中的应用

以 FEP 为主体的绝缘材料是天花板隔层类电线电缆的首选方案，其具有以下特点：①良好的耐高温性；②良好的阻燃性；③发烟低且在火焰中不会熔融滴落；④无须使用金属保护管就可直接铺设在堆有其他物品或管道的空间等。此外，采用发泡技术后，FEP 泡沫发泡率可达到 $60\% \sim 70\%$，用于电线绝缘层既展现了其优良的绝缘性能，又减轻了重量，进而降低了树脂消耗和成本。

美国电子工业协会于 1992 年首先在其所属建筑物的天花板及地板的夹层中铺设这种电线电缆，并制定了规范，之后美国普遍都接受了这种天花板隔层类电缆，其使用量一度占了美国 FEP 总消耗量的 75% 以上，其中 95% 用于主体电缆，5% 用于护套管。虽然我国还没有全国性或行业性的规范或法规，但是随着建筑标准的不断升级以及法律和规范的推出，这类电缆在我国高层建筑、机场和其他大型设施的天花板隔层中的使用也可能会成为一个趋势。

6.4.3.4 FEP 在薄膜中的应用

通过对 FEP 粉末或者颗粒的熔融挤出可得到 FEP 膜，也可将 FEP 水性分散体或粉末用静电喷涂等的加工方法使其在高温熔融后成为涂覆膜。这些 FEP 膜或涂覆膜层有着如下应用，主要包括：

① 热熔胶黏剂。由于 FEP 熔融后具有黏结性，因此可作为热熔胶黏剂使用，例如当采用 PTFE 玻璃布作为屋顶膜材料时，FEP 膜可用于拼接 PTFE 玻璃布。耐高温塑料（如聚酰亚胺）、金属、陶瓷与玻璃布之间或它们与 PTFE 相互黏结时，都可采用 FEP 膜作为热熔胶黏剂，但使用中一般需要在 $280 \sim 340℃$ 下加压 $0.2MPa$ 并保持数分钟。

② 太阳能收集器的吸收窗材料。使用了 FEP 薄膜后，吸收窗具有耐候性优、透光性强和吸热后散热少的特点。此外，为了提高吸热效率还可使用 FEP 膜的双层窗。

③ 生物医药用材料。FEP 膜制成的血浆袋可在深冷、低温至常温循环下多次重复使用，使用寿命明显高于以其他塑料制成的血浆袋。FEP 膜作为一种生理惰性材料，可用于医药、生物用品的包装等。

④ 防粘涂层。用 FEP 的水性分散涂料、粉末（静电）可制备不粘的无针孔涂膜层，常用于环氧树脂、聚氨酯泡沫、不饱和聚酯、丁基橡胶、丁腈橡胶和有机硅橡胶等成型模具的脱模材料以及造纸业干燥辊、食品加工机械、炊具的防粘涂层。

6.5　四氟乙烯-全氟烷基乙烯基醚共聚物

6.5.1　结构

PFA、MFA 分别是 TFE 与 PPVE 及 PMVE 的共聚物。为了保持聚合物的性能，共聚单体的接入量一般为 1.5%～2%（摩尔分数）。接入量过高或过低都会对加工和使用性能产生影响。单体的接入量可以用 FTIR 法加以测定。

相比于 PTFE，由于 PFA、MFA 侧链上的—C—O—C—键能高于 C—C，且键长更长，从而使侧链具有更大的空间自由度，因此 PPVE 或 PMVE 的接入明显降低了聚合物的结晶度。PFA、MFA 是半结晶聚合物，结晶度受到生产及加工条件，特别是冷却速率的影响。聚合反应后得到的 PFA 结晶度一般为 65%～75%，而熔融的 PFA 在快速冷却后，其结晶度可下降至 48%。PFA 存在 1 个一级相变温度（-5℃）和 3 个二级相变温度（-100℃、-30℃和-90℃）。

与 FEP 一样，PFA、MFA 也具有不稳定的端基，如果不处理会使共聚物加工时产生气泡，从而影响加工稳定性。

6.5.2　性能

PFA、MFA 很多的性能与 PTFE 相近，某些性能还优于 PTFE。

6.5.2.1　PFA、MFA 的化学性质

PFA、MFA 具有极佳的化学惰性，即使在高温下也能抵御强矿物酸、无机碱、无机氧化剂和大多数有机化合物，特别是面对共混的这些化学品也能保持不受侵蚀，但它们会与氟气或熔融态的强碱发生反应。

与 PTFE、FEP 一样，可用金属钠以及其他碱金属处理 PFA 及 MFA 的表面，在去除了一部分氟原子后就会改善氟树脂表面的润滑性以及与其他基材的黏结性能。

一般情况下，全氟碳结构的聚合物对水和溶剂的吸收都是很低的。这种吸收既与渗透密切相关，也与温度、压力和结晶度有关。可熔融加工的 PFA、MFA 与 FEP 一样，加工后的制品是没有空隙的，其渗透率比那些孔隙率高的 PTFE 更低，且 PFA 等的渗透仅是由分子扩散造成的，因此 PFA 的渗透系数是极低的。

6.5.2.2　PFA、MFA 的力学性能

商品级 PFA、MFA 中的 PPVE、PMVE 含量是有差异的，因而其熔点也不同，一般在 305～315℃和 280～290℃范围内。

在-200～250℃范围内，PFA 的力学性能总体上与 PTFE 是一致的，但 PFA 具有较好的高温强度保持率，它在 250℃下仍具有一定的机械强度，这点比 PTFE 要好。与 MFA 相比，室温下的 PFA 和 MFA 力学性能是完全相同的，但是随着温度上升，差异就越来越明显，而这主要是由于 MFA 的熔点较低。

PFA 与 PTFE 最显著的差别是 PFA 具有较低的"冷流"程度，因此在 PTFE 中加入少量 PFA 也能改善 PTFE 的抗冷流性能。

6.5.2.3　PFA、MFA 的电性能

PFA、MFA 比大多数普通塑料的电性能都要好得多。在升温至最高使用温度的过程中，它们的电性能基本没有变化，这一点甚至比一些非全氟碳类氟树脂都要好。

在 100Hz～1GHz 频率区间内，PFA 的相对介电常数能在很宽的温度范围内保持在

2.04。在10Hz~10kHz的低频区间内，随频率的上升、温度的下降，PFA的介质损耗因数不断减小。在10kHz~1MHz的频率区间内，频率及温度变化对介质损耗因数几乎没有影响，频率超过1MHz时，介质损耗因数则随频率上升而增大。

6.5.2.4 PFA、MFA的光学性能

如其他氟树脂薄膜一样，PFA、MFA的薄膜对紫外线、可见光和红外线都具有很好的透过性，这主要与聚合物的结晶度和晶体构象有关，例如厚度为0.025mm的PFA薄膜可以透过90%以上波长400~700nm范围的可见光，而厚度为0.2mm的MFA薄膜对波长为200~400nm范围的紫外线具有很高的透过性，且这些薄膜的折射率都接近于1.3。

6.5.3 应用

PFA的典型应用见表6-15。

表6-15 PFA的典型应用

分类	应用方向
化学工业及机械工业	各种化工设备、管道等的防腐蚀内衬材料（特别是高温下的防腐蚀内衬）；各种防粘涂层材料；采用FEP单丝制备的各种织布；起耐腐蚀、耐磨等保护作用的各类管和热收缩管等；用于反应釜、精馏塔、储槽、包装容器、阀门、管道和管配件的衬里，以及管配件及部件的本体
电子电气	电子、电气、半导体中涉及高耐蚀、高耐热和高纯度要求的管道、设备、仪表和成型件等

为了进一步加深对PFA性质的理解，下面将就一些重点应用进行介绍。

6.5.3.1 PFA在内衬和本体材料中的应用

PFA有着比FEP更优的耐应力开裂性、易熔接性和更高的可靠性，因此在化学工业中常用于管道及管配件、阀门、泵、塔、槽等的衬里，甚至本体材料。

PFA可制成各种不同尺寸的直管、管接头（插接和丝口皆可）、衬套、隔膜（片）和管道衬里。PFA管配件的壁厚最薄可达2.38mm，管道衬里层的最小厚度为1.27mm。

PFA常用于高端大型衬里阀门，通径可达150~250mm，PFA也用于球阀的密封部分、隔膜阀的膜片、止逆阀的球、离心泵和真空泵的衬里层等。阀体的其他部分通常可用PTFE进行制作。隔膜式压缩机的膜片或隔膜式气动调节阀的膜片使用PFA制作后可大大提高使用寿命和可靠性。

大型塔、槽类设备的衬里层可用PFA片材、PFA-玻璃布复合片材及PTFE-PFA-玻璃布三层复合材料，而小型塔、槽类设备主要采用PFA的注射成型、传递成型、旋转成型或粉末涂层等方式加工的衬里。

与FEP一样，对于有负压要求的容器，应采用粉末静电喷涂的方法。聚合后的PFA树脂，经凝聚、洗涤、端基稳定化处理后需要与适量的导电炭黑混配后才能进行喷涂。喷涂的厚度及烧结过程与FEP静电喷涂的要求类似，但是需要注意的是，涂层厚度小于1mm时不适用于高腐蚀性设备的防腐衬里。

6.5.3.2　PFA 在化学侵蚀中的应用

半导体工业是 PFA 使用量占比最多的领域。据国外资料统计，PFA 在半导体工业领域的消耗量要占其总消耗量的 80% 以上。随着集成电路（IC）的迭代升级和发展，集成度越来越高，但在半导体元器件集成度提高的同时，也对其制造过程中所用设备的材料提出了更高的耐蚀、耐热和高纯度的要求。PFA 是能够满足这些苛刻条件而又具有良好成型性的材料，因此成为高端半导体工业中必不可少的重要材料。

大规模集成电路（LSI）的制造要经过一系列的单晶硅片处理工序，包括表面氧化处理、照相制版处理、掺杂处理和蒸汽处理等，而这些工序无一例外地都要经过一系列化学侵蚀和洗净处理等。在处理中，待处理的单晶硅片垂直插入由 PFA 制成的类似"卡片箱"的吊篮（亦称"花篮"）中，并依次浸入各种侵蚀液。单晶硅片的掺杂过程是一个分次浸入侵蚀液及洗净的过程，且每次浸入的侵蚀液组成都是不同的。硅片上被侵蚀的成分主要有 Si、SiO_2、Si_3N_4、Al、光致抗蚀剂、洗净药品等，使用的侵蚀液分别含有 HF、HNO_3、NH_4F、H_3PO_4、CH_3COOH、H_2SO_4、KOH、NaOH 及若干种有机溶剂等成分。每一轮的处理温度也都不一样，从 25℃ 至 130℃ 不等。侵蚀过程中托架和吊篮就是在这些环境中反复承受着强腐蚀性介质的侵蚀，一旦发生腐蚀损伤，就会造成硅片的污染。此外，托架和吊篮还要承受高温，并要能保持一定的机械强度和尺寸稳定性，还要满足这些形状复杂的物件在注射成型加工中的各项要求。PFA 是满足所有这些要求的最佳选择。特别是，注射成型得到的 PFA 制品表面光滑，硅片在插入和取出过程中不易擦伤。除托架和吊篮等外，此侵蚀过程还会用到众多以 PFA 为材质的制件，例如直径 6～50mm 的管子以及各种管配件、阀、泵、流量计和过滤器等。

6.5.3.3　PFA 在超纯领域中的应用

PFA 的纯度很高，加工时无须添加任何其他化学物质，因此在高纯和超高纯的电子化学品或高纯度药品的生产中，所用或所接触的反应器、阀门、管道及接头、配件等均要采用全塑（PFA）制造。此外，半成品和成品的包装容器也要用全塑（PFA）制造或以 PFA 为衬里的。

为了防止外界污染，半导体制造过程中所用的超纯水和药液都要采用由 PFA 制造的管道、容器和设备储存和输送。对比 PVDF 和 PFA，PFA 在药液介质中可保持性质基本不变，也不变色和开裂，而 PVDF 的制品在同等条件下的质量变化要高出数十倍到上百倍，且侵蚀试验后的 PVDF 制品会发生较多的变色、纵向开裂情况。

6.5.3.4　PFA 在电线电缆中的应用

用 PFA 制作的电线电缆绝缘层比 FEP 制作的有更高的连续使用温度和更优的耐应力开裂性。PFA 与 PTFE 电线均可在 260℃ 下使用，因此可作为加热电线和特殊电线。

加热电线中的导体是电阻线，通电后会发热，适用于对较短管道的加热或伴热，而有关特殊电线的一个例子是地热探查用的电缆。地热探查多是为了地热发电，而地下 3km 处的温度达到了 300℃，还伴有 H_2S 等腐蚀性气体，因此只有 PFA 电缆能耐高温蒸气和经受 H_2S 气体的长时间腐蚀。

6.5.3.5 PFA 在电子电气设备中的应用

此应用中主要有 PFA 薄膜及 PFA 的管及注射件等。一个典型的例子是锅炉等高温高压容器的液位控制件采用了 PFA 电极保持器，在高温锅炉中为了防止水垢，锅壁通常是碱性的（pH＝10.5～11.0），若采用陶瓷部件是难以承受高温水蒸气和碱液腐蚀的，而 PFA 电极保持器则能耐 260℃高温及 2MPa 压力，也不受碱液的腐蚀，因而可确保锅炉的安全运行。

PFA 管具有较好的透明度，可以实时观察管道内物料的流动情况，但是大口径 PFA 管是无法弯曲的，因此可制成螺旋形管，提高其柔性。

PFA 软管具有更好的耐高温性和耐开裂性，管外用不锈钢丝增强后可大大提高其使用压力，更适合作为液压机等设备上交替输送水蒸气与冷却水的软管使用，例如用于制作录音机盘的全自动压机需要在 1min 内交替输入 180～190℃（压力 0.9～1.1MPa）的水蒸气和冷却水，所用到的软管内径为 19mm，壁厚为 1.5mm。一根 1.4m 长钢丝编织的三层 PFA 软管的爆破压力可达到 48MPa。PFA 软管的寿命可达到橡胶软管的 6 倍，冷热交替可达到（6～70）$\times 10^5$ 次，大大节约了停机检修的时间和人工费用。

此外，PFA 软管也可用于输送各种腐蚀性、黏性物质，具有使用寿命长、清洁、无异味、无污染的优点。

6.5.3.6 PFA 在涂层中的应用

PFA 粉末涂料的不粘、耐热、耐蚀性，使其广泛应用于复印机压辊、食品加工机械的料斗、辊筒、模具、容器、筛子及聚氨酯泡沫成型模具等的防粘涂层。

6.6 四氟乙烯-乙烯共聚物

6.6.1 结构

ETFE 是由 Et 和 TFE 单元交替排列构成的。从分子组成看，它与 PVDF 完全相同，但不同的立体结构（图 6-14）使它们有不同的性能。ETFE 分子链在平面上呈锯齿形曲折取向，形成的是正交晶格，相邻的碳链互有渗透。正是这种结构，使得 ETFE 表现出不同于其他可熔融加工氟树脂的优点，包括低蠕变性、高拉伸强度及高模量。当温度达到 110℃时，ETFE 发生 α 转变。转变发生之前，碳链间的吸引力使得晶格保持不变，但是转变发生后，ETFE 的物理性能开始下降，更接近于相同温度下相似全氟类聚合物的性质。除了 α 转变之外，其他转变包括 γ 转变（－120℃）和 β 转变（约－25℃）。

由于 Et 分子的存在，保留了氟树脂基本特性的 ETFE，其密度下降到了约 1.70g/cm³，而 PTFE、PFA 及 FEP 的密度则达到了 2.13g/cm³ 以上。此外，ETFE 的抗辐照能力比其他氟树脂高出一个数量级。

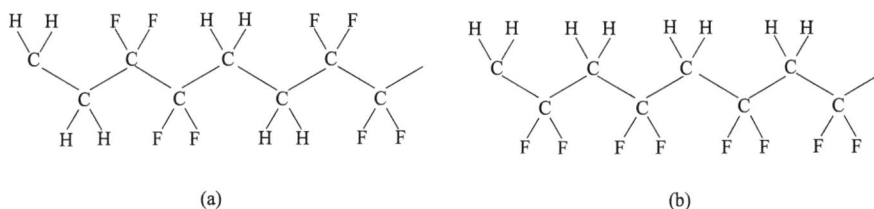

图 6-14　ETFE（a）和 PVDF（b）的立体结构

6.6.2　性能

6.6.2.1　ETFE 的化学性质

商品化的 ETFE 具有很好的耐溶剂性及耐大多数化学品的性能，可耐大多数常见的溶剂及强酸、强碱、芳香烃、脂肪烃、乙醇、丙酮、酯和其他试剂等。高于 200℃后，强氧化性酸、有机碱等则会侵蚀 ETFE。与 PVDF 一样，ETFE 也会遭受强碱的亲核攻击，但是所需的温度及浓度条件会更苛刻，而在沸水中浸泡的 ETFE 是不会发生水解的，ET-FE 在室温水中浸泡后的重量增加小于 0.03%。

6.6.2.2　ETFE 的力学性能

在很宽的温度范围内，ETFE 都表现出了超常的刚性和耐磨性，并能将高拉伸强度、高冲击强度、良好的耐弯曲性和蠕变性等很好地结合在一起，从而最大限度地发挥了碳氢聚合物所具有的优良力学性能以及全氟聚合物所具有的优秀耐热性和化学惰性。此外，ETFE 的耐摩擦性和磨耗性也较好，添加玻璃纤维或青铜粉后还能进一步提高其相关性能，而且填充剂也能改善 ETFE 的蠕变性并能提高其软化温度，例如玻璃纤维的加入量在 25%～35%（质量分数）的范围内就能极大地提高其模量、耐摩擦性及磨耗性，特别是 25%（质量分数）玻璃纤维加入量下的动摩擦系数从 0.5 下降为了 0.3。

ETFE 的力学性能更加突出，在刚性、韧性、硬度、冷流和蠕变等方面都比 PTFE 和 FEP 更好。ETFE 的拉伸强度随温度的升高会明显下降，而断裂伸长率在最初是随温度的升高而增加的，但 120℃后则会急剧变小。高温下的 ETFE 拉伸强度明显下降是由共聚物的球晶尺寸变大所致的，因此可在 ETFE 中接入适量的第三单体使晶球尺寸变小，从而大幅改善材料在高温下的拉伸特性。此外，共聚物的交替程度对 ETFE 的硬度、模量和拉伸强度等力学性能是有很大影响的。

ETFE 具有很好的耐辐射性，低强度离子化辐照对其影响是很小的，常用作线缆的包覆材料或是用作原子能工业中模压型的零配件材料。

与其他氟树脂相比，ETFE 最优异的特性是耐应力疲劳性。按照 ASTM D2176 标准的测试结果，ETFE 可以承受 600 万～1200 万次的弯曲循环。

6.6.2.3　ETFE 的电性能

与其他 TFE 共聚物一样，ETFE 具有高电绝缘强度、高电阻系数和低耗散因子的特点，是一种具有超群绝缘电压的高分子材料，其 3mm 厚片子的电绝缘强度测试结果为

$16\sim20\text{kV/mm}$，$25\sim75\mu\text{m}$ 厚薄膜的电绝缘强度测试结果则为 $160\sim200\text{kV/mm}$。ETFE 具有优良的介电性质，其相对介电常数非常低，约为 2.6，介电损耗也仅为 0.003，但其电阻率高，在室温附近的体积电阻率为 $1\times10^{17}\Omega\cdot\text{cm}$。在频率和温度变化的情况下，ETFE 的相对介电常数基本是恒定的，而 ETFE 的介电损耗则会随频率的上升而增加，其也会受交联的影响，辐照和交联增加了介电损耗。ETFE 的介电强度和电阻率是不会受水影响的，但是电阻率在高温下会下降。与 PVDF 相比，由于 ETFE 的总偶极距较低，因此 ETFE 有着更好的电性能。

6.6.2.4 ETFE 的热稳定性

ETFE 长期使用温度的上限是 150℃。如用过氧化物或离子化射线对其进行交联处理，则 ETFE 的物理强度还能在更高温度下得以保持，例如高度交联的 ETFE 在较短时间内能经受最高 240℃ 的高温。

虽然 ETFE 具有很好的热稳定性，但在高温下使用时通常是需要加入热稳定剂的，例如金属盐类（铜的氧化物和卤化物、氧化铝、钙盐等）可作为氧化反应的"牺牲"点，而某些盐则是以生成低聚物和脱 HF 的方式改变其分解过程的，但是铁和其他一些过渡金属的盐类则会促进 ETFE 的脱 HF 过程，而高温下的 HF 是会促其降解的，从而降低了 ETFE 的稳定性，因此 ETFE 的加工温度应当避免超过 380℃，以防止 HF 的生成。

ETFE 在空气中是不燃烧的，其极限氧指数（LOI）为 $30\%\sim32\%$。LOI 与聚合物的组成有关。当交替结构中的氟碳单体比例上升，LOI 逐渐增大，最终可与 PTFE 相当。

6.6.3 应用

综上所述，ETFE 具有均衡的耐热性和耐化学腐蚀性，经交联处理后可进一步提高其机械强度和耐温等级，特别是其密度相对较小，因而在线缆方面的应用尤其突出，消耗量几乎占其总消耗量的 2/3 以上。ETFE 在建筑和化工等方面的应用也在不断地增长中，尤其是那些标志性的大型公共建筑顶棚或墙体的应用案例等。表 6-16 列出了 ETFE 的典型应用。

表 6-16　ETFE 的典型应用

分类	应用方向
普通民生	各种建筑、农业薄膜（特别是有耐候、环境恶劣的工况及防辐射要求的场合）；汽车（特别是各种燃油管、尾气处理管等）；家用电器等
电子电气	作为各种控制线、信号线和通信线的绝缘材料，特别是核电站等的耐辐射区域，油井等耐磨及耐腐蚀要求的场合，对强度、热阻、电气性能以及耐腐蚀有着整体要求的场合（如各种离型膜、各种热收缩管、缠绕丝带和注塑零件）等
化工及装备	化工行业中的内衬（设备、管道等）和制件（阀门、管道、设备以及零部件、轴承等）
特殊应用	生物医学、实验室器具

为了进一步加深对 ETFE 性质的理解，下面将就一些重点应用进行介绍。

6.6.3.1 ETFE 在建筑膜中的应用

ETFE 建筑膜在中国已有广泛的应用，其中最具标志性的是 2008 年北京奥运的"水立方"游泳馆，其墙体就是由 3000 多个大 ETFE "气枕"组成的，其 ETFE 薄膜的总使用面积达到 $26 \times 10^4 m^2$，覆盖面积可达 $10 \times 10^4 m^2$。之所以选择 ETFE 材料，主要是由于 ETFE 具有各种平衡的综合性能，例如良好的耐候性、良好的机械强度以及高透明度（透光性）等。赫斯特（Hoechst）是较早生产 ETFE（Hostaflon EF）薄膜的公司，并先后在德国本土与美国亚利桑那州开展了大量的膜材耐久性实验，其在 1984 年发布的 10 年户外测试结果表明 ETFE 薄膜的光学性能与力学性能几乎没有改变。这为 ETFE 薄膜在建筑领域的应用铺平了道路。

综合而言，ETFE 的建筑用膜具有以下优点。

①轻质。建筑用的 ETFE 薄膜厚度通常为 $100 \sim 250 \mu m$，单层膜材的单位面积重量仅为 $0.175 \sim 0.4375 kg/m^2$，即使是工程中常用的三层气枕，其膜材的单位面积重量一般也会小于 $1.313 kg/m^2$。②高透光率。透明 ETFE 薄膜在 $400 \sim 600 nm$ 波长范围的透光率高达 95%，高于常用建筑玻璃的透光率，用这种薄膜制成的屋顶可以长时间经受太阳的暴晒。③耐候性和耐腐蚀性好。其使用寿命为 $25 \sim 35$ 年，适用于永久性建筑材料。在多冰雹地区，冰雹即使能砸碎玻璃屋面，也只能在 ETFE 薄膜屋面上留下一些小小的凹痕。④高自洁性。ETFE 膜所具有的表面抗粘性使其具备了良好的抗污能力，易于清洁处理，只需要用水冲刷即可达到清洗效果。⑤可回收性。ETFE 薄膜重新热熔成颗粒后可实现最大程度的回收及再循环利用。⑥易于修复。用新 ETFE 膜片热合后就可进行修补，这大大降低了后期的维护成本。

欧洲于 20 世纪 80 年代开始将 ETFE 薄膜用作建筑屋面材料。ETFE 的高透光性以及在潮湿、强紫外线、含氯消毒剂等恶劣环境下良好的耐久性能，使其广泛应用于建筑物中庭、植物园温室、动物园、游泳馆、屠宰场、鱼池等诸多领域。比较有代表性的工程案例是德国 Texlon 公司曾建造了由 110 个三层薄膜预构件（单层厚度分别为 $150 \mu m$、$30 \mu m$ 和 $110 \mu m$）组成的屋顶（直径为 75m，高为 25m），总面积达 $3250 m^2$。在 1988 年的荷兰阿纳姆伯格斯动物园植物温室修复工程中，福伊特克公司（Vector Foiltec）采用 Hostaflon EF 薄膜制成了面积达 $13500 m^2$ 的屋顶，在屋面多层预构件之间有空气缝隙，可根据外部条件自动调节室内压力。

特别要指出的是，在用于温室膜时，虽然成本比传统的 PVC、PE 膜要高出许多，但是传统材料的耐候性差，使用寿命短，因此 ETFE 膜的综合使用成本还是很有竞争力的。此外，ETFE 具有全波段光线的透过性，特别是红外线吸收有利于抵消夜间的辐射降温。ETFE 薄膜在农业方面的应用有着巨大的潜在市场，随着相关生产规模（树脂、膜）的扩大，使用成本有望不断降低，从而有助于在相关产业的应用和发展。

6.6.3.2　ETFE 在衬里中的应用

ETFE 是一种非常好的衬里材料，主要有粉末、板材等形式。ETFE 粉末采用静电喷涂等方法经高温熔融后形成保护层。与其他的含氟聚合物不同，基材表面只要经过一般的清洁处理就能与 ETFE 层形成良好的粘接强度。熔融后形成的 ETFE 薄膜是致密无针孔的，且耐化学品性能好，有较高的安全性，能经受负压。用板材作为衬里的方式也有其特点，例如用 0.6mm 厚的 ETFE 片材作为设备衬里后，经 1 个月药液的浸渍后，即使在较高的使用温度下也能保持外观无变化，且对多种酸都有良好的承受力和几乎不沾污垢的性能。ETFE 衬里的寿命也较长，如 ETFE 衬里的槽车使用寿命可超过 6 年。

6.6.3.3 ETFE 在制品中的应用

ETFE 可采用注射和挤出的方式加工成管、膜、单丝和各种形状（复杂）的制品。其中 ETFE 管主要可用作直径 1～12mm 的 ETFE 药液管、衬里管、易弯折的螺旋管等。而 ETFE 单丝主要是 0.08～0.35mm 直径的单丝，用这些单丝编织成的布料可用于过滤材料、塔的填充材料、除雾器的填料和输送带等。在 ETFE 膜的应用中主要有用 ETFE 的挤出膜制备的取样袋（ETFE 不易吸附气体）等，而 ETFE 膜与其他材料（如橡胶）复合后可用于耐腐蚀管和垫片或是与其他塑料（如 PE 等）吹塑制成双层复合膜。ETFE 一般是用于制品（如瓶子）内层的，其既具有很好的耐腐蚀性，相比纯 ETFE 制品又降低了成本。此外，由于 ETFE 是不含添加物的，因此这种瓶子还可用于药物包装。

ETFE 材质的其他各种形状制品主要有用 ETFE（或填充碳纤维的 ETFE）注射成的各种泵零部件、pH 计的外壳、流量计、管接头、阀座和气体洗涤塔、蒸馏塔用填充料等。特别要指出的是，与陶瓷填充料相比，ETFE 填充料质量轻、耐冲击性能好，装入塔内时破损率小，从而有利于塔体本身及支撑的简化设计。

6.6.3.4 ETFE 在电线电缆中的应用

由于 ETFE 拥有机械强度高、密度小（发泡后更轻）和耐辐照等特性，因此可用于各种控制线、信号线和通信线的绝缘材料。

在航空航天线缆中的应用是其非常重要的领域之一，如以 Raychem spec 55 为代表的辐照交联 ETFE 绝缘线及以交联 ETFE 作为外层绝缘层的氟塑料-聚酰亚胺复合安装线。氟塑料线缆产业发展以美国为主要代表，其在辐照交联 ETFE 线缆的技术和应用方面的成就已成为航空航天领域内的标杆。近年来，我国的航空航天取得了很大的进步，但是由于起步晚，基础（包括材料支撑）还很薄弱，随着航空航天的快速发展，我国对 ETFE 电线电缆提出了更高、更迫切的要求。

ETFE 电线可用于一些机器配线、计算机、600V 电线、多芯电缆和编织电缆等。交联后的 ETFE 电线电缆具有非常好的耐辐照性，可用于核电站的各种电线电缆。ETFE 的电线电缆在钻井平台的深井电缆中也有大量应用，主要用于探油和生产时的数据传输。ETFE 绝缘的导线可用在接近发动机的高温区域中，也可用作热液压流体内的自动传输用导线。

6.3.3.5 ETFE 在家用电器中的应用

在家电领域中，ETFE 的不粘性可用于各种零件加工时的脱模涂层。此外，在食品和制冰业也有类似应用。

利用 ETFE 在熔融状态下与金属（如铝）之间有良好粘接性的特点，可使其与铝板复合后制成各种炊具的内锅。与 PTFE 涂层的炊具相比，ETFE 不存在针孔，而 PTFE 由于存在细微的针孔有可能会发生渗透，从而导致金属表面产生腐蚀。

ETFE 可制成一些电子设备的零部件，例如 ETFE 可制成太阳能热水器的罩盖，从而发挥其优良耐候性作用和强红外线吸收能力。

6.7　聚三氟氯乙烯

PCTFE 是一种具有优异耐化学品性能的非易燃聚合物，具有优异的阻隔性、电性能和独特的物理、力学性能。

6.7.1　结构

与 PTFE 不同，在 PCTFE 结构中，氯原子代替了 PTFE 中的氟原子。氯的存在改善了 PTFE 的力学性能（如刚性、低温韧性、抗蠕变性）、对水分及气体的不渗透性、光学透明度和成膜性，但是增加了表面张力及摩擦系数，降低了热稳定性、电性能及一定程度上的耐化学品性。

高分子量 PCTFE 是半结晶的，结晶度为 $30\%\sim70\%$，其结构中的氟占比为 48.9%（质量分数）、氯占比为 30.5%（质量分数）。在聚合物 C—C 主链上引入尺寸相对较大的氯原子后，相比 PTFE 结晶趋势是有所下降的。PCTFE 链更倾向于形成间同立构的构型和螺旋结构，其晶型为准六方晶系。生成的晶体呈球状，是由折叠链状晶体组成的。完全结晶和完全无定形的 PCTFE 的密度分别为 $2.187\mathrm{g/cm^3}$ 和 $2.077\mathrm{g/cm^3}$。商品级 PCTFE 的结晶度可通过相对密度等方法获得。

由于高分子量的 PCTFE 仅在高温下溶解于少数的几个特殊溶剂中，因此其分子量是难以直接测定的。商品级 PCTFE 有均聚物及共聚物，其中共聚物中接入了小于 5%（摩尔分数）的氟乙烯共聚单体。除了高分子量的聚合物之外，也有低分子量的 PCTFE 蜡状物或油状物。其与硅油一样，可用作耐热的润滑油或脂或用于 PCTFE 的增塑。

6.7.2　性能

6.7.2.1　PCTFE 的耐化学品性

PCTFE 具有优良的化学惰性，能耐大多数苛刻的工况环境，尤其是耐强氧化剂（发烟的含氧酸类、液态氧、臭氧等）和日光照射。PCTFE 不溶于大多数常见的有机溶剂，通常需要高温（高于 120℃）才能溶解，例如 1,2-二氯和 2,5-二硝基氟苯（130℃）、2,5-二氯三氟甲苯（130℃）、苯（200℃）、环己烷（＞235℃）、甲苯（142℃）、四氯化碳（114℃）和 1,1,1-三氯乙烷（120℃）。

6.7.2.2　PCTFE 的力学性能

与 PTFE 不同，PCTFE 有较高的强度、较小的蠕变和较好的弹性回复。即使在绝对零度下，PCTFE 仍具有一定的韧性，因此是一种非常好的低温材料。PCTFE 的力学性能与结晶度有关，随着结晶度的增加，其拉伸强度、模量、刚性及硬度等指标都变大了，同时断裂伸长率减小了。只要能避免在熔点前出现由受热引起的结晶现象，PCTFE 还是具有极好力学性能的。此外，PCTFE 还需要有足够高的分子量，才能保证所得制品拥有良好的力学性能，虽然添加 15% 的玻璃纤维是可以改善高温性质及增加硬度的，但是同时也增加了脆性。与 FEP 一样，它的摩擦系数很低，因此具有优异的抗粘性能，且可与

PTFE 相媲美。

6.7.2.3　PCTFE 的稳定性

PCTFE 的熔点为 210～212℃，长期使用温度则不如除 PVDF 以外的其他氟聚合物。C—Cl 键的存在使 PCTFE 成为一个非易燃聚合物。PCTFE 非常适合在低温下应用，其在熔融状态下的热稳定性很差，在加工制品的过程中尤其要关注这一点。

PCTFE 均聚物具有很好的耐日光照射、离子化辐照性能，而 CTFE-VDF 共聚物则可以进一步提升该性能。总之，PCTFE 均聚物以及 CTFE-VDF 共聚物都具有优秀的辐照屏蔽性能。PCTFE 是不吸收可见光的，经熔体淬冷的方法制成的薄片或零件，即使厚度达到 3.2mm 也能够保持透明。

6.7.2.4　PCTFE 的电性能

氯原子使 PCTFE 具有极性，因此其电性能与完全对称的 PTFE 是不同的。它的相对介电常数及介电损耗都是较大的，且会随温度、频率而变化。PCTFE 的结晶度、成型方法对电性能也有较大的影响。一般情况下，结晶度高的 PCTFE 在高温下的介电强度是低的。此外，它的体积电阻也会随温度而变，但在高温下仍能保持 $10^{15}\Omega$。

6.7.3　应用

PCTFE 的典型应用见表 6-17。

表 6-17　PCTFE 的典型应用

分类	应用方向
化学工业	提篮；隔膜；用于储罐、泵、阀门、管道、包装、阀座、光学玻璃和离心管的衬里和涂层
低温和航空航天	泵衬里；密封件；垫圈、阀座及其配件；液氧和氢气垫圈；红外枪和导弹窗；天线罩；仪表板和高真空密封
医疗	血液过滤器；缝合包装；注射器管；可消毒包装；身体植入物和水泡中的氧气阻隔材料
食品	用于食品处理设备的涂层和部件（例如用于饮料分配设备的阀座）
电子	连接器；电缆和计算机电线绝缘；开关板和齿轮；线圈；端子；电阻套管；电位计滑块组件；管道；带金属嵌件的零件；电池盒和柔性印刷电路
包装	药品、文件、海运仪器、酒和香精的包装

6.8　其他氟树脂

6.8.1　TFE-HFP-VDF 三元共聚物

THV 是 TFE、HFP、VDF 的三元共聚物。该品级的最初目的是获得一种具有类似 PTFE 或 ETFE 的耐候性能同时又能用于聚酯纤维涂层（意味着加工温度需足够低）的聚合物，而且还拥有与涂覆 PVC 的聚酯纤维一样的柔软性。

除了拥有与其他氟塑料同样的一些性质之外（如很好的化学惰性、耐候性、低的摩擦系数和不易燃烧性等），THV 还具有一些独特的性质，主要有比较低的加工温度、良好的可黏结性（不仅能同质间黏结，还可与其他材质黏结）、高的柔软性、极好的透明度、低折射率，并能有效地进行电子束交联。

不同品级 THV 的组成是不同的，其熔点也有很大差异，从 120℃（如 THV200）至最高可达 225℃（如 THV815）。熔点低的 THV 有着最差的化学惰性，但易溶于丙酮和乙酸乙酯，也更柔软，易于电子束交联。反之，熔点高的 THV 则具有更好的化学惰性和耐渗透性。THV 是易于同质间相互黏结的，也可与其他塑料、橡胶黏结。与其他氟塑料不同，其在黏合前无须进行表面处理（如化学刻蚀或电晕），但是在某些情况下为了获得与其他材质间更好的黏结效果还是需要有粘接层。在很宽的光谱带内（从紫外到红外），THV 是完全透明的，浑浊度极低，且折射率也很低，但不同品级之间是有差异的。

6.8.2　聚氟乙烯

PVF 是一种白色粉末状的部分结晶性聚合物，一般是 VF 的均聚物，具有优异的耐候性、杰出的力学性能、良好的防锈性能、优异的水解稳定性、很高的介电强度和相对介电常数，且其对大多数的化学品和溶剂都具有良好的惰性。PVF 的熔点为 190～200℃，密度为 1.39g/cm^3，分解温度 210℃ 以上，长期使用温度 -100～150℃，软化点约 200℃，但在 200℃ 下，15～20min 就会开始热分解，若在 235℃ 下，5min 后便会发生激烈分解至最终碳化。分子量为 6 万～18 万，是氟塑料中含氟量最低、相对密度最小的一个品种。由于分解温度接近于加工温度，因此不宜用热塑性树脂成型的方法加工，大多是加工成薄膜或涂料。PVF 膜稍重于 PVC 薄膜，具有一般含氟树脂的特性，并以独特的耐候性著称，PVF 膜的收缩小且稳定。根据加工条件及制品厚度，PVF 有着不同的透明度，能透过可见光和紫外线，可强烈吸收红外线。在正常的室外气候条件下使用期可达 25 年以上，是一种高相对介电常数（8.5）、高介电损耗（0.016）的材料。PVF 的一个特点就是耐弯曲性能好，反复折叠不易开裂。PVF 薄膜可不受油脂、有机溶剂、碱类、酸类和盐雾的侵蚀，电绝缘性能良好，还具有良好的低温性能、耐磨性和气体阻透性。PVF 涂料也具有良好的耐候性，对化学药品有良好的抗腐蚀性，但不耐浓盐酸、浓硫酸、硝酸和氨水。

在强酸和碱中，处于沸腾状态下的 PVF 薄膜仍能保持其形状和强度。在常温下，这种薄膜不受各类常见的碳氢类溶剂或氯代溶剂的影响，而 149℃ 以上它们会部分溶于几种高极性溶剂中。此外，油类和脂类物质对 PVF 膜是无渗透性的。

在太阳光的光谱区域内（包括近紫外、可见光和近红外段），透明的纯 PVF 膜具有高透过性。另外，PVF 薄膜具有杰出的抵御太阳能引起降解的性能，很多常见的非氟塑料膜在太阳光持续照射下往往很快就因降解而发脆碎裂了。在美国南部佛罗里达州进行的试验表明，无支撑的透明 PVF 薄膜在以 45°角朝南面向阳光照射 10 年后，还保留不低于 50% 的拉伸强度。用添加颜料的 PVF 薄膜同各种不同基材复合后可以提供较长的使用寿命。用能吸收紫外线的 PVF 膜复合于各种能抵御 UV 侵害的底板增加了保护效能。

PVF 通常在温度接近或略超过 204℃ 的条件下加工成膜，如工业通风条件许可，可在高达 232～249℃ 条件下进行短时间的加工。如处于 204℃ 以上的加工温度下或长时间的加热状态下，PVF 就会发生色泽变深和释放出少量 HF 气体的现象，而一旦发生 Lewis 酸

（如 BF₃ 络合物）与 PVF 的接触，就会在催化作用下促使聚合物在低于常温的条件下发生分解。

PVF 的典型应用主要包括太阳能电池的背板膜和包装用膜。需要指出是，PVF 的许多应用与 PVDF 是重叠的。

6.8.3　乙烯-三氟氯乙烯共聚物

ECTFE 是 CTFE 和 Et 的 1∶1 嵌段共聚物。商品级 ECTFE 往往接入了另一种改性单体，从而拥有了良好的抗高温应力开裂性能。这种改性的共聚物具有更低的结晶度及更低的熔点，但是由于组成的不同，ECTFE 的熔点也是不同的，一般为 235～245℃，但合适的工作温度范围为−100～150℃。

在使用温度范围内，ECTFE 是一种坚韧、具有中等刚性和抗御蠕变性能的聚合物，其化学惰性也很好（与 PCTFE 相似），能耐高达 100Mrad（相当于 1000kGy）的高能量 γ 射线与 β 射线辐照。与大多数氟聚合物一样，ECTFE 也具有优异的耐候性。

ECTFE 的典型应用与 ETFE 有较多的重叠。

6.8.4　氟烯烃-乙烯基醚共聚物

在室温固化涂料树脂中，最成功的是 FEVE 树脂，其是氟烯烃（TFE、CTFE）和烷基乙烯基醚（乙基乙烯基醚、环己基乙烯基醚等）或氟烯烃和烷基乙烯基酯（醋酸乙烯酯等）交互排列的共聚物。从化学和空间结构看，氟烯烃单元保护了不稳定的乙烯基醚结构单元，使其免受氧化侵蚀。侧链上的烷烯基醚（或酯）提供了树脂溶解性、透明度、光泽，羧基基团提供了颜料润湿性、附着性，而羟基基团提供了交联基团。FEVE 最突出的性能是耐候性，在加速老化后的一些指标上是可与 PVDF 涂料相媲美的。由于 C—F 键的影响，FEVE 也有优良的耐热性和耐化学品性。

FEVE 可用于太阳能背板的涂层，建筑、船舶及设备的耐候及隔热涂料。另外，在文物保护、野外的混凝土涂层保护上 FEVE 涂料也有着很多的应用。

表 6-18 为 CTFE 基 FEVE 的基本性质一览表。

表 6-18　CTFE 基 FEVE 的基本性质

性质	数值
氟含量（质量分数）/%	25～30
OH 值/(mgKOH/g)	47～52
COOH 值/(mgKOH/g)	0～5
数均分子量（M_n）	0.8×10^4～6×10^4
重均分子量（M_w）	1.0×10^4～15×10^4
密度/(g/cm³)	1.4～1.5
玻璃化转变温度/℃	20～70
分解温度/℃	240～250
溶解度参数	8.8（计算值）

6.8.5　无定形氟聚合物

无定形氟聚合物 AF 是由全氟 1,3-二氧杂环戊烯（PD）类单体与 VDF、TFE、HFP 等单体二元或多元共聚而成，是一种透明性氟树脂。PD 中最常见的单体是 PDD（全氟 2,2-二甲基-1,3-二氧杂环戊烯），共聚单体中最常用的则是 TFE。该种无定形全氟聚合物是完全非结晶的透明无定形高分子，没有明显的熔点，具有很好的光学性能和电性能，也兼具优异的耐化学品性、耐热性及良好的力学性能和物理性能。无定形氟树脂的折射率范围为 1.31~1.33，在有机材料中属于最低的一类。无定形氟树脂在很宽的波长范围（400nm~2.5μm）内都具有较高的光线透过率，可达 95%，其对紫外线的透过率也很高，可达 90%，可与石英相匹敌。

塑料光纤的线芯材料是无定形氟树脂的一个重要应用。大多数传统的塑料光纤都只能在 100℃以下工作，而全氟类无定形透明氟树脂通常都比较稳定，有较高的玻璃化转变温度，因此全氟塑料光纤通常具有较好的耐温性。此外，全氟聚合物不易老化，可大大延长全氟塑料光纤的使用寿命。因为全氟塑料光纤不含有 C—H 键，而 C—F 键在 400nm~2.5μm 波长范围之内几乎没有明显的吸收，透光窗口的红移也使得由瑞利散射导致的光损耗降低了，因此由全氟高分子材料制成的光纤，其光损耗性能将大大优于传统的塑料光纤。除了光纤应用之外，其还可用于光刻、透镜保护膜、防反射涂层、各种微波的钝化和保护膜、雷达、光学和光电仪器等，而这些产品在医药、军工、航空和工业等领域都有应用。

6.9　氟树脂的选用

氟树脂在各个领域中的具体应用是非常广泛的，且随着众多产业的发展更是方兴未艾。目前，国内外的企业、学校、科研单位都在不断拓展氟树脂的各种应用。除了本章的概述性应用介绍和部分重点应用的具体介绍外，在其他章也有一些有关其加工制品的应用介绍。尽管如此，限于篇幅的影响，本书也只是介绍了众多应用中的一小部分。

6.9.1　氟树脂在应用中的角色

相比其他工程类塑料、金属类材料，氟树脂拥有优秀的耐化学品性、力学性能、热性能、耐候性、电性能、表面性能等，从而成为新应用中的一种优先选择材料或是成为已有应用材料在升级换代中的首选项。虽然氟树脂的初始费用往往较高，甚至是高昂的，但是较长的使用寿命则可以降低整个使用周期的费用，从而提升整体方案的竞争力。除了整个周期的成本，氟树脂的应用效果在很多场合下也比其他材料要更好（例如对产品杂质和纯度有着严苛要求的场合）。近年来，随着氟树脂制造和加工技术的不断进步，以及我国氟化工行业又步入了一个新的快速发展期，各种氟树脂的生产量大幅增长，成本不断下降，这为氟树脂成为下游应用的优先选择提供了有力的保障。

以下分别就氟树脂在化学工业、电线电缆、半导体、汽车等几个行业中与其他竞争材料进行比较以及对角色进行描述，这有助于工程师们进一步加深了解和做出更好的材料方案。

在化学工业中，生产过程常涉及高腐蚀性流体，甚至有些反应和分离过程以及物料的输送更是出现高温、有机溶剂和腐蚀性介质（强酸或强碱）等同时存在的情况。在大多数情况下，工程师们会选用耐腐蚀性好的合金材料作为管道、阀门及设备的首选材质，但是现在以 PTFE 为主的氟聚合物衬里的设备及管道等已经越来越多地取代这些贵重的合金材料。此外，如果要制备高纯度的化学品，采用内衬管后可以大幅度减少金属被腐蚀生成的杂质污染。采用氟树脂作为内衬的设备和管道等，其基材常常采用的是便宜的碳钢或玻璃纤维增强的其他塑料。利用这些价格便宜而机械强度好的材料作为结构材料，以能耐苛刻环境和介质的氟聚合物作为衬里，使它们之间的结合相得益彰，甚至在有些极端的工况下，也只有像 PTFE 这类氟树脂才可以胜任。除了作为内衬之外，氟聚合物还用于生产一些绝对消耗量不大，但是很重要的附件，包括动密封填料及制品、静密封垫片以及一些所有表面都要耐化学腐蚀的小型零配件等。

通常内衬管或者喷涂的材料可以选用 PFA、FEP、PVDF、ETFE 和 ECTFE 中的一种或几种。具体选择哪一种还需要根据工况条件（耐温等级和耐化学腐蚀的具体要求等）而定。

就半导体工业而言，氟树脂在该行业发展之初就一直伴随其成长和发展。在液态加工设备、流体输送系统和晶片处理工具等都能看到氟树脂的身影。半导体制造过程对于杂质粒子的控制和化学物的污染有着极为严格而苛刻的要求，即使痕量污染都会造成合格率急剧下降。氟聚合物所具有的高纯度特性和耐化学腐蚀的优越性就显现出重要的价值。此外，金属材质的设备和管道难以避免有金属离子的析出，因此会使半导体生产过程受损，所以生产商更愿意使用全部由高纯度氟树脂加工成的设备、管道、阀门等接触生产过程流体的器件，而不用金属制造的器件。用于储存和运输高纯化学品及试剂的包装容器都是100%高纯氟树脂材质，其中 PFA 是首选材料。很多时候，在一个设备或阀门中会用到多种氟树脂，以满足不同的要求。

另外，在有些部件或制品的升级或换代过程中会选用不同的氟树脂材料。盛放晶片的"花篮"就是一个典型的例子，"花篮"主要用于承载硅片，并与硅片一起经受各种不同的化学过程。最早是采用 PTFE 材质的，现在则更多地采用 PVDF 或 PFA。这些氟树脂可熔融加工，无需二次机械加工，成本比 PTFE 低，且有高纯度的品种，还可回收再利用。

在电线电缆应用中，如果电线电缆使用的环境温度范围很宽，特别是有高温要求的，氟树脂就是一个首选材料。航空航天领域应用的电线电缆就是一个典型例子。几十年来，所有民机和军机上的信号、控制和动力方面的线缆都全部或大部分采用氟树脂用于绝缘，其中包括 PTFE、FEP、ETFE、ECTFE 和 PVDF 等。ETFE 绝缘的线缆密度小，特别适用于航空器，因而占有较多份额。在其他民用氟树脂绝缘的电线电缆市场中，FEP 占有很大的份额。有些线缆要在化学腐蚀环境中使用或者要求绝缘介质的性质不随时间而变化，这些要求正是氟树脂能够很好满足的。此外，绝大多数氟树脂不再需要任何添加剂来提高其性能。

在汽车应用方面，氟树脂在车辆上的应用主要是着眼于其耐高温和耐化学腐蚀等性能，例如发动机升级后盖板下的温度不断升高和需要防止有腐蚀性的燃料成分释放进入大气，这些都是氟树脂的用武之地。另外随着新能源车的发展，锂电池各个组件中的氟树脂用量也在不断增加且增长非常迅速。

6.9.2　综合对比

经过长期的加工和应用实践，从适用性、性价比等角度出发，各种氟树脂逐步成为一些应用中的主要角色，在新的应用实践中工程师们可基于以往的经验以及对氟树脂特点的了解来确定可用的优先项名单。

在每一个应用市场中如何选择一款或多款合适的氟材料，主要取决于该应用的具体要求。通过对比各个氟树脂的性能以及在现有应用的角色，有助于工程师在新工艺、新应用中对氟树脂进行选择。

表 6-19 是 PVDF、PFA、ETFE、FEP 在不同性能中的优先程度一览表。表 6-20 是各类氟树脂在现有应用中的推荐顺序，从中可以发现，它们在有些应用领域中是有一定重叠性的。

表 6-19　PVDF、PFA、ETFE、FEP 的各性能优先程度对比

性能	PVDF	FEP	PFA	ETFE
柔性	＋	＋	＋	○
耐化学品性	＋	√	√	√
耐高温性	＋	√	√	√
耐燃性（火烧）	＋	√	√	○
电绝缘	○	√	√	√
机械强度	＋	＋	＋	√
低温加工性	√	○	○	○
光学性能	＋	＋	＋	√
与碳氢化合物的共加工性	√	○	○	○

注：√性能最优可推荐；＋取决于产品规格或应用；○一般不推荐。

表 6-20　各类氟树脂在各个现有应用中的推荐顺序

应用	PTFE	PVDF	FEP	PFA	ETFE	PCTFE	THV	PVF	ECTFE
电线电缆	◎	●	●	◎	●		◇		●
化工	●	●	◎	●	○	○			◎
高纯品	◎	●		●					◎
石油和天然气		●		◇	◎				
汽车	◎	◎			◇			●	
膜	●	●	◎		●	●	◇	●	
涂层	●	●	○	◇	◎		○	○	●

注：●主要使用；◎一般；○较少使用；◇目前使用少但有潜力。

第 7 章
非可熔融加工氟树脂的加工及应用

在前述章节中已介绍过，PTFE 可分为悬浮 PTFE、分散 PTFE 和 PTFE 浓缩分散液等三大类产品，它们的加工方法和应用领域各不相同。由于 PTFE 的熔融温度高，熔融黏度也很高，因此不能用普通的热塑性塑料加工方法进行加工，于是发展了类似粉末冶金的冷压/烧结加工工艺、添加助推剂的糊状挤出加工工艺等一系列特殊的加工技术，可加工成块、棒、片、管及膜等各种形态的制品，有些可通过二次加工使 PTFE 制品进一步满足各行业的需要。在糊状挤出工艺的基础上进一步发展而来的膨化加工技术或者在浓缩分散液基础上发展而来的 PTFE 浸渍制品和 PTFE 涂料则更进一步拓宽和丰富了 PTFE 制品的形式和应用领域。除了生产技术的突破外，PTFE 产业的快速发展与加工技术的不断创新和完善也是分不开的。

表 7-1 是不同加工工艺下的 PTFE 制品分类。这些 PTFE 制品所涉及的加工技术包括模压、自动模压、液压（等压）模压、柱塞挤出、糊状挤出、PTFE 生料带制造、膨体PTFE 制造、PTFE 浓缩分散液涂覆技术、PTFE 丝的制造、PTFE 薄膜浇铸、填充 PT-FE 的加工技术等。有很多制品还需要采用通用或专用的二次加工方法加工后才能成为可以直接使用的产品。从 20 世纪 60 年代起，国内从 PTFE 模压加工开始，先后开发了糊状挤出、柱塞挤出、喷涂和浸渍等一次加工技术和表面处理、焊接、内衬等二次加工技术，生料带等 PTFE 制品的制造量居世界前位。20 世纪 90 年代后，如膨体 PTFE 的制造技术和应用等一些高端产品及其加工技术得到了快速的发展，其中双向拉伸 PTFE 微孔薄膜可应用于电子、制药等行业以及用于净化室的空气和超纯试剂过滤，与织物复合后可制成防水、防风及透湿的服装面料、帐篷材料和超纯过滤材料，如波纹管、热收缩管等的二次成型制品也已在国内实现了商品化生产。当作为原料的 PTFE 加工成为 PTFE 制品后，产品的附加值就实现了翻番。目前，整个 PTFE 加工产业已拥有相当大的制品生产能力和生产量，PTFE 制件也拥有很大的市场。由于 PTFE 加工的投资不大，因此应运而生了一大批加工企业（尤其集中在江苏、浙江、广东等沿海地区），每年的 PTFE 消耗量占据了国产 PTFE 的很大比例。近十多年来，以 PTFE 为主的氟聚合物加工生产的快速发展对地区经济和下游产业的蓬勃发展起到很重要的推动作用。

表 7-1　不同加工工艺下的 PTFE 制品分类

制品类型	分类
模压制品	管、板、棒、垫片、垫圈、密封件
柱塞挤出制品	棒、管、异型材
糊状挤出制品	棒、管、电线、生料带、膨体制品（医用材料、密封材料）、过滤产品（微孔过滤材料与织物复合制品等）

制品类型	分类
车削制品	薄板、薄膜、零件
填充制品	密封件、活塞环、机床导轨
浸渍制品	盘根、浸渍布、网格布
自动模压制品	各种机械衬套、垫圈、垫片、环、球阀座等工业零件，无需后加工的制品
衬里制品	反应釜、泵、阀、管道、膨胀节

以下将按悬浮 PTFE、分散 PTFE、PTFE 浓缩分散液和填充 PTFE 的加工方法等分别进行介绍。

7.1 悬浮聚四氟乙烯的加工

悬浮 PTFE 具有极高的熔融黏度（$1\times10^7\sim1\times10^8$ kPa·s），即使达到熔融温度也不会流动，仅发生 25% 左右的体积膨胀并相互熔结成一体，熔体在剪切力作用下易破碎，所以可参照粉末冶金的成型方法，具体的过程包括将 PTFE 粉装进适当的模具中，在室温和一定压力下压制成预成型件，然后将其移至烧结炉，并在高温下处理一段时间，待充分烧结后再按设定的速率慢慢冷却至室温最终成为制品，如需要可经二次加工后获得具有特定形状和尺寸的成品。该加工方法是最传统的悬浮 PTFE 加工方法，通常称为模压成型。在此模压加工的基础方法之上，又发展出了自动模（压）塑、等压模（压）塑和柱塞挤出等先进的加工技术，从而减少了材料损耗，提高了制品质量及生产效率，并解决了制造复杂形状制品的难题。

7.1.1 不同成型方法对树脂规格的选择

从前述章节可知，为适应不同制品对 PTFE 性能的要求，推出了很多不同的 PTFE 规格品级，如按粒径的大小可分为中粒度、细粒度等。用模压法加工不同类型的制品时，需选择与加工技术相配套以及能满足最终制品应用要求的 PTFE 品级才能获得最好效果的制品。例如，用于电气绝缘、化学反应器衬里和大多数气密性垫片时，为了让制品材料内部的空隙更小，需要选用细粒度的悬浮 PTFE；诸如桥梁和重型设备支承件等的机械零件，由于不需要拥有与前述制品相同的性能要求，因此可以用粉末流动性好的造粒料进行制造。

树脂颗粒的流动性是其表观密度的函数，如要求树脂表观密度大于 500g/L，则可以造粒料。造粒料制品的拉伸强度、断裂伸长率和介电（击穿）强度都比用细粒度 PTFE 制造的同类制品差，但优点是树脂能充满且模具的效率高，这是自动模压、等压模压和柱塞挤出加工所需要的特点。表 7-2 为用于模压加工的 PTFE 系列品级。

表 7-2 用于模压加工的 PTFE 系列品级

树脂牌号	表观密度/(g/cm³)	平均粒径/μm	性状	加工方法	特点
M12	约 0.35	约 55	细软粉末	模压	制品致密，宜成型车削薄膜的型坯

树脂牌号	表观密度 /(g/cm³)	平均粒径 /μm	性状	加工方法	特点
M15	约0.43	约40	细粉末	模压	宜成型大制件及填充制品
M391S	约0.80	约350	自由流动粉末	模压，自动模压	宜成型板材
M392	约0.88	约400	自由流动粉末	模压，液压，自动模压，柱塞挤出	宜成型薄壁套筒，有优异的狭缝填充性能
M393	约0.93	约500	自由流动粉末	模压，自动模压，柱塞挤出	宜成型较高制品
M111	约0.35	约35	细粉末	模压	制品表面光滑，耐蠕变性优，宜成型垫片
M112	约0.38	约40	细粉末	模压	宜成型隔膜等软胶制品

7.1.2 模压

PTFE 的模压加工可分为加料、预成型、烧结等步骤。其中，加料是模压加工的第一个环节，是压制预成型件的前奏。加料前，应先用无水乙醇擦净压模模腔的内表面，然后将符合规格要求的 PTFE 粉加入腔内并使其均匀分布在整个腔体。加入模具的 PTFE 粉需过筛并在 25℃下放置 24h 以上。预成型件的体积乘以预成型后产品的密度（通常以 2.17g/cm³ 计算）可得到准确的 PTFE 加料量。由于垂直方向的粉料在模腔内难以移动，因此要特别注意防止内部"架桥"等可能导致的不均匀情况的发生。在预成型（压缩）中，需要将完成加料的模具整体置于压机内，并在 25～30℃ 的条件下启动压机压制成预成型件。在升压过程中要有 2～3 次的泄压排气，待升到规定压力后保压一定时间，以使压力传递均匀，然后缓缓地降压将预成型件从模腔中脱出。

压缩过程的压力可通过压机上的压力表观察，由式（7-1）可计算所需的压力。一般情况下，不加填充料的悬浮 PTFE 压制压力为 20～30MPa，可通过适当的温升来降低压制中需要的压力。

$$p = \frac{S_1 p_1}{S} \tag{7-1}$$

式中，p 为压机显示的表压，MPa；S_1 为预成型件截面积，cm²；p_1 为压制预成型件需要的压力，MPa；S 为压机柱塞面积，cm²。

烧结过程通常可分为升温、保温和降温三个阶段。压制后的未烧结预成型件只具有树脂颗粒间堆积形成的生料强度，经烧结后才有实际使用的强度。当温度升至 342℃ 以上时，PTFE 的晶相消失，呈无定形状态，而温度升至 360～380℃ 时，PTFE 颗粒膨胀后熔结为一体，颗粒之间的空隙消失。如前所述，PTFE 的大分子会导致分子链活动能力变差，因此只有让它们在高温下保持一段时间才能使之完全熔结并消除颗粒间的空隙，但是过长的烧结时间也会使部分分子链发生降解从而导致制品的强度下降。在质量检验时尤其要注意这点，因为这会导致测试值与实际值发生明显的偏离，测试的拉伸强度结果偏小，从而引发对 PTFE 产品质量的误判。

由于 PTFE 的导热性差，升温速率的控制是非常重要的。推荐的大致升温速率控制建议主要有：在 150℃ 以下升温速率不大于 50℃/h，150～300℃ 之间升温速率不大于 30℃/h，在 300℃ 以上升温速率为 6～10℃/h。对于小型制品，传热问题不那么严重，升温速率可以略快并在 365～380℃ 间保温。

最佳的保温时间通常要由试验来确定，例如对于实心型坯的烧结保温时间按厚度计为 1h/cm。烧结温度的确定还与树脂的平均粒径有关，如平均粒径为 150～250μm 的悬浮 PTFE 烧结温度可定为 (375±5)℃，而平均粒径为 25～50μm 的细粒度树脂烧结温度可降低为 (370±5)℃。

降温就是型坯在保温温度下维持一定时间后最终降至室温的过程。这一过程中的树脂从无定形状态再次转变为结晶相，制品的体积缩小，外观上从透明转变为白色的不透明体。降温速率依制品大小和所需的结晶度而定。表 7-3 是各种不同尺寸 PTFE 制品的烧结周期实例。

表 7-3　各种不同尺寸大小 PTFE 制品的烧结周期实例

制品尺寸/mm	重量/kg	升温速率/(℃/h)	烧结温度/℃	烧结时间/h	降温速率/(℃/h)
Φ50×50（外径×高）	0.2	90	360	4	30～50
Φ100×100（同上）	1.7	60	365	9	30～50
500×500×1（长×宽×厚）	0.55	100	360	4	30
Φ400/80×300[①]（外径/壁厚×高）	75	25	360	30	25(360℃→315℃) 15h(315℃) 25(315℃→室温)
Φ400/80×60[②]（外径/壁厚×高）	150	25	360	40	25(360℃→315℃) 15h(315℃) 25(315℃→室温)
420×150×600(外径×内径×高)	150	50(25℃→150℃) 3h(150℃) 25(150℃→250℃) 3h(250℃) 15(250℃→315℃) 5h(315℃) 10(315℃→365℃)	365	20	10(365℃→315℃) 10h(315℃) 10(315℃→250℃) 25(250℃→100℃)
420×150×1200(同上)	300	50(25℃→150℃) 5h(150℃) 25(150℃→250℃) 5h(250℃) 15(250℃→315℃) 5h(315℃) 10(315℃→365℃)	365	30	10(365℃→315℃) 10h(315℃) 10(315℃→250℃) 25(250℃→100℃)

① 为双向受压，预成型压力 15MPa，压缩速率 40～60mm/min，保压 30min。

② 同①，但保压 45min。

PTFE 是高结晶度聚合物，烧结前的结晶度可高达 95%～96%，烧结后的降温过程则是树脂的再结晶过程。从烧结温度开始降温到 320～325℃ 时，熔融状态下呈随机分布状态的分子链开始重排并再结晶，成为有序堆积的状态。降温速率越慢，最终制品的结晶度越高，而降温速率越快则结晶度越低。这意味着控制降温速率可以控制制件的性质。对于大型制件，为了避免传热造成的温度梯度的影响，需保持较慢的降温速率。在凝固转变过程中，温度尤为重要，因为从熔融态转变为固态聚合物时会发生较大的体积收缩，如果降温不够慢，制件会产生大的应力使熔体开裂。所以降温速率的快慢受 PTFE 熔体的强度和制品壁厚的影响。对于 150～300kg 的大型 PTFE 型坯，在 250℃以上其降温速率为5～15℃/h，而 250～100℃阶段的降温速率则可在 25℃/h，降温至 100℃以下后方可打开炉门进行自然冷却。小型制件则可以采取快速冷却的方式。

在降温过程中，温度降低到 290～325℃区间时需要保温一段时间，称为退火处理。目的是使预成型件中的温差降低到最低程度，以免厚壁制品发生应力开裂。快速冷却的方式则可以明显降低制品的结晶度而使其变得更柔软，弯曲疲劳寿命因此可提高几十倍。快速冷却也称为淬火处理，仅适用于一些薄壁制品。经验表明，壁厚超过 5mm 的制品不能做淬火处理，会造成开裂。

在模压加工时，需特别关注 PTFE 制品的收缩率。根据原料的粒度、模压时的压力、烧结时间等参数，PTFE 制品的收缩率一般为 3%～6%。此外，在预成型件的加工过程中要将树脂粉末均匀地加入压模的模腔并在不低于 19℃的室温下进行压制。此工艺可用于制造大重量（如 700kg 及更大）的制品、大型圆柱体型坯、方形及片形制品等。最大的圆柱体型坯长度可超过 1.5m，主要用于车削成宽薄膜（厚度小于 0.5mm）或薄片（厚度达到 7mm）。各种规格的片材、块材和圆柱体都可机械加工成形状更复杂的成品，但是对圆柱形的型坯要给予特别的关注。由于 PTFE 的密度大，因此 PTFE 通常比其他塑料更重，例如一个高×厚为 300mm×130mm 的典型型坯质量就可达到 50kg。而型坯的尺寸主要取决于最终应用对材料性质的要求，例如具有低热传导特性的 PTFE 在烧结时会沿厚度方向出现由热传导形成的温度梯度，这对介电强度的影响比对拉伸强度的影响更大，因此 0.05～0.125mm 厚的电气（绝缘）薄膜要从厚度 75～100mm 和长 300mm 的型坯上车削而来，而机械用的片材则可从 125～175mm 厚的型材上车削得到，应用于机械或化工设备衬里的车削板有时可在 1.5m 高的型材上进行车削。

应充分关注生产某一种类型制品所需要的树脂原料量以及时间，这些因素会影响树脂处理和储存的时间以及生产效率。高温储存会使悬浮 PTFE 在处理时发生"压实"现象。为了减轻"压实"，入模前应将树脂置于 21～25℃的空调环境内，避免将树脂保存在露点温度以下，以防止因结露在 PTFE 中出现水分，在烧结时这些水分会导致膨胀并使模压件开裂。在 19℃的相转变点下，PTFE 会产生 1%的体积变化，因此不能在 20℃以下进行模压，20℃以下模压得到的预成型件会在烧结时发生开裂。

经过压缩的预成型件需静置一段时间，以使应力松弛，脱除粉末颗粒之间的空气。在高压作用下，预成型件内存在的空气压力理论上等同于预成型的压力，这些空气离开预成型件是需要一定时间的，因为它们绝大部分都处于网络态颗粒群包围的空隙区域之中。如果将预成型件从模具取出后很快就进行烧结，则本已处于很高压力的空气会因受热导致压力继续上升，从而引起 PTFE 制品在熔融态时发生极严重的开裂，并导致机械强度下降。所以预成型件一定要静置一段时间以充分脱气使其内部压力与大气压达到平衡。表 7-4 为不同预成型件壁厚与所需脱气时间的关系。

表 7-4　PTFE 压制预成型件后需要的脱气时间

制品壁厚/mm	20	30	40	50	60	70	100	120
脱气时间/h	2	3	5	6	8	12	18	24

在应力松弛的作用下，预成型件会略有膨胀和回复，期间树脂颗粒经受了三种变化，即塑性变形、颗粒间相互啮合导致的黏性伸展以及压力下颗粒的弹性变形与蠕变。在挤出颗粒空隙中的空气后，一旦压力撤除，颗粒的弹性变形就会有所恢复，从而使预成型件发生快速的回复。一段时间之后，应力松弛会部分地使蠕变回复，并造成预成型件膨胀。

预成型件置于烧结炉后，通过炉内的大量热空气循环流动把热量传至 PTFE 预成型件，在加热之初会使其进一步热膨胀，但达到熔融温度后，PTFE 预成型件中的残余应力发生松弛，从而使制件发生附加回复并有所扩张。残余的空气在受热后开始向外扩散出预成型件，相邻的熔融颗粒则慢慢凝并。由于 PTFE 分子尺寸大，因此通常这个过程需要持续数小时。颗粒的熔合意味着颗粒间空隙的消失，不再留有空气，但是实际情况并非完全如此。由于聚合物大分子的可移动性很有限，因此要使 PTFE 中所有的空隙完全消失是很难做到的。

在模压的工作空间内要保持正压送风状态，以避免灰尘和空气中散布的污染物的沾染。半导体工业中使用的零件的模压加工需要在更高清洁度要求的洁净室内进行操作，以防止灰尘、油污和有机颗粒的污染，这些物质通常会在烧结过程中炭化为黑色斑点。

模压法制型坯的设备比较简单，包括用于制作预成型件的模具、液压机以及烧结用的电加热炉（常称为烧结炉）。要进一步车削成薄膜和薄板（片）还需要车床和专门的车削刀具，以上这些都属于通用设备。

① 液压机。通常用的是 20～500t 液压机，对细长类产品还要用高行程的压机。压机的压力大小与产品的投影面积密切相关。压机可调节压缩的速度，柱塞的移动速度应控制在 5～10mm/min 之间。其他要求还包括压板的平整度以及是否能均匀平稳地施压。

② 模具。模具通常是由一个模套及上下压模组成的，冷压模分单向加压和双向加压两种结构，当制品厚度大于 30mm 或长度大于 100mm 时，应采用双向加压结构的模具；热压模则通常采用单向加压结构的模具。设计的型腔和型芯需有脱模斜度。模套的壁厚应满足压制时所需的强度和刚度，并在机械加工时以不变形为原则，例如长×直径为（100～300）mm×100mm 的棒材，其成型压力为 30MPa 时，冷压模的模套厚度为 12～14mm 即可，而热压模的模套厚度则应增至 20～30mm。

③ 烧结炉。理想的 PTFE 烧结炉可采用电加热式，能升温至 425℃ 且具有自动控温功能。炉内的空气可充分地循环流动，以确保炉内温度均匀，不存在"过热点"，可在炉内的不同位置设置多个热电偶式测温装置进行温度检测。需经常开关的炉门应使用厚实的门封条和其他绝热材料以防止散热。炉门上方设置有抽风罩，以便能及时排出烧结过程中产生的有毒废气和烟雾。炉门上还设有可观察炉内情况的小尺寸视窗。在加热阶段只允许极少量空气进入，以置换产生的废气并直接排出炉外，必要时可在升温过程中反复用氮气置换废气。

炉内有多件烧结制件时，安放在转动圆盘上的这些制件应保持一定的间距，以免制件熔融时因 25% 的体积膨胀而发生粘接。

另外，还有不同于上述模压加工的热模压加工方法，该法是一个在加热条件下进行的压制过程，且烧结要在模具中完成。这一方法可用于以非填充或填充树脂为原料的零件制造中，制件几乎没有空隙，因而具有一些特别的性能。据报道，借助热模压加工可以大大提高制品的抗蠕变及抗冲击的性能，如添加全氟石蜡（即 $C_{25}F_{52}$）则可进一步提升这些性能。全氟石蜡可在树脂粉加入模具之前就与其混合。据称，这样的产品在压力下几乎没有流动的趋势。在预成型完成后，将模具置于烧结炉中，并在烧结和冷却的过程中施加压力，但是适用于这种热模压加工的烧结炉价格是很贵的。因为 PTFE 的熔点随压力上升而提高，因此还需要补压。填充型的 PTFE 零件很可能要用这种工艺进行生产。

7.1.3 自动模压

自动模压是一种将 PTFE 自动加入模具进行压制的工艺，常用于大批量生产几何形状简单的小型制品。对树脂的主要要求是具有良好的流动性，能很容易地完全充满模具，还要有良好的批次质量稳定性，尤其是为了得到尺寸一致的制品，不同批号的树脂需具有一致或相近的收缩率。这一工艺具有很高的生产效率，只要很少的操作人员，特别适于制造需求量很高而又较为廉价的制品，例如环、密封圈、分隔垫及阀座等。

自动模压过程可分为图 7-1 所示的 4 步，当然这些操作是都可按预先设定的条件自动进行的。在具体的操作中，在①中将流动性好的 PTFE 粉料靠自身重量定量地自动加入模腔后，将上阳模降下进入模套对粉料施压，在②时则是升起下阳模对粉末做双向压缩，一般压缩几秒钟，在③中要保压一段时间后再升起上阳模，最后的④则是下阳模将预成型件顶出，这也称为脱模。

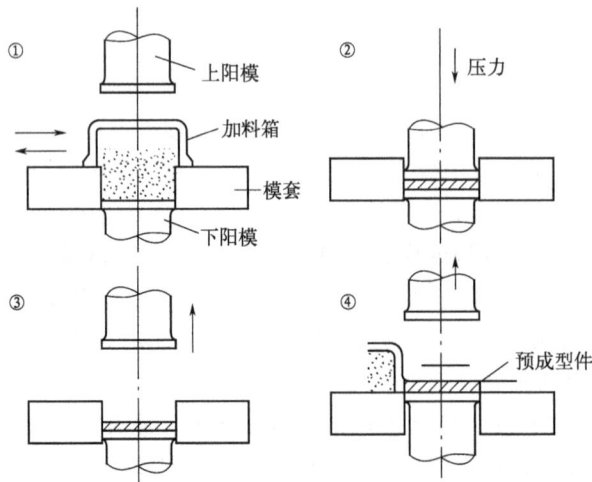

图 7-1　PTFE 自动模压成型示意图

因为自动模压的整个周期较短，通常只有 10～15s，保压时间也只有几秒钟，为了确保消除空隙就需要施加比一般模压更高的压力，一般要达到 40～60MPa。在自动模压的成型过程中，摩擦作用会导致 PTFE 粉料温度升高而变得较软、较黏，从而在加料区出现"架桥"现象，导致料腔内的加料不均匀及每次加料的不一致性，所以整个模压区域的温度都要保持为 23～25℃。

自动模压得到的预成型件的质量与压力和保压时间等参数关系密切。经验表明，成型压力对预成型件的相对密度、外径与高度的尺寸变化速率有影响，而保压时间对其无明显影响。压力和保压时间对制品的拉伸强度和断裂伸长率也有影响。多次试验的结果表明，在 40MPa 下保压 10s 可得到较优的结果，其制品的拉伸强度可达 35MPa，断裂伸长率约为 420%。

7.1.4　液压（等压）模压

最早的液压模压成型起源于 20 世纪初对陶瓷和粉末冶金的加工，而现在也用于悬浮 PTFE 的制品加工之中。液压模压成型也称作等压模压成型，该技术利用了水的不可压缩性和压力传递各向同性的特点，采用可随高压水压缩，或膨胀的软质橡胶袋作为模具的一部分，将可自由流动的悬浮 PTFE 置于金属模具与橡胶袋之间进行压缩，最终得到所需形状的预成型件。液压的载体可以是水或油，其中以水最为方便。软质橡胶袋的材料通常为聚氨酯橡胶类的弹性体材料。

液压模压成型适用于复杂形状制品的压制，对于大面积制品显得更为经济及有效。例如用压机加工直径 1m 的圆板，以单位压力 30MPa 计算，需要一台总压力超过 2400t 的大型压机，而液压模压成型工艺仅需一台压力为 30MPa 的高压水泵即可。

在液压模压中，经济上的优势还体现在该法可直接压制得到准确的形状或接近目标形状的预成型件，不再需要或只需很少工作量的机械加工，而一般的模压成型则往往需要二次（机械）加工后才能得到所需的形状，这意味着会有更多的 PTFE 消耗。

液压模压成型根据橡胶袋可变形软模模具胀大或缩小的受压方向，可分为内液压法、外液压法和内外液压法三种。

① 内液压法。将橡胶袋置于金属模具内，先将模具装配妥当，接着将可自由流动的悬浮 PTFE 均匀地填入上述两者之间的间隙中。合模后将高压水注入橡胶袋，依靠压力使 PTFE 向金属模侧进行挤压和压实，在保压一段时间后最终脱模得到预成型件。以内液压法成型的制品，因内侧接触的是橡胶袋而外侧紧贴金属模具表面，因此其内壁粗糙而外壁光洁，内压法又称为干袋法，适合于 PTFE 烧杯、储槽、套筒和半球壳状制品等的加工。

目前，国内的生产厂家均采用这种生产工艺。由于 PTFE 粉体钢模（承压的钢制件）的承压强度低，所以国内众多厂家对于 DN100mm 以下的衬里零件使用的水压仅为 15MPa，而大于 DN100mm 零件的水压甚至会降低至 4MPa。由于水压低，诸如衬里的烧结收缩率大、开裂、渗漏等诸多缺陷都会在制品上出现。需要指出的是，从严格意义上说，该方法还不是真正的"等压法"。

② 外液压法。金属模具是置于橡胶模内的，而可自由流动的悬浮 PTFE 则均匀地填入两者的间隙，之后再合模并整体移入高压釜内，釜内注满高压水后，在水的高压力作用下压缩橡胶袋，使 PTFE 向金属模具的方向压实，成为内光洁外粗糙的预成型件。外液压法适合于加工壁薄且长径比较大的管道及车削板用的大毛坯。因橡胶袋完全浸没于高压釜的水中，故此法又称为湿袋法。

③ 内外液压法。在金属模具内装入橡胶袋软模，加于两者间隙之间的 PTFE 则受橡胶袋内高压水的压缩向金属模具方向压实，同时在金属模的外面也承受着相同高压水的压

力。由于模具的内、外壁均受到相同的水压，内外受力相等且相互抵消，模具不易被破坏，这使得成型模具不必具有成型压力所需的耐压强度。橡胶袋内的水压与金属模具外面的水压来自同一台高压水泵，因此在金属模具外的压力起到了增强金属模具的作用，例如在 18MPa 水压下，即使用厚度 6～8mm 的金属材料作模具，也能承受成型压力。

内外液压法适合于加工内衬 PTFE 的金属结构件制品，例如内衬 PTFE 的三通、四通、弯头等金属管件以及泵、阀等。在加工中，它们的壳体也是成型模具的一部分，因此应符合液压模压成型模具的结构要求。

该工艺是真正意义上的"等压法"，是一种广为应用的加工方法，可保证大口径 PTFE 管道和较复杂大型钢制零件中的衬里的质量。

该工艺的核心设备为能承压 30MPa 以上的高压釜，但在国内目前只有少数科研机构拥有小口径的设备。由于缺少耐静压的高压釜，只能采用高压水泵的"内液压法"内衬工艺，一般压力在 15MPa 以下。因压力不够，PTFE 粉体在钢件内壁上就压不实，致使烧结后的衬里收缩率高，常出现衬里开裂、起泡、渗漏等诸多缺陷。凡内衬 PTFE 的大直径厚壁直管和复杂大型容器都可采用内外液压法，若采用水压大于 30MPa 的高压釜（甚至达到 60MPa）则衬里制品的质量会更佳。

液压模压法预成型件的烧结条件与一般模压的预成型件相同，但是形状结构上的差异还是会产生一些不同的要求，例如在对内衬 PTFE 的金属三通预成型件进行烧结之前，需在三通的中空部分用经清洗和高温处理的 100 目砂子进行填充，以使 PTFE 内衬紧贴金属壳体。烧结后将整个部件用水淬火，从而减小 PTFE 的收缩率，增加韧性，有利于翻边等的操作。

7.1.5　柱塞挤出

柱塞挤出是唯一能连续加工悬浮 PTFE 制品的加工工艺。所有的加工步骤都在一台柱塞挤出机中完成。最适用的制品形态是圆棒或管子。矩形的棒、L 形横截面的柱或其他可用柱塞挤出的制品都可用此工艺加工。

如前所述，悬浮 PTFE 树脂的加工通常包括预成型件的制备、烧结以及制件的急冷或缓慢冷却等三个步骤。悬浮 PTFE 能在柱塞挤出机中连续实现这三个步骤，加工中所用的原料树脂可以是专门生产的柱塞挤出用预烧结料或通用级的可自由流动树脂。柱塞挤出用的预烧结料适用性较好，可满足很宽的挤出条件以及加工很宽尺寸的制品，例如直径为 2～400mm 的圆棒。这些制品具有很好的物理性能和很高的耐开裂性能。预烧结料能经受比普通自由流动树脂（即造粒料）高得多的挤出压力，从而使其更适合制作小直径棒和薄壁管。造粒料则更适用于制造大直径的棒和厚壁管。图 7-2 为 PTFE 柱塞挤出机的示意图。

柱塞挤出机分为立式和卧式两种，也就是柱塞的运动方向和挤出制品的运动方向也分为立式和卧式。柱塞挤出的设备由柱塞、加料系统、口模（料筒）三部分组成。

柱塞由标准尺寸的圆柱及一定长度和形状的顶部组成。由于顶部与 PTFE 相接触，因此常采用耐高温塑料（如聚酰亚胺塑料）的材质，其长度可与柱塞的直径相同，柱塞外径需小于口模内径。柱塞由液压或气动系统驱动，需提供足够的压力才能克服 PTFE 在口模中的反压力并将其压实。

PTFE 柱塞挤出机的加料有螺杆加料、机械加料、强迫加料和斜槽滑道式加料等多种方法。不论何种方法都需要确保将固定量的树脂在一定时间内均匀地加入口模而且不能让树脂受到污染和损伤。

口模是进行成型、烧结和冷却的部位，通常 5～15mm 内径的口模是用不锈钢冷拔管制成的，而更大内径的口模则是用不锈钢材料经车削而成的。整个长度上的截面需非常均匀，内表面也要非常光滑。材质常为 Monel® 400、Hastelloy® C、Xaloy® 306、Inconel® 625 等高镍合金的耐腐蚀不锈钢材料。根据 PTFE 的热收缩率，用于挤出 PTFE 棒材的口模的内径应比棒材直径大 14% 左右，用于挤出 PTFE 管材的口模的内径应比管材外径大 5% 左右。口模的壁厚可取 10～15mm 且随口径的变大而增厚。口模可用电热块加热，整个口模通常划分为几

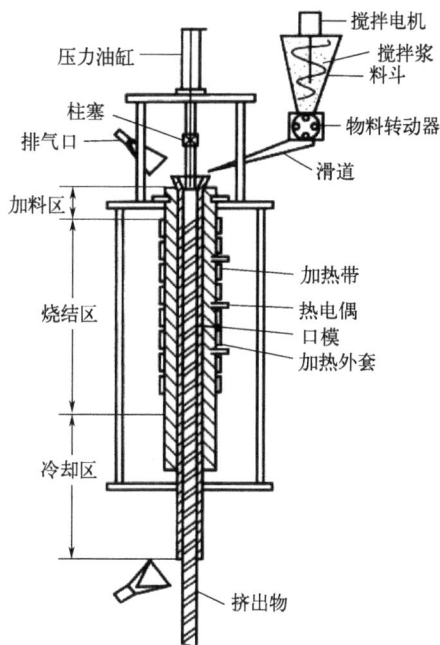

图 7-2　PTFE 柱塞挤出机示意图

个加热区段，每一段都可以独立控温并按需要的程序进行间隔排列。

无论是立式或是卧式的设备都包括加料、压实、烧结和冷却等单元，而且它们的工作原理也是一样的，其关键差异就在于挤出制品时的支撑方式不同。以下对加料及压实、烧结及冷却分别进行介绍。

（1）加料及压实

加料的重点是如何确保每个周期加入的树脂量是相同的以及在口模中的分布是均匀的，而这一方面要计量准确，另一方面更要确保口模的加料段能保持在有利于加料的 21℃附近，当超过 25℃后树脂就容易发生结团变黏的情况，从而影响加料的流畅性，这对于小于 2mm 厚的薄壁制品的挤出尤为重要，如果横截面上的树脂分布不均就会造成 PTFE 棒材的弯曲。此外，每个周期的加料量变化会造成挤出速率的变化，最终导致制品的表观密度和生产速率发生改变。

柱塞运动包括了前移（下移）和后退，而前移时的预成型力是会压实树脂的。在柱塞有足够压力的情况下，预成型力的大小取决于反压力，这种反压力是由 PTFE 在模道内移动时的阻力和出口模后外加的制动力所构成的。在柱塞的推动下，每次制品向前运动的距离都是按每一次加料量换算出来的长度计算得到的。柱塞的推力应有合理的范围，这需要通过试验来确定，其中使 PTFE 粉成为空隙最少的致密性预成型件所需的压力为最小压力，而不会造成制品在两次加料的邻接面上产生碎裂的压力则为最高压力。最高推力的极限与 PTFE 的类型有关，其中预烧结料的推力不能超过 100MPa，而造粒料（自由流动料）的推力不能超过 10MPa。若柱塞的推压力不够大，制品内会残留有空隙，外观呈粉笔状，而若推压速度过快，未经充分压缩的树脂进入烧结区后最终的制品也会呈粉笔状。对预烧结料而言，推压速度不宜过快。提高 PTFE 制品熔接强度的措施之一就是要将口模加料段的下端保持冷却状态，使前一次剩料的顶面和新料一起压实冷却，从而避免在口

模壁产生结皮（熟皮）的情况，并消除因柱塞后退后压力消失所引起的制品反弹膨胀。PTFE 的预烧结料比自由流动料有更大的反弹性。随制品的横截面积与周长之比的增大，反弹性会提高，这对于大直径的棒和管材更为重要。

（2）烧结及冷却

压实后，预成型体会前推至烧结区（见图 7-2），此处需要提供足够的热量以使其温度提高至熔点之上。为了确保加热段内的树脂能在停留时间内完全烧结，温度的选择应考虑以下两个因素，即 PTFE 的熔点是此聚合物压力的函数以及所选温度应高于 PTFE 的熔融温度。为了消除制品中的空隙和使前后加料之间具有良好的熔融强度应对制品施加足够的压力。制品的冷却速率要与最终所需的树脂结晶度相匹配。

烧结区采用的是电加热的方式将热量热传导至 PTFE，因此 PTFE 的热导率、比热容、口模温度和预成型件的尺寸等因素都会对达到烧结温度所需的时间产生影响。预成型件还要在烧结温度下保持一段时间直至增稠和消除空隙过程完成。挤出速率是用口模加热区长度除以达到烧结温度所需要的最短时间计算得到的，例如 PTFE 棒在 398℃下烧结所需的最短时间为 2min，而口模的加热区长度为 600mm，则挤出速度可达 300mm/min。实际生产时的挤出速度应取最大速度的 50%～60%。较长的停留时间有利于降低制品内部的温度梯度，减少残留应力及空隙量，并消除料段间的熔接缝。柱塞挤出 PTFE 时的烧结温度通常在 400℃以下，这可以使 PTFE 的降解程度降到最低，当然在口模中的停留时间过长也会使热降解加快。因此烧结温度和停留时间对制品的质量有明显影响，如图 7-3 所示。

烧结段的停留时间还与制品的形状和大小有关，例如边长与圆棒直径相同的 PTFE 方形棒材，其所需的柱塞挤出时间就比圆棒更长，而且烧结温度也要更高些，停留时间需延长 20%～30%。

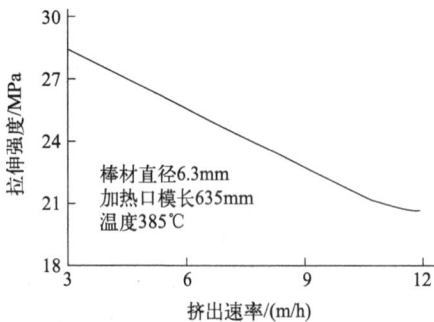

图 7-3 柱塞挤出速率与 PTFE 棒拉伸强度的关系

柱塞挤出所需的压力是明显低于模压和液压模压成型时的压力的，这是因为树脂在高温下的压实压力要小许多。加热时 PTFE 的径向膨胀受口模壁限制，因此只能沿轴向膨胀而产生内应力，PTFE 的热膨胀会使其比体积增大 15%左右。结晶度 100%的 PTFE 比体积为 0.434cm³/g，而 100%无定形的 PTFE 比体积则为 0.5cm³/g。预烧结的 PTFE 料结晶度约为 50%，树脂的体积膨胀会占据粉料的空隙空间从而降低制品的空隙含量。柱塞挤出的无空隙 PTFE 制品呈半透明外观，而内部含有较多空隙的制品看上去则像粉笔。完全靠 PTFE 热熔膨胀来消除空隙是不可能的，因此需要在口模的加料区就充分压实树脂，这对减少制品空隙率是至关重要的。

柱塞的推力应与推压制品的反压力和外加压力及制动力的总和相等。挤出的反压力取决于摩擦力，而摩擦力则与口模加热区上的温度分布、口模的光洁度及口模的材质等因素有关，其中 PTFE 熔融时产生的压力与温度及树脂颗粒间的空隙含量有关，PTFE 与口模之间的接触面积越大反压力就越大，与口模冷却区的表面积无关，因为 PTFE 在冷却区中发生收缩后会脱离口模壁。此外，挤出速率越大，反压力也越大，而口模的加料区越长，反压力越大，特别是当加料区有冷却措施时更是如此。口模温度对反压力有着比较复杂的影响，通常 PTFE 在室温下挤出时的反压力最大，随口模温度的升高反压力下降，当口模温度超过 PTFE 熔融温度并达到 40℃温差时，反压力开始上升。当然，这个值是随树脂类型和其他挤出参数的变化而变化的。

在大口径棒材的柱塞挤出中，需要对挤出棒提供支撑或是通过悬挂使其重量能抵消部分反压力，例如在 Φ50mm 的 PTFE 棒的加工中，常要外加机械制动装置来增加反压力。在没有支撑的情况下，挤出物的重力会使熔融的 PTFE 产生应变而导致熔体发生破碎或撕裂。像薄壁管材中的管子衬里等的中空制品，在挤出中会用到芯棒，而此种情况下要使用预烧结料进行挤出。反压力同树脂与口模之间的接触面积及与塞柱的接触面积之比是密切相关的。影响棒材挤出反压力的大部分因素同样也会影响薄壁管的挤出。唯一不同的是挤出实心棒和其他制品时，不存在芯棒的影响，芯棒的长度对反压力有很大的影响。从口模到芯棒，存在着温度分布，如果芯棒长度超过口模，在靠近口模终端处，管子开始冷却并从口模向芯棒方向收缩，此时就产生了由管子和芯棒表面的摩擦导致的反压力，选择适当的芯棒长度可以控制这一类反压力。控制薄壁管反压力的另一种方法是保持冷却区温度不低于 200℃。这可以限制制品的收缩程度。这时管子因温度足够低而发生收缩并从口模处脱开，同时又不会因过分收缩而紧抱芯棒。挤出薄壁管时最好采用伸出口模外几厘米的无锥度固定芯棒。PTFE 管收缩后抱紧芯棒可改善内表面的表观质量。

口模中最后一段是冷却区。冷却的速率决定了 PTFE 制品的结晶度和收缩率，而结晶度与制品性能之间是有关联的，收缩率则与制品的最终尺寸有关。对小直径棒材通常采用空气淬火的冷却法，即制品从口模挤出后直接暴露于空气中，其结晶度为 55%～60%。PTFE 棒材的收缩率是口模内径的 10%～14%，而管材的收缩率比棒材小 4%～6%。恒定的收缩率除了与冷却速率有关外，还与口模的温度分布、挤出压力和烧结时间等有关。PTFE 的预烧结料比造粒料的收缩率小。冷却速率受口模冷却区的长度和温度控制的影响。过快的冷却速率会引起直径大于 50mm 棒材内部的破裂。加装绝热套管及延长口模冷却区可降低冷却速率。对直径更大的棒材，甚至要用辅助加热的方法以获得缓慢且一定的冷却速率。

柱塞挤出 PTFE 时，在口模、芯棒表面会生成一层很薄的树脂结皮。PTFE 的熔体剪切强度较低，在口模光洁度不够、摩擦力大于熔体的剪切强度的情况下，就会从 PTFE 熔体上剪切掉一层并沉积在口模和芯棒的表面上，并填没其粗糙表面中的空隙部分，这个过程就是"结皮"。正常形成的结皮不影响加工过程和制品的质量。待挤出停止并冷却下来后，结皮会收缩且易从口模壁上拉出，但是在每次开车之前都要用软质的金属丝插入口模和芯棒中进行不断摩擦才能清除掉这层结皮，否则会夹带在最终挤出物中，并在产品表面形成黑色斑点。

正常操作时，柱塞与口模的间隙应保持在 100～200μm 之间。太小的 PTFE 颗粒可能会嵌入间隙中，并随柱塞的上下运动而受到很强的剪切力，最终沉积在整个口模表面成为压实颗粒。它们会混入压实后的 PTFE 管壁中形成难以相互聚集的裂隙和空洞，从而明显地降低挤出物的强度。综上可知，用于柱塞挤出的 PTFE 粒径不宜过小且柱塞与口模的间隙应小于颗粒的粒径。

7.1.6 二次加工

7.1.6.1 车削

PTFE 套筒、棒材和板材等经过烧结的型坯还只是半成品，只有像金属和其他固体材料（木材、聚合物等）一样在车床上经过车削加工后才能获得最终形状及尺寸的制品。车削是二次加工中的一种加工方式，其从套筒上削出适当厚度的板、片或膜再经压延后制成不同厚度的片材和薄膜。车削加工用的设备和工具包括车床、车刀和芯轴。待加工的 PTFE 工件应先保存于 22～25℃ 的环境中，以避开可使其体积膨胀 1% 的 19℃ 相转变点。烧结后的半成品应静置 24h 或做退火处理以消除内应力。退火处理温度比使用温度要高 50℃ 左右，最高不得超过 327℃。消除内应力后才可上车床进行加工，这有利于保持准确的制品尺寸。在车削电气绝缘用的 PTFE 定向薄膜和薄片时，先将准备好的型坯装于芯轴上，之后则随型坯的转动自动进刀进行车削。

车削所用的车刀是要满足一些特定要求的。由于车刀的光洁度及角度直接影响最终的薄膜表面光洁度和厚度公差，因此车刀应锋利，刀口要光洁、平直且有一定的前/后角，车刀要使用硬质合金钢制作。

7.1.6.2 焊接和内衬

① 焊接。这是一种借助局部加热的方式将分离的同材质制品部件进行连接和拼装的工艺。焊接可分为热压焊、热风焊。热压焊又称为热刀焊，常用于板与板之间的搭接焊。板与板也可用对接焊，而板与管的焊接方式为搭接焊。对于化工行业所需的面积较大的板材，由于其厚度较大，无法使用热压焊成型，故可采用 PFA 熔融焊接技术来解决。

热风焊接就是利用 PFA 的热熔性使 PTFE 材料可以像 PVC 那样使用焊条进行热风焊接。PTFE 的表面张力仅为 18.5dyn/cm，根据相似相容原理，焊条应采用一种表面张力特别低而且又与 PTFE 极相似的高性能材料才能"粘住"PTFE，而与 PTFE 性能极为相似的 PFA 就是一种非常合适的材料。PFA 焊条是热风焊接的关键之一，通常可将 PFA 挤出为约 3mm 直径的圆条或宽×厚为 14mm×2.5mm 的扁条作为 PFA 焊条。

在众多因素中，焊接中的温度及温度均匀性控制尤为重要。温度要以 PFA 的熔点为基点逐渐升高，以不影响其性能的最高温度为最佳温度。大量经验表明，焊枪的温度应大于 420℃。焊条受热软化后，若要使之粘于板上则需要在焊条上施加约 7kg·N 的力。该压力可通过一个压柄传递至焊条上，压柄的设计要考虑操作者的使用便利性，还要考虑焊条角度的控制。焊接时移动的速度太快会因焊条未完全融化而影响焊接技术，过慢又会影响效率，最佳的速度应控制为 3.3～5.5cm/min。焊接前，一定要用丙酮将 PTFE 焊缝处及焊条擦拭干净，之后将 PTFE 板的两面倒成 30° 或 45°（根据板厚薄确定）的角度，同时用木锉打成交叉性毛刺以增加表面粗糙度来提高黏合性。表面处理不好是会直接影响焊接效果的。

在高温下进行的焊接加工不可避免地会释放出少量有毒气体，因此一定要做好排风以及其他的保护措施。热风焊后的焊接强度可达 PTFE 基板强度的 60%～80%。采用最简便的静电法（即电火花法）可对焊缝质量进行检查，也可用蒸汽-水循环试验方法进行检测。

② 内衬。PTFE 是可内衬于金属直管的，也可内衬于化工容器和储槽（但是不能承受负压），尤其是对于那些要同时承受酸、碱及有机溶剂的侵蚀及高温环境的设备，其他材料是无法承受这些恶劣条件的。容器的 PTFE 内衬施工常涉及薄板的放样和焊接等，施工难度很大。为了保证 PTFE 管能够紧密地与金属管贴合，PTFE 管的外径要比金属管内径略大 0.5~1.0mm。通过对 PTFE 管进行预热和拉伸可以使其内径变小、长度伸长，并逐步达到使其外径略小于金属管内径的目的，将其伸入金属管后再加热使 PTFE 管回弹扩大而与金属管紧贴。内衬管与金属管之间的空气应予以排出（必要时可在金属管壁上打一些小孔用于排气），且内衬管的长度要大于金属管，以留作两端翻边之用。相比内衬加工，用导电氟塑料粉进行静电喷涂则是另一个可考虑使用的工艺，但需要达到较厚的涂层厚度才能满足耐腐蚀要求，而这也是一个难点。此外，喷涂后的大容积容器往往难以进行后续的烧结操作，因此该工艺主要着眼于直管的内衬。

7.2　分散聚四氟乙烯的加工

分散 PTFE 的加工方法主要基于推压成型。在分散 PTFE 的聚合过程中形成的初级粒子直径仅 $0.20~0.30\mu m$，只有凝聚后才能成为几百微米的次级粒子。最终的粉料产品呈白色细粉状，平均粒径一般为 $500\mu m$，平均表观密度约 $450g/L$。

分散 PTFE 与悬浮 PTFE 的最大区别在于前者具有成纤性。在剪切力的作用下，分散 PTFE 颗粒之间能构成一定强度的丝网结构。为了减少推压过程中的阻力，不致破坏细粉的纤维结构，需要在树脂中添加一定量具有润滑作用的助推剂。这些助推剂通常是沸点不高的液态碳氢烃类化合物（便于后续加工中的脱除），而在使用中则可先将其与分散 PTFE 混合均匀后成为糊（膏）状物，然后经模压成为预成型坯，再通过挤压工艺对型坯施加一定的推力，在一定速度下将其强制推出口模成为所需形状的半成品（如带、片、管或异型件等）。大多数的分散 PTFE 制品都是从这类半成品出发经压延、拉伸等工艺而制成的。以上所述的推压成型过程常被称为糊（膏）状挤出成型。

7.2.1　树脂处理和储存

由前述章节可知，在 19℃ 以上时分散 PTFE 会变得柔软，极易因剪切力而受到损伤。因此在 19℃ 以上（尤其是在室外装卸）处理和运输装有细粉的包装桶时，可能会因剪切力产生结团、压成块等情况，使得好料变坏。细粉颗粒间的相互摩擦还会产生一种被称为微纤化的现象，微纤会拉出颗粒表面，一旦发生结团，就无法再恢复。因此要预防这种不受控制的过早微纤化才能保证后续好的加工质量。最好的方法之一是在处理和运输之前先将分散 PTFE 冷却到此转变点温度以下，例如对一批商用标准包装桶（20~30kg）同时进行冷却时应冷却到 15℃ 以下并保持 24~48h，才能保证所有包装桶都达到均匀的冷却要求。实际上，包装分散 PTFE 的专用扁圆桶都应该在 5℃ 以下储存和运输。这种针对性设计的包装桶可将树脂受压、受剪切而结团的影响降低至最低程度。单个的分散 PTFE 颗粒在凝聚时形成的次级粒子是圆形的，平均粒径为几百微米，但是通过高倍放大镜可以发现每一个次级粒子都是由很多直径小于 $0.25\mu m$ 的圆形初级粒子组成的，它们在聚合时应该具有一样的形状，这意味着聚合后的分离（凝聚）和干燥过程是不会影响粒子外形的。树脂颗粒的任何变形和微纤化都可能是加工制品过程中出现缺陷的潜在原因。

即使在冷却条件下，在储存和运输的过程中还是有可能发生因压实而产生结团的情况。由较粗金属导线编织的网可用于树脂粒子的过筛，从而去除其中的结块物。筛网不能小于 10 目，最好是 4 目。一定不用勺子舀挖包装桶中的树脂，而是要将树脂轻轻倒在筛上以避免任何可能的剪切，可上下轻轻振动筛网，但不能左右摇摆，以防与筛边碰擦后产生剪切作用。不能直接将筛子上的残留结块物从筛上移至别处，可将其轻轻倒入广口塑料瓶中，当装满 1/3 后仅通过轻轻摇动就可将其破碎。这部分料可用于其他要求不高的制品加工，应避免混入合格粉料之中影响产品质量。

7.2.2　糊状挤出

糊状挤出的加工通常包括助推剂的加入、混料、模压成预成型物、推压、烧结（或干燥）等步骤，在生料带和膨体制品的制造中无需烧结。

在 TFE 分散聚合中生成的是完全直链（线型）结构的聚合物，几乎全部分子链都折叠在晶格内，所以即使它的分子量极高，仍有近乎完善的结晶形态。PTFE 分子的完全对称、无极性以及分子间很弱的范德华力都使得晶区内的分子链堆积得比较松散。

与加工有关的分散 PTFE 性能指标包括粒径、表观密度、表面结构的疏密程度及压缩比等。树脂的表观密度与粒径大小有关，表面结构的疏密性与其吸纳助推剂的数量和在干燥时脱出助推剂的速度有关。

助推剂的作用是减少糊状挤出过程中树脂颗粒之间和树脂与设备表面的摩擦阻力，使树脂均匀地从口模中挤出。助推剂在使用中有两个基本的要求：①能方便地与树脂混匀；②干燥时又能从挤出物中无残留地全部脱出，因此助推剂应具有高纯度、小表面张力、高着火点、气味小以及对皮肤刺激轻等特性。常用的助推剂是有较宽沸程的带侧链烷烃，小表面张力的助推剂有利于其向 PTFE 中扩散，但有时这两者是对立的，需要平衡后才能最终选择。

助推剂的加入量与 PTFE 制品的类型、推压力及设备状况有关。原则上助推剂应尽量少加，但也不能使推压力过高而损伤 PTFE 的纤维和设备。一般情况下，助推剂的加入量占 PTFE 混合物的 15%～20%（质量分数）。

实际选用的助推剂都是有挥发性的石油类溶剂，变成蒸气则会着火或爆炸，因此与 PTFE 混合的设备应接地，以免产生静电火花。此外，还需要加强通风，以尽量避免吸入体内，表 7-5 为三类不同助推剂的规格和适用情况。

表 7-5　三类不同助推剂的规格和适用情况

助推剂种类	沸程/℃	相对密度	加工品种
石脑油	120～140	0.74～0.75	细管、电线包覆层
溶剂油	170～200	0.72～0.74	直管、带材
石蜡油	>300	0.83～0.85	生料带

在分散 PTFE 中加入 20%（质量分数）左右的助推剂后可成为糊状料，表观密度约

650g/L。基本上可按糊状料的表观密度来设计预成型模的模腔高度。经模压压实后，预成型物的表观密度约 1900g/L。再经烧结、冷却等之后的表观密度为 2.15～2.20kg/L。

压缩比是与糊状挤出成型有关的另一个重要参数，其真实的含义是预成型件的截面积与推压成型制品的截面积之比或者是料腔的横截面积与口模的内横截面积之比。不同压缩比的分散 PTFE 在聚合工艺和配方上有较大的区别，例如高压缩比的树脂中常要引入少量改性单体（如 HFP、PPVE 等）。在加工上，低压缩比的树脂常适用于棒材、厚壁管和片材的加工，而高压缩比的树脂则多用于毛细管、薄壁管和电线包覆层等的加工。

按压缩比，分散 PTFE 可分为低压缩比、中压缩比和高压缩比三个档次，压缩比在数百至数千之间。它们在加工时需要有不同的推压压力，压缩比越大需要的推压力也越大，也就是高压缩比的树脂需在高剪切力下才能完全纤维化，并让其折叠着的分子链朝推压方向有序排列。对于同一种分散 PTFE 而言，若提高助推剂的配比量则可以降低施加在分散 PTFE 上的推压力。

7.2.3　电线的包覆加工

PTFE 绝缘导线中所用的导线（线芯）一般为镀银或镀镍的软铜线。镀银线常用作200℃下的高频电线，镀镍线则可在 260℃的高温度下使用。若金属线是多股编织而成的，则要确保没有松股的现象方能送入导管。

金属线导管起芯模作用，其定位很重要。导管顶端与口模顶端之间的距离是重要的设计参数。距离太小，PTFE 的流动截面积变小，挤出压力上升，致使电线产生脉动现象，但是距离太大则树脂流速会减慢，从而造成断线或其他缺陷。导管的最佳位置与口模、导管的几何形状及挤出速度有关，在实际运行中可通过实验来确定。

分散 PTFE 在电线包覆的加工中主要有混料、颜料添加、预成型、推压、干燥、烧结和冷却等操作。

（1）树脂/助推剂的混合

树脂/助推剂的混合以及颜料的添加都要在密闭室中进行。在密闭室中，室内温度要低于 19℃且相对湿度达到 50%，同时还要保持高清洁度，特别是要防止空气中飘浮的有绒毛状纤维，这些物质很容易沾污制品。此外，还要有一套完整的安全措施，包括穿防静电的工作服和使用防静电的地板、防爆型的照明灯具等。

混料所用的设备和方法依处理量的多少而异，其中小批量混料可用 PVC 或 PP 材质的广口瓶等容器，加入 PTFE 和助推剂后要密封以防止助推剂因挥发而损失，之后将整个容器平放在两个反向转动的圆辊上以 15r/min 的转速缓缓转动 20～30min，结束后取下并在 35℃下静置 12h 以保证助推剂完全扩散入 PTFE 颗粒之中。较大的处理量（例如25～70kg）则可采用 V 形混料器进行混料。需要指出的是，无论何种方式，只要是在混好的料中发现有小结块物，就必须重新过筛并在粉碎后再重新滚动 3～5min。

（2）颜料的选择和加入

无机颜料的加入主要是为了能更容易地通过各种颜色的绝缘层来区分不同线缆。在薄壁导线的绝缘和毛细管等重要应用中，最好是加入液态颜料或颜料的分散液，这是因为颜料中的未分散部分会有形成缺陷的可能性，颜料的分散液则可以将这种可能性降低到最小。这种缺陷会降低电绝缘性能，甚至导致绝缘层的电击穿。分散颜料用的溶剂一般为碳氢烃类。颜料对介电性能是有损害作用的，故在绝缘材料中其最高含量一般不超过 1%。PTFE 中添加的颜料一定是无机物，这是因为几乎所有的有机颜料在 PTFE 的烧结温度下都会完全分解。

（3）预成型

预成型是将混合后并经静置"陈化"处理的混合物压制成形状与挤出机料腔一样的型坯。此过程是在室温下进行的，型坯压实至初始高度的三分之一。树脂空隙中的空气在压实成预成型件的过程中会被挤出，压制过程是在被称为预成型管的圆筒中进行的。应尽可能使用最大量的型坯材料，这样才能使挤出的单根导线尽可能长。

完成压制的预成型件尚无足够的强度，取出时要很谨慎，避免变形和断裂。移出的预成型件可直接进入挤出机进行后续加工，也可在室温下储存在清洁的塑料管内，以避免沾污、损坏和溶剂挥发，留作后续挤出加工之用。

推压成型电线包覆层的口模结构示意图见图 7-4。

（4）糊状挤出的推压和烧结过程

分散 PTFE 加工成电线包覆层的推压工艺基本与管材的成型工艺相似，不同的是需要将待包覆的金属导线从放线装置上牵引出来，通过张紧轮拉直后穿入中空的芯模，由芯模的高度来调节导管顶端与口模间距。图 7-5 详细描述了用糊状挤出方法制造 PTFE 绝缘电线的生产过程。柱塞推压后将 PTFE 预成型的料坯强制通过口模成型。柱塞的推压速度约 50mm/min。推压速度一旦设定就不宜再变化，否则会影响绝缘层的厚度。预成型的坯料受到约 140MPa 的推压力。料腔内径一般为 25～75mm，口模的锥角一般取 20°，但大口径厚壁管的压缩比小，可取 30°甚至更大的锥角。

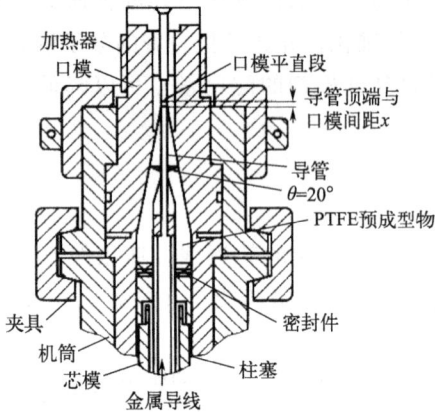

图 7-4　推压成型电线包覆层的
口模结构示意图

料腔和口模常用不锈钢制成。口模的锥面和平直部分应达到镜面光洁的程度。光洁度对高速推压及高压缩比制品的加工尤为重要，包覆 PTFE 后的金属导线从口模推出后先进入干燥炉脱去助推剂后再入烧结炉。要留有足够的干燥时间，因为助推剂在包覆层中的任何残留都会在烧结时分解而留下深色的残渣。干燥炉可采用电加热的管式炉，通常内径为 150～200mm，长度为 3m。要达到完全干燥常需要 1～2 台这样的干燥炉。PTFE 包覆后的导线进入干燥炉时的温度为 150℃，离开干燥炉时的温度达到 300℃。

在高温烧结过程中，分散 PTFE 至少要加热到 342℃的熔点温度以上。实际的烧结温度都要高于此温度，以降低熔融黏度并迅速地驱除聚合物颗粒的空隙，但最高不能超过 380℃。烧结炉也是 250mm 内径的电加热管式炉，通常由数台 1m 长的炉子组成一组。分散 PTFE 的粉状颗粒熔结成一体后，成为具有一定强度的包覆层。由于包覆 PTFE 的导线是可以弯曲的，因此干燥炉和烧结炉的布置不一定要呈一条严格的直线，可采用如图 7-5 所示的 U 形设计。该布置既降低了生产线所需车间的总高度，还可提高成型的速度。在干燥区和烧结区均应设置较强的排风系统，用于迅速排除挥发出来的助推剂及其他有害气体。

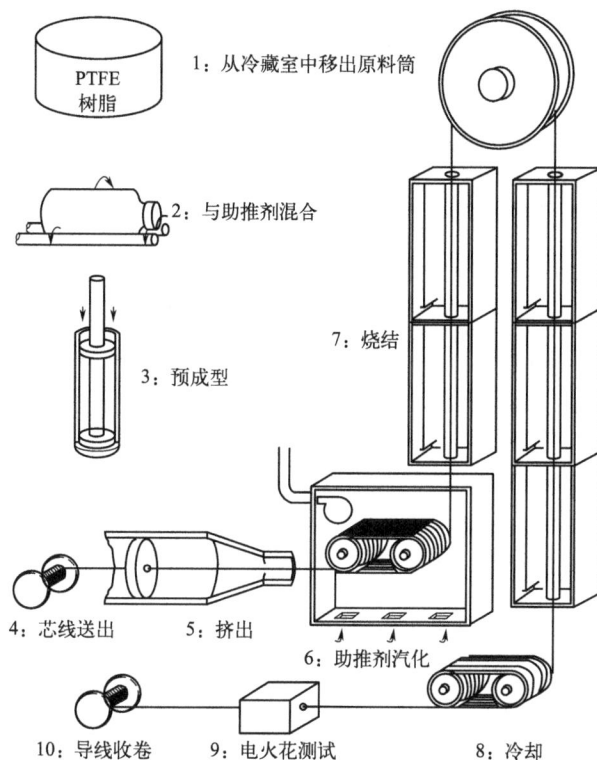

图 7-5　由糊状挤出方法制造 PTFE 绝缘电线的生产过程

　　包覆 PTFE 的导线从烧结炉出来后可直接在室温空气中进行冷却,同时可在吹风机帮助下吹走外围的热空气从而实现辅助冷却。冷却后的 PTFE 包覆层结晶度可降低至 50%以下。从烧结炉来的冷却后的包覆电线只有经高压电火花检验合格才能收卷成为产品。该检测的目的是发现一定 PTFE 包覆导线长度上的薄弱点,这些薄弱点是不能承受试验电压的。试验中施加的电压取决于导线包覆层的厚度,例如 0.25mm 厚的 PTFE 包覆层,短期介电击穿强度为 24kV/mm,而计算得到的该包覆层击穿强度为 6kV/mm,由于这是 PTFE 标准的最高值,因此通常只使用其值的一半作为标准(3kV/mm)用于检验之中。

　　PTFE 包覆层的厚度与口模内径有关,经烧结后的 PTFE 包覆层有明显的收缩趋势,由于受到金属导线的限制,其纵向收缩很少,大部分发生的是径向收缩。因此在口模设计中,其内径应比包覆 PTFE 的电线外径大 0.10～0.20mm,如果口模内径过小,推出物的表面会很粗糙,口模内径过大则会增加包覆层的应变而降低电绝缘性能。

　　口模中平直部分的长度过短会使包覆层不平滑,但是过长则可能会发生撕裂。平直部分的光洁度也应达到镜面的程度。口模温度应保持为 40～50℃,但最佳的口模温度与推压速度有关。

　　口模的设计是一个很复杂的过程,需要在深度了解口模的各参数对挤出过程及产品质量的影响之后才能以试差的方法进行设计和修正,但是这会花费很多的资金,因此可多参考现有成熟的糊状挤出口模设计方法。

　　虽然分散 PTFE 的挤出设备与管材成型设备一样都是柱塞型的挤出设备,但对于在电子、军工等中有着大量应用的各类同轴电缆（如 RG178、RG179、RG316、RG142、RG401、RG405 等），其壁厚已低至密尔（mil）级，对它们的加工设备类型的选择仍是一个关键的影响因素。

之前多采用丝杆推动的机械式设备，由于是开环无控制的，因此设备原理和结构比较老旧。虽然价格比较便宜，但推压力小（10～20t）、效率低、速度慢及生产长度短，而且丝杆的逐渐磨损也会对电压驻波比有较大的影响。

现在多采用油压推动的液压式设备（推压力 100t），由于采用闭环控制且液压力很大，所以生产效率高、长度长，在全电脑控制下的质量（如线径波动、电压驻波比等指标）很稳定。该类型设备是现代化生产的一个优选方案，但价格较高。

7.2.4　薄壁管的加工

用 PTFE 糊状挤出加工的管子，大多数都是小于 8mm 厚的薄壁管，直径从数毫米到数厘米，主要应用在医疗方面的流体输送、喷气发动机的燃料输送和液压传动。在表 7-6 中薄壁管依管子的尺寸和应用领域可分为三大类。

表 7-6　用 PTFE 细粉制造的管子类型和应用领域

管子类型	直径/mm	壁厚/mm	应用领域
毛细管	0.2～8	0.1～0.5	医疗和化工方面的电绝缘、流体输送
耐压软管	6～50	1～2	飞机的燃料输送和液压传动；化工用的化学品和气体输送
衬里管	12～500	2～8	化工用的金属管和管件衬里

其中，耐压软管是内用 PTFE 衬里及外用编织的金属丝网包覆增强的多层（1～2 层）复合结构，这可以提高其耐压等级。这几种管子的尺寸差异较大，加工的方法也有些不同。

虽然加入润滑油和颜料的品种和数量会有些差异，但树脂、助推剂和颜料的混合工艺与电线包覆加工是一样的，而且预成型坯料的压制方法也与电线绝缘包覆制作预成型坯的方法相同，只是尺寸上有所差异。

PTFE 毛细管的加工可使用小型的立式挤出机。通常将其布置在离地面 10～15m 的高处，这可使管子的干燥、烧结和冷却等单元在垂直方向上进行一体化布置，收卷设备可直接布置在地面上。口模设计基本上与导线包覆加工的口模设计是相似的，只是用中心销代替了导向管。用于电线绝缘挤出包覆的挤出机稍作改动就可用于毛细管的挤出。挤出条件也与电线包覆时的条件是非常相似的。由于要得到小直径和厚壁，因此要用到很高的压缩比，而这也意味着挤出机的料腔和口模一定要非常牢固，从而能承受很高的压力。

PTFE 耐压软管是一种耐高温、耐高压、耐强腐蚀性液体或气体介质的传输管道，由三部分组成——PTFE 内管、钢丝编织网增强层和金属接头。

通常的 PTFE 管只能承受较低的内压，采用钢丝编织的方式进行增强后，其耐压强度可提高 10～20 倍。经钢丝编织增强的内管称为软管，该软管不仅可以承受更高的内压力，而且可在高温脉冲的压力及弯曲应力下长期工作，而钢丝编织所用的设备主要是由合股机和编织机构成的。

使用中的 PTFE 耐压软管，其管内为具有一定压力的流动液体、气体，而且多是在弯折（甚至反复多次、频繁地移动和弯折）的状态下工作的，因此 PTFE 内管要满足低渗透性和高弯曲寿命的要求。对其加工的要求之一就是烧结后的 PTFE 内管空隙率越低越好，而这就需要降低树脂熔融黏度及结晶度，其中的一个有效方法就是在 TFE 的分散聚合中加入少量（如摩尔分数为 0.05%～0.1%）的 PPVE 等改性单体，通过引入这些改性单体可有效地降低分子量及增加无定形含量，从而明显地提高弯曲疲劳寿命等指标。此外，在烧结后的冷却阶段中也可采用急冷的方式进一步降低结晶度。

燃油在 PTFE 耐压软管中的高速流动会在摩擦作用下积聚起一定量的静电荷。在缺氧条件下，这种静电在放电后会导致内管壁上产生针孔而引起燃油泄漏，有氧存在时更会因放电而成为火源，因此及时导出静电是保障燃油安全输送乃至飞行安全的关键。通常使用的方法是采用双层结构的内管，其中与燃油直接接触的最内层为导电层，是由 PTFE 和一定比例的导电炭黑共混构成的。该层的作用就是及时将静电通过金属接头从导线外表面导出。

7.2.5　聚四氟乙烯生料带的加工

未烧结的分散 PTFE 带俗称 PTFE 生料带，它的制造过程包括与润滑剂混料、压制预成型坯、推压成条、压延、切边、烘干干燥和包装等步骤。生料带的主要应用是作为螺纹连接的密封带、绕包电缆的绝缘绕包带以及以棒或带的形式作为填充料（如填入填料函）。

螺纹丝口的密封带可用于各工业部门的管子/管件的（连接）密封，包括水管、化工、制药、半导体制造、食品加工和其他领域，而电绝缘级的 PTFE 生料带绕包在电缆电线上，再经烧结后就能得到良好的绝缘性能。此外，还有一些经烧结、处理后具有可黏结性的生料带，在其表面涂上压敏型黏结剂就可提供减摩或快速脱模的性能。

在生料带的生产中，一般是很难由粉料直接生产的，通常要先经推压制成圆形或方形的料条，然后再压延成为薄的带状产品，其厚度范围一般在 $50\sim75\mu m$ 之间，最薄的生料带可达 $25\mu m$。此外，用于管子丝口密封的生料带除了具有一定的强度之外，还要具有易变形性，但这两者之间往往需要一个平衡。在生料带中，成纤性往往决定了其拉伸性能和变形能力，如果成纤性太少则拉伸强度不足，反之则会导致生料带太硬而缺乏足够的变形能力。

用于电气线缆的绕包时，除了要具有足够好的物理性能之外，PTFE 带还要有适当的厚度及良好的层间黏结性等性能，特别是一层层绕包的 PTFE 带在经受烧结后要能很好地结合在一起以保证良好的绝缘性能。为了实现上述要求，可选用具有低分子量和较低熔融黏度的改性 PTFE，从而有利于改善层间的黏结性。

树脂与助推剂、颜料的混合及预成型与之前的相关内容是相同的。助推剂（润滑剂）的选择要因产品的最终使用场景而有所区别，例如对于不需要改变最终应用特性（如填充用）的棒和带等可选择比较容易挥发的润滑剂，从而有利于去除，但当棒或较厚的带需要经压延生产很薄的生料带时，应选用不易挥发的润滑剂以保证在挤出时仍能留在挤出物中，确保在压延过程之前或过程中不会出现大量润滑剂挥发的现象。

在具体的操作中，可将选定规格的树脂与润滑剂、颜料（只有生产绕包带才需要）按比例混合并静置"陈化"后放入模具并在压机上压制成圆柱状，最终由推压机（或挤出机）压制成柔软的料条。推压机料筒和口模在运行时的温度都要在 19℃ 以上，一般控制在 25～35℃ 范围内。推压机的压缩比通常是比较低的，但为了得到光滑的料条往往要对实际的压缩比进行测试，其主要过程是用直径 10cm 的料筒制取 1cm 直径的料条，压缩比可以取 100。此条件下的挤出压力比较低，一般为 10～20MPa。若料条强度太差，则需降低润滑剂的使用量，但同时需要提高挤出压力。

压延是一个将较厚的块料或具有一定直径的料条最终压制成较薄带子的过程。除了压延之外，还包括了助推剂脱除、切割、切边以及收卷等操作。压延可分为单次压延和多次压延，单次压延一般是在三辊机上进行的。料条在两个辊筒之间的狭缝中挤压成薄带，同时也会挤出部分润滑剂，从而导致空隙的增加。相比压延之前，压延后的带子密度减小了 $1/3$，降至 $1.4～1.5g/cm^3$，而最终的生料带厚度约为 $50\mu m$。

在拉伸和成为最终产品之前应除去润滑剂，主要可采用以下两种方法。①高温烘箱干燥；②用较易挥发的溶剂萃取并在较低温度的烘箱内进行干燥。对烘箱中排出的废气需要采取溶剂回收和再循环等措施，且必须彻底排出烘箱中的废气，使溶剂的气体浓度降低至最低爆炸极限以下。干燥用的烘箱温度应根据溶剂种类而定（150～300℃），但要注意的是，带子所处的温度一定要保持在低于 PTFE 熔点（342℃）20～30℃的温度内，因为烧结的带子中即使只有部分达到熔点，也不能再用作绕包带了。此外，对于第二种方法而言，由于萃取技术中使用的多是有毒溶剂（如三氯乙烯），因此该技术在实际中是较少使用的。

除了绕包带外，用于丝口密封的生料带是要在一定温度下经过拉伸加工的，而且通常都是单轴向拉伸的，这与下节 EPTFE 的双轴拉伸是不同的。该拉伸加工是在双辊或三辊机上进行的，其中的两个辊筒是以不同的线速度转动的，同时还需要进行加热。据报道，拉伸除了可以增加产率外，还有助于改善带子的性能。典型的单轴拉伸率是小于 150% 的，材料应变率小于 5%/s。两个辊筒之间的不同线速度决定了拉伸后的长度，如果线速度相同，也就没有拉伸了。表 7-7 是两辊筒相距 14m 时的一个典型例子。

表 7-7 两辊筒拉伸的一个典型例子

辊筒 1 线速度/(m/min)	辊筒 2 线速度/(m/min)	总拉伸率/%	应变率/(%/min)
30	20	140	700

7.2.6 膨体聚四氟乙烯的加工

膨体 PTFE（EPTFE）是用高分子量、高清洁度的分散 PTFE 制造的，是分散 PTFE 均聚物加工的一项独特发明，在高端应用领域中具有重要的价值。在制造过程中是不添加任何填充料和化学发泡剂的，完全依靠独特工艺条件下的快速、双向和高倍数的拉伸使 PTFE 材料中产生大量微孔，从而获得类似"膨化"的效果。实际上，由于大量空气以微孔形态充入其中，膨化后的 PTFE 材料可看作是 PTFE 与空气的复合材料。膨化 PTFE 有很多独特的性质，如柔软性、多孔性、低密度、低相对介电常数等，同时密度大幅度降低后也可大幅度节省材料。PTFE 的拉伸膨化技术最早是由 W. L. Gore 于 1969 年发明的。以此技术为核心成立的 W. L. Gore & Associates 公司随后实现了该产品的产业化并在越来越广泛的领域中实现了技术应用及市场的开拓，每年有数千吨的分散 PTFE 加工成该产品并进而转化为种类繁多的制品，实现了年销售收入达 30 多亿美元的庞大产业。国内的 EPTFE 也有了长足的发展，涉及的制品包括 EPTFE 薄膜、扁带、管子和棒材等，并在纤维复合材料、空气过滤和净化、医用材料、微电子和电气组件等应用领域有着日益增加的趋势。

由于大量微孔的存在，EPTFE 材料及其制品的密度是小于 $0.1g/cm^3$ 的，约为普通 PTFE 密度（$2.15g/cm^3$）的 1/25，约为未烧结、未膨化 PTFE 制品密度（$1.5g/cm^3$）的 1/15，空隙率为 96％以上。普通 PTFE 的结晶呈折叠链排列，分子量越大，则每一个分子链内的折叠链数量也越多。在一定温度和拉伸速度的作用下，这些折叠着的分子链会拉开呈纤维状的结构，纤维状分子链相交后成为纤维的结点，而纤维与结点之间的空隙就是微孔，从图 1-4 的 EPTFE 膜 6000 倍电镜照片中可发现这种纤维、结点和微孔结构的存在。

膨体 PTFE 的具体制造工艺主要是从分散 PTFE 的糊状挤出开始的，采用了与生料带相同的制造步骤，可得到彻底去除助推剂的未烧结未膨化的 PTFE 带、片或棒等初级半成品，然后经拉伸、定形等步骤，最终得到膨体 PTFE 的制品。膨体 PTFE 制造工艺的核心点在于选料、拉伸和定型。用于高质量膨体 PTFE 的分散 PTFE 原料应具有很高的分子量。一般认为，原料的 SSG 应小于 2.16，最好是 2.15。如之前所述，只有分子量很大时才能得到足够多的纤维状结构，形成高空隙率的膨体材料，而另一个要求则是 PTFE 原料应具有高的结晶度，例如 98％以上。含有少量共聚单体的分散 PTFE 是不能用的，因为任何共聚单体都会产生结晶缺陷，降低结晶度。

整个膨化过程包括基膜制造、加热拉伸、拉伸后膜的稳定化及冷却等数个步骤。

（1）基膜制造

用与生料带制造中的同样工艺制备片材，并在一定的张力下干燥后除去助推剂，使之成为有 25％～30％空隙率的多孔膜，也称为基膜。这种膜在 6000 倍电镜放大下似龟裂的干土，存在的空隙也很小，看不到纤细的微纤维。但助推剂经干燥逸出后所留下的空间则为后续拉伸时纤维网络的扩展留出了空间。

（2）加热拉伸

将未经烧结的 PTFE 基膜置于高速拉伸的装置上，并从 35℃加热到 320℃，边加热边快速拉伸。此时，存在于基膜中的微纤维也受到拉伸，形成微纤维之间互成网络的空隙，纤维束的连接处称为纤维结点。微纤维之间的空隙大小决定了孔径大小，而结点的大小与数量决定了空隙率。在快速拉伸过程中，PTFE 微纤维间的移动以及与空气之间的较强摩擦作用导致了正负静电荷的产生，并使空气快速充入空隙之中。空气充入量与纤维构成的网络的空隙率有关，拉伸速度与能否成孔有关，拉伸速度越快则越易成孔，纤维间的相对运动及与空气的摩擦程度就越大，带有静电荷的空气就越易充入纤维之间的空隙。在一定范围内，拉伸力越大，拉伸速度就越快，因此被拉开的纤维束越多，充入的空气量也就越多，EPTFE 的相对密度就越小。戈尔公司生产的 Gore-Tex® 的空隙率可达 50％～98％。通过对 PTFE 的单轴或双向拉伸加工可实现膨化，拉伸过程的条件是有较宽范围的。除拉伸温度外，拉伸应变率在 $10\%\sim4000\%/s$，拉伸倍数为原始长度的 $50\sim2000$ 倍。图 7-6 是单轴拉伸的示意图。

（3）拉伸后膜的稳定化

为了稳定刚形成的膨化结构，拉伸后的膜要在一定的张力下进行熔点以上的热定型处理，其过程包括将拉伸过的制品在受限制的装置内继续加热至 $330℃$ 以上并保持一段时间，以避免其收缩，此过程也称为无定形锁定，这可以阻碍结晶部分的位移从而保持尺寸的稳定，

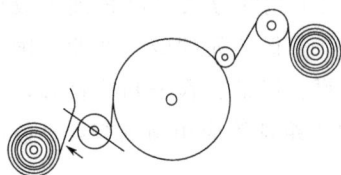

图 7-6　PTFE 单轴拉伸示意图

同时在膜的表面会产生一层极薄而坚韧的膜，使包裹于内的空气不易受压逸出。无定形锁定的最佳热处理范围为 $350\sim370℃$，处理时间从几秒至 1 小时。

（4）冷却

完成稳定化后，使拉伸膜自然冷却至室温。

EPTFE 的制品形态可分为薄膜、扁带、管子和棒材等，其中以薄膜及其制品的应用最为广泛。EPTFE 的特性和功能包括分离功能、防水透气性、柔软性、弹性和密封性，其中最主要的是分离功能和防水透气性能，以下将分别介绍。

（1）EPTFE 过滤膜

EPTFE 微孔膜的厚度一般为 $0.03\sim0.10mm$，主要用作气固相分离膜，其平均孔径为 $0.1\sim10\mu m$，气泡点压力为 $130\sim4000Pa$，空气透过流量为 $1.5\sim24L/(cm^2 \cdot min)$，拉伸强度为 $20\sim60MPa$。在实际使用中，常将 EPTFE 膜加工成过滤袋，特别适用于温度较高、呈酸性或碱性的气体介质或是流体中含有粒径很小的固体粉尘颗粒等场合，可用于滤去固体粉尘颗粒，净化气体或空气，特别是从工业尾气或废气中捕集夹带的产品颗粒或不允许排放的固体粉尘颗粒。EPTFE 分离膜与织布（例如涤纶、芳纶等织物）复合后可用作炼钢厂和发电厂中焦炉和煤的气化装置、碳素厂及其他燃煤锅炉等的高温烟道气的除尘袋，烟道气通过内壁的 EPTFE 膜时可挡住粒径大于 $10\mu m$ 的固体微粒并使其滑入袋底，而高温气体则透过膜排出。如果选择孔径小于 $1\mu m$ 的 EPTFE 膜，则可以大大降低排入大气中的 $PM_{2.5}$ 颗粒，从而为 $PM_{2.5}$ 的降低作出巨大的贡献，但是孔径越小，气体透过的阻力越大，所需的动力也越大。

质量好的 EPTFE 膜，其绝大部分孔径都在平均孔径的上下，即孔径分布很集中。虽然有些膜的平均孔径也较小，但是孔径分布很宽，就达不到有效控制微粒的效果，这些膜的质量是较差的。半导体和微电子工业净化室用的空气过滤膜，其要求的平均孔径应小于 $0.2\mu m$，而用于医院和制药工业的无菌环境的空滤膜则要求膜的平均孔径小于 $0.05\mu m$ 且孔径分布要很窄。碳素厂用的 EPTFE 过滤袋主要用于捕集高温尾气中夹带的小粒径碳素颗粒，既回收产品，又净化废气。在染料厂中，常会用 EPTFE 膜制作的过滤袋回收干燥工段高温尾气中夹带的染料粉末以及用于尾气的净化。在氟化工的单体生产（特别是 TFE 热裂解生产 HFP 的过程）中常会遇到高温裂解气中夹带着数量可观的难分离结炭物，结炭物往往会堵塞之后的管道、阀门甚至填料塔的填料，因此在裂解气急冷段设置 EPTFE 膜过滤袋是一个有效的解决方案。

（2）用于服装面料的 EPTFE 膜

EPTFE 与其他织物（例如聚丙烯和氨纶的混纺织物）复合后可用于服装面料、帐篷

等制品，这些也是 EPTFE 的最早市场化产品之一。用于服装面料的 EPTFE 膜主要有两类。①防水透湿型。这是 EPTFE 膜与聚丙烯和氨纶混纺织物复合而成的，EPTFE 的孔径分布在 0.02～4.0μm 范围内。作为对比，水蒸气分子的直径为 0.004μm，而雾滴和各种大小雨滴的尺寸则在 20～10000μm 之间，因此雾滴和雨滴挡在了复合面料的织物之外，而人的汗蒸气则可透过织物向外扩散，不会积聚，从而保证了人体的舒适感。②防风保暖型。EPTFE 膜的空隙是非开孔型的，呈弯曲的网状结构，因此风难以透过此类复合织物的空隙进入服装内部，从而使服装既轻便又具有良好的保暖作用。EPTFE 膜与其他织物的复合面料特别适用于户外运动装（如登山服、滑雪装等）、宇航员的航天服、寒冷地区战斗人员的军装/军用帐篷/手套/保暖靴以及阴雨天室外工作人员的防水服、消防人员的保护服等的生产和制作。

（3）EPTFE 密封材料

1～6mm 厚的 EPTFE 板材或长、宽、厚分别为 5～30mm、3～25mm、1.5～10mm 的条带均可作为优良的密封材料，用于各种通风管道、玻璃接头、热交换器、压缩机法兰、水/液/气多相系统的管道法兰等的密封。EPTFE 密封材料具有耐蠕变性好、压缩变形小以及疲劳寿命长等优点，但压缩机的高压部分并不适合使用这种材料，主要是因为内外压力差很大时高压气体会从 EPTFE 密封垫的微孔中向外泄漏，出现类似"蟹沫"的情况。

（4）EPTFE 管材及其在医疗方面的应用

像分散 PTFE 的推压成管一样，除去助推剂后制成的坯管可在双向拉伸和热定型的作用下成为一种具有微孔的 EPTFE 柔性软管，这种管除了可用作过滤材料外，还可用于人工血管（动脉管及静脉管）、人工气管、内窥镜导管以及微创手术插入人体或血管用的导管等方面。用 EPTFE 制成的人工血管含有 50%～60% 的微孔，其中的大量纵横交叉的孔径可达微米级，人体的组织细胞能在空隙间攀附生长，并最终成为人体血管的一部分。EPTFE 的生理惰性使其与人体组织浑然一体，具有极好的相容性。为适应动脉血管和静脉血管在人体内的受压等特点，这些人工血管还需要有一定的增强措施，其中人工动脉血管可在所需增强部分的外面绕包一层极薄的 EPTFE 膜，而人工静脉血管则可用丝状的多孔 PTFE 以圈状或螺旋形的方式进行绕包，以提高它们的抗压瘪性。这可使人工动脉血管能承受血压的脉冲以及使人工静脉血管能承受肌肉组织的挤压。除人工血管外，EPT-FE 在医疗上的应用还包括人造硬脑膜、心脏补片（如人工二尖瓣修补）、鼻部整形、肺切除后的残腔堵塞以及普通外科和整形外科的手术缝合等。

7.3　聚四氟乙烯浓缩分散液的加工

PTFE 浓缩分散液，是一种 PTFE 固含量为 58%～60% 的白色乳液状产品。依聚合配方和聚合工艺的不同，乳液中的 PTFE 颗粒尺寸一般在 0.15～0.30μm 之间。与其他 PTFEE 固态产品相比，呈液态的 PTFE 浓缩分散液有着很不相同的应用，其主要的加工方法包括浸渍、喷涂、纺丝和薄膜浇铸等。

由于涂装方便，PTFE 浓缩分散液的应用是非常广泛的。表 7-8 是按产品功能和加工技术划分的应用分类。

表 7-8　PTFE 浓缩分散液产品及应用

产品	应用
涂覆于编织玻璃布或其他纤维上	建筑用纤维、气密垫圈和复合材料、电气绝缘材料、脱模片材、软管
PTFE 浓缩分散液浇铸膜	小电容器中的隔膜和绝缘材料、多层复合材料
涂覆在材料表面	在低摩擦和不粘表面的应用
纤维和织物	线条、工业纤维和滤布
同聚合物或非聚合物材料的共混材料	火焰中防滴塑料

　　PTFE 浓缩分散液的应用着眼于制品的外形和形态，因而受制造工艺的影响很大。相比其他粉状的 PTFE，PTFE 浓缩分散液能接纳更多的填充料，其与填充料一起结合的工艺称为共凝聚。这类混合物主要应用于特种轴承的制造中，以及有一些用量不大但具有重要意义的应用，例如燃料电池、干电池、除尘过程和氯碱工业等。

　　在表 7-9 中是将 PTFE 浓缩分散液的应用根据是否需要热处理和需要怎样的热处理进一步进行了分类说明。

表 7-9　按加工方法分类的 PTFE 浓缩分散液应用

热处理特点	应用
制品需烧结	涂覆编织玻璃布、PTFE 线条、金属涂覆、浇铸膜、共凝聚产品、氯碱工业用产品、燃料电池
制品不需烧结，需加热	过滤布、电池、与聚合物和非聚合物材料的共混材料
制品不需烧结，不需加热	填料、气密垫圈、电池（有时需加热）、除尘用材料、涂料添加剂

7.3.1　储存和处理

　　在运输和长期储存中，PTFE 浓缩分散液存在着稳定性的问题。不恰当的运输和储存条件可能导致 PTFE 颗粒凝聚结团和沉降分层，而且这个过程是不可逆的。直接使用这种发生过沉降分层的 PTFE 浓缩分散液进行加工会产生极严重的质量问题。

　　绝大多数 PTFE 浓缩分散液应在 5～20℃下进行保存，但也要避免浓缩分散液受冷而发生冻结，以免产生上述不可逆的 PTFE 颗粒凝聚现象。绝大部分库存 PTFE 浓缩分散液储存期不超过一年，很多 PTFE 浓缩分散液的储存稳定期可能只有 6 个月，一般可按月将浓缩分散液包装桶摇滚一次或轻轻将乳液搅动几下以使其复原。如果遇到以下一个或多个情况则都会发生 PTFE 颗粒的凝聚，如储存温度太高、受到剧烈搅动和剪切、储存时间太长以及没有进行每月的复原操作等，甚至还可能存在误加入某些化学品的情况。

　　商品化的浓缩分散液在正常情况下是均匀且没有团块的，但是对其进行微观考察时，也总是能发现些许的颗粒凝聚物，因此只有在浓缩分散液出现明显数量的白色团块时才意味着由大量凝聚而导致的失效或报废。

　　PTFE 浓缩分散液通常会含有一种或多种表面活性剂（和其他添加物），例如 APFO 和由碳氢类环氧乙（或丙）烷制成的含 OH 基长碳链醚类非离子表面活性剂，但是含长碳链醚类化合物的 PTFE 乳液难以黏附在已烧结的 PTFE 玻璃布上，主要是这种分散乳液的表面张力要比 PTFE 的表面张力高出 1 倍左右。如果使用含氟醚的表面活性剂，则乳液与 PTFE 的表面张力相当，所以就能黏附于已烧结过的 PTFE 玻璃布上。如果在 TFE 的聚合过程及 PTFE 乳液的浓缩过程中残留有较多的离子，对稳定性和储存期也是有很大影响的。用离子交换树脂进行吸附等方法处理可以大大降低 APFO 和其他离子的含量。实际使用中，常常要用去离子水稀释浓缩乳液以调节黏度，此时一定要使用经严格处理的去离子水。

在国际贸易中，PTFE 浓缩分散液在长途运输途中常会遇到高于 40℃ 的环境（如集装箱轮在经过印度洋赤道附近时箱内温度会超过 50℃）和冬季北方低于 0℃ 的环境。务必注意前面提及的这些技术细节以充分满足浓缩分散液保持稳定性的条件。

7.3.2　浓缩分散液的配方及其涂覆

PTFE 浓缩分散液的主要性质包括固含量、pH、稳定性和（涂层）临界开裂厚度等指标。这些指标对浓缩分散液加工的配方和应用都很重要。

PTFE 浓缩分散液是胶体乳液，乳液中所含聚合物颗粒尺寸一般小于 0.30μm 且都带负电荷。由于所含 PTFE 的浓度较高，浓缩分散液的密度也较高。表 7-10 是 PTFE 浓缩分散液密度与固含量的对应关系。只要用去离子水稀释到对应的密度，即可以调到配方中所需的浓度。

表 7-10　PTFE 浓缩分散液的密度与固含量的对应

浓度（质量分数）/%	密度/(g/cm³)	固含量/(g/L)
35	1.24	430
40	1.29	515
45	1.34	601
50	1.39	695
60	1.51	906

供应给用户的 PTFE 浓缩分散液通常都是 pH 大于 7 的碱性物质，这是为了抑制储存期内的细菌生长和繁殖，特别在偏热和湿度过高的情况下这点尤其重要。细菌主要是依靠浓缩分散液中的表面活性剂而存活的，但是表面活性剂的分解会散发恶臭气味以及在浓缩分散液中出现棕色物质。如需要调节 pH 值，则可以加入一定量的酸，但是加入过多则会因离子强度过高而导致凝聚。浓缩分散液的离子强度也会影响电导率，后者也是 PTFE 浓缩分散液的一个重要特性，可用于指示和判断分散液的储存寿命。电导率会影响浓缩分散液的黏度和剪切稳定性，如果电导率很高会使浓缩分散液失去稳定性。电导率一般是用普通电导仪直接进行测定的。

PTFE 浓缩分散液通常都含有非离子型表面活性剂，以增大浓缩分散液的润湿性并调节黏度。在 PTFE 的烧结温度下，它们会完全分解，大部分分解产物以气态放出，只有极少量残留物。Triton® X-100 是最常用的表面活性剂之一，但是目前多采用环保性更好的添加剂。

在很多 PTFE 浓缩分散液的应用中，有时为了改善一些性质就可以考虑加入填充剂、颜料、流平促进剂、流动性能改善剂和其他一些添加剂等，例如加入玻璃纤维的填充剂后就可降低涂层的蠕变现象。所有添加剂在加入过程中都要轻轻搅拌，以避免 PTFE 的凝聚。

在有些应用中往往要求提高浓缩分散液的黏度以保持加工过程中均匀的涂层厚度，这时可加入水溶性增稠剂，其中丙烯腈聚合物就是一种能提高分散液黏度的物质，例如加入 1%的 Carbopol 934（卡波普，即羧基乙烯聚合物）就可以将 60%固含量浓缩分散液的黏度提高的 30 倍，达到 6P。可选用的其他增稠剂还有包括 Acrysol® ASE 丙烯腈聚合物和 Natrosol®羟乙基纤维素等。增稠的另一种方法是加入非离子型表面活性剂，这种方式不会使黏度增加到不可接受的程度。在涂层烧结时，增稠剂与表面活性剂都会分解为气体。

将液体涂料涂覆至基材（含网）表面通常有三种方式。第一种方式是浸涂，就是将基材浸没到液体涂料中，当基材从涂料料槽中升起时其表面会夹带过量的涂料，用刮刀或棍子将过量的涂料重新刮回到槽中进行循环使用，从而可以计量留在基材（或网）上的涂料量。第二种方式是辊涂，也称为双辊涂布或逆向辊筒凹型涂布。其中一个辊筒在转动时将涂料带上来并沉积在另一个辊筒外一起逆向转动到基材表面，涂料的上料量也是通过刮刀进行控制和调节的。第三种方式是喷涂，即将液体涂料借助喷雾的方式涂覆到基材上。

浸涂是涂覆布料和网最常用的方法。对于表面坚硬的基材则多用辊涂或喷涂方法。

PTFE 浓缩分散液的涂覆过程可按多层或单层工艺分类，也可按连续涂覆或单件制品涂覆进行分类。在按照配方进行稀释和加入添加物后，PTFE 分散液通常涂覆在连续的平面基材（主要是金属）或纤维类网状材料上。在网布上可以涂覆单层的 PTFE，也可涂覆多层。适于单层涂覆的方法包括计量棒涂布、浸涂、差距涂、凹面涂布、逆转辊涂、气刀涂布及正向辊涂等。杜邦专利中公布的滑轨涂布适用于多层涂覆，槽模涂布和帘式淋涂可用于单层或多层涂覆，其他的涂覆方法还包括帘式涂布和喷涂等技术。

涂覆的涂层厚度会影响烧结后的最终涂层质量，过厚的涂层在干燥后易产生裂纹。涂层的临界开裂厚度是指单层涂层不出现裂纹的最大厚度。涂层厚度在 $5\sim25\mu m$ 范围内一般不会出现裂纹。每一层涂层的具体厚度与配方、浓缩分散液的品级、应用过程的参数及涂装后制品的几何形状等有关。一般情况下，要得到厚的涂层可采用多次涂装的方法。

7.3.3　玻璃布的浸涂

PTFE 浓缩分散液在玻璃布上的浸涂过程包括经展卷机将玻璃布以一定速度送到装有 PTFE 浓缩分散液的料槽中，按配方配制的 PTFE 浓缩分散液借助黏度涂覆在玻璃布上并达到一定的厚度，再经干燥、烧结及收卷即成为产品，也称为 PTFE 漆布。要获得期望的涂层厚度，有时需要重复浸涂几次，并不是每一次浸涂后都需要进行烧结，前几次的浸涂在有些情况下是可以不烧结的，但是需要对浸涂过的玻璃布进行辊压，以使任何一根破损的纤维都能压入柔软的 PTFE 浓缩分散液涂层中，然后再在后续的各次复涂中进行烧结。

浸涂前，需要对玻璃布进行预处理。玻璃布是由玻璃纤维编织而成的，在编织过程中，这些纤维都需要涂上起润滑作用的"精整剂"，以避免因擦伤而卷成团。润滑剂在烧结时会分解和炭化，并留下淡黄褐的色泽。此类色泽可用化学方法予以处理或加热去除。

玻璃布的表面平滑且多孔，在水中不会离子化，也不吸收 PTFE 浓缩分散液。每次只能携带起少量的浓缩分散液，为了形成平滑的涂层表面，往往需要进行多次反复的浸涂（最多可达 10 次甚至更多）。

玻璃布的浸涂设备主要包括料液槽、干燥炉、烧结炉、展卷辊和收卷辊等。料液槽是带有水夹套的，可以使浓缩分散液温度保持在 20～25℃ 之间。设计上应尽量减少暴露在空气中的部分以减少因水分挥发而造成的 PTFE 浓缩分散液浓度变化。在炉子中可分为三段，即干燥段、烘焙段和烧结段，对应的温度分别为 70～80℃、280～290℃ 和 400℃。在烧结段中，粉状的 PTFE 颗粒在熔融后界面消失了，并与玻璃布基材熔接成为有良好黏结力的 PTFE 膜。若烘焙后的玻璃布经两个压辊紧轧后再去烧结，可使得到的 PTFE 均匀地密布于玻璃布中，这既增加了粘接强度又可以使 PTFE 漆布的表面更光洁及介电性能更好。浸涂次数取决于玻璃纤维的类型、涂料配方以及最终的涂层厚度和质量要求等。

浸涂 PTFE 的玻璃布已大量用作防粘材料，尤其是针对 150℃ 以上的工况，例如熔融热封聚乙烯薄膜中所用的防粘底垫等。宽幅的 PTFE 玻璃布既有一定的透光性、轻便性和较好耐候性，又能在雨水和风力下具有自洁性能，因此可大量用于户外建筑的顶棚和大型体育场馆等公共场所的屋顶。

经裁切、多层叠配后的 PTFE 漆布在热压后成为具有一定尺寸的层压板，其中薄一点的层压板可用作电工绝缘材料、雷达天线罩、电器构件和耐蚀叶片等，而厚一点的层压板则可用作低摩擦系数的滑道材料（造船厂船舶下水时用）。将 PTFE 漆布与铜箔进行单面或双面复合后可制得覆铜箔板，这是一种可在超高频、高温下应用的印刷线路基板。此外，PTFE 漆布在经单面化学处理后涂上胶黏剂可成为使用方便的防粘、绝缘用胶黏带。

7.3.4 亚麻和聚芳酰胺的浸涂

对亚麻和聚芳酰胺的浸涂是另一种 PTFE 浓缩分散液浸涂加工类型。浸涂后的亚麻和聚芳酰胺可用来加工填充材料和气密垫片。以前曾长期广泛使用的石棉浸涂填充材料受限于石棉的禁用已不再使用和生产，但是石棉浸涂的方法也同样适用于亚麻和聚芳酰胺的浸涂加工。整个过程与玻璃布的浸涂是相似的，包括先将待浸涂材料浸没于料槽中，在浸涂材料离开料槽时会携带部分浓缩分散液，并在表面形成 PTFE 层，最后经过干燥和烘烤得到产品。这类材料通常是不需要烧结的。在水中的纤维会部分离子化形成正电荷，这有利于带有负电荷的 PTFE 浓缩分散液在纤维表面凝聚，同时还能阻止 PTFE 向制品主体内部的渗透，从而节约了 PTFE。

在浸涂处理前，可对浓度为 60% 的 PTFE 浓缩分散液用去离子水进行适度的稀释，同时可补加一些非离子型的表面活性剂。干燥和烘焙后的产品最好再经过压延处理一下，可使制品表面光滑。

7.3.5 石墨和多孔性金属材料的浸涂

石墨和多孔性金属材料也可用 PTFE 浓缩分散液进行浸涂处理，具体的操作方法包括将待浸涂的制品置于浸涂料槽中，采用抽真空的方法抽去制品小孔内的所有空气，之后再让空气回到料槽液面上，在压力差的推动下浓缩分散液就会进入微孔内部。如有需要可通过多次循环操作来增加浸入量。与玻璃布不同，浸涂后的石墨和多孔性金属材料经干燥和烘焙后还是需要烧结的。这种 PTFE 浸涂的石墨制品在化工行业有不少的应用。

7.3.6 金属、陶瓷等硬表面的涂覆

涂覆 PTFE 浓缩分散液的金属和陶瓷材料表面具有防腐蚀和防粘的效果，其主要的应用包括家用和商用炊具涂层、工业设备防腐防粘涂层等。所用的 PTFE 浓缩分散液可以是纯乳液型，也可以是添加其他成分形成的配方型乳液，但是纯乳液型和配方型涂层各有优缺点。纯乳液型不含任何添加物，形成的涂层表面完全由 PTFE 构成，比配方型涂层表面更光滑、微孔也更少。配方型涂层形成的表面通常更硬，磨损磨耗比纯乳液型的小。

① 纯乳液型涂层。纯乳液型涂层只适用于铝材及其他少数几种合金（如铝/镁合金）。烧结后的典型涂层厚度是小于 $25\mu m$ 的。涂覆前的铝材表面要先经粗糙化处理以保证涂层和基材之间具有最大的结合力。一个表面处理的方法是将制品置于浓度为 20%～30% 的盐酸中进行浸蚀，当然之前还需用有机溶剂或磷酸盐水溶液进行表面除油的浸洗处理以保证酸浸蚀能获得均匀的效果。从环保角度考虑，应优先选用磷酸盐水溶液进行浸洗，再分别用自来水和去离子水进行淋洗。水淋洗后的制品慢慢浸入室温下的稀硝酸溶液中几分钟，用自来水和去离子水进行彻底洗涤后再进行干燥处理，干燥后的制品不可再用手摸或受到任何外来物质的污染，否则受污染的涂层会出现严重的质量问题。在铝制品的表面涂覆 PTFE 涂层可以采用喷涂或浸涂的方法，其中单件制品均采用喷涂方法。将 PTFE 浓缩分散液的黏度调节到 300～400cP（$1cP = 1 \times 10^{-3} Pa \cdot s$）是比较合适的，有利于分散液渗透到已粗糙化的表面微孔中，而涂覆之后即可进行干燥和烧结，干燥温度保持在 90℃，数分钟后就能将水分全部除去。烧结温度应保持在 380℃以上，特别要确保烧结时的制品涂层表面不再留有水分，否则烧结时快速挥发的水分最终会对涂层产生损害。

② 配方型涂层。配方型涂层是在金属表面涂覆 PTFE 时用得更多的一种类型，可以克服纯 PTFE 涂层的较软和耐磨损性较差等缺点，能更好地满足对硬度和耐磨损性有着较高要求的家用、商用炊具涂层及建筑涂层中的应用。在配方型涂层中需要添加一些配方料以及各种色泽的无机颜料，但这些配方涂层是不能直接粘接于金属基材上的，需要涂覆一层含有一些化学品的底漆，最常用的是以磷酸和铬酸混合物为主要组成的铬磷酸配方底漆，而且在底漆涂覆之前，还需要对制品表面进行脱脂（除油）和喷砂等处理，其中喷砂处理后需达到 5～10μm 高度的粗糙度，喷涂后的干燥、烘焙和烧结温度等需分别控制在 90～100℃、250～300℃ 和 380℃ 及以上。

以 PTFE 不粘锅为主要应用的食品级炊具配方涂层，在 PTFE 浓缩分散液的消费市场中占有很大的份额，从前述烧结温度可知，就算不粘锅涂层在烧结之前含有少量的分散剂，但是在 380℃以上的烧结过程中很快就会彻底分解，所以 PTFE 不粘锅对于人体是很安全的。

在用于金属表面的配方型 PTFE 涂层中，底漆可分为食品级和非食品级两大类。用于炊具和直接接触食品的烘盘、金属传送带、食品加工模具等必须使用食品级的底漆，铬磷酸混合物的配方中含有对人体有害的 Cr^{3+}，因而不能用于与食品的相关领域。非食品级铬磷酸配方底漆的典型应用包括在纺织、印染、印刷以及打印机辊筒上的耐热、不粘底漆等。

为了减少不粘锅涂层表面的细微针孔（需在高倍放大镜下才能观察到），最好选用由少量单体（如 PPVE）改性的 PTFE 乳液品级。虽然改性单体加入量很少，但是能显著降低 PTFE 的结晶度、熔融温度和黏度，使涂层在烧结温度下仍具有一定的流动性，涂层表面更致密，从而减少了酸性液体（如食醋）在不粘锅使用中渗入涂层内部的可能性，延长了不粘锅使用寿命。一般情况下，只要在 PTFE 微粒（初级粒子）的表层进行改性即可，也就是采用核壳的结构并仅对壳层进行改性。

7.3.7　聚四氟乙烯丝的加工

由于 PTFE 具有特殊的耐高温、耐腐蚀等优点，PTFE 丝和线具有很好的应用和经济价值。由 PTFE 丝制成的短纤维、絮状物或复丝制成的线绳等可用于轴承、过滤袋以及阀门、搅拌桨、泵等的填料密封之中。由多股 PTFE 单丝构成的复丝还可用于网布状制品的编织之中，在氯碱工业用的全氟离子交换膜中 PTFE 丝也是一种不可缺少的增强骨架材料，由于高温下的 PTFE 既不能溶解也不会在熔体状态下流动，因此 PTFE 丝是不能用熔融纺丝或普通的湿法纺丝工艺制得的。

PTFE 丝的加工通常可采用以 PTFE 浓缩分散液为原料的化纤载丝法以及不以浓缩分散液为原料的膜裂丝法。

（1）化纤载丝法

纯 PTFE 浓缩分散液是不具有可纺性的，需使用类似化纤载丝法的工艺，在 US 2772444 中有对该技术的细节描述，具体过程包括将木材纸浆用碱性溶液处理后使纤维素的羟基转化成盐，而处理过的纤维素则再与二硫化碳（CS_2）一起共混，使烷氧基盐基团进一步转化为硫羰基（也称为黄原酸盐），产物是一种很黏稠的胶状物，经过滤处理后与 PTFE 浓缩分散液充分混合再通过一个开有很多细小孔的喷丝板喷入酸中，此酸液会把黄原酸盐转化为 CS_2 和多根直径很细的可纺 PTFE 纤维（丝）。CS_2 是可回收和再循环使用的。经水淋洗除去酸和其他杂质后，PTFE 丝可以以多股的方式进入 400℃ 左右的烧结炉中进行数秒钟的高温烧结，烧结后的丝再经过多台转动的圆辊拉伸后得到最终的 PTFE 纤维，其拉伸强度可提高到 280～350MPa，这差不多是悬浮 PTFE 粉所制纤维拉伸强度的 10 倍以上。

以下是化纤载丝法制 PTFE 丝的一个具体实例，包括将成分为纤维素黄原酸钠的黏胶经过滤后加入含有 Triton® X-100 的 60%PTFE 浓缩分散液中得到可供喷丝用的混合物。凝固液则由硫酸钠、硫酸锌、浓硫酸和去离子水组成，其配制方法是先在容器内加入去离子水，再加入质量比为 1：4 的硫酸锌/硫酸钠混合物并加热至全部溶解，待冷却后再缓缓加入浓硫酸调匀即得到凝固液。将上述的 PTFE 浓缩分散液/黏胶的黏稠混合物用计量泵压出经过滤器过滤后压入一个带有多个孔径为 0.01mm 小孔的喷丝头（此种小孔需用激光打孔法打孔），此喷丝头直接浸在凝固液内，离开小孔的混合液在凝固液中凝聚成纤维（丝），然后让纤维在经过淋洗辊时用 95℃ 的软水淋洗，并经干燥辊干燥后，在 440℃ 下以 1m/min 的速度通过烧结炉进行烧结处理，最终在 420℃ 下拉伸 8～9 倍后成为 PTFE 纤维。

在另一个具体实例中，其操作过程为将质量分数为 7% 的纤维素黏胶溶液和 6% 的氢氧化钠混合，然后加入占该混合液质量 30% 的 CS_2，经过滤和陈化后加入含 Triton® X-

100（质量分数为10％）的 60％PTFE 浓缩分散液中得到喷丝用的胶状物，其中 PTFE 占比为 40％（质量分数），纤维素的占比为 2.3％。经过滤后压入一个有 60 个孔径为 125μm 的小孔的喷丝头中，喷丝速度为 18m/min，经喷丝头喷出的丝立即浸入硫酸、硫酸钠、硫酸锌质量分数分别为 10％、16％、10％的凝固液中。离开凝固液后，凝固的丝浸入 79℃的水浴清洗后，在 190℃的干燥辊上进行干燥，所得纤维的强度为 0.044g/D（旦尼尔），再经 389℃的高温热辊烧结，纤维素热分解后将纤维拉伸到原长的 7 倍，成为强度为 0.082g/D 的丝，最终成为由 60 股单丝构成的复丝，其细度为 375D。

用以上方法制造的 PTFE 丝和纱是棕黑色的，这是因为纤维素在烧结时部分残留的碳会留在 PTFE 丝内，如果需要白色的 PTFE 丝则可用加热方法进行漂白，即将棕黑色的 PTFE 丝置于加热炉内，加热到 300℃保持 5 天，其缺点是损失了近 50％的弹性。当然，也可采用化学漂白的方法，即将棕黑色的 PTFE 丝浸入加热至沸腾温度的硫酸中，并加入少量硝酸。该工艺的缺点是会产生很多废酸，有环保问题。

（2）膜裂丝法

该方法也可称为切割拉伸法，是对车削薄膜采用机械切割等方法制造而得的。该工艺中所用的原料不是 PTFE 浓缩分散液，而是车削薄膜。通过控制刀具和车削的条件可得到所需的膜厚。通过流水线上的锯齿状刀具割裂成丝，经牵引辊拉伸、加热和再拉伸可得最终的 PTFE 纤维（丝），具体过程参见图 7-7。需要指出的是，用膜裂丝法制得的丝通常是扁平状的。

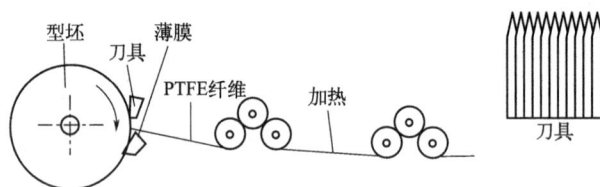

图 7-7　膜裂丝法制 PTFE 丝的过程

7.3.8　聚四氟乙烯浇铸薄膜的加工

PTFE 浇铸薄膜也称为 PTFE 流延薄膜，是以 PTFE 浓缩分散液为原料在一定工艺条件和配方下以流延方式在高抛光度的金属带上均匀涂布后再经干燥脱水和烧结得到的薄膜。与车削薄膜相比，其具有薄而无内应力的特点，厚度通常为 0.01～0.02mm，可用于电容器的绝缘膜。

从机械强度看，PTFE 浇铸薄膜呈各向同性，而车削膜的纵向与横向强度相差较大。表 7-11 中列出了两者性能的对比结果。

表 7-11　PTFE 浇铸膜和车削膜的性能比较

类型	厚度/μm	拉伸强度/MPa		断裂伸长率/%		弹性模量/MPa	
		纵向	横向	纵向	横向	纵向	横向
车削膜	76	52.3	40.4	450	350	469	517
浇铸膜	68	35.4	34.5	530	510	434.5	434.5

PTFE 浇铸薄膜的生产设备及方法与其他塑料的浇铸薄膜生产情况基本相同。不同之处在于，对可溶于有机溶剂的塑料，其涂布液的配制可直接使用这种溶液，但是对于既不溶于水又不溶于有机溶剂的 PTFE 则只能用浓缩分散液（乳液）进行配制。在 PTFE 乳液中加入一定量的非离子型表面活性剂后可配制成涂布工艺需要的黏度范围，典型的组成为 45%～50%（质量分数）PTFE 乳液和 9%～12%（质量分数）表面活性剂（以 PTFE 为基准）。将配好的涂布液置于料槽内，而料槽可布置在高处并带有加热夹套。涂布液主要依靠自身重力从料槽底部流出，并按试验确定的流出速率设定好料槽的液面高度和涂布液的黏度，在涂布液的成分确定后其黏度可通过温度进行调控。流出的 PTFE 涂布液均匀地流涂在由转鼓带动的钢带上，流水线采用的是分段加热设置。在加热段内，可去除水分及分解表面活性剂，然后在 360～380℃的烧结段内，钢带表面的 PTFE 浇铸膜经烧结后会熔融成致密的薄膜，待冷却后最终在机械力的作用下从钢带上剥离并在成品转鼓上完成收卷。需要注意的是，加热段和烧结段都需要密闭和抽出废气，而且如果一次浇铸的膜厚不足则可以先不剥离膜而是返回后再经一次或多次反复浇铸直至膜厚达到要求的指标为止。浇铸成膜的技术关键之一是保持钢带表面的高光洁度和清洁度。此外，流水线周围环境中的空气清洁度也是一个非常重要的影响因素。

PTFE 浇铸膜的成本较高，设备相对较笨重，因此直接应用的不多，但是在 HF 复合薄膜的生产中则有一定应用。这种复合材料的基材通常是耐高温和介电性能极佳的聚酰亚胺，通过浇铸法在钢带上制成膜，同时为获得更好的耐有机溶剂及耐化学腐蚀性，会在其上面复合氟树脂膜。通常可先在聚亚胺薄膜上浇铸一层薄薄的 FEP 或 PFA 薄膜作为黏结剂，然后再在其上浇铸一层 PTFE 膜。这种多层复合的膜耐刮、耐磨性好，在航天绝缘电线以及其他相似工况的应用中是不可或缺的一种复合材料。

7.3.9　其他

PTFE 浓缩分散液可与多种材料进行混合后形成功能性复合材料。

（1）火焰滴落阻滞剂

一旦发生火灾，像 PC、PET、PBT 和 ABS 等的一些工程塑料在用于电线绝缘时都会在火焰的作用下发生滴落，从而可能引发更快的火焰传播。解决此问题的一种有效方案是将 PTFE 分散液加入这些热塑性塑料之中，PTFE 的微纤化和在熔融态下的高黏度可阻止已熔化的聚合物软管材料发生滴落，从而提高了材料的性能。引入火焰阻滞剂后，燃烧时间明显减少了。

使用分散 PTFE 和 PTFE 浓缩分散液是具有同样效果的。将少量（质量分数＜1%）的 PTFE 加入制软管所用的聚合物粉料中并均匀地混合就可以得到最大的使用效果，而浓缩分散液则更易实现与材料混合的均一性，混合物经干燥脱水（最好在真空下进行）及双螺杆挤出造粒后可得到最终的产品。

（2）PTFE 浓缩分散液与填充材料共凝聚制轴承

PTFE 浓缩分散液与填充材料混合后进行共凝聚，所得的产物既保持了 PTFE 低摩擦系数的优点又改善了磨损和冷流，因此可用在特种轴承等的生产中。具体操作过程包括先将 PTFE 浓缩分散液与填充材料混合，再加入硝酸铝等盐类，从而使填充材料和 PTFE 初级粒子一起凝聚，而糊状凝聚物的黏度可通过加入有机溶剂（例如甲苯）进行调节。糊状物在钢底的多孔性青铜带上进行压延，并在烧结后将载有 PTFE 和填充料共凝聚物的钢带卷入轴承，最终成为轴承的内表面。这类轴承主要应用在汽车的避震器上。需要指出的是，青铜带是由置于钢带上的青铜粉经烧结而成的，最初选用的填充材料是铅，后来发展了无铅配方，其采用的填充料是石墨、锌粉等。

除了上述应用之外，PTFE 浓缩分散液还有很多其他的应用，例如汽车上的密封圈是在金属表面涂覆了一层厚厚的 PTFE 浓缩分散液，这种密封圈只需加热升温脱水和除去表面活性剂而无需烧结。当密封圈受到紧固时，PTFE 在载荷中的冷流作用下就能保证完全密封的效果。另一个有趣而不寻常的应用是昆虫捕集器。这种捕集器的基材表面涂布了 PTFE，PTFE 的低摩擦性形成了捕集器易滑动的表面，从而防止还能爬行的昆虫逃离捕集器。

7.4 填充聚四氟乙烯的加工及应用

悬浮 PTFE 的填充改性混合物在 PTFE 的市场需求量上占有很大的比重。一些大的生产商都开发了系列化的填充改性型 PTFE 品级，也有一些专业化能力强的加工企业开发了一些独特的填充改性型 PTFE 品级，以改善 PTFE 的易磨损和载荷蠕变等缺点，因为这些缺点对很多在机械方面应用的 PTFE 产生了较大的负面影响。早在 20 世纪 60 年代就发现在纯 PTFE 中加入某些固体填充物可明显改变其物理性质，特别是能改善磨损性和蠕变性能。填充后的悬浮 PTFE 非常适合于很多零部件的制造，例如机械工业中常用的密封垫片、轴封、轴承、轴瓦、活塞环、导向环和机床导轨等以及作为建筑和结构材料用于桥梁、隧道、钢结构屋架、大型化工管道及储槽的支承滑块等，而在化学工业中可用于腐蚀性介质输送管道的密封、泵的机械密封、各类阀门中的阀杆和阀片等。总之，在满足机械指标的基础上，对耐化学品、低摩擦和耐高温的要求极快地促进了填充 PTFE 的系列化发展。

7.4.1 悬浮聚四氟乙烯的填充改性

在悬浮 PTFE 的填充改性中最常用的填充物是玻璃纤维、青铜、钢、炭黑、碳纤维和石墨等。加入树脂粉中的填充物体积分数的上限是 40%，只要不超过此上限值，PTFE 的物理性质就不会完全损失，但如果低于 5% 则不会有明显的改性效果。悬浮 PTFE 中约 50% 的消耗量用于各种填充 PTFE 制品的制造。一般情况下，生产商通常提供三种标准的填充 PTFE 品级，包括低流动性级、优等流动性级和预烧结料。低流动性级适用于模压加工，优等流动性级适用于液压（等压）加工、自动模压以及柱塞挤出。填充 PTFE 可采用与纯 PTFE 相同的成型工艺进行加工，主要是模压和柱塞挤出。

PTFE 是一种难以与其他材料相共混的聚合物，这是由于它的分子呈电中性，不大可能产生分子间的相互作用，而且即使在熔融温度下仍有很高的黏度，因此难以通过流动的方式包覆填充料的表面。此外，由于 PTFE 的摩擦系数低，又降低了不同颗粒料之间的相互作用，因此在混合过程中 PTFE 极易与填充料分离。

填充改性的悬浮 PTFE 有干法和湿法两种制造方法。干法混合是一种在室温下将填充料与悬浮 PTFE 直接混合的方法，也是普遍采用的一种混合方法，其缺点是难以实现均匀混合，优点则是操作简便，生产效率高以及产品成本低。具体操作过程包括先称取一定量的过筛悬浮 PTFE 并加入高速混合机内搅拌 1min 使树脂颗粒相互间松开，待搅拌停止后再按设定的比例加入规定量的填充料，并继续搅拌 7～8min 后就完成了整个混合过程。

　　影响混合效果的主要因素包括 PTFE 粒径、搅拌速度、混合时间、混合温度和单批混合量等，其中混合温度是最为重要的因素。如果搅拌时产生的热量太大，则会妨碍 PTFE 与填充料的均匀混合。混合机通常会带有冷却水的外夹套，可确保混合机内的共混物温度不超过 15℃。在干法混合的工艺中，PTFE 的颗粒粒径对填充 PTFE 的混合均匀性和最终混合物的致密性具有重要的作用。在制造填充改性的悬浮 PTFE 中，通常优先选用细粒度的 PTFE（平均粒径≤30μm）及小粒径的填充料，这有利于扩大它们之间的接触面积从而得到良好的力学性能。由细粒度的 PTFE 制得的制品通常具有密实、强度大且耐磨的特点。

　　湿法混合是一种采用湿混结团法使填充料均匀地分散于树脂中的工艺，其通常也是选用细粒度的品级为原料，具体过程包括先让悬浮 PTFE 与填充料在碾磨机中初混成低流动性的共混料，再往其中加入去离子水、有机溶剂和表面活性剂，在加热和一定剪切力的作用下使其形成结团料，并经干燥得到最终的填充 PTFE。

　　用于 PTFE 填充改性的填充物可以是无机物、有机物、金属及金属氧化物等三类。无机物中包括玻璃纤维（无碱 E 玻璃纤维）、石墨、二硫化钼、二氧化硅、炭黑、碳纤维、陶瓷粉等。有机物主要是一些耐高温的芳杂环聚合物，包括聚芳酯、聚酰亚胺、聚醚醚酮及聚苯硫醚等，这些有机填充料能改善共混物的磨损、摩擦系数、表面张力等表面特性。金属及金属氧化物主要包括铜粉、铅粉、镍粉、氧化铅和氧化亚铜等。

　　填充材料主要是依据改性的要求进行选择的。常见的填充用材料的规格和性能对比可参考表 3-9。

　　还有一些特殊的填充材料可应用在特定条件下使用的改性 PTFE 制品中，例如可用氟化钙代替玻璃作为填充料用于对玻璃存在化学品（如 HF 酸等）腐蚀的场合，可用具有优良电绝缘性的矾土（Al_2O_3）作为填充材料来改善耐高电压元件使用时的力学性能，而加入能够承受烧结温度的无机颜料后则能赋予其鲜明的色泽，有利于用户对不同制品的识别。此外，具有薄片状结构的云母能赋予改性后的 PTFE 独特的性能。由于云母颗粒具有自动取向并垂直于受压方向的性能，因此这种自动取向的结果会明显降低收缩和取向方向上的热膨胀，但是这种共混材料的物理性质也会明显变差，因此只适用于受压的情况。

7.4.2　分散聚四氟乙烯的填充改性

　　在使用量上，以分散 PTFE 为原料加工的填充 PTFE 要比以悬浮 PTFE 为原料的少得多。这与 TFE 分散聚合的生产过程是分不开的，聚合得到的乳液初级粒子经凝聚后成为数百微米粒径的次级粒子，因此分散树脂较难与其他固体材料混合形成均匀的共混产物。高含量填充物的不均匀部分会成为材料上的应力集中点，使材料的物理性质变差。此外，混合时的过度剪切作用会导致聚合物颗粒的微纤化，而这会使共混物很难用于挤出加工之中。

（1）少量的填充料改性

航空器中用于输送液压油或燃油的 PTFE 软管是用分散 PTFE 推压成型的内管制成的。为了消散在燃油高速流动过程中生成的静电，需要在分散 PTFE 中加入质量分数仅为 1％左右的导电炭黑，具体过程包括将选定品级的分散 PTFE 与导电炭黑一起在 V 形混合器中混匀，再加入一定比例的助挤剂（润滑剂），经陈化、压坯和推压制成各种直径与壁厚的 PTFE 内管。彩色 PTFE 细管的加工也是在分散 PTFE 中添加少量的细粉状颜料，经均匀混合后再加助挤剂推压而成的。

（2）大量的填充料改性

用于法兰之间的纯 PTFE 垫片在螺栓的紧压下会很快发生蠕变，从而使垫片减薄泄漏，起不到密封作用，而且蠕变量随温度的升高而增大。解决蠕变的一个有效方法就是在分散 PTFE 中加入高填充量的无机填料，但是如何将它们均匀地分布在树脂中则是工艺上必须解决的一个难题。一种有效的解决方法是采用双向片材的特殊成型工艺，其具体过程包括在分散 PTFE 中加入过量的润滑剂（溶剂油）使其成为浆料，并过滤掉多余的润滑剂得到湿饼，再对其进行辊压或压延、干燥，从而使湿饼彻底去除润滑剂，最后经烧结得到最终的饼料。此工艺可以制得 6mm 厚的片材。对此片材经双向取向操作处理后，结果显示加填料的分散 PTFE 压缩形变只有悬浮 PTFE 填充料的 30％左右，这表明这种分散 PTFE 填充料具有优良的形变回弹性。

（3）PTFE 浓缩分散液的共凝聚

PTFE 浓缩分散液与大量填充材料可采用湿法混合工艺进行均匀混合，经共凝聚及过滤除水后再干燥，最终得到含有大量填充材料的改性 PTFE。此工艺的优点是树脂中的填充材料分布更为均匀，所以用此工艺制成的制品在机械强度和耐磨损性能上均比干法混合要好，但是这种方法所添加的填充材料仅限于相对密度较小的石墨、玻璃纤维、二氧化钛及三氧化二铝等且能在非离子型表面活性剂的存在下悬浮于液体中。此外，由于浓缩分散液中的 PTFE 热稳定性较悬浮 PTFE 差，通常不适用于需长时间烧结的大型厚壁制品，主要用于模压成型加工的小制件和推压成型加工的薄壁制品。共凝聚的方法包括机械搅拌法、丙酮沉淀法和低温冷冻法等，其中以机械搅拌法最为简便。

7.5 聚四氟乙烯制品的成型及制造

如前所述，由于 PTFE 具有极高的熔融黏度，是不能用熔融加工的技术对其进行成型加工的，只能采用对熔化过的坯料或粗制品进行二次机械加工的方法实现各种复杂形状的加工，甚至有时还需要将 PTFE 制件相互粘接或者与其他材料粘接。当然，由于 PTFE 具有不粘性的特点，因此这就涉及如何赋予其可粘接性。以下要介绍的就是有关二次加工的技术和粘接技术。

7.5.1 机械加工成型

只要切削工具足够锋利，所有的常用高速机械加工操作都可用于 PTFE 的加工中。工具的磨损情况与不锈钢材料的机械加工情况差不多。氟聚合物的低热传导性会引起工具在转动中发热并使材料带电。这就会造成 PTFE 变形和工具的过度磨损。不使用冷却液的 PTFE 制品可承受的机械加工深度为 1.5mm。如果要突破临界承受度就需要使用冷却液或用可自动进刀的车床加工。

PTFE 工件在 0~100℃ 之间会发生较大的尺寸变化，应在引起此变化的特定温度点下测量工件的尺寸以保证加工的精度。车削、攻丝、刮削（铣）、镗削、钻孔、车螺纹、铰孔和研磨等所有标准机械操作都适用于 PTFE 及其他氟聚合物，且其中的任何一种操作都不需要特殊设计的机械设备。要得到满意的加工结果就需要仔细地选择车速、刀具的形状和使用它们的工艺条件。

除了热传导性较差外，PTFE 的受热线膨胀系数是金属材料的 10 倍。这意味着任何形式的热量累积都会使工件在所处的加工点上发生明显的膨胀，这会导致要求的制品设计尺寸发生偏离。如果刀具的表面速度超过 150m/min，需要使用冷却液，而在车削速度较高的情况下，减慢进刀有利于减少放热。对于精细切削，令人满意的表面速度通常为 60~150m/min，与此对照的进刀速度一般要控制在 0.05~0.25m/(r·min) 为宜。此外，刀具的选择对控制热量的累积也是很重要的。一般而言，所有标准刀具都是可以用的，但是如能选用特殊类型的刀具则可获得最好的效果。

钝的刀具会影响车削时的公差，不够锋利的刀具还会把坯料推离对中线，造成过度切削及过量的树脂切除。刃口不适当的刀具也会对工件有压缩作用，造成浅切削，特别是对于填充料制品的车削，锋利的刀具尤其重要。刃口采用碳化物和司太立合金（钨铬钴合金）等硬质合金制造的刀具可大大减少磨刀的次数。二次机械加工的 PTFE 制品公差在 ±（12~25）μm 的范围内。由于安装时可以压缩适配，因此 PTFE 制品的机械加工公差要求并不一定需要很低（这有利于成本的降低），且此种树脂本身的回弹性可使其达到与工作尺寸的一致性，通常在储存过程中应充分让应力得到释放。

除车削加工外，还可对任何尺寸的 PTFE 制品进行锯割和剪切加工，适用于剪切的薄板厚度一般不超过 10mm，而可切割棒的直径不超过 20mm。

7.5.2　制品的粘接

在 PTFE 的加工中，时常需要将不同的 PTFE 部件或者将 PTFE 与其他金属或非金属材料（如陶瓷、其他聚合物等）进行结合，而粘接则是一个很简便实用的方法，但是 PTFE 的低表面张力导致其不可能与其他材料直接粘接，因此 PTFE 制品的表面处理成为了其能否粘接及粘接效果好坏的一个重要的技术关键点。

表面处理的方法分为物理方法和化学方法。物理方法的重点在于表面粗糙化，即利用低压辉光放电产生的高能离子撞击 PTFE 表面，在溅蚀作用下 PTFE 表面产生了很多微细的凹凸点。胶黏剂填入这些微凹处后就可产生粘接作用。化学处理法则是采用强脱氟剂将 PTFE 工件表面 C—F 键中的氟原子从碳原子上剥离并裸露出 C—C 键的主链，使其表面张力升至 30mN/m，从而具有了一般极性表面的可粘性。

① 物理粗化工艺。实际上，物理粗化工艺是一种等离子处理工艺，而等离子也称辉光放电，是作用在材料表面上的一种称为冷等离子的能量。实施过程中，在 0.13~0.18MPa 的大气压下，高频放电产生的高能离子会溅蚀 PTFE 表面，从而生成许多微细的凹凸点。此外，经等离子处理后的表面是不会受空气（含水汽）和紫外线影响的，与化学处理后的表面相比，可获得更高的粘接强度。

② 化学处理工艺。化学处理工艺包括了化学处理液的配制和 PTFE 表面处理等两个部分。可用的两种化学处理液是萘钠处理液和液氨钠溶液，前者处理后得到的是呈棕色的表面，后者处理后得到的是呈乳白色的表面。现场使用液氨是非常不方便的，所以国内的加工大多采用萘钠处理法。

需要注意的是，与物理粗化工艺不同，经化学处理过的 PTFE 表面如不及时涂上胶黏剂，在紫外线下照射 1h 后，其粘接强度会明显降低。

通常情况下，如果用量不大是可自行进行萘钠处理液配制的，以下将就各 3mol 的金属钠和精萘溶于 1L 四氢呋喃溶剂的具体配制过程进行介绍。其主要包括在 6~8℃ 下向搅拌中的四氢呋喃加入研细的精萘并使其溶解，同时要充入高纯氮（不含氧）进行保护。当溶液温度降到 5℃ 以下时，将预先切割成丝或片的金属钠用溶剂（无水乙醇或四氢呋喃）进行清洗，同时分批逐步加至处于搅拌状态的上述溶液中，在溶解过程中金属钠会放出热量，从而使温度升高，此时一定要控制温度不超过 15℃。待额定的金属钠全部加完后需继续搅拌 1~2h，使之充分溶解。在最后阶段，为确保反应完全可使水浴温度升至 55℃，待溶液呈黑褐色时停止搅拌，但需要继续通入 N₂，直到将溶液压入棕色密闭容器后就达到了备用的要求。需要指出的是，储存期内一定要避免接触空气、水汽及紫外线。

在进行萘钠处理之前，需要先对 PTFE 进行表面处理，可使用丙酮或酒精进行擦洗以去除油污，而处理液在使用前要经过滤除去未反应的金属钠。若是双面处理，则要将 PTFE 片材全部浸入上述萘钠处理液中，待浸没数分钟后即可以取出，之后再用 90℃ 左右的热水冲洗以除去从反应液中带出的 NaF 和 NaOH 等残留物，经晾干后即完成整个处理过程，而处理后的 PTFE 表面呈深棕色。对于只需单面处理的 PTFE 片材，可以将两块尺寸相同的片材用双面胶黏合在一起，再按照双面处理的流程处理，待处理完后再将两块片材分开，去除胶纸后就可得到单面萘钠处理的 PTFE 片材。

经上述表面处理后的 PTFE 片材用一般的胶黏剂就可与其他材料进行粘接。适用的胶黏剂包括环氧树脂、有机硅、酚醛丁腈、聚氨酯及不饱和聚酯树脂等。除去钢材、橡胶或其他材料表面上的油污后涂上一层胶黏剂，再把经表面处理的 PTFE 片材贴合在上面并用玻璃布带扎紧，经热固化后就可得到 PTFE 与这些材料的复合体。

7.5.3 制品的焊接

用胶黏剂连接不同 PTFE 零部件的技术只适用于无须承受大载荷的情况，如需要承受大载荷则要采用焊接等其他的连接方法。

由于不能熔融加工，因此对于复杂形状或大面积的 PTFE 板、圆筒、大口径管等的拼接或连接都要采用焊接的方法进行加工，常用的焊接方法包括热压焊接和热风焊接等。后者是普通热塑性塑料（尤其是 PVC）加工中最便捷的加工方法。

① 热压焊接。热压焊接是 PTFE 板与板之间较常用的焊接方法。将两工件中需焊接的部位置于金属焊刀之间，上下压住后边压紧边加热，使焊接处熔合。在焊接两块 PTFE 板时，可选用长条状的铝合金焊刀，而焊接 PTFE 板与 PTFE 管则可选用圆筒形的铝合金焊刀。

板与板可采用搭接焊和对接焊的焊接方式，而板与管的焊接方式均为搭接焊。搭接焊时，可在 1~2mm 厚的 PTFE 板上开一个小孔，将该板与带法兰边的 PTFE 管热压焊接成一体。这种方式可用于制造容器盖板，也可在容器上焊接支管作为容器的进口或出口管口，还可用于制造异径三通、四通或容器侧面的连通管等较复杂的制件。当然，焊接上的支管直径应小于主管的直径。

评估焊接的质量主要是测试焊缝的剥离强度。当焊接温度达到 (385 ± 5)℃及压力为 $1\sim2$MPa 时，焊接处的焊缝强度为基材强度的 90% 左右。剥离强度可达 1.5MPa 左右。若在焊缝表面敷一层 PFA 膜作热熔胶黏剂，则焊接的温度和压力可作适当地降低，而焊缝在室温下的剥离强度仍可大于 1.5MPa。

热压焊接的缺点是施工件有时很难适应施工设备，尤其是大尺寸的设备无法搬运到焊接设备上，而热风焊接则具有很好的灵活性，可在任何地方、任何尺寸的施工件上施工。

② 热风焊接。利用 PFA 的热熔性，可像 PVC 那样对 PTFE 使用焊条进行热风焊接。通常情况下，PFA 的焊条是由 PFA 挤出加工成的 Φ3mm 左右的半透明圆条或宽×厚为 14mm×2.5mm 的扁条。热风焊接机的热风温度最高可达 600℃，风量达 $0.4\sim0.75\text{m}^3/\text{min}$。

需焊接的部分应切削成 70°～90°的斜面，焊接面用丙酮清洗。焊接时，将焊枪的热风温度调至 420～430℃，PFA 焊条竖立于焊接处，先使其预热，待透明后让其倒入斜口中，随着电热风从焊缝的一端慢慢移至另一端，熔化的焊条与焊接件紧密结合在一起。进行高温焊接时总会分解产生少量的有毒气体，由于操作人员与之距离通常很近，因此一定要保持良好的通风条件并采取有效的劳动保护措施。

热风焊接的优点是适应性强，缺点则是焊缝强度不如热压焊接。热风焊接的焊接强度约为 PTFE 基板强度的 60%。焊缝强度与焊接的操作情况有密切关系。由于是人工操作，因此要特别防止由操作不当引起的某些点或局部的假焊。检验焊缝质量有以下两种方法——静电测试和蒸汽-水循环测试。静电测试即电火花测试，当检验中出现电火花时就表示有虚焊或假焊点的存在。在蒸汽-水循环的测试中，焊件会交替通过 0.2MPa 的蒸汽和水各 10min，以交替试验 500 次后不发生泄漏为合格。

第8章
可熔融加工氟树脂的加工及应用

可熔融加工氟树脂的需求量在全部氟树脂中所占比重超过 50%，除传统产业如化工、机械、电气等应用领域外还涉及很多新产业和高端应用领域，引领着氟树脂产业向高附加价值和高性能方向发展，而且可熔融加工氟树脂及其制品迄今都是跨国氟树脂生产商及加工企业的重要盈利性产品。不同应用市场拥有着不同的产业侧重点，因此所用的可熔融加工氟树脂品种也各有侧重，例如美国以 FEP、ETFE、PFA 的加工和应用为主，欧洲及其企业设在其他地区（含美国）的工厂则以 PVDF 为主，而日本是 PFA 的最大消费国，也有 ETFE、FEP 的生产和应用。我国的可熔融加工氟树脂产业在近十年中有了很大的发展，消费比重不断增加，其中 FEP 和 PVDF 两大品种已处于快速增长中，但是总体而言，相对落后的加工技术、与下游应用的结合度不足以及高端加工设备的缺乏等仍制约着发展的速度，PFA 和 ETFE 的发展还相对滞后。随着国家经济发展转型，新能源、微电子、以大飞机为代表的航空工业和航天事业等的发展以及汽车、高端建筑等技术提升的要求，展现了对高端氟树脂及其制品需求的良好态势。无论是树脂生产商还是加工应用企业都面临着很好的发展机遇。

可熔融加工氟树脂与热塑性塑料的加工技术有较多的共通之处，加工所用的设备也大致相同，但可熔融加工氟树脂在高温熔融加工中会对设备产生很强的腐蚀作用，因此与熔融态氟树脂直接接触的部位需要采用高镍含量的特殊合金材质。目前，国内快速发展的各类通用聚合物生产和加工技术带动了塑料加工机械、模具制造和包括注塑、挤出在内的加工技术的全面进步。近年来，国内在特殊合金的供应和加工机械制造技术上也都取得了长足进步，为可熔融加工氟树脂的加工应用创造了很好的支撑条件。

本章主要介绍 FEP、PFA、PVDF、ETFE 等可熔融加工氟树脂品种的加工，这些氟树脂具有共同的可熔融加工特性，都可用注塑、挤出、传递模压等通用加工技术加工成各种制品。除了共性外，它们在加工和应用方面还是有各自独特的性质的。

与前几章中重复的内容，本章中会省略或简略介绍，着重介绍特殊的加工技术和设备。可熔融加工氟树脂的应用领域很宽，每一个品种都有重点的加工应用方向，但是在多个应用上是有叠加的，如 FEP、ETFE 和 PVDF 在导线绝缘中都有所应用，也都可用作耐腐蚀衬里或涂料，但是具体选哪一个品种要根据应用的综合要求做出决定，必要时还是要先做试验。

8.1　注射成型

在注射成型中，树脂在注塑机的料筒内受热和剪切力的共同作用熔融为一种可流动的熔体，然后在柱塞或螺杆的推力下强制流入闭合的模腔内，待冷却成型后打开模具可得到最终的加工制品，其关键点在于热量的传递和熔体在压力下的流动，而这都与黏度、热稳定性、热传导、结晶度和水分含量等在内的树脂指标有关。不同的树脂品种、同一品种的不同品级甚至质量指标的波动都会造成上述指标的差异。

熔融黏度或 MFR 都是重要的流动性指标，其中流动性与熔融黏度成反比，而与 MFR 成正比。熔融黏度或 MFR 实际上都反映了平均分子量，黏度与温度也有关，温度高，则流动性好，但是温度也不能太高，超过一定限度后就会发生明显的热降解，这就是树脂的热稳定性。树脂的热稳定性本质上是由品种决定的，也就是由分子结构决定的，同时受到不稳定端基等的影响，因此加工温度的选择与树脂热稳定性指标紧密相关。

可熔融加工氟树脂基本上都是半结晶型的聚合物。在成型后的冷却阶段中，熔体会再次结晶，其冷却速率会对结晶度产生直接的影响。通常，结晶度低的制品具有优异的弯曲疲劳寿命和透明度，而结晶度高的制品则具有较高的机械强度和弹性模量。需要注意的是，应严格控制树脂的水分，以免在加工制品内出现气泡或其他瑕疵，因此在加料前需要进行干燥处理。图 8-1 是典型的注塑机示意图。

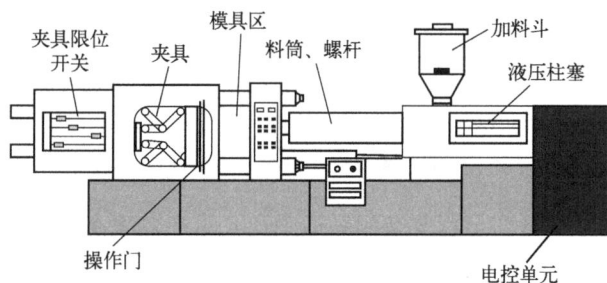

图 8-1　典型的注塑机示意图

用于可熔融加工氟树脂加工的注塑机料筒、螺旋或往复式螺杆、喷嘴和模具等接触高温熔体的零部件都要采用国产的新三号钢（GH-113）或进口的哈氏合金、蒙乃尔合金、因科耐尔或 X-Alloy 等耐腐蚀合金材质。

往复式螺杆注塑机与螺杆挤出机有相似的机理，但是其螺杆除了能转动外还能轴向移动，把加热、混合和注射的功能融合在一起是其最主要的特点。图 8-2 是一个典型的往复式螺杆注塑机示意图。

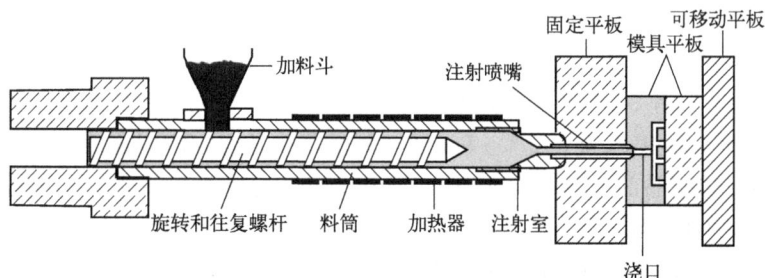

图 8-2　一个典型的往复式螺杆注塑机示意图

基于每一种氟树脂的特点进行螺杆的设计是一种最理想的方案，但这在实际中既不经济也不高效。通常的螺杆设计是在兼顾各种树脂加工特点的条件下尽可能做到相互通用，例如图 8-3 就是一种可用于 FEP、PFA 和 ETFE 注塑加工的通用型螺杆设计。按功能可将螺杆分为加料段、压缩段和计量段。注塑机的运行包括以下四个阶段。①熔体准备期。随着螺杆的转动和加热，树脂料熔化成熔体并沿螺旋推进方向流动至末端，喷嘴借助机械阀门关闭后熔体不断积累并逐步对转动的螺杆施加背压，待积累起足够的熔体量后螺杆停止转动。②熔体注射（模具注入）期。喷嘴打开后，螺杆沿轴向以柱塞方式向前移动，此时不发生转动。这一推动过程将积累在螺杆末端的熔体经喷嘴注入模具。螺杆末端设有止回阀以阻止熔体回流至螺杆中。③模具的填满和保持期。熔体注满模具后螺杆压力还要保持一段较短时间以补偿模具内熔体因冷却引起的体积收缩。④冷却和卸料期。保持期结束后，模具仍处于闭合状态直至注塑件冷却至卸料温度。整个周期完成后将重复运行下一个周期，此时螺杆将重新转动进入备料期。

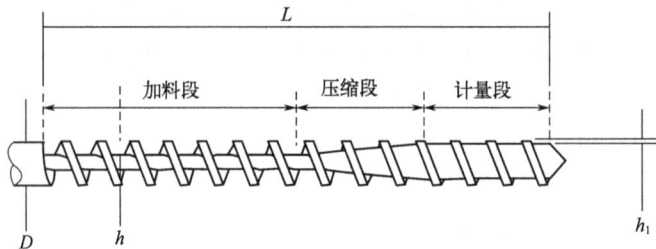

图 8-3　用于氟聚合物注塑加工的螺杆设计示例

注塑加工适合于大批量和形状复杂制品的生产，生产效率高。注塑成型后不再需要二次加工。

（1）FEP 的注塑加工

注射 FEP 的喷嘴内腔应尽量大而且要呈锥度，以免物料滞留和熔融黏度发生突然变化，注道应伸入喷嘴中至足够的长度，以尽量减少在喷嘴形成冷残留料的情况。喷嘴装有加热和控温机构。高黏度的 FEP 在喷嘴处的温度最高会达到 430℃，此时的热能传输需达到 6.2W/cm^2。注塑机的塑化能力应考虑制品及流道内物料的总质量。

（2）PFA 的注塑加工

360℃下的 PFA 熔融黏度约为 FEP 的 1 倍，因此应采用熔融黏度较小的树脂品级，例如国产Ⅰ型或 Teflon®PFA 340/340T/345 或其他相应品级。注射速度不能过快，否则容易产生表面不光洁的类似熔体破碎状，甚至表面剥离的现象。常用的是塑化能力强的螺杆式注塑机。PFA 的熔体密度为 1.495g/cm^3，冷却后的制品密度为 2.15g/cm^3。因此从熔融状态冷至固态会有 30％的体积变化。PFA 的成型收缩率与壁厚也是有关的，通常壁厚为 5～20mm 时，收缩率为 3.2％～5.5％。薄壁制品是难以注射成型的，尤其对于高熔融黏度的 PFA，若制品的壁厚小于 2mm 就会因充料不足等原因而难以注射成型。

（3）ETFE 的注塑加工

当注射速率为 2mm/s 时，ETFE 制品的表面是很光洁的，这表明该速率处于其临界剪切速率之下。注塑制品的壁厚与树脂的流动性有密切的关系。对 ETFE 而言，树脂的流动长度与制品壁厚之比（l/d）是同 $d^{1/2}$ 成正比的，因此 2mm 厚的 ETFE 制品需要有能满足 300mm 树脂流动长度的板。影响注塑制品尺寸精度的重要因素是树脂的成型收缩率，其包括结晶收缩和热收缩两部分。此外，制品的形状、壁厚、成型条件也会影响到制品的尺寸变化。

（4）PVDF 的注塑加工

PVDF 的注塑一般采用普通的柱塞式注塑机，其中料筒、柱塞、喷嘴等为镍合金钢材料，口模为表面涂铬的钢制材料。注射 PVDF 时的模温宜高不宜低，高的模温有助于物料更好地充满模具，并获得良好外观的产品。

注塑工艺的参数主要包括熔体温度及其分布、螺杆转速、注射速度和压力、模具温度、闭模压力和成型周期等。FEP 和其他一些可熔融加工氟树脂的注塑成型主要工艺条件可参见表 8-1。

表 8-1　四种主要可熔融加工氟树脂注塑成型的工艺条件

注射成型条件		FEP	PVDF	PFA	ETFE
料筒温度/℃	后部	315～329	193～215	315～332	273～302
	中部	329～334	204～227	329～343	302～330
	前部	371	221～232	371	302～330
喷嘴温度/℃		371	232～260	371	343
模具温度/℃		＞93	室温～93	149～260	25～190
熔体温度（喷嘴处）/℃		343～382	—	343～399	303～329
注射速度		慢	慢～快	慢	较快
注射压力/MPa		21～55	6.2	21～55	21～103
闭模压力/MPa		—	3.5	—	—
反压力/MPa		—	172	—	—
时间/s	注射		3～4		
	保压		7～8		
	冷却	—	25～30	—	—
成型收缩率（3.2mm 厚的试件）/%		3.5～4.0	2.5～3.0	3.5～4.0	2.0～3.5

8.2　挤出成型

挤出成型是几乎所有热塑性塑料的主要成型方法，可熔融加工氟聚合物也不例外。聚合物的挤出成型过程是一个连续过程，是在螺杆挤出机内经历连续加料（粒料或粉料）、塑化（熔化）、熔体的螺杆转动推送以及挤出口模后的冷却成型等一连串步骤的过程。可熔融加工氟树脂的挤出成型与注塑成型都属于熔融加工，但不同之处在于注塑成型可直接得到最终目标制品，而大部分的挤出成型产品还只是半成品或中间产品，如导线绝缘层、管子、薄膜、片材等，大多数需要二次加工才能获得最终目标制成品，但是丝和纤维等则不在此列。

在熔融加工时，可熔融加工氟聚合物会发生部分降解，降解产物通常都是高腐蚀性的，其中常含有 HF。设备表面发生腐蚀后往往会沾污产品，并损害产品的物理性质，所以需选用耐腐蚀性好的优质高镍合金等材料制造螺杆、挤出机筒身、口模等，但这导致设备变得非常昂贵。

熔体的流变性能是氟树脂的挤出工艺和制品质量的重要影响因素之一。通常一个新产品或新品级进行挤出之前，往往要用毛细管流变仪和挤出式转矩流变仪测定熔体的流变性能，特别是后者可测得最佳的挤出工艺条件（包括轴向各点温度和口模温度等）。像其他热塑性塑料一样，氟树脂的挤出速率一定要低于熔体破裂点的速率，即临界剪切速率。当树脂流动速率超过这一临界点时，内应力超过了熔体的强度，熔体就会发生破裂。大多数氟树脂的临界剪切速率都比很多热塑性塑料低得多。熔体破裂的典型现象就是挤出物表面变得粗糙（俗称鲨鱼皮）和表面呈结霜状或云雾状。

在氟树脂的挤出中，使用最多的是单螺杆挤出机，例如图 8-4 就是一台典型的筒体上带有抽真空口的单螺杆挤出机示意图。近年来，有越来越多的双螺杆挤出机也用在了挤出成型的加工中。顾名思义，双螺杆挤出机就是在料筒中间装有两根平行螺杆的挤出机，螺杆可同向转动，也可异向转动，其螺片互相啮合，但不会触碰。

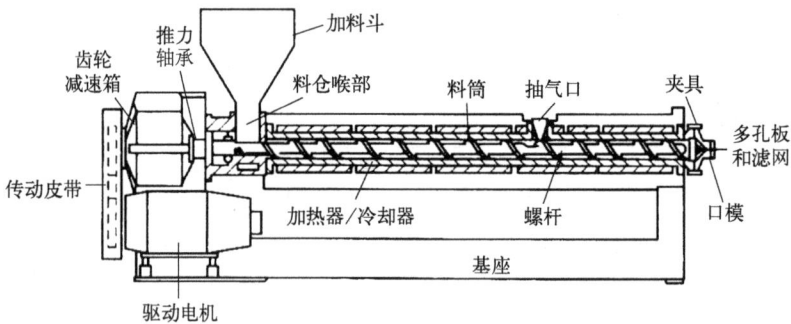

图 8-4　筒体带有抽真空口的典型单螺杆挤出机示意图

与单螺杆挤出机相比，双螺杆挤出机能将物料充分剪切均匀，且螺杆的输送能力较大，挤出量比较稳定，物料在料筒内的停留时间长，能混合均匀。单螺杆挤出机的物料输送主要靠摩擦，这使其加料性能受到了限制，粉料、糊状料、玻璃纤维及无机填料等较难加入。机头压力较高时，逆流的增加会导致生产效率的降低。在单螺杆挤出中，排气区的物料表面更新少，排气的效果较差，而双螺杆挤出机的排气效果相比单螺杆挤出机就有了明显的提高，因此在对热稳定性差的塑料和共混料进行加工时双螺杆挤出机就显示出更好的优越性。氟树脂的粉料造粒通常可选用带排气口的双螺杆挤出机，会具有更好的效果。与单螺杆挤出机适配的口模有很多种，且不同的口模可得到不同形态的制品，如导线绝缘层、薄膜、片材、管子、纤维等。

8.2.1　电线的包覆

就可熔融加工氟树脂而言，从 20 世纪 60 年代开始就采用挤出工艺加工电线电缆的包覆层了。典型的氟树脂线缆挤出包覆过程是在一台 L/D 为 20～30 的特殊材质挤出机上进行的。口模为专门设计的十字机头。通过十字机头，熔融料与线芯呈 90°，当线芯穿过时，熔体就包覆其上并随其一起向前移动，经空气或水槽冷却至室温后，待电火花检测合格后即可用收卷机收卷。较高的长径比有利于提供更多的内表面供树脂熔体和料筒筒体之间的热量传递，若 L/D 偏小，则为了保证充分塑化，达到一定温度就需要提高料筒的加热温度，但这可能会进一步加剧热降解的程度。

图 8-5 是氟树脂电线包覆层的生产流程示意图，其主要设备及其功能可参见表 8-2。

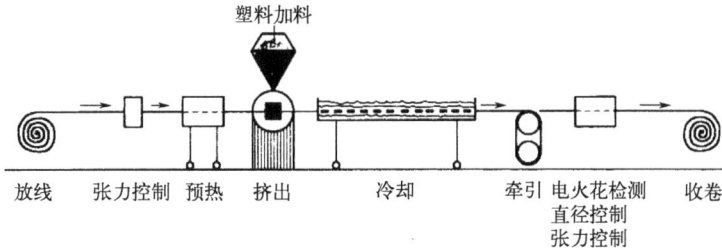

图 8-5　氟树脂电线包覆层的生产流程示意图

表 8-2　氟树脂电线包覆层挤出设备的组成及其功能

设备名称	功能
加料斗（树脂粒子加料）	对树脂粒料干燥的同时将其加入挤出机
放卷辊	将金属导线（线芯）送至十字机头
张力控制器	调节导线张力，维持稳定
预热器	预热金属导线
十字机头	将树脂熔体与金属导线呈 90°，包覆导线
冷却槽	将包覆后的导线快速冷却
牵引机	将导线牵引至放卷机上
电火花探测器	检测导线绝缘层内的气泡、杂质和缺陷
收卷机	将包覆后的导线收卷

在树脂加入挤出机前，应严格控制其含水量，可考虑在加料的同时吹入 120～160℃ 的热空气或是在电热烘箱中对树脂粒料干燥后再投料。水分会导致导线绝缘层中出现小气泡，从而成为介电击穿点。需要指出的是，虽然氟树脂是疏水性的，但是由于加入了少量具有亲水性的颜料，空气中的水分会凝结在其表面，从而引起含水量的上升。

在氟树脂用挤出机螺杆的设计中是有一些专业性设计数据可供参考的，例如表 8-3 就是其中的一部分设计数据。

表 8-3　挤出机螺杆尺寸设计参考数据

螺杆直径/mm	加料段长/mm	计量段长/mm	螺杆顶宽/mm
30	5.5	2.5	3.0
45	6.0	2.7	4.0
50	10.2	3.4	4.5
65	12.7	4.3	6.5

氟树脂的挤出过程涉及很多工艺参数，包括挤出机的各点温度、内压、电机功率、螺

杆转速等，这些参数对挤出过程中熔体的性能、挤出成品的质量和产量有不同程度的影响，在表8-4中汇总了一些主要工艺参数对挤出过程的影响以及对其调节和控制的建议等。

表8-4　氟树脂挤出主要工艺参数及控制方法

工艺参数（变量）	在挤出机系统中位置	受影响因素	控制方法
温度	1. 在挤出机料筒上划分3～4个区 2. 加热带	1. 熔融黏度（流动性） 2. 树脂受热降解	1. 料筒各区温度的PID[①]控制 2. 开停控制越少越好
压力	料筒内部	恒定的熔体流动需要恒定的压力，压力过高会损坏设备	1. 调控熔体温度 2. 调控螺杆转速 3. 调控断路器板 4. 安全隔膜释放过高压力
电机功率	1. 挤出机 2. 收线轮	1. 挤出机产量 2. 导线张力系统	1. 调控固态控制器 2. 电子控制器

①PID是比例积分微分调节器的英文缩写。

氟树脂挤出加工的特点之一是MFR在挤出过程中会有所增大。这是因为在高温下总会导致部分树脂分子发生降解，从而降低了熔融黏度及MFR的上升。

根据工艺和树脂品级的不同，MFR的增加幅度也是不一样的（参见表8-5）。实际上，如果树脂热稳定性存在某些不足，更易导致其热降解和挤出前后MFR的上升，从而影响挤出制品的质量稳定性，因此严格控制树脂的热稳定性指标是非常重要的，但是MFR的上升有时也是有利的。

表8-5　不同氟树脂在挤出前后的MFR上升程度

树脂	FEP	PFA	ETFE
挤出前后的MFR上升幅度/%	10	20	25～50

挤出过程中的另一个重要问题是与熔体破裂有关的。熔体破裂是指对熔体施加了过大的剪切应力后引起挤出物表面粗糙的一种现象，其与临界剪切速率紧密相关，而这也就限定了螺杆的最高转速。不同品级的临界剪切速率也是不同的，表8-6中列出的是多种氟树脂在正常加工条件下的临界剪切速率，其中FEP和PFA的临界剪切速率是很低的，而ETFE的临界剪切速率就比较高。

表8-6　多种氟树脂在正常加工条件下的临界剪切速率

树脂类型（品级）	FEP100	FEP140	PFA340	PFA350	ETFE210	ETFE2000	ETFE280
临界剪切速率/s^{-1}	20	13	50	10	3000	1000	200

8.2.2　管子的挤出加工

热塑性氟树脂可以用挤出技术生产不同口径的管子，主要用于输送腐蚀性化学品，也有少部分用作金属管的衬里。在挤管工艺中，从挤出机均化段挤出的氟树脂熔体经过过滤网、粗滤器到达分流器，经分流器的支架分为 3 股或 4 股支流，离开分流器支架后再重新汇合进入环形口模（阴模）和芯模（阳模）之间的环形通道，离开口模就成型为管子。再经过定径套定径和初步冷却，然后进入水槽冷却即成为具有一定内外径尺寸的管材。最后还需要通过牵引装置引出并按规定的长度要求进行切割，最终成为产品。

为得到从口模挤出管材的准确尺寸，需要立即对其进行定径和冷却，从而使其定型。常用的有定外径和定内径两种方法。若对管子外径有严格要求，则采用外径定型法。外径定型是使挤出的管子的外壁与定径套的内壁相接触而起定型作用。一般采用向管内通入压缩空气或在管子外壁与口模内壁之间抽真空（真空度 53kPa 以上）的方法来实现外径定型。内径定型法的定径套是装于挤出管管内的，即从口模挤出的管子内壁与定径套的外壁相接触，在定径套内通冷水使管子定型。

牵引装置的作用是均匀地引出管子并适当地调节管子的厚度。管子的厚度取决于牵伸比（DDR），即指口模、芯模之间的环形截面积与管材截面积之比。

在挤管工艺中，临界剪切速率对挤管速率有重大的影响，为了关联两者，可将管模表示为如图 8-6 的示意图，则挤出成型时的剪切速率计算方法可参考式（8-1）至式（8-4）。此外，在知道了某种氟树脂挤出时的临界剪切速率 n 后，就可根据这些公式计算出临界挤出速率 q_v，该临界挤出速率就决定了最高的挤管速率。

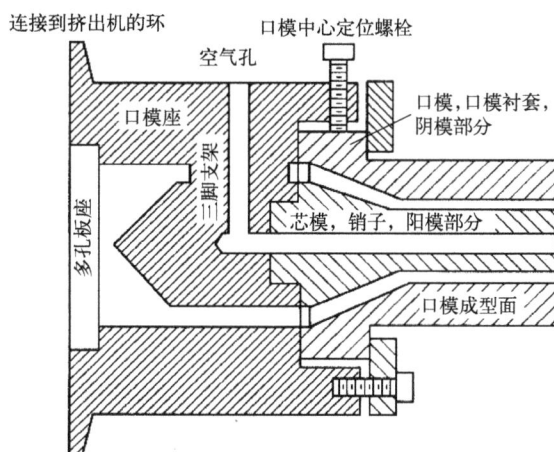

图 8-6　管模示意图

$$\tau = \Delta p \times \frac{H}{2L} \tag{8-1}$$

$$n = 6\frac{q_v}{W \times H^2} \tag{8-2}$$

$$W = \pi\frac{D_D + D_T}{2} \tag{8-3}$$

$$H = \frac{D_D - D_T}{2} \tag{8-4}$$

式中，W 为内外径平均周长，mm；D_D 为管子外径，mm；D_T 为管子内径，mm；H 为管壁厚，mm；L 为平直部分长度，mm；Δp 为机头处压力降，MPa；q_v 为挤出的体积速率，mm^3/s；τ 为管壁处的剪切应力，MPa；n 为管壁处的剪切速率，s^{-1}。

　　管的挤出加工与线缆的绝缘包覆挤出是非常相似的，其具体工艺条件取决于管的尺寸和形状。挤出管可用直插式口模，也可用十字形口模。在 FEP 管的尺寸中，最小外径为 1mm，最大可超过 20mm。按外径的不同，制造工艺可划分为小口径管、中口径管和大口径管等三种不同类型。精整模具决定了挤出产品的外径，而线速度决定了管子内径。牵引速度、口模间隙、口模内径和模具顶端外径之差等决定了管子的壁厚。

　　① 小口径管。其是指外径小于 5mm 和壁厚小于 1mm 的管子。小口径管的制造通常可采用与电线包覆挤出相似的方法。与电线绝缘层的制造相比，小口径管的生产需要采用小得多的牵伸比（DDR），平衡牵伸比多取为 1。在急冷水浴之前要设置一个可用于控制管子外径的精整口模。压缩空气可以用于扩张管子（压力向着口模内壁），但是此处的熔体强度较低，因此所施加的压力也应略低些。

　　② 中口径管。其是指外径在 5～12mm 的管子。在真空下对管子精整是最佳的制造方法之一。采用真空通过法挤出的管子和口模之间处于真空状态，这种方法不需要（管）内压力，所以可以很方便地按预先确定的长度在生产过程中切割管子而不会干扰挤出和精整的操作。所用设备与小口径管的生产设备基本相同，平衡牵伸比也推荐为 1，不同树脂的 DDR 是不同的。FEP、PFA 和 ETFE 的 DDR 分别为 6～10、6～10 和 3～12。熔融黏度较高时应当采用较低的 DDR。低 DDR 可减少熔体的定向，使管子的精整更精细。反之，高度的取向会使管子断裂伸长率下降，在成型制品时易发生断裂。

　　③ 大口径管。其是指外径为 12～30mm 和壁厚为 0.3～0.8mm 的管子。最常用的制造方法是芯轴延伸法，这个方法的优点是可提供内部冷却和支撑。冷却引起的收缩使管子紧贴在金属芯轴上，而金属芯轴可向外延伸 30cm 左右。为避免熔体开裂，导向模一般采用电加热，同时也要控制好芯轴温度以避免熔体粘住其内壁。

　　④ 热收缩管。热收缩管是氟树脂最有特色的应用之一。可熔融加工氟树脂是部分结晶的聚合物，有一定比例的无定形部分。当接近熔融温度时，无定形部分的链段运动会加快，聚合物呈弹性体的特性，而结晶部分则会牵制无定形部分的链段使其成为一个连接点，从而构成一个类似交联网状的结构，而这正是该材料可作为热缩管用途的基础。热收缩管可为那些处于化学或高温等环境下的设备或线缆末端提供保护，抑或成为内衬，而且极具便捷性和适用性。FEP、PFA 和 PVDF 都可加工成热收缩管，偶尔也可用 PTFE，其具体的过程包括将已挤出成型的氟树脂成品管再次加热，并吹胀至原来口径的 1～2 倍，然后经速冷将不稳定的弹性形变"冻结"，而在使用中则可将其套在需保护物件的外侧再加热至吹胀时的温度，在高分子记忆效应的作用下，其发生弹性形变并收缩至吹胀前的原基管尺寸，从而紧紧地包裹住物件，最终起到了防腐、绝缘、不粘和耐老化的作用。

　　以下是一个以 Teflon® FEP100 为原料的具体加工例子。首先将 FEP100 材质的挤出管加热至 160～170℃，并向管内通入压缩空气，吹胀后的管径与基管口径的比分别为 1.3、2.0 和 3.0，在达到要求的尺寸后，将其速冷并在压力下保持其尺寸。所需的吹胀压力与管径、管壁、厚度和吹胀温度等因素是有关的。使用中可先截取一段比制件长度长 30%～50% 的热收缩管，将其套在制件外，放入烘箱加热或直接用高温热风对管径的四周进行加热并沿长度方向逐步移动，待温度达到 125～205℃ 时就开始发生作用。该材质的热收缩管在 125℃下会因应力松弛 "冻结" 而收缩，随温度升高而产生收缩效应，在最高不超过 205℃的温度下最终会牢牢包紧制件。

8.2.3　薄膜的挤出加工

氟树脂有三种薄膜挤出的工艺，即挤出浇铸法、挤出吹塑法和双向拉伸法。前两种成型方法都会导致分子链的纵向（沿轴延伸方向）定向，而双向拉伸法使分子链在相互垂直的纵、横向上都呈定向分布，因此该工艺制备的产品有着更为优异的光学性能和物理性能。

同其他的挤出成型一样，熔体是从挤出机末端经口模成型的。用于薄膜挤出的口模又称 T 型机头（也称衣架式机头），俗称扁机头。T 型机头的内部结构尤其是熔体的流道分布（特别是机头宽度较大的情况）需根据特定树脂熔体的流变性能设计。氟树脂薄膜挤出机的机头与熔体接触的部分也必须用高镍含量的耐腐蚀合金制造。机头的宽度要根据产品宽度的规格和能否拉幅（含拉伸倍数）等确定。对于不可拉伸的薄膜挤出，考虑到熔体成膜离开口模后会有一定程度的收缩，因此机头的宽度要比挤出薄膜更宽一些。口模唇口的开度一般可以在小范围内调节。机头温度也是薄膜挤出成型的重要参数之一，通常需经实际试验后予以确定。

除挤出机本身外，薄膜成型的生产线还包括用于牵引、拉伸、冷却和卷取等的下游设备。不同成型方法的辅助设备是不同的。熔体的清洁度对薄膜成品的质量非常关键，一般熔体在进入口模之前都要通过过滤网过滤，过滤网是用合金材料的丝制成的，需要由多层不同目数的滤网叠合而成。使用一段时间后必须更换过滤网。合适的过滤网对减少或消除杂质、鱼眼（也称 "白疙瘩"）等有很大好处，其中鱼眼通常是由树脂质量问题或波动造成的，例如产生了分子量过高的聚合物或组成偏差大的共聚物。

在挤出浇铸膜过程中，高温的氟树脂熔体从 T 型机头唇口挤出后落到可控制转速的冷却辊（冷转鼓）上或直接进入水浴淬火冷却。这种快速冷却使薄膜有着高透明度和光泽度。图 8-7 是冷辊浇铸膜的流程示意图。自 T 型机头出来的片料直接与通冷水的冷却辊表面接触，片料以垂直或以一定倾角与冷却辊在切线方向接触。

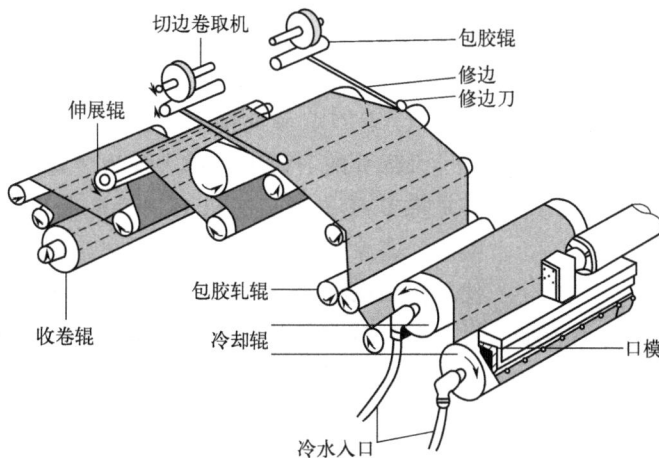

图 8-7　典型的冷辊浇铸薄膜流程示意图

浇铸膜的厚度与挤出的片料厚度及冷却辊的转速有关，片料的厚度与 T 型机头唇口间的缝隙宽度有关。通常浇铸膜为 0.25mm 厚时，唇口缝隙宽度应为 0.4mm；膜为 0.25～0.60mm 厚时，唇口缝隙宽度应为 0.75mm。

薄膜的横向厚度应分布均匀，若膜的横向厚度公差超过 5%，就会发生收卷不平整的情况。只要沿 T 型机头宽度方向的各点温度能保持均匀和恒定，则挤出浇铸膜的厚度均匀性就会优于挤出吹塑膜。习惯上，冷却辊离 T 型机头的距离为 40～80mm。片料包绕于冷却辊的角度应达到 240°，甚至更大。

冷却辊对控制膜的质量稳定性也有重要作用。应保持有足够的冷量并使其横向的温度差不超过 ±1℃。冷却辊的温度主要受挤出速度、膜厚度及其本身的直径大小等因素的影响。冷却辊的转速应能精确地调节和控制。这与保持膜最终产品的厚度均匀性有很大的关系。一般挤出浇铸膜流水线的运行速度最快不会超过 30m/min。过快的速度会在薄膜和冷却辊之间形成空气层，减慢传热，使冷却不均匀，这会直接影响产品的外观和性能。

挤出的薄膜除了用冷却辊冷却的方法外，还可以用冷水槽，让挤出的膜直接进入冷水槽淬冷。其优点是膜两面的冷却程度相同，而且冷得更快，所以薄膜各处性能更为一致，同时快速冷却使膜的结晶度更低，因而膜更柔韧。

挤出吹塑膜与浇铸膜的生产线在挤出部分基本是相同的，不同之处是从口模开始的成型部分。吹塑膜的特点是先挤出较厚的管膜，内通压缩空气将其吹大，同时厚度自然减薄，冷却后牵引至一定高度并夹扁成双层的平折膜。此种用空气冷却的吹塑法膜成型加工多见于 PVC 的吹塑膜生产。优点是可以制造很宽的薄膜。为了加快冷却，提高膜的透明度，经空气冷却后还要经冷水的淬火处理。图 8-8 是带冷水淬火处理的吹塑膜生产过程示意图。吹塑薄膜成型法的缺点是膜厚较难控制。通常吹塑膜的厚薄公差可达 ±10%，若将挤出机的机头设计成能缓慢转动的方式，则膜的厚薄公差可进一步降低。

在双向拉伸膜中，可熔融加工的氟树脂能生产出一种仅为 0.012～0.040mm 厚的全透明薄膜。其生产方法就是对挤出的片膜或管膜在两个相互垂直的方向进行拉伸，即沿挤出机的轴向和与其垂直的横向同时拉伸。在低于熔点温度下进行的拉伸使树脂分子链朝拉伸方向排列。对均等的双向拉伸而言，其性能是各向同性的。实际上，双向拉伸膜的纵向具有更高的强度，双向吹塑膜则更接近性能的各向同性。

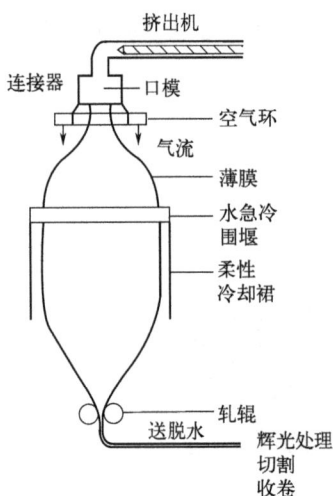

图 8-8　带冷水淬火的吹塑膜
制造示意图

（1）PVDF 膜的挤出

大部分的 PVDF 膜都表现为金属基材上的涂层形态，其是将 PVDF 溶于有机溶剂后配制成涂料，并以辊涂、喷涂、刷涂等方式涂装后经烘烤形成 PVDF 涂层，但是使用挤出或吹塑等加工方法制备的 PVDF 薄膜或片材也有了越来越多的应用和消耗量。PVDF 与一些其他的聚合物（如聚甲基丙烯酸甲酯）的共混物具有很好的相容性，且这些共混物挤出制成的膜具有优异的压电性能。PVDF 还可在配制成溶液后加入添加剂成为铸膜液，再流延成微过滤或超滤用的膜，这种膜已大量用在水处理领域中且新的应用还在不断地扩展，已经形成了很可观的产业领域。本节的讨论仅限于介绍 PVDF 的挤出膜。

PVDF 的挤出膜也可采用单螺杆挤出机的加工工艺。推荐使用长径比（L/D）为 20 且具有足够计量段的渐变式螺杆。依据制品的形状在 230～290℃ 范围内选定挤出温度，且在口模的顶端有更高的温度（>300℃）。冷却辊上 PVDF 挤出膜的冷却温度为 65～140℃。无论是挤出或吹塑加工，PVDF 膜都可以实施单向或双向拉伸定向直至厚度至 25μm 以下。包括电性能在内的一些 PVDF 膜性质会随挤出和定向条件的变化而变化。PVDF 膜的挤出和定向过程与膜的电性能之间的关系是非常重要的，在微电容中这种 PVDF 膜可用在医用设备（心脏）的抗颤器上。表 8-7 是对未定向、单轴定向和双轴定向等三种 PVDF 膜的电性能测试结果。

表 8-7　定向对 PVDF 膜的相对介电常数（ε）及介电损耗（$\tan\delta$）的影响

频率/Hz	60		120		1000		10000		膜厚度/μm
	ε	$\tan\delta$ 的变化率/%	ε	$\tan\delta$ 的变化率/%	ε	$\tan\delta$ 的变化率/%	ε	$\tan\delta$ 的变化率/%	
未定向	11.7	4.5	11.5	3.8	11.3	1.9	11.0	1.9	120
单轴定向	13.2	1.3	13.1	1.5	12.8	1.7	12.7	2.3	36
双轴定向	13.1	1.1	13.0	1.3	12.8	1.5	12.7	3.2	9

在一个典型的例子中，用 590mm 宽的 T 型机头在 290℃ 下对 VDF 的均聚物进行挤出加工，生产一种 150μm 厚的膜，挤出的热膜可用 70℃ 的冷却辊进行降温。在实施双轴拉伸定向时，膜的温度为 100℃，拉伸速率为 10mm/min。经双向拉伸后，纵向（与挤出机一致方向）拉伸为原长度的 4 倍，横向（垂直于挤出机的方向）拉伸为原长度的 6 倍。

PVDF 也可与其他聚合物一起共挤出，生产多层膜，在加工中可采用一台挤出机作为主机，另一台作为副机，主机挤出的熔体进入共挤出机头的通道，副机挤出的熔体则是从该通道上插入的，两者进入共挤出机头的主体，从机头唇口挤出后可获得各种复合膜，例如有一种复合膜，其上层膜是由 PVDF∶PMMA 质量比为 60∶40 的一层膜，而下层则是一层 ABS 膜。此多层膜之间没有发生层间相混，但却有着因很好的层间黏结形成的清晰界面，能耐沸腾水、有机溶剂等的渗透，也可热成型。复合膜的拉伸强度和断裂伸长率可达 33.4MPa 和 64%。

（2）ETFE 膜的挤出

与其他高熔点和高熔融黏度的聚合物一样，ETFE 膜的挤出也主要采用单螺杆的挤出工艺，挤出条件可参见表 8-8。

表 8-8　ETFE 膜的挤出条件

树脂	螺杆转速/(r/min)	挤出机筒身温度/℃			熔体温度/℃
		后	中	前	
ETFE	5～100	290～370	315～360	325～345	300～345

ETFE 在挤出机内充分塑化后，经 T 型机头下垂地挤往浇铸辊，经微调器调整后进入拉伸辊，最后经卷取辊成卷。因 ETFE 的熔融黏度较高，加工温度范围较窄，故树脂在机头内的停留时间不宜过长，冷却可采用水浴法或冷辊法，但是用水浴法冷却时易使薄

膜表面产生微裂痕,因此用冷却辊更合适。薄膜的透明度与浇铸辊的温度有关。

据报道,利用两个辊筒的组合(见图 8-9)可进行氟树脂膜的定向。图 8-9 的辊筒 A 和 B 以不同的转速转动,定向时膜被加热到第二转变点温度(145～175℃之间)以上。辊筒 B 的转速快于辊筒 A,从而实现了拉伸,拉伸比为辊筒 B 转速与辊筒 A 转速之比。拉伸后的膜在保持张力的情况下再冷却到第二转变点温度之下。结果发现在纵向定向时其横向的机械强度也得到了提高。膜定向处理的另一效果是产生了可热收缩的性能。

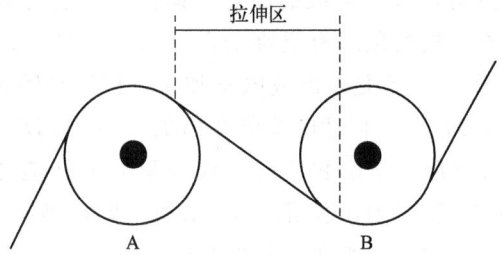

图 8-9 双辊筒拉伸装置示意

(3)FEP 和 PFA 膜的挤出

FEP 和 PFA 的挤出膜也采用的是单螺杆挤出工艺,特别是 PFA 拥有可熔融加工氟树脂中的最高熔点(300～310℃)及高熔融黏度,因此也意味着最高的挤出温度。此外,两者的临界剪切速率均较低,这限制了它们的挤出速率。典型的 FEP 和 PFA 挤出机的长径比(L/D)为 31,沿机身设有多个加热段。PFA 和 FEP 膜的挤出条件可参见表 8-9。当剪切速率达到约 $300s^{-1}$ 的极限值时就会出现鲨鱼皮状挤出物。

表 8-9　FEP 和 PFA 膜的挤出加工条件

挤出工艺条件		FEP	PFA
树脂加料时温度/℃		70	70
挤出机纵向各段温度/℃	第一段(最接近加料口)	345	365
	第二段	350	370
	第三段	355	375
	第四段	360	380
	第五段	360	380
	末端	360	380
口模(本体)温度/℃		355	375
口模唇口温度/℃		360	380
螺杆转速/(r/min)		4	4
冷却辊油温/℃		190	210
冷却辊转速/(r/min)		6.4	6.4

(4)PVF 膜的挤出

虽然 PVF 也是可熔融加工氟树脂之一,但是在温度尚未到熔点之前它就已出现明显的降解现象,因此不能像其他可熔融加工氟树脂一样直接采用挤出加工工艺。由于存在很多氢键并拥有很高的结晶度,在室温下它也不能直接溶解于有机溶剂。据研究,在一些极性的潜溶剂中(参见表 8-10),PVF 在温度大于 100℃ 时能很好地溶解于其中,潜溶剂可使 PVF 的熔点降低至使其明显降解的温度点以下,但又不超过潜溶剂的沸点,从而使 PVF 可加工成为涂料和薄膜。在加工前需要将 PVF、潜溶剂和一些其他添加剂配制成分散液。这些添加剂包括颜料、热稳定剂、塑化剂、去油剂、阻燃剂等。热稳定剂可用二环己胺和三聚氰胺等，其有助于改善树脂产品的热稳定性，例如当加入占树脂质量 0.1%～5% 的二环己胺或三聚氰胺后，树脂在 250℃下经过 5min 后无明显降解也不变色。在同样条件下，如未加入热稳定剂，仅 2min 就产生了严重的热分解。据报道，甲酸钠也可用作热稳定剂，有助于得到透明的 PVF 薄膜。

表 8-10　PVF 挤出加工用的潜溶剂

潜溶剂	沸点/℃
苯乙酮	202
苯胺	184
二苯醚	295～298
富马酸二丁酯	285
琥珀酸二正丁酯	275
邻苯二甲酸二正丁酯	225
癸二酸二乙酯	308
己二酸二甲酯	＞245
异佛尔酮	215
二甲基乙酰胺	165
二甲基甲酰胺	153
丙烯基碳酸酯	242
γ-丁内酯	206.9
磷酸三丁酯	289
混合二甲苯	215

以树脂-溶剂混合物为原料，通过挤出工艺可加工得到 PVF 膜，其中双螺杆或单螺杆挤出机都可用于 PVF 浓缩分散液的挤出。加热后挤出机中的浓缩分散液会成为有一定黏度的凝胶，例如 170℃时的黏度为 20～40Pa·s。与工艺相对应的溶剂应具有一定的挥发性，而且在凝胶中的溶剂完全挥发之前就要使树脂凝结成连续的涂层或薄膜。

表 8-11 是 PVF 膜的挤出加工条件。当膜片从 T 型机头挤出后，依次经冷却、牵引和收卷即可获得 0.2～1.0mm 厚的膜片，再经双向拉伸并干燥除去潜溶剂后即得到透明强韧的 PVF 膜，其厚度通常为 0.01～0.1mm。双向拉伸工艺实际上是分两次进行的，先纵向拉伸再横向拉伸。由于 PVF 的分子间作用力大、熔融黏度高，拉伸时需先将膜片加热并保持到结晶消失以增强 PVF 的流动性。熔体流出后先急冷至结晶速率较低的温度使之尽可能达到无定形状态，以利于拉伸取向。拉伸结束后要对膜进行热定型，使取向的分子链进一步结晶并对不完整晶格的晶体进一步完善。热定型的温度应高于拉伸温度而低于结晶高分子的熔点。热定型降低了分子间的残余应力，改善了膜的尺寸稳定性，提高了膜的使用温度范围。

表 8-11 PVF 膜挤出的加工条件

加工序列	溶剂配方和挤出工艺条件					
	潜溶剂	PVF 特性黏度 /(mL/g)	PVF 浓度 (质量分数)/%	挤出温度 /℃	挤出速率 /(kg/h)	挤出膜厚度 (烘干)/mm
1	γ-戊内酯	4.9	40	150	2.3	0.36
2	γ-戊内酯	3.0	45	180	3.0	0.55
3	丙烯碳酸酯	2.2	48	215	9.1	0.5
4	丙烯基碳酸酯-乙烯基碳酸酯（质量比1:1）	4.6	30	210	3.2	0.15（干膜）
5	N-乙酰化氧氮杂环己烷	2.5	37	215	2.3	0.25
6	水杨酸甲酯	2.2	35	215	9.1	0.50
7	环己酮	4.9	50	150	—	0.23（干膜）
8	二甲基环丁砜	3.2	30	215	13.6	0.50
9	四甲基环丁砜	3.0	37	215	6.8～9.1	0.68
10	γ-丁内酯	3.7	20	125～135	54.5	—
11	γ-丁内酯	3.5	40	145～155	54.5	0.63
12	γ-丁内酯	3.0	45	150～160	34.1	0.75

　　据报道，国内开发了挤出吹塑成型的 PVF 膜，该工艺的主要技术关键点包括将 PVF、潜溶剂与稳定剂按照一定比例进行混合再用双螺杆挤出机完成造粒，然后将粒料加入单螺杆挤出机采用上吹法吹塑成型，并得到含有一定量潜溶剂的 PVF 薄膜，再在烘箱内将该薄膜加热至120℃以上，待潜溶剂蒸干后就可得到最终的 PVF 薄膜制品。在吹塑过程中，造粒和吹塑温度不宜过高或过低，170～180℃的造粒温度和200～220℃的吹塑温度有利于获得表面质量较好的制品。

　　还可用溶液浇铸成型法制备 PVF 膜，包括将 PVF 溶解在 DMF 溶剂中，配成质量分数约为8%的 PVF 溶液，在125～130℃下进行溶液浇铸成型，可得厚度≤1mm 的流延膜。

8.2.4 纤维的挤出加工

　　氟树脂纤维可用于各种编织或非编织制品的加工中，由于这些制件具有良好的耐化学腐蚀性、低摩擦系数及优良的热稳定性，因此这些制品能适用于很多苛刻的环境和场景，例如作为织物或过滤介质用于过滤空气、腐蚀性气体和液体中的污染物及杂质等或是作为清洁刮片用于垫片及密封材料、电绝缘材料和静电复印之中或是作为除雾器用于涉及酸的生产中。可用于纤维和织物的氟树脂主要有 PVDF、FEP 及 PFA，而 PVF、ETFE 等则较少使用。

　　纤维的挤出主要分为单丝和复丝挤出。就单丝挤出而言，其中的单丝丝径要比通常由很多根单丝组成的纱中看到的单丝要粗得多，因此它显得比较硬，主要用来生产绳索或合股线。典型的纤度范围为 75～5000D，其中单位 D 表示 9000m 长的丝或纱的克重，另一种表示方法是 tex，它是 1000m 长的丝或纱的克重。单丝有熔体纺丝和膜裂丝两种制造方法。熔体纺丝法是将挤出机挤出来的熔体立即通过熔体泵加压经喷丝板喷丝，丝径范围为0.08～3mm。喷出的丝立即进入水浴中急冷并用导丝轮牵引。之后，在加热炉内重新加热并依靠第二个牵引辊的张力实施定向拉伸，得到最终的成品单丝。另一种定向方法是采用加热的导丝轮，这时就不再需要加热炉了。

就复丝挤出而言，复丝粗看是一根丝，但实际上则是由多根很细的单丝合并而成的。热塑性氟树脂通过挤出机熔融后经过滤系统（过滤网的孔径为 40μm）过滤，然后进入纺丝箱体。箱体为外包绝缘的长方形金属箱。箱内装有用电加热棒加热的导热介质，还装有熔体分配管、泵座和喷丝组件。熔体经分配管由齿轮计量泵泵入每一组件中。喷丝组件实际上是一组分隔开的挤出头，后者还装有位于喷丝板前的过滤器。喷丝板是一个开有 200 个或更多细孔的方形平板式口模。这些细孔以排位网格形式布置。喷丝孔的长径比为 5～15。

熔融的氟树脂从喷丝板细孔射出后立即进入一个由恒定温度的空气流进行冷却或急冷的旋转通道。在出口处，很多股纤维会聚拢成为复丝或纱，并由导丝轮牵引。最后一步是借助拉伸或牵引使纱定向，在定向过程中分子链高度地取向主机方向，同时也降低了纤维的直径。上述操作是在接近或低于熔点的温度下通过以不同转速运行的两个转辊之间的拉伸进行的。定向过程对纤维的最终性质具有关键性的影响。定向之后再以淬火来定型，连续的纱卷绕在卷筒或线圈架上供后续纺织之用，主要用于工业织物或滤材的编织。

（1）PVDF 纤维的加工

PVDF 纤维主要是采用挤出法制成单丝的，用于钓鱼线和渔网的 PVDF 单丝主要用于大鱼（如鳕鱼等）的捕捞，因此需要能承受鱼儿上钩带来的一瞬间冲击力。PVDF 单丝的制造质量主要在于如何控制好定向处理和提高强度。

PVDF 单丝生产使用的是单螺杆挤出机的熔体纺丝工艺（参见图 8-10）。挤出机出口处的喷丝口温度范围为 200～300℃，纤维在 90～100℃的空气气氛中冷却，然后经油浴再加热后，在甘油浴中以 4.5～8 的拉伸比进行拉伸，最后再松弛及收卷。

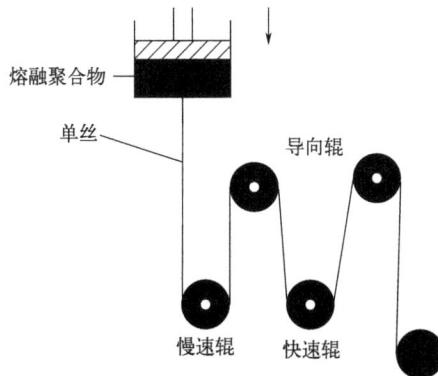

图 8-10 PVDF 单丝生产流程中的柱塞式挤出机和收卷系统示意图

定向 PVDF 纤维的生产条件和定向后纤维的性质分别参见表 8-12 和表 8-13。

表 8-12　定向 PVDF 纤维的生产条件

变量（参数）	1	2	3
挤出速率/(g/min)	20	20	20
（口模）喷头温度/℃	265	265	265
冷却温度/℃	105	120	112
预热温度/℃	95	110	92
预热保持时间/s	23	23	20
拉伸温度/℃	150	165	159
拉伸比	6.4	6	6.3
拉伸浴保持时间/s	7	7	5
松弛（定型）温度/℃	130	140	135
松弛率（收缩率）/%	12	13	15

表 8-13　定向后 PVDF 纤维的性质

变量		1	2	3
特性黏度/(dL/g)		1.47	1.55	1.47
纤度/D		1.87	1.88	1.74
结晶度/%		36	53	37
α/β 结晶形态比	R_a	1.25	1.15	0.80
	R_b	0.86	0.80	0.42
	R_c	0.20	0.35	0.05
断裂（需要）能量/(kg/cm)		58000	48000	52000
拉伸强度/MPa		568	617	597
断裂伸长率/%		67	60	90
模量/MPa		1665	1861	1763

据报道，PVDF 的溶液经湿法纺丝可制得 PVDF 的复丝。在一个典型的例子中先以 DMF 为溶剂制备浓度为 23% 的 PVDF 溶液，然后在 60℃ 下经分布有 64 个孔径为 0.07mm 的孔的喷丝板进行喷丝，喷出的丝进入一个浓度为 57% 的常温 DMF 水溶液中进行凝固（25℃），离开冷却液后纤维以 5m/min 的速度收卷并以 3.4 的拉伸比进行拉伸，之后进入沸水浴，以 1.9 的拉伸比再次拉伸，最后用水淋洗。

（2）FEP 和 PFA 纤维的加工

熔融挤出的氟树脂纤维在定向后可获得更高的强度，使它们能承载高温下的高载荷。在近 20 年前就证明了用 FEP 和 PFA 制造的定向和非定向纤维具有很高的机械强度和在温度高达 200～250℃下的良好稳定性。

FEP 和 PFA 在内的全氟碳树脂经挤出后可纺成复丝，通常氟树脂的 MFR 要小于 18g/10min，纤维单根丝的直径为 10～150μm，200℃下的最大收缩率为 10%，而这是按 ASTM D3307 测得值的 1 倍。在复丝挤出所用的设备中，可用多个可独立控温的加热器对挤出机料筒、连接齿轮泵的法兰、泵的浇铸和挤出机口模进行加热，按所设定的温度进行加热使熔体达到特定的温度，用齿轮泵可使熔体以恒定的流速通过口模。具体的 PFA 等复丝纤维的加工条件可参见表 8-14。

表 8-14　全氟碳树脂的复丝纤维加工条件

纺丝过程变量	树脂型号		
	PFA	FEP	MFA
聚合物组成	TFE-PPVE 共聚物 [PPVE 为 1.5% （摩尔分数）]	TFE-HFP 共聚物 [HFP 为 6.9% （摩尔分数）]	TFE-PMVE-PPVE 共聚物 [PMVE 为 3.5%、PPVE 为 0.4% （摩尔分数）]
熔点/℃	308	263	288
熔体温度/℃	400	380	—
MFR/(g/10min)	16.3	—	13.4
齿轮泵转速/ (r/min)	40	—	—
聚合物流动速率/(kg/h)	12.6	—	—
口模孔壁剪切速率/s⁻¹	64	—	—
收卷速度/(m/min)	18	12	12
牵伸比	1:75	1:1.5	1:2.2
牵伸温度/℃	200	200	200

8.2.5　片材的挤出加工

片材和膜都是挤出成型产品，它们是以制品的厚度区分的。通常将厚度大于 0.25mm 的称为片材或片料，低于此厚度的制品称为膜。PVDF 片材的厚度最高可达 30mm，最宽可达 2500mm。片材还可以进行二次加工或热定型，包括冲切、打孔、机械切削和焊接等。PVDF 片材的主要优点是在厚度、坚韧性基础上表现出来的良好强度和刚性，且都能兼而有之。此外，还具有耐水汽、能承受消毒（杀菌）操作、良好的阻水性、耐化学腐蚀和无毒性等特性。

片材是通过一个较宽的狭缝形口模进行挤出加工的。内部的流道设计要能够将来自挤出机的圆柱形熔体转变为狭缝的形状，同时又要保证整个狭缝宽度的每一个流出点上的熔体流出速度均衡不变。解决这一难题的方法是采用 T 型机头，内部流道从中心到边缘呈锥形的设计，给处于中心的流道赋予了更多的流动阻力，这就促使从中心到边缘沿整个 T 型机头出口各点上的熔体流出速率得到了很好的平衡。T 型机头上还设有众多的调节螺钉可以控制口模唇口之间的缝隙间距，调节众多的测温点温度。由以上多种手段可以实现片材挤出的速度和均衡度之间的平衡。通常片材挤出后会立即进入三辊冷却辊冷却，冷却辊

的温度与片材厚度、生产速率和对光洁度的要求有密切的关系。通常在进入抛光辊之前要
让片材保持在不低于110℃的条件下，以保证表面光洁。冷却辊的横向温度分布应保持均
衡，偏差不超过1.5℃。

8.3 旋转模塑

旋转模塑也是可熔融加工氟树脂的一种加工技术，又可称为滚塑成型或旋转浇铸。可
用来制造无接（熔）缝的中空塑料制品。该成型方法是先将聚合物加入中空的模具内，然
后使模具沿两个不同的垂直轴方向不断转动并从外部加热，模具内的树脂在重力和热量的
作用下逐渐地熔融而涂布于模腔的整个内表面上，经冷却定型后最终成为中空制品。

旋转模塑的转速不高，设备相对较为简单，适合于那些数量不多的大型中空制品。旋
转模塑的制品厚度比挤出吹塑制品均匀，且废料少，制品几乎无内应力，没有熔接缝，因
此不易发生变形和凹陷等。通常以粉状或糊状形态的树脂为原料。

该成型工艺是由装料、旋转、加热、冷却、脱模及模具清理等工序组成的，主要工艺
参数是模具温度、旋转成型机主/副轴（互成垂直结构）的转速及其速度比、加热时间和
冷却时间等。旋转成型技术已广泛应用于容量从几百升到数万升的大型 PE 储罐及汽车、
小船壳体等的成型。此外，该工艺也会用在金属泵、阀、管和接头等衬里的加工之中。
PFA、FEP、PVDF、ETFE 和 ECTFE 等都可用作旋转模塑的原料。

据报道，作为热稳定剂和起耐热填充剂作用的 PPS 可与 PFA 制成一种均匀的混合
物，其中 PPS 的含量为 0.05%～5%（质量分数），平均粒径为 0.3～50μm。造粒后的混
合物平均粒径为 70～1000μm。具体的混合物配制和加工过程包括将 PPS 粉加入 PFA 水
分散液中，经搅拌凝聚后再加入硝酸和 CFC-113，并在 300℃下对颗粒进行 12h 的热处
理，再冷却备用。这种混合料用作管子内衬时，需要先用刚玉（矾土）对管子内壁进行喷
砂处理，上底漆后再用旋转模塑机进行内衬加工，其厚度可达 2mm。具体成型条件可参
见表 8-15。

表 8-15　PFA 共混物的旋转成型条件

变量	数值
熔体加入后炉温/℃	320
转速（主轴）/ (r/min)	3.5
转速（副轴）/ (r/min)	5
加热周期/min 340℃ 360℃	 180 120

对于储存和配制化工流体专用的压力容器，也可用旋转成型工艺加工其 PFA 内衬，
内衬外是金属（不锈钢）焊接的外层。整个加工技术较为复杂可进一步参考相关的专业技
术资料。

8.4 其他的模塑技术

最常用的可熔融加工氟树脂加工技术包括注塑、挤出等，仅用这些技术就可加工出很多不同尺寸、形状和质量规格的制品，但是当需要制备特殊形状的制品时，或者以尽可能利用现有加工设备的角度出发，其他几种加工方法也是值得考虑的，尤其是传递模塑。对于很多复杂形状的设备衬里，传递模塑的加工方法具有独特的甚至不可替代的优势。此外，模压工艺常用于标准测试样片的加工和厚度较大的平板式制品的加工，而且加工企业中通常都有作为常用设备的压机，因此也是可考虑的方法之一。吹塑工艺特别适用于薄膜、薄壁中空制品（如瓶子等复杂形状制品）等的加工。以上这些都是注塑、挤出等方法所不能代替的。表 8-16 对比了多种成型技术的优缺点。

表 8-16 成型技术的对比

成型加工技术	优点	缺点	典型过程剪切速率/s^{-1}
注塑	最精细的控制形状和尺寸；高度自动过程；批次周期快；拥有最宽的材料选择	设备投资高，只适合大批量制品的生产；成型压力高（140MPa）	1000~10000
模塑（模压）	成型压力较低（7MPa）；对于增强纤维损坏最小；能制造大制品	需要劳动力多；批次周期时间比注塑长；形状的适应性不如注塑；每批都是人工加料	<1
传递模压	对金属制品和电子线路板的封头好；适合复杂形状制品的加工	每一制品上都有刮痕；每批都要人工加料	1~100
吹塑	可制造中空制品（如瓶子）；拉伸作用可改善机械性能；周期快；所需人力少	对制品壁厚不能直接控制；不适合高度精细制造小部件；需要高熔体强度	—
旋转模塑	可适用于要求防震的实验室器材，且不沾污样品；也可用于各种规格的容器衬里、阀门衬里、复杂几何形状制品及容器的加工	加工过程慢；需劳动力多；涉及运动部件多；需要大量清洗及表面调温	<100
挤出	适用于薄膜、绕包（线缆）或长的连续性制品	必须冷却到玻璃化转变温度以下以保持稳定性	100~1000

8.4.1 模压成型

模压成型又称为压缩成型。与第 7 章中的 PTFE 模压成型不同，可熔融加工氟树脂的模压成型是不需要烧结的，在模具内充满树脂后将上下模合并，边加压边加热，待温度上升到熔点以上后树脂会全部熔化，待冷却后最终成型，而 PTFE 的模压则是先在常温下制成没有强度的预成型件或称坯料，再移入烧结炉，在高于树脂熔点的温度下完成烧结后最终凝结成一体。

FEP 等热塑性氟树脂在压缩成型时，通常使用两台压机，其中一台热压用，而另一台为冷压用。先在热压机上对加满 FEP 的模腔进行加压及加热。待熔融后将该热模移入冷压机上，并在压力下冷却制件。这是因为冷却时制品会收缩，容易产生气泡或缺陷。在压力下冷却则可以保证制品的质量。

表 8-17 是 FEP、PFA、ETFE 及 PVDF 等在压缩成型时所需要达到的温度和压力。加热和冷却所需的时间与制品的厚度等有关。制品的厚度越大，成型时间越长。FEP 还可制作成 100kg 以上的圆柱形模压件作为车削薄膜的型坯。

表 8-17　可熔融加工氟树脂压缩成型需要的加热温度和压力

树脂	压缩成型加热温度/℃	压力/MPa
FEP	340～370 290～315	1.5～10.5
PFA	343～380	1.5～10.5
ETFE	300～335	
PVDF	240～250	20
PCTFE	230～315	13.8～20.7
PTFE	370～395	7～138

8.4.2　传递模压

传递模压也称传递成型或注压成型，其兼有模压成型和注塑成型的一些特点，主要用于热固性树脂的成型中，但是这种技术对熔融黏度高、流动性差、临界剪切速率低的氟树脂（如 FEP、PFA 等）也是适用的，特别是对形状比较复杂、尺寸精度要求高的阀门衬里，内部结构形状复杂的中空设备、T 形管接头和其他连接管件以及泵类壳体（含耐腐蚀泵）衬里等产品的加工，可以说是难以替代的一种加工技术。与模压成型相比，传递模压能加工结构比较复杂、薄壁或壁厚变化大、带有精细嵌件的制品，而且成型周期相对较短。传递模压与注塑成型的主要区别在于传递模压的原料是在压模上方的加料室（槽）内加热熔融的，而注塑成型的原料则是在注塑机料筒内塑化的。

传递模压技术中主要包括两个单元，即加热熔化和加压传递（含通道）单元以及保持预热的模具单元。以 FEP 传递模压为例，先将位于压模上方加料室内的 FEP 加热熔融，并在柱塞的推压下使熔化的树脂通过加料室底部的浇口和模具的流道进入已加热至预定温度的闭合模具内。在压力的作用下，具有流动性的熔体充满了包括槽、沟、角等各个细微部位在内的整个复杂形状模具之中，并能够连同法兰翻边等一起包合，经过一定时间的冷却硬化后即可得到传递模压制品。制品在上下模合缝处会有一些小小的凸起，但这不影响制品的质量。

影响传递模压制品质量的主要因素包括传递模压的温度（涉及熔融黏度和流动性）、传递压力、模压时间、进料速度和冷却方式等，例如 Teflon® FEP160 的传递模压温度为 300～330℃，Teflon® PFA350 的传递模压温度为 340～380℃，而 Tefzel® 280 ETFE 的传递模压温度为 300～320℃。传递模压成型时的进料速度受限于 FEP 的临界剪切速率，若超过临界剪切速率制品会产生熔体破裂现象，表面出现微裂纹。据报道，FEP、PFA 和 ETFE 的临界剪切速率分别为 $4～20s^{-1}$、$10～50s^{-1}$ 和 $200～3000s^{-1}$。氟树脂在接近临界剪切速率时的传递压力为 15～25MPa，而当模内的充料率达到 90％～95％时，传递压力应下降至起始压力的 1/2～2/3，以免在浇口区产生应力集中。

由于氟树脂的热导率很低，因此不允许对模具进行快速冷却，而应从离浇口最远处的位置开始逐渐向浇口处移动并进行缓慢的冷却。这样的冷却方法有利于将熔融树脂补入模内以补偿收缩及消除制品的收缩孔和瘪痕。过早地在浇口处进行冷却或释放完压力会导致制品内产生空隙。

有相当比例的可熔融加工氟树脂是用于防腐蚀衬里的，其中以 FEP 和 PVDF 为主，主要用作耐酸泵、大尺寸阀门、多种形状特殊的管件（例如带翻边法兰的三通、弯头、十字头等）等的衬里。在这些制品的加工中，待衬的金属设备部件本身就是模具，其中很多都是采用传递模压技术制造的。传递模压完成后的衬里设备或管件进行自然冷却，有时会在数天后发现制品的某部位发生收缩或扩大的情况，以及弧形或转角部位乃至翻边法兰的转角处等因不均匀收缩造成的应力开裂情况。对于这样的问题，树脂制造商会采取适当提高 FEP 中 HFP 接入量的方法来进行改善。这可能会使情况有所好转，但是要真正解决问题还是需要从传递模压工艺的改进和优化进行着手。另外大件制品通常需要使用较多的树脂，但是通过浇口的加料速度又不能过快，如在空旷的地方或暴露在空气环境中进行传递模压，则模具本体的温度是很难长时间维持在工艺所需要范围内的。在有些报道中则是将模具直接置于一定温度的加热炉内，但是这种工艺对温度控制的要求是严格的，需要保持在较窄的温度范围内，这时熔融的树脂就可以在较低的压力下及在较长的时间内充分地流到模腔的每一个角落。FEP、PFA、PVDF 的传递模塑工艺参数可参见表 8-18。

表 8-18 几种氟塑料传递模塑的主要工艺条件

树脂	加热炉温度/℃	传递压力/MPa	冷却时压力/MPa
FEP	326～349	1.3～1.6	4.3～5.3
PFA	326～349	1.3～1.6	4.3～5.3
PVDF	221～249	1.3～1.6	4.3～5.3

8.4.3 吹塑成型

吹塑成型是一种用于制造中空塑料制品的成型工艺，其借助压力气体（一般是压缩空气）使闭合在模具内的高弹态型坯扩张（吹胀）成为空心的制品。可熔融加工氟树脂中的 FEP 是吹塑成型加工中用得最多的一种原料，也有少量吹塑成型制品是以 PFA 和 PVDF 为原料的，一些多层吹塑成型制品的内层是用 ETFE 制作的。氟树脂的吹塑成型制品包括了各类洗瓶、滴管、量筒及容器等实验室器材，也包括了半导体工业及高纯试剂生产用的各类包装和储存容器，尤其是吹塑成型的高清洁度 PFA 中空设备及专用包装容器。

吹塑成型的缺点是制品的壁厚及其均匀性较难控制，因为只有制品外表面是贴着模具的，而制品的内表面是不受束缚的。这时能用于调控的因素只有压力和熔体的流动性。

吹塑工艺通常可分为挤出吹塑和注射吹塑。

（1）挤出吹塑成型

在挤出吹塑工艺中，具体的过程包括先用挤出机挤出管坯，并垂挂于已安装在挤出机机头下方预先分开的型腔中，待下垂的型坯长度达到目标值后立即合模并切断管坯。压缩空气从模具分型面上的小孔进入，使型坯吹胀后紧贴于吹塑模具内表面而成型。制品成型后还需保持充气压力使其在模具中冷却定型后方可开模脱出成为最终的中空制品。

（2）注射吹塑成型

注射吹塑成型是一种将树脂注射成有底的型坯后再把型坯转移至吹塑模具内进行吹塑成为中空制品的工艺。注射吹塑成型又分为无拉伸注坯吹塑和注坯拉伸吹塑。在无拉伸注坯吹塑中，注塑机在高压下将熔融料注入型坯模具内，在芯模上形成一定尺寸和形状的带底型坯，其中的芯模为一端封闭的管状物。从芯模的开口端通入压缩空气并从管壁侧所开的小孔逸出。型坯成型后，开启注射模具并将留在芯模上的热型坯移入吹塑模内，合模后从芯模通道引入 0.2～0.7MPa 的压缩空气吹胀型坯，并使其脱离芯模，紧贴到吹塑模的型腔内侧壁上，在空气压力下冷却定型后开模取出吹塑制成的中空制品。这种工艺适合批量大的小型容器、广口容器的生产，也可用于化妆品、日用品、药品和食品包装的生产。在注坯拉伸吹塑中，成型时型坯的注坯拉伸工艺与无拉伸注坯吹塑是相同的，但型坯并不是直接移入吹塑模内的，而是先经适当冷却后移送到一个加热槽内加热至预定的温度再转送至拉伸吹胀的模具内。在此模具内先用拉伸棒使型坯做轴向拉伸，然后再通入压缩空气使此型坯作横向扩张并紧贴于模具内侧壁，经冷却、脱模后得到具有双轴取向结构的吹塑制品。由此成型方法得到的制品在透明度、冲击强度、表面硬度和刚性等方面都会有较大的提升，而且可以做得较薄，更有利于省料，这一点对价格较贵的氟树脂加工制品而言是很有吸引力的。

8.5 发泡加工

发泡加工主要有机械发泡、化学发泡和物理发泡。

① 机械发泡。其是一种将空气混到塑料熔体中，并利用搅拌使空气进入熔体成为泡沫的工艺。此法多用于乙烯基塑料的发泡，在氟树脂中很少应用。

② 化学发泡。其是一种基于发泡剂的工艺，发泡剂与待发泡塑料的原料成分混合形成一种黏稠状流体，利用发泡剂在一定条件下会分解产生气体的原理，最终形成树脂的三维交联结构。发泡剂的特性决定了气体的产生量和气体产生速率以及泡沫的压力和保留在无数小孔中的气体量。由于氟树脂一般都不能形成交联结构，因此化学发泡也不适用。

③ 物理发泡。其是将适量的发泡剂加入塑料中，在塑料熔融过程中发泡剂不断挥发而形成发泡塑料。发泡剂可以是液体或是气体。要控制气泡的大小就要使用一种成核化合物，而且塑料的化学结构和组成决定了发泡的参数条件，其中的关键成型工艺参数包括温度、发泡剂类型及为了得到尺寸稳定制品所需扩张程度的冷却速率等。发泡剂的性质及其在塑料中的浓度决定了气体释放速率、气体压力、保留在众多小孔中的气体量以及由于发泡剂的降解/活化而放出/吸收的热量等。物理发泡是氟树脂泡沫的主要生产方法。此工艺中的成核剂还有多个作用，包括有助于得到一定尺寸的细泡和均匀的细泡形状，控制细泡的数量、范围宽广的发泡窗口等。一氮化硼（BN）是可熔融加工氟树脂发泡的理想成核剂，而以前使用的 CFC 发泡剂则已被 CO_2 和 N_2 等取代。

8.5.1 可熔融加工全氟碳树脂

广泛应用的泡沫塑料及其优点是早已家喻户晓的，但是有关氟树脂的发泡和应用却不是那么普及，其实氟树脂与其他塑料一样，也是可以发泡的。

氟树脂泡沫材料是最适用于数字传输电缆绝缘的，例如同轴电缆中较厚的绝缘层就需要理想的低相对介电常数及介质损耗等电性能，同轴电缆的理想介电损耗是 0，而相对介电常数为 1.0 的空气则是非常理想的介质，因此具有低相对介电常数和介质损耗的全氟聚合物（见表 8-19）经发泡后其相对介电常数和介质损耗会趋向于 1 和 0，且充满空气的泡沫占据了氟树脂泡沫材料绝缘层内的树脂空间。泡沫材料绝缘层的相对介电常数降低与泡沫的充气量通常是成比例的，例如发泡 FEP 绝缘层中的空隙率为 60%，其相对介电常数为 1.3。泡沫中的细孔尺寸越小、越均匀，则电性能越好。低相对介电常数和低介电损耗有助于降低通信信号损失和减少电话串线的情况，同时氟树脂泡沫的优异绝缘性能使得高电压下的工作电路最小化成为可能，这类电缆可适用于频率超过 10GHz 的微波的传输。部分氟化的氟树脂也是一样可以发泡的，虽然其介电性能不如 FEP 和 PFA，但是它们有着更好的机械强度。此外，高相对介电常数的 PVDF 是不能用于数字信号传输的。

表 8-19　1MHz 下主要氟树脂的电性能

树脂	相对介电常数	介质损耗
PTFE	2.1	<0.0004
FEP	2.1	0.0002
PFA	2.1	0.0002
ETFE	2.6	0.007
ECTFE	2.6	0.014
PVDF	8.0	0.16

以熔融黏度为 $8.2 \times 10^3 \mathrm{Pa \cdot s}$ 的 FEP 发泡加工为例，其过程包括将 FEP 与质量含量为 1% 的氮化硼在闭式混合机（密炼机）中混合 15min，然后施加机械能并加热使混合物温度提高到 350℃，此时的氮化硼就能很好地分散在 FEP 中。随后将混合物破碎成小块状物，并在室温和 150kPa 压力下与 HCFC-22 持续充分接触 5 天，之后用装有 2.25mm 挤出口模的 38mm 单螺杆挤出机将这些小块加工成 Gauge-19 导线（标号 19 的导线），挤出时的熔体温度和压力分别为 390℃ 和 2.2MPa。对于挤出口模锐孔附近的部分可用感应加热器加热至 500℃。挤好的带涂覆层导线进入离出口 5cm 处的水浴进行急冷后可得到最终产品。上述导线的泡沫绝缘层的厚度为 1.12mm，泡沫中的细孔直径范围为 25~73μm，总空隙率达 53%，泡沫密度为 1.02g/cm^3，相对介电常数为 1.47。由于氮化硼价格昂贵，也可以加入一些无机盐，以减少氮化硼用量，但是上述例子中的工艺是不适合工业化生产的。

另一种发泡技术是基于专业化设计的挤出机之上的。在过程中需要不断地将发泡气体（如 HCFC-22 等）从挤出机料筒中部注入挤出机中，在螺杆的作用下气体会很快溶入熔体中，而含有发泡剂的熔融氟树脂一离开挤出机口模很快就形成了泡沫。当熔体从口模向水槽移动时，发泡会持续进行。在用于发泡的气体中，HCFC-22 是比较适合的，其极易溶入氟树脂熔体中且热稳定性较好，也足以承受挤出机中高达380℃的温度，图8-11是专为氟树脂发泡设计的挤出机工作示意图。这种技术对 FEP 和 PFA 都是适用的，有关它们的发泡加工工艺参数和专用挤出机的设计数据可参考相关文献。

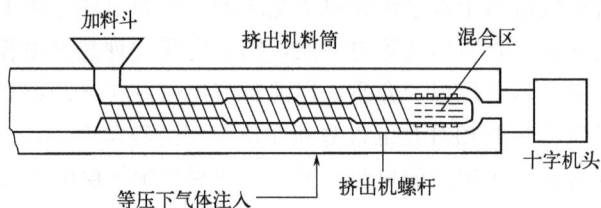

图 8-11　氟树脂熔体挤出发泡的挤出机示意图

8.5.2　聚偏氟乙烯

有关 PVDF 发泡工艺的一个典型例子是将 PVDF 或其改性共聚物与占聚合物质量 0.05%～5.0% 的成核剂、0.05%～5.0% 的发泡剂以及 0.05%～5.0% 的分散助剂进行共混，混合物中的 PVDF 质量含量至少要在 70% 以上。之后在不超过发泡剂活化温度的条件下将上述混合物用具有高剪切熔体混合功能的设备进行熔融混合，以形成一种均相的粉料。最后将得到的粉状共混物送入挤出机并在适当的温度下进行挤线，形成泡沫后经急冷即可得成品。

PVDF 发泡所用的成核剂平均粒径应小于 $2\mu m$，可供选用的包括碳酸钙、氧化镁、氧化钛、炭黑、硅酸钙、氢氧化镁、氧化锑、碳酸铅、氧化钡、碳酸锌和二硫化钼等。发泡剂的最佳质量分数一般不高于 2%，活化温度为 220℃。最适用的发泡剂是二异丙基肼亚基二碳酸酯，最优先使用的分散助剂是邻苯二酸二丁酯或邻苯二酸二辛酯。成核剂和分散助剂一般可先进行预混，然后再加到聚合物中。

将上述助剂与 PVDF 的混合物形成均相的最好方法是用双螺杆挤出机进行混合并挤出成小片。

推荐的挤出机长径比为 24，压缩比为 3～5。活化发泡剂最好的位置是在计量段（区），对该位置的熔体进行均匀传热就能使最终产品拥有更均匀的发泡活化度和细孔结构。

表8-20是一个典型的 PVDF 发泡共混物组成，表8-21是 PVDF 发泡共混物的导线挤出条件，表8-22是发泡、未发泡 PVDF 绝缘材料的性质对比。发泡的 PVDF 不仅可用于电线绝缘材料，使其相对介电常数可下降到 5.0，还可用作超滤膜材料。

表 8-20　典型的 PVDF 发泡共混物组成

组成	作用	含量（质量分数）/%
PVDF（Kynar®461）	基材	95
CaCO₃	成核剂	1.0
邻苯二甲酸二丁酯	分散助剂	3.0
二异丙基肼亚基二碳酸酯	发泡剂	1.0

表 8-21　PVDF 发泡共混物的导线挤出条件

挤出机参数		数值
导线芯		24AWG 通信电缆
螺杆转速 /（r/min）		50
导线移动速度 /（m/min）		150
口模同冷水槽距离 /mm		50
挤出机温度 /℃	第一区	210
	第二区	230
	第三区	285
	十字头	240
	发泡口模	230

表 8-22　发泡、未发泡 PVDF 绝缘材料的性质对比

变量	发泡 PVDF	未发泡 PVDF
绝缘层厚度 /μm	175	175
密度 /（g/cm³）	0.80	1.76
空隙率 /%	55	0
平均细孔尺寸 /μm	15～25	0
拉伸模量 /MPa	20	41.5
断裂拉伸强度 /MPa	0.25	0.9
断裂伸长率 /%	50～80	100～400
弯曲模量 /MPa	19	41.5
相对介电常数（100Hz）	3.6	8.2
介电强度 /（kV/mm）	22.4	81
绝缘电阻 /（MΩ/300m）	200～300	850

8.5.3　四氟乙烯-乙烯共聚物

由于 ETFE 具有密度小、机械强度高及电性能优良的优点，因此常作为航空线缆的绝缘层和护套管的优先选用材料，可用于减轻飞行器自身的重量并充分发挥材料的电性能和力学性能，例如标号 24 导线就是采用 ETFE 的绝缘和护套。用作护套管时，ETFE 是实心的，厚度为 25μm。护套管包着的线芯绝缘层是发泡 ETFE，厚度为 0.127μm，绝缘层的空隙率为 45%，耐击穿强度为 20kV/mm。

在一个 ETFE 的发泡实例中，在 100 份树脂中加入了 1 份碳酸镁和 1 份二异丙基肼亚基二碳酸酯，其挤出和发泡的条件与 FEP 大体相同。

8.6 二次加工

（1）机械加工

与 PTFE 一样，可熔融加工氟树脂的制品也是可以进行机械加工的，包括常用的锯、剪切、钻孔、铣和对表面进行金属化处理等。片材和块都可按任何所需的尺寸由大锯小，推荐使用粗牙锯条。片材剪切时的极限厚度为 10mm，圆棒剪切时的极限直径为 20mm。

（2）粘接加工

氟树脂的优异特性之一就是不粘性，并由此发展了很多的应用，但是在实际使用中，有时需要对不同氟树脂或是氟树脂与其他材质的零部件之间进行粘接，而可采用的加工方法包括了不用黏结剂及使用黏结剂粘接等两个解决方案，其中使用黏结剂粘接的工艺又可分为接触黏结剂法和胶黏法。接触黏结剂法又称压敏胶法，适用于大表面积的黏合，例如加料斗、斜槽和传送带等化工设备的衬里，其中以 PTFE 片材较多。胶黏法则需要对氟树脂表面进行改性处理，以得到较强的黏结力，主要有萘钠处理、等离子处理、火焰处理、电晕（辉光放电）处理等方法。黏结剂主要使用有机硅胶黏剂。

（3）焊接加工

使用黏结剂黏合的技术有其局限性，只能应用于不承受大载荷的氟树脂制品，例如某些化工过程设备中的防腐衬里。通常在由温度、化学腐蚀和机械力等同时构成的复杂载荷及环境下，用焊接或无黏结剂工艺对不同的零部件进行连接就是一个可供选择的解决方案，而且不会牺牲零件和整体制品的承载能力。就焊接而言，很多的热塑性聚合物焊接技术都是可以选用的，它们不但能牢固地结合，而且焊接后的成品强度甚至能达到与材料本体一样的水平。

需要说明的是，并不是所有的焊接技术对各种品种的氟树脂均能适用。一般而言，对某一种氟树脂能适用的焊接技术种类取决于该氟树脂的流变性。高流变性或熔融黏度会使焊接变得很困难，可适用的焊接种类就减少了。PTFE 的可适用焊接方法最少，而 PVDF 则可使用绝大多数的焊接技术。表 8-23 列出了常用焊接技术对不同品种氟树脂的适用性。

表 8-23 常用焊接技术对不同品种氟树脂的适用性

氟树脂	适用的焊接技术			
	热风焊接	超声波焊接	热板搭接焊接	振动焊接
PTFE	某些条件下	不适合	某些条件下	不适合
FEP	适合	某些条件下	适合	某些条件下
PFA	适合	某些条件下	适合	某些条件下
ETFE	适合	某些条件下	适合	某些条件下
ECTFE	适合	某些条件下	适合	某些条件下
PVDF	适合	某些条件下	适合	某些条件下

可供选择的焊接技术很多，如搭接焊接、热风焊接、超声波焊接、旋转焊接、红外线焊接、高（射）频焊接、溶剂焊接、振动焊接、诱导焊接、微波焊接、阻抗焊接、萃取焊接、激光焊接等，其中以搭接焊接、热风焊接最为常用（可参见第 7 章的相关内容）。用

于氟树脂热风焊接的温度条件和气体保护条件可参见表 8-24。

表 8-24　用于氟树脂热风焊接的温度和气体保护条件

项目	PVDF	ECTFE	ETFE	FEP	PFA
焊接温度/℃	315	325	342	405	405
惰性气体	无	需要	需要	无	无

FEP 的焊接主要是针对板材的拼接。采用热风焊接工艺时，需先用挤出的方法制备直径为 2.4～4.8mm 的 FEP 生料棒作为焊条以及将 FEP 片材的焊接处边缘削成 45°～60° 斜角（依制品的厚薄而异）。之后要用溶剂对包括焊条表面以及相邻焊接区 2～3cm 区域内的所有 FEP 表面进行必要的清洗，而在焊接中要使用专业性的电热枪提供热风，产生的热空气温度在离开焊枪顶端 0.5cm 距离的地方要达到 425℃，空气压力调节到 140kPa。用焊条焊接 FEP 片材的过程可参见图 8-12 的示意图。

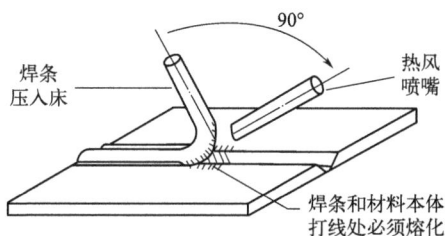

图 8-12　FEP 片材的焊条焊接示意图

在 PVDF 的焊接中可用所有标准的焊接技术。焊接的条件和细节可参考有关专业资料。

除了上述的二次加工工艺外，还有热熔结合、金属化、压电膜、交联及热成型等工艺。

（1）热熔结合

可熔融加工氟塑料膜可以在高温下以热熔的形式黏结于金属、玻璃布之类的基材上。这种熔融的聚合物与基材相比，具有低得多的表面张力，因此能够充分润湿基材的表面。一个典型的操作是将氟树脂膜与基材一起加热到聚合物的熔点温度之上，在机械闭锁力和分子间力的作用下使两者形成紧密接触的状态。基材的表面是需要彻底清洁的，并用喷砂或化学刻蚀的方法使其粗糙化，从而增加氟塑料膜和基材之间的接触表面积。FEP 和 ETFE 所需要的热熔结合温度不应低于 270℃。

（2）金属化

经（表面）金属化的氟塑料主要应用于微电子线路板、印刷线路基板、长期储存用的充气气囊、用于 NO_4 储存的铅电镀板等。镀金的 PTFE 可用作储存发烟硝酸和肼等材料的设备。镀金膜减少了腐蚀性液体的渗透，又不会影响充气气囊的可变形性。金属化的氟塑料还有多种特殊的用途。

氟塑料膜可用真空沉积法或某一种电镀技术实现（表面）金属化。真空沉积法可以视为在真空室内发生的"分子喷洒"，其适用于平面制品，这是因为金属的轮廓是直线的。电镀技术则能对复杂几何形状的制品实施金属化，电镀金属化技术可分树脂膜的表面处理或活化、灵敏化和上涂层等三个步骤。

FEP 膜可用真空沉积法实施金属化，如果表面进行萘钠预处理，则金属的黏结力可得到进一步提高。在 FEP 膜的真空沉积金属化过程中，铜、铝、银、金和其他一些金属氧化物都是可以使用的。

（3）压电膜

PVDF 是半结晶的氟聚合物，其至少有三种晶型，其中最常见的是 α 晶型。α 晶型是非极性及中心对称结构的。PVDF 聚合物从熔点冷却时形成的是 α 晶型，而挤出膜在 80℃拉伸下发生的 α 晶型变形，导致晶胞在平行平面上的堆积，成为极性的 β 晶型。第三种为 γ 晶型，是介于 α 晶型和 β 晶型之间的中间过渡态。γ 晶型定向后也会产生 β 晶型。

典型的压电膜制备过程主要包括：①将 PVDF 挤出制成 α 相的膜；②将上述膜在 80℃和 4～5 倍的拉伸比下单向或双向定向，生成 β 相膜；③电极沉积；④在 600kV/cm 的电场强度和 100℃的温度下进行 30min 的热极化。

需要指出的是，实现了 β 相转化的膜必须经受电极化以获得显著的压电和热电活性，且加工后的聚合物膜必须在 80～110℃的高温下暴露于 500～1000kV/cm 的高强度电场中。压电的活化程度取决于极化时间、电场强度和温度。

压电膜的应用方向包括开关、计算机绘图、机器人触觉感受器、红外检测仪、医用探头、乐器的拾音元件、音响设备、水下测声器及漏水检测器等。

（4）交联

如 ETFE、ECTFE 和 PVDF 等的部分氟化氟树脂可通过交联来改善成型后制品（例如导线绝缘）的力学性能，特别是飞机工业中的线缆除了要有良好的不燃烧性外，还要能承受摩擦和割划。

以 ETFE 为例，其具体的交联操作包括将由熔融挤出制成的绝缘导线在高温下浸入交联剂的溶液中，其中交联剂的质量分数应在 0.5%～15% 之间。吸收了交联剂的绝缘导线再经受 2～3Mrad 的辐照就能得到交联制品。一般而言，辐照剂量越高，交联的程度越高，但是过高的辐照剂量也会引起聚合物的降解。可用的交联剂包括三聚氰酸三烯丙基酯（TAC）、异氰脲酸三烯丙基酯（TAIC）、偏苯三酸三烯丙基酯、均苯四酸四烯丙基酯等。

在国外的辐照交联工艺电线电缆中，航空航天用电缆料品级为 X-ETFE 电缆料，而且建立了军标 MIL-W-22759。国内也有多家专业研究机构和工厂在从事 ETFE 辐照交联电线电缆的研究和生产，特别是在 GJB 773A-2000 中也包含了 X-ETFE 辐照交联电线电缆的相关内容。据国内的相关报道，其采用的方法是在 ETFE 中加入适当的敏化剂，然后再经挤线、冷却及辐照最终得到辐照交联的电线电缆，但是在挤线过程中一定要保证敏化剂不发生热分解。

（5）热成型

PVDF、FEP、PFA 等可熔融加工氟树脂以及改性 PTFE 都可用真空成型、压力成型和配合模成型的方法进行热成型加工，但是在所有的方法中都需要先加热氟树脂片材使其达到凝胶点。由于氟树脂比常规塑料的热导率低，因此热成型加工通常需要更长的保温时间。真空成型就是通过真空产生的拉力将熔融的片材拉向模具的外形边缘从而完成成型。压力成型则是利用热的压缩空气将片材推向模具而成型。配合模成型是将片材置于两片可匹配的阴、阳模具之间，待两模接近到合拢时再依靠机械力完成成型。

除此之外，其他的成型方法还包括封装、烫印和油墨印花等，这些都与常规塑料的同类成型方法是基本相同的。

第 9 章
氟橡胶的制备、性能、加工及应用

9.1 概述

氟橡胶（FKM）有着与天然橡胶和其他碳氢类合成橡胶一样的弹性。在承受应力时，FKM 会发生变形，而在应力移除后则能迅速回复至原有的形状和尺寸。FKM 与其他橡胶的最大区别在于其能承受更高的温度，也具有较好的耐低温性，能长期工作在需要同时承受高/低温度的环境。FKM 也有很好的耐油及较好的耐气候老化性能，且随组成和结构的不同，还可耐多种化学品。在汽车、航空航天及化学工厂等中，这类综合性能优异的弹性体是一种必不可少的材料，可应用于各种重要的密封及油料、化学品的输送之中，例如一些典型的 FKM 制品可在 260℃ 下连续工作 1000h 以上且短时间内还可承受更高的温度。

FKM 可分为碳链型及杂链型两大类。碳链型 FKM 是分子主链由 C—C 键构成的 FKM，主要包括 VDF-HFP-TFE 型 FKM、VDF-PMVE-TFE 型耐低温 FKM、TFE-PMVE 型 FKM、Et-TFE-PMVE 型耐溶剂性 FKM、TFE-P 或 TFE-P-VDF 的 TP 型 FKM 以及含氟热塑性弹性体等品种。而杂链型的 FKM，其分子主链上除了 C—C 键外，还存在着如 N、P、O、Si 等的非碳原子与碳原子以及各非碳原子之间构成的链段，主要包括 F—Si 型 FKM，羧基亚硝基型 FKM 和氟化磷腈型 FKM 等品种。在第二类 FKM 中，有些品种具有独特的性能，也有些品种拥有良好的综合性能，但是成本及售价都比第一类 FKM 的高，因此从商业和性价比角度看，这些品种在市场应用和产品重要性方面都稍逊于第一类 FKM，因此本章更侧重于介绍第一类 FKM。

9.1.1 碳链型氟橡胶的组成和性质

9.1.1.1 共聚单体的类型和组成对 FKM 性能的影响

FKM 通常是由两个或多个单体聚合而成的。与氟塑料的合成单体种类相似，FKM 合成用的也是 VDF、HFP、CTFE、PMVE、TFE、Et 及 P 等基本单体，其具体规格、要求及制备方法等可参见第 3 章的相关内容，本章不再累述。

在所用的单体中，有一类单体可均聚成高结晶度的聚合物，例如 VDF、TFE 及 Et，而另一类则是能提供聚合物侧链或大体积侧基团的单体，例如 HFP、CTFE、PMVE 及 P 等。第二类单体在聚合物中起阻止结晶及形成无定形结构的作用。当它们与第一类单体组成一定比例的聚合物后就能形成弹性体，且这类单体的加入量往往是关键因素之一。如何选择构成 FKM 的单体及其组成是由 FKM 应用制品所需的最终性质决定的，包括耐化学品性、耐油性、高温下的热稳定性及低温下的回弹性等。尽管众多的生产商或研究者尝试了很多的努力，但是迄今仍不可能使一个品种的 FKM 同时拥有所有的性能。从碳氢类弹性体的例子中可以获得一些启发，例如用丁二烯和乙腈单体合成的丁腈橡胶有着较好的耐油性和耐高温性，但是如果提高聚合物中的乙腈比例，虽然可以获得更好的耐油性，但是低温下的弹性则会变差。另外，对于 Et 与丙烯酸乙酯共聚得到的橡胶，如果提高其中的丙烯酸酯单体比例也会发生同样的情况。对 FKM 而言，所用的单体种类和在 FKM 中的比例对产品的性能有着显著的影响。表 9-1 是不同单体对性能的影响趋势。

表 9-1　主要单体对 FKM 性能的影响

单体	分子式	对性能的贡献				
		T_g	结晶度	具体性能优劣		
				耐油性	耐极性溶剂	耐碱性
VDF	$CH_2{=}CF_2$	↓	↑	↓	↓	↓
HFP	$CF_2{=}CFCF_3$	↑	↓	↑	↑	—
TFE	$CF_2{=}CF_2$	↑	↑	↑	↑	—
PMVE	$CF_2{=}CFOCF_3$	↓	↓	↑	↑	—
Et	$CH_2{=}CH_2$	↑	↑	↓	↑	↑
P	$CH_2{=}CHCH_3$	↑	↓	↓	↑	↑

由表 9-1 可知，聚合组成中的 VDF、TFE 或 Et 的含量增加有助于提高聚合物的结晶度，而 HFP、PMVE 或 P 等由于贡献了聚合物分子链上的侧链，因此有利于降低聚合物的结晶度以及保持低温下的弹性。除 VDF 外的所有含氟单体都有利于耐油性和耐化学溶剂性的提高。

VDF 接入主链后形成的链段是极性部分，尤其是在与之相邻的都是全氟代的链段情况下，这种极性特性更为明显，因此在与低分子的极性溶剂接触时，会发生溶胀且易受到碱的破坏。主链中的 Et 和 P 链段在与油类接触时会发生溶胀，但是有利于改善耐极性溶剂及耐碱性。正是以上各种单体引入后形成的链段带来了各种影响，因此需要按照实际工况中对性能的特定要求对几种单体进行选择性的搭配和比例组合，从而设计并开发出了多种满足性能要求的不同品种及品级的 FKM。

目前，VDF-HFP 型的二元 FKM 消费量仍占据了全部 FKM 消费量的最大比例。就组成而言，研究发现只有 VDF、HFP 质量比为 60∶40 或摩尔比约为 78∶22 的组成是最具有商业价值的，较高或较低的 VDF 含量分别会导致结晶度变大或 T_g 增高，都不利于该二元 FKM 的低温弹性。基于该组成，供应商出于适应不同应用场景要求的目的又发展了多种不同分子量、黏度的品级及对应的聚合配方。与二元 FKM 相比，三元 FKM 中增加了 TFE 链段，它有助于提升 FKM 抵御化学品的性能，而又不会严重损害三元 FKM 的低温性能。此外，在一个三元 FKM 的品种中，其 VDF 含量可以降低至 30％左右，而氟含量则可以高达 71％。该品级的 FKM 具有良好的耐化学品性能，特别适用于需要耐甲醇或者含甲醇汽油的场景中。

在 FKM 中，如用 PMVE 单体替代 HFP，最终可得到由 VDF、TFE、PMVE、少量硫化点单体组成的 FKM。在 VDF 含量接近的情况下，VDF-TFE-HFP 型 FKM 的长期稳定工作温度比 VDF-TFE-PMVE 型 FKM 要低 10～20℃，且在含有 15％甲醇的 M15 燃料油中进行的样品挂片溶胀性测试中拥有更好的结果。

TFE 与 PMVE 或其他全氟烷（氧）基乙烯基醚进行共聚并接入适当的硫化点单体可得到具有极好耐化学品性能的全氟醚橡胶（PFR）生胶，再配以适当的硫化体系后，其制品能耐 300℃以上的长期高温，可用于除低温外的其他橡胶所不能适用的最苛刻工况环境。

TFE 与 Et 或 P 共聚得到的聚合物则是另外两个系列的 FKM。TFE 与 P 共聚得到的 FKM 具有较好的耐化学流体介质性能，但是在碳氢烃类液体中的溶胀性很高。在 TFE 与 P 的组分中接入 VDF 则可改善低温韧性，但同时也会引起不同程度的耐碱性下降。代替 VDF 的 Et 与 TFE、PMVE 一起共聚后，其产物能很好地耐大多数溶剂和极性流体，特别是碱和胺类。

FKM 的组成和序列结构可以通过核磁共振（NMR）等方法进行测定，其中 VDF-HFP 型 FKM 的组成可通过 ^{19}F-NMR 法进行测定，更复杂的 VDF-HFP-TFE 和 VDF-PMVE-TFE 型 FKM 的 ^{19}F-NMR 谱图也有相关的报道。如果需要进行定量分析，可以通过 ^{1}H-NMR 的谱图进行 VDF 的计算，FKM 中 TFE、HFP 及 PMVE 含量可由 ^{19}F-NMR 谱图计算而得，但是这些方法多用于研究工作之中。在生产控制和质量检验中，元素分析法或者用氟离子电极法等都是测定碳、氢和氟含量的主要手段。

9.1.1.2　VDF-HFP-TFE 型 FKM 的组成和影响

图 9-1 是一个非常重要的 VDF-HFP-TFE 三角形相图，从图中可清楚地发现不同 VDF-HFP-TFE 组合下可能形成的聚合物类型，而只有在特定的组成范围内才能得到二元或三元共聚 FKM。在此范围之外得到的则是树脂，如 VDF-HFP-TFE 组成的 THV。需要指出的是无论 TFE-HFP 还是 TFE-VDF 的组成如何调整都不可能成为弹性体。

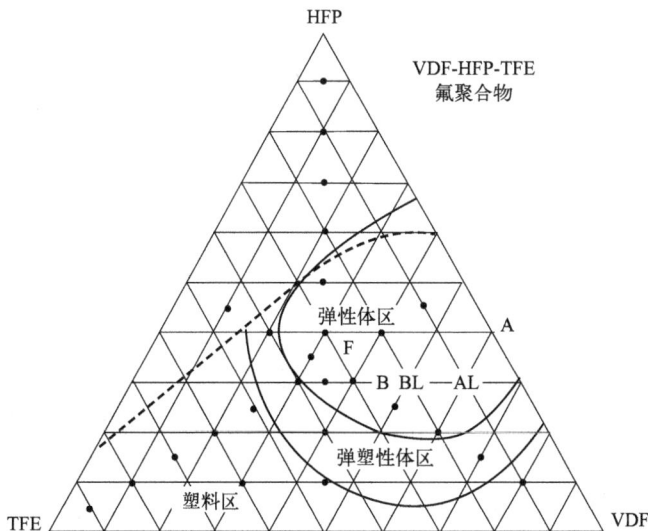

图 9-1　基于 VDF-HFP-TFE 的三元共聚物相图

在一个连续乳液聚合的报道中，曾分别合成了一系列不同组成的 VDF-HFP、VDF-TFE 和 VDF-HFP-TFE 共聚物，并通过物料衡算确定了每个样品的组成及用 DSC 法测定了 T_g、T_m 和 ΔH_m 等。结果表明，只有 T_g 在 20℃ 以下、T_m 低于 60℃ 和 ΔH_m 小于 5J/g 的样品可称为弹性体。T_g 的上限值约束了弹性体中 HFP 的上限含量及 VDF 的下限含量，结晶度的极限则约束了弹性体中 HFP 的下限含量值及 VDF（或 TFE）的上限含量值。图 9-1 中的高 VDF 或高 TFE 含量区域内的聚合物都是呈塑料态的且具有高结晶度的特征，其 ΔH_m 大于 10J/g，T_m 超过 120℃。介于塑料态和橡胶态之间的区域称为"弹性塑料"区，这个区域的样品很黏，同时模量又比橡胶高得多，大部分结晶的 T_m 介于 60～120℃ 之间。满足这个组成区域的聚合物是没有商业应用价值的，而处于橡胶组成区内的聚合物则是具有商业价值的 FKM 产品。

表 9-2 是典型的 Viton 系列 FKM 产品的 VDF 含量、氟含量及 T_g。在这些系列产品中，HFP 含量的控制也是非常重要的，通常 HFP 含量需要达到足以确保聚合物不会产生明显结晶的水平，但同时又不能过量以防止影响聚合物的低温弹性和加工性能。表中的产品都可用双酚 AF 进行硫化，最终得到加工性能好的硫化胶产品。

表 9-2　不同 VDF 基 FKM 系列产品的 VDF 含量、F 含量以及 T_g

产品		VDF 含量（质量分数）/%	氟含量（质量分数）/%	T_g/℃
VDF-HFP	A	60	66	−18
VDF-HFP-TFE	AL	60	66	−21
	BL	50	68	−18
	B	45	69	−13
	F	36	70	−8
VDF-PMVE-TFE	GLT	54	64	−29
	GFLT	36	67	−23

9.1.1.3　VDF-PMVE-TFE 型耐低温 FKM 的组成和影响

图 9-2 的 VDF-PMVE-TFE 三角形相图是另一个非常重要的相图。与图 9-1 相比，该三角形相图的顶部是 PMVE 而非 HFP。从图 9-2 中可清楚地了解到 VDF-PMVE-TFE 型耐低温 FKM 的组成区域。

图 9-2 的上部有很大一片对应弹性体的组成区域，只要 PMVE 含量达到较高的程度，即使是 PMVE-TFE 及 PMVE-VDF 的二元体系也能形成弹性体，例如 GLT 和 GFLT 是两个拥有最好耐低温性能的商品化 FKM 品级，都位于此区域内。由于 GFLT 比 GLT 有更高的氟含量，因此拥有更好的耐化学流体性能。生胶的 T_g、硫化胶试片的 TR-10 或 T_b 等指标可用于评价 FKM 的耐低温性能，还可在一定压力的氮气下对专门设计的 O 形圈进行变温以测定出现明显泄漏的温度点，通过该温度点也可进行耐低温性能评价。为了得到更好的硫化性能和较高的硫化速率，通常需要加入少量含溴或含碘的硫化点单体，典型的如 BTFB 等。为了得到不同分子量的 FKM，还需要加入四氟二碘乙烷等作为链转移剂。

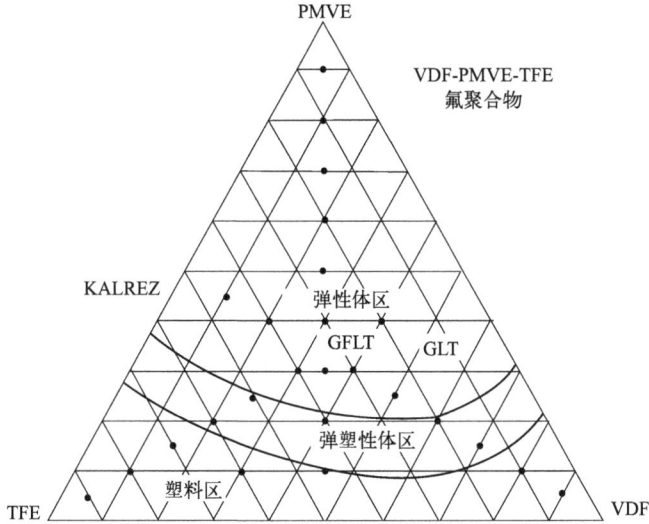

图 9-2　基于 VDF-PMVE-TFE 的三元共聚物相图

9.1.1.4　TFE-PMVE 型 PFR 胶（全氟醚橡胶）的组成和影响

由图 9-2 可知，TFE 与 25％～40％（摩尔分数）PMVE 的共聚物均为弹性体。由于主链和侧链上不含有除 C、F 和 O 元素以外的元素，因此该弹性体称为 PFR 胶（参见图 9-3），与 TFE 共聚的 PMVE 则贡献了与主链连接的侧链 CF_3O-。在采用了适当的硫化体系后，该型 FKM 可成为硫化胶，其拥有与 PTFE 相当的耐强氧化剂、耐高温和耐化学品的性能。特别需要指出的是，在各种液体中的溶胀性指标上，所有的 FKM 都是不如 PFR 胶的。当 TFE-PMVE 共聚物中的 PMVE 达到约 45％时，其呈无定形态，T_g 为 -4℃。此外，如果没有在聚合物组成中引入适当的硫化点单体，则这种 FKM 的分子结构就与 PFA 是相似的，而后者是典型的氟塑料。PFR 胶的独特之处就在于特意引入了约 0.5％（摩尔分数）的少量硫化点单体（CSM，也称第三单体），从而有助于实现硫化以及形成极稳定的网状交联结构。

$$-(CF_2CF_2)_n(CF_2-CF)_m(CF_2-CF)_x$$

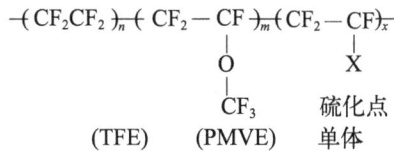

图 9-3　PFR 胶的骨架构成图

可用的 CSM 应满足以下的要求：①能与 PMVE 和 TFE 共聚形成无规排列的结构；②不影响高分子链的形成；③能有利于链的转移。据报道，满足这些要求的 CSM 主要有如下几种。

第一种 CSM 是末端为—CN 的全氟烯醚单体，如 $CF_2{=}CFO(CF_2)_n CN$ 等。硫化交联后，—CN 可形成三嗪结构，这是一种最稳定的结构，因此硫化胶可以在 300℃下长期工作（参见图 9-4）。

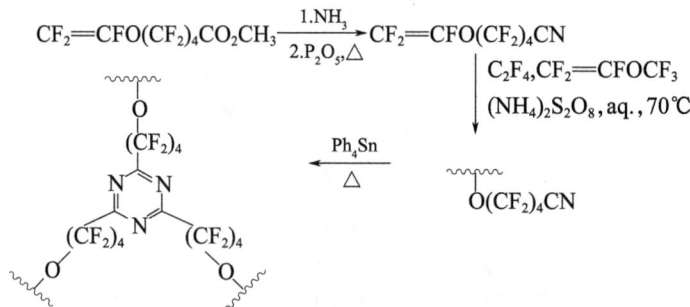

$$CF_2\!\!=\!\!CFO(CF_2)_4CO_2CH_3 \xrightarrow[\text{2.P}_2O_5,\triangle]{\text{1.NH}_3} CF_2\!\!=\!\!CFO(CF_2)_4CN$$

图 9-4　一种 $CF_2\!\!=\!\!CFO(CF_2)_nCN$ 聚合引入及参与硫化的过程

第二种 CSM 是末端为 C_6F_5—基团的烯醚，例如 $CF_2\!\!=\!\!CFOC_6F_5$。

第三种是含溴或含碘的化合物。它们可以作为共聚单体，也可以作为链转移剂。这种 CSM 的 PFR 胶可用过氧化物进行硫化，但是硫化胶的长期使用温度则会下降到 230℃，且不耐强氧化剂。

第四种是采用 $CF_2\!\!=\!\!CF[OCF_2\!-\!CF(CF_3)]_nOCF_2CF_2CF_3$（$n=1\sim4$）结构的混合烯醚作共聚单体。

表 9-3 是一个可供参考的典型 PFR 胶的主要物理性质。

表 9-3　一个典型 PFR 胶的主要物理性质

项目	数值
密度/(g/cm³)	2.00
断裂时拉伸强度/MPa	16.9
断裂伸长率/%	150
100%定伸模量/MPa	7.2
邵氏硬度（A）	75
永久压缩变形（70h，204℃）/%	25
脆性温度/℃	−50
回缩温度（TR-10）/℃	−1

9.1.1.5　基于 TFE-P 的 FKM（TP 胶）的组成和影响

由于自由基聚合中的 TFE 和 P 具有很强的交替排列倾向，因此 TP 胶的组成是很少有变化的，常具有较规整的交替结构，其单元结构为 $\text{---}CF_2\!-\!CF_2\!-\!CH_2\!-\!CH(CH_3)\text{---}_n$。

在实际生产中，所配原料 TFE：P 的摩尔比约为 53：47，如按质量比则为 72.9：27.1，该比例有助于避免在聚合中相邻两个 P 单元可能出现结合的情况。一旦出现这种情况，TP 胶的热稳定性就会降低。

由于 P 在分子链上的非立体定向结合，使得无规取向的—CH_3 阻止了结晶的形成，并使聚合物处于弹性体状态，其 T_g 偏高，约为 0℃，因此 TP 胶具有中等程度的低温弹性。此外，由于组成基本不变，TP 胶的氟含量基本约为 55%，是相对较低的，因此 TP 胶的耐油性（尤其是耐芳香族溶剂性）较差，又由于与氢原子连接的碳原子只会与一个连接有氟原子的相邻碳原子相连，因此 TP 胶是非极性的，其耐极性溶剂及耐碱性都较好，可以防止由碱或胺类物质引起的脱 HF 现象。TP 胶的非极性使其适用于电线电缆的绝缘。

相比 VDF 基 FKM，TP 胶的加工性能是较差的。因此只有在需要耐碱性和耐极性溶剂的应用时才会用到它。加入 VDF 等的第三单体可以明显改善加工性能和硫化性能，同时也能提高氟含量并获得更好的耐油性。如果 VDF 的加入量达到 10% 以上，则在 TFE：P 摩尔比为 1.5 的情况下，TP 胶的氟含量可提高到 59%，此产品可用双酚 AF 硫化，而且弹性体也有了较明显的极性，耐碱性变差了，但是其用在含有部分胺类的汽车润滑油场合中，性能则优于 VDF-HFP-TFE 型三元胶。VDF 含量达到或超过 30% 的 TFE-P-VDF 三元胶，其低温弹性也比二元胶好，T_g 会下降到 15℃。近年来，据报道，用三氟丙烯（$CF_3CH=CH_2$）作为 TP 胶的改性单体，加入量相对较少，仅为 3%～5%。这样的改性 TP 胶可用双酚硫化体系硫化，耐碱性和耐溶剂性与二元 TP 胶相当。

9.1.1.6　基于 Et-TFE-PMVE 的三元 FKM（ETP 胶）的组成和影响

Et-TFE-PMVE 型的 FKM 是一种耐碱性和耐极性流体性能优于 VDF-HFP-TFE 型和 VDF-PMVE-TFE 型的三元胶，其低温下的弹性和耐油性则优于 TP 胶。该胶三个单体 Et-TFE-PMVE 摩尔分数为 10%～40%、32%～60%、20%～40% 时才能形成弹性体。如果用成本低得多的 VDF 替代部分 PMVE，则会造成 T_g 上升及结晶度增高。这当然是橡胶所不期望的性能趋势。图 9-5（a）是一种典型 ETP 胶的序列结构示意图，而图 9-5（b）则是组成基本相似的 GFLT。虽然两者的氟含量都在 67%，但是主链结构从图 9-5（b）中的连续两个 VDF 单元—CH_2—CF_2—CH_2—CF_2—变成了图 9-5（a）中的 TFE-Et 单元—CF_2—CF_2—CH_2—CH_2—。与含氢碳原子相邻的碳原子仅有一个是含氟的，没有极性，因此在氟含量相同的情况下，ETP 胶拥有良好的耐碱、耐胺类化合物及耐极性溶剂性能。

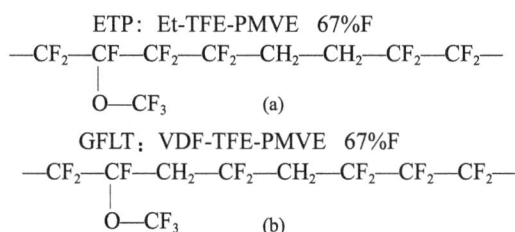

<pre>
        ETP: Et-TFE-PMVE 67%F
—CF₂—CF—CF₂—CF₂—CH₂—CH₂—CF₂—CF₂—
       |
       O—CF₃   (a)
       GFLT：VDF-TFE-PMVE 67%F
—CF₂—CF—CH₂—CF₂—CH₂—CF₂—CF₂—CF₂—
       |
       O—CF₃   (b)
</pre>

图 9-5　一种典型的 ETP 结构（a）和一种典型的 GFLT 结构（b）

与 TP 胶相比，ETP 胶具有相当的耐碱和耐胺类化学品性以及更好的低温弹性、耐油性（脂肪族和芳香族液体）以及耐极性溶剂性能。

9.1.2　杂链型氟橡胶的组成和性质

以下介绍的是三种类型的杂链 FKM：①全部由碳碳键构成的类型；②完全没有碳原子（如氟硅橡胶）的类型；③除碳原子外还有氧、磷等原子的类型。

9.1.2.1 FSi（氟硅橡胶）

如图 9-6 所示，FSi 的基本体系主要基于甲基硅橡胶或者甲基硅橡胶改性。硅橡胶主链上只有 Si 和 O，且与 Si 相接的两个侧基都是有机基团，例如二甲基、甲基乙烯基及甲基苯基乙烯基等。硅橡胶的生胶通常是由含有上述各种结构的单体构成的，通常包括 D_3 的六元环或 D_4 的八元环聚硅氧烷。一般认为，硅橡胶的耐高低温性能很好，但是耐油性差。FSi 则是一种在分子侧链上引入氟烷基或氟芳基的有机环三硅氧烷开环聚合得到的聚合物。侧基结构上引入氟原子后既保留了硅橡胶的耐高低温性，又具有了优良的耐油性。研究表明，对直链烷基而言，在与 Si 原子相接的 α、β 位碳原子上引入氟后都是不稳定的，容易发生水解，只有在 γ 位碳原子上引入氟后才能得到稳定的结构。

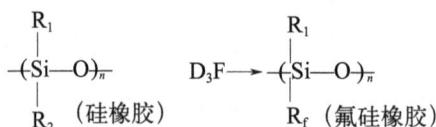

$$\begin{array}{c} R_1 \\ | \\ -(Si-O)_{\overline{n}} \\ | \\ R_2 \end{array} \text{（硅橡胶）} \qquad D_3F \longrightarrow \begin{array}{c} R_1 \\ | \\ -(Si-O)_{\overline{n}} \\ | \\ R_f \end{array} \text{（氟硅橡胶）}$$

图 9-6　硅橡胶和氟硅橡胶的结构示意图

在已经商业化的 FSi 中 R_f 为—$CH_2CH_2CF_3$。以简称为 D_3F 的 3,3,3-三氟丙基甲基环三硅氧烷为原料，在催化剂的存在下该单体发生了开环本体聚合反应最终得到了呈透明黏稠状的聚甲基三氟丙基硅氧烷。这是一种立构规整的生胶，又称为 γ-三氟丙基甲基聚硅氧烷。用黏度法测定的平均分子量在 10 万～200 万之间。催化剂可以是 NaOH 或四甲基氢氧化铵 $[(CH_3)_4NOH]$ 等无机碱。NaOH 的活性很高，因此加入量很少，可以先配制成"钠胶"，再在聚合时作为催化剂加入。在本体聚合的后期体系的黏度会很高，用一般的搅拌桨是难以分散的，且易造成分子量大小和分布无法有效控制的情况。目前多采用先预聚再在双螺杆机中进行挤出式反应的工艺，可以获得较好指标的产品。此外，需要除去生胶中的残留 NaOH，否则会引起聚合物慢慢降解，进而造成分子量变小及储存的不稳定。为了改进硫化性能，通常需要在聚合时加入少量甲基乙烯基二氯硅烷。生胶与填料、催化剂、加工助剂等混合后再经加热硫化最终可得到硫化胶。控制适当的聚合物分子量可得到低分子量的液体胶，主要用于配制 FSi 的腻子或制备高性能的氟硅润滑油及高性能润滑材料等。

添加了少量钛、铁、稀土类氧化物等耐热助剂的氟硅生胶具有更好的耐热性，在 250℃ 的高温下仍能保持好的工作状态。FSi 的耐低温性是所有氟橡胶中最好的，在 −65℃ 下仍能保持柔韧性。这是因为 FSi 分子链上的 Si—O 链极具柔韧性，链段也有一定的流动性。FSi 还以良好的耐油性著称，能耐含甲醇的汽油，即使在体积比为 85:15 的汽油-甲醇中经历 500h 的长时间浸渍，其硬度、扯断强度和表征溶胀程度等的变化率都很小。通常认为 FSi 的长期使用温度范围为 −40～200℃。与对位（或间位）亚苯基双-γ-三氟丙基甲基硅氧烷共聚得到的氟硅亚苯基橡胶，其耐燃料油、耐润滑油、耐化学腐蚀性及耐溶剂性较好，且不水解，抗复原性好，长期使用温度高达 260℃，在 −54℃ 的低温下仍能保持有柔韧性。对铝和钛的黏结性好，可室温固化。

需要指出的是，FSi 的氟含量低于其他氟弹性体，故其耐溶剂性较差，在酮和酯等溶剂中都会发生溶胀。

正是由于 FSi 所具有的上述这些综合性能，其主要的应用方向是飞机和汽车，特别是军用飞机。FSi 可作为飞机油箱的整体密封材料，能满足高/低温和接触燃料油等工况条件的要求，而在汽车燃油系统中，FSi 可用于汽油喷嘴的活门等。此外，FSi 还可用在浸没于油料中工作的潜入式电机的密封材料等。氟硅亚苯基橡胶则可用于高速飞机整体油箱的沟槽密封剂、光学结构的黏结密封剂以及刮涂/刷涂型密封剂等。

9.1.2.2　CNR（羧基亚硝基氟橡胶）

CNR 是 TFE 与三氟亚硝基甲烷（CF_3NO）在低温下共聚得到的弹性体，反应得到是结构Ⅰ的产物，见图 9-7。

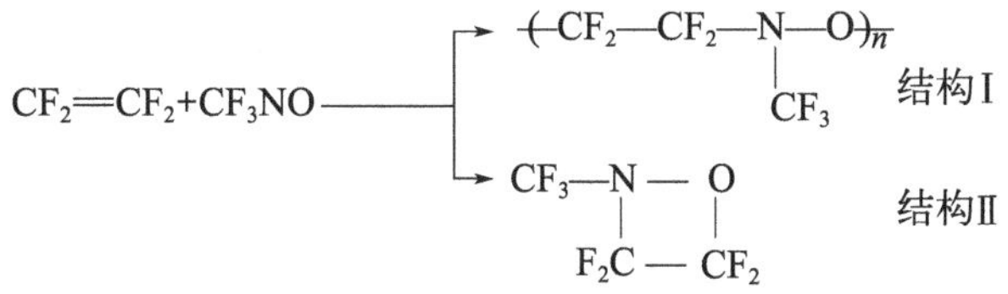

图 9-7　TFE 与 CF_3NO 的不同反应产物

羧基亚硝基氟橡胶是立构规整的交替型共聚物，平均分子量为 100 万以上。反应温度是一个关键的影响因素，如果在 100℃ 以上进行反应得到的不是聚合物，而是由 TFE 和 CF_3NO 两个单体按照 1:1 构成的杂环加成物，则称为 N-三氟甲基全氟氮氧杂环丁烷，其具体反应式和产物结构参见图 9-7。

当反应温度很低时（如 -45℃），反应得到的绝大部分是结构Ⅰ。反应过程中需要及时有效地从体系中移出热量才能始终保证聚合温度处于低温状态。

另一个关键点是 CF_3NO 合成，式（9-1）是一条比较成熟的合成路线。

$$2CF_3COOH \xrightarrow{P_2O_5} (CF_3CO)_2O \xrightarrow{N_2O_3} 2CF_3COONO \xrightarrow[-CO_2]{\triangle} CF_3NO \tag{9-1}$$

其中 CF_3COONO 的沸点为 100～103℃，在其脱羧反应时易发生爆炸，因此需在氮气气氛的保护中进行该反应，以避免可能存在的氧与 CF_3NO 发生氧化反应生成棕色的 CF_3NO_2。CF_3NO 是一种漂亮的蓝色气体，沸点为 -85℃，需要储存在避光和低温条件下的密闭容器中。此外，为了得到高分子量，用于聚合的 CF_3NO 纯度应达到较高的水平。脱羧反应时要加入沸程适当的惰性液体，在保持沸腾的同时慢慢地加入 CF_3COONO 可确保实现稳定和安全的反应。

为了改善 CNR 胶的硫化性能，聚合时需加入一定量可提供交联点的第三单体。据报道，在曾试验过的 50 多种第三单体中最令人满意的是通式为 $HO_2C(CF_2)_xNO$ 的 ω-亚硝基全氟羧酸（$x=2$、3），其中比较成熟的为 ω-亚硝基全氟丁酸 [$HO_2C(CF_2)_3NO$]。添加 0.5%～2.0%（摩尔分数）该第三单体的共聚橡胶在 -25～35℃ 下仍能成功地用过氧化物、盐或金属氧化物进行硫化。文献报道中最好的硫化（交联）剂是三价铬的三氟醋酸盐 [$Cr(OOCCF_3)_3$] 和二环戊二烯二过氧化物（DPD）。

羧基亚硝基的 FKM 之所以能得到重视是因为其独特的耐低温性、耐 N_2O_4 及不燃烧等性能，特别是由于其能耐液态 N_2O_4 介质，可用作运载火箭发动机燃料系统的密封材料，但是该材料价格昂贵，很少应用在其他方面。

9.1.2.3 PNF（氟化磷腈橡胶）

如图 9-8 所示，PNF 是 PCl_5 与 NH_3 或 NH_4Cl 反应生成的环状三聚体（Ⅰ）或四聚体（Ⅱ）经开环聚合得到的线型聚合物（Ⅲ），其主链是 P—N 链。

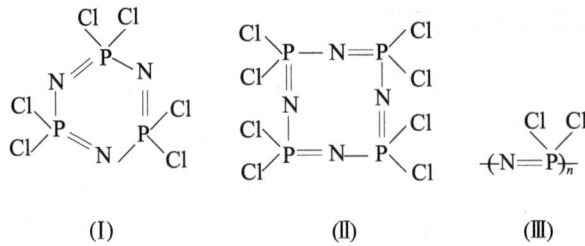

图 9-8　PNF 的三聚体环状化合物前驱体（Ⅰ）、PNF 的四聚体环状化合物前驱体（Ⅱ）和 PNF（Ⅲ）

PNF 可用过氧化物、硫黄/促进剂或高能辐射进行交联，其硫化胶具有优异的耐燃油性和耐化学品性能，良好的机械强度、硬度、震动阻尼性以及在宽温度范围内的弯曲疲劳性等，具有与氟硅橡胶同等的化学稳定性。由于氟含量低，PNF 的耐溶剂性和高温稳定性不如主链都为碳碳键的 FKM。

PNF 可制成耐燃油的 O 形密封圈及其他密封件，也可用于燃油输送管、垫片、隔膜和减震器等用于军事、宇航和航空产业等领域。

9.2　生产技术

只有充分了解、掌握并控制聚合过程及机理、组成、分子量及其分布、端基类型才能获得具备一定性能要求的 FKM 产品。本节就一些商品化 FKM 的生产进行介绍，从而使读者能更直观地理解。

9.2.1　生产工艺简述

几乎所有具备商业价值的 FKM 都是由两种或三种单体经自由基乳液聚合工艺生产的，其过程可以是连续的，也可以是间歇的。图 9-9 是一个 FKM 间歇聚合的流程示意图。

不同条件和工艺参数可获得不同品种和品级的 FKM 产品，包括单体种类及配比、引发剂/表面活性剂（乳化剂）/链转移剂/CSM 的种类和加入量、聚合压力及温度、聚合反应器及搅拌形式、搅拌速率等。凝聚、洗涤和干燥等后处理操作也会产生一些重要的影响。

以下是一个典型的聚合过程，首先将经脱气处理的去离子水加入反应釜中，抽真空或用氮气置换后，使釜内氧含量降低至规定范围内，之后充入少量单体使釜压成为正压，再加入引发剂及乳化剂的水溶液等，如配方中有链转移剂或 CSM，则可按工艺规定定时、定量地用计量泵压入釜内。聚合用的两种或三种单体需在配料槽内按初始及补加单体组成

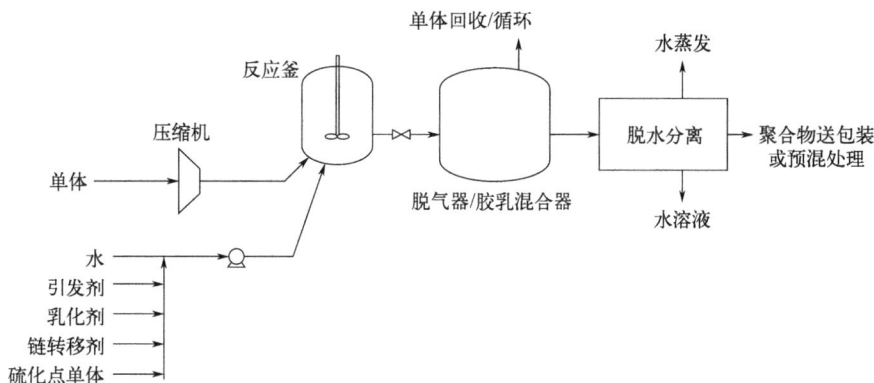

图 9-9　FKM 间歇聚合的流程示意图

分别先混配好，在聚合中通过无油或隔膜式压缩机按工艺程序将这些混配单体依次泵入釜内。采用自动压力控制系统可在保持釜内温度稳定的前提下使压缩机的出口流量根据釜内压力反馈数据进行自动调节，流量的调节是通过电动或气动调节阀实现的。稳定的温度及压力控制对于获得最佳的组成及分子量分布是至关重要的。对一个连续聚合过程而言，保持釜内液面高度的稳定也很重要，通过在某一设定高度实现溢流出料或在底部出料口设置调节阀进行出料控制都是可采用的方案。通常，从釜内流出的乳液（习惯称胶乳）固含量为 15％～30％，聚合物初级粒径范围为 100～1000nm。

在放出或溢出的胶乳中仍会含有数量可观的单体，其或溶解在体系中或包在颗粒内，总量在 3％～30％的范围，主要取决于单体种类、单体组成、温度及压力等条件，尤其在较高压力下的含量会较大。因此完整的生产过程应包含这部分单体的分离和回收单元。对于一个满釜的连续聚合而言，在出口管线上是设有背压阀的，胶乳通过此阀后能在低压下进入脱气槽，脱出的气相单体经压缩机连续地返回。脱气过程中会生成很多稳定的泡沫，因此需要加入适当的消泡剂才能保持系统的正常运行。对于批次性的间歇聚合，胶乳进入脱气槽脱除带出的单体，并经压缩机压缩后进入一个独立的单体回收槽，待处理后可用作下一批次的反应原料。经脱气处理后的胶乳则进入胶乳混料槽备用。

胶乳的后处理包括凝聚、洗涤及（与水的）分离等步骤。凝聚主要基于机械搅拌与适量电解质凝聚剂的共同作用。生产中常用的凝聚剂包括在水中溶解性好的铝、钙或镁的盐。凝聚生成的聚合物颗粒大小要适中，尺寸太大甚至结成团会使得洗涤过程中不易洗尽残留的杂质，从而影响产品质量。尺寸太小则会在离心分离或过滤时造成物料损失。凝聚和洗涤后的橡胶是需要进一步脱水的，与水分离的同时也脱除了大部分溶解在水中的乳化剂和盐类。脱水的主要方法包括采用连续离心分离机、过滤器或脱水专用挤出机等的工艺。脱除绝大部分水后的胶料还要经过脱盐处理，主要方法为重复多次用新鲜去离子水将胶料打成浆料后再脱水分离的过程，直至胶料电导率指标达到工艺设定的要求。湿胶料还需要进行干燥处理，可用的干燥设备包括间歇式烘箱或连续带式干燥机等。前者较适合特种品级小批量生产，后者更适合大批量生产。干燥后的生胶通常要经辊压轧炼或挤出，再预成型成为便于包装的片状或粒状产品，也可加入硫化剂和助剂制成预混胶。有一些专业的混炼胶供应商是专门从事生胶混炼业务的，其按多种配方将生胶混炼成片后供给中小用户用于橡胶制品的加工。

9.2.2　不同单体间的共聚

有关 FKM 的自由基聚合机理及单体竞聚率等与第 4 章中的相关内容是相通的，因此以下仅用一个具体的 VDF-HFP 聚合实例来描述组成和竞聚率的计算过程。

在一个 VDF-HFP 的聚合实例中，采用了两台串联的聚合反应器进行转化率高达 93％的 VDF-HFP 连续聚合。反应器的容积为 2L，反应温度和压力分别为 110℃ 和 6.2MPa，水和物料的平均停留时间为 0.25h，出料中的胶乳固含量为 19％，聚合物的组成中 VDF 为 58％及 HFP 为 42％，聚合物的氟含量为 66.3％。假定未转化的单体都溶解在聚合物颗粒中则有关竞聚率的具体计算结果如表 9-4 所示。

表 9-4　VDF-HFP 单体物料平衡

单体	加料	未转化单体量		得到聚合物按组成计算单体量		
	g/h	g/h	mol/h	g/h	mol/h	质量分数/%
单体 1（VDF）	1100	20	0.31	1080	16.88	58
单体 2（HFP）	900	130	0.87	770	5.13	42
合计	2000	150	1.18	1850	22.01	100

按第 4 章中的相关方法计算可知 $X=0.36$，$Y=3.33$，则 $r_1 \approx 6$。虽然该结果不是很精确，但还是合理的。工业化生产的 VDF-HFP 型氟橡胶中 VDF 的质量含量约为 60％，HFP 含量约为 40％，氟含量为 63％。高氟含量的特殊 FKM 品级可达到 68％～70％的氟含量。

9.2.3　乳液聚合

工业化生产的 FKM 基本上采用的都是自由基乳液聚合工艺。与其他氟聚合物类似，FKM 是氟碳链型的聚合物，既有与水相溶的无机端基，又有与水不相溶但与单体相溶的氟碳链，因此乳液聚合中形成的胶束在表面活性剂保护下可稳定地存在，反应期间溶于水的单体不断进入（形象化表示就是"吞进"）胶束中心参与聚合反应，同时胶束不断长大，但这样形成的胶乳浓度不能太高，否则就会因胶束过大而发生凝结导致结块。在胶束中成长的自由基是隔离开的，只会与数量有限的新进入胶束的自由基结合而发生链终止，这有助于得到高分子量及良好橡胶性能的产品。因此与其他氟聚合物的乳液聚合类似，其实际的聚合过程并不是在液-液乳状液水相中发生的，而是在很多 100～1000nm 粒径的可"吞单体"胶束中发生的。

特别要指出的是，采用乳液聚合工艺制备 VDF 基 FKM 可以实现在较小容积的聚合反应器内达到很高生产能力的目的。

虽然有关氟聚合物乳液聚合的机理等在前几章中都有描述，但是为了更好地理解 FKM 乳液聚合的过程，同时进一步加深对氟聚合物乳液聚合的理解，以下将以过硫酸盐引发的 VDF-HFP 型 FKM 乳液聚合为例进一步介绍其机理及动力学。

9.2.3.1　聚合机理和动力学

水溶性的引发剂在水相中分解产生的自由基是聚合过程的第一步。过硫酸盐在一定温度下会发生如式（9-2）的热分解反应，引发过氧键断裂及产生自由基。

$$^-O_3SO—OSO_3^- \longrightarrow 2 \cdot OSO_3^- \tag{9-2}$$

从式（9-3）可知，分解速率主要取决于温度，部分也受 pH 的影响。FKM 聚合通常是在较低的 pH（3～6）下进行的，过硫酸盐热分解速率常数 k_d 依一级反应可用 Arrhenius 方程的形式表示如下［参见式（9-3）］。

$$k_d = A\exp\left(-\frac{E_a}{RT}\right) \tag{9-3}$$

式中，A 为频率因子（或指前因子）；E_a 为反应活化能，两者都与温度无关；R 是摩尔气体常数，$8.314J/(mol \cdot K)$；T 是热力学温度。由于过硫酸盐的 E_a 为 140.8kJ/mol，则可计算得到不同温度下的 k_d 和半衰期值。从 E_a 及表 9-5 的 k_d 和半衰期结果可知，过硫酸盐的热分解反应对温度是非常敏感的。

表 9-5　过硫酸盐热分解与温度的关系

温度/℃	$k_d/(10^{-1}min^{-1})$	半衰期/min
50	0.063	11000
60	0.307	2260
70	1.37	507
80	5.60	124
90	21.2	33
100	4.9	9
110	247	3
120	769	1

从表 9-5 可知，80℃以下的过硫酸盐热分解速度很慢，为了保持一定的自由基产生速率，就需要使用比较高的引发剂浓度。为了改善低温下的热分解速率，一种方法是采用氧化还原引发体系。亚硫酸盐是一种典型的还原剂，可以迅速地与过硫酸盐发生如式（9-4）的反应，产生两种不同形态的自由基。

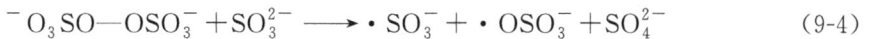

$$^-O_3SO—OSO_3^- + SO_3^{2-} \longrightarrow \cdot SO_3^- + \cdot OSO_3^- + SO_4^{2-} \tag{9-4}$$

如果聚合温度低于 60℃，可以加入铜盐类的催化剂，以加快氧化还原反应的速率。在连续聚合反应过程中，氧化还原体系中的各成分需要从不同的管线分别加入。

相当部分的新生成自由基在与单体结合引发链增长前会因发生相互间的结合而消失。对于 VDF-TFE-HFP 或 VDF-TFE-PMVE 型橡胶而言，VDF 和 TFE 是最有可能先与自由基结合的单体。图 9-10 是硫酸根离子的自由基与上述两个单体所可能发生的反应，其中全氟的硫酸根端基在聚合条件下还可能会进一步水解生成羧酸端基。

为了保持聚合过程的 pH 值始终大于 3，常常需要加入一些碱或缓冲剂。

亚硫酸根离子自由基引发生成的是磺酸端基，具体可参见式（9-5）。

$$\cdot SO_3^- + CF_2=CF_2 \longrightarrow \cdot CF_2CF_2SO_3^- \tag{9-5}$$

与全氟硫酸根端基不同，在同样的聚合条件下，全氟磺酸端基是不会发生水解的。

① 自由基的增长　水相中的自由基会与少量溶解的单体结合而获得进一步的增长。

$$\bar{O}_3SO\!-\!OSO_3^- \longrightarrow 2\cdot OSO_3^-$$

上分支：
$$\xrightarrow{CF_2=CF_2} \cdot CF_2CF_2OSO_3^- \xrightarrow{H_2O} \cdot CF_2COO^- + H_2SO_4 + HF$$

下分支：
$$\xrightarrow{CH_2=CF_2} \cdot CH_2CF_2OSO_3^-$$

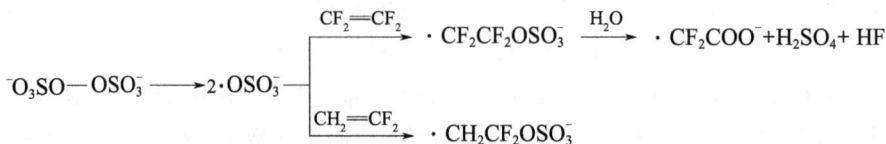

图 9-10　硫酸根离子的自由基与 TFE 和 VDF 单体所可能发生的反应

稳定的聚合物颗粒外都包覆着阴离子表面活性剂，同时还带有来自聚合物阴离子端基的表面电荷，因此在水相中成长的自由基一定要结合数个单体单元（如 3～5 个）才能具有表面活性及足够的疏水性，从而能克服静电表面壁垒，进入胶束微滴内，但是在进入之前，这些自由基仍可能会发生诸如图 9-11 所示的链终止等反应。

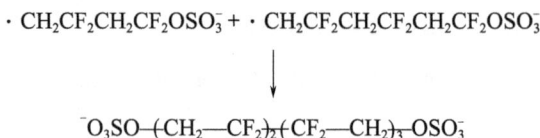

$$\cdot CH_2CF_2CH_2CF_2OSO_3^- + \cdot CH_2CF_2CH_2CF_2CH_2CF_2OSO_3^-$$

$$\downarrow$$

$$\bar{O}_3SO\!-\!(CH_2\!-\!CF_2)_2(CF_2\!-\!CH_2)_3\!-\!OSO_3^-$$

图 9-11　自由基终止

由图 9-11 得到的产物可认为是一种有效的表面活性剂，能起到稳定胶束的作用。根据加入的引发剂量，即使少加甚至不加表面活性剂也足以保持 VDF 共聚物乳液的稳定性。如果与上述短自由基结合的不是 VDF 或 TFE，而是较不活泼的 HFP 或 PMVE 等单体，则短自由基终止的可能性会比增长的可能性更大。

② 自由基的转移　如果自由基转移到某个水溶性的物质（例如异丙醇）片段上就会生成一种如式（9-6）的非离子自由基。

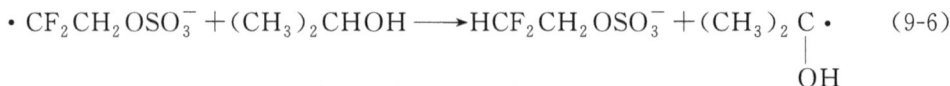

$$\cdot CF_2CH_2OSO_3^- + (CH_3)_2CHOH \longrightarrow HCF_2CH_2OSO_3^- + (CH_3)_2\underset{|}{C}\cdot \qquad (9\text{-}6)$$
$$OH$$

这样一种不带电荷的极性自由基很有可能只需结合一个或两个单体单元就能赋予足够的疏水性，进而能进入胶束细滴。

由于链终止和链转移等反应的存在，只有 20％～60％ 的初始自由基经历长大和进入胶束颗粒并继续成长为高聚物，尤其在高引发剂量的情况下更是如此。当一个自由基进入胶束细滴后，它就很迅速地与溶解在此胶束中的单体发生结合而增长。通常，单体在胶束中的浓度比水相中要高得多。

表面活性剂的类型和加入量对聚合速率和聚合物分子量有很大的影响。FKM 乳液聚合中加入的表面活性剂通常是全氟代或部分氟代的阴离子表面活性剂。为了在后续分离操作中尽可能减少表面活性剂的残留量，应使用在水中的溶解度高及在低浓度下也具有高效果的表面活性剂类型以尽量减少总的使用量并降低后续的洗涤等难度。此外，聚合条件下的表面活性剂是不能与自由基发生反应的，以避免自由基的过度转移和一部分阴离子表面活性剂附着在聚合物链的端基上。长期以来，8 个或 9 个碳原子链长的全氟羧酸盐或磺酸盐一直被认为是一种惰性和有效的乳液稳定剂。对于 FKM 乳液系统而言，PFOA 曾是最好的选择，但是由于存在环保等方面的问题（具体可参见前几章中的相关内容），FKM 乳液聚合中的 PFOA 已经基本不用了。一些替代物如部分氟化表面活性剂被证明是有效的，尤其是对 VDF 基 FKM 来说，其分子结构通式为：$F \mathop{-}\limits (CF_2 - CF_2 \mathop{)}\limits_{\overline{n}} CH_2 - CH_2 X^- M^+$，其中 $n =$ 2～8（多数情况为 3～4），X^- 为硫酸根、磷酸根或磺酸根，M^+ 是 H^+、NH_4^+ 或一种碱金属离子。硫酸根、磷酸根特别有效，但是会参与到一些不期望发生的转移反应之中，例如在一篇 2005 年的专利中提及的一种部分氟代的磺酸钠结构 $F \mathop{-}\limits (CF_2 - CF_2 \mathop{)}\limits_{\overline{3}} CH_2 - CH_2 SO_3^- Na^+$，其在连续或间歇的 FKM 乳液聚合系统中都能很好地作为 PFOA 的替代物，其分散效果好，不受自由转移影响，且易于在后处理单元中除去。

乳液体系中的聚合速率可用式（9-7）表示：

$$R_p = \frac{k_p [M] N_p n_r M_o}{N_A} \tag{9-7}$$

式中，k_p 为胶束细滴中总链增长速率常数；$[M]$ 为胶束细滴中单体的摩尔浓度；N_p 为胶束细滴总数；n_r 为每个胶束细滴中平均自由基数；M_o 为平均单体分子量；N_A 为阿伏伽德罗常数，6.022×10^{23}。

实际上，N_p 和 n_r 是很难用实验方法进行测定的，因此该聚合速率公式只具有理论意义。虽然已有很多关于 FKM 乳液聚合的聚合速率动力学研究结果，但是实际应用最多的还是式（9-8）的经验式，可用于估算聚合速率以及设定、控制聚合物黏度。

$$R_p = k_p f_{M^q} \rho^r (1 + S^s) \tag{9-8}$$

式中，S 为表面活性剂浓度；ρ 为自由基生成速率，可取 100% 有效；f_{M^q} 为分压或有效压力（逸度），代表了单体浓度；k_p 为特定组成和反应温度条件下的总聚合速率常数。式中的指数中 q 为 1～2，r 为 0.5～0.7，s 为 0.4，可能还要加入某个因子以显示胶乳中聚合物浓度的影响。聚合速率也可用间歇聚合的反应时间及连续聚合时的停留时间来间接表示。通常，R_p 可由试验得到，但是生产中的聚合速率往往受制于目标产品的指标以及配套的工艺及工程条件，但是一般都较为温和。

了解聚合物分子量或黏度与反应变量之间的关系有助于设定和控制 FKM 的最终指标。由于大多数 FKM 乳液体系中的长链是由自由基进入胶束或者是与加入的链转移剂反应而开始和终止的，因此可以得到一个如式（9-9）的数均分子量（M_n）与 R_p 的关系式，此外，该式没有将单体内、聚合物、引发剂及外来的杂质造成的链转移反应因素考虑在内。

$$M_n = \frac{R_p}{\rho_e / 2 + r_{tr}} \tag{9-9}$$

式中，M_n 为聚合速率 R_p（g/h）与链生成速率之比；ρ_e 为链转移反应开始速率；r_{tr} 为链转移反应终止速率。

由于 M_n 很难作为一个产品质量的常规性指标，因此需要更便捷的方法。大多数情况下，可认为聚合物的分子量分布是基本保持不变的，因此黏均分子量（M_v）与 M_n 之比（M_v / M_n）也基本保持不变，而对于一定的聚合组成和溶剂体系，M_v 与特性黏度（η）之间存在着如式（9-10）的关系，即 Mark-Houwink 关系式。

$$[\eta] = K' M_v^\alpha \tag{9-10}$$

对于商业化生产的 VDF 型 FKM 及良溶剂甲基乙基酮的体系，指数 α 为 0.55～0.75。经过多步假定和简化转换，最终简化得到式（9-11）及式（9-12）。

$$\eta_{int} = \left(\frac{R_p}{K_\rho}\right)^\alpha \qquad (9-11)$$

或

$$\lg\eta_{int} = \alpha\lg\frac{R_p}{K_\rho} - \alpha\lg K \qquad (9-12)$$

以 $\lg\eta_{int}$ 和 $\lg(R_p/K_\rho)$ 作直线图，通过直线斜率和截距可得到 α 及 K 值。

对于过硫酸盐热分解引发的聚合，可以根据式（9-3）估算得到 k_d。当然，其中也没有考虑链转移的影响。

对于间歇聚合中常用的低活性链转移剂和较低反应温度，经校正后上式可成为基于聚合物颗粒中链转移剂浓度与单体浓度之比（$[T]/[M]$）的关联式，参见式（9-13）。

$$\eta_{int}^{-1/\alpha} - \frac{R_p}{K_\rho} = C_{tr}\frac{[T]}{[M]} \qquad (9-13)$$

此式可用于链转移常数 C_{tr} 的计算，且随反应釜的形式不同，此式对控制聚合产品性能的适用性也会改变。之后将进一步介绍连续或间歇乳液聚合体系的设计、运行和控制。

9.2.3.2 连续法乳液聚合

在连续搅拌釜式反应器（CSTR）中进行 VDF-HFP-TFE 的连续法乳液聚合是由杜邦公司在 20 世纪 50 年代末首先开发的。经完善和发展，该连续工艺已发展为包括复杂的加料系统、CSTR、胶乳脱气、未反应单体回收及再循环系统以及聚合物的分离、洗涤和干燥系统等在内的一个完整系统，具体的流程示意图可参见图 9-12。

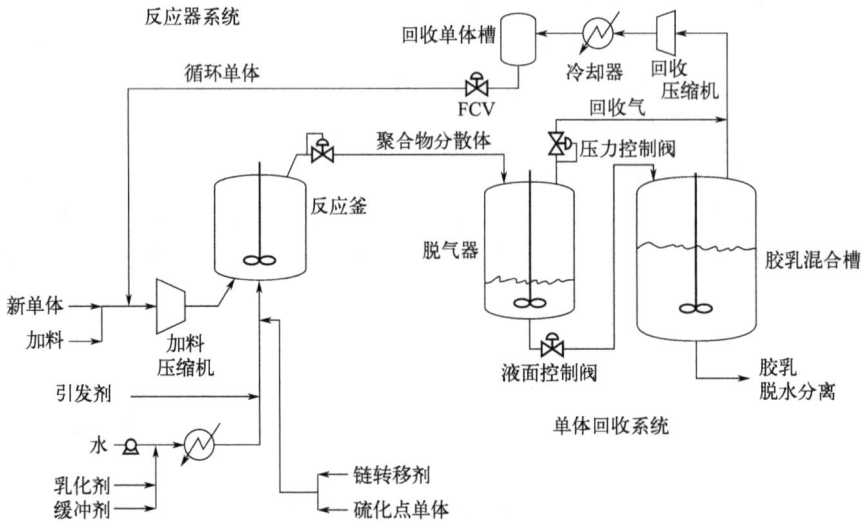

图 9-12　FKM 连续乳液聚合流程示意图

连续聚合的主要优点包括：①可在稳定的聚合速率下持续生产；②在流出胶乳固含量 15%～30% 的情况下实现高聚合速率的生产，即单位容积反应器在单位时间内的生产强度较高；③绝大部分或全部的聚合反应热由新鲜补加入反应器的预冷水吸收（冷却水温度也随之上升），所以聚合速率通常不会受制于反应器冷却夹套的传热速率；④该工艺对大批量生产的品种特别适合。如果某一品种或品级 FKM 的生产周期为 2 天或以上，则待参数达到稳定态后，可在较长生产周期内连续生产出质量和性能都非常稳定的产品。自动化控制系统有助于该系统能在很短时间内度过非稳态阶段实现达标产品的稳定生产。

当然，如果批次生产量不大或同一生产线内频繁切换品种，频繁地开停车、不同浓度的物料和助剂频繁清洗及置换管道和设备等既烦琐又不经济，且会产生过高比例的开停车料，导致成本的上升，此时就不太适用连续聚合工艺，间歇聚合工艺则更适合这些生产情况。

连续聚合的实施条件比较苛刻，其中单体组分需满足能在水相中高速率低聚的条件，从而能连续生成新的小颗粒，保证达到稳定的聚合速率。这显然需要很高的自由基生成速率，同时还需要（不断）加入阴离子低聚体的表面活性剂，使分散体保持稳定。大部分 VDF 共聚物中的组分都能满足上述要求，尤其是商业意义巨大的 VDF-HFP-TFE 型和 VDF-PMVE-TFE 型 FKM。就 TFE-PMVE 型的 PFR 胶和 Et-TFE-PMVE（ETP）型的耐碱性 FKM 而言，虽然它们的聚合速率较慢，但仍可用连续聚合工艺生产。在上述连续聚合过程中，搅拌也非常重要。为了使单体尽快溶入水相并使胶乳充分混合，需要施加较高的搅拌强度，通常可采用涡轮推进式搅拌桨。在加料方式上，由于单体原料和各种助剂需分开加入，因此反应器需要设计多个加料管，其中气态单体的加料管还要深入到桨叶顶端附近的高剪切区。桨叶转速应足够快，以保证气体原料与胶乳充分混合并在平均停留时间内能在釜内上下翻滚几次，但是也不能过快，其上限是不能在反应器内的高剪切区发生因剪切而导致部分胶乳出现凝聚结团（块）的情况。表面活性剂的加入量也是适量的，如果过多则不易在后处理单元除去，同时这也制约了搅拌转速不能过快，此外在向较低压力下的脱气槽出料时要确保不会因高剪切而破乳。

FKM 反应器设计中的一项关键点是如何迅速移出单体聚合中的聚合热。对于反应速率不快及生产量不多的情况，一般都是在带冷却夹套的小容积搅拌反应器内进行聚合，其在单位时间内放出的反应热完全可以通过夹套冷却的方式移出，从而维持温度的稳定，例如小批量生产的 PFR 胶等特殊品种，由于聚合速率慢就能很容易地满足上述的要求。VDF 基 FKM 的生产量一般较大，配套的反应釜容积也较大，同时反应速率也较快，因此单位时间内放出的反应热难以通过夹套传热及时移出以达到稳定控温的目的。而连续聚合的绝热反应就比较适合，聚合放出的反应热依靠连续加入的新鲜水水温来调节，为了保持需要移出的热量和新鲜水温升吸收的热量之间的平衡可进行相应计算从而得到新鲜水预冷温度等参数。按商业化 VDF 基 FKM 产品的组成进行键能计算，其聚合热为 $300\sim 350$kcal/kg。鉴于 FKM 生产得到的胶乳固含量有一定的范围要求，特别是胶乳固含量过低即意味着生产强度将大大降低，这从技术经济角度也是不合适的，因此实际新鲜水的加入量不可能过高。当然，从平衡反应热的需要，也不能过低，例如在 VDF-HFP-TFE 三元共聚 FKM 中，实际操作时胶乳固含量一般控制在约 20%，即连续聚合反应器流出的胶乳为 4kg 的水和 1kg 的聚合物。如果聚合热为 320kcal/kg，则水的温升就需要 80℃。如需要使聚合温度恒定在 110℃，则加入新鲜水的温度就要预冷至 30℃。如果聚合温度低于此温度，则水温需相应预冷至更低的温度，以确保温升不变。完全的绝热反应有利于准确地控制加料水水温，但如果同时还伴有夹套冷却，就会使反应的温度控制复杂化。由于相关变量很多，夹套传出的热量往往是波动的，这就会对新鲜水的水温控制带来很大的挑战。

连续聚合的运行方式与间歇聚合有很大不同，特别是连续聚合的开停车程序比较复杂。在连续聚合的初始配料阶段，将包括引发剂、表面活性剂和缓冲剂在内的物料溶于水后在设定的压力和温度下加入釜内直至满釜，而硫化点单体和链转移剂等其他成分则因为有阻迟反应的作用，只能待开车结束进入运行之后才能加料，接着按最终共聚物组成计算得到的原料组成以满负荷的速率进行加料，反应启动后就会放出很多热量（热启动），使反应器内温上升，随后进入调温程序，降低新鲜水温度和启动夹套的冷却方法都可以使内温尽快达到目标温度。随着胶束的快速形成，一般在前几个置换周期内，胶束数量会有些波动，1~2个置换周期后的单体转化率会快速上升达到80%~95%的水平，其他操作条件也会逐步达到稳定。约6个反应器置换周期后，整个反应器的运行就进入稳态操作，出料的胶乳固含量也达到满负荷状态。未转化的单体经脱气回收及处理后才能返回再利用。上述的一个置换周期是指按比例的单体原料与水一起将反应器整体置换一次所需的时间。

据报道，表9-6是在一个约38L的CSTR中进行VDF-HFP连续聚合运行试验达到稳态后的物料平衡结果，其单体转化率为89%。

表9-6 VDF-HFP连续聚合达到稳态后的物料平衡

单体	新加料量（与聚合物产出量相同）		反应器放出的胶乳经脱气回收的物料量		投入CSTR总物料量（与CSTR流出量相同）	
	kg/h	%	kg/h	%	kg/h	%
VDF	24	60	1.25	25	25.25	56
HFP	16	40	3.75	75	19.75	44
合计	40	100	5.00	100	45	100

在CSTR中的聚合反应达到稳态后，回收的单体速率与脱气槽中未转化单体的脱气速率相等，新加入反应器的原料加料速率与聚合物生成速率相同。整个运行期间，向聚合反应器输入的单体总量是保持不变的。需要指出的是，在开车阶段尚未建立回收单体的循环之前，新单体加入量一定就是加料总量。此外，只要停止单体进料就可以实现CSTR连续聚合的停车，因为此时留在反应器内的尚未反应单体混合物对于链增长活性而言是非常低的，所以聚合反应立即就停止了，同时也要马上停止引发剂和链转移剂的加料，但是水和表面活性剂则需继续加入直至反应器内已生成的FKM聚合物置换到脱气器及后面的胶乳混料槽。

连续乳液聚合反应的控制常涉及以下多个方面，包括温度及转化率、自由基生成速率、聚合速率、聚合物组成和聚合物黏度等指标的稳定控制，其中还存在着一定的关联性。

① 温度控制。有效的温度控制系统一定是反应灵敏、控制措施执行迅速有力的。这对于克服CSTR固有的不稳定性至关重要。聚合速率 R_p 和单体转化率是依赖自由基生成速率维持的，只有保持反应器中不断生成新的胶束细滴才能有足够多的胶束，因此自由基生成速率要保持在一定的水平上。自由基生成速率 ρ 对温度十分敏感，特别是使用过硫酸盐作引发剂时尤其如此。温度下降意味着 ρ 和 R_p 的下降，此时单位时间的放热量也随之

314

减少，从而导致反应器内的温度进一步下降。为了避免此种情况的发生及造成反应的破坏或停止，温度控制系统必须反应十分迅速。在绝热条件下，用于水加料系统热交换的换热器必须可以快速而灵敏地切换，即从开车时将需加入的物料迅速加热到反应目标温度转变为将新鲜水冷却到一定温度以迅速吸收反应热。必要时还可启用旁路换热。

② 失稳的控制和恢复。用反应动力学分析反应的放热速率及传热速率与温度的关系，则 CSTR 聚合系统有两种可能的稳态区，一种是期望的高转化率稳态，另一种是低转化率稳态。中间的转化率区域转化率是不稳定的。任何对稳态的扰动都可能使单体由高转化跌落到低转化的状态，例如不正常的引发剂损耗和过多的阻聚剂量。低转化率意味着在反应器内会滞留很多单体，而这会导致搅拌效果的恶化以及过量的单体流向脱气槽从而引发潜在的安全危险。从这样的低转化率状态恢复到正常状况可采取如下处理流程，包括停止单体加料，并继续加入含表面活性剂的水，之后置换未反应的单体，再恢复加料，进而校正影响聚合反应的问题及重启聚合。

③ 分子量和组成的控制。ρ 与 R_p 之比（ρ/R_p）决定了聚合物中离子端基的数量，也是分子量控制的主要因素。对于过硫酸盐热分解的情况，在 CSTR 中生成自由基的总速率可通过 CSTR 中水的总容积 V_t、水中的引发剂初始浓度 $[I]_0$ 及含引发剂水的体积加料速率 F_w 等参数进行引发剂量的物料衡算，参见式（9-14）及式（9-15），并计算出反应器中的实际引发剂浓度 $[I]$。

$$F_w[I]_0 = F_w[I] + V_t k_d[I] \tag{9-14}$$

或

$$[I] = \frac{[I]_0}{1 + k_d\theta} \tag{9-15}$$

式中，θ 是物料在反应器内的停留时间；k_d 是过硫酸盐的一级热分解反应速率常数。

CSTR 中的 V_t 应小于反应器本身的容积，因为反应器中还含有聚合物和未转化的单体。在取 100% 效率的情况下，ρ 可表示为式（9-16）。

$$\rho = 2k_d V_t[I] = \frac{2k_d V_t[I]_0}{1 + k_d\theta} = \frac{2k_d\theta F_1}{1 + k_d\theta} \tag{9-16}$$

引发剂的摩尔加料速率 F_1 等于 $F_w[I]_0$，$k_d\theta/(1 + k_d\theta)$ 则是在停留时间 θ 及与某一操作温度对应的引发剂 k_d 下的分解比。自由基的进入速率 ρ_e 低于 ρ，如用一个效率因子 f 来表示，则 ρ_e 可从式（9-17）得到。

$$\rho_e = \frac{2k_d V_t[I]_0}{1 + k_d\theta} \tag{9-17}$$

通常，这些体系中的 ρ_e 是很低的，只有 0.2～0.6，而且往往是未知的，所以 ρ 就可用于对反应器控制的实际关联之中。

聚合速率或者单体加料的目标速率可通过动力学模型式（9-7）、经验关联式式（9-8）或工厂操作经验进行估算。为了得到期望的目标 R_p 及组成，需要不断对单体加料进行微调，对聚合反应器流出的粗产品进行采样分析以测定其组成和固含量。估算 R_p 有以下几种方法：根据水的加料速率和产出的胶乳固含量进行计算；从流量计得到单位时间内的新鲜单体加入量、循环回收单体量、总投料量和外排单体量，并在单体物料衡算的基础上进行计算；对于绝热反应则可在热量衡算的基础上进行计算。

此外，对单体进行物料衡算也可同时得到聚合物的组成，因此对原料单体的组成加以调整是控制目标聚合物组成的重要途径之一。硫化点单体则是通过控制其加入量与 R_p 之比或总气相单体加入量之比进行接入量控制的，其值可通过仪器分析测定和监控。

④ 熔融黏度的控制。需要指出的是，CSTR 工艺中的聚合物熔融黏度是通过调节链转移剂的加入速率来实现控制的。对流出反应的釜胶乳中的聚合物进行特性黏度分析和跟踪是黏度控制的重要一环。

⑤ 胶乳的稳定性控制。胶乳稳定性受表面活性剂加入速率和 pH 的影响。通过测定流出胶乳的 pH 值并据此调节加入的碱或缓冲剂与表面活性剂的比例作为 pH 控制的响应。

通常，连续聚合中的各种聚合条件一经适当组配并启动聚合以后，控制变量的调节幅度应当是很微小的。在运行过程中，对于涉及的各个变量（尤其是单体流量和组成）需定期测定，同时也有必要及时发现仪表读数可能存在的误差。为了确保连续聚合反应的稳定和安全运行，除了直接与反应器相关的因素外，其他一些因素也是必须予以关注和监控的，例如单体加料和循环用的压缩机、脱气槽、搅拌器以及主辅料中的杂质含量等因素。

9.2.3.3　间歇法乳液聚合

几乎所有的 FKM 生产商都采用了间歇法的乳液聚合工艺。由于技术保密的原因，很少有涉及商业化间歇法乳液聚合过程的详细材料和公开报道，只在部分专利中较详细地介绍了一些小规模反应器的聚合过程。图 9-13 是一个典型的由聚合反应器及相关的加料系统和单体回收系统组成的间歇法乳液聚合流程示意图。

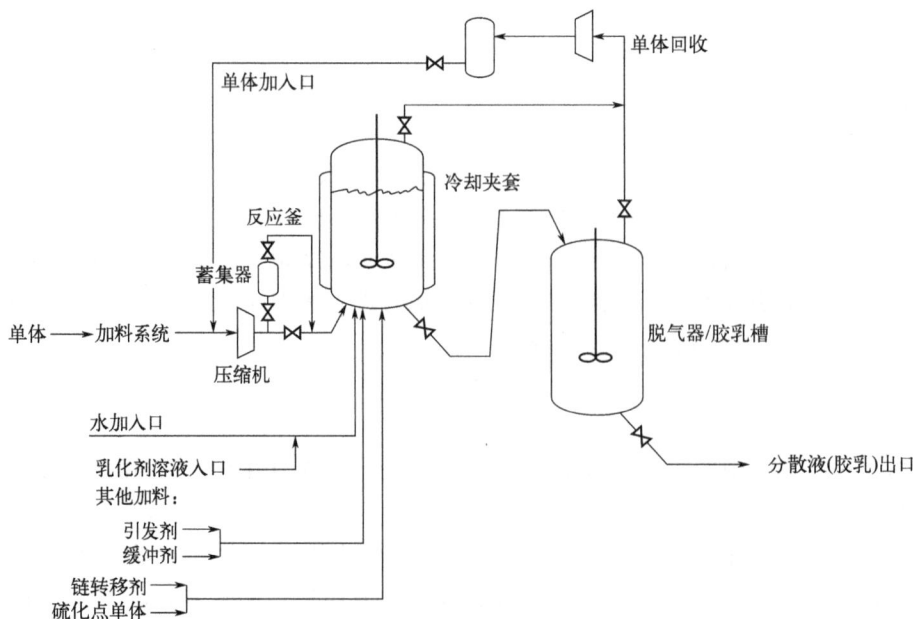

图 9-13　FKM 的间歇法乳液聚合流程示意图

加料系统中的部分单元是用于加入初始单体的，而另一部分则是用于聚合过程中加入引发剂、缓冲剂、链转移剂等助剂的。与连续聚合采用的上部溢流出料来控制聚合反应器液面的方式不同，间歇聚合过程中的液面是不断上升的，采用的是从反应器底部出料的方式。间歇聚合通常只在配料时一次性加入作为反应介质的去离子水，控制反应温度的主要途径是夹套传热，因此夹套内的冷却水温度和流速对反应器内的温度控制有很大的影响，如果反应器内壁形成了"挂胶"，其对控温影响也很大。间歇法乳液聚合的突出优点是具有很好的适应性，能满足不同配方和生产工艺的要求并能灵活生产各种组成、分子量及其分布、不同加工性能且批量较小的产品，通常可通过控制聚合过程中引发剂、链转移剂、硫化点单体等的加入量来得到具有不同分子量及其分布、端基类型和硫化点单体分布的聚合物。工业化的间歇生产难以实现每批产品的组成、分子量及性能完全一致，而每批得到的量又不足以满足用户的需求，通常可采用数倍于聚合反应器容积的胶乳槽，并将相同配方生产的数批乳液进行湿法共混，同时可在此胶乳槽内采用与连续聚合工艺一样的方式经减压及加入适量消泡剂后进行脱气，并回收未反应的单体。

间歇乳液聚合的反应器通常是带外夹套的立式搅拌釜，中等容积或小型的反应器多采用上搅拌的方式，而大容积的反应器也可设计成底部驱动的下搅拌方式。典型的 FKM 操作压力范围大致为 1～3MPa，温度范围为 60～100℃。聚合反应时间与引发体系、选定的温度以及目标胶乳浓度（固含量）有很大关系，例如与 25%～35%浓度指标对应的反应时间通常在 2～40h 之间，最常见的为 4～5h。聚合反应器内的初始加水量控制在反应器体积的 60%～85%。初始压力是经由压缩机将已配好的初始混合单体压入聚合反应器后达到的。随着反应的进行，单体不断消耗，压力下降，之后再通过压缩机将预先配制好的补加用混合单体不断补入聚合反应器，以保持压力的恒定。通常，补加混合单体的组成与目标聚合物组成是基本相同的。以这种方式不断补加单体直至达到目标胶乳浓度所需的单体量后才停止加入单体，但反应器仍需继续运转一段时间后才能最终结束反应。补加单体槽所消耗的物料量可在槽内压力变化的基础上计算得到。工业化规模的间歇聚合反应器容积一般为 1～2m^3，而国内主要采用 4m^3 及以上的聚合反应器。对于小批量的特殊品级，因为批量较小，且配方多变，因此反应器容积多为 50～500L。

间歇聚合反应器的放大在很大程度上受到反应放热速率和夹套传热速率之间不平衡的制约。在一个具体实例中首先将与每个批次生产 400kg VDF 基 FKM 对应的 1.5m^3 聚合反应器放大 8 倍，达到 12m^3 的反应器容积和每批 3200kg 产品的生产能力。在 1.5m^3 的聚合反应器中，每批次反应中加水 1m^3 并进行 2h 的聚合反应可生产 400kg 的 FKM，其平均反应速率为 200kg/h，而单位聚合反应热则为 320kcal/kg（即 1.34MJ/kg）。反应结束时的橡胶乳液最大充满程度为反应器容积的 83%，此时脱气后的胶乳固含量为 28.3%，相当于胶乳密度为 1.6kg/L。设定聚合反应温度为 80℃，夹套内冷却介质温度为 30℃，则代表传热推动力的温差为 50℃，总传热系数约为 260kcal/(m^2·h)。反应器的高度与直径之比为 1.85。在上述条件下，将反应器总容积放大至 12m^3，在直径设定为 2.04m 及液相高度为反应器直径 1.5 倍的情况下反应器的有效传热面积为 19.6m^2。假定能够达到与 1.5m^3 聚合反应器一样的最佳传热系数，则在传热面积和总传热能力只放大 4 倍的情况下，为维持反应温度的稳定，只能将聚合反应速率保持同样的放大倍数，即 800kg/h。如达到每批 3200kg 的目标产量就需要 4h 的反应时间。从设备效率和经济性出发，放大后的反应器在反应段的运行时间达到了未放大反应器的两批次所耗用的时间，但由于辅助时间大幅减少，同时还可减少操作人员，因此从整体看，反应器的放大是有利于提高效率和经济效益的，但放大的比例最终与工艺及各种配套设备的能力密切相关，包括大容积反应器的制造能力、配套压缩机的能力、物料气柜的容积等。采用复合金属材料制造反应器以及降低反应器夹套与聚合反应器之间的压力差使得反应器壁厚明显降低等措施都是有助于提高总传热系数的。当然，随着反应器容积的不断放大，处于压力下的单体量也会同步增加，这增加了爆炸的危险性，因此需要工程和设计人员权衡利弊，并最终确定合理的放大程度。

基于间歇聚合的工艺和操作特点，其可分为反应准备、反应启动、反应过程中和反应结束等不同阶段，间歇聚合的控制要比连续聚合简单和容易得多。

① 反应准备阶段。彻底清洗聚合釜，再用惰性气体吹扫及抽真空的方法降低氧含量至规定范围或用带蒸汽纯水置换的方法也能达到同样效果。加入去离子水至反应釜容积的50%～70%，再一起加入按配方规定的量的分散剂（表面活性剂）和缓冲剂。通过夹套中的传热介质可将釜内介质加热至所需要温度。在目标聚合物组成的基础上，按计算得到的比例配制好初始混合单体（例如 VDF、HFP 混合气体），再经气相色谱测定达标后加入反应釜内，并在保持釜温不变的前提下达到预先设定的压力指标，之后需要继续配制好用于维持反应过程中压力的补充混合单体并备用，其配制比例通常与目标产物的组成相近。

② 反应启动和反应过程中。加入引发剂一段时间后，待聚合启动就需要不断补加混合单体，通过控制其速率可确保反应压力始终稳定在要求的目标范围内，同时在聚合过程中要调节好反应器夹套内冷却介质的流量以确保聚合温度基本稳定。为保持稳定的聚合速率和得到目标分子量及离子端基数则需要将整个聚合过程中的自由基生成速率保持在一定的范围内，通常会采用补加引发剂的方式，而链转移剂的加入则有助于进一步控制聚合物的分子量和分子量分布。如需要加入硫化点单体则可按其与主要单体加入比例的方式进行控制。如果聚合反应器的体积是较小的，则引发剂、链转移剂等的加入量通常也很少，可将它们配成一定浓度的水溶液后，按规定量和速率用计量泵泵入反应釜。单体及各种助剂的加入速率和累计加入量都需要进行监控。聚合速率和生成的聚合物总量都可用消耗的单体量进行估算。需要注意的是，在整个间歇聚合的过程中无论是聚合速率还是单体加料速率都会有很大的变动，因此可在单体加料压缩机和反应釜之间设置一个累积式质量流量计，这也有助于掌握单体组成的情况，特别在聚合反应初期的较低速率阶段是尤为必要的。

③ 反应结束。当补加的混合单体累计加入量达到配方要求后即停止加料，也有用混合单体补加储槽的槽压降来计算得到累计加入量的判断方法。后一种方法简易可行，但准确度稍差一些。通常很难直接从聚合釜取胶乳样品测定固含量后再调节加料量，一方面反应中的带压取样是有一定危险的，另一方面这种调节存在严重的滞后性，无法做到实时调控。

除此之外，间歇法乳液聚合中有多种引发剂、链转移剂和硫化点单体的加入方式和策略，包括在聚合开始时将规定的总助剂量一次性加入或是在不同时间点分批加入以及连续性加入等，其中第一种是最简单的方法，更复杂的包括对不同的助剂采用不同加入方式，但最终的选用方案是与配方相配套的。以引发剂的加入为例，如在聚合开始前一次性加入引发剂（如过硫酸盐）则反应介质中的引发剂浓度会逐渐减少，其可按一级热分解反应动力学表示为式（9-18）和式（9-19）。

$$\frac{\mathrm{d}[\mathrm{I}]}{\mathrm{d}t} = -k_\mathrm{d}[\mathrm{I}] \tag{9-18}$$

$$[\mathrm{I}]_t = [\mathrm{I}]_0 \exp(-k_\mathrm{d}t) \tag{9-19}$$

式中，$[\mathrm{I}]_t$ 为某一时间的引发剂浓度，mol/L；t 为反应时间，s；$[\mathrm{I}]_0$ 为初始引发剂浓度量，mol/L；k_d 为引发剂分解速率常数，s^{-1}。

某一时间的自由基形成速率 ρ_t（引发剂分解速率）可表示为式（9-20）。

$$\rho_t = 2k_\mathrm{d}[\mathrm{I}]_t = 2k_\mathrm{d}[\mathrm{I}]_0 \exp(-k_\mathrm{d}t) \tag{9-20}$$

由于间歇乳液聚合过程中的自由基进入效率会随颗粒数的形成发生相当大的变化，变得难以估计，因此使用总产生率更容易达到关联和监控的目的。通过式（9-21）则可计算得到时间从 0 至 t 时产生的自由基累积量。

$$\sum \rho_t = 2[\mathrm{I}]_0[1 - \exp(-k_\mathrm{d}t)] \tag{9-21}$$

一次性加入全部引发剂的方式比较适合于较低聚合温度下的间歇聚合反应，因为此时的引发剂半衰期较长（例如过硫酸盐在 80℃ 或更低时的半衰期为 2h 以上）。一次性加入时，起始阶段的自由基生成速率较高，有利于乳液微粒的形成。虽然后阶段的自由基生成速率会缓慢地降低，但也足以保证整个聚合过程的最终完成。当然，在许多 FKM 产品的配方设计中常面临聚合速率、分子量和端基量等的调控需求，此时该方式就并不总是适用了。

第二种加入方式是将全部引发剂划分为等比例或不等比例的若干部分，并在一定的时间间隔内加入反应器中，确保体系中的总引发剂量在一个设定的范围内波动。每次的加入量可用式（9-19）进行计算，相应的自由基形成速率和累计自由基产生量则可由式（9-20）和式（9-21）得到。该方式更适用于较小的反应器。

由于每批需投入的助剂量较多，因此连续的助剂加入方式更适用于大容积反应器的配方设计中。针对聚合物的目标黏度和端基数量的范围，需要设计出相适应的自由基生成速率随时间变化的连续加料操作方案，特别是要依据不同聚合阶段的速率变化进行加料速度的调整。仍以引发剂为例，其有三种常规的连续加料方案，包括等速加入、增速加入和减速加入。

链转移剂主要用于控制 FKM 的分子量，但是在间歇聚合的配方设计中则需要将链转移剂的加入量和加入方式与分子量的调控系统地进行关联才能有效控制，然而这种系统性关联并不是很容易的。有些碳氢类化合物可用作 FKM 的链转移剂，这类化合物较易挥发，对间歇反应器的气相部分进行取样和色谱分析就可以测出其含量并予以监测，但是它们一般不适合用作 VDF 型 FKM 的链转移剂，因为这种转移剂形成的碳氢化合物自由基对于链增长的活性远低于氟碳化合物自由基，会产生阻滞聚合反应的情况。依据链转移剂在水中的溶解程度和在聚合温度下的分解速率，在 FKM 的聚合中也可选用一些高活性链转移剂，如低级醇类或酯类化合物。其通常是按某一设定的比例与单体一起连续加入的。当然，为了摸索链转移剂与目标聚合物分子量及其分布的关系，可先在小型聚合反应器上进行试验，以确定合适的链转移剂加入量及加入方式。

在一些特殊品级的 FKM 中会采用全氟碳的二碘化物作为链转移剂，能得到窄分子量分布的 FKM，且碘大多是位于链末端的，可用于之后的硫化加工。该工艺是一种"活性自由基"聚合技术，最初是由日本大金公司开发的。由于该工艺中的链引发和链终止都处于较低的水平，从而使链增长和链转移居于优势地位。聚合物链上的端基碘或者最初加入的全氟碳碘化物上的碘都会不断经历着链转移，但链会继续增长，分子量继续增大，由于在聚合之初绝大部分链就形成了，因此极少发生自由基与自由基之间的终止，几乎所有的链都得到了同样的长大机会，最终就能得到很窄分子量分布且端基含碘的 FKM。对于二碘化物等链转移剂，通常可在聚合之初就快速加入体系中，这有助于使大部分链段末端都含有碘。特别要注意的是，在该聚合过程中要严格控制可能导致引发无活性自由基产生的外来杂质（外来杂质导致的一种转移），并使其降低到最低程度。正是由于窄分子量分布的特点，研究人员可以通过单体的累计加入量与碘化物量的摩尔比来估算达到目标分子量所需要的单体量，而且由于其聚合速率很慢，因此每隔一段时间就可从反应器内取胶乳样品进行特性黏度的测定，再将不同时间段的样品特性黏度数据与单体的累计加入量进行作图就可估算获得最终目标特性黏度所需的单体累计加入量。

在 FKM 聚合中所用的 CSM 单体，其加入量通常是很低的，因此这类单体转化率都很高，一般不是在聚合之初就加入的，而是在反应过程中与主要单体一起按一定比例的方式加入的。当然，在有些情况下 CSM 单体也可随初始混合单体一起同时加入。

9.2.4　悬浮聚合

悬浮聚合是一种所有反应都在较大液滴中或在由少量水溶性树胶稳定的聚合物颗粒中进行的工艺，主要用于生产热塑性弹性体。采用有机过氧化物作为引发剂并在液滴中生成自由基，有时也加入某一种溶剂来增加单体的溶解度以得到较高的浓度。与乳液聚合相比，悬浮聚合的主要优点是不会使用那些难以在后处理单元中除净的表面活性剂，也不会在高温加工时生成不稳定的离子型端基。

典型的悬浮聚合通常是在一个带夹套的搅拌反应器中进行的，其配方体系中使用去离子水为反应介质，IPP 为引发剂和甲基纤维素为悬浮剂等。在该引发剂下可选择 50℃ 的聚合温度，其对应的半衰期为约 2h。在旭化成公司的早期研究中，曾将此聚合工艺用于 VDF-HFP、VDF-HFP-TFE 型 FKM 的开发和生产中。在其早期的配方中，除了上述基本配方外，还在含有 0.01%～0.1% 甲基纤维素的水中分散了较大量的 CFC-113 惰性溶剂。聚合温度和压力分别为 50℃ 和 1.2～1.6MPa。在单体-溶剂液滴中，最初生成的是低分子量聚合物，随着聚合的进行，分子量增大，形成了长寿命的自由基，之后聚合速率和分子量都随反应时间而增大，最终得到的是双峰分子量分布的聚合物，其中分量较少的低分子量部分起到了塑化剂的作用，占大比例的高分子量部分则提供了主体性质。经脱气后的悬浮聚合物颗粒直径为 0.1～1mm，极易使用过滤和离心的方法将其从悬浮液中分离出来。悬浮聚合使用的 CFC-113 助溶剂由于保护臭氧层的要求已不能再使用，后改为了 HCFC-141b 以及后续更环保的溶剂，而这也导致聚合压力等工艺条件也要随之调整。

该工艺生产的双酚硫化 FKM 是无须添加链转移剂的，其分子量可通过总聚合物生成量与引发剂加入量的比例来控制。在此聚合过程中，要得到 30%～40% 的高固含量产品需要约 6h 以上的时间，而这足够在聚合过程中定时取样以获得特性黏度数据并预测获得目标黏度所需要的时间。如前所述，由悬浮聚合工艺得到的氟弹性体既不含离子型端基又只含有少部分的低分子量成分，因此这种类型的 FKM 可以拥有很高的特性黏度，而这是有利于提高硫化胶性能的，但在其中低分子量成分的帮助下，又能使其在加工中保持比较低的黏度，进而表现出良好的可加工性。与同样组成的乳液聚合产品比较，双酚硫化的悬浮聚合产品具有更好的抗压缩变形性、更快的硫化速度以及更好的脱模性能等。

悬浮工艺还可用来生产分子量分布呈双峰的 VDF-HFP-TFE 型过氧化物硫化 FKM。旭化成公司在配方中添加了二碘甲烷，并将其与引发剂一起加入反应釜中，最终在链转移反应的作用下使聚合物中半数以上的链末端都能接上碘，而分子量则主要取决于聚合过程中加入的单体总量与接入碘的比例。这类产品的悬浮聚合常分为两个阶段。在第一阶段，只加入少量引发剂以生成高分子量的部分，然后在第二阶段再加入引发剂和较多量的二碘甲烷生成低黏度的部分。每部分的相对量可通过每一阶段累计加入的单体量进行估算。二碘甲烷的加入量要达到使低黏度部分含碘量至 1.5%～2% 的水平。第二阶段的聚合反应速率非常慢，通常这类双峰分子量分布的聚合物所需的总合成时间为 40～45h。最终产物的本体黏度决定于高、低分子量部分的比例，其高分子量部分占 50%～70%，而起到塑化剂作用的低黏度部分，其分子量要小于缠绕发生的临界链长（分子量 M_e 为 20000～25000），如果低分子量部分的分子量高于 M_e，则挤出加工中会出现很高程度的口模膨胀。此外，低黏度部分存在碘端基，因此可采用双酚和过氧化物（自由基）的混合硫化体系。用此悬浮聚合方法制备双峰型分子量分布的三元 FKM 特别适用于汽车燃料输送软管等的挤出加工，在高剪切速率下可得到光滑的挤出件且基本上不出现口模膨胀。杜邦公司在 1994 年购买了旭化成公司的这项悬浮聚合技术后将其推广到了 VDF-PMVE-TFE 型三元 FKM 的生产中，其也将硫化点单体接入到部分链上。

对悬浮聚合用的反应器是有一定设计要求的，要使颗粒结团的倾向最小化，并避免聚合物颗粒在反应釜内表面上的结壁，这就需要施加足够的搅拌强度，使初始形成的单体-溶剂相分散成小液滴并保持聚合物颗粒不发生沉降。采用标准的涡轮型搅拌桨与小尺寸挡板足以避免旋涡在搅拌中的生成，也不会产生高度湍流区。与乳液聚合一样，在加料压缩机和反应釜之间也要设置一个能显示累计单体加料量的累积式质量流量计。

9.2.5　微结构控制及其影响

FKM 的加工性能、硫化特性以及硫化胶的物理性质很大程度上与分子量及其分布、组成及单体序列、端基类型等因素有关，这些都主要取决于聚合工艺。

（1）分子量分布

与 FKM 商品有关的分子量分布数据是鲜有公开报道的。分子量及其分布可用凝胶渗透色谱法（GPC，也称为体积排除色谱，简称 SEC）进行测定。一般而言，SEC 可测定高分子溶液中的分子尺寸且这种尺寸是随聚合物分子组成和分子量不同而变化的，但是SEC 通常是难以用于 FKM 分子量及其分布测定的，只有少数几种二元 VDF 基 FKM 由于有适合的溶剂对其进行溶解以及能做出可靠的校准因子才可用此分析方法测定分子量。而对于多种含有 TFE 的 FKM 而言，其没有适合的溶剂用于 FKM 的溶解，因此无法使用该分析方法，但也有例外，尤其是某些 VDF-HFP-TFE 和 VDF-PMVE-TFE 型的 FKM 也是可以用此法分析分子量的。随着聚合方法和条件的变化，分子量分布可以遵从普适化处理。

杜邦公司较早的 FKM 产品（Viton® A 和 B）在用连续乳液聚合工艺生产时是不加表面活性剂和链转移剂的，产品的分子量分布比较宽，重均分子量和数均分子量之比

(M_w/M_n) 为 4～8，而间歇聚合法生产的类似产品，如果仅加入较少的表面活性剂及基于引发剂的加入量来控制聚合物的黏度，得到的同样是很宽的分子量分布。这样的生胶和混炼胶具有很高的强度和模量，但是挤出性能很差。后来开发的连续乳液聚合或间歇聚合工艺中都加入了表面活性剂和链转移剂以获得较小的聚合物颗粒以及所需的分子量，且这些产品都具有较窄的分子量分布，M_w/M_n 为 2～3。虽然生胶和混炼胶的强度和模量相对较低，但加工时却具有良好的流动性和挤出性能。间歇法乳液聚合体系中采用了较少的引发剂加入量和引入全氟碳二碘化物后得到含活性自由基聚合物，这样得到的 FKM 具有很窄的分子量分布，M_w/M_n 为 1.2～1.5。

除了悬浮聚合之外，连续乳液聚合或间歇乳液聚合都可以在一定的操作条件下获得特制的双峰型分子量分布产物。为了得到具有良好加工性能且可双酚硫化的 VDF 基 FKM，也可将两种不同分子量的 FKM 品级进行共混，其主体是改性的低分子量成分，其余的则是参与共混的高分子量成分。

（2）端基

FKM 有三种不同的端基类型，包括离子端基、非离子端基和反应活性端基。聚合的引发剂体系、链转移反应和其他聚合工艺条件的不同，不仅影响了分子量分布，也导致了不同的端基类型，而端基直接影响着产品的加工和硫化性能。在悬浮聚合中，使用 IPP 等引发剂得到的是非离子端基。在乳液聚合中，使用无机引发剂生成的是离子端基，其中用过硫酸盐作引发剂的 VDF 共聚橡胶生成的是硫酸根和羧酸根端基，而在 VDF-PMVE 的 PFR 胶中用过硫酸盐引发剂生成的则是羧酸根端基。乳液聚合中加入的阴离子表面活性剂也可能产生链转移反应，从而对离子端基的生成有一定作用。采用如过硫酸盐-亚硫酸盐的氧化还原引发体系生成的则是磺酸根端基。以上三种离子端基都会因离子簇的生成导致聚合物及其配合料的表观黏度在热加工过程中呈现上升趋势，离子簇可视为链的延伸物，其可能发生非永久性的交联，而且对氟含量高的聚合物影响是特别大的。完全用氧化还原体系和不加链转移剂生产的 PFR 胶则含有磺酸根端基，它们形成的离子簇在加工温度下是稳定的。

聚合物的离子端基在生成离子簇后很难与配合料进行混合，因此无法加工成所要的橡胶件。使用过硫酸盐引发剂生产的 VDF 共聚橡胶，其离子端基相当多，而离子端基又趋向于与所用促进剂的季铵盐（NH_4^+）或磷盐（PH_4^+）相互作用，从而影响了硫化速率。带有离子端基的残留表面活性剂和低聚物也会影响双酚的硫化速率。离子端基对自由基硫化没有多少影响，但可能会导致用于硫化的有机过氧化物过早分解。此外，离子端基还是影响 O 形密封圈压缩变形的因素之一。当密封圈处于高温和应力下可能不易变化且不生成离子簇，但是当密封圈冷下来后，次生的离子簇网络机构则会阻止密封圈形状的完全回复。

在乳液聚合中使用链转移剂或在悬浮聚合时采用有机过氧化物作为引发剂得到的是非离子型端基。如果一种 FKM 的绝大部分端基都是非离子型的，则其在加工时的表观黏度就较低，待硫化配合料的生料强度也较低。与以离子端基为主的同成分配合料硫化胶相比，其模量和拉伸强度比较低。以非离子端基为主的 FKM 具有较好的混合流动性和双酚硫化特性。由于非离子端基不会影响应力释放时的形状回复，因此耐压缩变形性能也得到了改善。

使用碘化物作为链转移剂生成的是具有反应活性的端基。当存在足够多的碘化物端基时，带有多官能团的交联剂与链端基相接后就可使主链连接起来，这样形成的网络结构就赋予了密封件良好的耐压缩变形性能。

9.2.6　胶乳中的单体回收

在连续聚合过程中，当反应器中的聚合胶乳离开反应器后压力随即降低，经脱气设备后未反应的单体很快就会挥发出来，为了避免在离开脱气设备的胶乳中因大量起泡造成的单体夹带，需要向脱气设备内加入少量消泡剂。消泡剂的选用需要考虑以下原则：①消泡效果好，少量加入就能达到要求；②易溶于水，可在之后的分离和洗涤中除去，不会残留在橡胶内，从而影响橡胶性能；③沸点要足够高，使其在脱气温度和压力下保持尽可能低的饱和蒸气压，以尽可能使消泡剂在脱气过程中少挥发，其混入回收单体后可能会在下次聚合时发生链转移作用；④pH 适中，不会对设备材质造成腐蚀。在一个实例中就使用了如 $C_7H_{15}OH$ 的直链碳氢脂肪醇消泡剂，加入的质量为聚合物量的 0.44%。

在脱气操作中，脱气设备中加入的胶乳只能占据容器容积的 40%～50%。在连续聚合工艺的流程设计中，可根据待脱气乳液的单位时间体积加入量和停留时间进行脱气设备的体积计算，但在其基础上仍需要再保留有足够的空间。在脱气操作中，气相单体的压力与其在聚合物及水相中的浓度存在着平衡关系，是可用亨利（Henry）定律进行描述的。

假定在一个容积为 $12m^3$ 的脱气器中，进出脱气器的聚合物和水的质量流量分别为 454kg/h 和 2272kg/h，则停留时间约为 2.4h。在 60℃下分别将压力控制在 0.143MPa（表压 20psig，1psig＝6894.76Pa）和 0.036MPa（表压 5psig），其脱气的结果可参见表 9-7。

表 9-7　VDF 和 HFP 在不同压力下的脱气后残留浓度　　　　单位:%

脱气后的残留浓度	压力/MPa	
	0.143	0.036
在聚合物中的 VDF	1.32×10^{-2}	3.35×10^{-3}
在聚合物中的 HFP	3.42×10^{-2}	8.76×10^{-3}
在水中的 VDF	6.71×10^{-4}	9.61×10^{-5}
在水中的 HFP	4.18×10^{-4}	6.06×10^{-5}

从结果可知，低压的脱气效果是非常令人满意的。为了保持始终处于较低的压力状态，需要不断地通过压缩机将脱出的单体移走并重新循环使用，而且最好是在回收单体和投料单体之间设置一个压力缓冲槽。此外，可通过夹套控温的方法来维持脱气槽的温度稳定。

对于间歇聚合过程，理论上可在聚合完成之后直接通过放空阀门进行回收，但是反应器的气相空间是很有限的，因此要控制排放过程中的泡沫和夹带是非常困难的，通常还要使用一个脱气槽，并将反应釜内的胶乳在一定速率下缓缓加入处于较低压力状态的脱气槽。如果下一批次仍是同品级产品，则可将最后的一小部分胶乳与部分未反应单体一起留在脱气槽内，而这是不会影响到下一批处理的。回收槽内的气相单体经压缩机送至缓冲槽后还需要经过处理才能用于下一批次的聚合反应。

9.2.7 胶乳的脱水

胶乳离开反应釜后需要经过凝聚、洗涤、干燥等单元操作以及挤出机造粒或辊压机(炼胶机)塑炼压制成片等的成型操作。这个阶段都属于 FKM 的后处理生产部分。

(1) 凝聚及洗涤

在凝聚单元的操作中,为了使胶乳彻底破乳一般可采用化学和机械方法,凝聚后生胶与水会发生分层。相比 FKM 的胶乳凝聚,分散 PTFE 乳液只要稀释到一定浓度且施加不太长时间的机械搅拌就能完成凝聚,一般无须添加电解质。FKM 胶乳不仅受到阴离子表面活性剂的保护,还受到聚合中产生的低聚物和端基的保护。含有离子端基的聚合物乳液比含有非离子端基的乳液更稳定,例如采用氧化还原引发体系生产的聚合物(特别是在没有链转移剂的情况下)生成的是羧酸或磺酸端基。这时即使没有加表面活性剂,这些离子端基也能起到稳定乳液的作用。由 APS 热引发制备的中低黏度 FKM 产品,具有较快的硫化速度,但是该聚合物有很多的非离子端基。这种聚合物乳液需要添加表面活性剂(如 APFO)才能保持其稳定性。上述两种不同端基的聚合物需要采用不同的凝聚方法,其中对于氧化还原引发和不加表面活性剂生产的乳液可用硫酸铝钾(明矾)为凝聚剂,加入量约为聚合物质量的 1.5%。使用过硫酸盐和 APFO(或替代物)生产的乳液可用 $Ca(NO_3)_2$:HNO_3 质量比为 5.2 的混合物作为凝聚剂。不论何种方法,凝聚前都需要先用去离子水进行稀释,再加入凝聚剂进行机械搅拌,才能使聚合物凝聚成直径为 1mm 左右的颗粒,如果颗粒过小则会在后续的洗涤、过滤操作中发生大量的流失现象,而过大的颗粒则会导致包裹其中的助剂等不易被清洗干净。凝聚温度通常为 30℃,洗涤的温度可稍高(如 45~55℃),以有利于提升洗涤的效果。

(2) 干燥

经洗涤、脱水后的生胶仍含有 5%~30% 的水分。除了颗粒表面的水分外,还有颗粒毛细孔内的水分。这种水分用一般的机械方法是难以脱除的,需进行干燥处理。由于 FKM 的生胶很黏,干燥温度一般不高于 110℃,过高易产生结团,从而导致内部水分很难脱除。另外干燥过程中用于储存或传送生胶的设备或传送带都需要做防粘处理,以免在干燥过程中生胶会黏结在表面上。常用的干燥方法包括真空烘箱干燥、蒸汽加热热风循环式干燥箱干燥、隧道式连续传送带式干燥、挤出机式干燥等。

连续聚合生产的产品是不分批的,所以最好也配套连续操作的凝聚、洗涤和干燥过程,其中干燥设备可选用连续的带式干燥炉。图 9-14 是一个典型的流程示意图,其具体过程包括将经过两次或多次洗涤和离心过滤脱水后的湿生胶经输送带连续加入干燥炉中,在与干燥的热空气直接接触后实现进一步脱水,最终达到产品的干燥指标。该流程很适合生产大批量的 FKM 产品。

对于间歇聚合或者是批量不大的连续聚合产品,也可采用如图 9-14 的洗涤和过滤脱水过程,但是干燥单元可选用箱式干燥器。此外,也可采用如图 9-15 所示的由一台立式脱水用挤出机和一台干燥用卧式挤出机组成的系统,能同时完成凝聚、洗涤和干燥。

在图 9-15 所示的流程中,来自胶乳混合槽的胶乳经凝聚段泵送至脱水挤出机的进料口,凝聚剂是在凝聚段前端部位加入的,通过控制加入量及其他条件使胶乳形成大颗粒生胶。脱水挤出机的上半部分直径较大,内部为大直径的螺杆,水和溶于其中的表面活性

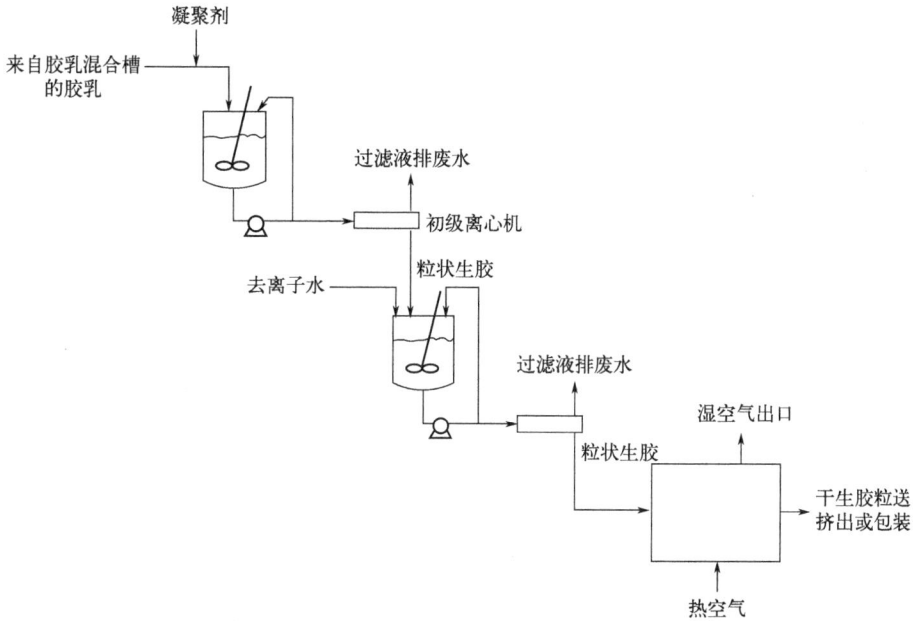

图 9-14　一个典型的多段串联捏碎式洗涤、干燥流程示意图

剂、盐等一起从顶部流出。这一段要保持足够的压力，以确保使可能生成的气泡破裂，否则部分生胶就可能上升到顶部的水出口处。螺杆推动生胶向前，进入计量段，这段的直径较小，能迫使几乎所有的水都从脱水挤出机顶部流出。水含量小于 5％的生胶从底部出口推出后送入卧式抽气挤出机。实际上脱水挤出机可以除去原料胶乳中 99％的水，同时也除去了绝大部分水溶性的表面活性剂和盐等。在卧式挤出机中，在不断抽气的同时，物料是以连续的状态挤压前进的，从机头挤出后最终成为生胶成品。这套系统适合于低表面活性剂含量的 FKM 产品，对于高表面活性剂含量的产品是不能直接使用的，需要在进入系统之前，先将胶乳进行凝聚和洗涤处理。

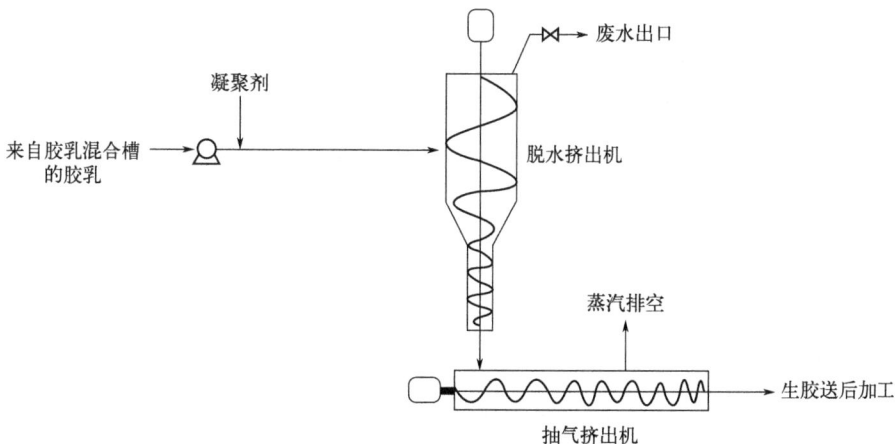

图 9-15　一个典型的挤出式脱水干燥流程示意图

双酚硫化的 VDF-HFP-TFE 型 FKM 产品大多是制成预混胶后销售的，而不是生胶，因此按前述工艺制成生胶后，还需要在轧炼设备中与交联剂（如双酚 AF）、促进剂及其

325

他助剂一起打成预混胶。当然，所加入的成分要按用户对特定性能的要求和加工方法进行选择，在预混设备选型中最好采用密炼型轧炼机，并配套挤出机进行出片。

9.3 硫化

硫化体系使弹性体获得了稳定的网状结构、良好的力学性能，其几乎有与基础聚合物一样的工况环境适应性能，但同时也需要优化硫化动力学以确保获得足够的硫化安全性，这对于各种配合料在双辊混炼机上或在密炼机中进行混炼或挤出制成棒料及片料的预成型件是具有重要意义的。在100~140℃内一般是不发生任何交联的，而在160~200℃的模压温度下则具有足够的延滞时间，可确保模具中的配合料在快速交联之前的充分流动性，过早的高度交联是不利于产品加工的。此外，在配合料的配方设计中，除了要保证配方料具有良好的混合性之外，还要能满足光滑挤出及硫化制品的清洁脱模等要求，但是对FKM而言，除了要满足上述这些要求外，还要开发与所处环境对高温或腐蚀性流体要求相匹配的FKM交联体系，其稳定性要求很高，因此难度相比一般硫化体系的要求会更高。一般而言，不同类型的FKM在各个应用中都有针对性的硫化体系，其配方料通常需要兼顾商业性和经济性。以下主要介绍VDF-HFP、VDF-HFP-TFE、VDF-PMVE-TFE和TFE-P等型的FKM硫化体系。

9.3.1 VDF-HFP、VDF-HFP-TFE型氟橡胶的硫化体系

VDF-HFP型和VDF-HFP-TFE型FKM已经开发了三种主要的硫化体系，包括二胺类、双酚及过氧化物类。前两种体系是针对聚合物链上具有活性的VDF-HFP序列，会促使其脱HF并生成—C(CF$_3$)=CH—的双键，然后再与亲核的二胺或双酚反应后形成交联体系。对于氟含量高的VDF-HFP-TFE型FKM，则是在其中接入了部分含溴或碘的硫化点单体之后再使用过氧化物（自由基）硫化形成交联体系。

9.3.1.1 二胺类硫化体系

在VDF-HFP型FKM中，最早使用的硫化配方主要是基于二胺-氧化镁的，其中二胺的作用是提供脱HF的碱性环境并作为交联剂，MgO的作用是与生成的HF反应从而消除硫化胶中的HF，也称为吸酸剂。配方中常用的是具有较大粒径的MgO。在二胺类助剂中，六次甲基二胺在低温下过于活泼，因此之后就改用了中等活性的衍生物，以获得平稳、安全的加工过程，其中最普遍的是Diak 1♯硫化剂，即六次甲基二胺的碳酸盐[—HN(CH$_2$)$_6$NH—COO—]，也有用二肉桂叉衍生物的Diak 3♯硫化剂及ΦCH=CH—CH=N(CH$_2$)$_6$N=CH—CH=CHΦ（Φ代表苯基）。表9-8是一个典型的二元FKM硫化配方。

表9-8 一个典型的二元FKM硫化配方

组分	份数
VDF-HFP二元共聚氟橡胶（生胶）	100
MT炭黑（N990）	30

组分	份数
MgO（Maglite Y）	15
Diak 1#	1.5
加工助剂	1

配方中的 MT 炭黑粒径较大，表面活性基团很少，作为 FKM 加工中的非增强型填充料。典型的加工助剂为石蜡，例如巴西棕榈蜡在高温下与 FKM 大体上是不相容的，会迁移到界面上，从而起到了助流动的润滑剂和脱模剂作用。

此外，MgO 与 HF 在中和反应时生成的水可在空气烘箱内的后硫化中去除。如果硫化胶中存在水分则会导致交联体在高温下发生水解，并因胺交链剂的再生而在聚合物链上形成羰基结构。

9.3.1.2　双酚硫化体系

从 20 世纪 70 年代起，以双酚 AF 为代表的双酚硫化体系逐步替换了二胺硫化体系，并用于 VDF-HFP 和 VDF-HFP-TFE 型 FKM 的硫化中，其具有杰出的加工安全性，能快速完成高度的硫化并获得优异性能的硫化胶，特别适用于对耐高温压缩变形有要求的密封中。双酚硫化体系中的交联剂一般为多种二羟基的化合物，包括最简单的双酚（如氢醌，即对苯二酚），但是双酚 AF 和 2,2-双-(4-羟基苯基)-六氟丙烷 $[HO\Phi—C(CF_3)_2\Phi OH]$ 是最优先选用的两种化合物。在硫化配方中还需要用一种促进剂，例如苄基三苯基氯化膦（$\Phi_3P^+CH_2\Phi Cl^-$，BTPPC），其他的多种季膦盐或季铵盐也可用作促进剂。此外，配方中还需要加入诸如小粒径 Ca(OH)$_2$ 和 MgO 等的无机碱。表 9-9 是一个典型的 O 形圈密封用途的 VDF-HFP 型胶硫化配方，图 9-16 则是 VDF-HFP 型胶的一个典型硫化曲线。

表 9-9　一种用于 O 形圈密封的典型 VDF-HFP 二元共聚胶双酚硫化配方

组分	份数
VDF-HFP 二元共聚氟橡胶（生胶）	100
MT 炭黑	30
MgO(Maglite Y)	3
Ca(OH)$_2$	6
双酚 AF	2
BTPPC	0.55

该体系在 121℃/30min 以上是不发生硫化的，而在 177℃ 的硫化温度下则有 2.5min 的延滞时间，这足以实现配料在模具内的无死角流动，并在之后的 5min 内快速完成交联，并达到高度的硫化态。双酚 AF 和促进剂用量的调整是可以改变硫化速率的，从而满足不同应用和加工方法的需要，但硫化曲线的趋势和形状则是大致相同的。交联密度是与双酚 AF 加入量（phr）有关的，其中 phr 为每 100 份聚合物的双酚 AF 加入份数。在 0.5～4phr 的范围内，交联密度随用量的增加呈正比增加。该品级是一类含双酚 AF-促进

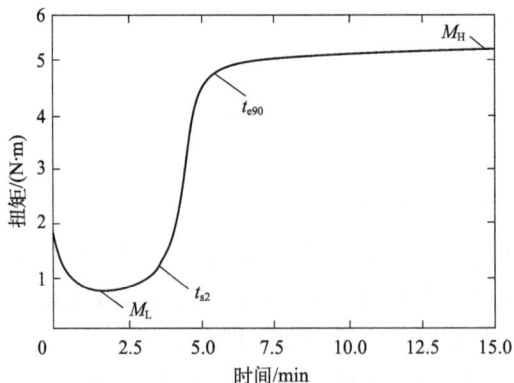

图 9-16　一个典型的双酚硫化 VDF-HFP 型 FKM 的硫化曲线

剂的商品化典型预混胶产品，其中的一些商品化双酚硫化胶会含有过量的 Ca(OH)$_2$，其暴露于热水或蒸汽中是会导致网络结构破坏的。

含氟量高的 VDF-HFP-TFE 型 FKM 具有比 VDF-HFP 型 FKM 更好的耐腐蚀性，但是其硫化速率通常都是要慢些的，主要原因是三元 FKM 分子链结构中的 TFE-VDF-TFE 和 TFE-VDF-HFP 在硫化时可能形成的不饱和结构对亲核试剂活性较低，不易为双酚 AF 所交联，而在二元 FKM 分子链上出现的 HFP-VDF-HFP 结构在硫化时会形成双烯，从而易受亲核试剂的攻击并为双酚 AF 所交联。此外，为了能提高高氟含量三元 FKM 硫化速率还开发了一些促进剂，包括含氮杂环结构的碱性环脒、氨基次膦酸衍生物、双(三苯基膦)亚胺盐等类，具体有 1,8-二氮杂双环[5.4.0]十一碳-7-烯（DBU 交联剂）、四丁基硫酸氢铵（TBAHS）等化合物，其中 TBAHS 除了能使氟含量高的三元胶快速达到高度硫化的程度以及具有良好的耐焦烧特性之外，在 50 次模压循环试验中也比那些使用含氯、溴或碘等阴离子促进剂的要产生少得多的模具结垢，耐压缩变形性能也更好。

9.3.1.3　过氧化物类硫化体系

相比双酚 AF 硫化，有机过氧化物（或自由基）硫化的 FKM 具有较好的耐水蒸气、热水和酸性水的性能，其配方料的分子链上通常不会含有很多的不饱和双键，硫化配方中也无须使用无机碱，因此也不易受到水的攻击，但所用交联剂（"自由基捕集器"）的热稳定性都是低于双酚 AF 的。为了进行有机过氧化物的硫化，FKM 结构中需要有自由基活性的硫化点，通常是在主链上引入含溴或碘的硫化点单体或者是由链转移剂在主链末端引入碘。杜邦公司于 20 世纪 70 年代末推出的商业化过氧化物硫化 FKM 中引入了 BTFB 硫化点单体，其接入的溴含量在 0.5%～0.9% 之间。通过调节连续乳液聚合工艺中的参数可使接入的含溴链段发生链转移的可能性降低至最低，从而避免在链增长过程中发生过度的支链化，而在间歇聚合工艺中则很难控制这种链转移及支链化趋势，这是因为所有生成的聚合物都是停留在一个反应器内的，在聚合结束前始终有着与活性自由基接触的机会。日本大金公司开发的"活性自由基"碘转移法能在间歇聚合中得到分子量分布很窄的过氧化物硫化用 FKM，且在其大部分的链端基上都接入了碘。采用能捕获或稳定自由基的多官能基团与该链末端连接后可得到很均匀的网络状结构，从而使压缩变形变得很小，但是这种末端连接而成的网络状结构，其链的耐热性是受到一定限制的，因为这种交联形式会导致很多松弛性长链片段的形成，而它们并不能对弹性回缩有所贡献，也使物理性能明显降低。后来，还制成了端基含碘和结构中接入含溴或碘硫化点单体的FKM，使得每个链上都具有了更高的官能度。在对含溴FKM的过氧化物硫化研究中，在用脂肪族烃的过氧化物硫化时得到了令人满意的硫化曲线，例如2,5-二甲基-2,5-二（叔丁基过氧基）己烷（Luperco 101XL或双25硫化剂）和2,5-二甲基-2,5-二（叔丁基过氧基）-3-己炔（VAROX 130XL或己炔双25硫化剂）。这两种过氧化物在177℃下的半衰期分别是0.8min和3.4min。一些分子量更低的脂肪族烃过氧化物较活泼，但挥发性过大，在配合料的混炼中就会损失掉部分，例如二叔丁基过氧化物。根据最终硫化胶的硫化态和压缩变形结果，能捕获或稳定自由基的最有效助交联剂是异氰脲酸三烯丙基酯（TAIC）。硫化配方中的少量金属氧化物用于吸收硫化时可能产生微量的HF。对于通过含溴硫化点单体BTFE引入的溴含量为0.7%的FKM，其硫化标准配方可参见表9-10。

表 9-10　一种用于 O 形圈密封的典型 VDF-HFP 二元共聚胶过氧化物类硫化配方

组分	份数
氟橡胶生胶	100
MT 炭黑	30
ZnO	3
过氧化物（101XL）	3
TAIC	3

该配方在177℃下约3min的时间就能达到90%的硫化程度，而要达到最佳的产品性能则需要在232℃的空气烘箱中进行24h的后硫化。接入含碘硫化点单体的FKM在模具内能更快地达到更高的硫化度，因此是不需要后硫化的。

9.3.2　VDF-PMVE-TFE 型氟橡胶的硫化体系

VDF-PMVE-TFE 型 FKM 的特点是具有更好的低温性能，可使用过氧化物或双酚AF的硫化体系，但是用标准的双酚AF或二胺配方对这种标准三元胶的硫化结果是很差的，模压制品上会形成过量的龟裂和空隙，而且用碱处理这类聚合物时会产生大量的挥发分，亲核试剂则几乎没有产生什么交联作用，主要的原因在于链段 PMVE-VDF-PMVE 或 PMVE-VDF-TFE 中相邻的 PMVE 和 VDF 单元极易受碱性物质的攻击，但从链上脱除的是 $HOCF_3$，而非 HF，最终形成了很多不饱和的结构，它们对亲核加成是不具有活性的，所以用二胺和双酚AF几乎不能发生交联。同时不稳定的 $HOCF_3$ 也会迅速分解为 HF 和 COF_2（氟光气），COF_2 进一步水解为更多的 HF 和 CO_2。HF 与 MgO 或 $Ca(OH)_2$ 中和后生成更多的水。在整个过程中，上述这些反应生成了大量的 HF、CO_2 和 H_2O 等挥发物导致了在硫化不足的硫化胶中形成过高的空隙率。

为了改进上述双酚AF或二胺硫化配方存在的严重缺陷，曾尝试了用HFP等量替代PMVE来减少PMVE的用量以实现双酚AF在 HFP-VDF-PMVE-TFE 聚合物硫化中的成功应用，但是这种四元胶的低温特性还不如同等 VDF 含量的 VDF-HFP-TFE 三元胶。后来在 VDF-PMVE-TFE 的体系中引入含溴硫化点单体得到了过氧化物硫化的耐低温

VDF-PMVE-TFE 型 FKM，其混炼和硫化与 VDF-HFP-TFE 胶是一样的。类似地还开发了既含有端基碘又有溴或碘硫化点单体的 VDF-PMVE-TFE 低温胶，其具有更好的加工性和硫化特性。过氧化物硫化胶的低温性能得到了进一步的改善，同时还具有该类 FKM 所期望达到的耐化学流体介质特性。典型的商业化品级有 Viton® GFLT、Viton® GFLT-300 等，其中在 Viton® GFLT 中接入了含溴的硫化点单体，而在 Viton® GFLT-300 中除接入了含溴的硫化点单体外，还引入了端基碘。表 9-11 是 Viton® GFLT-300 的一个典型混炼胶配方。该混炼胶切片置于热平板压机，并在 177℃下硫化 8min，再在 232℃的烘箱中后硫化 24h。

表 9-11　Viton® GFLT-300 的一个典型混炼胶配方

组分	份数
GFLT-300 生胶	100
MT 炭黑	30
ZnO	3
过氧化物（101XL）	2.5
TAIC	2.5

如果要对 VDF-PMVE-TFE 胶进行双酚硫化，则需要在 VDF-PMVE-TFE 体系中接入如 1,1,3,3,3-五氟丙烯（$CF_2{=}CH{-}CF_3$，HFO-1225zc）的特殊硫化点单体，并对其生胶采用特殊的混炼配方才能获得实用的双酚硫化 VDF-PMVE-TFE 胶，特殊硫化点单体的接入量通常只有 1%～3%。

9.3.3　TP 胶的硫化及硫化体系

早在 20 世纪 60 年代，研究人员就已经发现 TFE 和 P（丙烯）能够以交替聚合的方式形成弹性体，但当时即使接入多种硫化点单体也无法得到具有商业价值的硫化胶。在旭硝子公司的持续努力下成功开发了 Aflas® TP 胶的聚合和硫化体系。该产品最初主要用于电线电缆的包覆层，后来由于其良好的耐碱性而扩展了在耐碱 FKM 制品上的应用。

① 链转移反应的抑制。为了使 P（可能单体中还含有少量丙烷）的链转移反应减少到最小程度，采用了一种在很低温度（接近 25℃）下可实现聚合的氧化还原引发体系，其由 APS、硫酸铁、EDTA 和羟甲基硫酸盐等组成，可得到平均分子量为 100000 的聚合物。

② 聚合过程中胶乳稳定性。EDTA 与三价和二价铁离子形成的络合物以及聚合中采用的全氟碳表面活性剂和 pH 缓冲体系都有助于保持胶乳的稳定性。pH 缓冲体系是由 Na_2HPO_4 和 NaOH 组成的，可使 pH 保持为 5.5～10。

③ 聚合物热处理。脱水后的二元 TP 生胶需经热处理后才能产生足够多的不饱和结构以实施之后的过氧化物硫化，这是 TP 胶后处理中特有的一个步骤。旭硝子公司的热处理技术是在一个有空气存在的高温下进行的，温度应达到能使聚合物开始降解的程度，典型的温度区间是 300～360℃，需保持时间 2～4h。当然，在温度和时间等工艺参数的选择中，其上限是在满足硫化性能要求的情况下又不至于造成分子量的过度下降。热处理中形

成的不饱和键除了可满足硫化的需要外，还能与放出的氟光气一起提高橡胶与基材（如金属和布料）的黏结度，而加入的 MgO 等金属氧化物则有助于提高热处理效率。

　　TP 胶多采用过氧化物或双酚硫化体系。在一个专利中提供了可供参考的 TP 胶硫化配方（参见表 9-12）和硫化工艺，其中 TP 胶中的 TFE∶P 摩尔比为 55∶45，数均分子量为 180000。硫化时，将 100 份该二元共聚橡胶与 0.5 份 MgO 进行混合，并在 300℃下的空气气氛电热烘箱中加热 2h 后得到了改性的 TP 胶，然后将其与 5 份 1,4-双叔丁基过氧异丙基苯（BIPB）、3 份 TAIC 和 25 份 MT 炭黑一起混炼后在平板硫化机上 160℃硫化 30min，最后在烘箱中按照 160℃×1h、180℃×1h 和 200℃×2h 的程序进行后硫化。相比 VDF-HFP-TFE 三元胶，二元 TP 硫化胶的低温性能和耐压缩永久变形性能是较差的。

表 9-12　一个典型 TP 胶硫化配方

组分	份数
TP 生胶	100
MT 炭黑	25
MgO	0.5
BIPB	5
TAIC	3

　　由于二元 TP 胶只有 55%～57% 的氟含量，因此其硫化胶对碳氢烃类是有明显溶胀的，特别是在含芳香族化合物的混合物中更严重，但是其能耐水性流体和极性溶剂。为了改进二元 TP 硫化胶的缺陷，可尝试在 TFE-P 体系中引入 VDF 以提高氟含量，该胶采用双酚 AF 体系硫化后的耐润滑油性能是优于 VDF-HFP-TFE 三元胶的。为了开发具有完整耐碱性且有较好加工和硫化性能的产品，可在 TFE-P 体系引入少量硫化点单体以实现双酚 AF 硫化，例如在 TFE-P-TFP 质量比为 73∶23∶4 的三元胶中接入 TFP（三氟丙烯，$CF_3CH=CH_2$），可在 TFE 链段间形成—CF_2—CF_2—CH_2—$CH(CF_3)$—CF_2—CF_2—链结构，脱除 HF 后就易受亲核试剂的攻击形成交联结构。此外，使用高活性的促进剂有利于获得很好的硫化速率。在升级后的混炼胶中还包含了硫化剂和促进剂等各种助剂，包括甲基三丁基胺与双酚 AF 在 1∶1 摩尔比下形成的盐、$Ca(OH)_2$、活性 MgO 和适量填充剂等。这一产品的耐碱性优于含 VDF 的三元 TP 胶，且含氟量可达到 58% 的较高水平，因此耐碳氢烃类流体性能是优于二元 TP 胶的。

9.4　加工

　　包括混炼、挤出和模压等在内的常用合成橡胶通用加工方法对 FKM 也基本上都是适用的，但是由于 FKM 的松弛速率较慢，使得这些在高剪切速率下运行的加工过程显得较困难。此外，多种的硫化剂和添加剂一般是很难与 FKM 相溶的，需要使用一些特殊的措施才能使其充分而均匀地分散在 FKM 配合料内，以确保硫化过程和硫化胶不会因混合不均匀而出现性能不一致的情况。不少的 FKM 在混炼时还会发生粘辊或与金属型芯之间没有足够黏着力的问题。适用于其他合成橡胶大批量加工的设备往往只能生产较小批量的FKM制品。

9.4.1 混炼加工

FKM的价格高且批次生产量相对较小，因此多采用较小的间歇式设备进行混炼加工。随着需求和生产量的不断上升，从之前的用开炼机进行混炼已经逐步转为用密炼机混炼，需要特别注意的是如包括FKM在内的多种橡胶使用同一套设备进行混炼，应严格防止它们之间的相互污染，尤其是各种不相关添加剂引起的交叉污染，因此在FKM混炼前应严格按照设备清洗程序将不同种类的橡胶（如碳氢胶）、油料、脂和其他不相容的杂质等清除干净。

（1）混炼对各种添加成分的要求

配方中的各种混炼用添加成分需保存在密闭容器之中并储存在干燥阴凉的区域，特别是金属氧化物和氢氧化物甚至在室温下就会与空气中的水分、二氧化碳发生反应。如FKM、填充剂和其他添加剂吸收了过多水分则会导致非正常硫化和裂纹等情况的发生并在制成品内部形成很多孔隙。此外，对有些添加的成分还需要进行专业化的处理或制成特殊的规格，从而才能有助于良好的分散及保证硫化的性能。

在双酚硫化体系中，要实现混炼胶中的均匀分散是一项特别难的任务。双酚AF交联剂（BpAF）和季𬭸盐促进剂都是熔点很高的固体化合物，只有磨碎成很细的粉才能均匀地分散在混炼胶中。为了提高FKM的生产效率以及减少在制备均匀性好、硫化性能稳定混炼胶过程中的难度，FKM供应商便推出了浓缩的预混母胶或预混胶的产品，在这些产品中硫化剂等已预先与FKM生胶混合好了，例如杜邦公司的E-60C牌号就是将E-60生胶与BpAF和BTPPC按适合于硫化的比例进行预混后的产品。在加工过程中只要将带硫化剂的浓缩胶VC-30和VC-20按最终期望的硫化性能选择其加入量并进行混合就可使用了，其中VC-30有50%的BpAF，而VC-20则有33%的BTPPC。杜邦和泰良等其他的供应商也有类似的产品，其预混胶产品中硫化剂是$BTPP^+BpAF^-$盐与另外一份BpAF的混合物，其中BpAF：BTPP质量比为4。此混合物是低熔点的玻璃状固体且较易分散，称为VC-50或氟联-5#，是新一代的FKM专用硫化剂。目前国内厂家也是有生产和供应的。上述产品不仅使用方便，而且符合环保要求，这对硫化质量的提升是很有益的。

（2）开炼机轧炼

从19世纪中期起，由两个相反转动方向（均为从外侧向中心）的水平辊筒构成的敞开式轧炼机就开始应用于橡胶轧炼之中。相对于密闭的炼胶机，该设备是敞开的，早期主要用于天然橡胶的素炼，以破坏其高分子量的部分，因此也称为开炼机。对于包括FKM在内的合成橡胶而言，它们则是不希望发生这种破坏的，因为生胶在制备过程中早已按各种加工的需要和最终用途设计好了聚合物的分子量及其分布。开炼机适于混炼批次生产量较小的特种FKM，而批次生产量较大的混炼则以密炼机为主。在很多的生产线中，开炼机往往布置在密炼机之后用于将混炼好的胶料再轧制成片或是在挤出机进料前作为片材加温的设备。

开炼机的两个辊筒均为空心的且两者之间的狭缝是可调节间距大小的。两个辊筒的两端分别支撑在牢固的轴承上，以不同的速度转动，摩擦比保持为1.05~1.25。胶料是从上方推入辊筒之间的，而间隙通常可在 2～6mm 内进行微调，胶料通过此间隙时会受到很高的剪切应力。通过控制胶料量和间隙距离可调整混炼的操作，每次操作的混合情况可由包辊在辊筒上的橡胶带表面是否光滑加以判断，当通过辊筒间隙区的胶料进入转动的包辊胶带上时，较慢辊筒的转动线速度约为 50cm/s，这使得操作者可以从容地沿对角线斜向将橡胶带切断，并将切下的橡胶片部分折起翻至仍留在辊筒的橡胶带之上，多次重复后就能实现充分捏合。通入空心辊筒的冷却介质带走了混炼中产生的热量，并使辊筒和胶料的温度得到得好的控制。有关开炼机的安全事项主要有以下两个方面：①开炼机要设计有快速停车和刹车开关，使辊筒能立即停转和能快速互相离开中间位置，要有保证操作者的手和工具不卷入间隙的保护设施；②要对操作人员进行严格的培训和建立严谨的操作流程。

以下是一个开炼机混炼操作的实例，其采用的是一个 VDF-HFP 型的二元预混 FKM 料胶品级（Viton® E-60C）。在预混时，在每 100 份橡胶中加入了 2 份双酚 AF、0.53 份 BTPPC。此胶料为中等特性黏度的产品，同时也有着高分子量的部分可提供足够高的粘接强度以实现好的混炼。对于一台生产规模用的开炼机，其辊筒的直径约为 50cm，长约为 150cm，推荐的每批次橡胶投入量为 40kg。混炼配方可参见表 9-13。

表 9-13　混炼胶配方

组分	份数
预混胶 E-60C	100
MT 炭黑（中粒度热裂法炉黑）	30
氢氧化钙	6
氧化镁	3

在启用前需将开炼机清理干净，并在 25℃下将辊筒间的缝宽度调节到 3mm，胶料从开炼机上方加入并进行包辊。通常 FKM 带是包在转动速度较快的辊筒上的，随着慢辊上的温度稍有上升，胶料就自动转到慢辊上，期间将辊间隙逐步调到 5mm 后就可在间隙处辊压成带状。将包辊后的胶带用小刀从每一边割开 3 次后得到的胶料就已很均匀了，之后再将各种粉状助剂成分预先混合后从上方沿辊筒间隙以均匀的速率加入胶料之中。疏松的粉状填充剂是很容易从间隙处掉落到底盘上的，因此需将其收集后在出片前再重新加入胶料中。从每一边割开包辊的胶带并重新轧炼，至少重复 4 次。混炼好的胶在轧成片后按规定尺寸切割成厚片，经冷却后包装，上述整个操作过程约耗时 15min。片胶的冷却可采用浸入水槽或用水喷淋的方法，也可用冷风降温等的方法，但是只要接触水就一定要吹干后才可装箱。

对于分子量分布较窄、离子型端基数量偏少的 FKM 胶料，用开炼机进行轧炼是特别困难的，因为其与辊筒的黏着力是不足以保证在辊筒上形成表面光滑且无孔的胶带的。此外，在加粉状的配料时，其会与橡胶坯料块一起掉落至开炼机的底盘上。这不仅造成环境的脏乱差，也往往使得完成一批次的打胶需要耗费更多的时间。对于很高分子量的 FKM，在最初通过冷炼胶机辊筒的较窄间隙时，其会发生很明显的分子链断裂，从而使硫化胶的物理性质受到一定程度的破坏，但如果是具有双峰形态分子量分布的混合胶料（例如可在凝聚前混合不同分子量的胶乳）则具有很好的轧炼性能，几乎可以忽略高分子量部分的分子链断裂。对于长侧链的高黏度 FKM 以及 FKM 中的凝胶物，在轧炼中也会发生链断裂，这可能会有利于改善后续的加工性能（如挤出等）。

（3）密炼机混炼

顾名思义，密炼机是一种将胶料和各种配合剂在密闭环境中进行混炼的设备，主要用于橡胶的塑炼和混炼。密炼机的本体是一个中空料腔，其容积是按设计要求确定的。在其内部设有一对特定形状且可相对回转的转子，在温度和压力可调的密闭状态下间歇式地对聚合物材料进行塑炼和混炼。密炼机中这对转向相反的转子互成切向，互不啮合，由于转子顶端互不接触，因此能以不同的速度同时转动，而粉料与胶料则在转子顶端和腔体内壁之间形成的高剪切尖锥形区域中进行分散混合。当物料从一个转子转移到另一转子的过程中，沿着混合室不断进行着均布式的混合。除了转子外，密炼机的主要构成部分还包括密炼室（料腔）、转子密封装置、加料压料装置、卸料装置、传动装置及机座等。国内已开发了一系列实验用的小型密炼机（0.5～1L）及工业化生产用的大型密炼机等设备，涵盖了快开式、翻斗式、快开式啮合型等多种不同的型号。

早期的转子都是双翼式的（如 Banbury 型密炼机），后来也发展了四翼式转子（如 Shaw 氏密炼机），图 9-17 为密炼机转子示意图。

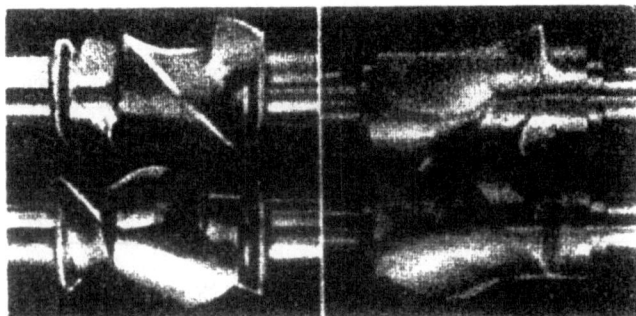

图 9-17　密炼机转子示意图

现代密炼机的发展很快，不同尺寸、不同转速或带有冷却功能的特殊螺旋形转子等各种新机型可满足不同批次产品的控制温度和能量输入要求，也可控制柱塞的高低位置和压力，从而获得最佳的混合效果。图 9-18 是一个集成了探头及其控制器和计算机辅助控制系统的密炼流程示意图。

作为对比，如果仍采用表 9-13 的混炼配方在密炼机系统上进行混合可得到相同硬度的胶料。此过程中所用的密炼机为 3D Banbury，其混合室容积为 80L，采用双翼式的转子并由 600 马力直流电机驱动。在 104kg 的总重下，相对密度 1.8 的胶料充装系数达到了 0.75。密炼机和相关的辅助设备在使用前都要仔细地清洗以避免可能的杂质污染，并满负荷运行转子和外壳的冷却水。转子的速率为 30r/min，压料柱塞的压力设定在 0.4MPa。当加入 75kg 的预混胶薄片后，将柱塞放下，待柱塞再次升起时则加入预先混合好的粉状配合料。随着柱塞再次放下，混合约 2min 后的胶料温度从 30℃上升至约 75℃，之后升起柱塞并将收集的散落料再一次加入混合胶料之中。当柱塞放下后，再次开动密炼机约 1min，胶料温度将继续上升至 100℃。待最后一次收集散落料并混合 15～30s 后将该批料

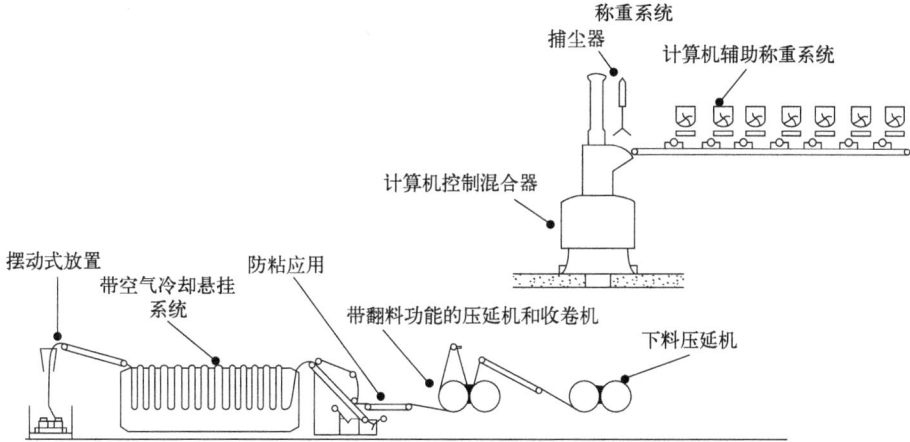

图 9-18　集成了探头及其控制器和计算机辅助控制系统的密炼流程示意图

倾卸到一台开炼机上进行冷却和出片。这批料的整个混合时间合计为 3～4min 且胶料的最终温度是不会超过 120℃ 的。

总之，用密炼机进行 FKM 混炼具有混炼量大、时间短、生产效率高、配合料损失小、产品质量稳定等优点，能较好地克服粉尘飞扬等问题，改善了操作环境，增加了操作的安全性与便利性，减小了劳动强度以及实现了机械与自动化操作等。

9.4.2　挤出加工

在 FKM 加工中，螺杆挤出机主要用于胶料的充分混合以及将其挤出成一定形状的配合胶料供后续硫化成型之用。在前述的 FKM 连续乳液聚合生产线上，单螺杆挤出机不仅可用于凝聚后的物料脱水和干燥，还可用于预混胶的连续生产。在挤出机的预混操作中，硫化剂是在胶料进入挤出机之前加入其中的，并一起连续地进入挤出机。胶料在挤出机中基本上处于活塞流状态，几乎没有逆向混合，因此对加料速率和挤出机的运行控制有很严格的要求。随着预混胶需求的快速增加，上述的预混胶生产已为各种专业化设计的密炼机所替代。当然挤出机仍可用于轧炼中的胶料预热或混炼胶的出片。实际上，在 FKM 的加工中，挤出机多应用在将混合好的胶料转换成适合硫化的特定形状制品加工中，例如挤出后的线材或管材可切割成所需的预成型件后再模压制成密封件，挤出得到的厚壁管可在压力容器中硫化后制成软管，通过十字头口模可将挤出的 FKM 胶料包覆在电线电缆上或作为芯轴支承上的软管夹心层。FKM 的供应商通常可提供专业化的多种挤出用 FKM 品级或混炼胶，而客户则能用这些产品快速、光滑地挤出并制得尺寸稳定的制品。

与可熔融加工氟树脂的挤出加工不同，无定形结构的 FKM 在挤出过程中并不需要在液化或熔融状态下进行。通常 FKM 的挤出温度是不超过 120℃ 的，以免过早硫化，而可熔融加工氟树脂的挤出温度则达到了 200～400℃，需要熔融塑化后才能以熔体的状态挤出成型。早期的 FKM 挤出机都设计得较短，长径比（L/D）仅为 6，需要使用预热过的胶料，而随着挤出机逐步改为冷进料，即加入的是冷胶料或带材，料筒的长度差不多增加了一倍，L/D 达到了 12。目前的新型挤出机基本原理没有发生大的变化，都可用于包括 FKM 在内的合成橡胶，但操作更便捷，控制更精确。

图 9-19 是料筒上带有抽气口的典型单螺杆挤出机及其螺杆示意图。

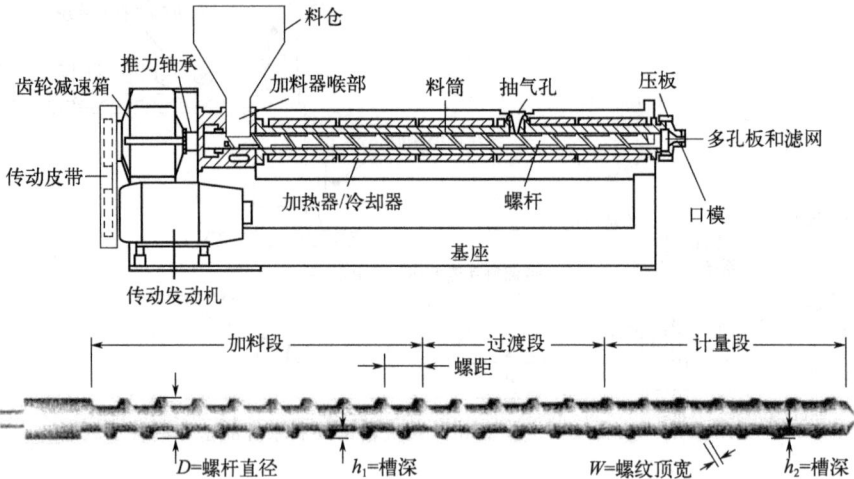

图 9-19 料筒上带有抽气口的典型单螺杆挤出机及其螺杆的示意图

单螺杆挤出机的工作原理及主要结构可参考很多专业文献，本书不作详细介绍。

以 VDF-HFP 型 FKM 的挤出为例，为了使胶料保持有足够高的黏度，可使用比较冷的料筒和螺杆，同时尽可能避免混入空气，且加入的胶料一定要控制好水含量，特别是从冷藏库中取出的胶料，一定要去除表面上可能产生的冷凝水。挤出机通常可设 5 个或以上的温控点。挤出机的控温点数及推荐的加工温度见表 9-14。

表 9-14 挤出机的控温点数及推荐的加工温度

部位	点数/个	推荐温度/℃
料筒	3～4	55
机头	1	65
模具	1	95

挤出中要使用低的螺杆转速，以保证挤出料的表面光滑性，特别是当剪切速率超过临界值时，其在口模处也会出现如氟树脂挤出一般的熔体破裂。为了使模压用的预成型件横截面尺寸能更精确些，需要不断优化挤出的条件。通常，FKM 胶料是具有较好耐焦烧性的，因此开车中的原材料及停车后的机头胶料都是可回收使用的。挤出的线材或管材可置于压力容器内在水蒸气压力下硫化 1h 以上，其中蒸气压力为 0.55～0.70MPa，可达到 155～165℃的硫化温度。

9.4.3 模压加工

FKM 的零部件制品可用压缩模压（简称模压）、传递模压和注射模压等工艺加工。这些工艺在商业生产上都是有使用的，但只有使用匹配的设备才能获得最佳的效果。

模压用的混炼胶是有一定要求的，需要具有良好的特性：①一定的交联开始时间使胶料在高温下有足够的时间充满整个模腔；②硫化能迅速进行，使胶料和制品留在模具中的时间最小化；③特定品级胶料在高温下的焦烧时间对其是否适用于注射模压是一个非常重要的参数，因为一直在注塑机中处于高温下的胶料移动到注射入模具需要有较长的时间；④应具有良好的脱模性能，脱模时残留在模具内表面的胶料会导致后续制品粘模，并造成制品的表面质量问题。

为了达到上述这些要求，一个合适的硫化体系是很重要的。最初的二胺类硫化体系常会造成脱模问题，且模具经多次使用后就会导致制品的表面质量变得很差了，所以现已很少使用这种硫化体系了。相比而言，双酚硫化体系的脱模效果就好多了，现在模压制品的加工中得到了普遍的使用。过氧化物硫化体系则有些复杂，例如含有溴硫化点的 FKM 硫化速度一般较慢，易产生脱模的问题，而接入碘硫化点的 FKM 脱模则要清洁得多。也可在混炼胶中加入脱模剂或是定期地将脱模剂喷洒在模具表面上来改善脱模效果。这时由于脱模剂与混炼胶的相容性较差，因此在较高的硫化温度下会向胶料与模具之间的界面快速迁移，从而获得好的脱模效果。

模具打开后，硫化制品中总会释放出一些挥发分，因此一定要在工作场所配置强制通风系统，要特别注意过氧化物硫化 FKM 的加工中释放出来的含有甲基溴或甲基碘化物的挥发分，可考虑多加些 TAIC 或 TMAIC 作为甲基自由基的捕集剂进行拦截，而不是依靠聚合物链上的卤代基团进行拦截，因此提高这些自由基捕集剂与过氧化物的比例可使这类挥发分的量减少到最小程度。此外，过氧化物的分解也会导致一些低分子量的有机化合物在脱模时从硫化好的热制品中释放出来，例如丙酮和异丁烯等。在双酚硫化的体系中可稍多加些无机碱，以防止 HF 的挥发。

要得到表面性能及尺寸控制良好的制品，加工过程中的模具要保持干净、紧闭且不能有表面的沟痕和毛疵。经硬质铬处理后的模具表面是有利于减少表面结炭的，但是其锐角边缘处易产生磨损，而镍铬合金材质的模具不仅具有一定硬度的耐磨表面，还具有良好的脱模性。此外，平板压机的平板是不能有变形的，而且要有可控温度的加热器。

相比其他的橡胶，FKM 的热膨胀系数较高，因此在较高温度下硫化后的 FKM 制品通常有较大的收缩率，且温度越高，收缩率越大。在混炼胶中加入较多的填充剂和金属氧化物就能使收缩率大幅下降，例如每 100 份 VDF-HFP 二元 FKM 生胶中加入 30 份 MT 炭黑在 $177 \sim 205$℃下进行双酚硫化后的收缩率为 $2.5\% \sim 3.2\%$，之后如在 $204 \sim 260$℃的烘箱中进行后硫化，则在水和挥发分都已除去的情况下制品收缩率会再增加 $0.5\% \sim 0.8\%$。含氟量高的 FKM 模压制品在硫化后，其收缩率会更高些。为了精确地控制和稳定制品收缩率，需预先测定 FKM 混炼胶及其硫化条件下的收缩率，从而使模具内腔尺寸的设计有更好的匹配性。有的加工商将专为丁腈胶加工而设计的模具直接用于 FKM 制品加工之中，但这还是要做一些适当的配方调整和约束，例如 FKM 组成、填充料的量和硫化温度等才能使制品尺寸的变化限制在许可范围之内。

9.4.3.1　压缩模压

模压是一种最古老和最简单的橡胶制品加工方法，其过程比较简单。在 FKM 的制品生产中，可先将一块未经硫化的橡胶置于模具的腔内，但是这种称为预成型橡胶的重量应略大于最终制品的重量，然后将合上后的模具移至平板压机的平板上，通过液压加压并升温至预先设定的温度后开始进行硫化。待硫化完成后停止加热及泄压，将模具打开并取出制品和溢料后，整个过程才结束。

对于 FKM 制品的生产而言，模压加工有以下几个优点：①通过控制预成型件的尺寸可将溢出料降低到最低程度，从而节约价格较高的 FKM 消耗量；②特别适用于多品种、多尺寸及小批量 FKM 制品的生产；③包括模具、压机和辅助设备等在内的设备费用较低；④更适合于中、高黏度的胶料。高黏度 FKM 是很容易加工成力学性能优良、抗环境性能好的橡胶制品的。模压法的缺点是劳动力成本高、生产效率低以及制品尺寸稳定性稍差，例如在备料、制备预成型件、闭合和打开模具以及取出橡胶制成品等各种操作中都会耗费大量的人工和时间。在实验室制备用于评价和测定的制品时，一般多采用小型平板压机的模压工艺进行加工。要注意的是，由于温度的设定和控制都是在压机的加热系统上实现的，因此模具和硫化制品的温度通常会略低于压机平板的温度。为了避免发生因模具温度偏低而造成的硫化不充分，需要经常监测模具的实际温度。

若要生产优质的制品，首先要获得质量好的预成型件，其应比最终的制品重 6%～10%，而且一定要致密，不能夹带空气。预成型件是一个完全充满整个模具腔体并只留有最低限度溢出量的制品。若残留的空气未能排除干净，则在最终的制品中会出现气泡，但通常只有较高黏度的胶料才能进行有效的排气，但黏度也不能过高，以免开模缩裂情况的发生，这是一种打开模具后在最靠近模具的橡胶处发生收缩和裂缝的现象。当模具加热到能使其中的胶料有很好的流动性时，可通过延迟压机的放气来获得较高的压力进而更有利于使胶料充满到整个模具之中。开模缩裂、分模处的粗糙突起常会发生在模腔的分模线附近，主要是由脱模时的膨胀造成的。如果胶料黏度太高或过于焦烧（在模腔尚未充满前就过早硫化）也会发生模腔内流动性差和开模缩裂现象。

模压制品的起泡主要有以下几个原因：①混炼时助剂粉末等未分散好；②存在另一种胶的沾污；③模具内残留有空气；④有水；⑤硫化不充分等。当然这些问题可通过实施充分的分散及严格的储存规程等进行避免，特别是彻底的清洁设备和不含有其他杂质及橡胶是非常重要的因素。如果经后硫化的制品硫化不充分则会出现海绵状、开裂及龟裂等现象，这时可通过增加促进剂用量、提高硫化温度或延长硫化时间等措施来解决。超过5mm 厚度的制品在后硫化时更容易发生龟裂的现象。除了前述措施外，还可在后硫化时采用逐步升温的方法，让挥发分得以有序释放而不会吹在制品上。

9.4.3.2 传递模压

传递模压是利用一套活塞或气缸装置强制使橡胶通过一个小孔注入模腔的过程，其首先是将一块待硫化的混炼胶放入模具中称为"壶"的位置，然后由柱塞将胶料通过注入口压入密闭的模具内。在橡胶硫化时，模具需保持密闭，结束后回升柱塞并移去和废弃传递所垫塞的材料，之后开启模具并取出制品，最后将溢料和渣料从制品上修除废弃后即得到最终的制品。

与压缩模压相比，传递模压能在性能、质量上提供更好的产品一致性，有着更短的循环时间及更好的橡胶与金属插件的黏结性。但是由于传递垫塞、注入口和溢料等原因使得数量可观的橡胶成为损失的碎料。所用的胶料应具有较低的黏度及足够的焦烧安全性，使其能保质保量地进入模具。"壶"内的混炼胶在快速通过很小的注入口进入模腔时会产生很高的剪切作用并释放出可观的热量，从而导致胶料很快会升温至硫化温度点。当然，注入口的尺寸一定要合适。如果太小，则不能确保足够的混炼胶流动性，但是在确保流动性的条件下应尽可能地减小尺寸，以使在脱模过程中，例如撕下模压好的制品时可能产生的制品损伤降至最低程度。

9.4.3.3　注射模压

注射模压是模压法生产橡胶制品中的最佳工艺。在此工艺中，从橡胶进入模具直至硫化的完成都是自动进行的。当带状胶料（有时也可用粒料）连续送入螺杆后会在螺杆和料筒之间向前移动并受到加热，混炼胶在螺杆前端积累到一定量后，螺杆就反向移动并做好了实施注射的准备。在螺杆停止转动后，就开始向前推进并将可控数量的胶料推入密闭的模具中。当橡胶在热模具中硫化时，螺杆需维持在开始注射的位置上并保持预先设定的压力以加固模具中的胶料。达到设定的时间后，再次转动螺杆使胶料充满料筒，而制品则在打开模具后取出，最后再次闭合模具准备进行下次注射。柱塞式或活塞式的注塑机也可用在橡胶制品的生产之中。

在所有的模压法工艺中，注射模压是使制品的质量和尺寸保持最大程度一致性的一种工艺，具有最好的溢流控制水平及最短的循环时间等优点。但是注射模压工艺也并不是适用于所有品级的混炼胶和所有形式的模压制品加工的，而且所用设备和辅助器材的投资费用是各种方法中最高的，在流道和出口通道中产生的碎料也较多。该工艺最适于大批量生产标准化的制品。

注塑工艺及其设备已在热塑性塑料的加工中得到了高度发展，在橡胶加工中的应用也日益增多，但是两者之间还是有很大差别的。在热塑性塑料的加工中，其原料一般是经过预混和造粒的塑料粒子，从加料口加入螺杆注塑机后进入塑化段并在高温下成为熔体，这种低黏度的熔体注射入冷模具中，经结晶和固化成形后得到塑料制品。在橡胶的注塑加工中，条形的胶料（或粒料）加入注塑机后，通过加热可使胶料黏度降低但不会达到硫化发生的温度，之后将胶料注射入热模具中，实现快速硫化。所用的较低黏度混炼胶需要在快速硫化和焦烧安全性之间实现平衡。此外，还要确定和控制好注塑机的各段温度。

表 9-15 是一个小于 5mm 厚度制品的典型 FKM 注塑加工控制条件。所用的中低黏度 FKM 混炼胶品级是带有碘交联点的，采用的是快速硫化的双酚硫化体系或过氧化物硫化体系。

表 9-15　典型 FKM 注塑加工控制条件

机型		柱塞型	螺杆型
温度/℃			
注塑机料筒	加料区	80～90	25～40
	中间区	80～90	70～80
	前区	80～90	80～100
注塑机喷嘴		90～100	100～110
喷嘴挤出料		165～170	165～170
模具		205～220	205～220
模具内的胶料		165～170	165～170

机型	柱塞型	螺杆型
压力/MPa		
注塑时	14～115	14～115
保压时	—	1/2 注射压力
背压	—	0、3～1
夹紧装置	最高	最高
时间/s（适用薄制品）		
单一循环合计	58～75	43～60
夹紧	48～65	33～50
注射	3～5	3～5
保压	—	10～15
硫化（含保压）	45～60	30～45
开模（制品弹出）	10	10

如果制品是人工从模具中取出的或者在注射前插入了金属插件，则开模前就需要更长的时间。此外，较厚的制品或者较慢的硫化体系会需要更长一些的硫化时间，如需要更快的硫化则可再提高一些模具的温度。

9.4.4　压延加工

压延法通常用于均匀的薄胶片或板材生产之中，制品可切割成密封垫圈或用于纤维与FKM复合材料的制备等。此外，片材也是可直接使用的。图9-20是一个由四个辊筒组成的压延系统，可用于FKM层压板（复合在织物布料上）的压制。压延机一般是由3～4个辊筒组成的系统，每个辊筒均以相同的表面速度转动，FKM受到这些辊筒的挤压，经过2～3个微距狭缝后最终挤成大约1mm厚的薄片。

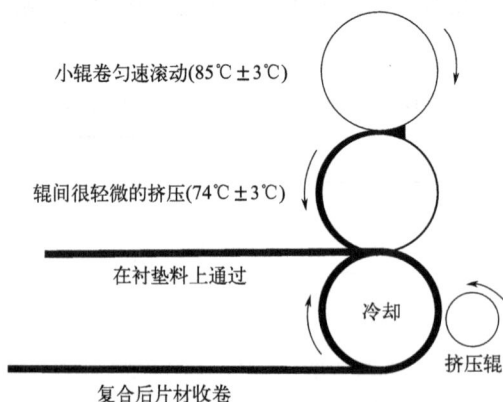

图9-20　压延机生产FKM层压板的运行示意图

层压板的质量在很大程度上取决于FKM混炼胶在压延机上的黏度。此混炼胶必须具有均匀的粉料分散程度以及拥有均匀的黏度、温度和流动速率等特性。所用的FKM生胶应具有足够高的分子量，使混炼后的胶料拥有充足的硫化前强度，从而能在包辊过程中形成均匀、无孔及无撕裂的胶带。当然，过高的黏度则会造成混炼胶在轧炼中难以在整个辊筒上得到横向厚度一致的片料。表9-16是不同硫化体系的FKM混炼胶压延时辊筒温度推荐数据。

表9-16 不同硫化体系的FKM混炼胶压延时辊筒温度推荐数据

硫化体系	上辊筒温度/℃	中间辊筒温度/℃	下辊筒温度/℃
二胺类（Diak 3#）	45～50	45～50	冷、室温
双酚AF	60～75	50～65	冷、室温
过氧化物	60～75	55～70	冷、室温

混炼后的胶料是在开炼机上轧炼升温的，使温度接近于上辊筒的温度，再将该预热好的带状胶料加入压延机。要均匀对等地沿着辊筒的宽度方向连续加入混炼胶，在第一组的两个辊筒间缝隙处只能有很少的堆积料。辊筒的最大转速为7～10m/min，每次轧过的薄片厚度是不超过1.3mm的。如需要较厚的薄片则可多加些料再用层压法将其压在已压延过的薄片上，然后进行后续的挤压操作。首次辊压得到的是在高支棉衬垫上的1mm厚薄胶板，后续的辊压速度较慢，也是以同样的方法在衬织物橡胶板上再加一层1mm厚的薄板后再进入之后的缝隙中。压延后的橡胶薄板要进行卷绕，并放置24h以释放和消除在衬垫上可能产生的应力。为了使硫化好的FKM片表面产生一种所期望的花纹结构，就需要对衬垫的这侧再卷绕一次。硫化通常是在压力锅（俗称"蒸缸"）内进行的，需要通入热空气或水蒸气使其温度达到或接近170℃，应确保足够长的时间以使所有的胶料都能充足地完成硫化过程，在用水蒸气作为热源进行硫化时，应缓慢地进行升温和降温以免起泡，还要用非透过性薄膜（如PTFE或FEP薄膜）绕包在胶料外面以防与蒸汽直接接触，而且在硫化结束后，衬垫应立刻从橡胶板上剥离出去。此外，胶板最好是在强制送风的烘箱中以悬挂干燥的方式进行后硫化过程。如果加工的板材厚度超过6mm，后硫化的过程中应分步升温至最终的目标温度，以防止起泡。

9.4.5 其他加工方法

由于一些FKM有着特殊的应用，因此需要使用其他的加工方法。以下介绍其中的两种方法，即胶乳法和热塑性弹性体加工。

9.4.5.1 胶乳法

涂覆了FKM胶乳的织物、保护性手套以及其他物品等会在其表面形成一个耐化学品或耐热的保护层。在多数情况下，只有那些熟练掌握技术的加工企业才会采购胶乳。在该加工中，制备稳定的浓缩乳液以及对应的配方和应用是非常重要的两个方面。

（1）稳定型浓缩胶乳的制备

典型的胶乳产品是氟含量达到68%的VDF-HFP-TFE三元胶，其聚合乳液是一种稳定性较好的分散液，固含量为20%～30%。为了进一步提升其稳定性，可加入些阴离子或非离子表面活性剂，之后再加入一种水溶性的树胶（如海藻酸钠）增大其粒径，让乳状

液（实际上也析出了）成为浓缩胶乳，固含量可达到约70%。弃去上层清液后，在之前加入的表面活性剂及树胶一起的作用下阻止了粒子进一步的聚集，并使浓缩胶乳能稳定储存达到数月之久。当然，其中还要加入一些杀菌剂，以防止滋生出微生物。此外，在储存和运输时要做好浓缩胶乳的防冻和防止温度过高的工作。

（2）配方和应用

配方通常是由加工厂家针对特定应用的要求而开发的，通常都是有专有产权的，但是需要注意的是配方中的各种组分应仔细选择以免影响胶乳的稳定性，使其过早地失稳。通常作为硫化剂的二胺或多元胺是与金属氧化物及惰性填充剂一起使用的。表9-17是由Tecnoflon TN胶乳配方得到的硫化胶性质表。Tecnoflon TN是一个VDF-HFP-TFE三元共聚的FKM品级，氟含量为68%，浓缩胶乳的固含量为70%。在一个混炼的例子中，使用了一种多元胺硫化剂（三乙烯四胺，TETA）并与氧化锌及一种惰性矿物质填充剂（硅酸钙，Nyad 400）一起加入。选择的是很温和的硫化条件，主要是为了保护沉积胶料的基材，因此一般需要在低温下进行硫化。

表9-17　FKM浓缩胶乳的混炼配方和硫化胶性质

项目	加入填充剂的样品	加入树胶的样品
浓缩胶乳混炼配方/phr		
胶乳量（100phr 橡胶）	145	145
氧化锌	10	10
TETA	2.5	1.5
Nyad 400	20	—
十二烷基硫酸钠	1	1
Cr_2O_3	5	5
物理性质		
压机硫化（1h，90℃）		
拉伸应力（100%）/MPa	2.0	0.8
拉伸强度/MPa	4.5	2.9
断裂伸长率/%	300	800
压机硫化（2h，90℃）		
拉伸应力（100%）/MPa	2.3	1.0
拉伸强度/MPa	5.1	5.2
断裂伸长率/%	250	650
后硫化（1h，50℃）		
拉伸应力（100%）/MPa	5.3	2.3
拉伸强度/MPa	6.1	6.2
断裂伸长率/%	180	450

9.4.5.2　热塑性弹性体加工

含氟热塑性弹性体是一种既有橡胶一样的弹性又能像热塑性（即可以熔融加工）氟树脂一样使用挤出、注塑、吹塑等常用加工方法成型的特种 FKM。热塑性弹性体可基于多种含氟单体的嵌段、接枝等共聚方法制造，也可用两种分别具有塑料和橡胶性能的材料进行共混的方法来制造。比较成熟和早已商品化的产品首推日本大金公司开发的 Dai-el$^{®}$ Thermoplastic T-530，其是以 A-B-A 形式用"活自由基"进行嵌段的含氟热塑性弹性体，其中间的 B 段是软的无定形橡胶段，A 段是硬的结晶性可熔融加工塑料段。该含氟热塑性弹性体是通过乳液法间歇共聚进行制备的，利用了全氟碳烷基二碘化物 I—R_f—I 为链转移剂和少量过氧化物为引发剂，其中的软段 B 约占 85%，两端的硬段 A 约占 15%。在整个合成过程中，第一步是先在 I—R_f—I 和过氧化物的引发下进行 VDF-HFP-TFE 的聚合，聚合度至少控制在 110 单元，VDF∶HFP∶TFE 的摩尔比为 50∶30∶29（相当于质量比为 33∶46∶21）。在第一步完成之后则抽空聚合釜内的余下单体，而分子链两端的自由基会在后续的聚合中继续发挥作用，紧接着再加入第二组 TFE-Et-HFP 的混合单体，在 B 段两端开始继续聚合，形成摩尔比为 49∶43∶8（相当于质量比为 67∶17∶16）的硬段 A。控制 A 段的聚合度在 140 单元左右，这足以形成熔点为 220℃ 的结晶聚合物（段）。图 9-21 和图 9-22 分别是分步的制备过程及最终产品的微观结构示意图。

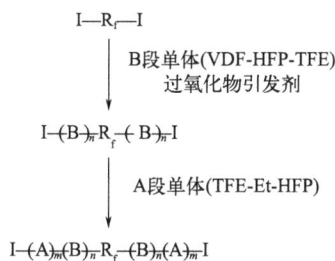

I—R_f—I

↓ B段单体(VDF-HFP-TFE)
　过氧化物引发剂

I—$(B)_n$$R_f$—$(B)_n$—I

↓ A段单体(TFE-Et-HFP)

I—$(A)_m(B)_n$$R_f$—$(B)_n(A)_m$—I

图 9-21　Dai-el$^{®}$ Thermoplastic
T-530 的聚合过程图示图

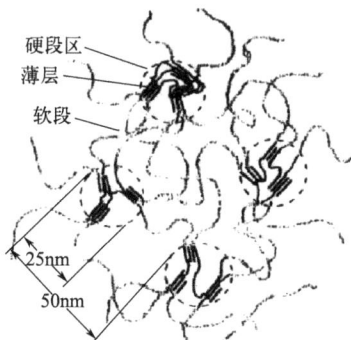

硬段区
薄层
软段
25nm
50nm

图 9-22　Dai-el$^{®}$ Thermoplastic
T-350 的微观结构示意图

软段的高含氟量使该产品具有优异的耐化学品性能及较低的 T_g（-8℃）。热塑性使得该产品可在高于挤出和高于熔程范围的温度下进行挤出和成型。在冷却之后，硬段的结晶使得制品在高达 120℃ 的温度下仍具有良好的尺寸稳定性，典型的一些应用包括管、薄板、O 形圈和模塑制品等。T-530 的特性可参见表 9-18，在表中还列出了同系列中具有不同硬段组成的 T-550 及 T-630，并将它们与硫化的热塑性氟弹性体的性能进行对比。

为了使含氟热塑性弹性体具有更好的耐高温性能，可采用双酚或过氧化物的硫化体系进行混炼，并在模压后用高温进行硫化，例如 Dai-el$^{®}$ T-530 也可在约 90℃ 下进行混炼，在低于结晶段熔点的 110～140℃ 下进行高剪切挤出或模压，然后在更高的约 180℃ 下进行硫化，但是该过程很难避免制品的扭曲。

表 9-18 Dai-el® 热塑性弹性体的特性

性质	数值			硫化的热塑性氟弹性体
	T-530	T-550	T-630	
相对密度（25℃）/(g/cm³)	1.89	1.89	1.89	1.8~2.1
硬度（JIS A）	67	73	61	55~90
熔点/℃	220	220	160	—
熔体流动速率（250℃,10kg)/(g/10min)	8~20	5~8	2~5	
起始分解温度/℃	380	380	400	>400
热导率/[cal/(cm·s·℃)]	$3.6×10^{-4}$	$3.6×10^{-4}$	$3.6×10^{-4}$	
比热容/[cal/(g·℃)]	0.3	0.3	0.3	0.3
低温扭矩试验（Gehman）T50/℃	—9	—9	—10	—20~—8
拉伸强度/MPa	11	17	4	7~22
断裂伸长率/%	650	600	>1000	600~150
撕裂强度/(kN/m)	27	30	21	17~25
回弹率/%	10	10	10	10~15
摩擦系数	0.6	0.5	0.4	0.6~0.7
永久压缩变形（24h, 50℃）/%	11	13	80	5~27
永久压缩变形（24h, 100℃）/%	—	—	89	4~25
电性能				
体积电阻/(Ω·cm)	$5×10^{13}$	$6×10^{14}$	$1×10^{15}$	$1×10^{13}$
介电击穿电压/(kV/mm)	14	14	16	9.3
介电常数（23℃, $1×10^3$ Hz）	6.6	6.2	7.7	13.8
临界表面张力/(mN·m)	20.5	—	19.6	—
折射率 η_D^{20}	1.357	—	—	—
氧指数/%	66	100	75~100	
气体透过率/[cm²·m/(mm²·d·atm)]				
N_2	82	—	119	48
O_2	136	—	174	118
CO_2	111	—	211	109
He	1715	—	2120	1820

　　杜邦公司也基于类似的聚合技术路线开发了耐碱性好的热塑性氟弹性体．其中的软段组成 Et：TFE：PMVE 的摩尔比为 19：45：36，T_g 为 —9℃，硬段 Et：TFE 的摩尔比为 50：50，DSC 熔融吸收峰的最高值约为 250℃。这种热塑弹性体在 270℃ 下是极易硫化

的，并具有很好的理化性能，特别能耐极性溶剂、强的无机碱和胺类化合物等化学品。模压后的这种热塑弹性体在离子化辐照下也是很容易交联的，无须经过混炼就能得到更好的性能。这种耐碱性好的含氟热塑弹性体与 T-530 在物理性能上的对比可参见表 9-19，然而这种弹性体迄今还未推向市场。

表 9-19　具有良好耐碱性的热塑性含氟弹性体的物理性质

热塑性含氟弹性体	耐碱 TPE	Dai-el® T-530
压缩模压		
拉伸应力(100%)/MPa	3.4	—
拉伸强度/MPa	14.5	—
断裂伸长率/%	510	—
辐照交联(15Mrad)		
拉伸应力(100%)/MPa	5.3	—
拉伸强度/MPa	16.9	—
断裂伸长率/%	270	—
永久压缩变形(粒料,70h/150℃)/%	37	—
在溶剂中的溶胀度(3d/25℃,质量分数)/%		
丙酮	3.6	87.1
甲醇	0.0	0.8
DMF	0.5	48.2
甲苯	1.1	2.0
CFC-113	100.0	48.4
丁胺	1.9	分解

9.5　耐工况环境性能

9.5.1　含 VDF 的氟橡胶的耐流体性

各种流体对含 VDF 的 FKM 既有物理影响也有化学影响。很多流体会使 FKM 硫化胶发生溶胀，溶胀的程度主要取决于 FKM 的组成（特别是氟含量）以及这些流体的极性。一些极性溶剂（如低分子量的酮和酯）是 VDF 基聚合物的良好溶剂，能使硫化胶因极度溶胀而失去很多有用的性能，而对较高氟含量（即含 VDF 链段较少）的 FKM 则只有较低程度的溶胀和渗透能力。由于 FKM 在大多数溶剂中的溶胀程度是很低的，因此 FKM 在使用过程中的性能和适用性是不会受到明显损害的，但高温下的溶剂（特别是 100℃ 的水性液体或 150℃ 以上的有机液体）则可能会与聚合物、交联结构及混炼胶中的助剂产生化学反应，从而导致 FKM 的性能损失。目前已有大量的有关 VDF-HFP 与

VDF-HFP-TFE 型 FKM 在水、水性溶液及大量有机溶剂中的浸泡实验报道，积累了不同温度、不同浸泡时间下的 FKM 重量及硬度变化等的大量数据，可供材料加工的设计人员、从事化工过程及相关设备管理的技术人员、市场销售人员作为材料选型的重要参考依据。

表 9-20 是各种不同组成的 VDF 基 FKM 及其硫化体系在耐各种流体介质方面的性能对比一览表。

表 9-20　VDF 系氟橡胶耐化学流体性能汇总

氟橡胶类别	A	B	F	GB	GF	GLT	GFLT
组成	VDF-HFP		VDF-HFP-TFE			VDF-PMVE-TFE	
含氟量/%	66	68	70	67	70	64	67
硫化体系	双酚 AF 体系			过氧化物体系			
典型的体积变化（75-硬度计，硫化胶）/%							
燃油 C（7d/23℃）	4	3	2	—		5	2
甲醇（7d/23℃）	90	40	5			90	5
甲基乙基酮（7d/23℃）	＞200	＞200	＞200			＞200	＞200
氢氧化钾（7d/70℃）	试样高度溶胀和降解						
使用评定							
汽车用烃类燃料，航空燃料	E	E	E	E	E	E	E
用氧饱和过的汽车燃油	NR	VG	E	VG	E	NR	E
发动机机油							
SE-SF 级	VG	E	E	E	E	E	E
SG-SH 级	G	VG	VG	E	E	E	E
烃类工业燃料							
脂肪族	E	E	E	E	E	E	E
芳香族	VG	VG	E	E	E	VG	E
胺类、高 pH 值碱水溶液	NR	NR	NR	NR	NR	NR	NR
酮、酯	NR	NR	NR	NR	NR	NR	NR

注：E—试样体积增加和物理性质变化最小，最适合使用；VG—试样体积增加和物理性质变化较小，适合使用；G—试样体积增加和物理性质变化程度可以接受，可以使用；NR—试样体积增加和物理性质变化超出可接受程度，不推荐使用。

9.5.2　全氟醚橡胶的耐化学介质性和耐热性

如前所述，PFR 是 TFE、PMVE 或一种全氟烷（氧）基乙烯基醚及少量硫化点单体的共聚产物，其耐化学介质性能与 PTFE 相当。PFR 硫化胶的耐热性主要取决于所用的硫化体系。大金和苏威公司都是向专业性的加工商销售过氧化物硫化的 PFR 胶，而杜邦公司只销售基于其专有的各种氟醚混炼胶制造的 PFR 胶制品。杜邦公司在 Chambers Works（Deepwater NJ）生产的 Kalrez® PFR 胶最初是采用双酚 AF 的硫化体系，并得到了极佳的耐化学品性和耐热性。之后，大金公司的 PFR 胶采用了过氧化物硫化剂也得到很好的耐化学品性，其耐热水溶液也很好，但是耐热性则下降很多。杜邦公司用 Kalrez[®] 4079 制造的 PFR 制品占其 PFR 胶产量的大部分。硫化是由硫化点单体末端的—R_fCN 基团经催化反应形成了高度稳定的三嗪交联结构。苏威公司开发的过氧化物硫化 PFR 胶也具有很好的耐热性能。

有关 PFR 硫化胶的耐化学介质性能也已有大量实测数据的积累，大多来自 Kalrez[®] 硫化胶在各种化学品和介质中的暴露或接触测试结果，其中的最高测试温度为 100℃。表 9-21 是采用不同硫化体系的 PFR 硫化胶耐介质性能，其中 Kalrez[®] 6735 接入了末端带—R_fCN 的第三单体，并以此硫化点为基础使用了专有的硫化体系，而 Kalrez[®] 4079 则采用了三嗪结构的硫化体系，Kalrez[®] 2035 是过氧化物的硫化体系，Kalrez[®] 1050LF 是双酚 AF 的硫化体系。在该表的检测条件范围内，PFR 胶是能耐绝大多数介质和化学品的。

表 9-21　不同硫化体系的 PFR 硫化胶耐化学介质性能

受测化学品	混炼胶品级			
	Kalrez[®] 6735	Kalrez[®] 4079	Kalrez[®] 2035	Kalrez[®] 1050LF
芳香族/脂肪族油类	++++	++++	++++	++++
酸类	++++	++++	++++	+++
碱类	++++	+++	+++	++++
醇类	++++	++++	++++	++++
酐类	++++	+++	++++	++++
胺类	+++	+	++	++++
醚类	++++	++++	++++	++++
酯类	++++	++++	++++	++++
酮类	++++	++++	++++	++++
水蒸气/热水	++++	+	+++	+++
强氧化剂	++	++	++	++
乙烯氧化物	++++	×	++++	×
热空气	+++	++++	++	+++

注：++++=极佳，+++=很好，++=好，+=可以，×=不推荐。

根据不同硫化体系 PFR 胶在数个温度点下暴露 10 天的拉伸强度变化结果可获得相关的一些耐热数据，而表 9-22 就是这些 PFR 硫化胶的推荐最高连续使用温度。

表 9-22　PFR 硫化胶的最高连续使用温度推荐数据

Kalrez[®] 硫化胶	硫化体系	最高连续使用温度/℃
6735	专有权硫化体系	275
4079	三嗪结构硫化体系	315
2035	过氧化物硫化体系	210
1050LF	双酚 AF 硫化体系	280

从表 9-22 可知，Kalrez® 4079 可在 300℃ 以上长期使用，双酚 AF 硫化的 1050LF 也具有很好的热稳定性，但是这两个品级不仅都需要经历长时间的平板压机硫化，而且还要在高温和氮气气氛下进行 40h 以上的长时间后硫化。对于很多的加工过程而言，这是较难满足的条件。

价格昂贵的 PFR 主要用于碳氢橡胶或常规氟橡胶无法抵御的特殊环境之中，可长时间在这些环境中安全地使用，例如在极性溶剂中的 PFR 胶是极少溶胀的，而 VDF 基 FKM 却会发生极大程度的溶胀。PFR 胶能耐强的有机/无机酸或碱，而 VDF 基 FKM 遇到这些介质却会发生降解。此外，PFR 能耐强氧化剂，而 VDF 基 FKM 或其他橡胶则会发生腐蚀。

PFR 具有中等的低温弹性。TFE-PMVE 型 FKM 的 T_g 约为 -5℃，而大金公司开发的 TFE-全氟烷基乙烯基醚共聚橡胶的 T_g 为 -15℃，比其略低些。与其他 FKM 一样，高氟含量 PFR 胶具有 -40℃ 的低温脆性温度，所以这种 PFR 胶用作静密封时，可在低于其 T_g 的 -20℃ 下使用。

PFR 混炼胶的热膨胀是一个需要十分关注的问题，尤其是在高温下使用的密封件。对于中等硬度的混炼胶，其线膨胀系数约为 $3.2 \times 10^{-4} ℃^{-1}$。如果从室温升温 200℃ 后，则 PFR 胶密封件的线型尺寸会增加 64%，这一变化足以使室温下与密封槽匹配良好的密封件在高温下因发生膨胀而挤出槽外，因此在设计时一定要按实际的使用温度留足空间。引起高热膨胀现象的部分原因是 PFR 混炼胶配方中通常只含有较少的填充剂（如炭黑只有 10～15 份），但是填充剂量的增加，也会使得橡胶硬度的增加。

PFR 胶的应用范围包括了化学工业、油田（采油）、航天、制药及半导体等领域。普通的 FKM 在这些领域中也有应用，但是在面对苛刻的工况和环境条件时 PFR 胶可提供更长期及可靠的使用效果。当密封件失效会造成很大代价时，例如引起装置停产、产品向外泄漏和产品受到污染等情况，昂贵的 PFR 密封件在经济上仍不失为一种有价值的使用方案。

在化工厂应用方面，PFR 胶的密封件主要用作包括 O 形圈、阀座填充料、垫片和隔膜等在内的零件，其可耐绝大多数的流体和混合物，且可满足不超过 200℃ 工作温度的应用场景，但是有些牌号的 PFR 材料（如 Kalrez® 4079）就不适合于热水、水蒸气和胺类等场合。

在油田应用方面，由于在深度超 5500m 的井底中存在着许多高温分解产生的高浓度 H_2S 和 CO_2 等，因此需要使用能在高温下耐含碱性有机物和水溶液的 PFR 胶作为密封件以满足这样苛刻和复杂的工况。

在航空应用方面，由于飞行期间的喷气发动机高温润滑油需要承受可能超过 200℃ 的温度，因此 VDF 基 FKM 和 TP 型 FKM 的密封件都会发生严重的溶胀，而如 Kalrez® 4079 的 PFR 胶在这样的工况下则极少溶胀，其使用温度甚至可以达到 316℃。要满足飞机喷气发动机的高温润滑油的密封，非 PFR 胶密封件莫属。

在制药工业方面，有一些专业型的 PFR 混炼胶品级，可将由填充剂引发的污染因素减低至最低，适合的品级包括 Kalrez® 2037 或 Chemraz® SD585。

PFR 密封件在半导体工业中的应用是最多的。在半导体制造流水线的迭代更替中对密封提出了更高的要求，特别是那些有高腐蚀性和高清洁度等要求的场合。半导体制造主要涉及等离子体加工、气体沉积加工、热加工和湿加工等过程，其中的每一步都有特定的温度范围和加工环境，例如等离子体加工中涉及在氟或氧等离子环境中进行 250℃ 以上的高温刻蚀和灰化操作，而在若干种等离子体或活性气体混合物中进行高达 250℃ 的气体沉积加工时还需要面对高真空的环境。在使用中，一定要确保密封件在这些苛刻条件下只有很低的热失重，不产生颗粒以及不漏气。对包括氧化扩散、快速热加工和红外灯淬火等在内的热加工过程，其温度范围通常为 150～300℃，在使用中需要密封件能耐酸性和碱性气体，不产生漏气和颗粒，具有优良的热稳定性。湿法处理过程通常包括晶片制备、清洁、淋洗、刻蚀、光刻显影和淋洗、剥膜和铜版制作等过程，最高温度在 100～180℃ 范围。在这些过程中使用的密封件要能耐多种强腐蚀性流体，包括多种有机/无机酸、碱的水溶液和有机胺类化合物等。

9.5.3　TFE-烯烃共聚氟橡胶的耐流体性

按 ASTM 规范，TFE-烯烃共聚的 FKM 简称为 FEPM，主要包括 TFE-P 型（与丙烯共聚）和 Et-TFE-PMVE 型（与乙烯共聚）等两类。前者包含了 TFE-P、TFE-P-VDF 和 TFE-P-TFP 等三个品种，其共同的特点之一是能耐强的液碱和有机胺，而一般的 VDF 基 FKM 则不能抵御碱及胺。FEPM 中的主要品种是 TFE-P，其中的 TFE 和 P 为交替单元结构，且 TFE 比 P 略过量。在生产过程中的后处理阶段，热处理过程中能产生足够数量的过氧化物硫化用不饱和结构。

另外，TFE-P 硫化胶的 T_R 约为 0℃，低温弹性差且过氧化物硫化体系也限制了其最高连续使用温度不能超过约 220℃。

有关 TFE-P 和 TFE-P-VDF 的 FKM 耐化学介质性能的数据已有了丰富的积累，其中过氧化物硫化的 TFE-P 二元共聚胶具有优异的耐水蒸气、无机碱、汽车机油、润滑油、酸性气体的油田混合物等性能，得到的 TFE-P 硫化胶则具有极佳的耐碱性，能在极性溶剂中仅呈现较低的溶胀率，但因其氟含量较低，约为 56%，这导致其在碳氢烃类溶剂及燃料油中（特别是在芳香烃中）会发生高度溶胀。在酮类、酯类、醚类及某些氯代溶剂中，溶胀程度也是较高的。表 9-23 是一个典型的中等硬度 TFE-P 混炼胶配方。

表 9-23　一个典型的中等硬度 TFE-P 混炼胶的配方

组分	份数
二元氟橡胶（Aflas TFE-P）	100
MT 炭黑（N990）	30
过氧化物（Vul-Cup40KE）	4
TAIC	4
硬脂酸钠	1

常用的过氧化物为双叔丁基过氧异丙基苯。如需要更高的硬度和模量，可以通过多加些炭黑（可以加炉黑）、过氧化物或捕集剂来实现。配方中的硬脂酸钠是一种较好的开炼机辊筒或模具用脱模剂。表 9-24 是按上述配方得到的硫化胶物理性质汇总表。从表中可知，过氧化物硫化胶在空气中经过 260℃ 热老化 70h 后会造成模量和拉伸强度的大幅度损失。

表 9-24　TFE-P 系列混炼胶的性质

聚合物（Aflas FA）	100H	100S	150P	150E	150L
ODR（177℃，3°）					
M_L/(in·lb)	30	24	14	7	3
M_H/(in·lb)	68	70	60	46	43
t_{S2}/min	1.3	1.4	1.6	1.7	1.9
t_{C90}/min	6.7	7.1	7.7	8.3	8.8
典型的物理性质（压机上硫化 10min/177℃，后硫化 16h/200℃）					
拉伸应力（100%）/MPa	3.9	4.6	4.7	4.1	5.5
拉伸强度/MPa	15.8	16.8	14.1	12.3	11.7
断裂伸长率/%	325	285	270	285	220
邵氏硬度（A）	72	72	72	73	73
压缩变形（O形圈）/%					
70h，200℃	50	44	44	48	42

注：此处 M_L、M_H 均为氟橡胶混炼胶的硫化特性参数指标，分别是特定硫化温度下最低转矩和最高转矩，单位为 dN·m 或 N·m，1in·lb=0.113N·m 或 1.13dN·m。ODR 为圆盘振荡式硫化仪。

　　有关 TFE-P-VDF 硫化胶耐各种介质（水蒸气、油料、酸碱和有机溶剂及其他化学品等）的性能数据也已有了很多的测试数据，结果表明这类三元胶可耐 7 天的汽车润滑油，能耐变速器油、高达 150℃ 的齿轮润滑油、163℃ 的机油等，但是在这些介质中这类胶还是不能保持长期可靠的使用效果。Fluorel Ⅱ 的基础胶含有 30%～35% 的 VDF，其最初的摩尔组成 TFE：P：VDF 约为 42：28：30，相当于含氟量只有 59%。采用的预混配方包括三丁基（2-甲氧基）丙基鏻化物-双酚 AF 络合物的硫化体系以及四次甲基砜和二甲砜混合物的促进剂和加工助剂。使用该胶时需要明显降低各种车用油料中的有机胺类添加剂加入量，因此在后期的双酚硫化 TFE-P-VDF 三元胶中降低了 VDF 含量至 10%～15%，使其耐碱性得到明显改善。表 9-25 是 VDF 含量从 0 至 30% 的 TFE-P-VDF 共聚物混炼胶在腐蚀性试验用油 ASTM 标准油中经过 150℃ 和 12 周测试后得到的断裂伸长率。实际上，该结果也反映了不同氟含量对性能的影响。

表 9-25　TFE-P 二元胶和 TFE-P-VDF 三元胶混炼胶 150℃ 下油老化后的断裂伸长率变化率

单位:%

聚合物中的 VDF 含量/%	连续暴露时间/h		
	500	1000	2000
0（二元胶）	−10	−13	−22
10	−18	−26	−42
16	−40	−47	−65
30	−48	−65	−82

TFE-P 与少量三氟丙烯（TFP）共聚得到的双酚硫化 FKM 能使含氟量得到一定程度的提高，且在强碱处理下这种硫化胶只有在 TFP 点上能发生脱 HF 的反应。通常，它们具有与 TFE-P 相当的耐碱性，但是因为含氟量稍高，因此在碳氢烃类溶剂中的溶胀要低一些。双酚硫化的 TFE-P-TFP 胶耐热性要优于过氧化物硫化的 TFE-P 胶和 TFE-P-VDF 胶。

Et-TFE-PMVE（ETP）三元胶是一类特种的 FEPM，具有与 TFE-P 一样的耐碱性，但具有更好的耐介质、油料和化学品的性能以及很好的低温弹性。ETP 的氟含量与 Viton GFLT 及 GF 相当，因此即使在极性和非极性的有机液体中 ETP 的溶胀也很低。相比 PFR 胶，ETP 在很多介质中还是会有较高的溶胀发生，但通常还是可使用的，因为它还有着较好的低温性能。当然，由于 ETP 中含有乙烯单元，因此不耐强氧化剂，这种场合就应使用 FFKM。ETP 胶的最初设计是作为一种弹性体材料，它具有耐强碱性并能用于石油油井和气井中的恶劣工况条件。表 9-26 是该材料浸在模拟深油井内液体的混合物中进行高温溶胀试验的结果。

表 9-26 ETP-500 在 150℃/3 天暴露苛刻环境中的溶胀情况

液体介质	溶胀率（体积分数）/%
30% KOH	12
酸性盐水（10%H_2S，5%胺）	17
潮湿的酸性油料（10%H_2S，5%胺）	12

表 9-26 中的后两种液体介质模拟的是含有 H_2S 和水溶性胺盐的油田环境，其类似高浓度的缓蚀剂以及含有油溶性胺的潮湿性酸性油料。这种环境下的 VDF 基 FKM 会受到破坏，很难保有原来的性能，但 TFE-P 二元胶则能抵御这些工况条件，但是其在油料中会发生严重的溶胀。ETP 胶适用在那些售价较低的 VDF 基 FKM 和 TFE-P 的 FEPM 不能满足的工况条件场合，但不包括半导体制造业，因为该领域不但要求极低程度的溶胀，而且不能发生由橡胶零件造成的半导体产品污染。这种情况下就只能选用 FFKM 了。

9.6 应用

FKM 在汽车中的应用与其性能密切相关，尤其是在汽车前车盖下发生的变化一直都是 FKM 在汽车应用中的真正推动力，而在汽车中的某些部位，FKM 是其他材料难以替代的。目前，汽车发动机运转环境的温度日趋增高，其轴封和阀杆密封圈需要在 200℃下长期工作，有时还得处于最高达 270℃的环境，而且为了延长车用机油的使用寿命还会在发动机机油中加入碱性的胺类添加剂，这对于包括普通 FKM 在内的橡胶件都会产生腐蚀作用。在燃油中加入更多的各种腐蚀性添加剂使得耐腐蚀性好的 FKM 需求量大大增加了，特别是燃油注入器的 O 形圈和输油管等部位。随着环保要求的进一步提升，解决汽车各部位存在的漏油和废气泄漏等问题以及满足新能源汽车上的新应用也都推动着 FKM 应用量的上升。

FKM 的应用还涵盖了航空和航天、家用电器、流体输送、化学工业、油田采油、半导体制造等很多其他的领域。

9.6.1　O形圈和模压件

很大部分的FKM是用于静态O形密封圈制作的。这些密封件可用在很多工业领域，例如汽车、航空和航天、化学工业和交通运输业、油气田开采、食品和制药工业以及半导体制造等。双酚硫化的VDF-HFP二元胶可满足大部分的O形圈应用。这些品级的产品能够在−20～250℃的温度范围内显示出良好的密封性能，而且能耐多种不同的流体介质。由于VDF-HFP-TFE三元FKM混炼胶的含氟量较高，可适用于极性的液体介质环境中，而VDF-HFP二元胶在这些介质中则会发生严重的溶胀。过氧化物硫化的FKM适合用于热的水溶液和热水等工况环境，VDF-PMVE-TFE胶在高温下具有良好的密封性能和耐化学介质性能。TFE-PMVE的PFR胶、TFE-P胶、Et-TFE-PMVE胶等特种FKM制作的O形圈都可用于极苛刻的腐蚀性环境。

通常O形圈的形状都比较简单，可用压缩模压、传递模压和注射模压等方法制造。适合模压加工的FKM混炼胶需具有足够的流动性，以便快速地充满整个模具的模腔，同时还要能高速地硫化成型，硫化后要能清洁地、容易地脱模。此外，还要严格控制O形圈的尺寸。为了在采用模压法加工各种O形圈的过程中得到最佳的加工性能，供应商针对性地开发了很多专有的双酚预混胶。

9.6.1.1　VDF-HFP二元胶的配合胶

几乎所有FKM制造商都能提供VDF-HFP的预混胶，其中加入了双酚硫化剂、促进剂和任选的加工助剂，以满足用各种模压方法制作高质量O形圈的需求。这些预混胶中的绝大部分组成都与表9-9的配方相同。几乎所有二元胶的VDF含量都约为60%，且优化的生产控制条件也使其具有较窄的分子量分布和很少的离子型端基，但胶料中仍不可避免地残留了少量盐类、表面活性剂和低分子量的低聚物等。为了获得高交链密度，预混胶配方中通常含有约2phr的较高浓度双酚AF，还含有少量的季铵盐或磷酸盐促进剂以获得低压缩永久变形。为了改善挤出和脱模性能，有些预混胶中还需要加入加工助剂，但是短效的添加剂应尽量地少加以免在烘箱内的后硫化过程中发生过度收缩的情况。在压缩模压的加工中，可选用中黏度型和高黏度型的预混胶，而在传递模压和挤出加工中则可任意选用中黏度型和低黏度型的预混胶。中等黏度的胶料在现代化的加工设备中已成功地实施了注塑加工，还有一些针对性的预混胶可在高温注射模具中很快地完成硫化。国外主要的FKM生产商都提供了分别适用于模压和注塑加工的VDF-HFP二元预混胶品级以制备高质量的O形圈，并对炭黑和填充剂的加入量与成品胶性质、标准硫化条件下的硫化胶性质等之间的关系都给出了详细的数据。国内的FKM供应商产品仍以生胶为主，而混炼胶则多由下游的加工商生产。

9.6.1.2　VDF-HFP-TFE的三元配合胶

VDF-HFP-TFE三元胶与VDF-HFP二元胶相比，由于VDF含量为30%～60%，氟含量在66%～71%，因此氟含量高于后者就是其主要特点。通常，这种三元胶都采用双酚硫化体系，但是与氟含量不超过66%的二元胶相比，这种氟含量特别高的品级需要加入更多量的促进剂和选用活性更高的促进剂。VDF-HFP-TFE 三元胶中接入含溴或碘的硫化点单体后则可用过氧化物进行硫化，其是一种耐热水性流体性能更好的硫化胶，但是与双酚硫化胶相比，在热稳定性上是会有所损失的。

双酚硫化的 VDF-HFP-TFE 三元预混胶会用到一些具有特点的促进剂，可确保既能具有快的硫化速率又能将焦烧的影响控制在安全及可接受的程度内。有些品级的三元预混胶还含有对挤出、模具内流动和脱模等有利的加工助剂。相比氟含量为 66％的二元配合胶，氟含量为 66％～68％的三元配合胶具有与之相同或更优的低温性能。当三元配合胶的氟含量高达 69％～71％时，其会具有较好的耐流体介质性能，在汽车制造和化学工业中的模压密封件和其他零件上具非常重要的作用。

氟含量略高些的 VDF-HFP-TFE 三元胶（例如 68％的氟含量，相当于 50％的 VDF含量）可使用与二元胶一样的硫化配方并得到满意的结果。在同样的双酚 AF 和促进剂份数下，氟含量都为 66％的三元胶和二元胶可得到同样的硫化速率和硫化程度。三元硫化胶的压缩永久变形、热老化特性也与二元胶硫化胶一样。中等硬度硫化胶的低温性能与二元胶相似，TR-10（回缩 10％时温度）为 -18～-19℃。此外，随着 VDF 含量的降低，三元硫化胶在流体介质，尤其是极性溶剂中的溶胀程度也降低。

如前所述，过氧化物硫化的 VDF-HFP-TFE 型三元胶与双酚硫化的 VDF-HFP-TFE 型三元胶相比，其耐水蒸气和水性流体性能得到了明显的改善，虽然仍可在至少 200℃下长期工作，但热稳定性是有所下降的。与双酚硫化胶相比，氟含量高的三元胶是比较容易采用过氧化物硫化的，且重现性好。这是因为在过氧化物硫化中聚合物链上的硫化点是不涉及 HF 脱除的，配合胶中几乎不含有或只有极少的无机碱，通常只使用少量的 ZnO，而双酚硫化中则会用到 $Ca(OH)_2$ 和 MgO。

9.6.1.3　VDF-PMVE-TFE 的三元耐低温配合胶

如前所述，VDF-PMVE-TFE 的三元耐低温胶与三元胶相比，其耐低温性能要好得多。同样的商品级耐低温胶，VDF-PMVE-TFE 型三元耐低温胶的 T_g 和 TR-10 比 VDF-HFP-TFE 的都要低 8～9℃。对 FKM 在流体中的溶胀程度而言，由组成中的 VDF 链段比例变化带来的影响是高于氟含量的影响的。由于商品化的 VDF-PMVE-TFE 型三元耐低温胶含有溴或碘的硫化点，因此可采用与 VDF-HFP-TFE 型三元胶同样的过氧化物硫化方式。

由于更着重于低温性能，因此多数低温胶的含氟量只有 64％～65％，VDF 含量接近55％，对应的 TR-10 约为 -30℃。它们的低温配合胶可满足在 -40℃下的静密封性能要求。当然也有一些高含氟量的品级，会有更好的耐溶剂性能。表 9-27 列出的是一些 VDF-PMVE-TFE 型三元耐低温胶品级。

表 9-27　VDF-PMVE-TFE 的三元耐低温 FKM 品级

项目	低温氟橡胶组成		
	64％～65％氟含量	66％氟含量	67％氟含量
	52％～56％VDF	45％～50％VDF	36％～40％VDF
TR-10/℃	-30	-26	-24

项目	低温氟橡胶组成		
	64%～65%氟含量	66%氟含量	67%氟含量
	52%～56%VDF	45%～50%VDF	36%～40%VDF
产品商标牌号和品级			
Viton®	GLT GLT-305 GLT-S	GBLT-S	GFLT GFLT-301 GFLT-S
Dai-el®	LT-302 LT-303	LT-252 LT-271	—
Tecnoflon®	PL-455 PL-855	PL-956	PL-458 PL-958

表 9-28 是氟含量为 65%的耐低温 FKM 的硫化特性和硫化胶性质。在过氧化物硫化的 VDF-PMVE-TFE 型低温胶中，Viton GLT 的特点是具有较高的分子量，聚合中的溴硫化点单体是沿分子主链接入的，因此交联点也是沿链均匀分布的。此外，硫化胶的耐热性和低温柔性都很好，可在 230℃下长期使用。

表 9-28 过氧化物硫化的低温氟橡胶的性质

项目		产品品牌和品级		
		Viton® GFLT-600	Viton® GFLT-600S	Tecnoflon® PL-958
配方/份				
MT 炭黑 (N990)		30	30	30
氧化锌		3	3	5
TAIC		3	3	3
过氧化物 Luperco 101XL 45		3	3	3
硫化条件 (MDR 2000, 0.5arc)				
温度/℃		177	177	170
M_L/(dN·m)		2.0	2.0	1.9
M_H/(dN·m)		19	33	37
t_{S2}/min		0.5	0.4	0.5
t_{C90}/min		3.1	0.8	1.2
物理性质 (原始)				
硫化工艺	压机硫化/(min/℃)	7×177	7×177	6×170
	后硫化/(h/℃)	16×232	2×232	1×230

项目	产品品牌和品级		
	Viton® GFLT-600	Viton® GFLT-600S	Tecnoflon® PL-958
拉伸应力（100%）/MPa	9.5	6.6	8.5
拉伸强度/MPa	11.6	12.3	21.2
断裂伸长率/%	147	207	185
邵氏硬度（A）	72	71	73
低温性能			
TR-10/℃	−23	−24	−24
压缩变形（O形圈）%			
200℃下70h，有后硫化			17
200℃下22h，无后硫化	46	13	
200℃下22h，有后硫化	26	11	
物理性质（250℃下70h热老化后）			
拉伸强度变化/%	−6	−6	
断裂伸长率变化/%	+16	+22	
硬度变化	−1	0	
耐介质性（完全浸没后体积溶胀）/%			
燃油C（23℃，168h）	4.2	4.5	
M15（85:15燃油C-甲醇，23℃，168h）	13	14	
甲醇（23℃，168h）	8.4	8.9	
水（100℃，168h）	7.9	2.5	

　　虽然GLT胶的硫化速度较慢，脱模也并不完美且时有缺陷，但是在最终应用中的性能指标都是基于GLT性能的，这也使得其他一些可与GLT竞争的产品只能围绕着其应用性能指标进行开发。与GLT不同，其他的同类产品多采用含碘的交联点，典型的是以大金公司Dai-el® LT-303为代表的含碘低温胶，其硫化快且脱模性能也较好，但是由于只在分子链的末端才有可用于交联及形成网络结构的碘，因此含碘的低温胶耐热性比GLT差，同时也造成硫化胶的物理性质有较大损失。如果在每个分子链上有两个以上的交联点，硫化胶就可以承受较多的化学降解而不会造成太多的性能损失，Viton® GLT-S和Tecnoflon® PL-855正是基于该思路而开发的材料。只要在FKM中接入含碘的硫化点单体，其都能迅速硫化，而且无须在烘箱中进行后硫化，只要在压机上硫化就能获得所需的压缩变形等性能指标。过氧化物硫化的高氟含量VDF-PMVE-TFE型耐低温胶具有更好的耐化学品性能，同时又能保持良好的低温性能。表9-29中对上述各种过氧化物硫化

低温胶进行了对比。

表 9-29　各种过氧化物硫化低温胶（氟含量 65%）的性质对比

项目		产品品牌和品级			
		Viton® GLT	Viton® GLT-600S	Dai-el® LT-303	Tecnoflon® PL-855
配方/份					
MT 炭黑（N990）		30	30	30	30
氧化锌		3	3	—	5
TAIC		3	3	3	3
过氧化物（100% A.I.）		1.4	1.4	1.5	0.9
硫化条件（177℃ MDR 2000，0.5；ODR，3arc）					
M_L/(dN·m)		3	2		1.5
M_H/(dN·m)		18	27		14.7
t_{S2}/min		0.6	0.4		0.9
t_{C90}/min		3.2	0.8		2.0
物理性质（原始）					
硫化工艺	压机硫化/(min/℃)	7×177	7×177	10×160	10×177
	后硫化/(h/℃)	16×232	2×232	4×180	1×230
拉伸应力（100%）/MPa		5.9	3.6	2.6	5.0
拉伸强度/MPa		17.6	17.8	18.0	20.1
断裂伸长率/%		181	267	350	240
硬度（邵氏 A）		67	67	69	67
低温性能					
TR-10/℃		−31	−31	−32	−30
压缩变形（O 形圈）/%					
200℃下 70h，有后硫化				25	24
200℃下 22h，无后硫化		31	16	—	—
200℃下 22h，有后硫化		16	11	—	—
物理性质（70h 热老化后）					
70h 热老化温度/℃		250	250	230	—
拉伸强度变化/%		−2	+5	−15	—
断裂伸长率变化/%		+11	+23	−9	—
硬度变化		+2	+1	+1	—

项目	产品品牌和品级			
	Viton® GLT	Viton® GLT-600S	Dai-el® LT-303	Tecnoflon® PL-855
耐介质性（完全浸没后体积溶胀）/%				
ASTM 105 油（168h，150℃）	1.6	1.0	—	—
燃油 C（168h，23℃）	7.2	7.5	—	—
甲醇（23℃，168h）	31	33	—	—
水（100℃，168h）	4.8	2.4		

9.6.1.4　O 形圈密封件的一般设计原则

虽然可以针对密封应用条件（包括温度、介质类型等）来选定适合的 FKM 配合料，但是仍应当仔细地按其功能进行密封系统的设计，例如在高温下使用的密封件必须充分考虑到 FKM 在高温下的热膨胀和可能出现的某种程度软化等情况，在用特定品级的 FKM 设计及制作密封件时应充分留有尺寸公差的空间，而当密封件在-20℃下工作时，很多品级的 FKM 已经到了可允许使用的弹性下限，因此这时就要特别注意选用与之相适应的耐低温胶品级。如果选型不当或机械设计不当就会导致密封失败，在表 9-30 中列出了一些常见密封失效情形的分析。

表 9-30　常见的密封失效情形分析

密封失效的原因	影响
开孔处锐角，急转弯	密封圈在压力或热膨胀下弯曲而断裂
表面很不平整	气体泄漏
密封件内腔公差过大	密封件渗液
密封件压缩程度不够	低温下泄漏，低压下漏气
密封压缩偏高	高温下密封开裂
配合技术不当	O 形圈部分蜷曲，泄漏
腔体容积不够，不足以匹配热膨胀和可能产生的溶胀	密封件被挤出腔体
缺少支承环或垫片	在高压下的密封件挤出腔体

根据最终的原因分析和实际经验，已经有了一些可供参考的通用性设计原则。就压缩和应变而言，其最好是不超过 25%，因为过高的压缩会使局部应变过高，这足以使 FKM 本身受到破坏或密封件开裂。在大多数的应用中，18% 的压缩率对公称 O 形圈已经是足够的了，而稍低至 11% 的压缩率对于气密性垫圈则是适当的。此外，O 形圈在腔体内的伸展量是不能超其原始内径的 5% 的。

9.6.2　在汽车上的应用

汽车零部件中用到的主要 FKM 制品包括发动机的曲轴前油封、曲轴后油封、气门杆油封、发动机膜片、发动机缸套阻水圈、加油软管、泄油软管、燃油软管、机油滤清单向阀、加油口盖 O 形环、变速箱及减速箱油封等 20 多种，涉及的胶种也很多。图 9-23 是 FKM 在汽车燃料系统中的主要应用示意图。

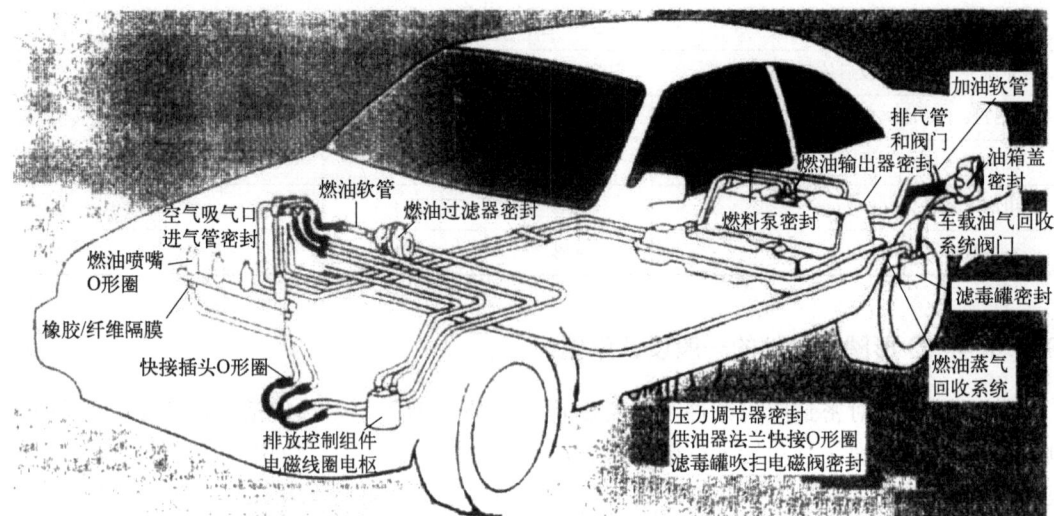

图 9-23　FKM 在汽车燃料系统中的应用示意图

　　FKM 在汽车应用中的最大契机是用于满足新型发动机、传动系统和燃油系统对材料的要求以及满足日益严格的排放标准。按照相关规定，即使在 150℃以上或−40℃以下的工作温度时，燃油系统内弹性密封圈的使用寿命也一定要达到 15 年或行驶 150000mi（1mi＝1.609km）而不会发生燃料泄漏并不超过其溶胀极限。同时，其还要有对普通燃油、甲醇/醇类汽油和新型生物燃料等在内的燃油以及以醇和酯类为主要成分的复合燃料有极好的耐腐蚀性。

　　以下主要就 FKM 在燃油汽车中的燃油储藏输送系统、燃油传输系统、排放控制系统和动力总成系统等四大系统中的应用进行介绍。

9.6.2.1　在汽车燃油储藏输送系统的应用

　　表 9-31 为 FKM 在相关汽车燃油储藏输送系统中的应用。

表 9-31　汽车燃油储藏输送系统中使用 FKM 的部件及其作用和特点

部件/部位	作用和特点
燃油泵连接件	是燃油箱中输送气体或者液体的连接件，其具有抗震动、低体积膨胀、耐燃油的特点
加油管	连接加油口的燃油胶管，其为多层结构，内层为具有极低渗透率、良好压缩永久变形及耐燃油的 FKM 管
燃油输送密封件	系燃油泵和燃油箱之间的密封件，具有极低的渗透率，能满足−40℃的冷却试验；具有好的耐燃油性及极好的压缩永久变形
气封盖密封件	可防止气体泄漏和减少燃油蒸发，具有好的低温曲挠性、极低的渗透率和良好的耐燃油性

9.6.2.2　在汽车燃油传输系统的应用

燃油传输系统中使用 FKM 的部件及其作用和特点见表 9-32。

表 9-32　燃油传输系统中使用 FKM 的部件及其作用和特点

部件/部位	作用和特点
燃油软管	一般是多层复合管，里层是氟橡胶管，中间为增强层，由纤维材料制成，外层是由环保、节能材料制成的护套管
翻转阀	作用是防止燃油在翻转工作时泄漏。要求氟橡胶具有极低的燃油透过率、良好的压缩永久变形和很好的耐燃油性
燃油泵压力调节隔膜片	可以精确控制燃油进入发动机的流量，一般说其曲挠寿命需超过 100 万次。要求氟橡胶具有耐汽车燃油性、能耐酸性汽油和含氧燃油，良好的曲挠寿命（－40℃下）
快速连接 O 形圈	在燃油和气体快速连接中使用，能简单地控制连接或中断。要求氟橡胶需具有较高的热撕裂性、优秀的压缩永久变形和长时间的密封持久性
燃油喷嘴 O 形圈	用于汽油、柴油和酒精混合燃油直接或间接的喷射系统。要求氟橡胶需具有很好的耐热性能、良好的热撕裂性，优秀的压缩永久变形和良好的耐低温性

图 9-24 是燃油软管的结构示意图。像这种的多层结构胶管，其具体的制造过程是以适当直径的 EPDM 电缆为"芯棒"，在装有专用十字机头的挤出机上将挤出的 FKM 包覆在其外表面上形成 0.3～0.8mm 厚的 FKM 层，之后在其上依次挤出包覆黏结层、增强层和最外层的护套管层，最后再置于压力容器内进行硫化。最终得到的是内衬氟的多层结构管。此外，在保证具有良好多层挤出性能的基础上，生产商开发了多款具有不同氟含量的低黏度品级产品。

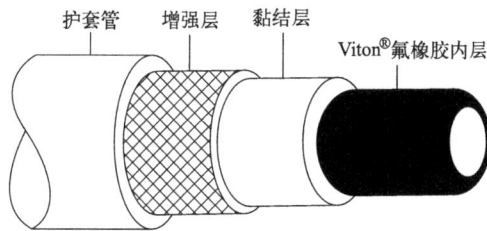

图 9-24　多层复合氟橡胶管示意图

由于橡胶软管的成本较高，因此实际使用中的汽车燃油管大多是金属管或热塑性塑料管，只有在面对复杂的弯曲段或是为了降低震动带来的噪声等情况下才会使用一小段橡胶软管，有时在金属管或热塑性塑料管接头处也需要使用一段。对于所使用的 FKM，其主要要求是具有较宽的工作温度范围、极低的燃油渗透率和优秀的挤出性能。

9.6.2.3　在汽车排放控制系统的应用

汽车排放控制系统中使用 FKM 的部件及其作用和特点见表 9-33。

表 9-33 汽车排放系统中使用 FKM 的部件及其作用和特点

部件/部位	作用和特点
氧传感器	用于监测排放气体的成分，要求耐燃油性能好、压缩永久变形低，具有良好的长期密封保持性和耐高温性
进气歧管的垫片	用于密封进气歧管，要求有较好的气密性、耐高温性、优秀的压缩永久变形和极低的燃油渗透性
密封阀	用于滤清器和废气回流阀，要求有良好的低压缩永久变形、耐燃油性及优秀的尺寸稳定性
涡轮增压管	为多层结构，用于压缩废气回增压器，要求耐热性好、耐热撕裂，在耐油老化后仍能保持性能，具有良好曲挠性

9.6.2.4 在汽车动力总成系统中的应用

汽车动力总成系统中使用 FKM 的部件及其作用和特点见表 9-34。

表 9-34 汽车动力总成系统中使用 FKM 的部件及其作用和特点

部件/部位	作用和特点
曲轴油封	主要用于旋转与非旋转机械部件之间，油封的唇边起到对曲轴静态和动态密封的作用，其传感器可测量速度，工作温度范围−40～20℃，具有良好的耐发动机齿轮油、自动变速箱油（ATF）和润滑脂（最高到170℃）的性能
阀杆油封	当阀杆在阀门导向管中上下震动时，油封的唇边将擦去阀杆上的润滑油，但是唇边下部的密封件润滑一定要控制阀杆上的润滑油剩余量，要求能承受−30～200℃的工况温度范围，具有稳定的渗透率、良好的耐高温性和化学性
轮轴油封	是针对小齿轮、轮轴轴承、多种机械的油封，要求具有高耐热性、耐各种润滑油和添加剂、耐热撕裂及与金属黏结性好
传动轴油封	是传动系统中的多种动态和静态油封，要求能耐 ATF（腐蚀性愈来愈强），具有高耐热性、部分耐低温要求、高耐磨性能
气缸盖油封	要求同时具有耐高温燃烧气体、冷却剂和润滑油的性能，鉴于气缸主要是由铝制成的，尤其是用于轻型车和轿车的直喷柴油发动机，因此要求具有良好耐高温性、耐各类润滑剂的性能以及良好的耐压力性能
动力系统的其他密封件	机械面板的密封件、隔膜片、插塞式连接密封件和节气阀密封件等

9.6.3 其他应用

9.6.3.1 FKM 在苛刻工况条件下的机械应用

大型装卸车的液压系统具有连续工作时间长的特点，这会造成油漏和机件温度的快速上升等情况，而钻井机械、炼油设备、天然气脱硫装置等往往会同时承受高温、高压、油类和强腐蚀介质等苛刻条件。FKM 制品是不可缺少的密封材料和连接材料，有助于提高这些设备的使用寿命及减少维修次数。

9.6.3.2 FKM 在火电厂的应用

火电厂的某些设备会遇到很高的使用温度，对流体的泄漏也有着要降至最低程度的要求，例如 FKM 在燃煤的火电厂中的一项特殊应用就是用于制造大管道的膨胀接头，主要用在从锅炉输送烟道气到污染控制设备的大管道以及尾气排放烟囱的大管道上。燃煤工厂的烟道气中含有硫酸及其他酸性物质、水蒸气、CO_2、空气和烟尘颗粒，这些高温气体混合物经烟道气管道系统送至专用的废物（主要是硫和烟尘）处理设备后才能经烟囱向外排放。在输送这些含有腐蚀性成分的热烟道气过程中，大尺寸金属管是会发生膨胀和收缩的，因此必须使用橡胶的膨胀接头，该橡胶膨胀接头应能承受高温及耐水蒸气和酸，而氟含量为 68%～70% 的 VDF-HFP-TFE 型三元胶是可长期满足上述这些使用要求的。一般选用的是中低黏度胶，其具有能压延成大面积片状结构所需的性能。供应商可提供含双酚 AF 的预混胶或是可用于双酚硫化或过氧化物硫化的生胶。

9.6.3.3　FKM 的胶乳及其在涂层中的应用

供应商提供的是典型的 VDF-HFP-TFE 型胶乳，如 Tecnoflon® TN Latex。该类胶乳是以 20%～30% 固含量的初始聚合胶乳为原料经稳定化及增浓操作后得到的约 70% 固含量的产品，主要用于涂层等应用。

除了使用胶乳之外，氟含量为 66% 的 VDF-HFP 型二元胶也是可用于溶剂法涂层工艺中的。低黏度的 FKM 溶于酮类或酯类中可形成高浓度的溶液，经涂覆等操作后最终在基材上形成一定厚度的涂层。这类 FKM 生胶可用双酚或二胺类硫化剂硫化，在涂装之前也要加入填充剂和金属氧化物，并将它们分散或悬浮于溶剂之中。可选用的溶剂包括低分子量的酯类和酮类，例如乙酸乙酯、乙酸丁酯或乙酸戊酯等酯类以及丙酮、甲基乙基酮、甲基异丁基酮等酮类。目前，这种溶剂法涂层工艺涉及溶剂挥发后可能导致的安全及环保问题。

9.6.3.4　在热塑性弹性体结构中的 FKM 单元及其应用

含氟的热塑性弹性体（FTPEs）具有 A-B-A 嵌段形态，主要的市售产品是日本大金公司生产的 Dai-el® Thermoplastic T-530，其中间段 B 段是 VDF-HFP-TFE 型橡胶段，两侧 A 段则为 Et-TFE-HFP 型的塑料段。该材料的熔融吸热主要发生在约 230℃，而软化则开始于更低的温度，因此其实际使用温度的上限约为 120℃。在此温度以上，该材料会发生蠕变以致失去尺寸的稳定性，用于密封件时也就失去了密封效果。由于不需要硫化，又可以用熔融氟塑料的加工方法加工，因此在使用温度不高而清洁度要求很高的场合下，这类热塑性弹性体具有很好的适用性，如医用器材的密封、药剂和清洁试剂的瓶塞等。

9.6.3.5　FKM 在碳氢塑料加工中的应用

50～1000mg/kg 的少量氟聚合物（主要是氟橡胶或氟塑料）分散在碳氢的热塑性塑料中能够大大改善它们的挤出性能，减少熔体破裂和模头积料的情况，能挤出包括薄膜、管、丝、片、导线和电缆等在内的制品，其中用高密度聚乙烯（HDPE）和线型低密度聚乙烯（LLDPE）树脂挤出的薄膜就是一种特别重要的产品。杜邦公司和 3M 公司分别开发了聚合物加工用的添加剂（PPA），专用牌号分别为 Viton® FreeFlow™ 和 Dynamar™。这类助剂能在模具的内表面形成一层具有防粘性的氟聚合物涂层，树脂熔体能在摩擦减少后的模具内自由地流动，且能更迅速地通过口模并生产出表面平滑的挤出物。随着含有加工助剂的 PE 树脂连续地送入挤出机，在口模处是会生成涂层的，虽然树脂流会很快带走该涂层，但是后续料中的助剂又会继续在口模处形成新的不粘涂层，这样就达到了一个稳定的平衡状态。针对不同的树脂类型和挤出工艺，加工商开发了多个与之相匹配的助剂配方。除 PE 以外，PPA 还能用于其他树脂（如 PP、PVC、尼龙、聚丙烯酸酯和聚苯乙烯等）的挤出加工中，能大幅度提高挤出速度及消除口模积料等。

9.7 安全和环保要点

从 FKM 的生产到加工的各个阶段都存在着一些需要面对的安全问题，例如单体、助剂等多种原材料在生产过程中的储存、使用、回收及处理等操作时都会涉及不同的安全问题（单体的安全问题可参阅第 2 章的相关内容）。在加工过程中，无论是混炼或硫化都会涉及一些有毒有害物质的高温反应或反应释放出有害副产物等安全问题。加工后的 FKM 制品常用于苛刻的环境中，一旦误用就可能会导致危险的后果。使用完后的 FKM 废弃品可能存在污染或含有危险成分，因此其处理也是一个颇为复杂的过程。

9.7.1 生产过程

在 FKM 的生产中，首先要非常认真地关注单体的安全事项，特别是其存在着潜在的爆炸危险，例如 VDF 与空气的混合物是有爆炸范围的上限和下限的，TFE 与少量空气中的氧混合后在受热、自聚等意外情况下会发生强烈爆炸，爆炸后还生成一些可能毒性很高的低分子化合物，因此比 VDF 危险性更大。虽然 HFP 相对比较稳定，但是一旦 VDF 或 TFE 中存在 HFP 而又发生意外爆炸，则会大量分解生成毒性极大的 PFIB。一般而言，含氟混合物的爆炸危险比单一氟单体的爆炸危险要小得多，如 TFE 或 VDF 中含有 HFP 或 PMVE 时，爆炸危险就大大降低，但如果混合的是非氟的乙烯或丙烯，混合物的爆炸危险反而会比单独的 TFE 或 VDF 更大。

FKM 生产装置所用到的 VDF、HFP、TFE 等单体储槽、管道和其他容器、设备等都要在使用前进行严格的清洗、烘干，并按压力容器的规范要求进行彻底检漏以及除去氧和其他的不凝性气体。凡接触物料的阀门、仪表、管道等表面都要做除油处理，也要进行相应的检漏和除氧处理。在单体的流动过程中，如液态物料通过阀门后突然成为气态时要防止产生节流，同时单体流速也不能过快，以免产生静电和微小火花，因此在有可能产生静电的设备和管道上都要有可靠的接地点。如果储槽中存储的是液态单体，则要特别关注和严格管理容器夹套中的冷却介质流动，以确保容器内的压力不超过安全压力的规定上限，且爆破片的外接管道一定要通向室外。连接装置界区内外的液态或气态单体输送管道或连接不同部位的装置管道，在停车检修时一定要全部回收其中的物料，在涉及动火作业前要检查装置或管道内是否已彻底置换干净，绝对不能有单体残留。如要检修装置中的部分管道，在动火前要断开检修和未检修部分之间的管道，并在管道上接入盲板，以防阀门内漏可能导致的重大爆炸隐患。乙烯、丙烯的储罐应远离界区，如果界区内同时储存 TFE、VDF、乙烯及丙烯时，则不同单体之间应设有防爆的隔离设施，如隔离墙等，特别要加强对潜在火源的控制管理，装置界区内的动力（如压缩机、泵、风机等的电机）、仪表、自控、照明、所有开关及相关的接头等都需要采用符合国家设计规范的隔爆型电气设备，以保证不产生电弧或火花。有潜在爆炸危险的装置要有防爆隔离。此外，为避免有毒有害气体的泄漏对人员造成的急性或慢性伤害，应设置有效的通排风系统和紧急吸收处理系统。

涉及聚合生产的安全关注点和措施：①在聚合前（特别是间歇聚合）要确保除氧达到工艺要求后才能开始投料；②反应釜的运动部件（例如搅拌浆）不发生金属间的硬接触；③聚合釜加料系统的连接管应尽可能设计成直且短的样式，避免急弯，消灭可能存在的死角区；④在操作和处理一些有毒的液态单体（例如交联点单体或链转移剂等）时，必须要有完备的操作人员保护措施和设施；⑤需定期对聚合釜和加料用压缩机进行维护和检修；⑥如果使用二级压缩，则要防止物料液化；⑦压缩机的吸入口要防止空气吸入，因为少量空气带入的氧会引起聚合，在传热不畅的情况下可能会发生爆炸，且爆炸产生的压力会瞬间通过管道传导至其他设备，从而造成极大的危害，为此可设置起隔离作用的阻火器，使爆燃传播的危险降低到最低程度。

突发的故障停车是连续聚合中需要处理的一个安全事项，具体过程是一旦发生故障停车，应立即停止加料，并将釜内的单体回收至收集槽，否则混合单体会很快地在反应釜内产生累积从而可能导致严重的爆炸隐患。在 SIS 以及 DCS 的设计中应充分考虑紧急情况下的自动关闭控制。

任何聚合工艺的变化或者涉及新产品开发的聚合过程都有可能隐含着一些事先难以预料的不安全因素，因此在小型聚合釜上进行探索性实验时一定要在防爆隔离设施中进行，同时还要配套完备的远距离监测和控制系统。在聚合过程中，实验人员不得进入隔离室，如因故障等需要一定要进入时则应停止反应及加料，同时要将反应压力降低至足以保证安全的程度。当然，实验用的小型釜也要装有爆破片以及紧急切断等保护装置。

9.7.2　加工过程

FKM 的加工主要涉及配料混炼、成型和硫化等操作，常用的设备包括配料混炼、挤出以及模压设备等。所有的操作人员都需要经过培训合格后才能规范及安全地进行高质量制品的生产流程操作。操作中应严格按配方准确计量硫化剂等助剂的加入量，错误的配比会导致反应失控或产生过量的有毒副产物。所有这些加入的成分在混料时（俗称"吃粉"）都需要均匀地分散在 FKM 基体中，以避免局部过度反应后出现热点的情况，这样才能得到好的产品。有些硫化成分的活性是很高的或者是有毒的，因此在存有热坯料的区域内，例如轧炼机的周围、密炼机及挤出机的出料口周围、热的平板压机打开时的区域等应设置足够的通风系统，以保护操作人员免受有毒烟气的危害。大型的混炼胶生产工厂通常用密炼机进行"吃粉"，完成的混料将自动倾倒在后续的开炼机上，待薄通出片后即得到可包装的片状成品。此过程中的通风、粉尘控制和环境保护是比较容易实现的。小型加工厂常会直接采购生胶并在自有开炼机上按需进行混料，这时尤其要注意相关的安全和环境保护。

据报道，用双酚 AF 或二胺类硫化剂进行硫化时会释放出有毒的产物，例如用双酚硫化的 Viton®E-60C，在 193℃下平板硫化后失重约 0.3%，之后在 232℃的空气烘箱中进行后硫化会再失重约 1.5%。这些损失重量中的 95% 以上都是水，剩余的则是少量的 CO_2 和硫化剂碎片等，也检测到了很少量的 HF，约为 80mg/kg 配合胶。过氧化物硫化的

FKM 在硫化时也有挥发性物质放出，其中大多数是水和过氧化物分解碎片，还有少量甲基溴（或甲基碘），甚至也会产生少量碘化氢或溴化氢。

FKM 配合料中不能使用粒度很小的金属粉，因为含有这种金属粉的 FKM 坯料在高温下可能会经受激烈的放热分解，尤其像铝粉和镁粉是特别敏感的。如氧化铅等金属氧化物在 FKM 中的使用配比较高时，其 FKM 坯料可以承受约 200℃ 下的放热分解。不过，由于氧化铅的毒性较大，是不适合使用的。

FKM 的硫化是不能与其他类橡胶的硫化在同一个烘箱中进行的，例如硅橡胶与 FKM 配合胶一起硫化时，FKM 配合胶放出的少量 HF 会与硅橡胶发生化学反应。用烘箱进行后硫化时要引入足够的新鲜空气，以使挥发性物质被气流带出。

9.7.3　废料处理

生产和加工过程中所产生的 FKM 废料可用以下几种方法处理，包括循环再利用、焚烧回收能量或垃圾填埋，其中循环再利用的方法适合于未硫化的坯料，焚烧则是一种对大多数废料都适用的方法，包括那些因吸收了流体而污染了的 FKM 制品，但是 FKM 的配合胶废料在富氧气氛下的高温焚烧会产生水、CO_2、HF 和其他挥发性物质，因此焚烧炉系统是需要配套洗涤设施的，以去除燃烧后产生的酸性物质。在垃圾填埋场进行深度填埋处理也是选择之一，主要适合 FKM 的固体废料和废制品，但前提是它们未曾受到有毒流体污染。

第 10 章
氟树脂生产和加工过程中的安全和环保挑战

大多数化工产品的生产和使用都会涉及许多安全和环保问题，氟树脂也不例外。作为聚合物产品之一，氟树脂在常温下具有很好的热稳定性及耐化学介质性能，例如 PTFE 材质的人工血管植入人体内是长期无毒性反应的，口服 PTFE 粉末的动物也未见毒性反应。但自产品最初问世起，安全和环保的议题就在氟树脂单体和聚合物生产以及树脂加工等过程中一直相伴。TFE 和 VDF 都是易爆或爆燃的化合物。包括国外著名的跨国公司和国内主要的氟树脂供应商在内的行业公司在历史上都曾先后发生过多起威力巨大和后果严重的爆炸以及环保事故，除财产损失巨大外，还造成了人员伤亡。在部分氟树脂单体生产过程中还涉及剧毒副产物，历史上也发生过多起中毒事故，而在氟聚合物生产的聚合过程中也曾多次发生爆炸事故。此外，在氟树脂生产设备的检修过程中以及氟聚合物加工和使用过程中也有过因高于许可温度或高温清洗所导致的聚合物降解引发的中毒事故。在氟树脂单体的生产中还涉及许多低沸点副产物的不凝性气体排放、含高毒性成分的高沸点副产物的处理和排放以及在生产过程中含化学物质废水的处理和排放等各类问题和挑战。聚合过程中及聚合物洗涤后会产生大量的废水，其中含有一定浓度的化学物质，这些物质会造成环境水系中的 COD 或 BOD 超标，因此需要妥善处理。之前曾谈及的乳化剂 PFOA 就是一种持久性有机污染物。为了环境与人类的健康，同时也为了氟化工行业的生存与发展，氟化工行业作出了相应的技术革新，并努力实现 PFOA 的完全替代。

在相关的章节中，已对上述的问题和挑战作了较详细的阐述。另外还可从一些参考资料中获得国内外相关的一些重大或典型安全事故以及由氟树脂分解产物造成的中毒事故案例。本章主要就潜在安全事故的防范及有关工厂环境保护措施等进行介绍。

10.1 含氟单体和氟树脂生产过程中的安全挑战

10.1.1 潜在的爆炸和火灾危险及其预防

（1）爆炸事故危险

含氟单体在生产和聚合过程中的主要安全风险都与 TFE 或 VDF 有关。从国内外已经发生过的历次相关爆炸和火灾事故得到的经验来分析，发生爆炸和火灾事故的主要原因包括：①高纯度 TFE 中的氧含量超过了安全限度；②液态 TFE 处于过高的温度下；③高纯 VDF 发生了泄漏并在局部区域内达到了爆炸极限的浓度范围等。易发生爆炸和爆燃的设备和部位包括：①TFE 流程中的低沸物分离塔、TFE 提纯精馏塔（以上设备危险点均含顶部冷凝器和底部再沸器）和 TFE 收集系统（含多种用途的 TFE 分配系统）；②用于聚合加料的 TFE 中间储槽；③发生严重"结壁"和"结团"的聚合反应器；④VDF 提纯精馏塔（含取样口）和液态 VDF 储槽；⑤发生 VDF、TFE 泄漏的聚合反应器等设备。如果在设计和建设装置中未严格采用防爆型动力设备、仪表电器和监控设备以及照明设施等也会导致爆炸事故的发生。另外，如果没有在关键位置处安装阻火器和止回阀等也会导致事故的快速扩散从而引起严重的后果。

（2）事故预防措施

在所有的预防措施中，有关本质安全的措施是其中最重要的。当然还需要建立一套以总结以往事故经验为基础的工艺规程体系并严格执行。除了基于压力容器、压力管道规范之上的常规要求（涉及设计、制作和安装等）外，对于 TFE 及 VDF 还必须执行以下有关工艺的预防措施。

① 降低氧含量。从原料开始的每一环节都需要控制氧含量。凡可能给系统中带入氧的工艺都要用少含或不含氧的介质替代。

② 加入阻聚剂。在可能富集氧且 TFE 浓度很高的部位（如在脱轻精馏塔的顶部其氧含量可能大大超过 0.01%，TFE 含量可达到 95% 以上）都应加入有效当量的阻聚剂。

③ 使用相对较低温度的加热介质。在 TFE 浓度很高又需要加热的部位（如脱轻塔和 TFE 提纯精馏塔的再沸器）应避免用水蒸气作为加热介质，而是采用温度相对较低的加热介质。

④ 避免高纯度 TFE 在同一储槽中储放过长的时间。已在同一储槽中静态保存较长时间的纯 TFE 是禁止再加热的。转移操作时可用压力较高的气态 TFE 加压进行置换。纯 TFE 的收集储槽，除了要尽可能保持低的氧含量之外，还需要在每一批收集之初加入少量阻聚剂，在使用前可通过吸附的方法除去 TFE 中的微量阻聚剂。

⑤ 尽可能避免形成或定期清理自聚物。聚合加料用的 TFE 储槽（也称计量槽），其每批次的液态 TFE 最好能用完，从而保持槽内 TFE 处于一个不断更新的状态，可避免形成自聚物。如不可避免地产生了部分自聚物，则需要定期打开计量槽对内部进行清洗，甚至需要铲除自聚物。聚合结束后，要保持计量槽内的压力始终高于聚合釜的压力，需回收未聚合的 TFE 并降压至安全水平。

⑥ 保持反应设备内表面的光滑。用于聚合的反应釜内壁要尽可能达到镜面抛光的程度，且每批次的聚合结束后都要检查有无结壁现象并及时清洗。用于乳液聚合的反应器需采用低剪切的搅拌桨和低转速，以确保不会因为破乳导致挂壁、粘壁等现象的产生，但是反应釜在使用一定时间或批次后总是要及时对内壁的壁面进行处理的，确保光滑度达到安全使用的要求。

⑦ 使用阻火器和本安型措施。输送高纯单体的设备之间应设有阻火器，可起到阻隔由火焰和爆炸气传播引发的连锁作用。TFE 和 VDF 单体装置应采用敞开式的框架，以利于自然通风，即使发生可能的泄漏也达不到爆炸的浓度范围。此外，在一些关键点（如取样口）还要安装局部排风的设备，以避免由微量泄漏造成局部积累的可能性。在 TFE 和 VDF 装置的区域内，动力设备、仪表、照明等都应采用本安型规格。在正常的装置运行中，应严格执行动火规定。

⑧ 不建议对 TFE 进行罐装。TFE 的钢瓶灌装是有一定危险性的，如一定要灌装，则

需要先对钢瓶进行严格的除氧处理，并加入阻聚剂。另外，灌装了 TFE 或 VDF 的钢瓶最好能保存在低温的冷浴内。

⑨ 严格执行反应中的隔离措施。TFE 和 VDF 的聚合都要在密闭的聚合空间内进行，反应过程中绝对禁止人员进入其中。

10.1.2　潜在的中毒事故危险及预防

（1）潜在的中毒事故危险

潜在的中毒事故危险主要来自 TFE 装置产生的高沸点残液和 TFE 热解生产 HFP 时产生的副产物——全氟异丁烯（PFIB）。突发的爆炸中产生的含 COF_2 和 PFIB 的气浪也是危险源之一。在检修过程中，因动火造成的人员中毒以及加工中因树脂热分解造成的中毒都是潜在危险。

① TFE 生产过程中的高沸点残液中毒。在 HCFC-22 热解产生 TFE 的同时也生成了一定比例的高沸点和低沸点副产物，其含量随工艺的不同而异。空管热解中的高沸物占 TFE 产量的比例约为 10%，而在水气稀释裂解工艺中的高沸物含量为 3%～5%。两种工艺产生的高沸物主要成分基本相同，都包含 $H(CF_2CF_2)_nCl$（$n=1、2、\cdots$）、C_4F_8（C-318）、PFIB 以及残留的阻聚剂等，但高沸物的毒性很高。在我国实现规模化生产 TFE 的前 20 年内，发生过多起因经验不足而未能妥善处理高沸物或在停车检修中发生的高沸物大面积泄漏情况，这极易造成现场人员由于急性吸入残液中挥发性气体而中毒死亡或丧失劳动能力的严重后果。

② HFP 生产过程中的 PFIB 中毒。TFE 热解生产 HFP 时，不可避免地会存在副反应及生成副产物，其中之一就是 PFIB。PFIB 量与 TFE 的转化率是有关的。当 TFE 转化率为 35%～40% 时，PFIB 在裂解产物中的含量＜5%。在整个流程中，除回收 TFE 和收集 HFP 等提纯设备外，大部分设备和管道都会接触到 PFIB。在最终得到的残液中 PFIB 含量占 50%～70%。由于含 PFIB 的物料泄漏和残液处理、转移过程中的误操作等也曾发生过多起人员中毒事故。

③ 突发爆炸过程中的分解气体中毒。一旦 TFE 和 VDF 等装置发生突发的爆炸，会生成大量有毒气体，并很快扩散，现场人员极有可能会发生急性吸入中毒的情况，而在 TFE 的聚合过程中发生爆聚时，也会在瞬间释放出大量的有毒气体且不排除其中含有微量 PFIB 等剧毒物质。

④ 检修过程中的人员中毒风险。TFE 和 HFP 等单体装置以及 TFE 聚合装置等都需要定期或临时应急的检修，此时要特别注意检修中的中毒危害，例如在更换 HFP 装置中物料压缩机的机油时极易发生人员的中毒事故，因此近年来都改用了无油压缩机，以尽可能杜绝中毒的风险。在检修现场，用气焊直接切割物料管道和沾有 PTFE 粉末的钢平台或台阶等时，如果没有良好的安全防护，操作者也可能会发生急性吸入性中毒。

（2）中毒事故的预防措施

① 隔离和排风。工艺流程中只要涉及高毒性物质的操作，其设备和管道都应布置在配有强制排风的隔离室或隔离罩内，例如在 HFP 装置的 TFE 热裂解单元中，其所得的混合物（无论气相或液相）是含有较高浓度 PFIB 的。此时可将涉及该部分的塔、容器和管道等布置在具有强制排风的密闭室内，并采用远程控制的操作方式。

② 工艺改进。在单体制备中，一种对反应气体进行湿法急冷的方法属于工艺改进，其有助于大幅减少与剧毒物接触的可能，例如在 HFP 生产中，先用冷水直接急冷热解后的气相产物，然后再用甲醇直接吸收，则 PFIB 几乎全部与甲醇反应生成毒性小得多的醚。

③ 严格管理残液。无论是在 TFE 还是在 HFP、VDF 等产品的生产过程中，都会产生有机残液，它们应在严格的管理下送至高温焚烧炉进行焚烧，并彻底分解。在检修前，要严格按规范对设备和管道进行置换直至取样分析合格后才能开展后续检维修工作。凡接触过 PFIB 的设备还要用甲醇或乙醇进行浸泡处理，且处理后的废液也一定要进行焚烧处理。

④ 实施针对性的安全技术措施。单体生产区域根据危险源划分为重大危险源区域和一般危险源区域。在重大危险源区域需安装可燃气体、有毒有害气体报警装置，并接入 24h 监控管理系统中。也可设置自动环境空气采样口，周期性进行检测，按照检测结果进行危险程度评估。所有人员进入重大危险源区域工作都要穿戴有呼吸器的防护面罩。

10.2 氟树脂加工过程中的安全问题

10.2.1 氟树脂加工时的热分解

因氟树脂特殊的物理和化学性质，其加工温度都比较高，总会在加工过程中发生一些分解。氟树脂热分解产物主要可分为氟烯烃（如 TFE）、氧化产物（如氟光气 COF_2）和低分子量氟聚合物等三类。以 PTFE 为例，氟光气是 PTFE 的主要氧化产物，具有较高的毒性且易水解，水解后生成氢氟酸和 CO_2，而当 PTFE 加热到熔融态时，如果不存在空气（没有氧），生成的唯一分解产物就是 TFE。在 450℃和有氧存在的情况下，TFE 分解生成的是 COF_2 和氢氟酸，而在 800℃时，其生成的则是 CF_4。在 PTFE、FEP、PFA 加工时，如果温度过高，还会生成少量剧毒的 PFIB。这些分解产物可通过在工作场所中设置的通风设备及时进行置换，以保护操作人员的安全。

表 10-1 是几种主要氟树脂的最高连续使用温度及建议的标准加工温度。在加工过程中，严格控制氟树脂的使用温度和加工温度是一个重要的原则。

表 10-1　氟树脂最高连续使用和加工温度

聚合物	最高连续使用温度/℃	标准加工温度/℃
PTFE	260	380
PFA	260	380
FEP	204	360
ETFE	150	310
PVDF	150	280
PCTFE	130	265

10.2.2　分解产物对人体的危害性

上述提及的分解产物都会对人体造成危害，各产物的主要症状和危害性可参见表 10-2。

表 10-2　氟树脂加工中热分解产物的主要症状和危害性

分解产物	同健康有关的危害性症状
氢氟酸	会发生窒息、咳嗽、严重的眼/鼻/咽喉刺激、发烧、怕寒、呼吸困难、发紫绀、肺水肿等；HF 对眼、皮肤、呼吸道有强腐蚀性；过度暴露于 HF 环境会造成肾和肝损伤
氟光气（COF_2）	过度暴露于含氟光气环境下会引起皮肤刺激，皮疹，眼腐蚀或结膜溃疡，上呼吸道刺激，临时性肺刺激伴有咳嗽、不舒服、呼吸困难或急促
TFE	急性吸入的影响包括上呼吸道和眼的刺激、中枢神经系统的轻微抑制、恶心、呕吐和干咳；大量吸入会引起心律失常、心脏停搏直至死亡
PFIB	动物急性吸入实验表明存在严重的影响，包括由于暴露在较高浓度下引起肺水肿甚至死亡；喘息、打喷嚏和呼吸困难，症状还包括深呼吸和急速呼吸

对涉及高温工艺（无论是整体或局部）的氟树脂加工务必采取有效的防护措施。特别应该注意的是，这些分解产物通过呼吸道对人体产生伤害的初期症状，极易被误认为是感冒等常见病，从而耽误了最佳的治疗时间。

10.2.3　安全措施

（1）选择适当的加工条件

根据加工对象的特性，需要对加工温度、压力等参数进行界定和设定，并对设备的温度控制能力进行定期校验，例如合理地设定和控制 PTFE 的烧结温度和时间，尽量减少热分解的发生。可熔融加工树脂在挤出、注塑、吹塑、传递模压等热加工过程中，依树脂种类和特性设定合适的加工温度和剪切速率，即使热分解不能完全避免，也要降低到最低程度。为保证不发生因设备的温度自控失灵或仪表指示错误导致的误操作等引起的过热情况，需要确保精确的测温（必要时可多点测温）并使用可靠的控制设备，同时还要对温控装置设置自动断路开关。

（2）排气和通风

在树脂的加工过程中，为保证 PTFE 的充分烧结和可熔融加工树脂的充分塑化及使熔融黏度不致过高，工艺温度往往是在允许范围的上限附近的，在这种情况下是无法保证绝对不发生热分解的，因此确保密闭设备（如烧结炉、带抽气孔的挤出设备等）在运行中的不间断排气将分解产生的微量有毒物质及时置换出密闭空间就显得非常重要。置换时要保证足量的新鲜空气并使室内处于微负压状态。除此之外，在挤出机的口模、焊点附近等敞开部位也要做好局部抽气处理。对于在烧结炉门、手工焊接、挤出机口模等附近区域的操作人员应做好有效的个人防护，特别是要正确佩戴有吸附功能的呼吸器。

（3）不同加工过程中的保护措施

① 烧结。在烧结炉的高温封闭环境中，氟树脂总有一定程度的分解，所以需要通过很强的排风系统将分解产物及时移出，并防止分解产物进入工作区域。如烧结炉的温度达到 400℃，则需要安装自动断电开关，防止过热。一旦发生过热，分解就会加速进行。烧

结结束后需自然冷却至常温才能打开炉门，而且在打开之前一定要先开启炉门上方的排风机并运转 10～15min 后方可开门取出制件。

② 糊状挤出。树脂在糊状挤出中是与润滑剂（助推剂）充分混合的，由于大多数的润滑剂是易燃易爆的碳氢化合物，闪点较低，因此存在着潜在的火灾危险。此外，储放碳氢化合物的容器是要能导电的且都要保持接地，以防止由静电引发的火灾。推压后的制品在烧结前需彻底干燥以脱除润滑剂，从而防止高温烧结中可能发生的燃烧危险。同样地，整个烧结区也要有一个良好的排风系统。

③ 浓缩分散液涂覆。对涂覆后的涂层，可通过加热干燥的方式去除水和表面活性剂，然后才能进行烧结。加热中的表面活性剂会发生分解，由于分解产物和表面活性剂大部分都是可燃物，会对操作人员的职业健康产生危害，因此在干燥烘箱的空间也需设置强制排风系统。同时，氟树脂的涂料配方中都含有机溶剂，既有可燃危险，也会对人体产生伤害，因此在涂料加工的过程中应做好相应的保护措施。

④ 熔融加工。为了降低黏度及改善流动性，氟树脂需要在高温下成为熔融状态后才能进行加工操作。此外，在挤出、注塑等加工过程中，熔体都处于一个封闭的受限环境中，经一段时间的高温操作后会分解产生气体，发生热分解的一个明显现象就是聚合物发生了变色，这时可通过设备上设置的一个或多个排气口进行外排，排气口通常是与真空系统连接的（管路中间设置冷阱可捕集大部分气体）。如果挤出机上没有排气口，就会造成加料段的压力陡增，甚至使设备防爆片发生破裂。设置的防爆片通常是在紧急情况下用于释放压力的。高温熔体通过不同口模形成制品时也会伴生一些有毒、有害气体，因此在口模到制品冷却部位之间也需布置有足够的排风设施（或设置封闭窗或罩）。

⑤ 焊接和衬里设备的修理。在氟树脂的焊接处，除了焊点之外，其附近的树脂也会有一定的熔化并产生少量的分解气体，因此一个良好的通风条件也是必要的。与此同时，操作人员也要佩戴充压缩空气（正压式）的防护面罩型呼吸器。

在修理衬氟树脂设备之前，先要对修补部位进行清理，以彻底去除残留的化学品，之后再在充分的通风条件下进行焊接修补。如需要切割在用的氟树脂衬里管道，则严禁直接用氧-乙炔火焰气焊枪进行切割，因为温度太高是会导致氟树脂衬里发生大量分解的，这会造成局部区域中的有毒气体浓度高于允许极限。正确的方法是用机械割管器或手工锯切割。如果对沾有 PTFE 粉末的钢平台或台阶进行动火，在仔细铲清树脂后方可施工。

10.3 生产氟树脂工厂中的污染源及其处理方法

10.3.1 主要污染源

生产氟树脂工厂的污染源主要包括废气、废酸、废水和有机废液。

① 废气。主要是来自系统排放中由不凝性气体带出的低沸点副产物和单体（含 TFE、HFP、VDF 等）以及少量原料（如 HCFC-22 等）。低沸点副产物组成很复杂，主要是多种含氟烷烃和烯烃，还有少量 CO 和乙炔等。

② 废酸。主要是 TFE 和 VDF 生产中产生的稀盐酸。这些副产稀盐酸中通常带有少

量氟离子，是不能直接作为一般的副产稀盐酸使用的。生产 TFE 时得到的稀盐酸浓度偏低，只有 10%～18%，而生产 VDF 时得到的稀盐酸浓度由于工艺问题可达到 20%～25%。

③ 废水。主要有两个来源，包括冷却用水和来自聚合、后处理过程的工艺废水。前者主要是用于设备冷却的工业用水，且这部分水可通过降温和处理后循环使用，后者主要是含有引发剂及各种聚合助剂的废水，其是在聚合结束后树脂与水分离产生的。当然，用大量的去离子水洗去吸附在树脂上的助剂也是会产生废水的，但是这部分废水的浓度较低，易于再利用。另外，在生产氟树脂浓缩分散液时，氟树脂乳液从固含量 20%～25% 浓缩成 50%～60% 的过程中，会分层出含有较高浓度乳化剂的废水。该类废水的 BOD 是所有废水中最高的。

④ 有机废液。主要是那些在单体提纯和原料回收后剩余的残液，包括原料在热解反应时生成的高沸点副产物和加入系统中的阻聚剂等，绝对量通常并不特别大，但是成分复杂，毒性大，沸点较高。

10.3.2　处理方法

（1）废气处理

在 TFE 的生产过程中，由于 TFE 与杂质的沸点都比较低，因此低沸点杂质与不凝性气体作为废气一起排出的同时也必然会带出一定量的 TFE，如全部排空则会造成资源的浪费和成本上升，但是少量排放则可能导致低沸点杂质的残留，而即使是微量的残留，也会对高分子量的 PTFE 制备产生十分不利的影响。为了既能大量排气除杂又能尽可能回收 TFE，可采用以下方案。①使用溶剂将排出的废气进行选择性吸收，在吸收 TFE 的同时排出未吸收的气体并最终进行焚烧处理，溶于溶剂的 TFE 经加热解吸及处理后，可输送回气库再利用。②用气体分离膜进行多级处理得到浓缩的 TFE。此方法的优点是节能，缺点是 TFE 回收率不如方法①。③采用深冷分离法回收 TFE，缺点是耗能偏高。

在其他单体的生产过程中也是需要排放不凝性气体的，也会夹带出一些含氟原料和单体，但是由于低沸点杂质量相对较少，因此排放的绝对量要少得多，可直接输送至焚烧装置进行高温焚烧处理。

（2）废盐酸的处理和利用

由于含有氟离子，氟单体生产中伴生的副产盐酸受到了很大的应用限制。早期主要用于无水氯化钙或氯化铝等的生产，多采用石灰石或铝灰石等的中和反应工艺路线。随着氟化工规模的扩大，产生的废盐酸量已大大超过了无水氯化钙等生产所需要的量，因此围绕着这些废盐酸又进一步开拓了一些其他的用途，例如 VDF 制备中产生的是高浓度的副产盐酸，其可用于农药或其他产品的制备之中，而空管热解工艺生产 TFE 中采用干法分离出的盐酸，经脱氟处理后可获得高纯度的食品级盐酸，其具有更多的利用价值。由于国内主流的水气稀释裂解制 TFE 工艺中产生的副产盐酸浓度不高，是需要探索进一步综合利用的，也是需要改进探索的问题之一。目前使用副产盐酸制备一氯甲烷是一个新的废盐酸利用途径。

（3）废水处理

在单体的生产和聚合过程中，传热过程往往需要耗费较大量的冷却水，因此需要在工厂内建设一个冷却水处理站，将循环水通过凉水塔降温后再加入水处理剂，就可以长期循环使用且不易结垢。对于聚合和后处理过程产生的废水，因含有离子型化合物、非离子型表面活性剂及微量悬浮的聚合物等，少量水的一般处理方法是先将废水与 $KMnO_4$ 反应，再用活性炭吸附，也可先用离子交换法，再进行活性炭吸附，但有机废水较多时则应送废水处理站与其他废水混合后在曝气池中进行生化处理，如果氟离子不达标，可进一步用石灰水处理，生成的 CaF_2 在水中溶解度很小，会沉淀成为淤泥。达标后的水可以纳入城市污水总管，但是淤泥在干化后需要按照危险废物的要求进行处理。

（4）有机残液处理

含氟单体生产中产生的有机残液应采用高温焚烧法进行处理，其中含 PFIB 的残液可先用甲醇吸收生成醚或烯醚类混合物，使其毒性大大降低后再进行焚烧处理。针对有些残液需要达到更高焚烧温度的情况，可由专业单位针对性地设计火焰喷嘴及焚烧系统，也可采用等离子技术产生高温的方法。据报道，有一种专门设计的氢氧焰焚烧炉，其火焰喷嘴的燃烧点置于中央，温度最高超过 1500℃，可将待焚烧的有机物汽化后直接输送至燃烧点，但该炉子的周边温度是远低于燃烧点温度的。焚烧后的有机残液分解为 CO_2、HF、HCl、H_2O 和 CF_4（少量）等物质，再经过冷却、中和和生化处理等最终实现无害的气体和废水排放。

10.4　氟塑料的废料回收和再生利用

随着氟化工及下游制造业的快速发展，针对废氟聚合物的回收及再利用不仅是减少环境污染、保护人类生存环境的必要途径之一，也是节约资源的重要途径之一。

10.4.1　聚四氟乙烯

虽然 PTFE 是氟树脂中消耗量最大的品种，但是由于其性能和加工方法的特点，在其加工过程中会产生较多的废料且很难像其他可熔融加工氟树脂那样可通过清洗、造粒后再循环利用，因此有关 PTFE 废料的回收和再利用研究既有经济意义更有环保意义。

PTFE 废料分为树脂废料和加工废料两类，前者主要来自聚合和后处理，而后者主要来自加工、二次加工和应用过程等。例如聚合反应釜中产生的粘壁料和不合格产品、成品包装和输送过程中落在地上的沾污料等都属于树脂废料。后者主要是二次加工中产生的切削碎屑、剩余边角料、加工废渣和遗弃的废旧料等，其占了废料中的很大比例。这些废料都是可回收并再利用的，主要的回收处理方法包括机械粉碎法、辐射裂解法、高温裂解法等。每种回收处理方法对废料都有一定的预处理要求，且回收得到的产品品质和用途也各有不同。

（1）机械粉碎法回收和利用

此工艺主要针对 PTFE 生产过程中产生的不合格产品和二次加工时的边角废料。后者主要包括机械加工中产生的车屑和磨屑、其他切削废料等，这些废料都比较洁净，成分单一，但是对于非洁净的 PTFE 废料则应进行分拣、清洗（去油污）、干燥等处理。

机械粉碎法是用物理方法将形状及尺寸不同的回收 PTFE 废料经打碎和处理后成为适合应用的细粉，其中的关键工序是 PTFE 废料的粉碎。由于 PTFE 在 $-196 \sim 260℃$ 的温度范围内仍能保持一定的韧性，因此在粉碎机中直接进行机械粉碎时，在剪切和摩擦的作用下会导致温度升高和韧性增加，废树脂是很难粉碎成细小颗粒的。这时可采用包括辐射降解以及在超低温状态下进行粉碎的方法。辐射降解的成本较高，通常只在超细粉的生产和加工中采用，而超低温配合机械粉碎则更适于树脂的细化处理。在实际中，一般是先将树脂在液氮中进行脆化处理，再在粉碎机中进行机械粉碎，可得到微粉级的 PTFE 回收产品。可选用的粉碎设备类型中以剪切式的效果较好，但是仅靠机械粉碎通常还得不到所要的粒径。这时可将粉碎后的 PTFE 回收粉料经预烧结处理、研磨及筛分后才能得到粒径分布比较均匀的 PTFE 细粉。这种机械粉碎后的 PTFE 回收粉，其分子量及机械强度等指标在回收处理过程中都会有所下降，而且回收产品的清洁度很难达到正规产品的标准，所以不适合应用在对电性能和力学性能有一定要求的领域。

　　绝大多数的 PTFE 生产商都是将 PTFE 再生粉作为填料使用的，可按一定比例加入新料之中或与其他塑料共混。在有关摩擦和磨耗的测试中发现，填充约 20% 的 PTFE 再生粉后，PTFE 制品的稳态摩擦系数略高于未填充的新料制品，但耐磨性能高于新料制品约两个数量级。填充 PTFE 再生粉的聚甲醛（POM）制品可在磨面上形成转移膜，从而降低了摩擦系数。

　　经过研磨的 PTFE 再生粉在预成型和模内烧结等过程后可制成密封件、管材等，可用于低压阀门等用途。这类塑料制品的成本通常比较低，有一定的市场需求。

　　（2）高温裂解法回收和利用

　　PTFE 废料在高温降解的过程中会产生组成复杂的裂解产物，同时会分解出毒性极高的 PFIB，故不能高温焚烧处理，而是在一定条件下通过高温裂解的方式进行回收。如果不存在氧（或在真空下），在 500℃ 以上控制废 PTFE 的热裂解程度能得到几乎全部是 TFE 的单体，而且只要稍加提纯就可收集在气柜中。这些单体再经适当的加压处理后就能用在各种以 TFE 为原料的含氟化合物合成之中，例如 TFE 与 CH_3OH 反应可得到四氟丙醇，TFE 与 HF 反应可得到 HFC-227ca，TFE 与 IC_2F_5 进行调聚反应可生成 $ICF_2$$(CF_2CF_2)_nCF_3$ 以及 TFE 与 NaCN 反应可生产除草剂 HCF_2CF_2COONa 等。这些产品都是具有较高商业价值的氟化学品，但是其合成反应所需的 TFE 纯度指标是远低于 PTFE 等聚合物生产中所需的 TFE 纯度要求的。此外，使用该技术可利用废 PTFE 回收生产 TFE 的小装置，这样就可以在无 TFE 生产装置的情况下小规模地在各种实验研究中或小规模中试中使用 TFE 了。目前已有企业建设了以流化床热解反应器为核心的 400 吨/年废 PTFE 连续高温裂解装置，其裂解温度控制在 600℃ 左右，TFE 收率可达 90% 以上。

　　（3）辐射裂解法回收和利用

　　辐射裂解法一般是与机械粉碎法相结合的。图 10-1 是一个典型的 PTFE 废料经辐射裂解后制 PTFE 超细粉的工艺流程示意图，其中经洗净、干燥、破碎等操作后的 PTFE 废料在一定剂量的 γ 射线或加速电子射线辐射下分子链发生断裂，得到了低分子量的 PTFE。该 PTFE 颗粒呈脆性状态，经研磨和气流粉碎后最终成为 $1\sim20\mu m$ 粒径的 PTFE 超细粉。需要指出的是，不同 PTFE 废料需要采用不同的辐射剂量，例如经模压或烧结过的 PTFE 废料可在 $2500\sim3000kGy$ 剂量的 γ 射线辐照下粉碎成 $5\sim10\mu m$ 的细粉，而聚合生成的 PTFE 废料只要在 $20\sim500kGy$ 剂量的 γ 射线辐照下就可得到低分子量的 PTFE，并最终经研磨、气流粉碎得到 $1\mu m$ 粒径的细粉。

　　经辐射处理得到的 PTFE 超细粉可直接用于润滑油，可配制成适用于低负荷/低转

PTFE废料 → 分选 → 破碎 → 分级 → PTFE再生料

洗涤　辐射

干燥　研磨

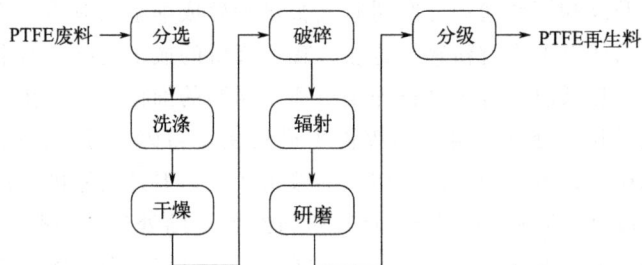

图 10-1　辐射裂解法回收 PTFE 的工艺流程图

速、中负荷/中转速或高负荷/高转速等不同环境的润滑脂体系。

废料回收得到的 PTFE 超细粉可广泛用作高分子材料、润滑油脂、油墨、涂料等的改性剂以及炸药、导火线、火箭固体燃料的填充剂等。在润滑油和润滑脂中加入 PTFE 再生粉，能改善其高压、高温下的润滑性能，即使作为主体的油或脂消失了，剩下的 PTFE 粉也能起到干润滑剂的作用。在苯胺油墨、凹版油墨、胶印油墨中加入少量的 PTFE 超细粉，可明显改善印刷品的色泽、耐磨性、光滑性等，尤其适合高速印刷。在涂料中加入高含量的 PTFE 超细粉可改善涂层的防粘性、润滑性以及降低摩擦系数，改善耐腐性、润湿性和可加工性能等，可广泛地应用于食品、包装、电器和纺织等领域。

作为高分子材料的改性剂，在工程塑料的加工过程中加入一定比例的 PTFE 微粉可大大改善耐磨及润滑性能，例如在 PC、POM、PPS、PA、ABS、聚丙烯、三元乙丙胶、硅橡胶、氟橡胶和丁苯橡胶等材料中都是可以添加 5％～25％PTFE 微粉的。

10.4.2　可熔融加工氟树脂

FEP、PFA、PCTFE、PVDF、ETFE 及 PVF 等氟树脂在软化点或熔点以上可经受反复多次的加工成型，因此这些树脂废料可用与其他热塑性塑料一样的回收方法进行回收和再利用。废料的回收利用主要包括预处理、破碎、塑化/造粒、再生料成型加工等步骤。该路线简便易行，是主要的回收利用方法。

（1）预处理

再生所用的废旧料主要来自不同渠道收集到的氟塑料废弃物，多为已使用过的或报废的，因此在造粒前必须经过清洗、破碎和干燥等处理。

对于污染不严重且结构形状不复杂的废旧氟塑料制品，可采用先清洗后破碎的工艺。在清洗时，可先用带有洗涤剂的水浸洗，再用清水漂洗，取出后再晾干（或风干），而尺寸过大的废料由于无法进入粉碎机就需要先进行粗破碎，再细破碎。

污染严重且结构复杂的废旧制品就需要先粗洗去除砂石、石块和金属等异物，再经离心脱水后送入破碎机进行破碎，最后则是在精洗除去包裹在内部的杂物后干燥除水。当然，如果受油类污染过的废料，就要用适量浓度的碱液浸泡数小时后再进行上述操作。

（2）破碎

破碎的目的是将废旧料粉碎到适合于造粒机进料的尺寸和形状。可供选用的商品化破碎设备种类繁多，包括适用于硬性（或脆性）废料破碎的设备类型以及可供常温对具有较高延展性的韧性废料进行破碎的设备类型。对于大多数可熔融加工的废旧氟塑料而言，各种类型的粉碎机都是可用的，主要取决于废旧料的形状、所需的生产量以及破碎后的尺寸。当然，有些废旧料在常温下是很难用标准粉碎机破碎的，这是由于它们特殊的物理性质。这时可考虑采用低温破碎的方法，在破碎前用液氮或干冰使废旧料冷却变脆，并在脆化温度下将废旧料粉碎至 30 目或更细。

（3）塑化/造粒

经塑化和造粒后，破碎后的废料最终成为回收后的产品，可供从事氟塑料加工的用户使用。为了节能和降低成本，可以在塑化的同时直接导入模具成型，这不仅免去了先造粒再成型的工序，更是少了一次加热和冷却的热过程。

塑化的机械设备包括双辊塑炼机、密炼机、单螺杆挤出机和双螺杆挤出机等。造粒中需要特别关注料筒上的各温度点，因为废料可能是各种规格废料的混合物，其 MFR 与某一规格产品相比是有一定差异的。一般需要在造粒前对该混合物先进行一些基本的测试，以确定造粒机的温度分布参数。造粒机出口的切粒单元可采用热切或冷切的方式。

在回收料的造粒中还要关注以下几点：①采用防止"架桥"的强制喂料装置；②采用可使水分、易挥发分及时从机内排出的排气式挤出机；③设置熔体过滤单元，除去其中可能夹带的微小杂质。

（4）再生料成型加工

再生料的成型加工可参考新料加工的相关内容，此处不再复述。

（5）再生料的利用

从国内实际情况出发，数量相对较多且实际利用价值较高的废料主要是 FEP，其次是 PVDF、PTFE 等，但已生产成为耐候涂层或已添加助剂的流延膜是很难再利用的。从经济角度和有持续性的废料来源来看，由于其余品种的氟树脂在国内的消费量还不大，其废料的数量和单独的处理成本还不足以支撑其回收利用业务。就 FEP 废料而言，其来源包括废旧导线、报废的耐腐蚀衬里制品（泵、阀门、管道等）和加工时产生的废品等。经处理和重新造粒后的回收 FEP 主要还是用于制造耐腐蚀衬里和对清洁度要求不高的制品。

参考文献

[1] US 2,434,058. 1948-01-06.
[2] US 2,534,058. 1950-12-12.
[3] US 3,051,677. 1962-08-28.
[4] US 3,528,954. 1970-09-15.
[5] US 3,624,250. 1971-11-30.
[6] US 3,766,133. 1973-10-16.
[7] US 3,929,934. 1975-12-30.
[8] US 3,983,200. 1976-09-28.
[9] US 4,360,652. 1982-11-23.
[10] US 4,694,045. 1987-09-15.
[11] US 5,328,972. 1994-08-12.
[12] US 5,460,882. 1995-10-24.
[13] US 5,420,191. 1995-05-30.
[14] US 5,552,219. 1996-09-03.
[15] US 5,641,571. 1997-06-24.
[16] US 5,760,148. 1998-02-02.
[17] US 6,207,275. 2001-01-23.
[18] US 6,329,469. 2001-12-11.
[19] US 2008269532A1. 2008-10-30.
[20] US 2009156869A1. 2009-06-18.
[21] US 8088491A2. 2012-01-03.
[22] US 10428211B2. 2019-10-01.
[23] US 20190375866A1. 2019-12-12.
[24] US 10513593B2. 2019-12-24.
[25] US 20200223774-A1. 2020-07-16.
[26] US 10717795B2. 2020-07-21.
[27] US 10752792B2. 2020-08-25.
[28] US 20200362177A1. 2020-11-19.
[29] US 11015004B2. 2021-05-25.
[30] US 20210147593A1. 2021-05-20.
[31] US 20210171681A1. 2021-06-10.
[32] US 11072671B2. 2021-07-27.
[33] US 11098177B2. 2021-08-24.
[34] US 11193037B2. 2021-12-07.
[35] US 20210380793A1. 2021-12-09.
[36] US 11261280B2. 2022-03-01.
[37] US 20220162141A1. 2022-05-26.

[38] US 11370906B2. 2022-06-28.

[39] US 11421086B2. 2022-08-23.

[40] US 20220289877A1. 2022-09-15.

[41] US 11512155B2. 2022-11-29.

[42] US 11767379B2. 2023-09-26.

[43] US 20230227689A1. 2023-07-20.

[44] US 20230357515A1. 2023-11-09.

[45] JP S53-125491A. 1978.

[46] JP 55-16007. 1980.

[47] WO2008/129041A1. 2008-10-30.

[48] WO2011/119370A2. 2011-09-29.

[49] WO2011/119388A2. 2011-09-29.

[50] WO2011/146802A2. 2011-10-24.

[51] WO2014/123075A1. 2014-08-14.

[52] WO2017/149202A1. 2017-09-08.

[53] WO2020/072,058. 2020-04-09.

[54] WO2021/119078A1. 2021-06-17.

[55] 张冰冰,吴君毅,等. 含氟弹性体、具有该含氟弹性体的树脂组合物及制备方法[P]. CN106496397 B. 2019-01-08.

[56] 钱勇,吴君毅,魏建华. 制备聚偏氟乙烯的设备及聚偏氟乙烯的制备方法[P]. CN106273046B. 2018- 10-16.

[57] 陈炎峰,张智勇,吴君毅. 一种制备全氟-2,3-环氧-2-甲基戊烷的方法[P]. CN106749108B. 2019- 08-13.

[58] 邓玉虎,等. 含氟聚合物乳液覆铜板及其制备方法[P]. CN114644846A. 2022-06-21.

[59] 平居丈嗣,等. 全氟聚合物、液体组合物、固体高分子电解质膜、膜电极接合体及固体高分子型水电解 装置[P]. CN113166298B. 2023-08-01.

[60] 梁聪强,等. 聚偏氟乙烯树脂制备方法和反应设备[P]. CN109456434B. 2023-08-08.

[61] 福士达夫,等. 具有全氟化热塑性填料的含氟弹性体[P]. CN117616082A. 2024-02-27.

[62] 徐以霜,张根妹,马振中,等. 全氟磺酸树脂催化剂在酯化反应中的应用[J]. 化学通报,1983,(5).

[63] 郭逢治. 全氟离子膜共挤出复合新技术开发[J]. 含氟材料,1988,(3).

[64] 陈新康. 悬浮聚四氟乙烯的改性[J]. 含氟材料,1989,(2):32.

[65] 徐洪峰,燕希强,等. 全氟磺酸质子交换膜的溶解及再铸膜性能分析[J]. 电化学,2001,(7).

[66] 陈凯平,张立新. 废弃离子交换膜与全氟磺酸树脂固体超强酸催化剂[J]. 氯碱工业,2002,(9).

[67] 张在利,曾子敏,李嘉. 氟橡胶性能、应用及我国氟橡胶工业发展现状[J]. 化工新型材料,2003, (2):31.

[68] 罗士平,陈勇,裘兆荣,等. 新型态全氟磺酸树脂催化剂研究进展[J]. 化学研究与应用,2005,(1).

[69] 罗士平,等. SiO_2 负载全氟磺酸树脂催化合成苯甲醛缩 1,2-丙二醇[J]. 石油化工,2006,(7).

[70] 王守绪,郑重德. 特种 Nafion 溶液制备及其在 PEMFC 中的应用研究[J]. 电子科技大学学报,2006, 10(35).

[71] 吴君毅,张冰冰,周兴贵. 卧式反应釜中的偏氟乙烯(VDF)分散聚合动力学[J]. 华东理工大学学 报,2012,(38):408.

[72] 孙建英,卿凤翎. 高性能有机氟材料制备科学及应用进展[J]. 化工进展,2020:0435.

[73] 钱力波,黄美薇,苏兆本,等. 六氟环氧丙烷三聚体羧酸（HFPO-TA）环境和生态毒性研究进展[J].

有机氟工业,2021,(4):41.

[74] Kaplan,H. L. , Grand,A. F. , Switzer,W. C. , et al. Acute Inhalation Toxicity of the Smoke Produced by five Halogenated Polymers[J]. Journal of Fire Science,1984,(2).

[75] Williamd,S. J. , Baker,m B. B. , Lce,K. P. Formation of Acute Pulmonary Toxi-cants Following Thermal Degradation of Perfluorinated Polymers: Evidence for a Critical Atmos-pheric Reaction[J]. Food Chem. Taricolog,1987,(3).

[76] Alexandre J. Scard, R. Tom Baker. Fluorocarbon Refrigerants and their Syntheses: Past to Present [J]. Chemical Reviews,2020,(3).

[77] Jan Clay, Robert Atkinson. Wake Up, America: China Is Overtaking the United States in Innovation Output[R]. 2022,12.

[78] Frederic Boschet, Bruno Ameduri. (Co)polymers of Chlorotirfluoroethylene: Synthesis, Properties, and Applications[J]. Chemical Reviews,2014: 114.

[79] Durgam Muralidharan Nivedhitha, Subramanian Jeyanthi. Polyvinylidene fluoride, an advanced futuristic smart polymer material: A comprehensive review[J]. Polymers Advanced Technologies,2023, (34):474.

[80] Chao Feng, Xuchang Wang,et al. Heat-Resistant Trilayer Separators for High-Performance Lithium-Ion Batteries[J]. Phys. Status Solidi RRL,2020,(14): 1900504.

[81] Felix Lederle, Cathrin Harter, Sabin Beuermann. Inducing B phase crystallinity of PVDF homopolymer, blends and block copolymers by anti-solvent crystallization[J]. Journal of Fluorine Chemistry, 2020:234.

[82] Bruno Ameduri. From Vinylidene Fluoride (VDF) to the Applications of VDF-containing Polymers and Copolymers: Recent Developments and Future Trends[J]. Chem, Rev,2009:109.

[83] Gerard J. Pusts, Philip Crouse, Bruno M. Ameduri. Polytetrafluoroethylene: Synthesis and Charatirization of the Original Extreme Polymer[J]. Chem. Rev,2019,(119):1763.

[84] Junyi Wu, Xingui Zhou, Frank W. Harris. Bis(perfluoro-2-n-propoxyethyl)diacyl peroxide homopolymerization of vinylidene fluoride (VDF) and copolymerization with perfluoro-n-propylvinylether (PPVE)[J]. Polymer, 2014,(55): 3557.

[85] Ghislain Davie, Crrille Boyer, Jeff Tonnar, et al. Use of Iodocompounds in Radical Polymerization[J] . Chem. Rve,2006,(106): 3936.

[86] Ritanjali Behera, Elanseralathan K. A review on polyvinylidene fluoride polymer based nanocomposites for energy storage applications[J]. Journal of Energy Storage,2022,(48): 103788.

[87] Oka M, Tatemoto M. Vinylidene fluoride-hexafluoropropylene copolymer having terminal iodines[J]. Contemp Top Polym Sci,1984,(4):763.

[88] David G, Boyer C, Tonnar J, et al. Use of iodocompounds in radical polymerization[J]. Chem Rev, 2006,(106):3936.

[89] Ni Y, Zhang L, Cheng Z, et al. Iodine-mediated reversible deactivation radical polymerization: a powerful strategy for polymer synthesis[J]. Polym Chem,2009,(10): 2504.

[90] P. K. Rao, S. P. Gejji. Atmospheric degradation of HCFO-1233zd(E) initiated by OH radical, Cl atom and O_3 molecule: Kinetics, reaction mechanisms and implications[J]. Journal of Fluorine Chemistry, 2018,(211):180.

[91] 全氟和多氟烷基物质(PFASs)限制提案[R]. 2023.

[92] Fluoroelastomers[R]. HIS Markit,2019.

[93] Performance fluorine Chemicals and Polymer[R]. BBC Research,2017.

［94］中国氟化工产业运行趋势报告［R］. 产业在线,2023.

［95］王莹. 急性有机氟中毒的防治［C］. 氟化工安全生产技术研讨会论文集,2012.

［96］钱知勉,包永忠. 氟塑料加工与应用［M］. 北京：化学工业出版社,2010.

［97］陈义旺,等. 高分子物理［M］. 北京:科学出版社,2018.

［98］李静海,欧阳平凯,费维扬,等. 化学工程手册［M］. 北京:化学工业出版社,2019.

［99］方度,杨维驿. 全氟离子交换膜——制法、性能和应用［M］. 北京：化学工业出版社,1993.

［100］Hintzer,K.，Lohr,G.. Modern Fluoropolymers［M］. New York：John Wiley & Sons Ltd,1997.

［101］Sperati,C. A.. Handbook of plastic Materials and Technology［M］. New York:John Wiley & Sons,1990.

［102］Benhow，Bridgwater. Paste flow and Ettrusion［M］. Oxford：Clarendon Press,1993.

［103］D. Satas，A A tracton，A J Rafanelli. Coating Technology Handbook,Second Edition［M］. New York：Marcel Dekker,2002.

［104］潘祖仁. 高分子化学［M］. 北京：化学工业出版社,2021.

［105］王树华. 氟化工的安全技术和环境保护［M］. 北京：化学工业出版社,2005.

［106］化学工业职业技能鉴定指导中心. 氟化工生产工艺及安全［M］. 北京：化学工业出版社,2023.

附录

附录 1 非可熔融加工氟树脂的牌号

1. 国外悬浮 PTFE 牌号

附表 1-1 国外悬浮 PTFE 按品级分类

表观密度		科慕 Teflon®	旭硝子 Fluon®	大金 Polyflon®	3M Dyneon®	苏威 Agloflon®
细粒度	低（＜300g/L）	7C X	—	—	—	—
	中（＜400g/L）	NXT70、NXT75	G163	M18F、M111	TF-1750	F5
	高（＜500g/L）	7A X	G190、G192	M18、M112	TFM-1700、TFM-1705	F5/S、F7
	很高（＞500g/L）	—	—	—	—	—
粉末流动性好的品级	中（＜800g/L）	8A X、NXT85	G307、G201	M531	—	S121
	很高（＞800g/L）	807N X	G350	M532、M532C、M533、M139	TF-1620、TF-1641、TF-1645、TFR-1105、TFM-1600	—

附表 1-2 科慕的悬浮 PTFE 牌号和性质

Teflon®	体积密度 /(g/L)	密度（25℃）/(g/cm³)	平均粒径 /μm	拉伸强度 /MPa	断裂伸长率 /%	载荷变形① /%	热不稳定指数	熔点 /℃	含水率 /%	应用
细粒料										
7A X	460	2.16	38	48.3	375	—	3	327	＜0.04	模压成型，制备切削胶带、薄膜、片材、垫圈等
7C X	260	2.16	31	39.3	350	—	3.4	327	＜0.04	用于高弯曲寿命的模压成型，如波纹管、膜片、活塞环、膨胀节
造粒料										
8A X	680	2.15	490	41.4	330	—	7.6	327	＜0.04	等静压成型，可制备球阀球座、管衬、密封件、阀门、阀塞等

Teflon®	体积密度 /(g/L)	密度 (25℃) /(g/cm³)	平均粒径 /μm	拉伸强度 /MPa	断裂伸长率 /%	载荷变形① /%	热不稳定指数	熔点 /℃	含水率 /%	应用
807N X	900	2.16	550	33	320	—	5	327	<0.04	用于模压、自动/等压成型和柱塞挤出，用于制备密封环、衬套、轴承垫
改性 PTFE										
NXT70	400	2.17	33	38.6	550	4	—	—	—	模压成型，制备密封环、轴承垫、衬套、封装等
NXT75	400	2.17	33	41.4	600	3.2	—	—	—	模压成型，可焊接，用于制备密封环、轴承垫、衬套等
NXT85	700	2.17	400	27.6	450	3.5	—	—	—	等压成型、传统模压和柱塞挤出

① 14MPa，23℃，24h。

附表 1-3　旭硝子的悬浮 PTFE 牌号和性质

Fluon®	体积密度 /(g/L)	密度 (25℃) /(g/cm³)	平均粒径 /μm	拉伸强度 /MPa	断裂伸长率/%	收缩率 /%	表面光洁度	应用
细粒料								大型制品板材成型
G163	330	2.16	25	42	350	4.2	最优	
G190	440	2.17	25	42	370	4.3	最优	
G192	460	2.18	25	41	360	4.7	最优	
造粒料								模压、等压成型，柱塞挤出管和棒（Φ>20mm）
G307	750	2.16	650	36	350	2.8	良	
G350	900	2.16	380	36	380	2.3	良	
柱塞挤出料								挤出管、棒（Φ<20mm）
G201	630	2.16	550	23	250	—	优	

附表 1-4　大金的悬浮 PTFE 牌号和性质

Polyflon®	体积密度 /(g/L)	密度 (25℃) /(g/cm³)	平均粒径 /μm	拉伸强度 /MPa	断裂伸长率 /%	收缩率/%	应用
细粒料							
M18	420	2.17	45	54	410	3.2	压缩成型，适用于一般压缩成型、大型制品成型

续表

Polyflon®	体积密度/(g/L)	密度(25℃)/(g/cm³)	平均粒径/μm	拉伸强度/MPa	断裂伸长率/%	收缩率/%	应用
M18F	330	2.17	25	55	440	3.8	压缩成型,与无机填料及颜料分散均匀、良好

造粒料

M531	740	2.17	540	42	345	2.9	压缩成型、自动压缩成型、柱塞挤出成型,适用于高度较高的成型品的成型,可用气力输送
M532	840	2.17	480	42	340	3.7	压缩成型、自动/半自动成型、等压成型、柱塞挤出成型。有优异的狭缝填充性,适于薄壁套筒及等压成型;表面特别光滑,适于车削的制品及板材成型
M532C	820	2.17	460	42	340	3.7	自动/半自动成型、等压成型、柱塞挤出成型
M533	910	2.17	370	41	335	3.7	压缩成型、自动/半自动成型,用于必须均匀加压的平板成型

改性 PTFE

M111	320	2.18	24	48	450	3.8	压缩成型,制品的表面光滑,耐蠕变性优异,适用于垫片、隔球阀阀座、油封制品等
M112	400	2.16	23	42	460	3.7	压缩成型,用于柔软性的制品成型,适用于隔膜、软管,能与无机填料及颜料均匀混合
M139	900	2.17	450	36	400	3.1	自动压缩成型,流动性优异,表观密度大,非常适用于自动压缩成型,耐蠕变性优异

附表 1-5　苏威的悬浮 PTFE 牌号和性质

Algoflon®	体积密度 /(g/L)	密度（25℃） /(g/cm³)	平均粒径 /μm	拉伸强度 /MPa	断裂伸长率 /%	收缩率 /%	介电强度 /(kV/mm)
细粒料							
F5	380	2.175	25	40	350	3.1	—
F5/S	420	2.16	20	44	370	3.9	—
F7	410	2.175	15	44	400	3	75
造粒料							
S121	800	2.170	550	37	350	2.9	—

附表 1-6　3M 的悬浮 PTFE 牌号和性质

Dyneon®	体积密度 /(g/L)	密度（25℃） /(g/cm³)	平均粒径 /μm	拉伸强度 /MPa	断裂伸长率 /%	收缩率 /%
细粒料						
TF-1750	370	2.16	25	>27.6	350	4.3
造粒料						
TF-1620	850	2.15	220	>27.6	350	3.0
TF-1641	830	2.15	450	>27.6	350	2.8
TF-1645	830	2.15	450	>27.6	350	2.6
TFR-1105	820	2.16	800	27.6	400	5.5
改性料						
TFM-1700	420	2.16	25	33	450	5.8
TFM-1705	420	2.16	25	33	450	5.8
TFM-1600	830	2.16	450	32	450	3.5

2. 国外分散 PTFE 牌号

附表 1-7　按压缩比分类的分散 PTFE 国外牌号

压缩比	科慕 Teflon®	旭硝子 Fluon®	3M Dyneon®	大金 Polyflon®	苏威 Algoflon®
<100	60X、601X、602X	—	TF2029	—	—
<300	650XT X、669N X、669 X、605XT X	CD123、CD126	TF2025、TF2035	F106、F303	DF210、DF230X
<800	613A X	CD145	TF2021	F104、F104C、F302	DF280X
<1600	62 X、62N X、62XT X	—	TFM2001、TF2071	F205、F208H	DF380、DF381X
<3000	—	—	TF2072、TF2072Z	F201	DF680X
<4400	6CN X、6C X、CFP 6000 X、640XT X、641XT X	CD097	—	F208	—

附表 1-8　科慕的分散 PTFE 品级和性质

Teflon®	熔点 /℃	密度 (25℃) /(g/cm³)	平均粒径 /μm	热不稳定性指数 (TII)①	拉伸空隙指数 (SVI)①	挤出压力 （括号内为压缩比条件） /MPa	体积密度 /(g/L)	应用
6CN X	341/326	2.185	400	<50	—	50 (1600∶1)	470	拉索套管衬套、软管、电气胶带和套管、电线和电缆涂层、无支撑管道、热缩性管材
6C X	344/237	2.176	475	<50	—	53 (1600∶1)	490	
60 X	342/327	2.185	500	<50	—	8 (100∶1)	500	生料带、同轴电缆、低压缩比电线和电缆涂层
62 X	341/322	2.152	480	<7	<50	23 (400∶1)	495	高级软管、泵膜片、无支撑管道、旋绕套管
62N X	341/322	2.148	480	<7	<50	24 (400∶1)	495	
62XT X	341/322	2.152	480	<7	<50	23 (400∶1)	495	优质管道、空心管、电线涂层，可翻边、焊接、褶合
601 X	342/327	2.160	500	<50	—	9.0 (100∶1)	550	生料带、多孔应用
602 X	342/327	2.172	550	<50	—	6.9 (100∶1)	550	管道衬套、多孔应用、电线和电缆涂层
613A X	342/327	2.153	500	<50	—	27.6 (400∶1)	440	薄电气等级胶带
640XT X	344/326	2.159	450	≤15	—	22 (1600∶1) 28 (2500∶1)	525	高性能电线和电缆、管道、添加剂
641XT X	344/326	2.166	400	<25	—	46 (2500∶1)	475	高性能电线和电缆、管道、添加剂
650XT X	344/326	2.163	500	<20	—	8.8 (100∶1) 39 (400∶1)	550	孔隙率均匀的过滤器膜、具有出色机械特性的垫圈、未烧结的单轴和多向拉伸产品、具有高力学特性的烧结产品
669N X	344/326	2.170	425	—	—	7.5 (100∶1)	545	管道衬套、管道、生料带
669 X	344/326	2.167	450	—	—	7.5 (100∶1)	520	
605XT X	344/326	2.163	675	—	—	7 (100∶1)	555	未烧结物品、过滤器膜、垫圈、烧结管道衬套和管道、具有高机械特性的烧结产品、未烧结的拉伸产品
CFP 6000 X	342/325	2.183	500	<15	—	41.4 (1600∶1)	460	电线和电缆涂层、空心管

①　热不稳定性指数、拉伸空隙指数可参见 ASTM D4894-07。

附表 1-9　旭硝子的分散 PTFE 品级和性质

Fluon®	压缩比范围	密度（25℃）/(g/cm³)	平均粒径/μm	拉伸强度/MPa	断裂伸长率/%	相对挤出压力	体积密度/(g/L)	应用
CD145	50～500	2.17	550	39	430	1.9	510	低密度生料带
CD123	25～300	2.16	500	41	420	2.3	550	电线用生胶带、导管、软管
CD126	15～300	2.18	500	33	440	2.3	460	拉伸膜、扁平电缆
CD097	250～4000	2.18	550	35	500	0.9	500	细管、线缆绝缘层

附表 1-10　大金的分散 PTFE 品级和性质

Polyflon®	压缩比范围	密度（25℃）/(g/cm³)	平均粒径/μm	拉伸强度/MPa	断裂伸长率/%	挤出压力（压缩比）/MPa	体积密度/(g/L)
F104	<500	2.14～2.19	400～700	32～50	350～550	—	400～600
F104C	<500	2.14～2.19	400～700	32～50	350～550	—	400～600
F106C	<200	2.14～2.17	350～550	35～40	350～450	30～40（300∶1）	450～600
F201	500～2000	2.16～2.19	450～600	24～44	300～600	60～80（1500∶1）	400～550
F205	300～1500	2.16～2.18	400～650	25～55	350～450	65～85（1500∶1）	400～600
F208	500～3100	2.16～2.18	500～700	25～55	300～600	32～42（1500∶1）	450～550
F208H	500～1500	2.16～2.18	500～700	35～40	300～600	40～60（1500∶1）	450～550
F302	<500	2.14～2.17	400～600	35～40	400～550	12～20（300∶1）	400～550
F303	<500	2.14～2.17	400～650	35～40	350～450	14～26（300∶1）	400～550

附表 1-11　3M 的分散 PTFE 品级和性质

Dyneon®	压缩比范围	密度（25℃）/(g/cm³)	平均粒径/μm	拉伸强度/MPa	断裂伸长率/%	挤出压力（压缩比）/MPa	体积密度/(g/L)	应用
TF2029	5～100	2.15	500	28	340	50（400∶1）	480	电气绝缘胶带、衬垫
TF2021	20～500	2.15	500	28	340	30（400∶1）	510	未烧结的胶带、密封条
TF2025	20～300	2.15	500	28	340	40（400∶1）	510	衬里、带、纱线、厚壁油管
TF2035	15～300	2.17	480	33	435	36（400∶1）	470	衬里、挤压胶带、厚壁管
TFM2001	20～1000	2.15	500	34	400	26（400∶1）	450	具有在波动应力作用下的耐高压性以及较低渗透率的聚合物结构

续表

Dyneon®	压缩比范围	密度（25℃）/(g/cm³)	平均粒径/μm	拉伸强度/MPa	断裂伸长率/%	挤出压力（压缩比）/MPa	体积密度/(g/L)	应用
TF2071	20～1600	2.16	500	28	360	53 (1600∶1)	510	衬套、线缆绝缘层、漆布绝缘管
TF2072	50～3000	2.16	600	28	360	40 (1600∶1)	500	高压缩比挤出管线缆绝缘层、漆布绝缘管
TF2072Z	50～3000	2.17	430	35	470	40 (1600∶1)	480	

附表 1-12 苏威的分散 PTFE 品级和性质

Algoflon®	压缩比范围	密度（25℃）/(g/cm³)	平均粒径/μm	拉伸强度/MPa	断裂伸长率/%	挤出压力（压缩比）/MPa	体积密度/(g/L)	应用
DF210	30～300	2.16	550	30	300	8 (100∶1)	500	未烧结带
DF230X	30～300	2.16	550	30	300	9 (100∶1)	500	多孔品及纤维
DF280X	80～450	2.16	500	30	300	8 (100∶1)	450	低压缩比管
DF380	30～1100	2.16	450	30	375	21 (400∶1)	450	中等压缩比管
DF381X	80～1100	2.15	450	30	375	25 (400∶1)	450	柔性管
DF680X	100～2500	2.18	450	28	370	18 (400∶1)	450	高压缩比管、线缆

3. 国外的 PTFE 浓缩分散液牌号

附表 1-13 科慕的 PTFE 浓缩分散液牌号和性质

Teflon®	固含量/%	非离子型表面活性剂含量/%	平均粒径/μm	密度（20℃）/(g/cm³)	黏度（25℃）/(mPa·s)	pH	应用
DISP 30	60	6	0.22	1.51	25	10	通用型，玻璃纤维与织物涂层、金属镀层及粉黏结剂
DISP 33	61	6.5	0.22	1.52	25	10	可增强表面平滑度、黏附力、光泽度和可焊性，可用于玻璃纤维织物涂层
DISP 35	35	2.2	0.245	1.246	25	10	用于共凝聚加工，可用于填充轴承
DISP 40	60	—	0.23	1.51	25	10	可改进剪切稳定性，主要用于玻璃纤维织物涂层、金属镀层及粉黏结剂

附表 1-14　旭硝子的 PTFE 浓缩分散液牌号和性质

Fluon®	固含量/%	非离子型表面活性剂含量（PTFE）/%	密度（23℃）/(g/cm³)	平均粒径/μm	黏度（23℃）/(mPa·s)	pH（23℃）	应用
AD911E	61	5	1.52	0.25	26	10	通用
AD915E	61	3	1.52	0.25	19	10	金属涂层、添加剂
AD916E	58	8	1.49	0.25	19	10	玻璃纤维布涂层（可重复浸渍）
AD939E	61	3	1.52	0.3	19	10	添加剂

附表 1-15　大金的 PTFE 浓缩分散液牌号和性质

Polyflon®	固含量/%	表面活性剂含量/%	平均粒径/μm	密度（25℃）/(g/cm³)	黏度（25℃）/(mPa·s)	pH	用途
D110	60	6.3	0.25	1.52	27	9～10	不粘涂料、盘根浸渍
D210	60	6.3	0.245	1.52	27	9～10	玻璃纤维浸渍
D210C	60	6.3	0.25	1.52	27	9～10	抗滴落剂、电池黏结剂
D411	60	3.6	0.25/0.27	1.52	27	9～10	涂料
D711	60	—	0.3	1.52	23	9～10	玻璃纤维浸渍（厚涂）

附表 1-16　3M 的 PTFE 浓缩分散液牌号和性质

Dyneon®	固含量/%	非离子型表面活性剂含量/%	平均粒径/μm	密度（20℃）/(g/cm³)	黏度（20℃，$D=30s^{-1}$）/(mPa·s)	pH	应用
TF5032	60	5	0.16	1.5	22	8.5	浸渍
TF5035	58	5	0.225	1.5	14	8.5	涂料
TF5039	55	10	0.225	1.4	18	8.5	玻璃纤维布的涂层
TF5041	60	8	0.225	1.4	47[①]	9	与微玻璃球一起形成膜结构
TF5050	58		0.22	1.5	10	9	浸渍及涂料
TF5060	60	6	0.22	1.5	22	9	玻璃纤维布的涂层
TF5065	59	9	0.2	1.5	25	9	玻璃纤维布的涂层
TF5235	62	4	0.225	1.6	28	9	浸渍及涂料

① $D=1000s^{-1}$。

附表 1-17　苏威的 PTFE 浓缩分散液牌号和性质

Algoflon®	固含量/%	非离子型表面活性剂含量/%	平均粒径/μm	密度（20℃）/(g/cm³)	pH	黏度（20℃）/(mPa·s)	应用
D1610F	60	3.5	0.25	1.51	＞9	—	添加剂和浸渍
D1612F	60	3.5	0.25	1.51	＞9	—	添加剂和浸渍
D1613F	60	3.5	0.25	1.51	＞9	—	添加剂和浸渍

Algoflon®	固含量/%	非离子型表面活性剂含量/%	平均粒径/μm	密度（20℃）/(g/cm³)	pH	黏度（20℃）/(mPa·s)	应用
D1614F	60	3.5	0.24	1.51	>9	—	涂层和浸渍
D2711F	27.5	1.7	0.25	1.19	10.3	—	轴承、涂层和浸渍
D3511F	59	3.5	0.24	1.50	>9	20	涂层和浸渍

4. 国外的 PCTFE 牌号

附表 1-18　霍尼韦尔的 PCTFE 牌号和性质

Aclon®	404	400A	400LT
外观	乳白色	乳白色	乳白色
固含量/%	46～50	46～50	46～50
表面活性剂类型	非离子型	非离子型	非离子型
表面张力/(10^{-3}N/m)	30～40	30～40	30～40
平均粒径/μm	0.1～0.2	0.1～0.2	0.1～0.2
密度（25℃）/(g/cm³)	2.1～2.16	2.1～2.16	2.1～2.16
黏度（25℃）/(mPa·s)	5～10	5～10	5～10
pH	9～10	9～10	9～10
涂装温度（1～2min）/℃	210～250	100～200	180～200
涂层特征	刚性最高	柔性	刚性
耐化学品性	耐大多数化学品	最差	中等

附表 1-19　大金的 PCTFE 牌号和性质

Neoflon®	ZST[①]/s	表观密度/(g/L)	流动指数/(L/s)	形态
M300	200～300	600	1.3	粉（10～60目）
M300H	200～300	950	1.3	粒状粉
M300P	200～300	1100	1.3	片
M400H	301～450	950	0.3～0.8	粒状粉
M400P	301～450	1100	0.3～0.8	片

① ZST 即零强度时间（zero strength time）。

附表 1-20　大金 M300H、M400H 的物理性质

性质	M300H	M400H
ZST/s	200～300	301～450
相对密度	2.10～2.17	2.10～2.17
拉伸强度/MPa	32～38	34～40
断裂伸长率/%	50～200	100～250
拉伸弹性模量/MPa	1300～1500	1200～1400
1%应变时的压缩强度/MPa	40～45	67～72
压缩弹性模量/MPa	1400～1600	1200～1400

性质		M300H	M400H
弯曲强度/MPa		69～74	67～72
弯曲弹性模量/MPa		1600～1900	1400～1700
冲击强度/(ft·lb/in[①])		2.5～3.5	2.5～3.5
邵氏硬度（D）		75～85	75～85
7MPa 载荷下 24h 的 变形/%	25℃	<0.2	<0.2
	80℃	1.7～1.9	1.4～1.6
	100℃	7.0～9.0	4.5～6.5

① 1ft·lb/in＝53.37J/m。

5.国内主要厂家的 PTFE 牌号

附表 1-21 华谊三爱富的 PTFE 牌号和性质

PTFE 微粉	牌号	体积密度 /(g/L)	平均粒径 /μm	比表面积 /(m²/g)		熔点/℃				挤出压力 /MPa
	FR002A	400	5	10		327				—

	牌号	体积密度 /(g/L)	平均粒径 /μm	拉伸强度 /MPa	断裂伸长 率/%	熔点/℃	SSG	热不稳定 指数	介电强度 /(MV/m)	
悬浮 PTFE	FR101-1	470	140	30.0				10	100	—
	FR101-2	470	140	30.0	370	327	2.16	20	—	
	FR101-3	500	140	30.0				20		
	FR102[①]	800	500	26	280	327	2.16	收缩率3%	70	
	FR103-1[②]	650	400	—	—	327	—			
	FR103-2	540		—	—	327	—			
	FR104-1[③]	380	25	32.0	400	327	2.16	20		
	FR104-2		50	32.0	300			20		
	FR104-3		25	32.0	450			10	100	
	FR104-4		25	35.0				20		
分散 PTFE	FR202A-1	500	400	20	500	327	2.20	20	—	9.7
	FR202A-2			23	450					
	FR203A	500	500	34	420	327	2.18	10		13

	牌号	pH	黏度 /(Pa·s)	表面活性剂 含量/%	熔点/℃	SSG	平均粒径 /μm	固含量 /%	
PTFE 浓缩分 散液	FR303A[④]	9	18×10⁻³	5		2.19	—	60	—
	FR301B	9	25×10⁻³	5	327	2.20	—	60	—
	FR301G	9	15×10⁻³	5		2.20	—	60	—
	FR302	9	15×10⁻³	5		2.20	0.18	61	—

① 造粒料。
② 预烧结料。
③ FR104-1、2、3、4 为细粒料，FR104-3 为电气绝缘用，FR104-4 为高强度模压制品用。
④ FR303A 是用少量共聚单体改性的改性 PTFE 树脂制成的浓缩乳液。

附表 1-22　中昊晨光的 PTFE 牌号和性质（一）

PTFE	牌号	体积密度/(g/L)	平均粒径/μm	用途
CGM悬浮PTFE中粒度树脂	CGM031A	454	110	普通模压制品
	CGM031B	418	85	车削板、模压和液压制品
	CGM031C	486	150	普通模压制品
CGM悬浮PTFE细粒度树脂	CGM021-DJX	416	40	车削板、模压制品
	CGM021-16F	380	24	填充制品
晨光二代PTFE（改性悬浮树脂）	CGM011A	350	40	普通模压制品
	CGM011B	406	90	车削板、模压和液压制品
	CGM011C	454	150	普通模压制品
CGF分散PTFE生料带用树脂	CGF206	520	568	高密度无油窄带
	CGF207	460	580	低密度无油窄带
	CGF208	456	725	高密度无油宽带
	CGF218	474	644	低密度无油宽带
CGF分散PTFE挤管用树脂	CGF238	500	620	推压中粗管
	CGF268	460	500	推压细管
	CGF288	450	500	推压毛细管
CGF分散PTFE高分子量树脂	CGF216	510	630	适用双拉膜
	CGF219	480	560	适用纤维制品
CGFF PTFE造粒料	CGFF101	722	600	自动模压制品、模压和液压制品
	CGFF102	720	800	
	CGFF201	900	450	
	CGFF202	910	750	
CGPS PTFE预烧结料	CGPS101	550	530	柱塞挤出管、棒
	CGPS102	540	750	
	CGPS201	760	500	
	CGPS202	750	740	
CGUF PTFE微粉	CGUF201A	308	2～3（激光法）	润滑剂、脱模剂、橡塑添加剂
	CGUF201B	356	4.3（激光法）	
	TL160	380	0.3～0.4（电镜法）	

附表 1-23　中昊晨光的 PTFE 牌号和性质（二）

PTFE	牌号	密度/(g/cm³)	运动黏度/(mm²/s)	粒径/μm	用途
SFN PTFE乳液	SFN1	1.51	10	0.20	浸渍、喷丝、涂料
	SFNJ	1.51	11	0.21	浸渍
不含PFOA的SFN乳液	SFN2	1.51	18	0.19	浸渍、涂料

附表 1-24　巨化的 PTFE 牌号和性质（一）

PTFE 种类	牌号	体积密度/(g/L)	平均粒径/μm	拉伸强度/MPa	断裂伸长率/%	熔点/℃	密度（25℃）/(g/cm³)	热不稳定指数	介电强度/(MV/m)
悬浮 PTFE 中粒度	JFG90（1）	400～600	60～100	≥25.5	≥250	322～332	2.13～2.16	≤50	≥60
	JFG90（2）			≥22.5					—
	JFG120（1）	400～600	101～160	≥25.5	≥250	322～332	2.13～2.16	≤50	≥60
	JFG120（2）			≥22.5					—
悬浮 PTFE 细粒度	JF4TM	300～550	30±5	≥37.5	≥320	322～332	2.13～2.19	≤30	—
	JFG25	300～500	21～25	≥37.5	≥400	322～332	2.13～2.19	—	—
	JFG20	200～400	10～20					—	—
	JF4TN-S	300～550	30±10	≥35	≥320	322～332	2.13～2.19	≤30	—
悬浮 PTFE 造粒料	JF4A1 一等	600～900	600～900	≥27.5	≥275	322～332	2.13～2.18	≤30	自然坡度角/(°) ≤30
	JF4A1 合格								≤35
	JF4A2 一等	400～600	400～600	≥25.5	≥275	322～332	2.13～2.18	≤30	≤30
	JF4A2 合格			≥22.5				≤30	≤35
	JF4A3 一等	600～900	600～900	≥25.5	≥275	322～332	2.13～2.18	≤30	≤30
	JF4A3 合格								≤35
分散 PTFE	JF4DN	450±100	650±250	≥24	≥350	—	2.14～2.23	≤50	挤出压力/MPa 9.7±4.2
	JF4D	375～575	650±250	≥28	≥350	—	2.14～2.19	≤50	9.7±4.2
分散 PTFE（填充料）	JF4D～G（石墨）	450±100	—	≥12	≥150	—	2.14～2.20	—	—
	JF4D～C（彩色）	450±100	—	≥12	≥350	—	2.17～2.20	—	—

附表 1-25　巨化的 PTFE 牌号和性质（二）

PTFE 种类	牌号	固含量/%	表面活性剂含量/%	黏度/(mPa·s)	pH	用途
PTFE 浓缩分散液	JF4DCB1	5862	5.0～7.0	—	8～10	玻璃纤维、网格布浸渍
	JF4DCB2	5862	4.0～7.0	20～40	8～10	玻璃纤维浸渍
	JF～4DCD	5862	4.0～7.0	20～40	8～10	浸渍、不粘涂料
	JF-4DC-A	5862	2.0～4.0	10～35	8～10	玻璃纤维浸渍、涂料
	JF-4DC-W	5862	7.0～10.0	20～50	8～10	玻璃纤维浸渍、涂料

附表 1-26　东岳的 PTFE 牌号和性质（一）

PTFE 种类		体积密度/(g/L)	密度（25℃）/(g/cm³)	平均粒径/μm	拉伸强度/MPa	断裂伸长率/%	收缩率/%
悬浮 PTFE 细粒料	DF16A	350	2.16	20	35	350	3.8
	DF16A-30	400	2.16	35	35	350	3.6

续表

PTFE 种类		体积密度 /(g/L)	密度（25℃） /(g/cm³)	平均粒径 /μm	拉伸强度 /MPa	断裂伸长率 /%	收缩率 /%
悬浮 PTFE 造粒料	DF31A	900	2.16	600	20	200	—
	DF31B	900	2.16	400	20	200	—
	DF31D	850	2.16	700	20	200	—

附表 1-27　东岳的 PTFE 牌号和性质 （二）

PTFE 种类	牌号	体积密度 /(g/L)	密度（25℃） /(g/cm³)	平均粒径 /μm	热不稳定性 指数（TII）	挤出压力 （压缩比）/MPa	压缩比范围
分散 PTFE	DF201	470	2.2	550	20	9～11（100∶1）	10～100
	DF203	470	2.18	500	15	9～11（100∶1）	10～300
	DF204	470	2.17	500	15	9～11（100∶1）	10～400
	DF2046	400	2.17	500		20～30（400∶1）	100～1600

附表 1-28　东岳的 PTFE 牌号和性质 （三）

PTFE 种类	牌号	固含量 /%	密度（25℃） /(g/cm³)	平均粒径 /μm	非离子型 表面活性剂 含量/%	布氏黏度 （25℃） /(mPa·s)	聚合物熔 点/℃	pH
PTFE 浓缩 分散液	DF301	60	1.5	0.18	4～6	15～30	327	>8
	F302	60	1.5	0.20	4～6	15～30	327	>8

附录2 可熔融加工氟树脂的牌号

1. 国外 FEP 牌号和性质

附表 2-1 科慕的 FEP 牌号和性质

Teflon®	MFR /(g/10min)	熔点 /℃	密度 (25℃) /(g/cm³)	拉伸强度 (23℃) /MPa	断裂伸长率 (23℃)/%	相对介电常数 (1kHz, 23℃)	介质损耗 (1kHz, 23℃)	应用
100	6.8	260	2.14	26	300	2.03	0.00007	电线和电缆绝缘、小型管道、注射成型部件
106	22	255	2.14	22	300	2.03	0.00007	小直径薄壁电线和电缆绝缘、注射成型的精密/薄壁部件
9302	3	260	2.14	30	325	2.03	0.00005	适用于化工业的挤塑成型部件或模塑部件、适用于电线和电缆的护套
CJ95	5	260	2.14	28	325	2.03	0.00005	通信用阻燃线缆的护套
CJ99	9	255	2.14	28	300	2.03	0.00005	适用于各种尺寸和壁厚的电线的护套
9494	30	255	2.15	20	300	2.03	0.0006	小直径薄壁电线和电缆绝缘、工业用薄膜、精密/薄壁部件
9835	20	255	2.15	24	300	2.03	0.0006	小直径薄壁电线和电缆绝缘、工业用薄膜、注射成型的精密/薄壁部件
9898	30	255	2.15	20	300	2.03	0.0006	小直径薄壁电线和电缆绝缘、工业用薄膜、注射成型的精密/薄壁部件

附表 2-2 大金的 FEP 牌号和性质

Neoflon®	MFR/(g /10min)	表观密度 /(g/mL)	熔点 /℃	密度(25℃) /(g/cm³)	拉伸强度 (23℃) /MPa	断裂伸长率 (23℃)/%	相对介电常数(10⁶Hz, 23℃)	介质损耗(10²~10⁶Hz, 23℃)	应用
NP12X	15.6~20	1.2	245~255	2.12~2.17	19.6~34.3	300~400	2.1	0.00006~ 0.0005	高速挤出电线、薄层电线
NP20	4.5~8.5	1.2	265~275	2.12~2.17	19.6~34.3	300~400	2.1	0.00006~ 0.0005	高速挤出电线
NP30	2~3.5	1.2	265~275	2.12~2.17	19.6~34.3	300~400	2.1	0.00006~ 0.0005	高速挤出电线、薄层电线
NP40	0.75~1.8	1.2	265~275	2.12~2.17	19.6~34.3	300~400	2.1	0.00006~ 0.0005	电线、薄膜、管子、各种部件

续表

Neoflon®	MFR/(g/10min)	表观密度/(g/mL)	熔点/℃	密度(25℃)/(g/cm³)	拉伸强度(23℃)/MPa	断裂伸长率(23℃)/%	相对介电常数(10⁶Hz,23℃)	介质损耗(10²~10⁶Hz,23℃)	应用
NP101	21~27	1.2	250~260	2.12~2.17	19.6~34.3	300~400	2.1	0.00006~0.0005	厚壁电线、护套、管子、各种部件
NP102	24~30	1.2	250~260	2.12~2.17	19.6~34.3	300~400	2.1	0.00006~0.0005	优异的耐开裂性,用于内衬
NP120	4~10	1.2	260~270	2.12~2.17	19.6~34.3	300~400	2.1	0.00006~0.0005	护套、厚壁电线

2. 国产 FEP 的牌号和性质

附表 2-3 华谊三爱富的 FEP 牌号和性质

3F®	FR460	FR461	FR462	FR468	FR463
MFR/(g/10min)	7	3	1.5	15	—
拉伸强度/MPa	27	30	32	23	—
断裂伸长率/%	300	300	320	300	—
密度(25℃)/(g/cm³)	260	260	260	257	—
相对介电常数(10⁶Hz)	2.1	2.1	2.1	2.1	—
介质损耗(10⁶Hz)	3×10⁻⁴	3×10⁻⁴	3×10⁻⁴	4×10⁻⁴	—
挥发分含量/%	0.05	0.05	0.05	0.07	—
耐应力开裂	—	不裂	不裂	—	—
固含量/%	—	—	—	—	50
表面活性剂含量/%	—	—	—	—	6
pH	—	—	—	—	8

附表 2-4 巨化的 FEP 牌号和性质

牌号	MFR/(g/10min)	拉伸强度/MPa	断裂伸长率/%	密度(25℃)/(g/cm³)	熔点/℃	相对介电常数(10⁶Hz)	介质损耗(10⁶Hz)/10⁻⁴	挥发分含量/%	可见黑点粒子数/%
FJP-T1	15~32	≥20	≥300	2.12~2.17	260±15	≤2.15	≤7.0	≤0.2	≤0.1
FJP-T2	6~14	≥24	≥300	2.12~2.17	265±15	≤2.15	≤7.0	≤0.1	≤0.1
FJP-T3	2.1~5.9	≥28	≥300	2.12~2.17	265±15	≤2.15	≤7.0	≤0.1	≤0.1
FJP830	2.1~5.9	≥25	≥275	2.12~2.17	265±15	≤2.15	≤7.0	≤0.3	≤1
FJP820	6~14	≥21	≥275	2.12~2.17	265±15	≤2.15	≤7.0	≤0.3	≤1
FJP810	15~32	≥18	≥275	2.12~2.17	265±15	≤2.15	≤7.0	≤0.3	≤1

牌号	MFR /(g/10min)	拉伸强度 /MPa	断裂伸长率/%	密度(25℃) /(g/cm³)	熔点 /℃	相对介电常数(10⁶Hz)	介质损耗 (10⁶Hz) /10⁻⁴	挥发分含量/%	可见黑点粒子数 /%
FJP640	0.8～2.0	≥25	≥300	2.12～2.17	265±15	≤2.15	≤7.0	≤0.3	≤2
FJP630	2.1～5.9	≥23	≥275	2.12～2.17	265±15	≤2.15	≤7.0	≤0.3	≤2
FJP620	6～14	≥19	≥275	2.12～2.17	265±15	≤2.15	≤7.0	≤0.3	≤2
FJP610	15～32	≥16	≥275	2.12～2.17	265±15	≤2.15	≤7.0	≤0.3	≤2

附表 2-5　东岳的 FEP 牌号和性质(一)

牌号		外观	MFR /(g/10min)	拉伸强度 /MPa	断裂伸长率/%	密度(25℃) /(g/cm³)	熔点 /℃	相对介电常数(10⁶Hz)	介质损耗(10⁶Hz) /10⁻⁴	挥发分含量/%	耐热应力开裂	用途
DS600	A	半透明粒子,其中不得夹带金属屑和砂粒等杂质,含有可见黑点的粒子百分数不超过6%	4.1～8.0	≥21	≥300	2.14 /2.17	265±10	2.15	7.0	0.1	—	挤出加工用通用型树脂
	B		8.1～12.0								—	
DS601			2.1～4.0	≥25	≥300						不裂	耐热应力开裂挤塑料
DS602			0.8～2.0	≥27	≥320							耐热应力开裂模塑料
DS 608	A		16.1～20.0	≥20	≥300						—	挤出加工通用型树脂,特别适用于高速挤出小口径导线绝缘材料
	B		20.1～24.0	≥18	≥270						—	
	C		24.1～28.0	≥16	≥250						—	
	D		12.1～16.0	≥20	≥300						—	
DS605		白色粉末	<0.8	—	—	—	—	—	—	—		模压制作泵阀的衬里,也可与PTFE混合成氟合金用
DS606			0.8～2.0	—	—	—	—	—	—	—		

附表 2-6　东岳的 FEP 牌号和性质(二)

项目	DS603A	DS603B
外观	乳白色或淡黄色液体	
MFR/(g/10min)	0.8～3.5	3.6～10
固含量/%	50±2	
表面活性剂含量/%	6±1	
pH	8±1	
用途	涂覆、浸渍用	

3. 国外 PVDF 牌号和性质

附表 2-7 阿科玛的 PVDF 牌号和性质

Kynar®	MFR（232℃）/（g/10min）	熔点/℃	密度（25℃）/（g/cm³）	拉伸强度/MPa	断裂伸长率/%	折射率	吸水率/%	无缺口冲击强度/（ft·lb/in①）	邵氏硬度(D)	体积电阻率/（Ω·m）
460	6～14（21.6kg）	155～160	1.75～1.77	31～48	≥40	1.42	0.02～0.04	15～40	75～80	1.5×10¹⁴
710	15～35（3.8kg）	165～172	1.77～1.79	34～55	≥40	1.42	0.01～0.03	20～80	76～80	1.5×10¹⁴
720	5～29（3.8kg）									
740	6～25（12.5kg）									
760	2～6（12.5kg）									
2800-00	3～8（12.5kg）	140～145	1.76～1.79	17～34	≥150	1.41	0.03～0.05	不断裂	65～70	2.0×10¹⁴
2800-20	1～6（5kg）									
2850-00	3～8（12.5kg）	155～160	1.77～1.80	27～48	≥100	1.42	0.03～0.05	不断裂	70～75	2.0×10¹⁴
2850-02	10～20（12.5kg）									
3120-50	2.5～7.5（12.5kg）	161～168	1.76～1.79	34～48	≥100	1.41	0.03～0.05	不断裂	65～70	2.0×10¹⁴

① 1ft·lb/in＝53.37J/m。

附表 2-8 苏威的 PVDF 牌号和性质

Solef®	MFR（230℃,5kg）/（g/10min）	熔点/℃	密度（25℃）/（g/cm³）	拉伸强度（23℃）/MPa	断裂伸长率(23℃)/%	弯曲模量/GPa	拉伸模量/GPa	无缺口冲击强度(23℃)/（J/m）	平均粒径（海格曼研磨，分散液）/μm	体积电阻率/（Ω·m）	表面电阻率/Ω
1008	8	174	1.78	35～50	20～50	2.2	2.6	55	—	—	—
1010	2	174	1.78	35～50	20～50	2.1	2.5	110	—	—	—
1012	0.5	174	1.78	35～50	20～50	2	2.4	150	—	—	—
1015	—	174	1.78	35～50	20～50	2	2.3	385	—	—	—
5000	—	156～160	1.75～1.76	—	—	—	—	—	5.5	—	—
5000HG	—	164～167	1.75～1.76	—	—	—	—	—	5.5	—	—
11008	8	160	1.78	20～40	200～600	1000	1100	125	—	>10¹⁴	>10¹⁴

续表

Solef®	MFR (230℃,5kg) /(g/10min)	熔点 /℃	密度 (25℃) /(g/cm³)	拉伸强度 (23℃) /MPa	断裂伸长率(23℃) /%	弯曲模量 /GPa	拉伸模量 /GPa	无缺口冲击强度 (23℃) /(J/m)	平均粒径(海格曼研磨,分散液) /μm	体积电阻率 /(Ω·m)	表面电阻率 /Ω
11010	2	160	1.78	20~40	200~600	900	1050	170	—	>10¹⁴	>10¹⁴
20810	2	150	1.78	20~40	600~750	600~900	600~900	80	—	>10¹⁴	>10¹⁴
21508	8	135	1.78	20~40	600~750	360~440	360~480	180	—	>10¹⁴	>10¹⁴

附表 2-9 吴羽的 PVDF 牌号和性质

KF®	MFR (232℃,5kg) /(g/10min)	熔点 /℃	特性黏度(30℃,DMF) /(dL/g)	密度 (25℃) /(g/cm³)	拉伸强度 /MPa	断裂伸长率 /%	折射率	吸水率 /%	邵氏硬度(D)	体积电阻率 /(Ω·m)	表面电阻率/Ω
♯850	21~29		0.85±0.05		57	≥76			78		
♯1000	6~9	173	1.00±0.05		57	≥28			78		
♯1100	2~4		1.10±0.05	1.77~1.79	59	≥36	1.42	0.03	79	10¹⁵~¹⁶	10¹⁶~¹⁷
♯1300	0.6~0.9		1.30±0.05		67	≥25			78		
♯1200	3~5	172	1.15±0.05		57	≥21			77		
♯2300	11~17	151	1.01±0.05		32	≥370			68		
♯2950	4~8	172	1.05±0.05		54	≥29			77		

4. 国产 PVDF 的牌号和性质

附表 2-10 华谊三爱富的 PVDF 牌号和性质

牌号(热加工用)	MFR (230℃,10kg) /(g/10min)	熔点 /℃	拉伸强度 /MPa	断裂伸长率 /%	密度 (25℃) /(g/cm³)	邵氏硬度 (D)	应用
FR906	16	167	40	250	1.77	76	注塑
FR907	10	160	44	280	1.77	75	挤塑
FR903	2	160	75	250	1.77	75	模塑

牌号(膜用)	MFR /(g/10min)	熔点 /℃	旋转黏度(0.1g/mL,DMAC)/(Pa·s)	特性黏度 /(10mL/g)	旋转黏度(0.1g/g NMP) /(mPa·s)	应用
FR904	—	160	0.9	1.6	—	流延制膜
FR905	—	160	—	—	2800	锂电池粘接料

牌号(涂层用)	MFR (230℃,10kg) /(g/10min)	熔点 /℃	旋转黏度(0.1g/mL,DMAC)/(Pa·s)	分散细度 /μm	相对密度	热分解温度 /℃	应用
FR921	2.0	158	1500	50	1.77	470	涂料用

附表 2-11　巨化的 PVDF 牌号和性质

牌号	MFR /(g/10min)	熔点 /℃	拉伸强度 /MPa	断裂伸长率 /%	密度(25℃) /(g/cm³)	邵氏硬度 (D)
JHR-200	1.0～5.0	162～170	40	250	1.75～1.79	70
JHR-300	5.1～25	162～170	40	100	1.75～1.79	70
JHR-400	26～45	162～170	40	150	1.75～1.79	70

附表 2-12　东岳的 PVDF 牌号和性质

牌号	外观	MFR(230℃) /(g/10min)	密度(23℃) /(g/cm³)	熔点 /℃	含水率 /%	旋转黏度 /(mPa·s)	拉伸强度 /MPa	断裂伸长率 /%	邵氏硬度 (D)
DS201	白色粉末	0.5～2.0 (10kg)	1.75～1.77	156～165	≤0.1	—	—	—	—
DS202	白色粉末	—	1.75～1.77	156～165	≤0.1	3000～8500①	—	—	—
DS203	白色粉末	5～15 (2.16kg)	1.77～1.79	165～175	≤0.1	—	—	—	—
DS204	白色粉末	—	1.75～1.77	156～165	≤0.1	1500～3000②	—	—	—
DS205	粒子或粉	1～25 (12.5kg)	1.77～1.79	165～175	—	—	≥35	≥25	70～80
DS206	粒子或粉	1～25 (5kg)	1.77～1.79	165～175	—	—	≥35	≥25	70～80

①30℃，0.1g/g NMP。

②30℃，0.1g/mL DMAC。

5. 国内外生产的 PFA 牌号

附表 2-13　科慕的 PFA 牌号和性质

Teflon®	MFR /(g/10min)	熔点 /℃	密度(25℃) /(g/cm³)	拉伸强度 (23℃) /MPa	断裂伸长率 (23℃) /%	相对介电常数 (23℃,10⁶Hz)	介质损耗 (23℃,10⁶Hz)	应用
340	14	305	2.15	25	300	2.03	<0.0002	管道、电线和电缆、注射成型部件
345	5	305	2.15	27	300	2.03	<0.0002	薄壁电线绝缘、精密部件
350	2	305	2.15	28	300	2.03	<0.0002	管道、电线和电缆、注射成型部件
416HP	42	305	2.15	25	350	2.03	<0.0002	薄壁电线绝缘、精密/小型注射成型部件
440HPA	16	305	2.15	25	300	2.03	<0.0002	高纯度应用中的注射成型部件(如配件、阀体和过滤器外壳)
440HPB	14	305	2.15	25	300	2.03	<0.0002	
445HP	5	305	2.15	26	320	2.03	<0.0002	高纯度应用中的注射成型部件和管道

Teflon®	MFR /(g/10min)	熔点 /℃	密度(25℃) /(g/cm³)	拉伸强度 (23℃) /MPa	断裂伸长率 (23℃) /%	相对介电常数 (23℃,10⁶Hz)	介质损耗 (23℃,10⁶Hz)	应用
450HP	2	305	2.15	28	300	2.03	<0.0002	管道、模压成型部件和衬里,适用于高纯度应用中的容器和化学品输送系统的板衬里
451HP	2	305	2.15	33	360	2.03	<0.0002	管道、模压成型部件和衬里,适用于高纯度应用中的容器和化学品输送系统的板衬里,这种应用对表面光洁度和抗化学品渗透能力有较高要求

附表 2-14　科慕半导体级 PFA 牌号和性质

Teflon®	MFR /(g/10min)	熔点 /℃	密度(25℃) /(g/cm³)	拉伸强度 (23℃)/MPa	断裂伸长率 (23℃)/%	体积电阻率 /(Ω·m)	应用
C-960	8	285	2.15	28	300	0.11	对静电耗散性能有较高要求的电缆、管道、衬里和模塑部件
C-980	3	284	2.15	36	300	0.10	对静电耗散性能有较高要求的管道、衬里和模塑部件
9738JN	6	305～317	2.12～2.17	33	430	10^{16}	空心部件、复杂形状的衬里
9724	12	305	2.15	25	300	10^{16}	特别适用于复合和压塑成型
9725	1.7	305	2.15	25	300	10^{16}	特别适用于混合和压塑成型

附表 2-15　科慕高纯度 PFA 牌号和性质

Teflon® HP PLUS	MFR /(g/10min)	熔点 /℃	密度(25℃) /(g/cm³)	拉伸强度 (23℃)/MPa	断裂伸长率 (23℃)/%	相对介电常数 (23℃,10⁶Hz)	介质损耗 (23℃,10⁶Hz)	应用
940HP plus	16	290	2.15	28	310	2.03	<0.0002	高纯度应用中的注射成型部件(即配件、阀体和过滤器外壳)
945HP plus	7	290	2.15	28	290	2.03	<0.0002	高纯度应用中的注射成型部件和管道
950HP plus	2	290	2.15	28	260	2.03	<0.0002	管道、模压成型部件和衬里,适用于高纯度应用中的容器和化学品输送系统的板衬里

续表

Teflon® HP PLUS	MFR /(g/10min)	熔点 /℃	密度(25℃) /(g/cm³)	拉伸强度 (23℃)/MPa	断裂伸长率 (23℃)/%	相对介电常数 (23℃,10⁶Hz)	介质损耗 (23℃,10⁶Hz)	应用
951HP plus	2	300~320	2.15	28	290	2.03	<0.0002	管道、模压成型部件和衬里,适用于容器和液体输送系统的板衬里,在这种系统中,出色的抗化学品渗透性能、耐应力开裂性和表面光洁度,对减少污染和保护制程良率至关重要

附表 2-16　旭硝子的 PFA 牌号和性质

Aflon®	MFR /(g/10min)	熔点 /℃	密度(25℃) /(g/cm³)	拉伸强度 (23℃) /MPa	断裂伸长率 (23℃)/%	相对介电常数 (23℃,10²~10⁶Hz)	介质损耗 (23℃,10²~10⁶Hz)	应用
P66P	1~3	305~315	2.12~2.17	39	340	<2.1	<0.0003	管子、内衬等
P65P	3~7	305~315	2.12~2.17	39	340	<2.1	<0.0003	管子、瓶子等
P63P	7~18	305~315	2.12~2.17	32	410	<2.1	0.00009	电线、注射成型零部件等
P62XP	24~36	305~310	2.12~2.17	32	410	<2.1	0.00009	细电线、小型注射成型零部件等

附表 2-17　3M 的 PFA 牌号和性质

Dyneon®	MFR /(g/10min)	熔点/℃	密度(25℃) /(g/cm³)	拉伸强度 (23℃)/MPa	断裂伸长率 (23℃)/%	相对介电常数 (23℃,10²~10⁶Hz)	介质损耗 (23℃,10²~10⁶Hz)
PFA6502N	2.1	308	2.15	30	380	2.1	0.00009
PFA6505N	4.6	308	2.15	30	410	2.1	0.00009
PFA6510N	10	308	2.15	27	450	2.1	0.00009
PFA6515N	15	308	2.15	26	450	2.1	0.00009

附表 2-18　大金的 PFA 牌号和性质

Neoflon®	MFR /(g/10min)	熔点 /℃	密度(25℃) /(g/cm³)	拉伸强度 (23℃) /MPa	断裂伸长率 (23℃)/%	相对介电常数 (23℃,10²~10⁶Hz)	介质损耗 (23℃,10²~10⁶Hz)	平均粒径 /μm
AP-201	20~30	300~310	2.14~2.16	18~23	250~350	2.1	0.00001~0.0003	—
AP-201SH	20~30	300~310	2.14~2.16	18~23	250~350	2.1	0.00001~0.0003	—
AP-210	10~18	300~310	2.14~2.16	25.4~30.4	350~450	2.1	0.00001~0.0003	—
AP-202	63~81	300~310	2.14~2.16	18~23	250~350	2.1	0.00001~0.0003	—
AP-211SH	14	300~310	2.14~2.16	30.4~34.3	350~450	2.1	0.00001~0.0003	—

Neoflon®	MFR /(g/10min)	熔点 /℃	密度(25℃) /(g/cm³)	拉伸强度 (23℃) /MPa	断裂伸长率 (23℃)/%	相对介电常数 (23℃,10²~ 10⁶Hz)	介质损耗 (23℃,10²~ 10⁶Hz)	平均粒径 /μm
AP-215SH	10~18	300~310	2.14~2.16	25.4~30.4	350~450	2.1	0.00001~0.0003	—
AP-230	1.5~3	300~310	2.14~2.16	30.4~34.3	300~400	2.1	0.00001~0.0003	—
AP-231SH	1.5~3.0	300~310	2.14~2.16	30.4~34.3	370	2.1	0.00001~0.0003	20~90
AC-5511①	1.7	303~313	—	—	—	—	—	20~70
AC-5539①	1.7	303~313	—	—	—	—	—	20~70
AC-5600①	1.7	303~313	—	—	—	—	—	20~70

① 涂料用粉末。

附表 2-19　苏威的 PFA 牌号和性质

Hyflon®	MFR /(g/10min)	熔点 /℃	密度(25℃) /(g/cm³)	拉伸强度 (23℃)/MPa	断裂伸长率 (23℃)/%	相对介电常数(23℃)		介质损耗 (23℃,10³Hz)
						50Hz	100Hz	
MFA620	2.5	280~290	2.12~2.17	28~36	300~360	2.0	1.95	<0.0002
PFA420	1.3	>300	2.12~2.17	28~34	300~360	2.1	2.05	0.0002
MFA640	10~17	280~290	2.12~2.17	24~30	300~360	2.0	1.95	<0.0002
MFA450	10~17	>300	2.12~2.17	26~32	300~360	2.1	2.05	0.0002
MFA6010①	10~17	280~290	2.12~2.17	—	—	—	—	—
PFA7010①	10~17	280~290	2.12~2.17	—	—	—	—	—

① 粉末级。

6. 国内生产的 PFA 牌号

附表 2-20　巨化的 PFA 牌号和性质

牌号	外观	MFR (372℃,5kg) /(g/10min)	拉伸强度 /MPa	断裂伸长率 /%	挥发分含量 /%	熔点 /℃	密度(25℃) /(g/cm³)
FJY-A15	半透明颗粒	6~15	≥28	300	≤0.3	300~310	2.12~21.7
FJY-A30	半透明颗粒	15~30	≥26	350	≤0.3	300~310	2.12~21.7

附表 2-21　东岳的 PFA 牌号和性质

牌号		外观	MFR (372℃,5kg) /(g/10min)	拉伸强度 /MPa	断裂伸长率/%	吸水率 /%	熔点 /℃	密度(25℃) /(g/cm³)
DS702			0.8~2.5	≥32	300	≤0.01	300~310	2.12~21.7
DS701			2.6~6	≥30	300	≤0.01	300~310	2.12~21.7
DS700		半透明颗粒	6.1~12	≥28	350	≤0.01	300~310	2.12~21.7
DS708	A		12.1~16	≥26	350	≤0.01	300~310	2.12~21.7
	B		16.1~24	≥24	350	≤0.01	300~310	2.12~21.7
	C		>24.1	≥24	350	≤0.01	300~310	2.12~21.7

7. 国外生产的 ETFE 牌号

附表 2-22　科慕的 ETFE 牌号和性质

Tefzel®	MFR /(g/10min)	熔点 /℃	密度(25℃) /(g/cm³)	拉伸强度 (23℃)/MPa	断裂伸长率 (23℃)/%	相对介电常数 (23℃,10⁶Hz)	介质损耗 (23℃,10⁶Hz)	应用
200	7	255~280	1.7	45	300	2.5~2.6	0.008	电气套管、线圈形式、插座、连接件、开关
207	30	250~280	1.7	40	300	2.6~2.8	0.007	注射成型、薄壁挤出部件
280	4	255~280	1.7	47	300	2.5~2.6	0.0072	用于极端环境的组件、衬里和模制零件
750	7	220~255	1.75~1.79	38	300	—	—	家电接线、电机导线
HT2181	6	255~280	1.7	40	300	2.5~2.6	0.006	管道、电线和电缆、薄膜、注射成型部件
HT2183	6	255~280	1.7	40	300	2.5~2.6	0.0072	管道、电线和电缆、注射成型部件
HT2185	11	255~280	1.7	40	300	2.5~2.6	0.0054	管道、薄膜注射成型部件
HT2188	15	220~240	1.7	40	300	2.5~2.6	0.009	薄膜、特殊零件
HT2195	25	253~263	1.72	—	—	—	—	空心部件、复杂几何形状零件、衬里
HT2184	6	255~280	1.7	40	300	2.5~2.6	0.007	将材料分散到ETFE矩阵中
HT2162	8	255~280	1.8	38	300	—	—	—

附表 2-23　大金的 ETFE 牌号和性质

Neoflon®	MFR /(g/10min)	熔点 /℃	密度（25℃） /(g/cm³)	拉伸强度（23℃） /MPa	断裂伸长率 （23℃）/%
EP521	8~16	260~270	1.72~1.76	42~47	420~450
EP541	4~8	260~270	1.72~1.76	42~47	420~450
EP543	4~9.5	250~265	1.72~1.76	40~50	330~500
EP610	25~35	218~228	1.83~1.88	28~33	300~400
EP620	9~18	218~228	1.83~1.88	28~33	300~400

附表 2-24　旭硝子的 ETFE 牌号和性质

AflonLM®	MFR /(g/10min)	熔点 /℃	密度（25℃）/(g/cm³)	拉伸强度（23℃）/MPa	断裂伸长率（23℃）/%	相对介电常数（23℃，10^3Hz/10^6Hz）	介质损耗因素（23℃，10^3Hz/10^6Hz）
UM-720A	10～20	225	1.78	43	380	2.4/2.4	0.007/0.0082
LM-730A	20～30	225	1.78	40	400	2.4/2.4	0.007/0.0082
LM-740A	30～40	225	1.78	38	420	2.4/2.4	0.007/0.0082
COP (C-88AX)	12	260	1.74	46	430	2.5/2.5	0.007/0.0082

注：另有加入填充料的品级 15 种以上，含粒料和粉料等。

附录3 以四氟乙烯为原料的主要下游产品结构

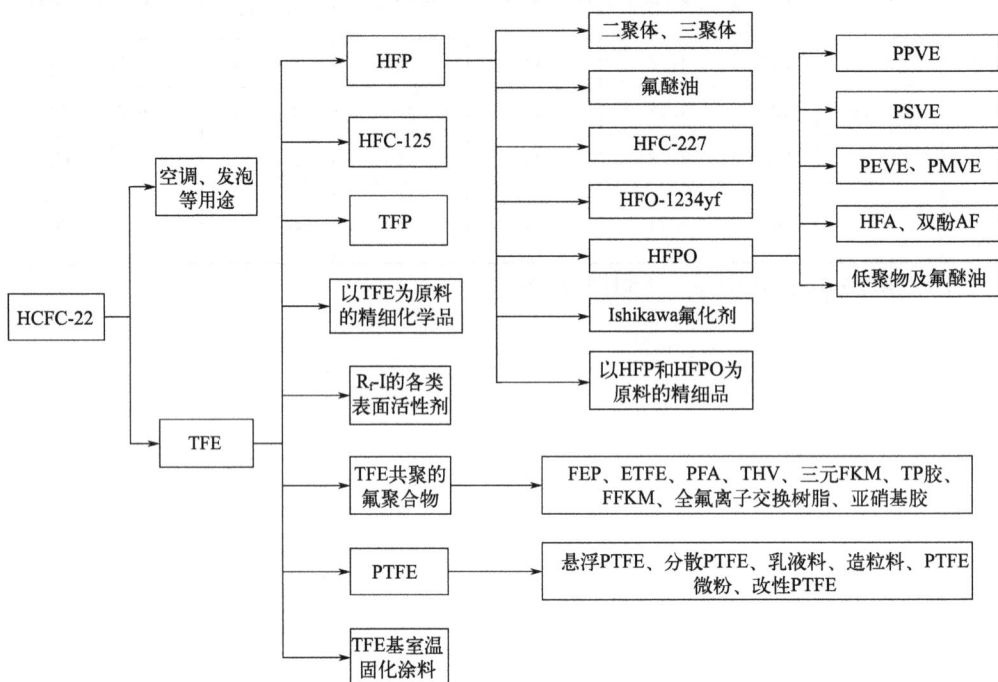

```
                                                    ┌→ 二聚体、三聚体
                                    ┌→ HFP ─────────┤                              ┌→ PPVE
                                    │               ├→ 氟醚油                      │
                                    │               │                              ├→ PSVE
                   ┌→ 空调、发泡    ├→ HFC-125      ├→ HFC-227                    │
                   │   等用途       │               │                              ├→ PEVE、PMVE
                   │                ├→ TFP          ├→ HFO-1234yf                 │
HCFC-22 ──────────┤                │               │                              ├→ HFA、双酚AF
                   │                ├→ 以TFE为原料  ├→ HFPO ──────────────────────┤
                   │                │   的精细化学品 │                              └→ 低聚物及氟醚油
                   │                │               ├→ Ishikawa氟化剂
                   │                ├→ Rf-I的各类   │
                   │                │   表面活性剂  └→ 以HFP和HFPO为
                   └→ TFE ──────────┤                   原料的精细品
                                    │
                                    ├→ TFE共聚的      ┌─────────────────────────────────────────┐
                                    │   氟聚合物  ───→│ FEP、ETFE、PFA、THV、三元FKM、TP胶、      │
                                    │                 │ FFKM、全氟离子交换树脂、亚硝基胶          │
                                    │                 └─────────────────────────────────────────┘
                                    │
                                    ├→ PTFE          ┌─────────────────────────────────────────┐
                                    │            ───→│ 悬浮PTFE、分散PTFE、乳液料、造粒料、PTFE │
                                    │                 │ 微粉、改性PTFE                           │
                                    │                 └─────────────────────────────────────────┘
                                    │
                                    └→ TFE基室温
                                        固化涂料
```

附录 4 相关英文缩略词中文对照

3M	3M 公司
ABS	丙烯腈-丁二烯-苯乙烯共聚物
AHF	无水氟化氢
AIBN	偶氮二异丁腈
Akzo Nobel	阿克苏诺贝尔
APA	先进聚合结构设计
APFO	全氟辛酸铵
Arkema	阿科玛
ASTM	美国材料测试标准
BOD	生物需氧量
Bis-AF	双酚 AF
BTPPC	苄基三苯基氯化鏻
C-318	八氟环丁烷
C_8	泛指 8 个碳原子的直链全氟饱和烃类化合物及其衍生物
CFC	不含其他原子的饱和氯氟碳化合物
CFC-113	1,1,2-三氯三氟乙烷
CFO-1215	3-氯五氟丙烷
Chemours	科慕
COD	化学需氧量
CSM	硫化点单体
CTFE	三氟氯乙烯
CTA	链转移剂
Daikin	大金公司
DMF	二甲基甲酰胺
DMSO	二甲基亚砜
DSC	示差扫描量热分析仪
DuPont	杜邦
Dyneon	泰良公司
ECF	电化学氟化
ECTFE	乙烯-三氟氯乙烯共聚物
EPTFE	膨体聚四氟乙烯
Et	乙烯
ETFE	乙烯-四氟乙烯共聚物
FEP	聚全氟乙丙烯
FEVE	氟烯烃和烷基乙烯基醚或酯共聚物
FFKM	全氟醚橡胶
FKM	氟橡胶
FMQ	氟硅橡胶
FTPE	含氟热塑性弹性体
FTIR	傅里叶变换红外光谱
Gore	戈尔公司
GPC	凝胶渗透色谱
GWP	全球升温潜能值
HCFC	饱和含氢氯氟烃
HCFC-123	1,1-二氯-2,2,2-三氟乙烷
HCFC-22	二氟一氯甲烷
HCFC-225cb	1,3-二氯-1,1,2,2,3-五氟丙烷
HCFC-225ca	1,1-二氯-2,2,3,3,3-五氟丙烷
HDPE	高密度聚乙烯
HFA	六氟丙酮
HFC	氢氟烃
HFC-143	三氟乙烷
HFC-152a	1,1-二氟乙烷
HFC-227	七氟丙烷
HFIB	六氟异丁烯
HFO-1234yf	2,3,3,3-四氟丙烯
HFP	六氟丙烯
HFPO	六氟环氧丙烷
Honeywell	霍尼韦尔
IPP	过氧化二碳酸二异丙酯
IR	红外光谱
ISO	国际标准化组织
Kureha	吴羽公司
LAN	局域网
LLDPE	线型低密度聚乙烯
LOI	极限氧指数
MFA	四氟乙烯-全氟甲基乙烯基醚共聚物
MFR	熔体流动速率
M_n	数均分子量
M_w	重均分子量
NaF	氟化钠
NMR	核磁共振
ODS	消耗臭氧层物质
ODP	消耗臭氧潜能值
P	丙烯
PAVE	全氟烷基乙烯基醚
PBVE	全氟丁基乙烯基醚
PCMVE	全氟羧酸甲酯基乙烯基醚
PCTFE	聚三氟氯乙烯
PDD	全氟 2,2-二甲基-1,3-二氧杂环戊烯
PE	聚乙烯
PES	聚醚砜
PEVE	全氟乙基乙烯基醚
PET	聚对苯二甲酸乙二醇酯
PFIB	全氟异丁烯

PFOA	全氟辛酸	TAIC	三烯丙基异氰脲酸酯
PI	聚酰亚胺	telomer	调聚物
plasma	等离子体	TFE	四氟乙烯
PMVE	全氟甲基乙烯基醚	T_g	玻璃化转变温度
PP	聚丙烯	TGA	热失重分析
PPS	聚苯硫醚	THV	TFE-HFP-VDF 三元共聚物
PPVE	全氟丙基乙烯基醚	TMA	热机械分析
PSVE	全氟磺酰基乙烯基醚	TMAIC	三甲代烯丙基异氰酸酯
PTFE	聚四氟乙烯	T_m	熔点温度
PVC	聚氯乙烯	TrFE	三氟乙烯
PVDF	聚偏氟乙烯	UL	美国保险商实验室
PVF	聚氟乙烯	UV	紫外线
Solvay	苏威公司	VDF	偏氟乙烯
SSG	标准相对密度	VF	氟乙烯
sultone	磺内酯	VOC	挥发性有机物